RENÉ VALLERY-RAD

LA
VIE DE PASTEUR

> « L'œuvre de Pasteur est admirable, elle
> montre son génie, mais il faut avoir vécu dans
> son intimité pour connaître toute la bonté
> de son cœur. »
>
> Dr Roux.

PARIS

LIBRAIRIE HACHETTE ET Cie

79, BOULEVARD SAINT-GERMAIN, 79

—

1900

LA

VIE DE PASTEUR

LA VIE DE PASTEUR

CHAPITRE PREMIER

1822-1843

Les plus humbles familles peuvent retrouver leurs origines dans les registres paroissiaux qui renfermaient jadis tous les actes de l'état civil. En parcourant des centaines, des milliers de feuillets dans les liasses jaunies conservées au fond des archives départementales, des bibliothèques et des greffes, il est possible, à l'aide de petits paragraphes qui marquent la vie et la mort, de renouer le fil rattachant les unes aux autres plusieurs générations. C'est ainsi que le nom de Pasteur est inscrit au commencement du XVIIᵉ siècle dans les vieux registres du prieuré de Mouthe, situé en pleine Franche-Comté. Les Pasteur labouraient la terre. Ils formaient dans un petit village qui dépendait de Mouthe, le village de Reculfoz, une véritable tribu. Elle se dispersa peu à peu.

Les registres de Mièges, près de Nozeroy, contiennent, à la date du 9 février 1682, l'acte de mariage d'un Denis Pasteur et de Jeanne David. Ce Denis, — qui dans la série des ascendants de Pasteur permet de ne plus perdre de vue la destinée de la famille, — habita le village de Plénisette. Là naquit, en 1683, son fils aîné Claude. Puis Denis séjourna quelque temps au village de Douay et, abandonnant le val de Mièges, vint à Lemuy. Il y fut meunier de Claude-François, comte d'Udressier, grand seigneur descendant d'un secrétaire de Charles-Quint.

1

Lemuy est au milieu de vastes prairies où paissent des troupeaux de bœufs. Au loin, les sapins de la forêt de la Joux se massent en rangs serrés comme une immense armée. L'horizon, dans les beaux jours, est estompé par leurs lignes bleuâtres. C'est dans ce pays aux grandes étendues que vivaient les ancêtres de Pasteur. On peut découvrir autour de l'église, à l'ombre de vieux hêtres et de vieux tilleuls, une tombe presque envahie par l'herbe. Quelques-uns des parents de Pasteur dorment sous la pierre où est gravée l'inscription très simple : « Ici reposent à côté les uns des autres... »

En 1716, dans le moulin de Lemuy, dont les restes se voient encore, fut fait et dressé, par-devant Henry Girod, notaire royal de Salins, le contrat de mariage de Claude Pasteur. Son père et sa mère déclarèrent ne pas savoir écrire. Mais on a les signatures des deux fiancés, Claude Pasteur et Jeanne Belle qui « ont promis et juré, sur et aux saincts Evangilles de Dieu estans es mains du notaire soubscript, de se prendre à loyal mary et femme en face de Nostre Mère Saincte Eglise et en célébrer les nopces le plustost que faire se pourra... ». Ce Claude fut, à son tour, meunier de Lemuy. Toutefois, à sa mort en 1746, le registre paroissial de Lemuy ne le désigna que comme laboureur. Il avait eu huit enfants. Le dernier, qui s'appelait Claude-Etienne et qui était né à quelques kilomètres de Lemuy, au village de Supt, fut l'arrière-grand-père de Louis Pasteur.

Quel goût d'aventures, quel grain d'ambition le poussa à quitter les hauteurs du Jura pour venir à Salins ? Un désir d'indépendance, dans le sens complet du mot. Selon la coutume qui avait encore force de loi en Franche-Comté (et cela, disait Voltaire, est contradictoire avec le nom de cette province), il y avait des serfs, c'est-à-dire des gens de mainmorte, dont la condition était de ne pouvoir disposer de leurs biens et de leur personne. Ils relevaient d'un seigneur, ou de moines, comme ceux de Saint-Claude. Denis et son fils avaient été serfs des comtes d'Udressier. Claude-Etienne voulut être affranchi. Il le fut à trente ans. Un acte du 20 mars 1763, rédigé par-devant le notaire royal Claude Jarry, en fait foi. Messire Philippe-Marie-François, comte d'Udressier, seigneur d'Ecleux, Cramans, Lemuy et autres lieux, consentait à affranchir « par grâce spéciale » Claude-Etienne Pasteur, garçon tanneur demeurant à Salins, son sujet mainmortable de Lemuy. L'acte stipulait que Claude-Etienne et sa postérité à naître seraient désormais affranchis de la macule de mainmorte. Quatre louis d'or de vingt-quatre livres furent payés, séance tenante, en l'hôtel du comte d'Udressier, par ledit Pasteur. Il se maria l'année suivante à Françoise Lambert. Après avoir organisé ensemble une petite tannerie au faubourg Champtave, ils connurent le genre de bonheur dont parlent les contes de fées : ils eurent dix enfants: Le troisième, le plus digne d'intérêt, car il représente ici la ligne directe, s'appelait Jean-Henri : il naquit en 1769. Le conseil de la ville de Salins, par une délibération du 25 juin 1779, délivra les lettres de bourgeoisie à Claude-Etienne Pasteur, originaire de Supt, « justifiant de la franche condition » et qui demandait à être reçu habitant de la ville.

Jean-Henri, dès sa vingtième année, alla, comme tanneur, tenter à Besançon une fortune qui dura peu. Sa femme, Gabrielle Jourdan, mourut en 1792, à l'âge de vingt ans. Lui-même, après s'être remarié, disparaissait à vingt-sept ans. Restait du premier mariage un fils unique, né le 16 mars 1791, Jean-Joseph Pasteur. L'enfant, qui devait être un jour le père de Louis Pasteur, fut amené à Salins. Sa grand'mère le recueillit. Plus tard ses tantes paternelles, l'une mariée à Chamecin, marchand de bois, l'autre à Philibert Bourgeois associé de Chamecin, l'adoptèrent comme un de leurs enfants. On l'aima d'autant mieux qu'il était orphelin. Son éducation fut supérieure à son instruction. A cette époque il suffisait de savoir lire les bulletins de l'Empereur : le reste semblait peu de chose. Ne fallait-il pas d'ailleurs que Jean-Joseph gagnât au plus tôt sa vie et qu'il apprît le métier d'ouvrier corroyeur pour reprendre un jour la profession de son père et de son grand-père ?

Conscrit en 1811, Jean-Joseph fit, en 1812 et en 1813, la guerre d'Espagne. Il appartenait au 3ᵉ de ligne dont la mission était de poursuivre, dans les provinces du nord de l'Espagne, les bandes du fameux Espoz y Mina. Une légende se faisait autour de cet ennemi insaisissable. C'est dans l'escarpement des montagnes hautes, mornes, grises, farouches, qu'il faisait, disait-on, fabriquer sa poudre de guerre. Il avait, pour multiplier les embuscades et les guets-apens, des milliers de partisans que les croisières anglaises se chargeaient de ravitailler en armes et en munitions. Il entraînait derrière lui les vieillards et les femmes. Pour l'avertir du danger, des enfants s'offraient comme sentinelles avancées. Toutefois, dans les actions du mois de mai 1812, le terrible Mina eut peine à s'échapper. Mais en juillet, nouvelles alertes. Il fallut organiser des colonnes mobiles pour réoccuper les postes de la côte et rétablir les communications avec la France. Il y eut de rudes engagements. Mina et ses bandes ne cessaient d'attaquer ce petit nombre de Français du 3ᵉ et du 105ᵉ de ligne, presque abandonnés à eux-mêmes. « Combien de traits de bravoure, écrivait Tissot dans les *Fastes de la gloire*, combien d'actions d'éclat demeureront ignorés, qui, sur un plus grand théâtre, auraient mérité honneurs et récompenses! Il ne fut pas même accordé une seule décoration aux braves de cette malheureuse division, dont plus des deux tiers reposent dans les champs de bataille de la Navarre. »

L'historique du 3ᵉ régiment d'infanterie permet de suivre étape par étape la vaillante petite troupe. On peut se représenter, perdu dans les rangs, faisant obscurément son devoir, au milieu de dures misères, ce simple soldat, promu caporal le 1ᵉʳ juillet 1812, fourrier le 26 octobre 1813 et qui s'appelait Pasteur. Le bataillon revint en France à la fin de janvier 1814. Il faisait partie de cette division Leval qui, comptant à peine 8,000 hommes, eut à lutter à Bar-sur-Aube contre une armée de 40,000 ennemis. On appela le 3ᵉ régiment « le brave parmi les braves ». « Si Napoléon n'avait eu que de pareils soldats, a dit Thiers dans son histoire du Consulat et de l'Empire, le résultat de cette grande lutte eût été certainement différent. » L'Empereur fut ému de tant de courage. Il distribua des croix. Pasteur, fait sergent-major le 10 mars 1814, reçut le surlendemain la croix de chevalier de la Légion d'honneur.

Au combat d'Arcis-sur-Aube, le 21 mars, la division Leval eut encore à soutenir le choc de 50,000 russes, autrichiens, bavarois, wurtembergeois. Le 1er bataillon du 3e de ligne où servait Pasteur revint à Saint-Dizier. C'est à marches forcées qu'il arriva le 4 avril à Fontainebleau. Napoléon avait concentré là toutes ses troupes. L'effectif du bataillon se réduisait à 8 officiers et 276 hommes. Le lendemain, à midi, la division Leval et les débris du 7e corps se trouvaient réunis dans la cour du Cheval-Blanc. Napoléon les passa en revue. L'attitude de ces soldats, qui avaient fait avec héroïsme la guerre d'Espagne et la campagne de France, et qui offraient toujours leur dévouement passionné, put lui donner quelques minutes d'illusion. De toutes parts s'élevaient les acclamations et les cris : « A Paris ! » Ces vivats, ces enthousiasmes faisaient contraste avec la froideur, les réserves, les critiques, les refus d'obéissance des maréchaux comme Ney, Lefebvre, Oudinot, Macdonald qui, la veille, avaient déclaré à Napoléon qu'un projet de retour sur Paris était une folie. La défection de Marmont précipita les événements. L'Empereur, se sentant abandonné, abdiqua. Jean-Joseph Pasteur n'eut pas, comme le capitaine Coignet, le douloureux privilège d'assister aux adieux de Fontainebleau. Dès le 9 avril, son bataillon avait été envoyé dans le département de l'Eure. Le 23 avril, il fallut prendre la cocarde blanche.

Le 12 mai 1814, une ordonnance royale donnait au 3e régiment d'infanterie le nom de Régiment-Dauphin. Il fut réorganisé à Douai. C'est là que le sergent-major Pasteur reçut son « congé absolu ». A petites journées, il regagna la ville de Besançon. Ce « congé » où les aigles étaient remplacées par les fleurs de lys surmontant les mots « Royaume de France », Joseph Pasteur le regardait avec tristesse et colère. Pour lui, pour tant d'autres sortis du peuple, Napoléon était un demi-dieu. Listes de victoires, principes d'égalité, idées nouvelles jetées à travers les peuples, tout s'était succédé en visions éblouissantes. Retomber de cette épopée impériale sur le terre-à-terre de chaque jour, ne plus connaître que la surveillance de la police, subir l'angoisse de la pauvreté, ce fut pour les officiers en demi-solde, les vieux sergents, les grenadiers et les soldats paysans une période cruelle. La blessure de leur patriotisme s'aggravait d'un sentiment d'humiliation privée. Jean-Joseph Pasteur, prenant courageusement son parti, revint à Salins et se remit au métier de tanneur. Le retour de l'île d'Elbe fut un éclair de joie et d'espoir dans sa vie obscure. Puis tout rentra dans l'ombre.

Il habitait le faubourg Champtave, travaillant dans un isolement qui convenait à ses goûts et à son caractère, lorsque sa vie fut un instant troublée. Le maire de Salins, très royaliste, chevalier de l'ordre de Malte, M. de Bancenel, prescrivit à ceux qui avaient servi l'Empereur, et que l'on appelait les brigands de la Loire, de venir à la mairie déposer leurs sabres. Joseph Pasteur se soumit en frémissant. Mais quand il apprit que ces armes glorieuses étaient destinées à un service de police et qu'on les remettait à des sergents de ville, la déchéance lui parut intolérable. Reconnaissant son sabre de sergent-major qui venait d'être donné à l'un de ces hommes, il le lui arracha. Grand émoi dans la mairie et dans la ville. On s'indigne, on s'irrite, on applaudit. Les anciens officiers et sous-officiers bonapartistes, qui formaient une petite troupe, s'agitent fiévreusement. La ville de Salins était encore sous la garde ou, pour mieux dire, sous le joug d'un reste de garnison autrichienne. Invité par le pouvoir civil à réprimer cet acte et à faire un exemple, le commandant refusa d'intervenir. Il comprenait, il approuvait, disait-il, le sentiment d'honneur militaire qui avait fait agir ce sous-officier de l'Empire. Pasteur, escorté de sympathies trop bruyantes à son gré, revint chez lui et garda son sabre.

C'est au milieu de son travail repris paisiblement qu'il connut une famille voisine, une famille de jardiniers. La rivière, qui ne mérite que bien rarement de porter son nom, la Furieuse, coulait entre le jardin et la tannerie. Souvent, du haut des marches qui descendaient au bord de l'eau, Jean-Joseph Pasteur voyait une jeune fille travaillant dans le jardin dès les premières heures du jour. Elle s'aperçut vite que cet ancien soldat si jeune encore, — il n'avait que vingt-cinq ans, — s'intéressait à tout ce qui se passait dans cet enclos, quand elle était là. Elle s'appelait Jeanne-Etiennette Roqui.

Ses parents, originaires de Marnoz, village situé à une lieue de Salins, appartenaient à l'une des plus vieilles familles roturières du pays. Les archives de Salins font mention, dès 1555, d'un Roqui vigneron. En 1659, des Roqui exercent le métier de couvreurs, de lanterniers. Ces gens étaient liés par une rare intimité, passée en proverbe. « Ils s'aiment comme les Roqui, » disait-on. Des testaments portent la trace de libéralités faites de frère à frère, d'oncle à neveu. En 1815, le père et la mère de Jeanne-Etiennette vivaient plus que modestement dans ce vieux quartier de Salins. Leur fille paraissait simple, intelligente et bonne. Jean-Joseph Pasteur la demanda en mariage. Ils étaient faits pour s'aimer. La différence de leurs natures était une garantie de bonheur. Il était peu communicatif, secret, comme on disait jadis, d'un esprit lent et réfléchi, d'un caractère mélancolique, semblant toujours vivre d'une vie intérieure. Elle était, en même temps que très laborieuse, femme d'imagination et prompte à l'enthousiasme.

Le jeune ménage partit pour Dôle. Il transporta son industrie rue des Tanneurs. Humble logis, humbles gens, tout allait de pair. Leur premier enfant ne vécut que quelques mois. En 1818, ils eurent une fille. Quatre ans après, dans une petite chambre de cette obscure maison, le vendredi 27 décembre 1822, à deux heures du matin, Louis Pasteur venait au monde.

Deux autres filles devaient naître plus tard, l'une à Dôle, l'autre à Marnoz, dans la maison des Roqui. La belle-mère de Jean-Joseph Pasteur, devenue veuve, et considérant, selon les termes d'un acte notarié, que son âge avancé ne lui permettait plus de gérer ses biens, avait fait donation et partage de tout ce qu'elle possédait sur le territoire de Marnoz au profit de son fils Jean-Claude Roqui, propriétaire cultivateur demeurant à Marnoz et de Jeanne-Etiennette Roqui, sa fille.

Appelé ainsi loin de Dôle par des sentiments et des intérêts de famille, Jean-Joseph Pasteur vint s'établir à Marnoz. L'endroit n'était guère favorable. Un ruisseau voisin rendait cependant possible le travail d'une tannerie. La maison a gardé, à travers bien des métamorphoses, le nom de maison Pasteur. Sur une des portes intérieures l'ancien légionnaire, qui aimait à dessiner et à peindre, avait représenté un soldat devenu laboureur et revêtu en plein champ d'un reste de costume militaire. Vu de face, le portrait se détache sous un ciel grisâtre. Au loin s'étagent les collines du Jura. Tristement appuyé sur sa bêche, l'ancien soldat interrompt son travail : il rêve de gloire passée. Certes, un homme du métier peut reprendre les défauts, les inexpériences de cette peinture; mais le vieux soldat de l'Empire avait mis dans cette allégorie sentimentale sa recherche d'exactitude et son émotion.

Les premiers souvenirs de Louis Pasteur dataient de cette époque. Il se revoyait enfant, heureux de courir sur la route qui conduit au village d'Aiglepierre. Le séjour de la famille Pasteur à Marnoz ne fut pas de longue durée. Une tannerie était à louer, dans les environs, à l'entrée même de la ville d'Arbois, près du pont bâti sur la Cuisance, rivière qui prend sa source à une lieue de là. L'eau pure et glacée sort des rochers, coule à petits flots pressés vers Arbois, fait le tour de la ville, passe devant l'emplacement de la tannerie, se précipite quelques pas plus loin en large cascade et repart d'une course jaillissante d'écume le long des vergers et des prés, au bas des collines couvertes de vignes. La maison offrait derrière sa façade modeste le luxe d'une cour où sept fosses étaient alignées pour la préparation des peaux. En attendant la satisfaction encore lointaine d'être propriétaire, Joseph Pasteur s'installa dans cette petite demeure du faubourg Courcelles, lui, sa femme et ses enfants.

Louis Pasteur alla d'abord à l'école primaire qui occupait une des salles-annexes du collège d'Arbois. L'enseignement mutuel était alors de mode. Les élèves étaient divisés par séries. Un camarade apprenait à lire aux autres qui épelaient ensuite à haute et assourdissante voix. Le maître, M. Renaud, se promenait de groupe en groupe et désignait les moniteurs. Louis eut bien vite l'ambition d'avoir ce titre. Il le désirait d'autant plus qu'il était le plus petit. Mais ceux qui voudraient orner de quelques légendes les premières années de Louis Pasteur en seraient pour leurs frais d'imagination. Quand il suivit un peu plus tard comme externe les classes du collège d'Arbois, il appartint tout d'abord à la catégorie des élèves que l'on pourrait appeler bons-ordinaires. Il remporta des prix sans se donner trop de peine. Il était d'ailleurs plus empressé que d'autres à acheter des grammaires et des dictionnaires, et il écrivait fièrement son nom à la première page. Son père, avec le double désir d'apprendre et de s'associer aux leçons de son fils, se faisait chaque soir son répétiteur. Les jours de congé, l'élève ne demandait qu'à s'échapper. Les petits voisins, les Vercel, les Charrière, les Guillemin, les Coulon l'entraînaient. Il les suivait avec joie. Les parties de pêche au bord de la Cuisance lui plaisaient ; il admirait les coups d'épervier lancés d'une main vigoureuse par Jules Vercel. Mais il se dérobait quand il s'agissait d'une chasse aux oiseaux. La vue d'une alouette blessée lui faisait mal.

La maison s'ouvrait peu, sauf pour les camarades de Louis Pasteur. Ils venaient le chercher ou s'amusaient avec lui dans la cour de la tannerie à utiliser les déchets d'écorce, à placer les débris de tan dans des rondelles de fer, puis à fabriquer, d'un mouvement de talon brusque et tournant, des séries de mottes destinées au chauffage. Joseph Pasteur, sans qu'on pût l'accuser de fierté, ne se liait pas facilement. Dans les habitudes ou le langage, il n'avait rien d'un sous-officier à la retraite. Ne parlant guère de ses campagnes, il n'entrait jamais dans un café. Le dimanche, vêtu d'une redingote brossée militairement et dont le large revers avait un ruban de la Légion d'honneur, comme on le portait alors, visible à quarante pas, il se dirigeait invariablement vers la route d'Arbois à Besançon. Elle passe au milieu des coteaux de vignes. A gauche, sur une hauteur boisée dominant la vaste plaine qui s'étend du côté de Dôle, les ruines de la tour de Vadans donnent un reste de poésie guerrière à tout cet horizon. Dans ses méditations de promeneur solitaire, il pensait moins aux difficultés de sa vie qui, grâce au travail, et toute la famille aidant, se simplifiait, qu'aux inquiétudes de l'avenir. Que deviendrait un jour ce fils attentif, consciencieux, mais qui, à la veille de ses treize ans, ne manifestait encore un goût très prononcé que pour le dessin? Le titre d'artiste, que les arboisiens donnaient à Louis Pasteur, ne flattait qu'à demi la vanité paternelle. Et cependant, sans parler des nombreuses copies faites au fusain ou à la mine de plomb par cet écolier, comment ne pas être frappé du sentiment de la réalité dont témoignait un premier essai original, un pastel tenté d'une main très sûre? Ce pastel représente la mère de Louis Pasteur. Un matin qu'elle allait au marché, coiffée d'un bonnet blanc, les épaules serrées dans un châle écossais bleu et vert, son fils, qui avait ses crayons de couleur et ses estompes en mains, voulut la représenter ainsi, telle qu'elle était chaque jour. Ce portrait, étudié avec une sincérité absolue, ressemble à l'œuvre d'un primitif plein de conscience. Un regard clair et droit illumine ce visage de volonté.

Tout en fermant leur logis aux liaisons banales, le mari et la femme étaient heureux de recevoir ceux qui leur paraissaient dignes d'estime et d'affection par une supériorité d'esprit ou de cœur. C'est ainsi qu'ils accueillirent avec joie un ancien médecin militaire, devenu médecin de l'hôpital d'Arbois, le docteur Dumont, homme d'étude s'instruisant pour le plaisir d'apprendre, homme de bien se dérobant à la popularité, démocrate sans ambition.

Un autre philosophe devint aussi l'ami de la maison. Il s'appelait Bousson de Mairet. Liseur infatigable, au point de ne jamais sortir sans glisser un volume ou une brochure dans une de ses poches, il passait sa vie à préparer des annales où, par des séries de petits faits, il reconstituait, dans un travail de bénédictin rondelet, le caractère des francs-comtois en général et des arboisiens en particulier. Il venait souvent passer une soirée dans l'intimité de la famille Pasteur. On l'écoutait, on l'interrogeait, on était intéressé par l'histoire mouvementée de cette singulière race arboisienne difficile à juger, offrant un mélange de courage héroïque et de bonhomie un peu narquoise que les parisiens et les méridionaux prennent pour de la naïveté. Ne doutant jamais de rien pour eux-mêmes, les arboisiens sont sceptiques dès qu'il s'agit des autres. Fiers de leur histoire locale, ils revendiquent jusqu'à leurs rodomontades.

Le 4 août 1830, ils envoyèrent aux parisiens une adresse pour exprimer leurs sentiments indignés contre les Ordonnances et pour déclarer que la population disponible d'Arbois avait été sur le point de voler au secours de Paris. Au mois d'avril 1834, un clerc d'avoué de Lons-le-Saunier passait en diligence à dix heures du soir sur la place d'Arbois. Il met la tête à la portière et dit à quelques gardes nationaux de service que la République est proclamée à Lyon. Arbois s'émeut. Les vignerons s'emparent des fusils déposés à l'hôtel de ville. L'insurrection est décidée. Il fallut envoyer de Besançon deux cents grenadiers, quatre escadrons de chasseurs et une demi-batterie d'artillerie que Louis Pasteur vit passer mèche au canon. Quand le sous-préfet de Poligny dit aux insurgés : Où sont vos chefs ? « *No san tous tiefs* » répondit d'une seule voix la troupe tout entière. C'est au lendemain de ces troubles que fut publiée dans tous les journaux la bonne et grande nouvelle : « Arbois, Paris et Lyon sont tranquilles. » Pour détourner le cours des épigrammes faciles, les arboisiens ont eu l'ingénieuse pensée d'appeler leurs voisins salinois les « glorieux de Salins ».

Louis Pasteur, avec son esprit déjà sérieux, préférait les récits plus dignes des annales historiques, par exemple, le siège d'Arbois, sous Henri IV, quand les arboisiens tinrent en échec pendant trois jours une armée de 25,000 hommes. Patriotisme du peuple franc-comtois et plus tard, au-dessus de ce patriotisme local, idée de la gloire française, représentée par les batailles de l'Empire, tels furent les premiers éblouissements pour l'imagination de l'enfant. Chaque jour il voyait son père et sa mère observer la loi du travail et ennoblir leur tâche pénible en se donnant pour but, outre le pain quotidien, l'éducation de leurs enfants. Et comme, en toutes choses, le père et la mère s'intéressaient aux sentiments supérieurs, leur vie matérielle était plus qu'éclairée, elle était illuminée par la vie morale.

Un troisième ami de la maison, le principal du collège d'Arbois, M. Romanet, exerça une influence décisive sur la carrière de Louis Pasteur. Ce maître, qui se proposait chaque jour d'élever davantage l'esprit et le cœur de ses collégiens, inspirait à Pasteur quelque chose de plus que le respect et la reconnaissance ; c'était de l'admiration. Romanet, dans sa conscience de moraliste, jugeait que si un homme instruit en vaut deux, un homme élevé en vaut dix. Le premier il devina dans Louis Pasteur l'étincelle prête à jaillir. Cependant aucune composition remarquable, nul succès à facettes ne distinguait encore ce laborieux élève de troisième. D'un esprit si réfléchi qu'on le croyait lent, il n'avançait rien dont il ne fût absolument sûr. Mais en même temps que s'annonçaient en lui les qualités simples et fortes, qui sont le fond de la nature comtoise, il avait une imagination que l'on pourrait appeler l'imagination de sentiments.

Romanet, se promenant avec lui dans la cour du collège, se plaisait à éveiller, avec un intérêt de philosophe et d'éducateur, les qualités maîtresses de cette nature : la circonspection et l'enthousiasme. L'écolier, que l'on venait de voir penché durant des heures sur son pupitre sans que rien pût le distraire, était transformé : il écoutait, les yeux brillants, cet excellent homme qui lui parlait d'avenir et lui montrait la perspective de la grande École normale.

Un officier de la garde municipale de Paris, qui venait régulièrement en congé à Arbois, le capitaine Barbier, se proposa comme correspondant, si Louis Pasteur allait à Paris. Mais Joseph Pasteur, malgré tous les conseils, restait indécis. Son fils, qui n'avait pas seize ans, l'envoyer à cent lieues de la maison paternelle ! Ne serait-il pas plus sage de penser au lycée de Besançon, une fois la rhétorique achevée ? Que pouvait-on souhaiter de plus qu'un titre de professeur au collège d'Arbois ? Etait-il besoin de Paris et d'Ecole normale ? A ces arguments s'ajoutait la question d'argent.

« Cette dernière est facile à résoudre, reprit le capitaine Barbier. Il y a dans le quartier latin, impasse des Feuillantines, la pension Barbet. C'est une école préparatoire. Elle est dirigée par un franc-comtois, M. Barbet, qui fera pour votre fils ce qu'il fait pour beaucoup de compatriotes : il diminuera les frais de la pension. »

Joseph Pasteur finit par se laisser convaincre. Le départ fut fixé aux derniers jours d'octobre 1838. Louis Pasteur ne devait pas partir seul. Son plus cher camarade d'enfance, Jules Vercel, allait aussi à Paris pour préparer paisiblement son baccalauréat. Caractère heureux, d'une philosophie au jour le jour, dépourvu d'ambition, Jules Vercel mettait sa fierté dans le succès des autres, surtout dans le succès de Louis, ainsi qu'il l'appelait et qu'il ne devait jamais cesser de l'appeler fraternellement. L'amitié d'aussi bons camarades était faite pour diminuer les inquiétudes des deux familles.

La difficulté, la longueur des voyages d'autrefois donnaient quelque chose de solennellement triste aux séparations. Pendant que dans la grande cour de l'hôtel de la Poste on attelait les chevaux de la lourde diligence et qu'on chargeait les colis, les adieux vingt fois répétés étaient de part et d'autre comme une série d'arrachements. Par cette matinée glaciale d'octobre, où tombait un mélange de pluie et de neige fondue, les deux enfants, faute de places dans l'intérieur et la rotonde, durent se blottir sous la bâche, derrière le conducteur. Si décidé que fût Vercel à voir le bon côté des choses, à se dire qu'au bout de quarante-huit heures il serait à Paris, mot flamboyant pour un petit provincial ; quelque résolu que fût Pasteur à envisager bravement l'avenir, les études complètes, l'entrée peut-être prochaine à l'Ecole normale, tous deux, en voyant s'éloigner leurs maisons voisines l'une de l'autre, la tour carrée de l'église d'Arbois et, au loin, dans cette atmosphère grise et noyée, le plateau de l'Ermitage, sentirent leur cœur se serrer. Au fond de tout jurassien, bien qu'il s'en défende, qu'il affecte même de ne s'émouvoir, et, pour employer le terme franc-comtois, de ne « s'émeiller » de rien, il y a un être de sentiment attaché à jamais au coin de terre où il a passé ses premières années. Dès qu'il s'éloigne du sol natal, sa pensée y retourne avec un charme douloureux et persistant. Dôle, Dijon, Auxerre, Joigny, Sens, Fontainebleau, tous ces grands relais de poste, n'intéressaient que médiocrement les deux enfants.

A son arrivée dans Paris, Louis Pasteur ne ressemblait guère à cet étudiant, héros de Balzac, qui jetait à la grande ville ce cri plein de confiance : « A nous deux ! » Malgré la volonté, qui déjà se lisait sur son visage pensif, son chagrin était plus fort que tous les raisonnements. Et comme tout se concentrait dans ce caractère en apparence fermé, comme il n'avait nul besoin de parler, — ce besoin des natures faibles qui échappent à l'angoisse de leurs sentiments en les répandant au dehors, — personne ne se douta d'abord de sa profonde tristesse. Mais lorsque tout dormait, impasse des Feuillantines, et qu'aucun camarade ne pouvait le voir ou l'entendre, il répétait dans ses insomnies ce vers sentimental :

Que la nuit paraît longue à la douleur qui veille !

Les élèves de la pension Barbet suivaient les cours du lycée Saint-Louis. En dépit de son bon vouloir, de sa passion pour le travail, le désespoir d'être loin des siens l'emportait chez Pasteur. Le mal du pays l'envahissait. Jamais le mot de nostalgie ne fut d'une application plus juste. « Si je respirais seulement l'odeur de la tannerie, disait-il à Vercel, je sens que je serais guéri. » M. Barbet perdait son latin à vouloir distraire et traiter comme un enfant de quinze ans, aux impressions fugitives, cet élève obsédé d'un sentiment fixe. Etonné, puis inquiet, il instruisit les parents de cet état moral qui risquait en se prolongeant de déterminer une véritable maladie.

Un matin, au milieu du mois de novembre, on vint dire à Louis Pasteur assez mystérieusement que quelqu'un le demandait. « La personne vous attend à quelques pas d'ici. » Louis Pasteur se laissa conduire chez un marchand de vins, au coin de la rue Saint-Jacques et de la rue des Feuillantines. Il entra. Au fond de l'arrière-boutique, un homme était assis devant une petite table, le front caché dans ses mains, perdu dans ses pensées. C'était son père. « Je viens te chercher, » lui dit-il simplement. Pas d'autres explications. Leur chagrin mutuel se comprenait.

Que se passa-t-il dans l'esprit de Pasteur quand il se revit à Arbois ? Après les premiers jours de détente et d'apaisement, éprouva-t-il en rentrant au collège le regret et presque le remords de n'avoir pas surmonté le mal de l'absence ? La perspective d'une carrière à jamais restreinte dans cette petite ville lui causa-t-elle un découragement? On sait peu de chose sur cette période où sa volonté avait été vaincue par sa sensibilité. Toutefois on peut deviner quel fut le trouble momentané dans sa vie hésitante. Au commencement de cette année 1839, il se rejeta pendant quelques semaines vers ses premiers goûts. Il reprit ses crayons de couleur et ses estompes abandonnés depuis dix-huit mois, depuis certains jours de vacances où il avait fait le portrait du capitaine Barbier, fier de son uniforme, le visage monté en couleurs, comme en grande tenue de santé. Il eut bientôt fait de dépasser son maître de dessin, M. Pointurier, brave homme qui prenait trop à la lettre le prospectus du collège et ne voyait dans le dessin qu'un art d'agrément.

Les pastels se succédèrent et formèrent comme une galerie d'amis. Un voisin tonnelier, né à Dôle, le père Gaidot, vieillard de soixante-dix ans qui avait toujours sur les lèvres un refrain de Béranger, eut un tour de faveur. Avec son large front labouré de rides, son visage rasé, Gaidot apparaît dans un habit de fête, un habit bleu et un gilet jaune. Toute une famille Roch défila ensuite. Le père et le fils sont honnêtement exécutés : ce sont bien des portraits comme on en voit dans les petits salons de province. Mais les deux jeunes filles, qui s'appelaient Lydie et Sophie, sont d'une touche plus délicate : elles revivent dans la grâce de leur vingtième année. Puis ce fut un notaire dont la redingote à large collet complète une figure épanouie ; une jeune femme en toilette blanche, dans un corsage à la vierge ; une vieille religieuse de quatre-vingt-deux ans à bonnet tuyauté, revêtue d'une sorte de camail blanc avec une croix de bois et d'ivoire ; un petit garçon en costume de velours, figure mélancolique d'un enfant de dix ans qui devait bientôt mourir. Avec une rare complaisance Pasteur représentait ceux qui voulaient avoir leur portrait. Parmi tous ces pastels, il en est deux remarquables. Le premier représente un conservateur des hypothèques en uniforme, nommé Blondeau, dont les traits doux et fins sont étudiés avec perfection ; le second est le portrait presque officiel d'un maire d'Arbois, M. Pareau. Il apparaît en uniforme à broderies d'argent et cravaté de blanc. La croix de la Légion d'honneur, l'écharpe tricolore sont discrètement indiquées. Tout se concentre sur la figure souriante coiffée d'un toupet à la Louis-Philippe et dont le regard bleu se détache sur un fond bleu.

Les compliments de ce maire quand Pasteur obtint, à la fin de la rhétorique, plus de prix qu'il ne pouvait en porter ; les nouveaux conseils de Romanet réveillèrent l'ambition normalienne. Il n'y avait pas de classe de philosophie au collège d'Arbois, et le retour à Paris paraissait redoutable : Pasteur résolut d'aller au collège de Besançon. Il y achèverait ses études, se ferait recevoir bachelier et préparerait ensuite les examens de l'Ecole normale. Besançon n'est qu'à quarante-huit kilomètres d'Arbois. Joseph Pasteur y venait les jours de grand marché vendre les cuirs de sa tannerie. Cette solution était la plus sage de toutes.

A son arrivée au collège royal de la Franche-Comté, Pasteur eut pour maître de philosophie un ancien élève de l'Ecole normale, agrégé de l'Université, jeune, plein d'éloquence, fier d'avoir des disciples, d'éveiller leurs facultés, de diriger leur esprit, M. Daunas. Le professeur de sciences, M. Darlay, ne provoquait pas le même enthousiasme. C'était un homme plus que mûr qui regrettait le bon temps où les élèves étaient moins curieux. Pasteur l'embarrassait à force de le questionner. La réputation de peintre ne suffisait plus à Pasteur. On eut beau exposer au parloir le premier portrait qu'il fit d'un de ses camarades. « Tout cela, écrivait-il à ses parents le 26 janvier 1840, ne mène pas à l'Ecole normale. J'aime mieux une place de premier au collège que dix mille éloges jetés superficiellement dans les conversations d'aujourd'hui... Nous nous verrons dimanche, mon cher papa, car c'est, je crois, la foire lundi. Si nous allons voir M. Daunas, nous lui parlerons de l'Ecole normale. Mes chères sœurs, je vous le recommande encore, travaillez, aimez-vous. Une fois que l'on est fait au travail, on ne peut plus vivre sans lui. D'ailleurs c'est de là que dépend tout dans ce monde. Avec de la science on s'élève au-dessus de tous les autres... Mais j'espère que ces conseils vous sont inutiles, et je suis sûr que chaque jour vous sacrifiez bien des moments à apprendre votre grammaire. Aimez-vous comme je vous aime, en attendant l'heureux jour où je serai admis à l'Ecole normale. »

C'est ainsi que dans son existence devaient toujours se mêler le travail et la tendresse. Il fut reçu bachelier ès lettres à Besançon le 29 août 1840. Les trois juges, docteurs ès lettres, ont consigné, dans le procès-verbal de l'examen, que les réponses avaient été « bonnes en grec sur Plutarque, en latin sur Virgile, bonnes également en rhétorique, médiocres sur l'histoire et la géographie, bonnes sur la philosophie, très bonnes sur les éléments des sciences » et que la composition française avait été jugée bonne. A la rentrée du mois d'octobre, le proviseur du collège royal de Besançon, Répécaud, le faisant appeler, lui proposa la situation de maître supplémentaire. Le nombre plus considérable d'élèves, certains changements administratifs motivaient cette nomination. Elle témoignait d'autant plus de l'estime de Répécaud pour les qualités morales de Pasteur que le succès de ce premier baccalauréat n'avait rien eu d'éclatant.

Le très jeune maître devait toucher des appointements à partir du mois de janvier 1841. Elève de mathématiques spéciales, il devenait ainsi, aux heures d'études, le mentor de ses camarades de classe. On lui obéissait sans effort ; son caractère simple et sérieux, le sentiment qu'il avait de la dignité individuelle lui rendaient facile l'autorité. Toujours préoccupé du foyer absent, il fortifiait l'influence de son père et de sa mère dans l'éducation de ses sœurs, qui n'avaient pas au même degré que lui l'amour du travail. Le 1er novembre 1840, — il n'avait pas encore dix-huit ans, —

heureux d'apprendre qu'elles faisaient quelques progrès, il écrivait ces lignes qui, sous la rhétorique des dernières lignes, laissent voir l'ardeur de ses sentiments :

« Mes chers parents, mes sœurs, quand j'ai reçu les deux lettres que vous m'avez envoyées en même temps, j'ai cru d'abord qu'il était arrivé quelque chose d'extraordinaire, mais il n'en était rien. Cependant la seconde que vous avez écrite m'a fait beaucoup de plaisir, elle m'apprend que, pour la première fois peut-être, mes sœurs ont *voulu*. C'est beaucoup, mes chères sœurs, que de vouloir ; car l'action, le travail suit toujours la volonté, et, presque toujours aussi le travail a pour compagnon le succès. Ces trois choses : la volonté, le travail, le succès, se partagent toute l'existence humaine. La volonté ouvre la porte aux carrières brillantes et heureuses ; le travail les franchit, et une fois arrivé au terme du voyage, le succès vient couronner l'œuvre.

« Ainsi, mes chères sœurs, si votre résolution est ferme, votre tâche, quelle qu'elle puisse être, est déjà commencée ; vous n'avez plus qu'à marcher en avant, elle s'achèvera d'elle-même. Si par hasard vous chanceliez dans votre voyage, une main serait là pour vous soutenir ; et, à son défaut, Dieu, qui vous l'aurait ravie, se chargerait d'accomplir son ouvrage...

« Puissent mes paroles être senties et comprises par vous, mes chères sœurs ! Gravez-les dans votre âme. Qu'elles soient votre guide. Adieu. Votre frère. »

C'est par les lettres qu'il écrivait, les livres qu'il aimait, les amis qu'il choisissait, par ce perpétuel mélange de documents et de témoignages, qu'il est possible de le peindre dans sa première jeunesse. Comme il se rendait compte, après l'épreuve de découragement qu'il avait subie à Paris, que la volonté doit tenir la première place dans l'éducation, car, mieux que tout le reste, elle dirige l'existence, il appliquait ses efforts à développer chaque jour cette faculté maîtresse. Il était déjà grave et d'une maturité exceptionnelle. La grande loi de l'homme, il la voyait dans le perfectionnement de soi-même. Rien de ce qui peut servir de trame à nos pensées ne lui semblait négligeable. Aussi les livres lus au début de la vie lui paraissaient-ils avoir une influence souvent décisive. A ses yeux, un livre supérieur était une bonne action qui se renouvelle, un mauvais livre, une faute incessante et irréparable.

Il y avait alors en Franche-Comté un écrivain, déjà vieux, qui représentait, au jugement de Sainte-Beuve, l'idée que l'on peut se faire de l'homme de bien et aussi de l'homme de lettres d'autrefois. Il s'appelait Joseph Droz. Moraliste convaincu que la vanité est la cause de tant d'existences désemparées, que la modération est une des formes de la sagesse et un élément de bonheur, que la plupart des hommes compliquent et attristent leur carrière par une fièvre inutile, il répandait avec douceur des préceptes de raison et d'indulgence. Sa vie elle-même était un exemple de ce que donnait la fortune littéraire dans ce temps-là, quand on savait l'attendre. Tout en Joseph Droz était apaisement et cordialité. Quoi de plus naturel qu'il rééditât, depuis plus de trente ans, en différents formats, son *Essai sur l'art d'être heureux ?*

« J'ai toujours, écrivait Pasteur à ses parents, ce petit volume de M. Droz qu'il a eu la complaisance de me prêter. Je n'ai jamais rien lu de plus sage, de plus moral et de plus vertueux. J'ai encore un autre de ses ouvrages. Rien n'est mieux écrit. A la fin de l'année, je vous rapporterai toutes ces œuvres. On éprouve à les lire un charme irrésistible qui pénètre l'âme et l'enflamme des sentiments les plus sublimes et les plus généreux. Il n'y a pas dans ce que je vous dis là une seule lettre exagérée. Aussi je ne lis le dimanche aux offices que les ouvrages de M. Droz, et je crois en agissant ainsi, malgré tout ce qu'en pourrait dire le cagotisme irréfléchi et niais, me conformer aux plus belles idées religieuses. »

Ces idées, Droz aurait pu les résumer simplement par la parole du Christ : Aimez-vous les uns les autres. Mais c'était le temps des paraphrases. La jeunesse demandait aux livres, aux discours et aux poésies l'écho sonore de ses sentiments secrets. Dans les écrits du moraliste bizontin, Pasteur voyait une religion telle que lui-même la souhaitait : éloignée de toute polémique et de toute intolérance, une religion de paix, d'amour et de dévouement.

Quelques jours plus tard, le livre de Silvio Pellico, *Mes Prisons*, développa en lui une émotion qui répondait à son besoin de pitié pour les malheurs d'autrui. Il recommandait à ses sœurs de lire « cet ouvrage intéressant, écrivait-il, où l'on respire à chaque page un parfum religieux qui élève et ennoblit l'âme ». En lisant ce volume, ses sœurs pouvaient trouver, à la suite de *Mes Prisons*, un passage sur l'amour fraternel et tout ce qu'il représente de sentiments profonds.

« Pour mes sœurs, disait-il dans une nouvelle lettre, j'ai acheté, il y a quelques jours, un très joli livre, j'entends par très joli quelque chose de très intéressant. C'est un petit ouvrage qui a remporté le prix Montyon, il y a quelques années. Il est intitulé *Picciola*. Comment aurait-il été couronné du prix Montyon, ajoutait-il avec un respect édifiant pour les jugements académiques, si sa lecture ne devait pas être très avantageuse ? »

« Vous savez, annonçait-il à ses parents, lorsque sa nomination fut définitive, qu'un maître supplémentaire est nourri, logé et a 300 francs de traitement. » La somme lui paraissait excessive. Il ajoutait le 20 janvier : « A la fin de ce mois, le collège sera déjà mon débiteur. Cependant je vous assure bien que l'argent que je toucherai ne sera pas bien gagné. »

Heureux d'une situation si modeste, plein d'ardeur pour le travail, il écrivait dans cette même lettre : « Je me trouve toujours parfaitement d'avoir une chambre, j'ai plus de temps à moi, je ne suis dérangé par aucune de ces petites choses qu'on est obligé de remplir étant élève et qui ne laissent pas que de perdre un temps assez long. Aussi je m'aperçois déjà de certaines modifications dans mes études ; les difficultés s'aplanissent de plus en plus, parce que j'ai plus de moments à leur donner et je ne désespère pas, en continuant à travailler comme je le fais et [le ferai] l'année prochaine, d'être reçu dans un bon rang à l'Ecole. N'allez pas croire cependant que je travaille à me faire du mal. Je prends toutes les récréations nécessaires à ma santé. »

Tout en surveillant ses camarades, il avait été chargé par le proviseur de faire repasser aux candidats bacheliers de la fin de l'année leurs mathématiques et leur physique. Comme s'il se reprochait d'être seul de sa famille à s'instruire, il offrit de payer l'éducation de sa jeune sœur Joséphine dans un pensionnat de Lons-le-Saunier. Il écrivait : « Cela me serait très facile en donnant des répétitions. J'ai déjà refusé d'en donner à plusieurs élèves à 20 et 25 francs par mois. J'ai refusé parce que je n'ai pas trop de temps à mettre à mon travail. » Mais il était tout disposé à revenir sur ce motif qui devait céder à une raison supérieure. Les parents promirent de répondre à ce vœu fraternel sans accepter toutefois ces propositions généreuses et, en lui offrant même, s'il avait besoin de quelques leçons particulières pour mieux se préparer à l'Ecole normale, une allocation qui n'était peut-être pas inutile, malgré les vingt-quatre francs par mois qu'il touchait de l'Etat. Comme on lui reconnaissait le droit de conseil, et qu'il trouvait que sa sœur devait d'avance se préparer à la classe qu'elle suivrait : « Il faut que pendant la fin de cette année elle travaille beaucoup et pour cela je recommande à maman, écrivait-il avec une autorité filiale, de ne pas l'envoyer continuellement en commissions ; il faut lui laisser le temps de travailler. »

Michelet, dans ses souvenirs de jeunesse, raconte ses heures d'intimité avec un ami de collège nommé Poinsot et s'exprime ainsi : « C'était un désir immense, insatiable de confidences, de révélations mutuelles. » Pasteur ressentit quelque chose de pareil pour un élève de philosophie du collège de Besançon, Charles Chappuis. C'était le fils d'un notaire de Saint-Vit, un de ces anciens notaires de province qui, par la dignité de leur existence, leur esprit de sagesse, la préoccupation perpétuelle de leurs devoirs, inspiraient à leurs enfants le sentiment de la responsabilité. Le philosophe, par son idée sérieuse de l'avenir, avait dépassé l'attente paternelle. Il existe, de ce grand jeune homme à figure grave et douce, une lithographie signée Louis Pasteur. Le livre des *Graveurs du* XIXᵉ *siècle* en a fait mention et donné ainsi à Pasteur un genre de célébrité inattendu. Avant le livre des Graveurs, le *Guide de l'Amateur des œuvres d'art* avait déjà signalé une œuvre artistique de Pasteur, un pastel découvert aux Etats-Unis, près de

Boston. Il représente un camarade de Pasteur élevé au collège de Besançon, Marcou, qui, loin de la France, gardait précieusement à côté de son propre portrait celui de Chappuis. Tout ce que l'amitié renferme de force, de désintéressement, tout ce qui fait, selon le mot de Montaigne, qui s'y connaissait mieux encore que Michelet, « tout ce qui fait que les âmes se mêlent et se confondent, qu'elles effacent et ne retrouvent plus la couture qui les a jointes, » Pasteur et Chappuis l'éprouvèrent.

Piété de fils, sollicitude de frère, confiance d'ami, Pasteur connut dans leur douceur les premières tendresses humaines. Sa vie en fut à jamais imprégnée. Les livres qu'il aimait ajoutaient encore à ce flot d'émotions généreuses. Chappuis observait et admirait cette nature originale qui, avec une rigueur d'esprit bien faite pour les sciences, et avide en toutes choses de rechercher la preuve, s'enthousiasmait pour les *Méditations* de Lamartine. Au rebours de tant d'élèves de sciences qui sont indifférents en matière de littérature, — comme certains élèves de lettres se piquent de dédain pour les sciences, — Pasteur faisait à la littérature une place à part. Il la regardait comme la directrice des idées générales. Parfois il vantait outre mesure des écrivains ou des orateurs, uniquement parce qu'il avait trouvé dans une de leurs pages ou une de leurs phrases l'expression d'un sentiment élevé. C'est avec Chappuis qu'il échangeait toutes ses pensées, c'est encore avec lui qu'il faisait le plan de leur existence étroitement associée. Aussi, lorsque Chappuis partit pour Paris afin de mieux se préparer à l'Ecole normale, Pasteur eut-il l'impérieux désir de l'accompagner. Chappuis lui disait avec ce sentiment d'expansion qui donne un si grand charme aux amitiés de la vingtième année : « Il me semble que j'aurai toute ma Franche-Comté quand tu seras auprès de moi. » Redoutant pour son fils une nouvelle crise semblable à celle de 1838, le père de Pasteur, après avoir hésité, ne voulut pas consentir au départ. « L'année prochaine, » disait-il.

Dès la rentrée de 1841, tout en continuant de cumuler les fonctions d'élève et de surveillant, Pasteur avait voulu suivre de nouveau le cours de mathématiques spéciales. Mais il ne cessait de

penser à Paris, « ce Paris, disait-il, où les études sont plus fortes ».
Un des camarades de Chappuis, Bertin, que Pasteur avait connu
pendant les vacances, venait, après avoir suivi le cours de mathématiques spéciales à Paris, d'être reçu le premier à l'Ecole normale.

« Si je ne suis pas reçu cette année, écrivait Pasteur à son
père, le 7 novembre, je crois que je ferai bien d'y aller passer une
dernière année. Mais vous avez le temps de parler de cela et des
moyens qu'il faudrait aviser pour que je n'y dépense pas trop
d'argent, si cela arrivait. Je vois très bien à présent tout ce que
l'on peut gagner à faire une seconde année de mathématiques ;
tout se débrouille, tout devient clair et facile. De tous les élèves
de notre classe qui se sont présentés cette année à l'Ecole polytechnique et à l'Ecole normale, aucun n'a été reçu, pas même le
plus fort, un élève qui déjà avait fait une année de mathématiques
spéciales à Lyon. Le professeur que nous avons cette année est
très bon. Je ferai beaucoup cette année, j'en suis persuadé. »

Il fut deux fois second. Quand il eut une place de premier en
physique : « Cela me fait bien espérer pour plus tard, » disait-il ;
et il ajoutait à propos d'une nouvelle composition de mathématiques : « Si j'ai une bonne place, je ne l'aurai pas volée, car la
composition m'a donné un mal de tête soigné : c'est d'ailleurs ce
qui m'arrive chaque fois que nous composons. » Puis, craignant
d'inquiéter ses parents, il se hâte de dire : « Mais ce mal dure très
peu longtemps, car je sens qu'il passe déjà et il n'y a guère qu'une
heure et demie que nous avons quitté. » Expression toute juras-
sienne.

Pressé d'étouffer sous le travail ses regrets croissants de ne pas
avoir accompagné Chappuis à Paris, Pasteur se persuada qu'il
pourrait se préparer à l'Ecole polytechnique en même temps qu'à
l'Ecole normale. Un de ses professeurs, M. Bouché, lui avait fait
espérer un succès probable à l'Ecole polytechnique. « Je me pré-
senterai cette année aux deux écoles, écrivait Pasteur à son ami,
le 22 janvier 1842. Ai-je bien fait de prendre cette résolution ? Je
l'ignore. Une première chose pourtant me dit que je fais mal, c'est
qu'ainsi peut-être nous nous quittons. Et quand je pense à cela,

je crois fermement qu'il me sera impossible d'être reçu cette année à l'Ecole polytechnique. Vraiment je suis dans ces moments-là superstitieux. Je n'ai plus qu'un seul plaisir, c'est de recevoir des lettres soit de toi, soit de mes parents. Aussi, écris-moi souvent. Oh ! que tes lettres soient toujours très longues ! »

Chappuis, inquiet de cette brusque détermination, répondit dans des termes qui témoignaient de son cœur et de sa raison. « Consulte ton goût. Songe au présent. Songe à l'avenir. C'est pour toi que tu te détermines, c'est de ton sort que tu décides. Il y a plus de brillant d'un côté : je vois de l'autre la vie si douce, si tranquille de professeur : vie monotone quelquefois il est vrai, cependant pleine de charme pour qui saura s'y plaire. Et toi aussi tu l'aimais autrefois ! et j'appris à l'aimer quand tu promettais que le chemin serait le même pour tous deux. Enfin va partout où tu pourras être heureux et penser quelquefois à moi ! Puisse ton père ne pas m'en vouloir. Il me doit prendre, je crois, pour ton mauvais génie. Ces vacances, je te demandais de me venir voir : maintenant je te conseillais de venir à Paris. Partout ton père a mis empêchement; mais fais ce qu'il veut et n'oublie jamais que c'est pour t'aimer trop peut-être qu'il ne fait jamais ce que tu demandes. »

Pasteur ne tarda pas à renoncer à sa fantaisie polytechnicienne. Il fut tout entier à sa préparation à l'Ecole normale. Mais l'étude des mathématiques lui paraissait aride et desséchante. « On finit, écrivait-il dans une lettre du mois d'avril, par ne plus voir devant soi que figures géométriques, que lettres, calculs, formules... Jeudi je suis sorti et j'ai lu une histoire charmante, j'ai pleuré en la lisant, chose qui m'a étonné beaucoup. Car il y a longtemps que pareille chose ne m'était arrivée. Enfin voilà la vie. Il faut y passer. »

Le 13 août 1842, il subissait l'examen du baccalauréat ès sciences mathématiques devant la faculté de Dijon. Examen moins brillant encore que celui du baccalauréat ès lettres. Pour la chimie il n'obtint que la note « médiocre ». Le 26 août, il était déclaré admissible à la deuxième série des épreuves pour le concours de l'Ecole normale. Classé le quinzième sur vingt-deux, puis le quatorzième

à la suite de la démission d'un candidat, il trouva ce rang trop inférieur et résolut de se présenter de nouveau l'année suivante. Au
mois d'octobre 1842, il partit pour Paris avec Chappuis. La veille
du départ, Pasteur fit un dernier pastel. C'était le portrait de son
père. Front puissant, regard observateur et méditatif, bouche prudente, menton plein de volonté.

Pasteur arriva à la pension Barbet non plus enfant désorienté
comme jadis, mais grand élève capable d'être répétiteur, et reçu
pour ce double rôle. Comme il ne payait que le tiers de la pension,
il devait, pour reconnaître cette faveur, faire aux jeunes élèves,
une fois par jour, de six à sept heures du matin, quelques interro-
gations en mathématiques élémentaires. La chambre de Pasteur
était un peu séparée de la pension, bien que toujours dans l'impasse des Feuillantines. Il la partageait avec deux autres élèves.

« Ne vous inquiétez pas sur ma santé et mon travail, écrivait-il à
ses parents quelques jours après son arrivée ; j'attends ces répétitions pour me lever à six heures moins le quart. Aussi vous voyez
que ce n'est pas être trop matinal. » Traçant ensuite son programme d'existence : « Je passerai mes jeudis dans une bibliothèque voisine de la pension, avec Chappuis. Il peut sortir quatre heures
ces jours-là. Le dimanche nous nous promènerons et travaillerons
ensemble. Je ferai avec Chappuis de la philosophie le dimanche et
peut-être aussi le jeudi, puis je lirai quelques ouvrages de littérature. Vous devez voir que je n'ai pas cette année la maladie du
pays. »

Tout en suivant les cours du lycée Saint-Louis, il allait à la
Sorbonne entendre le professeur qui, après avoir remplacé Gay-
Lussac en 1832, émerveillait depuis dix années son auditoire par un
talent d'exposition, un don d'éloquence qui ouvraient aux esprits de
vastes horizons. Dans une lettre datée du 9 décembre 1842, Pasteur
écrivait : « Je suis le cours qui est fait à la Sorbonne par M. Dumas, célèbre chimiste de l'époque. Vous ne pouvez pas vous figurer quelle affluence de monde il y a à ce cours. La salle est
immense et toujours remplie. Il faut aller une demi-heure d'avance

pour avoir une bonne place, absolument comme au théâtre. Pareillement on applaudit beaucoup. Il y a toujours six à sept cents personnes. » C'est au pied de cette chaire que Pasteur, selon ses paroles mêmes, fut le disciple des enthousiasmes que Dumas lui inspirait. Heureux de cette vie de labeur, il répondait aux inquiétudes provinciales que lui exprimaient ses parents sur la vie du quartier latin et les camarades qu'il pouvait rencontrer : « Quand on a du sang sous les ongles, on y reste le cœur simple et droit comme en un endroit tout autre. Y change qui n'a pas de volonté. »

Il se rendit si utile dans la pension Barbet qu'il fut bientôt exempté de tous frais de pension. Mais, dans une petite note récapitulative sur son budget, il exposait les dépenses que lui représentait la vie parisienne. Voulant obéir à son père qui le pressait d'aller dîner au Palais-Royal le dimanche et le jeudi avec Chappuis, il arrivait à un chiffre qui, pour chaque repas, flottait entre trente-deux et quarante sous. Il s'était offert, toujours avec l'inséparable Chappuis, quatre fois le théâtre et une fois l'opéra. Enfin, notait-il sans omettre les plus petits détails, il avait loué pour sa chambre carrelée un poêle de huit francs; il avait acheté trois fois du bois en participation avec ses camarades; il s'était donné le luxe d'un tapis de deux francs pour sa table où il y avait, disait-il, des trous et des fentes qui l'empêchaient d'écrire.

A la fin de l'année scolaire 1843, il eut au lycée Saint-Louis deux accessits, un premier prix de physique et, au Concours général, un sixième accessit de physique. Reçu le quatrième à l'Ecole normale, il écrivit d'Arbois à M. Barbet qu'il comptait profiter de ses jours de sortie pour donner des répétitions impasse des Feuillantines et s'acquitter ainsi d'une dette de reconnaissance. « Mon cher Pasteur, lui répondait à la fin de septembre M. Barbet, j'accepte avec plaisir l'offre que vous me faites de donner à ma maison quelques-uns des moments de loisir que vous aurez pendant votre séjour à l'Ecole normale. Ce sera d'ailleurs le moyen d'avoir avec vous des rapports très fréquents et plus intimes dont nous nous trouverons bien l'un et l'autre. »

Pasteur était si pressé d'entrer à l'Ecole normale qu'il arriva à

Paris quelques jours avant tous les autres élèves. Il sollicita une entrée de faveur comme d'autres sollicitent une sortie. On lui accorda facilement la permission de coucher dans le dortoir désert. Sa première visite fut pour M. Barbet. Les congés du jeudi, qui étaient fixés d'une heure à sept, avaient été prolongés jusqu'à huit heures. Quoi de plus simple, disait Pasteur, que de venir régulièrement le jeudi, à partir de six heures, donner une leçon de physique aux élèves de la pension?

« Je suis content, lui écrivait son père, de te voir donner des leçons chez M. Barbet... Il en a si bien agi avec nous que je tenais beaucoup à te voir à même de lui prouver ta reconnaissance. Sois donc toujours très complaisant pour lui. Non seulement tu le dois pour toi, mais tu le dois aussi pour d'autres. Cela l'engagera à se conduire ainsi qu'il l'a fait pour toi, envers quelques jeunes gens studieux qui peut-être sans lui auraient leur avenir compromis. »

La générosité, le sacrifice, la préoccupation des autres, même des inconnus, loin de coûter au père et au fils un effort, leur étaient chose très naturelle. De même que la petite maison d'Arbois était transformée par le rayon d'idéal qui la traversait, la vieille Ecole normale, — placée alors comme une annexe du collège Louis-le-Grand et qu'on aurait pu prendre, disait Jules Simon, pour une caserne en mauvais état ou pour un hôpital, — reflétait dans ses murs délabrés les idées et les sentiments qui font les vies utiles. « Les détails que tu me donnes sur la façon dont vous êtes dirigés dans vos études me font plaisir, écrivait le père de Pasteur le 18 novembre 1843 ; tout m'y paraît ordonné de manière à y faire des sujets distingués. Honneur à ceux qui ont fondé cette Ecole ! » Une seule chose l'inquiétait. Il y revenait invariablement dans toutes ses lettres : « Tu sais combien ta santé nous préoccupe à cause de ton immodération dans le travail. Ne t'es-tu déjà pas assez fait de mal à la vue par ton travail de nuit ? Parvenu où tu es, tu devrais être tout joyeux, ton ambition devrait être mille fois satisfaite. » « Dites bien à Louis, écrivait-il à Chappuis, de ne pas tant travailler. Il n'est pas bon d'avoir toujours l'esprit tendu. Ce n'est pas le moyen de réussir, c'est le moyen de compromettre

sa santé. » Et avec une pointe d'ironie sur les grands sujets de
méditation du philosophe Chappuis : « Vous êtes, croyez-moi, de
pauvres philosophes si vous ne savez pas que l'on peut être heureux dans une situation modeste de professeur au collège d'Arbois. »

Nouvelle lettre au mois de décembre 1843, recommandation
directe à son fils. « Dis à Chappuis que j'ai mis en bouteilles du
1834 acheté tout exprès pour boire à l'honneur de l'Ecole normale, et cela pour les premières vacances. Il y a de l'esprit au
fond de ces cent litres plus que dans tous les livres de philosophie
du monde. Mais pour des formules de mathématiques, ajoutait-il,
je crois qu'il n'y en a pas. Dis-lui bien que nous boirons la première bouteille avec lui. Soyez toujours de bons amis. »

Si les lettres de Pasteur durant cette première période normalienne ont été perdues, on peut, à l'aide des lettres de son père,
reconstituer sans lacune sa biographie. « Parle-nous toujours de tes
études, ce que tu fais chez M. Barbet, si tu vas encore au cours de
M. Pouillet, puis si tu ne négliges pas les mathématiques, si une
science ne gêne pas l'autre. Je ne le pense pas. Loin de là, cela
doit s'entr'aider. » Remarque curieuse et qui est à retenir quand
on recherche les traces d'hérédité. Cette idée, que le père jetait en
passant, ne devait-elle pas recevoir une démonstration éclatante
par les travaux du fils ?

CHAPITRE II

1844-1849

Il passait souvent ses heures de récréation à la bibliothèque de l'Ecole normale. Ceux qui l'ont connu à cette époque se le rappellent simple, grave, presque timide. Mais sous ces qualités réfléchies couvait la flamme de l'enthousiasme. La vie des hommes illustres, des grands savants et des grands patriotes lui causait une émotion généreuse. A cette ardeur se mêlait la plus forte contention d'esprit. Soit qu'il étudiât un volume, même un volume banal, — car il avait une telle conscience qu'il ne savait pas ce que c'est que parcourir un livre, — soit qu'il sortît d'un cours de J.-B. Dumas, soit qu'il rédigeât de sa petite écriture fine et serrée ses cahiers d'école, il était toujours impatient d'apprendre davantage, de se dévouer à de grandes recherches. Passer un après-midi du dimanche au laboratoire de la Sorbonne, obtenir du préparateur de J.-B. Dumas, le célèbre Barruel, des leçons particulières, pouvait-on, disait-il, faire un meilleur emploi d'une journée de congé ?

Chappuis, résolu à obéir aux prescriptions du père de Pasteur qui dans chacune de ses lettres répétait : « empêchez-le de tant travailler », désireux, en outre, de vivre quelques heures de sortie avec son camarade, Chappuis attendait philosophiquement, sur un escabeau du laboratoire, que les manipulations fussent terminées. Vaincu par cette attitude et ce silence gros de reproches, Pasteur, un peu fâché et peut-être plus reconnaissant que fâché, se décidait enfin à quitter son tablier. « Eh bien ! allons nous promener ! » finissait-il par dire d'un ton brusquement amical. Mais, une fois dans la rue, au lieu de ces premiers mots si naturels de délivrance et de détente : « Parlons d'autre chose, » c'était toujours des mêmes choses qu'il s'agissait entre eux : cours, lectures, projets de travaux.

Ce fut au milieu d'une de ces conversations dans le jardin du Luxembourg que Pasteur entraîna Chappuis bien loin de la philosophie. Il s'agissait de l'acide tartrique et de l'acide paratartrique, des tartrates et des paratartrates. Si l'acide tartrique était connu depuis 1770, grâce au chimiste suédois Scheele qui le découvrit dans les croûtes épaisses formées dans les tonneaux de vin et que l'on appelle le tartre, l'acide paratartrique déconcertait les chimistes. En 1820, un industriel d'Alsace, Kestner, dans sa fabrique de Thann, avait obtenu par hasard, en préparant l'acide tartrique, un acide très singulier que, malgré des essais variés, il n'était pas encore parvenu à reproduire. Il en avait gardé un stock. Gay-Lussac, après avoir visité la fabrique de Thann en 1826, étudia cet acide resté mystérieux. Il proposa de l'appeler acide racémique. Berzélius à son tour se mit à l'étudier et préféra l'appeler paratartrique. On peut adopter l'un ou l'autre nom : c'est absolument la même chose. Lettrés ou gens du monde sont également effarouchés par les mots paratartrique ou racémique. Chappuis le fut tout à fait quand Pasteur lui récita textuellement une note d'un chimiste cristallographe de Berlin, Mitscherlich. Cette note, Pasteur l'avait si bien médité qu'il la savait par cœur. Que de fois, en effet, réfugié dans l'entresol obscur où était alors située la bibliothèque de l'Ecole normale, penché sur le fascicule de l'Académie des sciences du 14 octobre 1844, il s'était demandé comment on pourrait triompher d'une difficulté qui paraissait insurmontable à des savants comme Mitscherlich et Biot ! Cette note, relative à deux combinaisons salines, le tartrate et le paratartrate de soude et d'ammoniaque, se résumait ainsi : dans ces deux substances de même forme cristalline la nature et le nombre des atomes, leur arrangement et leurs distances sont les mêmes. Cependant le tartrate dissous tourne le plan de la lumière polarisée et le paratartrate est indifférent.

Pasteur avait le don d'intéresser aux problèmes scientifiques, par quelque aperçu sommaire, les esprits les moins enclins à ce genre d'exercices. Il rendait d'ailleurs aisée l'attention de l'auditeur. Nulle question ne le surprenait et il ne souriait jamais d'une ignorance. Bien que Chappuis, tout entier au cours de philosophie professé par Jules Simon, fût dans un mouvement d'idées qui ne le rapprochait guère des préoccupations de Mitscherlich, il s'intéressa progressivement à l'indifférence du paratartrate, parce que son ami en était visiblement troublé. Prenant les choses historiquement comme il aimait à le faire, Pasteur savait rendre son enseignement vivant. C'est ainsi qu'à propos du phénomène d'optique dont il est question dans cette note de Mitscherlich, Pasteur, parlant du carbonate de chaux cristallisé appelé le spath d'Islande qui présente la double réfraction, — c'est-à-dire qu'en regardant un objet au travers de ce cristal on voit deux images de cet objet, — Pasteur donnait à Chappuis non pas la notion vague d'un cristal sous une vitrine dans une galerie de minéralogie, mais l'évocation d'un cristal déterminé, très pur, d'une transparence parfaite, apporté d'Islande en 1669 à un physicien danois. La surprise, l'émotion de ce savant, lorsqu'en étudiant à travers ce cristal la marche de la lumière, il vit un rayon lumineux qui se dédoublait, Pasteur semblait les éprouver.

Il s'enthousiasmait de même au souvenir d'un officier du génie sous le premier Empire, Etienne-Louis Malus. En étudiant avec soin la double réfraction, Malus tenait entre les mains un cristal de spath, quand, de la chambre qu'il occupait rue d'Enfer, il eut l'idée de regarder à travers le cristal les fenêtres du palais du Luxembourg éclairées par le soleil couchant. Il suffisait de faire tourner lentement le cristal autour du rayon visuel (comme axe) pour constater les variations périodiques de l'intensité de la lumière réfléchie dans ces vitres. Personne n'avait jusque-là soupçonné que la lumière, après s'être réfléchie dans de certaines conditions, eût des propriétés toutes différentes de celles qu'elle avait avant sa réflexion. Cette lumière ainsi modifiée (par la réflexion dans ce cas particulier), Malus l'appela lumière polarisée. On admettait alors, dans la théorie de l'émission, l'existence de molécules lumineuses et on s'imaginait que ces molécules « éprouvaient simultanément les mêmes effets lorsqu'elles avaient été réfléchies sur le verre sous un certain angle;... qu'elles étaient toutes tournées de la même manière ». Pouillet, parlant de cette découverte de Malus dans le cours de physique que suivait Pasteur, expliquait que l'on se persuadait en conséquence « qu'elles avaient des axes de rotation et des pôles autour desquels leurs mouvements pouvaient s'accomplir sous certaines influences ».

Le regret que Malus qui poursuivait ces recherches fût mort à trente-sept ans ; la part de son héritage scientifique recueillie par Biot et Arago qui s'illustrèrent dans la voie ouverte par Malus, Pasteur parlait de tout cela avec fièvre. Et Chappuis apprenait qu'au moyen d'appareils de polarisation on constatait que certains cristaux de quartz faisaient tourner à droite le plan de polarisation de la lumière tandis que d'autres le faisaient tourner à gauche ; puis encore qu'il y avait des matières organiques naturelles, telles que des solutions de sucre, d'acide tartrique, qui, placées dans un de ces appareils, tournaient à droite le plan de polarisation, alors que d'autres, comme l'essence de térébenthine, la quinine, le tournaient à gauche. D'où le mot polarisation rotatoire.

Ce sont là en apparence des recherches bien ardues, relevant du domaine de la science pure. Et pourtant, grâce au saccharimètre qui est un appareil de polarisation, l'industriel peut, en achetant de la cassonade, savoir la quantité de sucre pur qu'elle contient ; le physiologiste peut étudier la marche du diabète.

Chappuis, qui sentait avec quelle puissance d'investigation son ami pouvait aborder le problème posé par Mitscherlich, regrettait que la perspective d'examens comme la licence et l'agrégation ne permissent pas à Pasteur de concentrer toutes ses forces de travail sur un point de science aussi spécial. Mais Pasteur était résolu à reprendre ce sujet pour ne plus le quitter, dès qu'il serait docteur ès sciences.

En écrivant à son père il laissait de côté les tartrates et les paratartrates. Mais on sentait son ambition impétueuse. Il voulait toujours faire les journées doubles, soutenir sa thèse au plus vite. « Avant de penser aux épaulettes de capitaine, lui répondait le vieux sergent-major, pensons aux épaulettes de sous-lieutenant. »

A lire ces lettres, on a l'illusion de vivre au milieu de ces existences qui réagissaient perpétuellement les unes sur les autres. Les sentiments de toute cette famille étaient fixés vers la grande Ecole où travaillait ce fils, ce frère en qui chacun avait mis toutes ses espérances.

Aussi quand une des lettres à grand format, au large timbre de la poste, se faisait trop attendre : « Tes sœurs comptaient les jours, lui écrit son père avec une nuance de reproche. Voilà dix-huit jours ! disaient-elles. Louis n'a jamais tant tardé. N'est-il au moins pas malade ?... C'est un grand bonheur pour moi, ajoute ce père, de voir l'attachement que vous vous portez. Puissiez-vous toujours être ainsi ! »

La mère écrivait peu. Elle n'avait pas le temps. Tous les soins du ménage et du commerce, dont il fallait tenir les livres, retombaient sur elle. Mais, avec cette tendresse que son imagination rendait plus inquiète encore, elle épiait l'arrivée du facteur. Elle pensait constamment à ce fils qu'elle aimait non comme une mère égoïste pour l'avoir auprès d'elle, mais pour lui, si heureux de travailler et de se promettre une carrière utile.

Il y avait ainsi, entre ce coin du Jura et le coin de Paris où était l'Ecole normale, un perpétuel échange de pensées. On se racontait jusqu'aux moindres incidents de la vie quotidienne. Le père, sachant qu'il fallait rendre compte à son fils des préoccupations du budget familial, parlait des ventes plus ou moins aisées des cuirs qu'il portait régulièrement aux foires de Besançon. Le fils cherchait à trouver dans les progrès de l'industrie ce qui pouvait alléger quelque peu le dur métier paternel. Mais, tout en se disant prêt à étudier les nouveaux procédés, dits procédés de Vauquelin, qui supprimaient les longs séjours des peaux dans les fosses, le père se demandait avec une inquiétude scrupuleuse si les cuirs ainsi préparés seraient d'un très bon usage. Pourrait-il les donner en

3

toute garantie aux cordonniers, unanimes à vanter les marchandises qui venaient de cette petite tannerie et presque unanimes (dans leur retard à régler leurs comptes avec elle) à passer sous silence le désintéressement du maître de cette tannerie? Il avait pour sa famille le vivre et le couvert, que fallait-il de plus? Dès qu'il recevait des nouvelles de son normalien, il était heureux. Associant sa vie morale à celle de son fils, il partageait l'enthousiasme suscité par les cours de J.-B. Dumas; il s'intéressait aux leçons du physicien Pouillet, franc-comtois, sorti de l'Ecole normale, professeur à la Sorbonne et membre de l'Institut. Quand Balard, maître de conférences à l'Ecole, fut nommé à l'Académie des sciences, Louis Pasteur l'annonça à son père avec une joie de disciple.

Ainsi que Dumas, Balard avait été élève en pharmacie. Pour rappeler leurs débuts modestes, Dumas disait en termes un peu solennels : « Nous avons été, Balard et moi, initiés à la vie scientifique dans les mêmes conditions. » Nommé à quarante-deux ans membre de l'Institut, Balard ne se possédait pas de joie. Méridional de langage, de gestes, il aurait mérité que l'on créât à son intention le verbe exubérer. Mais, sans cesse en mouvement, à peine campé dans son laboratoire comme il était campé dans sa chambre d'étudiant, ce méridional était d'une espèce particulière : il tenait ses promesses. « J'ai vu avec plaisir ton contentement au sujet de cette nomination, écrivait le père de Pasteur à son fils. Cela me prouve ta reconnaissance pour tes maîtres. » Presque à la même date, le principal du collège d'Arbois, M. Romanet, lisait dans les classes des grands les lettres toujours empreintes de gratitude qu'il recevait de Louis Pasteur. C'était le reflet de la vie de Paris telle que Louis Pasteur la comprenait : vie de travail et d'ambition haute et noble. M. Romanet, dans une de ses réponses, lui demandait de vouloir bien être le bibliothécaire *in partibus* du collège. En dehors de l'achat des livres de science et de littérature, le principal sollicitait pour les vacances suivantes quelques cours destinés aux rhétoriciens en congé. « Ce serait pour eux, disait M. Romanet, comme un écho des leçons de la Sorbonne. Et vous nous parleriez de ce que font nos savants, au nombre desquels, ajoutait-il, figurera un

jour celui qui, après avoir été un de nos anciens élèves, sera toujours un de nos meilleurs amis. »

Membre correspondant du collège d'Arbois, conférencier inscrit
pour élèves en vacances, Pasteur eut un titre plus original encore.
Il connaissait, pour les avoir entendus à maintes reprises, les regrets
de son père qui souffrait de n'avoir eu qu'une instruction à bâtons
rompus. Que de fois ce père demandait plus et mieux qu'un conseil, un programme d'études ! Alors, par un changement de rôles,
l'élève d'autrefois devint répétiteur. Mais de quel ton respectueux et avec quel sentiment délicat s'exprimait ce maître filial !
« C'est surtout, disait-il à son père, pour que tu puisses servir de
professeur à Joséphine, que je t'envoie ce que tu me demandes. »
Instituteur à distance de son père et de sa sœur, il tenait à
bien remplir sa tâche. Il fallait qu'il constatât des progrès. Les
devoirs qu'il envoyait n'étaient pas toujours faciles. « J'ai passé,
lui écrit son père, à la date du 2 janvier 1845, j'ai passé deux jours
sans comprendre un problème que j'ai trouvé après très simple.
Quand il s'agit d'apprendre pour faire le maître, ce n'est pas peu
de chose. » « Joséphine, écrivait-il un mois plus tard, ne veut pas,
comme elle dit, se casser la tête. Néanmoins je promets que cela
ira de façon à ce que tu sois content d'elle aux vacances prochaines. » Penché sur un gros cahier, le père s'attardait souvent
le soir à étudier des règles de grammaire, à résoudre des problèmes,
à répondre à son Louis.

Quelques arboisiens, bien oubliés aujourd'hui, s'imaginaient qu'ils
rempliraient du bruit de leur importance l'histoire de ce chef-lieu
de canton. Le général baron Delort, pair de France, aide de camp
du roi Louis-Philippe, grand-croix de la Légion d'honneur et premier personnage d'Arbois — où il vieillissait en traduisant Horace
— traversait le pont de la Cuisance sans même jeter un coup d'œil
sur la tannerie où vivait la famille Pasteur. Tandis que le général
léguait dans sa pensée à la bibliothèque d'Arbois ses livres, ses
papiers, ses décorations et jusqu'à son chapeau d'uniforme, il était
loin de prévoir que cette demeure bâtie près du pont attirerait un
jour tous les regards.

Les mois se passaient. Les nouvelles heureuses se succédaient. S'intéressant surtout aux transformations de la matière, le normalien s'exerçait à devenir préparateur. Les difficultés le stimulaient. Comme on se contentait dans le cours de chimie d'exposer les procédés nécessaires pour obtenir le phosphore, et que l'on reculait devant la longueur de temps exigée par les manipulations quand on veut avoir ce corps simple, Pasteur, avec son instinct de patience et son besoin de contrôle, acheta des os, les brûla, les réduisit en cendres très fines, traita ces cendres par l'acide sulfurique, et termina tout minutieusement. Quel triomphe lorsqu'il eut soixante grammes de phosphore, extrait d'os, et qu'il put étiqueter ce mot *phosphore* sur un flacon! Ce fut sa première joie scientifique.

Pendant qu'il méritait d'être appelé, avec une ironie de camarade, un pilier de laboratoire, d'autres élèves plus préoccupés d'examens, le dépassaient. Le doyen actuel de la Faculté des sciences, M. Darboux, a retrouvé dans les registres de la Sorbonne que Pasteur avait été classé le septième aux examens de licence. Deux autres élèves ayant obtenu la même note que lui, le jury, composé de Dumas, de Balard et de Delafosse, ne proclama son nom qu'après celui de ses deux camarades.

Les amateurs d'archives pourraient retrouver dans le *Journal général de l'Instruction publique*, à la date du 19 septembre 1846, un rapport sur le concours d'agrégation (sciences physiques). Quatorze candidats s'étaient présentés, quatre avaient été reçus. Pasteur n'était que le troisième. Ses leçons de physique et de chimie avaient fait dire au jury : « ce sera un excellent professeur. » Mais que de camarades normaliens dans cette première période se crurent promis à une destinée infiniment supérieure à la sienne ! Quelques-uns rappelaient plus tard à leurs élèves, avec complaisance, cette supériorité ancienne et passagère. De tous ceux qui approchaient Pasteur, Chappuis fut le seul qui devinât l'avenir. « Vous verrez ce que sera Pasteur, » disait-il avec une assurance que l'on prenait pour un excès d'amitié. Chappuis connaissait si bien, lui, le confident des journées de sortie, le pouvoir de concentration qu'avait son camarade !

Balard s'en doutait aussi. Il eut l'heureuse pensée d'attacher à son laboratoire le nouvel agrégé. Il intervint avec fougue lorsque le ministre de l'Instruction publique voulut, quelques mois plus tard, que Pasteur enseignât la physique au lycée de Tournon. N'était-ce pas une folie, disait-il, de vouloir envoyer à plus de cinq cents kilomètres de Paris quelqu'un qui ne demandait que le titre modeste de préparateur et n'avait d'autre ambition que de travailler du matin au soir en préparant une thèse de doctorat ? Il serait temps de le nommer, une fois la thèse soutenue. Comment résister à ce flot de paroles et d'idées justes ! Balard eut le dernier mot.

Pasteur fut profondément reconnaissant à Balard de l'avoir préservé d'un départ pour cette petite ville de l'Ardèche. Et, comme il ajoutait à ses qualités franc-comtoises, faites de réflexion et de patience, un cœur d'enfant aux émotions vives, enthousiastes, il était heureux d'être aux côtés d'un maître tel que Balard, déjà célèbre à vingt-quatre ans par la découverte du brôme.

Dans ce laboratoire hospitalier se présenta, vers la fin de 1846, un homme d'un visage singulier, un peu maladif, au regard ardent, inquiet et fier. Il y avait en lui du savant et du poète. C'était Auguste Laurent, professeur à la Faculté de Bordeaux, alors en congé. Avait-il eu quelques démêlés hiérarchiques à Bordeaux ? Était-ce besoin de changement ? Il voulait vivre à Paris. Déjà connu dans le monde scientifique, récemment nommé correspondant à l'Académie des sciences, Laurent avait pressenti et confirmé la théorie des substitutions, formulée, dès 1834, par Dumas dans un mémoire à l'Académie. Dumas s'était exprimé ainsi : « Le chlore possède le pouvoir singulier de s'emparer de l'hydrogène de certains corps et de le remplacer atome par atome. »

Cette théorie des substitutions était, suivant une comparaison simple et saisissante de Pasteur, une manière d'envisager les espèces chimiques « comme des édifices moléculaires dans lesquels on pouvait remplacer un élément par un autre sans que l'édifice fût modifié dans sa structure, à peu près comme on pourrait substituer pierre à pierre aux assises d'un monument des assises nouvelles. » Les recherches originales, les idées neuves et hardies plaisaient à Pasteur. Mais son audace avait pour contrôle, dès qu'il sortait des idées pour entrer dans les faits, un esprit en garde contre les surprises, les causes d'erreur, les conclusions hâtives. « C'est possible, disait-il, mais il faut voir, il faut rester longtemps dans un sujet. »

Lorsque, pour soutenir certaines idées théoriques, Laurent lui proposa d'aborder un travail en commun, Pasteur, heureux de cette collaboration, écrivait à son ami Chappuis, devenu professeur de philosophie à Besançon : « Quand il arriverait que ce travail ne mènerait à aucun résultat utile à publier, tu penses que je gagnerais beaucoup à manipuler durant plusieurs mois avec un chimiste si expérimenté. »

C'est un peu grâce à lui que Pasteur entra plus avant dans un mouvement d'idées qui devait le mettre aux prises avec le problème proposé par Mitscherlich. « Un jour (c'est Pasteur qui a consigné le fait dans une petite note manuscrite), un jour il arriva que M. Laurent étudiant, si je me rappelle bien, un tungstate de soude parfaitement cristallisé et préparé suivant les indications d'un autre chimiste dont il vérifiait les résultats, me fit voir au microscope que ce sel en apparence très pur était évidemment un mélange de trois espèces de cristaux distincts, qu'un peu d'habitude des formes cristallines permettait de reconnaître sans peine. Cet exemple et plusieurs autres du même genre me firent apprécier tout le parti que les études chimiques pouvaient retirer de la connaissance des formes cristallines. Les leçons de notre modeste et excellent professeur de minéralogie, M. Delafosse, m'avaient depuis longtemps fait aimer la cristallographie. Alors, pour acquérir l'habitude des mesures goniométriques, je me mis à étudier avec soin les formes d'une très belle série de combinaisons qui toutes cristallisent avec une grande facilité, l'acide tartrique et les tartrates. »

Comme il aimait à constater l'influence heureuse exercée sur ses travaux : « Un autre motif, ajoutait-il dans cette même note, m'engageait à préférer l'étude de ces formes. M. de la Provostaye venait de publier sur elles un travail à peu près complet : ce qui me permettait de comparer à chaque instant mes observations avec celles, toujours si précises, de cet habile physicien. »

Le travail commencé entre Pasteur et Laurent fut interrompu. Laurent venait d'être nommé suppléant de J.-B. Dumas à la Sorbonne. Sans s'arrêter à la déception personnelle que pouvait lui causer une rupture d'espérances, Pasteur se réjouissait de voir en pleine lumière un homme qu'il mettait au premier rang. Peut-être, au dire de certains juges, Laurent dans sa leçon d'ouverture fut-il un peu trop pressé d'exposer ses propres idées. Mais tout homme convaincu n'est-il pas un apôtre ? Quand on a la main pleine de vérités, on veut l'ouvrir. Il est probable qu'à la place de Laurent, Pasteur se fût effacé tout d'abord dans son rôle de suppléant. Sans se permettre la plus légère réflexion, il écrivait à Chappuis : « Laurent a été aussi hardi que dans ses mémoires, et parmi les chimistes ses leçons ont fait beaucoup de bruit. » Approbations ou critiques, c'était le mouvement, c'était la vie, c'était tout ce qui constitue le succès. Et, pour répondre à des insinuations plus ou moins répandues sur l'humeur ambitieuse de Laurent, toujours avide de changement, Pasteur dans sa thèse de chimie proclamait combien il avait été « éclairé des bienveillants conseils de cet homme si distingué à la fois par le talent et par le caractère ».

Sa thèse de chimie avait pour sujet *Recherches sur la capacité de saturation de l'acide arsénieux. — Etude des arsénites de potasse, de soude et d'ammoniaque.* Ce n'était, dans la pensée de Pasteur, qu'un travail d'écolier. Il n'avait pas encore, disait-il, assez d'expérience et de pratique dans les travaux de laboratoire. « En physique, écrivait-il à son ami Chappuis, je donnerai seulement un programme de recherches que j'entreprendrai l'année prochaine et que je ne fais que commencer dans ma thèse. »

Cette thèse de physique était une *Etude des phénomènes relatifs à la polarisation rotatoire des liquides.* Et, pressentant l'importance de ces travaux trop négligés des chimistes, disait-il en rendant un plein hommage à Biot, il indiquait combien, pour éclairer certaines obscurités de la chimie, il était utile de demander secours aux sciences qui avoisinent cette science, la cristallographie d'une part et la physique de l'autre. C'est surtout, disait-il, dans l'état actuel de la science que ce concours est nécessaire.

Les deux thèses, dédiées à son père et à sa mère, furent soutenues le 23 août 1847. Il n'eut pour chacune d'elles qu'une boule blanche et deux rouges. « Bien que nous ne puissions pas les juger, lui écrivait son père au nom de tous les siens, notre satisfaction n'en est pas moins grande. Mais, ajoutait-il en face du titre de docteur, j'étais loin d'en demander tant. Mon ambition était finie à l'agrégation. » Il n'en était pas de même pour son fils. Toujours plus loin ! se disait-il non par désir d'un titre, mais par curiosité d'esprit, insatiabilité de savoir.

Après être resté quelques jours au milieu de sa famille et de ses anciens professeurs, il proposait à son ami Chappuis d'aller en Allemagne pour apprendre l'allemand du matin au soir. La perspective de cette partie de travail le charmait. Mais il avait compté sans une dette d'étudiant. « Mon projet ne peut se réaliser, écrit-il tristement le 3 septembre 1847, je me suis plus que ruiné pour mes frais de thèse. »

Revenu à Paris, il s'enferme dans le laboratoire. « Je suis extrêmement heureux. Je compte publier prochainement un travail de cristallographie. » « Nous avons reçu hier ta lettre, lui écrit son père le 25 décembre 1847. Elle ne peut être plus satisfaisante, mais il ne peut être autrement venant de toi, et dès longtemps et de toujours tu es toute ma satisfaction. » Puis, pour répondre à la confidence de tous les projets de travaux que son fils veut entreprendre, et comprenant que rien ne pourra l'arrêter : « Tu fais bien, lui dit-il dans une forme franc-comtoise, tu fais bien marcher au but. Si tant de fois tu m'as entendu parler dans un autre sens, ce n'était que par excès d'affection. Je n'étais préoccupé que d'une chose : te voir succomber à la peine. Tant de nobles jeunes gens ont sacrifié leur santé à l'amour de la science ! Te connaissant comme je te connais je n'avais qu'à me préoccuper d'une seule idée. »

L'excès de travail lui avait attiré des remontrances, l'excès d'af-

fection allait lui en attirer d'autres. « On vient de recevoir, lui
écrit son père le 1er janvier 1848, les objets que tu as envoyés. Je
laisse tes sœurs te remercier. Pour moi certes, j'aimerais mille fois
mieux cet argent dans ta bourse, et de là au restaurant, placé en
quelques bons repas où, avec une bonne société, tu te serais bien
amusé. Bien peu de parents, mon bon ami, ont le bonheur d'avoir
à dire de telles choses à leur fils à Paris. Aussi suis-je satisfait de
toi bien au delà de mes expressions. »

A la fin de cette même lettre, la mère écrit à son tour : « Mon
cher enfant, je te souhaite une bonne année. Aie bien soin de ta
santé... Juge si je dois être en souci ne pouvant être près de toi
pour te donner les soins d'une mère. Parfois, je me reconsole de
ton absence en réfléchissant combien j'ai eu de bonheur d'avoir eu
un enfant qui se soit fait une position qui l'ait rendu si heureux,
tel que tu l'as marqué dans ton avant-dernière lettre. » Et dans
une phrase singulière, où il semble que le pressentiment d'une
mort prochaine lui fasse juger à sa vraie valeur toutes les choses
de ce monde : « Quoi qu'il t'arrive, ne te fais jamais de chagrin.
Tout n'est que chimère dans la vie. Adieu, mon cher enfant. »

Le 20 mars 1848, Pasteur lut à l'Académie des sciences un
extrait de son mémoire intitulé : *Recherches sur le dimorphisme*.
Il y a des substances qui peuvent cristalliser dans deux systèmes
différents, tel le soufre, qui, suivant qu'il est fondu au creuset ou
dissous dans le sulfure de carbone, donne des cristaux très dissemblables. Ces substances sont appelées dimorphes. Pasteur aidé,
— comme il l'écrivait dès les premières pages, avec son sentiment
habituel de reconnaissance, — des bienveillants secours du savant
M. Delafosse, avait voulu dresser une liste aussi complète que possible de toutes les substances dimorphes. Le jour où le principal
du collège d'Arbois, M. Romanet, reçut ce travail, il fut désorienté.
« Ce sera trop fort pour vous, » disait-il, avec une modestie com-
municative aux anciens camarades de Pasteur, aux Vercel, aux
Charrière, aux Coulon. Peut-être le principal voulut-il s'excuser de
son incompétence auprès des générations à venir, car sur la brochure qui existe encore à la bibliothèque d'Arbois il écrivit et signa

de son initiale R. cette remarque au-dessus du titre : Dimorphisme.
« Ce mot ne se trouve pas même dans le dictionnaire de l'Académie. » L'approbation de plusieurs membres de l'Académie des
sciences fit contrepoids au jugement un peu trop sommaire de
M. Romanet, qui suivit désormais de ses vœux cet élève dont la
marche devenait très rapide.

Après cette étude si spéciale, datée du commencement de 1848,
on pourrait se représenter l'agrégé-préparateur fermant l'oreille à
tous les bruits du dehors et peu préoccupé des mouvements politiques. Ce serait mal le connaître. Ceux qui ont été les témoins de
la révolution de 1848 se rappellent combien la France, pendant les
premières semaines, fut transportée du patriotisme le plus pur.

Pasteur entrevoyait une république généreuse et fraternelle. Il
suffisait qu'il entendît les mots de drapeau et de patrie pour être
ému jusqu'au fond de l'âme. Lamartine homme politique lui inspirait
une confiance enthousiaste. Le spectacle d'un poète conducteur de
peuples était fait pour le séduire. Bien des gens eurent la même
illusion. La France, selon une expression de Louis Veuillot, eut le
tort de prendre pour colonel le principal musicien du régiment.

Enrôlé avec ses camarades, Pasteur, dans une lettre à ses
parents, s'exprimait ainsi : « Je vous écris du poste du chemin de
fer d'Orléans où je suis garde national... Je suis très heureux
d'avoir été à Paris aux journées de février et d'y être maintenant
encore. Je quitterais Paris avec regret en ce moment. Ce sont de
beaux et de sublimes enseignements que ceux qui se déroulent ici
sous les yeux... et s'il le fallait je me battrais avec courage pour la
sainte cause de la République. »

« Quelle transformation de tout notre être ! — a écrit, au souvenir
de ces journées, quelqu'un qui était alors un candidat normalien,
déjà connu de ses maîtres pour son bon sens, Francisque Sarcey.
Comme ces mots magiques de liberté et de fraternité, comme ce
renouveau de la République, éclos au soleil de notre vingtième
année, nous remplit le cœur de sensations inconnues, et qui
furent vraiment délicieuses ! De quelle joie vaillante nous embras-
sâmes cette superbe et douce image d'un peuple d'hommes libres

et de frères ! Toute la nation en fut émue comme nous. Comme nous, elle avait bu à la coupe qui enivre. Des lèvres d'un grand poète coulait à flots intarissables le miel de l'éloquence ; et elle crut de bonne foi, dans la naïveté de son âme, à l'efficacité de sa parole pour guérir les maux, détruire les abus et calmer les douleurs. »

Un jour que Pasteur traversait la place du Panthéon, il vit un rassemblement autour d'une baraque improvisée. Les mots : Autel de la Patrie resplendissaient. Un voisin lui parle d'offrandes en argent que l'on peut déposer sur cet autel. Pasteur retourne à l'Ecole normale. Il cherche au fond de son tiroir et vient déposer tout ce qu'il possède entre des mains reconnaissantes. « Tu me dis, lui écrivit son père à la date du 28 avril 1848, que tu as donné tes économies à la patrie, se montant à cent cinquante francs. Tu as sans doute un récépissé, la date du jour et le lieu du bureau où tu as fait ce versement. » Et, trouvant que cet acte ne devait pas rester ignoré il lui conseille d'aller au journal le *National* ou la *Réforme* et de faire connaître cette souscription dans les termes suivants : Don à la Patrie : cent cinquante francs par le fils d'un vieux soldat décoré de l'Empereur. L. P., ancien élève de l'Ecole normale. « Provoque, lui écrivait-il dans cette même lettre, une souscription dans ton école en faveur de ces pauvres exilés polonais qui ont tant fait pour nous. Ce sera une bonne œuvre. »

Après ces journées d'exaltation civique, Pasteur revint à ses cristaux. Il étudia les tartrates sous l'empire de certaines idées que lui-même aimait à exposer. A ne considérer les objets qu'au point de vue de la forme, on peut les distribuer en deux grandes catégories. Il y a les objets qui, placés devant une glace, donnent une image qui leur est superposable : ils ont un plan de symétrie. D'autres ont une image qui ne leur est pas superposable : ils sont dissymétriques. Une chaise, par exemple, a un plan de symétrie, un escalier droit également. Mais un escalier tournant n'a pas ce plan. Son image ne peut lui être superposée. Tourne-t-il à gauche, son image tourne à droite. De même la main droite ne peut être superposée à la main gauche. Le gant de la main droite ne peut aller à la main gauche, et la main droite est dans une glace l'image de la main gauche.

Pasteur remarqua que les cristaux de l'acide tartrique et les tartrates avaient des petites facettes qui avaient échappé même aux recherches approfondies de Mitscherlich et de La Provostaye. Ces facettes qui existaient seulement sur la moitié des arêtes ou des angles semblables, constituaient ce qu'on appelle une hémiédrie. Lorsqu'on plaçait le cristal devant une glace, l'image qui apparaissait était une image non superposable au cristal. La comparaison des mains pouvait lui être appliquée.

Un tel aspect du cristal n'est-il pas, se disait Pasteur, l'indice de ce qui existe à l'intérieur des molécules, la dissymétrie de la forme correspondant à la dissymétrie moléculaire? Mitscherlich n'aura pas vu que son tartrate avait cette dissymétrie, ces petites facettes, tandis que son paratartrate n'a pas ces facettes, n'est pas hémiédrique. Dès lors s'expliquerait, par une loi de structure, la déviation à droite du plan de polarisation produite par le tartrate, et la neutralité optique de son paratartrate.

La première partie des prévisions se réalisa : tous les cristaux de tartrate observés étaient bien hémiédriques. Mais, quand il vint à l'examen des cristaux de paratartrate, espérant vérifier sur eux l'absence d'hémiédrie, il éprouva une vive déception. Le paratartrate aussi était hémiédrique; mais, chose étrange, les facettes hémiédriques dans le paratartrate s'inclinaient tantôt à droite, tantôt à gauche.

Pasteur eut alors l'idée de prendre un à un ces derniers cristaux, de mettre d'un côté les cristaux hémièdres à droite, de l'autre les cristaux hémièdres à gauche. Il se disait que, quand il observerait séparément leurs dissolutions dans l'appareil de polarisation, les deux hémiédries différentes donneraient deux déviations inverses. Et en prélevant un poids égal de chacune des deux sortes de cristaux, ainsi que l'avait fait sans aucun doute Mitscherlich, la solution mixte serait inactive sur la lumière, — les deux déviations égales et de sens opposés devant se neutraliser réciproquement.

Emu, le cœur battant, l'œil anxieux, il observe dans l'appareil de polarisation et s'écrie : « Tout est trouvé ! » Son premier saisissement fut tel qu'il ne put remettre l'œil à l'appareil. Il sortit brusquement du laboratoire. C'était un peu comme Archimède. Rencontrant un préparateur de physique, dans un corridor de l'Ecole normale, il l'embrassa comme il aurait embrassé Chappuis et l'entraîna au Luxembourg pour lui expliquer sa découverte. Bien des confidences ont été murmurées dans ces grandes allées et sous ces vieux arbres ; mais jamais joie plus vive, plus débordante n'éclata sur les lèvres d'un jeune homme. Il entrevoyait toutes les conséquences de cette découverte. La constitution jusque-là mystérieuse de l'acide paratartrique ou racémique était trouvée : il le dédoublait en acide tartrique droit ressemblant de tous points à l'acide tartrique naturel du raisin et en acide tartrique gauche ; ces deux acides distincts possèdent des pouvoirs rotatoires égaux et de sens contraires, qui se neutralisent mutuellement quand ces deux corps, mis en solution aqueuse, se combinent spontanément, à masses égales.

« Combien de fois, — écrivait-il le 5 mai à Chappuis qu'il aurait tant voulu avoir auprès de lui, — combien de fois déjà j'ai regretté que nous n'ayons pas tous deux embrassé la même étude, celle des sciences physiques. Nous qui parlions jadis si souvent de l'avenir, nous ne comprenions guère. Quels beaux travaux nous aurions entrepris, nous entreprendrions à l'heure qu'il est, et que n'aurions-nous pas résolu, unis par les mêmes idées, le même amour de la science, la même ambition ! Je voudrais que nous eussions vingt ans et que les trois années d'Ecole fussent à reprendre dans ces conditions. »

S'imaginant toujours qu'il aurait pu faire davantage, il avait ainsi des regrets rétrospectifs. Il était impatient de nouvelles recherches quand un chagrin le frappa en plein cœur. Sa mère mourut presque subitement d'une attaque d'apoplexie. « Elle a succombé en quelques heures, écrivait-il à Chappuis le 28 mai, et quand je suis arrivé, elle n'était déjà plus au milieu de nous. Je viens de demander un congé. » Il ne pouvait plus travailler.

Il restait plongé dans les larmes, et gardait un silence obstiné. Son chagrin l'emportait sur tout le reste. Pendant des semaines sa vie intellectuelle fut suspendue.

A Paris, dans le monde de l'Institut, peut-être plus encore que dans les autres mondes, tout se sait, se répète, se commente. On commençait à s'occuper des recherches scientifiques de Pasteur. Balard, de sa voix stridente, les racontait dans la bibliothèque de l'Institut, qui est un recoin de salon pour les académiciens causeurs. J.-B. Dumas écoutait gravement. Biot, le vieux Biot, qui avait soixante-quatorze ans, s'informait de ces faits avec une insistance un peu sceptique. La tête penchée, d'une voix traînante et malicieuse, il disait : « En êtes-vous bien sûr ? » Il lui paraissait difficile de croire, à la première audition de Balard, qu'un docteur à peine frais émoulu de l'Ecole normale, eût triomphé d'une difficulté que n'avait pas pu résoudre Mitscherlich. Et comme Balard ne tarissait pas sur les louanges dues à Pasteur : « Il faudra examiner de près les résultats de ce jeune homme, » dit Biot qui n'aimait pas les longs entretiens avec Balard.

A la déférence de Pasteur pour ceux qu'il regardait comme ses maîtres s'ajoutait un sentiment de gratitude d'ordre général pour leurs services rendus. Obéissant à une double impulsion, faite d'un respect infini et d'un ardent désir de convaincre, il écrivit dès son retour à Paris à Biot, qu'il ne connaissait pas, pour lui demander un entretien. Biot lui répondit :

« Je vérifierai volontiers avec vous vos résultats quand vous les aurez fixés, si vous voulez bien me les communiquer confidentiellement. Je vous prie de croire aux sentiments d'intérêt que je porte à tous les jeunes gens qui travaillent avec exactitude et constance. »

Rendez-vous fut pris au Collège de France, où demeurait Biot. Le moindre détail de cette entrevue devait rester à jamais fixé dans le souvenir de Pasteur. Biot commença par aller chercher l'acide paratartrique. « Je l'ai étudié, dit-il à Pasteur, avec des soins particuliers : il est parfaitement neutre vis-à-vis de la lumière polarisée. » Un sentiment de défiance était visible dans les gestes et perçait dans le son de la voix. « Je vais vous apporter tout ce qui vous sera nécessaire, » continua le vieillard en allant chercher des doses de soude et d'ammoniaque. Il voulait que le sel double fût préparé en sa présence.

Après avoir versé dans un cristallisoir le liquide obtenu, Biot l'emporta et le mit dans un coin de son appartement pour être bien sûr que personne n'y toucherait. « Je vous préviendrai quand vous devrez revenir, » dit-il à Pasteur en le congédiant. Quarante-huit heures après, des cristaux d'abord très petits commencèrent à se former. Lorsqu'ils parurent être en quantité suffisante, Pasteur fut rappelé. Toujours en présence de Biot, Pasteur retira un à un les plus beaux cristaux, les essuya pour enlever l'eau-mère adhérente, puis il montra à Biot l'opposition de leur caractère hémiédrique et les sépara en deux groupes : cristaux droits, cristaux gauches.

« Vous affirmez bien, dit Biot, que vos cristaux placés à votre droite dévieront à droite le plan de polarisation et que vos cristaux placés à votre gauche dévieront à gauche ?

— Oui, répondit Pasteur.

— Eh bien je me charge du reste. »

Biot prépara les solutions et fit venir de nouveau Pasteur. Biot plaça d'abord dans l'appareil la solution qui devait dévier à gauche. La déviation constatée, il prit le bras de Pasteur et lui dit cette phrase qui a été souvent citée et qui mérite d'être célèbre : « Mon cher enfant, j'ai tant aimé les sciences dans ma vie que cela me fait battre le cœur ! »

« Il était évident, en effet, a dit Pasteur lui-même au souvenir de cette entrevue, que la plus vive clarté venait d'être jetée sur la cause du phénomène de la polarisation rotatoire et sur l'hémiédrie dans les cristaux ; qu'une nouvelle classe de substances isomères était découverte, que la constitution inattendue et jusque-là sans exemple de l'acide racémique ou paratartrique était dévoilée, qu'en un mot une grande route neuve et imprévue était ouverte à la science. »

Se constituant désormais le parrain scientifique de celui qui allait être son jeune ami, Biot se chargea de publier le rapport destiné à l'Académie des sciences au sujet du travail de Pasteur : *Recherches sur les relations qui peuvent exister entre la forme cristalline, la composition chimique et le sens du pouvoir rotatoire.*

Biot rendait mieux que justice à Pasteur, il lui rendait hommage. Et parlant non seulement en son nom, mais au nom de ses trois autres confrères Regnault, Balard et Dumas, il proposait à l'Académie d'accorder au mémoire de Pasteur une complète approbation. « Nous désignons ce mémoire, ajoutait-il, comme très digne de figurer dans le Recueil des savants étrangers. »

Pasteur ne voyait pas de joie plus profonde que la vie de laboratoire. Et cependant les laboratoires de cette époque ne ressemblaient guère à ceux d'aujourd'hui. On aurait dû conserver au Collège de France, à la Sorbonne, à l'Ecole normale les laboratoires que Paris offrait alors à l'Europe et que, contrairement à la phrase traditionnelle, l'Europe ne nous enviait pas. Le moindre collège de sous-préfecture n'accepterait pas pour ses derniers élèves ce que l'Etat donnait aux premiers savants de France, quand il le leur donnait. Claude Bernard, préparateur de Magendie, travaillait au Collège de France dans une véritable cave. Wurtz n'avait à sa disposition qu'une pièce de débarras sous les combles du musée Dupuytren. Henri Sainte-Claire Deville, avant de partir comme doyen de la Faculté de Besançon, n'avait même pas quelque chose de pareil : il était relégué dans un des coins les plus misérables de la rue de la Harpe. Seul, J.-B. Dumas, qui ne se souciait pas d'occuper la salle malsaine qu'on lui avait réservée à la Sorbonne, était bien installé : son beau-père, Alexandre Brongniart, lui avait donné une petite maison rue Cuvier, en face du Jardin des Plantes. Après l'avoir tranformée en laboratoire, J.-B. Dumas l'entretint à ses frais pendant dix années. C'était un privilège. Tout savant qui n'avait pas à sa disposition des crédits extraordinaires, prélevés sur son budget personnel, ne savait que devenir. Caves ou taudis, l'Etat ne pouvait rien offrir de mieux. Mais n'était-ce pas plus tentant qu'une chaire dans un lycée ou même dans une Faculté ? On pouvait du moins se consacrer tout entier à son travail.

Rien n'eût semblé plus naturel que de laisser Pasteur à ses expériences. Mais son sursis de nomination ne pouvait plus être renouvelé, quelle que fût l'activité tumultueuse de Balard. Une chaire était vacante, la rentrée était proche, Pasteur fut nommé professeur de physique au lycée de Dijon. Le ministre voulut bien lui accorder jusqu'aux premiers jours de novembre pour lui permettre d'achever quelques travaux commencés sous le regard de Biot, qui ne pensait, qui ne rêvait qu'à ces nouvelles recherches. Pendant trente ans, Biot avait étudié les phénomènes de polarisation rotatoire. Il n'avait cessé d'appeler l'attention des chimistes sur la connaissance de ces phénomènes. On l'avait écouté d'une oreille distraite. Continuant son labeur solitaire, il avait, dans les cas simples ou complexes que l'expérience pouvait réaliser, étudié ce pouvoir rotatoire moléculaire des corps, sans soupçonner que l'hémiédrie dissymétrique, observée sur des cristaux, était en rapport avec le pouvoir rotatoire. Et au moment où ce vieillard, spectateur d'une reprise triomphante de ses propres travaux, avait la joie de voir un jeune homme enthousiaste de cœur et réfléchi d'esprit travailler avec lui; lorsqu'il entrevoyait, comme un dernier rayon sur sa vie finissante, l'espoir d'une collaboration presque quotidienne, ce départ de Pasteur pour Dijon lui était un véritable chagrin. « Encore, disait-il, si on vous nommait dans une Faculté ! » Et s'en prenant aux chefs du ministère : « Ils n'ont pas l'air de se douter, murmurait-il, que des travaux pareils dominent tout. Mais ils ne savent donc pas qu'il suffit de deux ou trois mémoires semblables pour arriver tout droit à l'Institut ! »

En attendant, la coupole s'effaçait dans le lointain et Pasteur arrivait à Dijon. Il avait une lettre du physicien Pouillet, adressée à un jurassien sorti de l'Ecole polytechnique, ingénieur des ponts et chaussées à Dijon, M. Parandier.

« M. Pasteur, lui écrivait M. Pouillet, est un jeune chimiste des plus distingués. Il vient de faire un travail très remarquable et j'espère bien que dans peu de temps il sera envoyé dans une excellente Faculté. Je n'ai pas besoin de vous en dire plus long sur son compte. Je ne connais pas de jeune homme plus honnête, plus laborieux et plus capable. Aidez-le à Dijon de tout votre pouvoir et vous n'aurez qu'à vous en applaudir. »

Ces premières semaines, loin de ses travaux et loin de ses maîtres, furent difficiles à passer. Mais il avait la préoccupation de se montrer bon professeur. Ce devoir lui apparaissait dans toute sa noblesse et dans toute l'étendue de sa responsabilité. Au lieu d'éprouver ce petit mouvement de satisfaction, secret de force pour tant d'esprits qui se jugent supérieurs aux autres; loin même de se dire, en se rendant justice, qu'il était maître de son sujet, il avait un tel respect de son auditoire qu'il écrivait à Chappuis le 20 novembre 1848 : « La préparation de mes leçons me prend beaucoup de temps. C'est seulement quand j'ai préparé avec un grand soin ma leçon que je parviens à la rendre très claire et capable de réveiller souvent l'attention. Si je la néglige quelque peu, je professe mal et je suis obscur. »

Il avait des élèves de première et de deuxième année. Ces deux classes absorbaient ses forces et son temps. La classe de deuxième lui plaisait : elle était peu nombreuse. « Tous les élèves travaillent, écrivait-il à son ami, et plusieurs avec intelligence. » Mais, à la classe de première année, que pouvait-on faire avec quatre-vingts élèves? Les forts pâtissaient pour les faibles. « Ne penses-tu pas, écrivait-il, qu'on a tort de ne pas limiter à cinquante au plus le nombre des élèves? C'est avec peine que je puis exciter l'attention de tous à la dernière heure. Je n'ai trouvé qu'un moyen que je vais appliquer, c'est de multiplier les expériences à la fin de la classe. »

Pendant qu'il se consacrait avec ardeur et conscience à ses fonctions nouvelles, — non sans une pointe d'amertume, car d'une part il avait pleinement droit à une nomination dans une Faculté, et d'autre part, il ne pouvait, disait-il, « travailler à ses études favorites », — ses maîtres et ses juges s'agitaient. Balard ne cessait de le réclamer comme suppléant à l'Ecole normale. Biot appelait sur ce déni de justice la sollicitude du baron Thenard.

Ce savant présidait alors le grand conseil de l'Université. Elève de Vauquelin, ami de Laplace et collaborateur de Gay-Lussac, il avait professé pendant trente années à la Sorbonne, au Collège de France, à l'Ecole polytechnique. Il pouvait dire avec fierté : « J'ai eu quarante mille élèves. » Le compte a été fait. Comme J.-B. Dumas, il était né professeur. Mais tandis que Dumas ne s'abandonnait jamais, que toute sa personne était enveloppée de dignité et que son sourire même était grave, Thenard, bourguignon, se mettait en scène. Sa large figure rayonnait d'expansion. Le souvenir de son enseignement, les services que ses découvertes avaient rendus à l'industrie, l'éclat de son nom et de ses titres rehaussés encore par la modestie de ses origines, tout faisait de lui, en 1848, quand il avait dépassé sa soixante-dixième année, mieux encore qu'un chancelier de l'Université, un maréchal de science. Il était tout-puissant. N'avait-il pas, trois années auparavant, au scandale de certains bureaucrates, désigné, pour occuper les chaires de la nouvelle Faculté des sciences de Besançon, trois jeunes hommes, Puiseux, Delesse et H. Sainte-Claire Deville ? Il avait même accentué encore ce coup d'heureuse autorité en faisant nommer doyen Sainte-Claire Deville ; il devinait dans ce professeur de vingt-six ans, encore inconnu, un savant qui serait un jour célèbre.

A la fin de l'année 1848, Pasteur sollicita la suppléance de M. Delesse qui prenait un congé. C'était être dans une Faculté, c'était se rapprocher d'Arbois : il n'en demandait pas davantage. Thenard, qui avait entre les mains le rapport de Biot, se chargea de transmettre au ministre un vœu si légitime et si modeste. Un argument inattendu lui fut opposé : la présentation des suppléants appartenait aux Facultés. Pasteur ignorait cet usage. Thenard ne put triompher d'une formalité plus que discutable. Est-ce que, disait Pasteur, le jugement motivé de Thenard, de Biot, de Pouillet ne devrait pas l'emporter sur tout le reste ? « Je ne puis matériellement rien faire ici, écrivait-il le 6 décembre, en songeant à ses travaux interrompus. Si je ne suis pas nommé à Besançon, je retourne à Paris préparateur. »

Son père, qu'il alla voir le 1er janvier, lui fit envisager les choses d'une façon plus calme. Les moins pressés, disait-il, sont quelquefois les plus sages. Le père avait parlé : le fils se soumit au point d'écrire, dès le 2 janvier 1849, au ministre de l'Instruction publique pour le prier de considérer sa demande comme non avenue. Mais les membres de l'Institut, qui s'étaient mis en campagne, entendaient triompher d'obstacles secondaires. A peine la lettre résignée de Pasteur était-elle partie, qu'il recevait un titre de suppléant non plus à la Faculté de Besançon, mais à la Faculté de Strasbourg. Il devait remplacer M. Persoz, professeur de chimie, qui avait le vif désir d'aller à Paris.

Pasteur, dès son arrivée à Strasbourg, le 15 janvier, fut accueilli par le professeur de physique, son ancien camarade d'école, son compatriote de Franche-Comté, Bertin. « Tu vas commencer par venir demeurer dans la même maison que moi, lui dit joyeusement Bertin. Tu ne peux pas être mieux : c'est à deux pas de la Faculté. » Vivre près de Bertin, c'était avoir un compagnon qui réunissait ces deux choses rares : esprit fin et cœur affectueux. Comme il n'était pas dupe, son regard plein de bienveillance était traversé de malice. D'un mot, dit d'une voix nonchalante, il dégonflait les vanités les mieux épanouies. Il aimait les simples et les vrais : c'est dire l'affection qu'il avait pour Pasteur. Cette philosophie souriante faisait contraste avec la foi robuste, avec l'impétuosité de Pasteur qui admirait, sauf à ne pas en faire toujours son profit, la manière paisible dont Bertin acceptait les choses comme elles venaient. Les déceptions, disait Bertin, sont quelquefois des bonheurs. Et pour montrer que ce n'était pas un paradoxe, il rappelait ce qui lui était arrivé jadis, quand il était, en 1839, régent de mathématiques au collège de Luxeuil. Il avait droit à un traitement de deux cents francs par mois. Il demande cette somme. On la lui refuse. L'injustice ne le révolte pas, car il n'était pas homme à se révolter, mais il donne tranquillement sa démission. Il se présente à l'Ecole normale, y entre le premier, en 1841, et devient ainsi professeur de physique à la Faculté de Strasbourg. Si l'on ne m'avait pas causé ma première déception je serais encore à Luxeuil, disait-il en avouant qu'il valait mieux après tout être professeur dans une Faculté. Ce détachement, qui le mettait à l'abri de tout autre désir, ne l'empêchait pas d'apporter les efforts les plus scrupuleux dans son enseignement. Il préparait ses leçons avec un soin extrême, s'efforçant d'arriver à la plus vive clarté. Il prenait en amitié ses élèves et, dans l'intervalle des classes, il suscitait les vocations. Homme excellent, qui devait passer sa vie à s'occuper des autres et qui mettait au-dessus de tout le contentement d'être utile.

Etait-ce émulation? voulait-il faire mieux encore que son ami Bertin? Pasteur, en préparant ses leçons d'ouverture, attacha trop d'importance à ce qui n'était que secondaire. « Mes deux premières leçons, écrivait-il, préparées avec trop de soin dans la forme, n'ont pas été bonnes, mais je pense que les suivantes ont dû satisfaire et je sens que je fais des progrès. » Comme les nombreuses industries de l'Alsace donnaient à l'étude de la chimie une place à part, son cours était très suivi.

Tout lui plaisait à Strasbourg, sauf l'éloignement d'Arbois. Lui qui pouvait rester des semaines, des mois, l'esprit fixé sur un même sujet et comme prisonnier de ses études, avait cependant un impérieux besoin de la vie de famille. Si le logis qu'il avait dans la maison de Bertin lui convenait plus qu'aucun autre, c'est que cet appartement de garçon était assez grand pour y recevoir un des siens.

« Tu nous dis, lui avait écrit un jour son père, je ne me marierai de longtemps; je prendrai une de mes sœurs avec moi. Je le souhaite pour toi et surtout pour elles, car elles n'envient l'une et l'autre pas un plus grand bonheur. Te servir, soigner ta santé, là est ce qu'elles désirent toutes deux. Tu es tout, absolument tout pour elles. On peut avoir d'aussi bonnes sœurs, mais de meilleures je ne le pense pas. »

Une autre famille allait bientôt agrandir ce premier cercle d'affection. Le nouveau recteur de l'Académie de Strasbourg, arrivé depuis le mois d'octobre, était M. Laurent. Il n'avait aucune parenté avec le chimiste du même nom, et la place qu'il allait prendre dans la vie de Pasteur devait dépasser de beaucoup celle qu'Auguste Laurent avait eue un moment, lorsqu'ils travaillaient ensemble dans le laboratoire de Balard.

Après avoir débuté à Paris, en 1812, comme maître d'études au lycée Louis-le-Grand qui était alors lycée impérial, M. Laurent avait été, en 1826, principal du collège de Riom. Il y trouva plus de professeurs que d'élèves. Trois écoliers seulement représentaient le personnel enseigné. Grâce à M. Laurent, ce chiffre de trois se changeait bientôt en cent trente-quatre. De Riom il fut envoyé à Guéret, puis à Saintes pour relever un collège à la veille de disparaître. Lutte entre le maire et l'ancien principal, refus de subvention de la part de la ville, on était en plein désarroi. Il arriva et la paix se fit. « Ceux qui l'ont connu, écrivait M. Pierron dans la *Revue de l'Instruction Publique*, ne s'étonneront guère qu'un homme si intelligent et si actif, d'un cœur si bon et si chaud, d'un esprit si vif et si aimable, ait opéré de pareils miracles. » Partout où il fut nommé, à Orléans, à Angoulême, à Douai, à Toulouse, à Cahors, il opéra le même charme qui vient de la bonté. A Strasbourg, il avait fait de l'Académie la vraie maison de famille d'universitaires, très simple et très accueillante. Mme Laurent était une femme modeste voulant passer inaperçue, mais ne réussissant pas à cacher des qualités exquises de caractère, d'esprit et de cœur. L'aînée de ses filles était mariée à M. Zevort dont le nom devait être deux fois cher à l'Université. Les deux autres filles, élevées dans l'habitude d'une vie de travail et au spectacle d'un dévouement qui leur semblait la chose la plus naturelle du monde, donnaient à la maison la gaieté de leur jeunesse.

Quand Pasteur vint faire sa visite d'arrivée, il eut le sentiment que le bonheur était là. Il avait vu à Arbois comment, à travers les difficultés quotidiennes du travail manuel, ses parents avaient une façon élevée de juger la vie, de l'apprécier avec ce goût de perfection morale qui seul donne à l'existence, si humble qu'elle soit, sa

dignité et sa grandeur. Il retrouvait dans cette famille plus indépendante que la sienne la même manière de considérer la vie, et
malgré les grandes différences d'instruction, la même simplicité
d'âme.

Entrer dans une famille inconnue et dès les premiers regards,
dès les premiers mots échangés, deviner qu'il y a de part et
d'autre des liens mystérieux, se sentir immédiatement en pleine
confiance, comment Pasteur aurait-il échappé au charme de ces
impressions? Le soir, au restaurant où se réunissaient les jeunes
professeurs, il entendait vanter l'esprit de justice et de bienveillance du recteur; chacun parlait avec respect de cette famille si
unie.

Dans une des soirées intimes données par M. Laurent, Bertin
disait de Pasteur : « C'est un piocheur comme on en voit peu,
rien ne le distrait de son travail. » La distraction vint cependant
et elle fut assez forte pour que, dès le 10 février, quinze jours
seulement après son arrivée, Pasteur adressât à M. Laurent cette
lettre officielle :

« Monsieur, une demande d'une haute gravité pour moi et pour
votre famille vous sera faite sous peu de jours ; et je crois de mon
devoir de vous adresser les renseignements suivants qui pourront
servir à décider votre acceptation ou votre refus.

« Mon père est tanneur à Arbois, petite ville du Jura. Mes
sœurs remplacent auprès de mon père, pour les soins du ménage
et du commerce, ma mère que nous avons eu le malheur de perdre
au mois de mai dernier.

« Ma famille est dans une position aisée, mais sans fortune. Je
n'évalue pas à plus de cinquante mille francs ce que nous possédons ; et quant à moi, je suis décidé depuis longtemps à laisser
intégralement à mes sœurs tout ce qui me reviendra en partage.
Je n'ai donc aucune fortune. Tout ce que je possède c'est une
bonne santé, un bon cœur et ma position dans l'Université.

« Je suis sorti il y a deux ans de l'Ecole normale, agrégé pour
les sciences physiques. Je suis docteur depuis dix-huit mois et j'ai
présenté à l'Académie des sciences quelques travaux qui ont été

très bien accueillis, le dernier surtout. Un rapport très favorable, que j'ai l'honneur de vous remettre en même temps que cette lettre, a été fait sur ce travail.

« Voilà, Monsieur, toute ma position présente. Quant à l'avenir, tout ce que je puis en dire, c'est que, sauf un changement complet dans mes goûts, je me consacrerai à des recherches chimiques. J'ai l'ambition de revenir à Paris, lorsque par mes travaux scientifiques je me serai acquis quelque réputation. M. Biot m'a parlé plusieurs fois de songer sérieusement à l'Institut. Dans dix ou quinze ans peut-être je pourrai y songer si je continue à travailler assidûment. De ce rêve autant en emporte le vent ; ce n'est pas lui du tout qui me fait aimer la science pour la science.

« Mon père viendra lui-même à Strasbourg faire cette demande en mariage.

« Recevez, Monsieur, l'assurance de mon profond respect et de mon dévouement.

« J'ai eu 26 ans le 27 décembre dernier. »

Comme la réponse définitive avait été ajournée à quelques semaines, « Je crains, écrivait-il dans une lettre à Mme Laurent, que Mlle Marie ne s'attache trop aux premières impressions qui ne peuvent m'être que défavorables. Je n'ai rien, ajoutait-il, de ce qui peut plaire à une jeune fille. Mais mes souvenirs me disent que quand j'ai été beaucoup connu des personnes, elles m'ont aimé. »

De ces lettres, pieusement conservées, il a été permis d'extraire encore des passages comme celui-ci : « Tout ce que je vous demande, Mademoiselle, écrivait-il après avoir reçu l'autorisation de s'adresser directement à elle, c'est de ne pas me juger trop vite. Vous pourriez vous tromper. Le temps vous dira que sous ce dehors froid et timide qui doit vous déplaire, il y a un cœur plein d'affection pour vous. » Puis, comme s'il se reprochait d'abandonner un peu trop le laboratoire, il écrivait à la date du 3 avril : « Moi qui aimais tant mes cristaux ! »

Il les aimait encore. Une réponse de Biot à une proposition de

Pasteur en donne le témoignage. Pour épargner à ce vieillard, dont la vue baissait, la fatigue d'un examen microscopique, Pasteur avait eu l'idée ingénieuse de tailler dans des morceaux de liège, avec une habileté coquette, des modèles des types cristallins singulièrement agrandis. Il avait teinté les arêtes et les facettes. Rien n'était plus facile dès lors que de reconnaître le caractère de l'hémiédrie. « J'accepte avec grand plaisir, lui écrivait Biot le 7 avril, l'offre que vous me faites de m'envoyer une petite quantité de vos deux acides avec des modèles de leurs types cristallins. » Il s'agissait de l'acide tartrique droit et de l'acide tartrique gauche que Pasteur, pour ne pas se prononcer trop hâtivement sur leur identité avec l'acide tartrique ordinaire, appelait alors dextroracémique et lévoracémique.

Pasteur voulait aller plus loin : il commençait l'étude des cristallisations de formiate de strontiane. En les comparant à celles du paratartrate de soude et d'ammoniaque, surpris des différences qu'il rencontrait, inquiet, anxieux : « Ah! formiate de strontiane, si je te tenais! » avait-il dit, à la grande joie de Bertin qui longtemps répéta cette exclamation avec un enthousiasme ironique. Ces cristaux, Pasteur allait les envoyer à Biot. « Il faut les réserver pour vous jusqu'à ce que vous les ayez complètement explorés, lui écrivit Biot.. Comptez toujours, ajoutait-il, sur la disposition que j'aurai à vous servir en toutes circonstances où mon concours pourra vous être utile et recevez de nouveau l'expression du vif intérêt que vous m'avez inspiré. »

Les petits cadeaux entretiennent les expériences des chimistes. Regnault et Senarmont avaient été invités par Biot à examiner les échantillons de valeur reçus de Strasbourg, les acides dextroracémique et lévoracémique. « Nous pourrions bien nous résoudre, lui écrivait Biot, à sacrifier quelque peu des deux acides pour reconstituer le racémique, mais il reste à savoir si nous aurons l'habileté de le distinguer avec certitude par ces cristaux, quand ils se seront produits. Au reste vous nous ferez voir cela, quand vous viendrez à Paris aux vacances prochaines. En rangeant mes richesses chimiques, j'ai retrouvé une petite quantité d'acide

racémique que je croyais perdue. Elle suffirait aux essais microscopiques que je pourrais avoir à faire éventuellement. Si donc
le petit flacon de cet acide que vous avez vu chez moi peut vous
être utile, donnez-m'en avis et je vous l'enverrai très volontiers.
En cela comme en toute autre chose vous me trouverez toujours
empressé à seconder vos travaux. »

Heureuse période ! Son père et sa sœur Joséphine arrivèrent à
Strasbourg. La demande accordée, le père repartit pour Arbois,
Joséphine resta. Elle put tenir ce ménage de garçon et vivre
d'une vie de tous les jours avec ce frère qu'elle aimait avec un
mélange d'orgueil, de tendresse et de protection. Dans sa générosité de sœur vraiment dévouée, elle acceptait que ce rêve fût court.
Le mariage était fixé au 29 mai.

« Je crois, écrivait Pasteur à Chappuis, que je serai très heureux. » Et dans des lignes qui résumaient à elles seules le présent
et l'avenir : « Toutes les qualités que je pouvais désirer pour une
femme, je les trouve en elle. Il est amoureux, diras-tu. Oui, mais
il me semble que je n'exagère rien et ma sœur Joséphine est tout
à fait de mon avis. »

CHAPITRE III

1850-1854

Mme Pasteur sut, dès les premiers jours, non seulement admettre, mais approuver que le laboratoire passât avant tout. Elle aurait volontiers adopté l'habitude typographique des comptes rendus de l'Académie des sciences où le mot Science est toujours imprimé avec une majuscule. Comment d'ailleurs vivre auprès de lui sans s'associer aux émotions, aux joies, aux inquiétudes, aux reprises d'espoir, à tout ce qui apparaissait selon les jours et les heures dans ce regard d'un éclat admirable, d'un éclat gris-vert, comme certaine pierre précieuse qui vient de Ceylan, et où se jouent des reflets de lumière? Devant telles perspectives scientifiques entrevues, la flamme de l'enthousiasme brillait dans ce regard profond et le visage sévère s'illuminait. Projets de travaux, bonheur du foyer, rien ne lui manquait. Mais cette famille où tout était en commun depuis plus d'une année allait être atteinte par un contre-coup de la loi sur la liberté de l'enseignement.

Préparée par les uns comme un essai de transaction entre l'Eglise et l'Université, apparaissant à d'autres comme un vaste espoir de concurrence contre l'enseignement de l'Etat, la loi de 1850 faisait entrer dans le Conseil supérieur de l'Instruction publique quatre archevêques ou évêques élus par leurs collègues. Dans chaque département était institué un conseil académique et, dans ce morcellement du pouvoir universitaire, un droit de présence et de surveillance était reconnu à l'évêque ou à son délégué. Tous ces avantages ne suffisaient pas à ceux qui s'appelaient catholiques avant tout. La rupture entre Louis Veuillot d'une part, et d'autre part Falloux et Montalembert, les principaux auteurs de la loi, date de cette époque.

« Nous entendions par liberté d'enseignement, écrivait Louis Veuillot, non pas une part quelconque faite à l'Eglise dans le monopole universitaire, mais la destruction du monopole... Point d'alliance avec l'Université. Arrière ses livres, ses inspecteurs, ses examens, ses certificats, ses diplômes ! Tout cela, c'est la main de l'Etat mise sur la liberté des citoyens, c'est le souffle de l'incrédulité sur les jeunes générations. » Au milieu des violences qui rejetaient tout rapprochement, et des premières tentatives qui faisaient intervenir l'Eglise dans l'Université, le gouvernement prenait ses mesures pour avoir en main tout le personnel enseignant.

Les instituteurs sentaient durement le joug des préfets. « Ces profonds politiques ne savent que destituer... Les recteurs vont être les valets des préfets,... » écrivait Pasteur, avec un mélange de colère et de tristesse, dans une lettre datée de juillet 1850. De l'école, les attaques remontaient au collège. On reprochait à l'Université de ne s'occuper que de thèmes, de vers latins, de versions grecques, sans jamais se préoccuper de l'âme des enfants.

Romieu, qui appelait ironiquement l'Université « l'Alma parens » et lançait contre elle les plus vives accusations, semblait peu préparé à un rôle de justicier. Ancien élève de l'Ecole polytechnique, devenu vaudevilliste en attendant qu'il fût nommé préfet par Louis-Philippe, il était célèbre par des fantaisies qui amusaient Paris et déconcertaient le gouvernement, à la joie du prince de Joinville qui aimait ces mystifications. Après la chute de Louis-Philippe, Romieu changea de personnage. Il avait passé pour ne rien prendre au sérieux, il s'avisa de tout peindre au tragique. S'improvisant prophète de malheur, il rédigeait non la confession mais la proclamation d'un enfant du siècle. Il disait que « la gangrène rongeait les âmes de huit ans ». Croyance, respect, tout, selon lui, était détruit. Il jetait l'anathème contre l'instruction sans éducation, et qualifiait les instituteurs « d'apôtres obscurs » chargés de « prêcher les doctrines de révolte ». Cette violence avait une part de rhétorique, mais la rhétorique n'amoindrit pas la violence : elle l'attise. Tout pamphlétaire finit par être prisonnier de ses phrases.

Quand Romieu apparut à Strasbourg comme un envoyé extraordinaire, chargé par le gouvernement d'une enquête générale, il trouva que M. Laurent ne répondait pas à l'idée que certain parti se faisait d'un fonctionnaire. Avoir au plus haut degré le souci de la justice ; se défier de tous ceux qui font grand étalage de leurs vertus et de leurs principes nés d'hier ; ne prendre jamais, sans une enquête minutieuse, une décision qui engage la carrière d'un subordonné ; ne pas transformer en acte à jamais condamnable une faute passagère ; se refuser à toute mesure immédiate et violente : c'était être suspect. « L'action du recteur, écrivait Romieu dans un rapport officiel, est peu ou point sensible. Il faut le remplacer par un homme sûr. »

Le ministre de l'Instruction publique, M. de Parieu, dut s'incliner devant la volonté formelle du ministre de l'Intérieur qui s'appuyait sur des arguments aussi péremptoires. M. Laurent fut nommé recteur à Châteauroux. C'était une déchéance ; il refusa. Il quitta Strasbourg et, sans phrases, sans éclats, il rentra dans la vie privée : il avait cinquante-cinq ans.

La politique, par un de ces coups qui lui sont habituels, brisait cette intimité de famille au moment même où elle s'annonçait plus complète encore. La dernière fille de M. Laurent allait être fiancée à un ancien élève de l'Ecole normale, professeur à l'Ecole de pharmacie de Strasbourg, M. Loir, qui devait être plus tard doyen très aimé de la Faculté des sciences de Lyon. Il préparait alors, aidé des conseils de Pasteur, sa thèse de docteur ès sciences. M. Loir annonçait quelques résultats nouveaux sur l'existence simultanée de l'hémiédrie cristalline et de la propriété rotatoire. « Je suis heureux, écrivait M. Loir, d'avoir apporté de nouveaux faits à l'appui de la loi que M. Pasteur a énoncée. »

« Que n'es-tu professeur de physique ou de chimie ! écrivait Pasteur à Chappuis, nous travaillerions ensemble et dans dix ans nous aurions bouleversé la chimie. Il y a des merveilles sous la cristallisation et par elle la constitution intime des corps sera un jour dévoilée. Si tu viens à Strasbourg, tu seras chimiste malgré toi. Je ne te parlerai que cristaux. »

Les vacances étaient pour Pasteur une période impatiemment attendue : il pouvait travailler davantage, collationner le résultat de ses recherches et en rédiger un extrait pour l'Académie des sciences. Le 2 octobre, son ami recevait ces mots : « J'ai présenté lundi dernier mon travail de cette année à l'Institut. J'en ai lu un long extrait, puis j'ai fait une exposition de vive voix relative à des détails cristallographiques. Cette exposition, qui m'avait été demandée après ma lecture et qui n'est point dans les habitudes de l'Académie, faite avec l'entrain que j'ai chaque fois que je parle de toutes ces choses, a été suivie avec la plus grande attention. Heureusement pour moi les membres les plus influents de l'Académie assistaient à la séance. M. Dumas, presque en face de moi et que je regardais plus particulièrement, m'a indiqué, par un signe de tête approbatif, qu'il comprenait et qu'il était vivement intéressé. Invité à aller chez lui le lendemain, il m'a fait compliment. Il m'a dit, entre autres choses, que je prouvais que, quand en France on voulait faire de la cristallographie, on en sait faire, et que, si je persévérais, comme il en avait l'assurance, je ferais école. M. Biot, qui est pour moi d'une bienveillance que je ne puis dire, est venu après ma lecture me trouver et m'a dit : « C'est aussi bien que ça puisse être. » Il fera le 14 octobre son rapport sur mon travail. Il prétend que j'exploite une Californie. Ne t'exalte pas la valeur de mon travail de cette année; c'est une suite honorable des précédents. »

Dans son rapport, remis au 28 octobre, Biot était plus enthousiaste. Il vantait les résultats si nombreux et si imprévus présentés depuis deux ans par Pasteur. « Il éclaire tout ce qu'il touche, » disait-il un jour.

Être loué par Biot était une de ces faveurs qui comptaient double. On connaissait mieux ses boutades. Dans un comité secret de l'Académie des sciences, au mois de janvier 1851, l'Académie était appelée à donner son avis sur le mérite de deux candidats à une chaire du Collège de France : Balard, professeur à la Faculté des sciences, maître de conférences à l'Ecole normale, et le chimiste Laurent, qui avait dû, pour vivre, accepter une place d'essayeur à la monnaie. Biot, de son pas traînant, arrive à la séance. « Le titre de membre de l'Institut, dit-il, est la plus haute récompense comme le plus grand honneur qu'un savant français puisse recevoir. Mais cela ne constitue pas un privilège d'inactivité dont on n'ait plus qu'à se prévaloir pour tout obtenir... Or, depuis bien des années M. Balard est en possession de deux grands laboratoires où il aurait pu exécuter tous les travaux que son zèle lui aurait suggérés, tandis que presque tous ceux de M. Laurent ont été effectués par ses seuls efforts personnels au prix des plus rudes sacrifices. Mettre M. Balard au Collège de France, ce n'est rien ajouter aux instruments d'études qu'il a depuis longtemps dans les mains ; mais c'est ôter à M. Laurent les moyens de travail qui lui manquent et que nous avons l'occasion de lui fournir. La section de chimie et ensuite l'Académie peuvent facilement juger de quel côté se trouvent ici la justice scientifique et l'intérêt des progrès futurs. »

Et, afin que nul n'en ignorât, il fit autographier ce petit discours. Pasteur en reçut un exemplaire. Dans cet incident qui devint l'affaire du Collège de France, Biot fut battu. « M. Biot a fait tout ce qu'il est possible de faire pour que M. Laurent réussît. Il est bien peiné du résultat définitif, écrivait Pasteur à Chappuis. Mais vraiment, — ajoutait l'homme jeune plus indulgent que le vieillard et partagé entre des vœux pour Laurent et la crainte du chagrin qui aurait frappé Balard, — M. Balard n'aurait pas mérité tant de malheur. Songe à la déconsidération qu'aurait jetée sur lui un deuxième vote favorable à M. Laurent, surtout de la part de l'Institut dont il est membre. » A la fin de cette campagne, Biot, dans un accès de misanthropie qui n'épargnait que Pasteur, et sachant que Pasteur s'était exprimé avec effusion sur leurs rapports mutuels, lui écrivait : « Je suis touché du témoignage que vous rendez à ma vive et sincère affection pour vous, et je vous en remercie. Mais en me conservant votre attachement, comme je vous conserve le mien, laissez-m'en jouir désormais dans le secret de mon cœur et du vôtre. Le monde est jaloux d'une amitié, même désintéressée ; et mon affection pour vous me fait souhaiter que tout le monde se fasse honneur de vous favoriser, plutôt qu'on ne sache que vous m'aimez et que je vous aime. Adieu ; persévérez dans vos bons sentiments, comme dans la belle carrière de travail où vous êtes et soyez heureux. Votre ami. »

Le rapprochement de ces deux passages n'éclaire-t-il pas cette physionomie de Biot qui déconcertait Sainte-Beuve ? « Les nuances morales de Biot, écrivait ce critique, ses sympathies et ses antipathies, la clef secrète de cette nature si complexe, si pleine de curiosités et d'aptitudes et d'envies et de préventions, de plis et de replis de toutes sortes, qui nous les rendra ? » A défaut d'autres documents, ils seraient rendus par l'histoire de ses rapports avec Pasteur. Depuis le jour où Pasteur instituait sa première expérience décisive sous le regard d'abord soupçonneux, puis admiratif, puis ému de Biot, jusqu'à la période de confiance et d'amitié absolues, on voit progressivement s'élever l'image de ce vrai savant, d'une rare indépendance, bienveillant aux hommes de travail, impitoyable à qui ne se consacrait pas à la recherche pure et voulait faire d'une découverte une occasion de richesse ou de fortune politique. Il aimait à la fois les sciences et les lettres et, à mesure que l'âge, s'appesantissant sur lui, courbait sa grande taille, au lieu de s'enfermer dans ses propres souvenirs et dans la contemplation de son œuvre, il aérait son esprit, heureux de s'instruire chaque jour davantage et de deviner l'avenir d'un Pasteur. La lecture de ses lettres, d'une écriture fine et consciencieuse, fait connaître ce caractère qui n'était pas « si complexe ».

Aux vacances de 1851, Pasteur, venu à Paris pour apporter à Biot le résultat de nouvelles recherches sur les acides aspartique et malique, avait désiré que son père vînt le rejoindre pour effacer l'impression du triste voyage fait en 1838. Biot et sa femme reçurent ce père et ce fils comme ils recevaient un très petit nombre d'amis. Touché de cet accueil, le père de Pasteur, à son retour dans le Jura, adressa à Biot une lettre pleine de reconnaissance et se permit en même temps d'envoyer la seule chose qu'il lui fût possible d'offrir, un panier des fruits de son jardin.

« Monsieur, lui répondit Biot, nous sommes très sensibles, ma femme et moi, à tout ce que vous voulez bien nous dire d'obligeant, dans la lettre que vous m'avez fait l'honneur de m'adresser. L'accueil que nous vous avons fait a été de notre part aussi cordial que sincère. Car nous ne pouvions pas, je vous assure, voir sans un profond intérêt, un si bon et honorable père, réuni à notre modeste table, avec un fils, si bon lui-même et si distingué. Je n'ai jamais eu l'occasion de témoigner à cet excellent jeune homme d'autres sentiments que ceux d'une estime fondée sur son mérite, et d'une affection inspirée par son caractère. C'est le plus grand plaisir que je puisse éprouver dans mon grand âge, que de voir des jeunes gens de talent, actifs et laborieux, qui cherchent à s'avancer dans la carrière des sciences, par des travaux réels, solides, longtemps suivis, et non par de misérables intrigues. Voilà ce qui m'a attaché à votre fils, et l'amitié qu'il a pour moi se joint à tous ses titres, pour accroître celle que je lui porte. Nous sommes donc quittes l'un envers l'autre, dépens compensés.

« Quant à la bonté que vous avez de vouloir me faire goûter des fruits de votre jardin, je vous en suis très reconnaissant, et je l'accepte de grand cœur, tout aussi cordialement que vous me l'adressez. »

D'autres produits étaient entre les mains de Biot. Pasteur lui avait confié une caisse de nouveaux cristaux. Partir de la configuration externe des cristaux pour pénétrer la constitution individuelle de leurs groupes moléculaires, et, après s'être servi de ce premier indice pour diriger des investigations, recourir avec une rare clairvoyance aux ressources de la chimie et de l'optique : voilà ce que Biot ne cessait d'admirer. La sagacité du jeune expérimentateur avait fait de ce qui n'était qu'un caractère cristallographique un élément de recherche chimique.

Intéressé également par les conséquences générales de ces études si délicates et si précises, M. de Senarmont avait voulu examiner à son tour les cristaux. Nul plus que lui n'approuva les

5

termes du vieux savant qui terminait ainsi son rapport de 1851 :
« Si M. Pasteur persiste dans la voie qu'il s'est ouverte, on peut
lui prédire que ce qu'il a déjà trouvé n'est que le commencement
de ce qu'il y trouvera. » Et, ravi de voir la place que Pasteur
se faisait à Strasbourg, l'extension inattendue de la cristallographie, ce sujet d'étude à peine abordé jusqu'alors, Biot lui écrivait : « J'ai lu avec beaucoup d'intérêt la thèse de votre beau-
frère M. Loir. Elle est très bien conçue et très bien rédigée. Il y
établit clairement grand nombre de faits curieux. M. de Senarmont l'a lue aussi avec très grand plaisir et je vous prie de transmettre à votre beau-frère nos compliments communs. » Mêlant,
comme il se plaisait à le faire, les détails de famille aux idées
scientifiques, Biot ajoutait : « Nous avons parfaitement apprécié
votre père. Nous avons apprécié la droiture de son jugement, sa
raison calme, ferme, simple et son attachement éclairé pour vous. »

« Mon plan d'études est tracé pour l'année qui va s'ouvrir,
écrivait Pasteur à Chappuis à la fin de décembre, j'espère le
voir s'agrandir prochainement de la manière la plus heureuse...
Je crois déjà t'avoir dit que je touchais à des mystères et que le
voile qui les couvre va diminuant de plus en plus. Aussi les nuits
me paraissent trop longues. Cependant je ne me plains pas. Je
prépare mes leçons facilement et j'ai cinq jours pleins à consacrer
par semaine au laboratoire. Je suis souvent grondé par Mᵐᵉ Pasteur que je console en lui disant que je la mène à la postérité. »

Il pressentait déjà la grandeur de son œuvre; toutefois il n'osait
en parler, il gardait son secret, sauf avec la confidente devenue
sa collaboratrice, toujours prête à lui servir de secrétaire, veillant
sur cette santé si précieuse qui ne se ménageait pas, compagne
admirable à qui l'on pourrait appliquer la définition romaine :
socia rei humanæ atque divinæ.

Jamais la vie ne prodigua plus d'affection à un homme. Tout lui
souriait alors : deux enfants au foyer, une extrême sécurité dans
le travail, point d'ennemis, la douceur d'être approuvé, conseillé
par des maîtres qui lui inspiraient un sentiment de vénération. « A
mon âge, lui écrivait Biot, on ne vit plus que par l'intérêt que

l'on prend à ceux qu'on aime. Vous êtes du petit nombre de ceux qui peuvent fournir cet aliment à mon esprit. » Et, faisant allusion à quatre rapports approuvés tour à tour par Balard, Dumas, Regnault, Chevreul, Senarmont et Thenard : « J'ai été fort heureux, lui écrivait-il dans cette même lettre du 22 décembre 1851, de voir que, dans ces annonces successives d'idées si nouvelles qui allaient toujours en s'étendant, vous n'ayez rien dit, et nous ne vous ayons rien fait dire qui fût aujourd'hui à démentir ou à reprendre en aucun point. J'ai toujours entre les mains les feuilles de votre dernier mémoire qui sont relatives à l'étude optique de l'acide malique. Je ne vous les ai pas encore envoyées parce que je voudrais en extraire quelques résultats que je ferai entrer *à votre compte* dans un mémoire que je rédige. »

Ce n'était plus seulement Biot et Senarmont qui constataient l'importance grandissante des travaux de Pasteur. Au commencement de l'année 1852, le physicien Regnault eut l'idée de faire nommer Pasteur correspondant de l'Institut. Pasteur n'avait pas trente ans. Une place était libre dans la section de physique générale. Pourquoi ne pas la lui offrir ? disait Regnault avec sa bienveillance habituelle. Biot branla la tête avec mécontentement : « C'est à la section de chimie qu'il doit appartenir, » répondait-il. Et, avec la sincérité qui est le courage de l'affection : « Vos travaux, écrivait-il à Pasteur, marquent votre place en chimie plutôt qu'en physique, puisque, en chimie, vous êtes aux premiers rangs des inventeurs, tandis qu'en physique vous avez plutôt appliqué des procédés déjà connus, que vous n'en avez inventé de nouveaux. N'écoutez pas les conseils des personnes qui, sans connaître le terrain, vous porteraient à désirer, ou même à obtenir hâtivement une distinction qui serait au-dessus de vos titres réels et reconnus... Vous pouvez d'ailleurs voir par vous-même combien, depuis quatre ans, vos travaux vous ont élevé dans l'opinion de tout le monde. Et cette place que vous vous êtes faite dans l'estime générale a l'avantage de n'être pas soumise au caprice d'un scrutin. Adieu, mon cher ami, écrivez-moi quand vous en aurez le temps, et sachez bien que l'intérêt que je porte à ceux qui travaillent, est à peu près la seule chose qui me fasse encore désirer de vivre. Votre ami. »

Pasteur accepta avec reconnaissance ces sages avis. Il alla plus loin. Dans un excès de modestie, il écrivit à Dumas qu'il ne poserait pas sa candidature même si une place de correspondant était libre dans la section de chimie. « Croyez-vous donc, lui répondit Dumas, avec une vivacité qui n'était pas dans son caractère d'ordinaire si calme et souvent solennel, croyez-vous donc que nous soyons insensibles à la gloire que vos travaux répandent sur la chimie française et sur l'Ecole d'où vous sortez ? Le jour même de mon entrée au ministère, je demandais la croix pour vous. J'aurais eu à vous la donner de ma main une satisfaction que vous n'imaginez pas. D'où est venu le retard et l'obstacle, je l'ignore. Mais ce que je sais, c'est que vous me faites bondir quand vous me parlez dans votre lettre de la nécessité de laisser la place libre en chimie à ceux que vous citez, un ou deux exceptés... Quelle opinion avez-vous donc de notre jugement ? Quand il y aura une place vacante vous serez présenté, soutenu et nommé... Il s'agit de la justice et du grand intérêt de la science ; nous saurons le faire prévaloir... Le moment venu, on trouvera bien moyen de faire ce que veulent les intérêts de la science dont vous êtes l'un des plus fermes appuis et l'une des plus glorieuses espérances. Tout à vous de cœur. »

« Mon cher papa, écrivait Pasteur en envoyant à son père la copie de cette lettre, j'espère que tu seras fier de la lettre de M. Dumas. Elle m'a beaucoup surpris. Je ne croyais pas que mes travaux méritassent d'aussi beaux témoignages d'estime, malgré l'importance que je leur reconnais très bien. »

Ainsi se mêlaient en Pasteur le sentiment très net de sa rare puissance d'esprit et une extrême ingénuité de cœur. A une force inouïe de pensée, force qui chez tant d'hommes supérieurs provoque et parfois excuse l'orgueil et l'égoïsme, il associait, lui, de très nobles délicatesses.

Regnault eut un second projet : accepter la direction de la

Manufacture de Sèvres et céder à Pasteur sa chaire de l'Ecole polytechnique. Mieux vaudrait pour Pasteur, disaient d'autres, une place de maître de conférences à l'Ecole normale. Le bruit de ces pourparlers arrivait jusqu'à Strasbourg. Mais les combinaisons de Pasteur n'avaient trait alors qu'à la manière dont il pourrait modifier les formes cristallines de certaines substances optiquement actives qui n'accusaient pas au premier abord l'hémiédrie caractéristique, et à la possibilité, en variant la nature des dissolvants, de provoquer les facettes révélatrices. Biot, préoccupé de le laisser tout entier à ces recherches ingénieuses, l'engageait à rester à Strasbourg, dans des termes qui ont la vigueur des conseils d'autrefois : « Quant aux accidents qui proviennent, ou qui dépendent du caprice des hommes, ayez encore pendant quelque temps le courage de les dédaigner. Ne vous en troublez point, et poursuivez infatigablement votre grande carrière. La récompense est au bout, d'autant plus certaine et moins contestable, qu'elle aura été méritée par des titres plus éclatants. Le temps n'est pas loin, où ceux qui peuvent vous servir avec efficacité, trouveront pour eux-mêmes, autant d'honneur à le faire, que d'embarras et de honte à ne le faire pas. »

Lorsque Pasteur vint, au mois d'août, à Paris, faire ce qu'il aurait pu appeler son pèlerinage annuel, Biot lui réserva la plus agréable des surprises. Mitscherlich était venu remercier l'Académie qui l'avait nommé associé étranger. Un autre cristallographe allemand, G. Rose, l'accompagnait. Tous deux exprimèrent le désir de voir Pasteur. Il était descendu à un hôtel de la rue de Tournon. Biot, en venant faire sa promenade invariable au jardin du Luxembourg, lui laissa cet ordre de convocation : « Je vous prie d'être chez moi demain à huit heures du matin avec vos produits s'il est possible. M. Mitscherlich et M. Rose s'y rendront à neuf heures pour les voir. » L'entrevue fut cordiale et elle fut longue. Dans une lettre à son père — qui avait fini par avoir quelques clartés de ces cristaux et de leurs formes, tant le don de lumière qu'avait Pasteur se répandait dans ses explications, — se trouvent ces lignes : « Je suis resté dimanche dernier pendant deux heures et demie avec

eux au Collège de France à leur montrer mes cristaux. Ils ont
été fort heureux et m'ont parlé avec beaucoup d'éloges de mes travaux. Mardi j'ai dîné avec eux chez M. Thenard et tu seras heureux
d'apprendre les noms des invités : MM. Mitscherlich, Rose, Dumas,
Chevreul, Regnault, Pelouze, Peligot, C. Prévost, Bussy. Tu vois
que j'étais un peu déplacé, car tous ces messieurs sont de l'Académie... Mais ce que j'ai retiré de plus utile et de plus agréable de
la rencontre de ces messieurs, c'est l'annonce du fait important, à
savoir qu'il y a un fabricant d'Allemagne qui obtient de nouveau
de l'acide racémique. J'ai aussitôt conçu le projet d'aller le voir, lui
et ses produits, et d'étudier à fond l'origine de ce singulier corps. »

Au temps où les romans scientifiques étaient à la mode, on aurait
pu écrire un chapitre sur Pasteur à la recherche de cet acide. Pour
comprendre dans une certaine mesure l'émoi de Pasteur, en apprenant qu'un fabricant de Saxe possédait cet acide mystérieux, il
faut se rappeler que l'acide racémique, produit pour la première
fois à Thann, chez Kestner, en 1820, par suite d'un hasard passager dans la fabrication de l'acide tartrique, avait brusquement
cessé d'apparaître, malgré les tentatives faites pour l'obtenir de
nouveau. Quelle en était donc l'origine ?
Mitscherlich pensait que les tartres employés par ce fabricant
de Saxe venaient de Trieste. « J'irai jusqu'à Trieste, disait Pasteur, j'irai jusqu'au bout du monde. Il faut que je découvre la source
de l'acide racémique, que je suive les tartres jusqu'à leur origine. »
Cet acide existait-il dans les tartres bruts, tels que Kestner les
recevait en 1820 de Naples, de Sicile et d'Oporto ? C'était d'autant
plus probable que, du jour où Kestner avait employé des tartres
demi-raffinés, il n'avait plus retrouvé cet acide racémique. Devait-
on en conclure qu'il restait accumulé dans les eaux-mères ?
Avec une fièvre, une impétuosité que rien ne pouvait retenir ni
calmer, Pasteur pria Dumas et Biot de lui faire obtenir une mission
du ministère ou de l'Académie. Il fut même sur le point, pour
abréger les lenteurs administratives, de s'adresser directement au
Président de la République. « C'est une question, disait-il, que la

France doit tenir à honneur de voir résolue le plus tôt possible par un de ses enfants. » Biot essayait de mettre un frein à cet excès d'impatience. « Il n'est pas nécessaire pour cela, disait-il avec sa bonhomie narquoise, d'émouvoir le gouvernement. L'Académie, après un exposé des motifs, accorderait bien deux ou trois mille francs pour ces frais d'expériences relatifs à la recherche de l'acide racémique. » Mais lorsque Mitscherlich remit à Pasteur une lettre de recommandation pour ce fabricant de Saxe, appelé Fikentscher, et demeurant près de Leipsick, Pasteur n'y tint plus et, sans vouloir rien attendre, rien entendre, il partit dans la première quinzaine de septembre 1852. Ses impressions de voyage furent d'une nature toute particulière. On peut les résumer par bon nombre de passages pris çà et là dans une sorte de journal, adressé à Mme Pasteur pour qu'elle partageât les émotions de cette poursuite. Le 12 septembre, il raconte ainsi son entrée en campagne :

« Je ne m'arrête pas à Leipsick et je me rends à Zwichau et de là chez M. Fikentscher. Je le quitte à la tombée de la nuit et ce matin de très bonne heure je retourne chez lui où j'ai passé toute la journée d'aujourd'hui dimanche. M. Fikentscher est un homme très instruit et il m'a fait voir toute sa fabrique avec les plus grands détails sans avoir le moindre secret pour moi... Sa fabrique est très prospère. Elle embrasse un groupe de maisons qui de loin et sur la hauteur où elles sont placées paraissent former presque un petit village. Autour, vingt hectares de terrain bien cultivé. Tout cela est le produit de quelques années de travail. Quant à la grande question, voici quelques renseignements que provisoirement tu garderas dans ton for intérieur. M. Fikentscher a obtenu pour la première fois de l'acide racémique il y a vingt-deux ans environ. Et à cette époque il en a préparé une assez grande quantité. Depuis lors il ne s'en forma plus qu'une très petite partie dans sa fabrication et il ne prend pas soin de le recueillir. Quand il en obtenait le plus, ses tartres venaient de Trieste. Ces renseignements se rapprochent, mais diffèrent en quelques points de ceux que m'avait donnés M. Mitscherlich. Quoi qu'il en soit, voici mon plan d'études :

« N'ayant pas de laboratoire à Zwichau, je viens de revenir à

Leipsick avec deux espèces de tartres, ceux que M. Fikentscher emploie actuellement et qui viennent les uns d'Autriche, les autres d'Italie. M. Fikentscher m'a assuré que je serais ici parfaitement reçu de divers professeurs qui, m'a-t-il dit, vous connaissent très bien. Dès demain matin lundi, je vais me rendre à l'Université et m'établir dans quelque laboratoire. Je pense qu'en moins de cinq à six jours j'aurai terminé l'examen de ces tartres. Puis je partirai pour Vienne où je m'arrêterai deux ou trois jours et où j'étudierai rapidement les tartres de Hongrie... Enfin je me rendrai à Trieste où je trouverai des tartres de divers pays, notamment ceux du Levant et ceux du pays même de Trieste.

« Tout en arrivant ici chez M. Fikentscher j'ai malheureusement reconnu une circonstance très fâcheuse. C'est que les tartres qu'il emploie ont déjà subi une première opération dans les pays d'où ils sont exportés, et cette opération est telle qu'évidemment elle enlève et elle perd la plus grande partie de l'acide racémique. Au moins je le pense. Il faut donc que j'aille sur les lieux mêmes. Si j'avais assez d'argent, j'irais en Italie. Mais cela m'est impossible. Ce sera pour l'an prochain. Je le poursuivrai dix ans s'il le faut. Mais il ne les faudra pas et je compte bien déjà dans ma première lettre pouvoir te dire que j'ai de bons résultats. Je suis presque assuré par exemple de trouver un moyen prompt d'essayer les tartres au point de vue de l'acide racémique. C'est là une affaire capitale pour mon travail. J'ai besoin d'aller vite dans l'examen de toutes ces espèces de tartres. Ce sera ma première étude... M. Fikentscher ne veut rien accepter pour les siens [ses produits]. D'ailleurs je lui ai donné des conseils et une belle partie de mon enthousiasme. Il veut préparer pour le commerce l'acide tartrique gauche et je lui ai fourni toutes les indications cristallographiques nécessaires. Je ne doute pas qu'il réussisse. »

« *Leipsick, mercredi 15 septembre 1852.* Ma chère Marie, je ne veux pas attendre les résultats de mes recherches avant de t'écrire de nouveau. Je n'ai cependant rien à t'apprendre car je n'ai pas quitté le laboratoire depuis trois jours et je ne connais de Leipsick que la rue qui conduit de l'hôtel de Bavière à l'Université. Je rentre à la nuit ; je dîne et je me couche. J'ai eu seulement dans le cabinet de M. Erdmann la visite du professeur Hankel, professeur de physique de l'université de Leipsick, qui a traduit tous mes mémoires dans un journal allemand rédigé par M. Erdmann. Il a fait aussi des études sur les cristaux hémiédriques et j'ai eu beaucoup de plaisir à causer avec lui. Je dois voir aussi tout prochainement le professeur de minéralogie, M. Naumann.

« Demain seulement j'aurai un premier résultat touchant l'acide racémique. Je compte rester encore pendant dix jours environ à Leipsick. C'est plus que je ne t'ai dit. La raison est dans une circonstance assez heureuse. M. Fikentscher a eu la bonté de m'adresser et d'écrire à une maison de commerce de Leipsick, et j'ai appris hier de son chef que très probablement elle pourra me procurer demain des tartres tout à fait bruts et de la même origine que ceux de M. Fikentscher. La même personne m'a donné des renseignements sur une fabrique de Venise, et elle me remettra pour une maison de cette ville une lettre d'introduction — aussi pour Trieste. De cette manière le voyage que je me proposais de faire à Venise, ne sera pas simplement un voyage d'agrément... J'écrirai à M. Biot dès que j'aurai quelques résultats importants. La journée a été bonne, et, dans deux ou trois jours, tu recevras sans doute une lettre satisfaisante... »

« *Leipsick, 18 septembre 1852.* Ma chère Marie, la question qui m'a amené ici est entourée de bien grandes difficultés... Je n'ai bien étudié jusqu'ici qu'un tartre venant de Naples et déjà une fois raffiné. Il renferme l'acide racémique ; mais en quantité tellement minime que l'on ne peut en accuser la présence qu'à l'aide des procédés les plus délicats. C'est seulement dans une fabrication très en grand que l'on pourrait le préparer en certaine quantité. Mais il faut dire que la première opération que l'on a fait subir à ce tartre a dû le priver presque complètement d'acide racémique. Heureusement M. Fikentscher est un homme très éclairé, qui a très bien compris l'importance de cet acide et il est disposé à suivre exactement les indications que je lui donnerai pour obtenir ce sin-

gulier corps en quantité telle qu'il puisse facilement être de nouveau livré au commerce. Déjà j'entrevois bien l'histoire de ce
produit. M. Kestner aura eu en 1820 à sa disposition des tartres
de Naples, ce qu'il a publié en effet, et il aura opéré sur le tartre
brut. Voilà tout le secret...

« Ce que je viens de te dire, à savoir que la presque totalité de
l'acide est perdue par le fabricant lors de la première opération
que l'on fait subir au tartre, est-ce une chose bien certaine? Je le
crois. Mais il faut le prouver. Or il y a à Trieste et à Venise deux
raffineries de tartre dont j'ai les adresses. J'aurai aussi des lettres
d'introduction. Là j'examinerai (si je trouve un laboratoire) les
résidus de la fabrication et je m'enquerrai de savoir d'une manière
précise d'où viennent les tartres de ces deux villes. Enfin je m'en
procurerai quelques kilogrammes de chaque espèce que j'étudierai
en France avec soin... »

« *Freiberg, le 23 septembre 1852...* Arrivé le 21 au soir à
Dresde, j'ai dû attendre au lendemain à 11 heures pour faire
viser mon passeport, ce qui m'obligeait à partir seulement le soir
à 7 heures pour Freiberg. J'ai profité de cette journée passée à
Dresde pour visiter cette capitale de la Saxe et je puis t'assurer
que j'y ai vu des choses admirables : un musée de toute beauté
renfermant des tableaux des premiers maîtres de toutes les écoles.
J'ai passé quatre grandes heures dans ces galeries, m'amusant à
noter sur mon livret les tableaux qui me faisaient le plus de plaisir. Ceux qui attiraient mon attention avaient une croix, puis j'en
donnais deux, trois en suivant le diapason de mon enthousiasme.
Je suis même allé jusqu'à quatre.

« J'ai visité également ce qu'ils appellent la salle de la voûte
verte, collection unique au monde d'objets d'art, de bijoux, de
pierres précieuses... puis des églises, des promenades, des ponts
admirables sur l'Elbe...

« Je pars donc pour Freiberg à 7 heures... Mon amour pour les
cristaux me porte d'abord chez le savant professeur de minéralogie
Breithaupt, qui me reçoit comme on ne ferait pas en France.
Après une courte conversation, il passe dans une chambre

voisine, revient en habit noir portant trois petites décorations à la boutonnière, et il me dit qu'il va d'abord me présenter au baron de Beust surintendant des usines afin d'obtenir une permission pour visiter celles-ci... Puis il me fait faire une promenade, sans cesser de causer cristaux...

P.-S. — Dis bien à M. Biot la manière dont j'ai été reçu. Cela lui fera grand plaisir. »

« *Vienne, 27 septembre 1852.* — Hier matin lundi, je me suis mis en marche pour faire visite à diverses personnes. Malheureusement j'apprends que M. Schrotter, professeur, est à Wiesbaden à un congrès scientifique ainsi que M. Seybel, fabricant d'acide tartrique. M. Miller, négociant, pour qui j'avais une lettre de recommandation, a la complaisance de demander pour moi au chargé d'affaires de M. Seybel la permission de visiter la fabrique de ce dernier même en son absence. On refuse sous prétexte qu'on n'y est pas autorisé. Mais je ne me tiens pas pour battu. Je demande les adresses des divers professeurs de Vienne et je tombe heureusement sur un nom très connu dans la science, M. Redtenbacher qui a été pour moi d'une complaisance au delà de toute expression. Dès six heures ce matin il était à l'hôtel et nous partions à 7 heures par le chemin de fer pour nous rendre à la fabrique Seybel, située à une petite distance de Vienne. Nous sommes reçus par le chimiste de la fabrique qui ne fait aucune difficulté de nous introduire dans le sanctuaire, et après bien des questions nous finissons par être convaincus que l'on a vu l'hiver dernier le fameux acide racémique, etc...

« Je passe bien des renseignements pleins d'intérêt, car ici on opère depuis quelques années avec le tartre brut. Je sors de là très heureux.

« Il y a à Vienne une autre fabrique d'acide tartrique. Nous nous y rendons. Je répète ici par l'intermédiaire de M. Redtenbacher le chapelet de mes questions. Ils n'ont rien vu. Je demande à voir leurs produits et je rencontre un tonneau de cristaux d'acide tartrique à la surface desquels je crois apercevoir la fameuse substance. Un premier essai fait avec de méchants verres tout malpropres à la

fabrique même confirme les doutes. Nous les voyons changés en
certitude quelques instants après au laboratoire de M. Redtenbacher.
Nous dinons en famille... puis nous retournons à la fabrique où
nous finissons par apprendre, chose vraiment miraculeuse, qu'aujourd'hui même ils sont embarrassés pour résoudre une question
dans la fabrication, et, presque certainement le produit qui les
gêne, quoiqu'en très petite quantité, et qu'ils prennent pour du
sulfate de potasse n'est autre chose que l'acide racémique. Je voudrais pouvoir te dire encore plus en détail toutes les péripéties de
cette journée.

« Je devais quitter Vienne ce soir, mais comme bien tu penses je
reste jusqu'à ce que j'aie éclairci cette question. Déjà se trouvent au
laboratoire trois espèces de produits de la fabrique. Demain soir
ou après-demain au plus tard je saurai à quoi m'en tenir...

« Tu te rappelles ce que je te disais et ce que je disais à M. Dumas que presque certainement la première opération que l'on a l'habitude dans certaines fabriques de faire subir au tartre lui fait perdre
tout son acide racémique ou presque tout. Eh bien ! dans les deux
fabriques de Vienne depuis deux ans seulement on opère sur le
tartre brut, et c'est depuis deux ans seulement que l'on a vu ici le
prétendu sulfate de potasse et là le prétendu sulfate de magnésie.
Car chez M. Seybel ils avaient pris pour du sulfate de magnésie les
petits cristaux d'acide racémique.

« En résumé voici où j'en suis et t'épargnant bien des détails :

« 1° Le tartre de Naples renferme de l'acide racémique ;

« 2° Le tartre d'Autriche (environs de Vienne) renferme de l'acide
racémique ;

« 3° Le tartre de Hongrie, de Croatie et de Carniole renferme
de l'acide racémique ;

« 4° Le tartre de Naples en renferme notablement plus que ces
derniers, car il donne même après un raffinage de l'acide racémique,
et ceux d'Autriche et de Hongrie n'en donnent qu'autant qu'ils sont
employés bruts.

« Je regarde maintenant comme très probable que je retrouverai
l'acide racémique dans les tartres de France, mais en très petite

quantité, et si on ne l'y aperçoit pas c'est qu'on ignore ou qu'on apprécie mal toutes les circonstances de la fabrication tartrique ou bien que l'on n'emploie pas telle ou telle petite précaution qui le fait paraître ou le conserve.

« Tu vois, ma chère Marie, de quelle utilité était mon voyage... »

« *Vienne, 30 septembre 1852.* — Je ne vais pas à Trieste. Je repars ce soir pour Prague. »

« *Prague, 1ᵉʳ octobre.* — Voici bien une autre nouvelle. J'arrive à Prague, je m'établis hôtel d'Angleterre, je déjeune et je vais chez M. Rochleder professeur de chimie afin qu'il me serve d'introducteur auprès du fabricant. Je vais chez le chimiste de la fabrique, M. le Dʳ Rassmann pour qui j'avais une lettre de M. Redtenbacher, son ancien maître. Cette lettre contenait toutes les questions que j'ai l'habitude de faire aux fabricants d'acide tartrique.

« A peine M. le Dʳ Rassmann prend-il le temps de lire cette lettre. Il voit de quoi il s'agit et il me dit : « J'obtiens depuis longtemps « l'acide racémique. La Société de pharmacie de Paris a proposé « un prix pour celui qui le fabriquerait. C'est un produit de la fabri- « cation. Je l'obtiens à l'aide de l'acide tartrique. » Alors je pris affectueusement la main du chimiste et je lui fis répéter ce qu'il venait de me dire. Puis j'ajoutai : Vous avez fait une des plus grandes découvertes qu'il soit possible de faire en chimie. Peut-être n'en sentez-vous pas comme moi toute l'importance. Mais permettez-moi de vous dire que d'après mes idées je regarde cette découverte comme impossible. Je ne vous demande pas votre secret. Je vais en attendre la publication avec la plus grande impatience. Ainsi c'est bien vrai : vous prenez un kilo d'acide tartrique pur et avec lui vous faites de l'acide racémique.

— Oui, me dit-il, mais c'est encore... et comme il avait de la peine à s'exprimer j'ajoutai : c'est encore entouré de grandes difficultés.

— Oui Monsieur.

« ... Grand Dieu ! Quelle découverte s'il avait fait ce qu'il dit ! Mais non. C'est impossible. Il y a un abîme à franchir et la chimie est trop jeune encore. »

Deuxième lettre, même date.—« M. Rassmann est dans l'erreur...
Il n'a jamais obtenu de l'acide racémique avec de l'acide tartrique
pur. Il fait ce que fait M. Fikentscher, et ce que font les fabricants
de Vienne avec de petites différences qui confirment l'opinion
générale que j'ai émise il y a peu de jours dans ma lettre à
M. Dumas. »

Cette lettre, ainsi qu'une autre adressée à Biot, indiquait que
l'acide racémique se formait en quantités plus ou moins grandes
dans les eaux-mères qui provenaient de la purification des tartres
bruts.

« Je puis donc enfin, écrivait-il de Leipsick à Mme Pasteur, me
diriger du côté de la France. J'en ai besoin. Je suis très fatigué. »

Dans un compte rendu publié par le journal *la Vérité* sur ce
voyage plein de péripéties, se trouvait cette phrase qui amusa tout
le monde et Pasteur le premier : « Jamais trésor, jamais beauté
adorée ne fut poursuivie à travers plus de chemins et avec plus
d'ardeur. » Mais le héros d'aventure scientifique n'était pas satisfait. Qu'il eût pressenti, par l'examen de formes cristallines, la
corrélation entre l'hémiédrie non superposable et le pouvoir rotatoire, c'était dans sa pensée une prévision heureuse ; qu'il eût
ensuite réussi à dédoubler l'acide racémique, inactif sur la lumière
polarisée, en deux acides droit et gauche doués de pouvoirs rotatoires égaux mais contraires, c'était une découverte qui méritait
bien le qualificatif de mémorable donné par les bons juges en ces
matières ; qu'il eût indiqué enfin la source de l'acide racémique
dans les eaux-mères, c'était encore une remarque précieuse que
Kestner, spécialement intéressé par cette question, confirma dans
une lettre à l'Académie des sciences, à la fin de décembre 1852,
en expédiant trois grands flacons d'acide racémique dont l'un,
entre parenthèses, étant de verre trop mince, se brisa entre les
mains de Biot ; mais restait un progrès de plus à accomplir, progrès capital et qui semblait presque irréalisable. Ne pourrait-on
arriver à produire l'acide racémique à l'aide de l'acide tartrique ?

Pasteur lui-même, ainsi qu'il l'avait dit à l'optimiste Rassmann,
ne jugeait pas possible cette transformation. Mais à force de pa-

tience ingénieuse, d'essais, de tentatives de toutes sortes, il croit toucher au but. Il écrit à son père : « Je ne songe qu'à une chose, à l'espérance d'une brillante découverte qui ne me paraît pas éloignée de moi. Mais le résultat que j'attends est tellement extraordinaire que je n'ose y croire. » Il fait part à Biot et à Senarmont de la même espérance. Tous les deux semblent douter. « Je vous engage, lui écrit Senarmont, à ne parler que quand vous pourrez dire : J'obtiens artificiellement l'acide racémique avec de l'acide tartrique dont j'ai moi-même vérifié la pureté ; l'acide artificiel se sépare, comme l'acide naturel, en équivalents égaux d'acide tartrique droit et gauche et ces acides ont la forme, les propriétés optiques, toutes les propriétés chimiques de ceux qu'on retire de l'acide racémique naturel. Ne croyez pas que je cherche à vous faire de mauvaises chicanes. Les scrupules que j'ai pour vous, je les aurais pour moi ; quand on touche à un fait pareil, il faut être trois fois sûr. »

Mais, avec Biot, Senarmont était moins réservé : il croyait la chose faite ; il le disait à Biot qui, prudent, craintif, voulant prémunir encore Pasteur, lui écrivait le 27 mai 1853 à propos de Senarmont : « L'affection que lui ont inspirée vos travaux, votre persévérance, et votre caractère moral, lui ferait souhaiter pour vous des prodiges, peut-être infaisables. Mon amitié pour vous est moins prompte dans ses espérances, et plus dure dans ses admissions. Jouissez toutefois pleinement de la sienne, et soyez sans réserve avec lui, comme vous l'êtes avec moi. Vous pouvez le faire en toute sécurité, car je ne connais pas de caractère plus solide que le sien. Je lui ai dit et répété plusieurs fois combien je suis heureux de l'affection qu'il vous porte. Car vous trouverez en lui au moins *un* homme, qui vous aimera, et vous comprendra, quand je ne serai plus. Adieu, vous voilà suffisamment sermonné, pour aujourd'hui, et il faut être comme moi dans sa 80e année, pour faire de si longues homélies. Heureusement vous êtes habitué aux miennes et vous ne vous formalisez pas. »

Enfin, le 1er juin, voici la lettre qui annonce le fait capital : « Mon cher papa, je viens de transmettre la dépêche télégraphique suivante : « Monsieur Biot, Collège de France, Paris. Je trans-

« forme l'acide tartrique en acide racémique. Communiquez, je
« vous prie, à MM. Dumas, Senarmont. »

« Voilà donc ce fameux acide racémique (que j'ai été chercher
jusqu'à Vienne) préparé artificiellement à l'aide de l'acide tartrique.
J'ai cru longtemps cette transformation impossible. Cette découverte a des conséquences incalculables. »

« Je vous félicite, répond Biot le 2 juin. Votre découverte est
maintenant complète. M. de Senarmont sera aussi ravi que moi.
Reportez à Mme Pasteur la moitié des félicitations que je vous
adresse. Elle doit être aussi contente que vous. »

C'est en maintenant pendant plusieurs heures à une température
élevée le tartrate de cinchonine que Pasteur était arrivé à transformer l'acide tartrique en acide racémique. Sans entrer dans des
détails techniques (faciles d'ailleurs à retrouver dans un rapport
à la Société de pharmacie de Paris, au sujet du prix qu'elle
décerna, en 1853, à Pasteur pour la production artificielle de
l'acide racémique), il faut ajouter qu'il avait aussi produit l'acide
tartrique neutre, c'est-à-dire inactif sur la lumière polarisée, qui
prenait naissance aux dépens de l'acide racémique déjà formé.
La chimie avait dès lors quatre acides tartriques : l'acide droit,
l'acide gauche, la combinaison du droit et du gauche ou le racémique et l'acide inactif.

Les comptes rendus de l'Académie des sciences renferment en
outre l'exposé de découvertes occasionnelles, de recherches de tous
genres faisant cortège à cette histoire de l'acide racémique. C'est
ainsi que l'acide aspartique avait été pour lui l'occasion d'un
brusque voyage de Strasbourg à Vendôme. Au sujet de cet acide,
un chimiste nommé Dessaignes — qui, tout en étant receveur
municipal de la ville, se livrait, avec une rare persévérance et
par amour de la science, à des recherches sur la constitution de
diverses substances organiques, — avait annoncé un fait que Pasteur voulait contrôler et dont il vérifia l'inexactitude. Une séance
de l'Académie des sciences avait été presque entièrement consacrée, le 3 janvier de cette même année 1853, au nom et à l'œuvre
grandissante de Pasteur.

A la suite de ces travaux, Pasteur revint à Arbois portant à la boutonnière le ruban de chevalier. Tout en l'ayant obtenu d'une autre façon que son père, il l'avait aussi bien gagné. Joseph Pasteur qui, dans sa modestie, aurait volontiers modifié le vers de Racine, et dit :

Et moi père inconnu d'un si glorieux fils,

écrivit à Biot avec effusion. Le vieux savant avait sa part, en effet, dans cet acte de justice. Biot répondit par une lettre qui achève de le peindre et de montrer l'idée haute et indépendante qu'il se faisait de la carrière scientifique : « Monsieur, votre bon cœur fait ma part plus grande qu'elle n'est. Les belles découvertes faites par votre digne et excellent fils, son dévouement à la science, sa persévérance infatigable dans le travail, le soin consciencieux avec lequel il remplit les devoirs de sa place, tout cela le mettait dans une position telle qu'il n'était pas besoin qu'on sollicitât pour lui ce qu'il avait depuis longtemps mérité. Mais on pouvait très hardiment représenter que l'on ferait à l'institution même un véritable tort, si l'on tardait davantage à l'y comprendre. C'est ce que j'ai fait, et j'ai été fort heureux de voir que l'on eût enfin réparé un trop long oubli. Je le souhaitais d'autant plus que je savais combien votre affection vous faisait désirer qu'on lui rendît cette justice. Permettez-moi toutefois d'ajouter, pour rassurer tout à fait votre tendresse, que, dans notre profession, notre distinction véritable ne dépend heureusement que de nous, et nullement de la faveur ou de l'indifférence d'un ministre. Dans la position où votre fils s'est placé, sa réputation grandira par ses travaux, sans qu'il ait besoin d'autre appui ; et l'estime qu'ils lui ont déjà méritée, qu'ils lui mériteront tous les jours davantage, lui sera décernée, sans contradiction comme sans appel, par le grand jury des savants de tous les pays du monde, tribunal toujours juste, duquel seul nous relevons. Permettez que je joigne à mes félicitations, l'expression des sentiments d'estime et d'affection cordiale que vous m'avez inspirés. »

Revenu à Strasbourg, Pasteur alla demeurer rue des Couples,

dans une maison qui, écrivait-il, lui convenait mieux que toutes les autres. Elle était rapprochée de l'Académie, c'est-à-dire d'un laboratoire, première condition de bonheur ; elle avait de plus une cour et un jardin où ses enfants pouvaient jouer pendant qu'il travaillait. Plein de projets d'expériences, il était dans une période d'enchantement où, selon un de ses mots, « l'esprit d'invention » lui suggérait chaque jour quelque nouveau travail.

Le voisinage de l'Allemagne, qui, dans ce temps-là, aurait pu être comparée à une ruche d'abeilles laborieuses, était pour la Faculté de Strasbourg, si française, un stimulant de rivalité fertile.

Mais les moyens matériels manquaient. Aussi quand Pasteur reçut le prix de 1,500 francs décerné par la Société de pharmacie, consacra-t-il la moitié de ce prix à l'achat d'instruments que le laboratoire de Strasbourg était trop pauvre pour acquérir. Les ressources que l'Etat mettait alors à sa disposition, pour faire face à toutes les exigences d'un cours de chimie, se résumaient en une somme de 1,200 francs sous la rubrique : frais de cours. Encore Pasteur devait-il prélever sur cette somme le salaire de son garçon de laboratoire. Mieux outillé, grâce à son prix, il se remit à ses études sur les cristaux.

Prenant un cristal octaédrique, il le brisait sur une de ses parties, puis plaçait ce cristal dans son eau-mère. Alors, en même temps que le cristal s'agrandissait dans tous les sens par un dépôt de particules cristallines, un travail très actif avait lieu sur la partie mutilée. Au bout de quelques heures, le cristal était revenu à sa forme primitive. La cicatrisation et la réparation des plaies pouvaient, disait Pasteur, être comparées à ce phénomène physique. Claude Bernard, frappé plus tard de ces expériences de Pasteur et les rappelant avec éloges, disait à son tour : « Ces phénomènes de reconstitution, de réintégration cristalline se rapprochent complètement de ceux que présentent les êtres vivants lorsqu'on leur fait une plaie plus ou moins profonde. Dans le cristal comme dans l'animal, disait-il, la partie endommagée se cicatrise, reprend peu à peu sa forme primitive et, dans les deux cas, le travail de reformation des tissus est en cet endroit bien plus actif que dans les conditions évolutives ordinaires. » Ainsi, ces deux grands esprits voyaient toutes les affinités qui se cachaient sous des faits en apparence bien éloignés.

D'autres rapprochements plus inattendus encore emportaient Pasteur vers les plus hautes spéculations. Ah! cette dissymétrie moléculaire! avec quel enthousiasme il en parlait! Il la voyait partout dans l'Univers. De ces études de dissymétrie devait naître vingt ans plus tard une science nouvelle, conséquence directe de ses travaux : la stéréochimie ou chimie dans l'espace. Voyant encore dans la dissymétrie moléculaire l'influence d'une grande cause cosmique :

« L'Univers, disait-il un jour, est un ensemble dissymétrique. Je suis porté à croire que la vie, telle qu'elle se manifeste à nous, doit être fonction de la dissymétrie de l'Univers ou des conséquences qu'elle entraîne. L'Univers est dissymétrique; car on placerait devant une glace l'ensemble des corps qui composent le système solaire, se mouvant de leurs mouvements propres, que l'on aurait dans la glace une image non superposable à la réalité. Le mouvement même de la lumière solaire est dissymétrique. Jamais un rayon lumineux ne frappe en ligne droite et au repos la feuille où la vie végétale crée la matière organique. Le magnétisme terrestre, l'opposition qui existe entre les pôles boréal et austral dans un aimant, celle que nous offrent les deux électricités positive et négative ne sont que des résultantes d'actions et de mouvements dissymétriques. »

« La vie, disait-il encore, est dominée par des actions dissymétriques. Je pressens même que toutes les espèces vivantes sont primordialement, dans leur structure, dans leurs formes extérieures, des fonctions de la dissymétrie cosmique. »

Et une barrière lui apparaissait entre les produits minéraux ou artificiels et les produits formés sous l'influence de la vie. Mais il ne la jugeait pas infranchissable et il avait soin de dire : « C'est une distinction de fait et non de principe absolu. » Puisque la nature élabore les principes immédiats de la vie au moyen de forces dissymétriques, il souhaitait que le chimiste imitât la nature et que, rompant avec des méthodes fondées sur l'emploi exclusif de forces symétriques, il fit agir des forces dissymétriques dans la production des phénomènes chimiques. Lui-même, après avoir employé de puissants aimants pour tenter d'introduire dans la forme des cristaux une manifestation de dissymétrie, avait fait construire un mécanisme d'horlogerie qui devait tenir une plante en mouvement de rotation continuelle dans un sens, puis dans un autre. Il allait encore essayer de faire vivre une plante, dès sa germination, sous l'influence des rayons solaires renversés à l'aide d'un miroir conduit par un héliostat. Mais Biot lui écrivit : « Je voudrais pouvoir vous détourner des tentatives que vous avez eu l'idée de faire sur l'influence du magnétisme dans la végétation. M. de Senarmont et moi nous sommes du même sentiment à cet égard. D'abord vous allez dépenser une forte partie de votre argent, si ce n'est la totalité, pour acheter des appareils dont l'usage ne vous est pas familier et dont le succès sera très problématique. Secondement, cela vous fera quitter la voie si féconde de recherches expérimentales que vous avez suivie jusqu'à présent avec tant de succès et où vous avez tant à faire, pour courir du certain à l'incertain. »

« Louis se préoccupe toujours un peu trop de ses expériences, écrivait Mme Pasteur à son beau-père. Vous savez que celles qu'il entreprend cette année doivent nous donner, si elles réussissent, un Newton ou un Galilée. »

Le succès ne vint pas. « Mes études marchent assez mal, écrivait à son tour Pasteur le 30 décembre. J'ai presque la crainte d'échouer dans tous mes essais de cette année et de n'avoir pas à marquer ma place par un travail important à la fin de l'année prochaine. Espérons encore. Aussi, il faut être un peu fou pour entreprendre ce que j'ai entrepris. »

Pendant qu'il se débattait dans ces vastes projets, une expérience, qui pour d'autres n'eût été qu'une curiosité de laboratoire, l'intéressa passionnément. Rappelant un jour comment ses premières recherches l'avaient conduit à l'étude des ferments : « Si je mets, disait-il, un des sels de l'acide racémique, le paratartrate ou racémate d'ammoniaque, par exemple, dans les conditions ordinaires de la fermentation, l'acide tartrique droit fermente seul, l'autre reste dans la liqueur. Je dirai même en passant que c'est le meilleur moyen de préparer l'acide tartrique gauche. Pourquoi l'acide tartrique droit entre-t-il seul en putréfaction ? Parce que les ferments de cette fermentation se nourrissent plus facilement des molécules droites que des molécules gauches. »

« J'ai fait plus encore, disait-il beaucoup plus tard, dans une dernière conférence à la Société chimique de Paris, j'ai fait vivre de petites graines de *penicillium glaucum*, — de cette moisissure que l'on trouve partout, — à la surface de cendres et d'acide paratartrique, et j'ai vu l'acide tartrique gauche apparaître... »

Ce qui lui parut saisissant dans ces deux expériences, ce fut de voir la dissymétrie moléculaire propre aux matières organiques intervenant, à titre de modificateur des affinités chimiques, dans un phénomène de l'ordre physiologique.

Par une rencontre intéressante à signaler, c'est au moment même où ses études allaient le rapprocher des fermentations qu'il fut appelé dans un pays où l'industrie régionale devait être le plus fort des stimulants pour ses nouvelles recherches.

CHAPITRE IV

1855-1859

Au mois de septembre 1854, il fut nommé professeur et doyen de la nouvelle Faculté des sciences de Lille. « Je n'ai pas besoin, Monsieur, — lui écrivait le ministre de l'Instruction publique, M. Fortoul, dans une lettre où des sentiments particuliers se mêlaient à la solennité administrative, — de vous rappeler toute l'importance qui s'attache au succès de cette nouvelle Faculté des sciences placée dans une ville qui est le centre le plus riche de l'activité industrielle dans le nord de la France. Vous en donner la direction, c'est montrer assez toute la confiance que j'ai mise en vous. Vous réaliserez, j'en suis convaincu, les espérances que j'ai fondées sur votre zèle. »

Construite aux frais de la ville, la Faculté était située rue des Fleurs. Dans le discours d'inauguration qu'il prononça le 7 décembre 1854 d'une voix vibrante, le jeune doyen exprima son enthousiasme pour le décret impérial du 22 août qui apportait deux innovations heureuses dans les Facultés des sciences : les élèves, moyennant une faible somme annuelle, pouvaient venir dans les laboratoires répéter les principales expériences faites dans les cours, et un nouveau diplôme était créé. Après deux années d'études théoriques et pratiques, les jeunes gens qui voulaient entrer dans une carrière industrielle pouvaient obtenir ce diplôme spécial et être choisis comme contremaîtres ou chefs d'atelier. Avec la joie qu'il éprouvait de pouvoir faire œuvre utile dans ce pays de fabrication d'alcool et d'attirer à la nouvelle Faculté de nombreux auditeurs : « Où trouverez-vous dans vos familles, disait-il pour exciter les esprits les plus indolents, où trouverez-vous un jeune homme dont la curiosité et l'intérêt ne seront pas aussitôt éveillés lorsque vous mettrez entre ses mains une pomme de terre, qu'avec elle il fera du sucre, avec ce sucre de l'alcool, avec cet alcool de l'éther et du vinaigre ? Quel est celui qui ne sera pas heureux d'apprendre le soir à sa famille qu'il vient de faire marcher un télégraphe électrique ?

« Et, Messieurs, soyez-en convaincus, de pareilles études s'oublient peu ou ne s'oublient jamais. C'est à peu près comme si, pour apprendre la géographie d'un pays, on y faisait voyager l'élève. Cette géographie, la mémoire la conserve parce que l'on a vu et touché les lieux. De même vos fils n'oublieront pas ce qu'il y a dans l'air que nous respirons quand ils l'auront analysé, qu'entre leurs mains et sous leurs yeux se seront réalisées les propriétés admirables des éléments qui le composent. »

Puis, après le désir bien constaté d'être directement utile à ces fils d'industriels et de mettre à leur service son laboratoire, il revendiquait éloquemment les droits de la théorie dans l'enseignement :

« Sans la théorie, disait-il, la pratique n'est que la routine donnée par l'habitude. La théorie seule peut faire surgir et développer l'esprit d'invention. C'est à vous surtout qu'il appartiendra de ne point partager l'opinion de ces esprits étroits qui dédaignent tout ce qui dans les sciences n'a pas une application immédiate. Vous connaissez le mot charmant de Franklin. Il assistait à la première démonstration d'une découverte purement scientifique. Et l'on demande autour de lui : Mais à quoi cela sert-il ? Franklin répond : « A quoi sert l'enfant qui vient de naître ? » Oui, Messieurs, à quoi sert l'enfant qui vient de naître ? Et pourtant à cet âge de la plus tendre enfance, il y avait en vous déjà les germes inconnus des talents qui vous distinguent. Dans vos fils à la mamelle, dans ces petits êtres qu'un souffle ferait tomber, il y a des magistrats, des savants, des héros aussi vaillants que ceux qui à cette heure se couvrent de gloire sous les murs de Sébastopol. De même, Messieurs, la découverte théorique n'a pour elle que le mérite de l'existence. Elle éveille l'espoir et c'est tout. Mais laissez-la cultiver, laissez-la grandir et vous verrez ce qu'elle deviendra.

« Savez-vous à quelle époque il vit le jour pour la première fois, ce télégraphe électrique, l'une des plus merveilleuses applications des sciences modernes ? C'était dans cette mémorable année 1822. Œrsted, physicien danois, tenait en mains un fil de cuivre réuni par ses extrémités aux deux pôles d'une pile de Volta. Sur sa table se trouvait une aiguille aimantée, placée sur son pivot, et il vit tout à coup (par hasard, direz-vous peut-être, mais souvenez-vous que, dans les champs de l'observation, le hasard ne favorise que les esprits préparés), il vit tout à coup l'aiguille se mouvoir et prendre une position très différente de celle que lui assigne le magnétisme terrestre. Un fil traversé par un courant électrique fait dévier de sa position une aiguille aimantée. Voilà, Messieurs, la naissance du télégraphe actuel. Combien plus, à cette époque, en voyant une aiguille se mouvoir, l'interlocuteur de Franklin n'eût-il pas dit : « Mais à quoi cela sert-il ? » Et cependant la découverte n'avait que vingt ans d'existence quand elle donna cette application, presque surnaturelle dans ses effets, du télégraphe électrique. »

Le petit amphithéâtre où se faisaient ses leçons de chimie fut bientôt célèbre dans le monde des étudiants. Les défauts que Pasteur se reprochait quand il professait pour la première fois à Dijon, et plus tard à Strasbourg, avaient disparu. Exposition parfaite, lien de la pensée, propriété des mots, il était sûr de lui. Peu d'expériences, mais des expériences décisives. Il s'efforçait de mettre en évidence tout ce qu'elles provoquaient d'observations et de rapprochements. L'élève qui sortait charmé du cours ne se doutait pas de la peine que représentait chacune de ces leçons en apparence aisées. Quand Pasteur avait consciencieusement préparé toutes ses notes, il les résumait en un sommaire. Revenu dans son appartement, au-dessus du laboratoire, il classait soigneusement son résumé de cours dans un dossier et le reliait aux autres. Ainsi reste l'esquisse de tout ce travail. Mais la vie, le mouvement, le regard, le geste démonstratif, la parole grave, d'un accent si pénétrant, qui peindra cela ?

Au bout de quelques mois, le ministre écrivait au recteur. M. Guillemin, combien il était heureux du succès de cette Faculté des sciences de Lille « qui doit déjà au mérite de l'enseignement tout à la fois brillant et solide de cet habile professeur de rivaliser avec les Facultés les plus florissantes ». Le ministre éprouvait le besoin d'ajouter un conseil officiel : « Que M. Pasteur se tienne cependant toujours en garde contre l'entraînement de son amour pour la science et qu'il ne perde pas de vue que l'enseignement des Facultés, tout en se maintenant à la hauteur des théories scientifiques, doit néanmoins, pour produire des résultats utiles et étendre son heureuse influence, s'approprier les plus nombreuses applications aux besoins réels du pays auquel il s'adresse. »

Un an après l'inauguration de la nouvelle Faculté, Pasteur écrivait à Chappuis : « Nos cours sont toujours très suivis. J'ai à mes leçons qui réunissent le plus de monde de 250 à 300 personnes et nous avons 24 élèves inscrits pour les manipulations et conférences. Je crois que, cette année, comme l'année dernière, Lille tient le premier rang pour l'application de cette innovation. Car j'ai appris qu'à Lyon, il n'y avait que 8 inscriptions. » L'emporter sur Lyon était un véritable succès. « Le zèle de tous fait plaisir à voir, écrivait Pasteur à son ami, au commencement de janvier 1856. Il va même jusqu'à ce point que quatre professeurs prennent la peine de remettre leurs leçons manuscrites et rédigées de leurs mains à un imprimeur qui les fait autographier. Celui-ci a déjà 120 souscripteurs pour le cours de mécanique appliquée et fait tirer à 400 exemplaires. Notre local heureusement est terminé. Il est très beau et très vaste, mais il deviendra bientôt insuffisant par les progrès de l'enseignement pratique... Pour nous, nous sommes très bien installés au premier et j'ai enfin, ce que j'ai toujours envié, un laboratoire où je puis aller à toute heure, au rez-de-chaussée de mon appartement; et quelquefois, pendant que je dors, souvent même ces jours-ci, le gaz brûle toute la nuit et les opérations continuent leur cours. C'est ainsi que je cherche à retrouver un peu le temps que je dois consacrer à la direction de tous les travaux aujourd'hui assez multiples dans nos Facultés. Ajoute à tout cela que je suis membre de deux sociétés très actives et que j'ai été chargé, sur la proposition du conseil général, de la vérification des engrais pour le département du Nord, travail assez considérable dans ce riche pays agricole, mais que j'ai accepté avec empressement, afin de populariser et agrandir l'influence de notre Faculté naissante.

« Ne crains pas que tout cela me détourne de mes études qui me sont si chères. Je ne les abandonnerai pas et j'espère que ce qui est déjà fait marchera sans mon aide, avec le temps, qui grandit tout ce qui est fécond.

« Travaillons tous ; il n'y a que cela qui amuse. C'est le mot de M. Biot, et on peut bien s'en rapporter à lui sur ce sujet. Tu sais la part qu'il vient de prendre encore à l'Académie des sciences dans une grande discussion, où il a été magnifique de présence d'esprit, de haute raison et de jeunesse avec ses quatre-vingt-quatre ans. »

Dans une étude sur Pasteur homme de science, la manière dont il comprenait les fonctions de doyen serait un détail secondaire : il n'en est pas de même ici. La peinture de ce qu'il était dans toutes les circonstances et tous les devoirs de la vie, c'est le sujet même de ce livre. Il faut que le plus possible de lui soit évoqué. En dehors des obligations professionnelles, la complaisance qu'il mettait à quitter son laboratoire, quelque dur que fût le sacrifice, témoigne qu'il y avait dans ce doyen un dévouement toujours en partance. C'est ainsi qu'il conduisit ses élèves dans des fonderies et des fabriques, à Aniche, à Denain, à Corbhem, à Valenciennes et à Saint-Omer. Au mois de juillet 1856, il organisa pour ces mêmes élèves une caravane scolaire en Belgique. Il leur fit visiter des usines, des hauts fourneaux, des ateliers de métallurgie, questionnant partout avec son insatiable curiosité, heureux de provoquer chez ces grands garçons le désir d'apprendre davantage. Tous revenaient de ces courses avec plus d'entrain au travail ; quelques-uns avec le feu sacré que souhaitait Pasteur.

La phrase de son discours de Lille : « dans les champs de l'observation, le hasard ne favorise que les esprits préparés, » lui fut particulièrement applicable. Dans l'été de 1856, un industriel de Lille, M. Bigo, dont l'usine était située rue d'Esquermes, avait éprouvé, comme beaucoup d'autres cette année-là, de grands mécomptes dans la fabrication de l'alcool de betteraves. Il vint demander conseil au jeune doyen. La perspective de rendre service, de communiquer le résultat de ses remarques aux nombreux auditeurs qui se pressaient dans l'étroit amphithéâtre de la Faculté, d'observer minutieusement les phénomènes de fermentation qui le préoccupaient à un si haut degré, fit accepter à Pasteur ces demandes d'expériences. Presque chaque jour il faisait des stations prolongées à l'usine de la rue d'Esquermes. De retour au laboratoire, — où il n'avait alors à sa disposition qu'un microscope d'étudiant et une étuve des plus sommaires, chauffée au coke, — il examinait les globules dans le jus de fermentation, il comparait le jus de betteraves filtré et non filtré, il se livrait à des hypothèses qui le stimulaient, sauf à les abandonner dès qu'un fait s'imposait. Au-dessus de telle note où il avait consigné, quelques jours auparavant, une hypothèse qui ne s'était pas vérifiée, il écrivait : Erreur. Erroné. Non. Il se traitait comme un adversaire implacable, offrant un mélange étonnant d'imagination ardente et d'observation patiente, de qualités contraires, tour à tour impétueuses et calmes.

Le fils de M. Bigo, qui travaillait au laboratoire de Pasteur, a résumé dans une lettre comment ces accidents industriels devinrent le point de départ des travaux de Pasteur sur la fermentation et particulièrement sur la fermentation alcoolique. « Pasteur avait constaté au microscope que les globules étaient ronds quand la fermentation était saine, qu'ils s'allongeaient quand l'altération commençait et qu'ils étaient allongés tout à fait quand la fermentation devenait lactique. Cette méthode très simple nous permit de surveiller le travail et d'éviter les ennuis de fermentation qu'on avait fréquemment jadis... J'ai eu la bonne fortune d'être maintes fois le confident des enthousiasmes et des déceptions d'un grand savant. » M. Bigo se rappelait, en effet, les programmes d'expériences, les quantités d'observations prises, notées, et comment

Pasteur en étudiant les causes de ces échecs de distillerie, s'était demandé si l'on ne se trouvait pas en présence d'un fait général, pour toutes les fermentations.

Pasteur était sur le chemin d'une découverte dont les conséquences devaient bouleverser la chimie. Pendant des mois et des mois il s'assura qu'il n'était pas dupe d'une erreur.

Pour apprécier l'importance des idées qui, de ce petit laboratoire, allaient se répandre dans le monde, et pour se rendre compte de l'effort qu'exigea le triomphe d'une théorie qui devait être un jour une doctrine, il faut se reporter aux enseignements de cette époque sur les fermentations. Tout était ténèbres. Un mince filet de lumière les avait traversées un instant, en 1836. Le physicien Cagniard-Latour étudiant, dans les cuves de moût de bière en fermentation, le ferment qu'on appelle levure, avait observé que cette levure était composée de cellules « susceptibles de se reproduire par bourgeonnement et n'agissant probablement sur le sucre que par quelque effet de leur végétation ». Presque en même temps le docteur allemand Schwann faisait des observations analogues. Toutefois, comme ce fait semblait isolé, que nulle part ailleurs on ne rencontrait quelque chose de pareil, la remarque de Cagniard-Latour n'était qu'une parenthèse curieuse dans l'histoire des fermentations.

Lorsque des savants, comme J.-B. Dumas, disaient qu'il y avait peut-être une suite à donner à la remarque de Cagniard-Latour, ils émettaient cette idée si timidement que, dans un livre sur la contagion paru en 1853, un auteur très connu à Montpellier, Anglada, s'exprimait ainsi :

« M. Dumas, qui s'y connaît, regarde l'acte de la fermentation comme *étrange et obscur*. Elle donne lieu, d'après lui, à des phénomènes dont la connaissance est à peine pressentie aujourd'hui. Une affirmation aussi compétente ne doit-elle pas décourager ces tentatives qui prétendent éclairer le mode contagieux par l'étude comparative du mode fermentatif ? Que peut-on gagner à expliquer l'un par l'autre, puisqu'il y a mystère des deux parts ? »

Ce mot obscur, on le retrouvait partout. Claude Bernard, au Collège de France, le 14 mars 1856, se servait de cette même épithète pour parler, en passant, de ces phénomènes.

Quatre mois avant la proposition de l'industriel de Lille, Pasteur lui-même, rédigeant sur une petite feuille volante son projet de leçon sur la fermentation, avait écrit ces mots : « En quoi consiste la fermentation. Caractère mystérieux du phénomène. Un mot sur l'acide lactique. » Parla-t-il dans cette leçon de ses idées d'expériences encore lointaines ? Insista-t-il sur le mystère qu'il se promettait de percer à jour ? Avec sa puissance de concentration il est probable qu'il eut la force de se contenir, de ne pas se laisser aller à la moindre confidence et de se dire : Attendons encore une année.

Les théories de Berzélius et de Liebig régnaient souverainement. Pour le chimiste suédois Berzélius, la fermentation était due à une action de contact. On disait qu'il y avait une force catalytique. Aux yeux de Berzélius, ce que Cagniard-Latour croyait avoir observé n'était qu' « un principe immédiat de végétaux qui se précipitait pendant la fermentation de la bière et qui, en se précipitant, présentait une forme analogue aux formes les plus simples de la vie végétale ; mais la forme seule ne constitue pas la vie. » Pour le chimiste allemand Liebig, la décomposition chimique était produite par influence : le ferment était une substance organique très altérable qui se décomposait, et en se décomposant ébranlait, au moment de la rupture de ses propres éléments, les molécules de la matière fermentescible. C'était la portion morte de la levure, celle qui a vécu et qui est en voie d'altération, qui agissait sur le sucre. Adoptées, enseignées, ces théories s'étalaient dans tous les traités de chimie.

Une vacance à l'Académie des sciences vint un instant arracher Pasteur à ses études et l'obliger à partir pour Paris. Biot, Dumas, Balard, Senarmont insistaient pour qu'il se présentât dans la section de minéralogie. Il se sentait peu fait pour le rôle de candidat. Autant il était pénétré de sa cause quand il s'agissait de convaincre un interlocuteur ou d'intéresser un auditoire à ses travaux de cristallographie (qui venaient de lui mériter la grande médaille Rumford, décernée par la Société royale de Londres), autant il était inhabile aux combinaisons et aux démarches. Dans cette campagne de sollicitations, qu'il appelait « un vilain métier », il eut une journée heureuse : le 5 février 1857, il assistait à la réception de Biot à l'Académie française.

Entré à l'Académie des sciences cinquante-quatre ans auparavant, Biot, devenu le doyen de l'Institut, usa dans son discours du bénéfice de l'âge pour distribuer des conseils qu'applaudissait Pasteur perdu dans l'auditoire. Biot, avec son ironie calme, lançait cette épigramme aux hommes de science qui dédaignent les lettres : « On n'a jamais eu lieu de s'apercevoir qu'ils fussent plus savants pour être moins lettrés. » Puis il terminait par des réflexions qui étaient comme une suite de sa dernière lettre adressée au père de Pasteur. Faisant appel à ceux dont la haute ambition est de se consacrer à la science pure, il disait avec fierté : « Peut-être la foule ignorera votre nom et ne saura pas que vous existez. Mais vous serez connus, estimés, recherchés d'un petit nombre d'hommes éminents, répartis sur toute la surface du globe, vos émules, vos pairs dans le sénat universel des intelligences ; eux seuls ayant le droit de vous apprécier et de vous assigner un rang, un rang mérité, dont ni l'influence d'un ministre, ni la volonté d'un prince, ni le caprice populaire ne pourront vous faire descendre, comme ils ne pourraient vous y élever, et qui vous demeurera, tant que vous serez fidèles à la science qui vous le donne. »

Guizot, qui recevait Biot, rendit hommage à cette indépendance, à ce culte pour la recherche désintéressée, à ces conseils : « Les événements qui ont bouleversé autour de vous toutes choses, lui disait-il, n'ont jamais altéré ni la libre fermeté de votre jugement, ni le paisible cours de vos travaux. » Dans cette journée académique, le déclin de la vie ressemblait pour Biot à ces beaux soirs d'été que l'on voit dans les pays du Nord, avant la tombée de la nuit, lorsque tout est en suspens et reste enveloppé d'une très douce clarté. Jamais disciple ne s'associa avec plus d'émotion que Pasteur à la dernière joie d'un vieux maître.

On avait fait, dans le laboratoire de Regnault, une photographie de Biot, assis, la tête penchée, le corps affaissé de fatigue, mais le regard encore plein de vivacité. En l'offrant à Pasteur, Biot lui dit : « Si vous placez cette épreuve à côté du portrait de votre père, vous pourrez voir réunies les images de deux personnes qui vous ont aimé à peu près d'une même façon. »

Pasteur, entre deux visites de candidat, se donna le plaisir d'aller entendre un jeune professeur dont tout le monde parlait alors. « Je viens, écrivait-il, le 6 mars 1857, d'assister à une leçon de Rigault au Collège de France. La salle est trop petite. On se bat à la porte. Je suis sorti de là ravi et tout joyeux pour l'Université d'un pareil succès. On ne saurait rien y ajouter, rien y désirer. Quel honneur pour l'Université ! un professeur d'un lycée de Paris qui débute ainsi au Collège de France. Et puis ce qu'il y a de plus remarquable, c'est le but du cours, c'est le fonds, les tendances. »

Pasteur préférait Rigault à Saint-Marc Girardin. « Et Rigault débute ! » répétait-il. Mais sous l'élégante facilité de Rigault se cachait une perpétuelle contrainte. Un jour que Saint-Marc Girardin le félicitait : « Vous ne voyez pas, lui répondit Rigault, le corset d'acier que j'ai autour de moi quand je suis en chaire. » Cette comparaison convenait bien à cet esprit fin, très ingénieux, toutefois un peu trop ajusté, ne se laissant jamais aller à un moment d'abandon, même dans une causerie, mêlant beaucoup de conscience à une préoccupation trop vive de l'effet produit. Lui qui avait écrit un jour que « la vie est un ouvrage d'art qu'il faut savoir façonner d'une main habile si l'on veut jouir pleinement des facultés de son esprit », eut le tort de forcer sa nature. Peu de mois après cette leçon, il succombait.

Les lignes enthousiastes de Pasteur sur Rigault peignent bien la joie que lui causait le succès d'autrui. Ne comprenant pas les réserves, les défiances, encore moins les jalousies, il éprouvait plus qu'un étonnement, une stupéfaction, quand il constatait un de ces sentiments. Il n'en revenait pas. Un jour qu'il avait lu à l'Académie des sciences un important travail : « Croirais-tu,

écrivait-il à son père, que le lendemain j'ai vu un chimiste professeur à Paris qui, je le savais d'autre part, était venu à la séance
pour entendre ma lecture, croirais-tu que ce chimiste ne m'en a
pas dit le plus petit mot? Alors je me suis rappelé ce que la veille
même m'avait dit M. Biot : « Quand un confrère fait une communication et que personne ne lui en parle ultérieurement, c'est que
ce qu'il a trouvé est bon... »

L'élection était proche. Pasteur écrivait le 11 mars : « Mon
cher papa, mon échec est assuré. » Il ne comptait guère que sur
vingt ou vingt-trois voix ; or, il en fallait une trentaine. Il en prenait philosophiquement son parti. Grâce à cette candidature, ses
travaux du moins seraient mieux connus.

Dans un rapport écrit pour la discussion des titres, Senarmont
s'exprimait ainsi :

« M. Pasteur exécute d'abord de longues et minutieuses
recherches expérimentales cristallographiques qui lui permettent
de circonscrire nettement les circonstances conditionnelles, toutes
spéciales, et jusqu'alors absolument ignorées, qui rattachent à
une propriété optique mesurable, au pouvoir rotatoire moléculaire,
et par conséquent à la structure interne des corps, les particularités géométriques de leur enveloppe cristalline.

« Armé alors du double mode d'investigations dont il vient
de découvrir les lois, il constate un fait absolument inattendu,
l'existence de certains corps chimiquement identiques et pourtant
différents, puisque l'un et l'autre caractère optique et cristallographique attestent également un arrangement moléculaire symé-
triquement inverse.

« Par une induction toute rationnelle il conclut de l'existence
même de ces corps que, dans tous les phénomènes où il parvien-
dra à les faire intervenir, il lui sera possible de distinguer la part
toute chimique, qui revient à la nature même des molécules, puisqu'elle doit rester la même des deux côtés ; et la part, toute
mécanique, qui revient au contraire à leur arrangement, puisque
des deux côtés, elle doit être absolument opposée.

« Les mêmes principes d'induction lui servent à prévoir et à déterminer à l'avance à quelles substances toutes spéciales il devra associer, par combinaison, les corps singuliers dont il a démontré l'existence, tantôt pour laisser subsister en même temps que l'identité chimique l'opposition d'arrangement moléculaire et les particularités optiques et géométriques qui la caractérisent, tantôt pour faire subir à toutes les propriétés à la fois une transformation complète en modifiant du même coup et la composition chimique et la structure intérieure.

« Toutes ces déductions logiques, non seulement M. Pasteur les a tirées de ses recherches cristallographiques, mais il a su, partout et toujours, les assurer par autant d'épreuves expérimentales décisives. Il a su s'élever continuellement et avec un égal succès de la conception théorique qui imagine à l'expérience qui démontre, et de la démonstration même à de nouvelles vues spéculatives; de sorte que l'induction logique et l'observation matérielle se servent tour à tour, et par un enchaînement continu, de corollaires et de vérification.

« Ce système de faits prévus et en même temps réalisés constitue aujourd'hui toute une doctrine où le raisonnement et l'expérience, toujours solidaires, se prêtent un ferme et constant appui; une doctrine qui possède le premier, l'unique caractère d'une véritable théorie physique puisqu'elle enseigne à chaque expérimentateur à prévoir, à combiner à l'avance, à l'aide d'un petit nombre de caractères cristallographiques, les particularités des phénomènes qu'il va faire naître et à créer à volonté, entre des corps chimiquement identiques, des similitudes ou des dissemblances préméditées. »

Quand on est loué de cette sorte, on peut être vaincu dans une élection. Pasteur n'eut que seize voix.

Dès son retour à Lille, son ardeur au travail aurait soulevé des montagnes. Reprenant l'étude des fermentations et en particulier de la fermentation du lait aigri, appelée fermentation lactique, il notait jour par jour ses expériences; il étudiait au microscope et dessinait sur un cahier les petits globules, les petits articles très courts, que l'on trouvait dans une substance grise formant quelquefois zone. Ces globules, beaucoup plus petits que ceux de la levure de bière, avaient échappé à l'attention des chimistes et des naturalistes parce qu'il était facile de les confondre avec d'autres produits de la fermentation lactique. Après avoir isolé, puis semé dans un liquide une trace de cette substance grise, Pasteur eut sous les yeux une fermentation lactique des mieux caractérisées. Cette matière, cette substance organisée, c'était bien le ferment. Tandis que tous les travaux des chimistes faisant cortège à Liebig et à Berzélius s'accordaient à rejeter l'idée d'une influence quelconque de l'organisation et de la vie dans la cause des fermentations, Pasteur reconnaissait là un phénomène corrélatif de la vie. Cette levure lactique spéciale, Pasteur la voyait bourgeonner, se multiplier, et se comporter, dans ses phénomènes de reproduction, comme se comporte la levure de bière.

Ce ne fut pas tout d'abord l'Académie des sciences, comme on le croit généralement, qui reçut le mémoire sur la fermentation lactique, dont les quinze pages relataient des faits si curieux et si inattendus. Pasteur, par un sentiment délicat, fit à la Société des sciences de Lille, au mois d'août 1857, cette communication que l'Académie des sciences ne devait connaître que trois mois plus tard.

Comment, après avoir rendu à cette Faculté des sciences de Lille de si grands services, songea-t-il à l'abandonner? L'Ecole normale traversait des temps difficiles. « A mon avis, — écrivait-il avec une tristesse qui témoignait de son attachement pour cette grande Ecole, — de toutes les préoccupations de l'autorité, l'Ecole normale doit être aujourd'hui la première. L'Ecole n'est plus que l'ombre d'elle-même. » Lui qui disait souvent : « Il ne faut pas s'arrêter aux choses acquises », trouvait que la Faculté de Lille était sûre désormais de l'avenir et qu'elle n'avait plus besoin de lui. Ne valait-il pas mieux concentrer toutes ses forces sur un point qu'il regardait comme menacé ? Au ministère de l'Instruction publique on comprit, on approuva son désir. Nisard venait d'être nommé directeur de l'Ecole normale avec des attributions hautes et souveraines. Il avait comme sous-directeur des études littéraires

M. Jacquinet. L'administration fut réservée à Pasteur chargé, en
outre, de diriger les études scientifiques. A cette tâche s'ajoutait
« la surveillance du régime économique et hygiénique, le soin de
la discipline générale, les relations avec les familles et les établissements scientifiques ou littéraires fréquentés par les élèves ».

A la séance de rentrée des Facultés, le recteur de Lille annonça
en ces termes le départ du doyen : « Notre Faculté perd un professeur et un savant de premier ordre. Vous avez pu vous-mêmes,
Messieurs, apprécier plus d'une fois tout ce qu'il y a de vigueur et
de netteté dans cet esprit doué d'une si grande puissance de travail
et d'une si rare aptitude pour les sciences. »

A l'Ecole normale, cette puissance de travail ne fut pas d'abord
secondée par les facilités matérielles. Le seul laboratoire de la rue
d'Ulm était occupé par Henri Sainte-Claire Deville qui, en 1851,
avait remplacé Balard passant de l'Ecole normale au Collège de
France. Pièces sombres, à peine quelques instruments, un crédit
de 1,800 francs par an, voilà tout ce que Sainte-Claire Deville avait
pu obtenir. C'eût été le rêve de Pasteur. Il fallut qu'il organisât
son installation scientifique dans deux pièces situées au grenier de
l'Ecole normale. Nul secours d'aucun genre. Il n'avait pas même
l'aide d'un garçon. Mais sa vaillance était de celles qui ne se laissent jamais arrêter par un obstacle. Quand il avait dit : « Travaillons », toute difficulté semblait devoir s'aplanir. Il montait l'escalier qui le conduisait à ce pseudo-laboratoire avec un entrain
militaire, en fils de vieux soldat. Biot, — qui avait été attristé de
voir le chimiste Laurent travailler dans une espèce de cave où fut
compromise la santé de ce savant qui mourut à quarante-trois ans,
— était irrité que l'on cantonnât Pasteur dans deux pièces de grenier, abandonnées parce qu'elles étaient inhabitables. Il ne comprenait pas davantage les attributions données à Pasteur de surveillance du régime économique et hygiénique. Il espérait que
Pasteur réduirait ces fonctions secondaires à une juste mesure.
« Ils l'ont nommé administrateur, disait-il en scandant malicieu-
sement chaque mot, laissons-leur croire qu'il administrera. » Biot

se trompait. Le *de minimis non curat* n'existait pas pour Pasteur. Sur un de ses feuillets d'agenda, on retrouve, à côté de sujets d'études, des notes comme celle-ci : « régime alimentaire, voir à l'Ecole polytechnique quel est le poids de grammes de viande donnés par élève. » Puis des rappels : « cour qu'il faut sabler, salle qu'il s'agit d'aérer, porte de réfectoire à refaire. » Le moindre détail avait une importance à ses yeux dès qu'il s'agissait de la santé des élèves.

Il inaugura son grenier par un travail presque aussi célèbre que celui sur la fermentation lactique. A une séance du mois de décembre 1857, il présenta à l'Académie des sciences un mémoire sur la fermentation alcoolique. « J'ai soumis, disait-il, la fermentation alcoolique à la méthode d'expérimentation indiquée dans le mémoire que j'ai eu l'honneur de présenter récemment à l'Académie. Les résultats de ces travaux demandent à être rapprochés, parce qu'ils s'éclairent et se complètent mutuellement. » Il concluait ainsi : « Le dédoublement du sucre en alcool et en acide carbonique est un acte corrélatif d'un phénomène vital, d'une organisation de globules... »

Les comptes rendus de l'Académie des sciences pendant l'année 1858 exposent comment Pasteur reconnut dans la fermentation alcoolique des phénomènes complexes. Tandis que les chimistes se contentaient de dire : Tant de sucre donne tant d'alcool et tant d'acide carbonique, Pasteur trouvait plus et mieux. Il écrivait à Chappuis au mois de juin : « J'ai trouvé que la fermentation alcoolique s'accompagnait constamment de la production de la glycérine. C'est un fait très curieux. Ainsi il y a, dans un litre de vin, plusieurs grammes de ce produit qu'on n'y avait point encore soupçonné. » Peu de temps auparavant, il avait reconnu également la présence normale, dans la fermentation alcoolique, de l'acide succinique. « Je poursuivrais en ce moment les conséquences de ces faits, ajoutait-il, si une température de 36° ne m'éloignait de mon laboratoire ou mieux de mon réduit. Je vois avec regret les plus longs jours de l'année perdus pour mon travail. Néanmoins je m'habitue à mon grenier et j'aurais peine à le quitter. J'espère l'agrandir aux prochaines vacances. Tu luttes comme moi contre les difficultés matérielles de ton travail. Il faut y prendre, mon cher, un nouvel aiguillon et non le découragement. Nos découvertes n'en auront que plus de mérite. »

L'année 1859 fut consacrée à l'examen de nouveaux faits relatifs aux fermentations. D'où venaient ces ferments, ces levures, ces êtres microscopiques, ces agents transformateurs si faibles en apparence, si puissants dans la réalité? De grands problèmes s'agitaient dans son esprit. Mais il se gardait de les exposer précipitamment. N'était-il pas le plus timide, le plus hésitant des hommes quand il n'avait pas la preuve en mains? « Dans les sciences expérimentales, écrivait-il à cette époque, on a toujours tort de ne pas douter, alors que les faits n'obligent pas à l'affirmation. » Aussi rassemblait-il patiemment les faits et les interrogeait-il.

Au mois de septembre, il avait perdu sa fille aînée. Elle était morte à Arbois auprès de son grand-père. Une fièvre typhoïde l'avait emportée. Le 30 décembre, Pasteur écrivait à son père : « Je ne puis en ce moment ne pas songer à ma pauvre petite, si bonne, si pleine de vie, si heureuse de vivre et que cette fatale année qui finit nous a enlevée. Encore un peu de temps et elle allait être pour sa mère, pour moi, pour nous tous une amie... Mais je te demande pardon, mon cher papa, de te rappeler ces tristes souvenirs. Elle est heureuse. Songeons à ceux qui restent et efforçons-nous de prévenir pour eux, autant qu'il est en notre pouvoir, les amertumes de cette vie. »

CHAPITRE V

1860-1864

Le 30 janvier 1860, l'Académie des sciences lui décerna le prix de physiologie expérimentale. Claude Bernard, chargé du rapport, rappelait comment les expériences de Pasteur relatives à la fermentation alcoolique, à la fermentation lactique, à la fermentation de l'acide tartrique et de ses isomères avaient été appréciées par l'Académie. Il insistait sur le grand intérêt physiologique des résultats obtenus. « C'est, concluait-il, en raison de cette tendance physiologique dans les recherches de Pasteur que la commission lui a accordé à l'unanimité le prix de physiologie expérimentale pour l'année 1859. »

Dans ce même mois de janvier, Pasteur avait écrit à Chappuis : « Je suis de mon mieux ces études de fermentation, qui ont un grand intérêt par leur liaison avec l'impénétrable mystère de la vie et de la mort. J'espère y faire bientôt un pas décisif, en résolvant, sans la moindre confusion, la question célèbre de la génération spontanée. Déjà je pourrais intervenir, mais je veux poursuivre encore mes expériences. Il y a tant de passion et d'obscurités de part et d'autre qu'il ne faudra rien moins que la clarté d'un raisonnement d'arithmétique pour convaincre les adversaires de mes conclusions. J'ai la prétention d'arriver là. »

Cette marche en avant, il la dépeignait à son père dans la lettre suivante, datée du 7 février 1860 :

« Je crois t'avoir dit que je devais faire une deuxième et dernière leçon sur mes anciens travaux, vendredi, à la Société chimique, en présence de plusieurs membres de l'Institut, entre autres

MM. Dumas et Claude Bernard. Cette leçon a eu le même succès que la première. M. Biot, qui a su le lendemain par des personnes qui y avaient assisté l'impression qu'elle avait faite sur l'assemblée fort nombreuse et fort distinguée, m'a fait venir chez lui pour m'exprimer dans les termes les mieux sentis sa plus vive satisfaction.

« Après que j'eus terminé, M. Dumas, qui occupait au bureau le fauteuil du président, s'est levé et m'a adressé la parole en ces termes : Après avoir loué le zèle que j'avais mis à inaugurer ce nouveau genre d'enseignement sur la prière de la Société, et *la pénétration si grande dont j'avais fait preuve dans le cours des travaux que je venais d'exposer*, il a ajouté : *L'Académie, Monsieur, vous couronnait il y a quelques jours pour d'autres profondes recherches, vos auditeurs vous applaudiront ce soir comme l'un des professeurs les plus distingués que nous possédions.*

« Tout ce que j'ai souligné a été dit textuellement par M. Dumas. Ces paroles ont été suivies de vifs applaudissements.

« Tous les élèves de l'Ecole normale, section des sciences, assistaient à la séance. Ils en ont ressenti une émotion très grande que plusieurs m'ont exprimée.

« Pour moi, j'ai vu là mes prévisions réalisées. Tu sais combien entre nous j'ai toujours dit que le temps grandirait mes recherches sur la dissymétrie moléculaire des produits organiques naturels. S'appuyant sur des notions variées empruntées à des sciences diverses, la cristallographie, la physique, la chimie, ces études ne pouvaient pas être suivies par la plupart des savants de manière à être bien comprises. Dans cette occasion je venais de les présenter dans leur ensemble avec clarté et vigueur, et tout le monde a été frappé de leur importance.

« Ce n'est pas la forme de ces deux leçons qui les a séduits, c'est le fonds. C'est l'avenir réservé à ces grands résultats, si imprévus, et qui ouvrent à la physiologie des horizons tout nouveaux. J'ai osé le dire. Car à cette hauteur toute personnalité disparaît. Il n'y a plus que le sentiment de dignité qu'inspire toujours l'amour vrai de la science.

« Dieu veuille que par les plus persévérants travaux j'apporte

une petite pierre à l'édifice si frêle et si mal assuré de nos connaissances sur ces profonds mystères de la vie et de la mort où naguères
notre raison à tous s'est abîmée si tristement.

« *P.-S.* — J'ai présenté hier à l'Académie mes recherches sur
les générations spontanées. Elles ont paru produire une grande
sensation. Nous en reparlerons. »

Lorsque Biot apprit que Pasteur voulait aborder cette étude des
générations spontanées, il s'interposa comme il l'avait fait sept ans
auparavant pour l'arrêter au seuil de ses audacieuses expériences
sur le rôle des forces dissymétriques dans le développement de la
vie. Il traita ce projet d'entreprise chimérique, de problème insoluble. Vainement Pasteur, ému du blâme que Biot lui adressait,
expliquait-il que cette question était devenue, au tournant de telles
recherches, une nécessité impérieuse. Biot ne se laissait pas convaincre. Mais Pasteur, quel que fût son attachement quasi filial
pour Biot, ne pouvait s'arrêter. C'était un défilé : il fallait en
sortir.

« Vous n'en sortirez pas, s'écriait Biot.

— J'essaierai, disait Pasteur timidement. »

Inquiet, irrité, Biot entendait exiger de Pasteur la promesse formelle de ne pas s'obstiner dans ces études en apparence fermées.
J.-B. Dumas, à qui Pasteur raconta les représentations plus que
décourageantes de Biot, se retrancha derrière cette phrase prudente :

« Je ne conseillerais à personne de rester trop longtemps dans
un pareil sujet. »

Seul Senarmont, plein de confiance dans la curiosité ingénieuse
de celui qui savait pénétrer la nature à force de patience, dit qu'il
n'y avait qu'à laisser faire Pasteur.

C'est dommage que Biot, — dont la passion de lectures était
tellement infatigable qu'il se plaignait de ne pas trouver assez de
livres dans la bibliothèque de l'Institut, — n'ait pas songé à préparer un rapport général sur la question historique des générations
spontanées. Il aurait pu remonter jusqu'à Aristote, citer Lucrèce,

Virgile, Ovide, Pline l'Ancien. Tous, philosophes, poètes, naturalistes croyaient à la génération spontanée. Les temps s'écoulaient, on y croyait toujours. Au xviiᵉ siècle, Van Helmont, qu'il ne faudrait pas juger là-dessus, donnait une recette célèbre pour faire naître des souris : avec une chemise sale mise dans un pot où se trouvaient des grains de blé ou un morceau de fromage on pouvait se donner le luxe de cette création. Quelque temps après, un italien, Buonanni, annonçait une chose non moins fantastique. Certains bois, disait-il, après avoir pourri dans la mer, produisaient des vers qui engendraient des papillons et ces papillons devenaient des oiseaux.

Un autre italien moins naïf, poète et médecin, Francesco Redi, appartenant à une société savante qui s'appelait Académie de l'expérience, résolut d'étudier avec soin un de ces prétendus phénomènes de génération spontanée. Pour démontrer que les vers trouvés dans la chair corrompue ne naissaient pas spontanément, il plaça une simple gaze sur un morceau de viande. Les mouches, attirées par l'odeur, déposèrent leurs œufs sur cette gaze. De ces œufs sortirent des vers qui avaient passé jusqu'alors pour naître spontanément dans la chair même. Cette expérience si simple, si démonstrative, portait les esprits en avant. Plus tard un autre italien, professeur de médecine à Padoue, Vallisnieri, reconnut que le ver dans un fruit provient également d'un œuf déposé par un insecte avant le développement du fruit.

La théorie de la génération spontanée perdant toujours du terrain semblait près d'être vaincue, lorsque la découverte du microscope lui apporta, vers la fin du xviiᵉ siècle, un renfort d'arguments. D'où venaient ces milliers d'êtres qu'il n'était possible de distinguer que sur le porte-objet du microscope, ces infiniment petits qui apparaissaient dans les eaux de pluie ainsi que dans toutes les infusions de matières organiques, si elles restaient exposées à l'air? Comment expliquer, autrement que par la génération spontanée, ces êtres capables de fournir en quarante-huit heures un million de descendants?

Le monde des salons et des petites cours se piquait d'avoir

un avis sur la question. Le cardinal de Polignac, diplomate et lettré, composa dans la première période du xviiie siècle, en dehors de ses moments perdus chez la duchesse du Maine, un long poème en vers latins intitulé *L'Anti-Lucrèce*. Après avoir réfuté Lucrèce et d'autres philosophes de la même école, le cardinal reportait à une prévoyance suprême le mécanisme et l'organisation du monde entier. A travers des développements et des périphrases ingénieuses qui font de ce poète latinisant le précurseur de l'abbé Delille, Polignac, tout en vantant les merveilles du microscope, qu'il appelait l'œil de notre œil, n'y voyait encore qu'un nouveau spectacle offert par la sagesse toute-puissante. De tant d'arguments accumulés et versifiés se dégageait cette notion simple : La terre qui contient des germes sans nombre ne les a pas produits. De même que l'homme et les animaux ont été créés, tout dans ce monde a son germe ou sa graine.

Diderot, qui a répandu tant d'idées que beaucoup de gens ramassent pour s'en faire une petite réserve personnelle, écrivait, dans des pages tumultueuses sur la nature : « La matière vivante se combine-t-elle avec de la matière vivante ? Comment se fait cette combinaison ? Quel en est le résultat? J'en demande autant de la matière morte. »

Au milieu du xviiie siècle le problème fut repris sur le terrain scientifique. Deux prêtres, l'un anglais, Needham, l'autre italien, Spallanzani, entrèrent en lutte. Needham, grand partisan de la génération spontanée, étudia avec Buffon des animalcules microscopiques. Buffon bâtit ensuite tout un système qui fit fortune à cette époque. La force que Needham trouvait dans la matière, force qu'il appelait productive, végétative, et que cet abbé regardait comme chargée de la formation du monde organique, Buffon l'expliquait en disant qu'il y a certaines parties primitives et incorruptibles communes aux animaux et aux végétaux. Ces molécules organiques s'agençaient dans les moules qui constituaient les différents êtres. Lorsqu'un de ces moules était détruit par la mort, les molécules organiques devenaient libres : elles travaillaient, toujours actives, à remuer la matière putréfiée, s'appropriant quel-

ques particules brutes et formant, selon Buffon, « par leur réunion
une multitude de petits corps organisés dont les uns, comme les
vers de terre, les champignons, paraissent être des animaux ou
des végétaux assez grands, mais dont les autres, en nombre
presque infini, ne se voient qu'au microscope ». Tous ces corps,
disait-il, n'existent que par une génération spontanée. La génération spontanée s'exerce constamment et universellement après
la mort et quelquefois aussi pendant la vie. Telle était pour lui
l'origine des vers intestinaux. Et poussant ses investigations plus
loin : « Les anguilles de la colle de farine, écrivait-il encore,
celles du vinaigre, tous ces prétendus animaux microscopiques ne
sont que des formes différentes que prend d'elle-même, et suivant
les circonstances, cette matière toujours active et qui ne tend qu'à
l'organisation. »

L'abbé Spallanzani, armé du microscope, se plut à étudier ces
êtres infiniment petits. Dans tout ce qui n'était pour des observateurs superficiels qu'un grouillement, il essaya de distinguer les
formes de ces animalcules et leur manière de vivre. Needham
avait affirmé qu'en enfermant dans des vases une matière putrescible et en mettant ces vases dans des cendres chaudes, il trouvait
des animalcules. Spallanzani soupçonna d'abord, selon ses propres
expressions, que Needham n'avait pas exposé les vases à un
degré de feu suffisant pour faire périr les semences qui y étaient
enfermées, et ensuite que les semences pourraient s'être aisément
insinuées dans ces vases et y avoir donné le jour à ces animalcules,
car Needham avait seulement fermé ses vases avec des bouchons
de liège qui sont très poreux.

« Je répétai, écrit Spallanzani, cette expérience avec plus
d'exactitude ; j'employai des vases fermés hermétiquement, je les
tins plongés dans l'eau bouillante pendant l'espace d'une heure,
et, après avoir ouvert ces vases et examiné leurs infusions dans le
temps convenable, je ne trouvai pas la plus petite apparence d'animalcules, quoique j'eusse observé avec le microscope les infusions
de dix-neuf vases différents. »

Ainsi tombait, aux yeux de Spallanzani, la singulière théorie de

Needham, cette fameuse force végétative, cette puissance substan-
tielle, cette vertu occulte. Toutefois Needham ne s'avouait pas
vaincu. Il répondait que Spallanzani avait beaucoup affaibli et
peut-être anéanti la force végétative des substances infusées, en
tenant ses vases exposés à l'action de l'eau bouillante pendant une
heure. Aussi lui conseillait-il d'employer un feu moins ardent.

Le public s'intéressait à cette querelle. Dans un opuscule
de 1769, intitulé : *Les singularités de la nature*, Voltaire, qui avait
un tempérament de journaliste, s'amusa de Needham, qu'il transforma en irlandais et en jésuite pour égayer un peu la galerie.
Plaisantant cette prétendue race d'anguilles, qui naissaient dans
du jus de mouton bouilli, il disait :

« Aussitôt plusieurs philosophes s'efforcèrent de crier merveilles,
et de dire : il n'y a point de germe, tout se fait, tout se régénère par
une force vive de la nature. C'est l'attraction, disait l'un ; c'est la
matière organisée, disait l'autre ; ce sont des molécules organiques
vivantes qui ont trouvé leurs moules. De bons physiciens furent
trompés par un jésuite. »

Dans ces pages écrites d'une plume légère, il ne restait rien de
ce que Voltaire appelait « la méprise ridicule, les malheureuses
expériences de Needham si bien convaincues de fausseté par
M. Spallanzani et rejetées de quiconque a un peu étudié la nature ».
« Il est démontré aujourd'hui aux yeux et à la raison, disait-il, qu'il
n'est ni de végétal, ni d'animal qui n'ait son germe. » Dans son
Dictionnaire philosophique, au mot Dieu : « Il est bien étrange,
remarquait Voltaire, que les hommes en niant un créateur se
soient attribué le pouvoir de créer des anguilles. » L'abbé Needham qui — rencontre paradoxale — trouvait dans Voltaire un
contradicteur quasi religieux sur ce terrain, s'efforçait de prouver
que l'hypothèse de la génération spontanée est en parfait accord
avec les croyances religieuses. Mais, que l'on fût pour les affirmations de Needham ou les contradictions de Spallanzani, il n'y avait
d'aucun côté des preuves apportant la certitude.

Si l'on voulait poursuivre cette étude spéciale, on pourrait noter
que l'argumentation philosophique reprenait toujours la première

place. C'est ainsi que dans des temps plus rapprochés de nous,
en 1846, un moraliste, qui devait être un jour directeur de l'Ecole
normale, Ernest Bersot, écrivait dans son livre sur le spiritualisme : « La doctrine de la génération spontanée sourit aux esprits
amis de la simplicité ; elle mène bien avant sans qu'on y pense.
Si peu qu'on lui accorde, le reste suit. Mais elle n'est encore qu'une
opinion particulière et, fût-elle reconnue, elle serait toujours forcée
de limiter singulièrement sa vertu et d'être restreinte à la production de quelques animaux des derniers rangs. »
Cette doctrine allait rentrer en scène bruyamment.

Le 20 décembre 1858, un correspondant de l'Institut, directeur
du Muséum d'histoire naturelle de Rouen, Pouchet, adressa à l'Académie des sciences une « Note sur les protoorganismes végétaux
et animaux nés spontanément dans l'air artificiel et dans le gaz
oxygène ». La note débutait par cette phrase : « Au moment où,
secondés par le progrès des sciences, plusieurs naturalistes s'efforcent de restreindre le domaine des générations spontanées ou d'en
contester absolument l'existence, j'ai entrepris une série de travaux dans le but d'élucider cette question tant controversée. »
Pouchet, déclarant avoir pris un surcroît de précautions pour écarter de ses expériences toute cause d'erreur, proclamait qu'il était
en mesure de démontrer que l'on pouvait faire naître « des animalcules et des plantes dans un milieu absolument privé d'air
atmosphérique et dans lequel, par conséquent, celui-ci n'avait pu
apporter aucun germe d'êtres organisés ».
Sur un des exemplaires de cette communication, qui allait ouvrir
une campagne scientifique de quatre ans, Pasteur avait souligné
les passages qu'il entendait soumettre à une expérimentation rigoureuse. Le monde scientifique s'agitait pour ou contre. Pasteur se
mit à l'œuvre.
Une nouvelle organisation, si sommaire qu'elle fût, lui permettait de tenter des expériences minutieuses. A l'une des extrémités
de la cour d'entrée de l'Ecole normale, et pour accompagner, au
point de vue architectural, le pavillon qui servait de loge au con-

cierge, on avait bâti, sur le même alignement, un second pavillon réservé à l'architecte de l'Ecole et à son commis. Pasteur obtint l'abandon de ces cinq pièces restreintes s'élevant sur deux étages minuscules. Il les transforma en laboratoire. Il trouva le moyen d'établir une étuve dans la cage de l'escalier. Bien qu'il ne pût accéder à cette étuve que courbé en deux et en pliant les genoux, il était heureux, au sortir de son grenier, d'avoir un pareil réduit. Il eut une seconde surprise : il obtint un préparateur. On aurait dû ne pas le lui faire attendre ; c'eût été un acte de reconnaissance : il avait fondé l'institution des agrégés-préparateurs. Se rappelant son souhait, au sortir de l'Ecole normale, d'avoir une ou deux années pour se livrer à une étude indépendante, il avait eu le vif désir de rendre plus aisée pour d'autres l'obtention de ces années si fertiles en recherches et qui pouvaient être des années inspiratrices. Grâce à lui, cinq places de préparateurs étaient exclusivement réservées aux élèves de l'Ecole, qui avaient le titre d'agrégé. Le premier préparateur qui entra dans le nouveau laboratoire fut Jules Raulin, esprit net et plein de sagacité, caractère calme et tenace, aimant les difficultés sur tous les points pour en triompher à force d'intelligence et d'obstination.

Pasteur commença par s'attacher à ce qu'il appelait l'étude microscopique de l'air. Si des germes existent dans l'atmosphère, se disait-il, ne pourrait-on essayer de les arrêter au passage ? Il eut alors l'idée de faire passer, au moyen d'un aspirateur, un courant d'air extérieur dans un tube où se trouvait une petite bourre de coton. Le courant, en passant, déposait sur cette sorte de filtre une partie des corpuscules solides que l'air renfermait. Imprégné de tant de poussières diverses, le coton en était souvent noir. Pasteur constatait que les poussières contenaient, au milieu de détritus variés, des spores et des germes. « Il y a donc dans l'air, disait-il, des corpuscules organisés. Sont-ce des germes féconds de productions végétales ou d'infusions ? Voilà bien la question à résoudre. » Il entreprit des séries d'expériences pour démontrer que le liquide le plus putrescible restait indéfiniment pur si on le plaçait à l'abri des poussières de l'air. Mais il suffisait de mettre

dans une infusion stérile une parcelle de ce coton-filtre pour provoquer l'altération du liquide.

Un an avant d'engager toute discussion, Pasteur avait écrit à
Pouchet que les conséquences auxquelles ce savant était arrivé
« n'étaient pas fondées sur des faits d'une exactitude irréprochable. Je pense que vous avez tort, non de croire à la génération
spontanée (car il est difficile dans une pareille question de n'avoir
pas une idée préconçue), mais d'affirmer la génération spontanée.
Dans les sciences expérimentales on a toujours tort de ne pas douter
alors que les faits n'obligent pas à l'affirmation... A mon avis, la
question est entière et toute vierge de preuves décisives. Qu'y
a-t-il dans l'air qui provoque l'organisation? Sont-ce des germes?
Est-ce un corps solide? Est-ce un gaz? Est-ce un fluide? Est-ce
un principe tel que l'ozone? Tout cela est inconnu et invite à l'expérience. »

Après une année d'études, Pasteur arriva à cette conclusion :

« Gaz, fluides, électricité, magnétisme, ozone, choses connues
ou choses occultes, il n'y a quoi que ce soit dans l'air, hormis les
germes qu'il charrie, qui soit une condition de la vie. »

Pouchet se défendit vigoureusement. Supposer que des germes
vinssent de l'air lui semblait impossible. Combien chaque centimètre, chaque millimètre cube d'air contiendrait-il donc d'œufs ou
de spores en disponibilité ?

Que sortira-t-il de ce combat de géants? écrivait avec un peu
de grandiloquence, au mois d'avril 1860, un journaliste du *Moniteur scientifique*. Pouchet se hâtait de répondre, pour activer
l'ardeur de cet écrivain anonyme, en lui conseillant d'accepter
la doctrine de la génération spontanée adoptée jadis par « tant
d'hommes de génie ». Le principal disciple de Pouchet était d'autant plus convaincu qu'il était converti. Il s'appelait Nicolas Joly.
Agrégé des sciences naturelles, docteur en médecine, professeur
de physiologie à Toulouse, il aimait à la fois les lettres et les
sciences. Lui-même avait un élève, Charles Musset, qui préparait
une thèse de doctorat sous le titre : *Nouvelles recherches expé-*

rimentales sur l'hétérogénie ou génération spontanée. Par ces mots hétérogénie ou génération spontanée, Joly et Musset déclaraient, d'un commun accord, « qu'ils n'entendaient pas une création faite de rien, mais bien la production d'un être organisé nouveau, dénué de parents et dont les éléments primordiaux sont tirés de la matière organique ambiante ». Pouchet n'attendit pas la publication de cette thèse pour saluer ce jeune adepte qui lui apparaissait comme représentant l'initiation dans l'enthousiasme, pendant que Joly, né en 1812, continuait à donner un enseignement plein de maturité.

Ainsi soutenu et de force à supporter seul le poids de la lutte, Pouchet multipliait les objections contre Pasteur qui dut faire face à tous les arguments. Pasteur entendait resserrer de plus en plus le cercle de la discussion. Prendre les poussières contenues dans le coton-filtre, les ensemencer dans un liquide et déterminer ainsi l'altération de ce liquide, c'était déjà une expérience ingénieuse ; mais on pouvait suspecter le coton qui était une matière organique. Pasteur remplaça le coton par une bourre d'amiante, substance minérale. Il inventa de petits ballons de verre au long col de cygne. Il les remplit d'un liquide altérable, privé ensuite de germes par l'ébullition. Le ballon communiquait librement avec l'air extérieur par son col recourbé ; mais les germes de l'air se déposaient dans la courbure du col sans atteindre le liquide. Il fallait, pour provoquer l'altération, que l'on penchât le vase jusqu'au point où le liquide pouvait se mêler aux poussières du col.

Mais Pouchet disait : « Comment voulez-vous que les germes contenus dans l'air soient en assez grand nombre pour se développer dans toutes les infusions organiques ? Cet encombrement formerait un brouillard épais, dense comme le fer. » De toutes les difficultés, cette dernière paraissait à Pasteur la plus difficile à résoudre. N'y aurait-il pas, pensait-il, dissémination de germes plus ou moins grande suivant les lieux ? Alors, s'écriaient les hétérogénistes, il y aurait des zones stériles et des zones fécondes. Et ils plaisantaient sur cette hypothèse commode. Pasteur laissait dire, tout en préparant des séries de ballons qu'il réservait à diverses expériences. Si la génération spontanée existait, elle devait se produire invariablement dans des ballons remplis d'un même liquide inaltérable. « Or, il est toujours possible, affirmait Pasteur, de prélever en un lieu déterminé un volume notable, mais limité, d'air ordinaire n'ayant subi aucune espèce de modification physique ou chimique et tout à fait impropre néanmoins à provoquer une altération quelconque dans une liqueur éminemment putrescible. » Il se faisait fort de prouver que rien n'était plus facile que d'élever ou de réduire soit le nombre des ballons où apparaîtraient des productions, soit le nombre des ballons où ces productions seraient totalement absentes. Après avoir introduit dans une série de ballons de 250 centimètres cubes un liquide très facilement altérable, comme l'eau de levure de bière, il soumit à l'ébullition chaque ballon, dont le col était effilé en pointe verticale. Pendant que le liquide était encore en ébullition, il fermait, à l'aide de la lampe d'émailleur, la pointe effilée du col par où la vapeur d'eau s'était échappée entraînant avec elle l'air contenu dans le ballon. Que l'on fût partisan ou adversaire de la génération spontanée, ces ballons étaient faits pour satisfaire momentanément les deux partis. C'était le meilleur échantillon que l'on pût offrir de ballons prêts aux expériences diverses. L'extrémité du col d'un ballon était-elle brisée dans un lieu déterminé, l'air ordinaire rentrait brusquement, entraînant toutes les poussières en suspension. Un jet de flamme permettait de refermer immédiatement le ballon. Pasteur le transportait dans une étuve de 25 à 30 degrés, température excellente pour le développement des germes et des mucors ou moisissures.

Dans ces séries d'essais, selon les prises d'air à tel ou tel endroit, certains ballons étaient altérés, d'autres restaient intacts. Pendant les premiers mois de l'année 1860, Pasteur alla briser ses pointes de ballons et faire des prises d'air partout, jusque dans les caves de l'Observatoire de Paris. Là, dans cette zone de température invariable, l'air absolument calme ne pouvait être comparé à l'air qu'il prélevait dans la cour de ce même Observatoire. Aussi les ballons ne se ressemblaient-ils guère dans leur altérabilité : sur

dix ouverts dans les caves de l'Observatoire, refermés et rapportés
à l'étuve, un seul fut altéré; onze autres, ouverts dans la cour,
donnèrent tous des êtres organisés.

Dans une lettre adressée à son père, le 6 juin 1860, Pasteur
disait : « J'ai été empêché de t'écrire par mes expériences qui continuent à être très curieuses. Mais c'est un si vaste sujet que j'ai
en quelque sorte trop d'idées d'expérimentations. Je suis toujours
contredit par deux naturalistes, l'un de Rouen, M. Pouchet, l'autre
de Toulouse, M. Joly. Mais je ne perds pas mon temps à leur
répondre. Qu'ils disent ce qu'ils voudront. J'ai la vérité pour moi.
Ils ne savent pas expérimenter. Ce n'est pas un art très facile. Il
faut y apporter, outre certaines qualités naturelles, une longue
habitude que les naturalistes n'ont pas généralement de nos jours. »

Aux approches des grandes vacances, Pasteur, qui se proposait
un voyage expérimental, fit une provision de ballons. Il écrivait à Chappuis, dans la journée du 10 août 1860 : « Ta lettre me
fait craindre que tu n'ailles pas dans les Alpes cette année... Outre
le plaisir de t'avoir pour guide de voyage, j'espérais utiliser
quelque peu ton amour de la science, en t'appliquant aux modestes
fonctions de préparateur. C'est par ces études sur l'air des hauteurs
éloignées d'habitations et de végétations diverses que je termi-
nerai mon travail sur les générations dites spontanées dont je
commence déjà la rédaction. Je crois avoir été assez loin pour satisfaire les esprits les plus prévenus et les plus difficiles. Le véritable
intérêt de cette étude, en ce qui me concerne, se trouve tout
entier dans les liaisons du sujet avec les fermentations auxquelles
je vais me remettre dès le mois de novembre. »

Pasteur partit pour Arbois. Il avait soixante-treize ballons; il en
ouvrit vingt à peu de distance de la tannerie paternelle, sur la
route de Dôle, en suivant un vieux chemin devenu sentier qui
mène au mont de la Bergère. Les vignerons qui passaient, la
hotte sur le dos, se demandaient ce que faisait ce compatriote
en villégiature si préoccupé de ses petits flacons. Nul ne se doutait
que ce promeneur était tout simplement en train de pénétrer un
des plus grands secrets de la nature. « Qu'est-ce que vous voulez ?

disait gaiement son vieil ami Jules Vercel, ça l'amuse. » De ces
vingt ballons ouverts assez loin de toute demeure, huit donnèrent
des productions organisées.

Pasteur gagna Salins, qui peut revendiquer l'expérience historique faite sur le mont Poupet. Il gravit la montagne qui s'élève à
850 mètres au-dessus du niveau de la mer. Sur vingt ballons
ouverts, cinq seulement furent altérés. Pasteur aurait voulu monter
dans un aérostat pour donner la preuve que plus on s'élève moins
il y a de germes, et que certaines zones absolument pures n'en contiennent aucun. Il était plus facile d'aller dans les Alpes.

Arrivé à Chamonix le 20 septembre, il se mit en quête d'un
guide pour faire l'ascension du Montanvert. Dès le lendemain
matin, une petite caravane de touristes d'un nouveau genre se
mettait en route. Un mulet portait la caisse aux trente-trois ballons, suivi de près par Pasteur qui veillait sur cette charge précieuse et marchait le long du précipice en soutenant la caisse pour
l'empêcher de vaciller.

Au moment de faire les premières expériences, il y eut une
alerte. Pasteur lui-même a consigné le fait en rendant compte à
l'Académie de cette impression de voyage : « Pour refermer la
pointe des ballons après la prise d'air, j'avais emporté, dit-il, une
lampe éolipyle alimentée par de l'alcool. Or la blancheur de la
glace frappée par le soleil était si grande qu'il me fut impossible
de distinguer le jet de vapeur d'alcool enflammé, et comme ce jet
de flamme était d'ailleurs un peu agité par le vent, il ne restait
jamais sur le verre brisé assez de temps pour fondre la pointe et
refermer hermétiquement le ballon. Tous les moyens que j'aurais
pu avoir alors à ma disposition pour rendre la flamme visible, et
par suite dirigeable, auraient inévitablement donné lieu à des
causes d'erreur, en répandant dans l'air des poussières étrangères.
Je fus donc obligé de rapporter à la petite auberge du Montanvert, non refermés, les ballons que j'avais ouverts sur le glacier. »

L'auberge était une baraque ouverte à tous les vents, un vrai
refuge de savant qui ne différait guère des laboratoires d'alors. Les
treize ballons ouverts furent exposés aux poussières de la chambre

où Pasteur passa la nuit. Le mot « exposés » est le mot juste, car presque tous furent altérés.

Pendant ce temps-là, le guide avait été envoyé à Chamonix : il fallait recourir au ferblantier du village pour faire modifier la lampe en vue de l'expérience.

Le lendemain matin, vingt ballons, qui devaient rester célèbres dans le monde des expérimentateurs, furent apportés sur la Mer de glace. Pasteur fit la prise d'air avec des précautions infinies. Ces détails, il aimait à les rappeler à ceux qui croient tout facile et ne doutent de rien. Après avoir tracé avec une lame d'acier un trait sur le verre, se défiant des poussières qui auraient été une cause d'erreur, il commença par chauffer assez fortement le col et la pointe effilée du ballon dans la flamme de la petite lampe à alcool. Elevant alors le ballon au-dessus de sa tête, dans une direction opposée au vent, il brisa la pointe avec une pince en fer dont les longues branches avaient été, elles aussi, passées dans la flamme pour brûler les poussières qui pouvaient être à leur surface et qui auraient été en partie chassées dans le ballon par la brusque rentrée de l'air. De ces vingt ballons refermés aussitôt, un seul fut altéré. « Si l'on rapproche tous les résultats auxquels je suis arrivé jusqu'à présent, écrivait-il le 5 novembre 1860, en faisant à l'Académie des sciences la relation de ce voyage, on peut affirmer, ce me semble, que les poussières en suspension dans l'air sont l'origine exclusive, la condition première et nécessaire de la vie dans les infusions. » Et dans une petite phrase que personne n'a jamais relevée et qui montre le but que, dès cette époque, il s'efforçait d'atteindre. « Ce qu'il y aurait de plus désirable, disait-il, serait de conduire assez loin ces études pour préparer la voie à une recherche sérieuse de l'origine de diverses maladies. » Ainsi le rôle de ces petits êtres comme agents non seulement de fermentation mais encore de désorganisation et de putréfaction lui apparaissait déjà.

Pendant que Pasteur allait des caves de l'Observatoire à la Mer de glace, Pouchet recueillait de l'air dans les plaines de la Sicile, faisait des expériences sur l'Etna et sur la mer. Il voyait partout, écrivait-il, « l'air également propre à la genèse organique, soit qu'on le puise surchargé de détritus au milieu de nos cités populeuses, soit qu'on le recueille au sommet des montagnes ou en pleine mer, là où il est d'une extrême pureté. Avec un décimètre cube d'air pris où vous voudrez, je soutiens que toujours on pourra produire des légions de microzoaires et de mucédinées ».

Et les hétérogénistes proclamaient d'un commun accord que « partout, strictement partout, l'air est constamment fécond ». Ceux qui suivaient le débat penchaient presque tous pour Pouchet. « Je crains bien, écrivait un journaliste scientifique dans un feuilleton de la *Presse* de 1860, que les expériences que vous invoquez, monsieur *Pasteur*, ne tournent contre vous... Décidément le monde où vous prétendez nous mener est par trop fantastique. »

Et pourtant quelques adversaires auraient dû être frappés des efforts de cet esprit qui, tout en se portant en avant pour établir des vérités nouvelles, s'ingéniait à trouver des arguments contre ses propres idées et revenait en arrière pour fortifier les points qui lui paraissaient encore faibles. Dès le mois de novembre, il reprenait ses études sur les fermentations en général et en particulier sur la fermentation lactique. S'efforçant de mettre en évidence la nature animée du ferment lactique et d'indiquer l'appropriation de milieu pour que ce ferment se développât seul, il s'était heurté d'abord à des complications qui entravaient la pureté et la marche de cette culture. Puis il avait vu une autre fermentation qui suivait la fermentation lactique et que l'on appelle la fermentation butyrique. N'arrivant pas à saisir la cause de l'origine de cet acide butyrique, acide qui cause la mauvaise odeur du beurre rance, il finit par être frappé de la coïncidence inévitable entre les animalcules infusoires, comme on disait alors, et la production de cet acide.

« Les essais les plus multipliés, écrivait-il au mois de février 1861, m'ont convaincu que la transformation du sucre, de la mannite et de l'acide lactique en acide butyrique, est due exclusivement à ces infusoires, et qu'il faut les considérer comme le véritable ferment butyrique. » Ces vibrions, que Pasteur décrivait sous forme de

petites baguettes cylindriques arrondies à leurs extrémités, s'avançant en glissant, parfois en chaîne de deux, trois, quatre articles,
il les semait dans un milieu approprié comme il semait de la levure
de bière. Mais, phénomène étrange, « ces animalcules infusoires,
disait-il, vivent et se multiplient à l'infini sans qu'il soit nécessaire
de leur fournir la plus petite quantité d'air. Et non seulement ces
infusoires vivent sans air, mais l'air les tue. Il suffit de faire passer un courant d'air atmosphérique pendant une heure ou deux
dans la liqueur où ces vibrions se multipliaient, pour les faire tous
périr et arrêter ainsi la fermentation butyrique, tandis qu'un courant d'acide carbonique pur passant dans cette même liqueur pendant un temps quelconque ne les gênait nullement. De là cette
double proposition, concluait Pasteur : le ferment butyrique est un
infusoire, cet infusoire vit sans oxygène libre. » Ces êtres pouvant
vivre sans air, il devait les appeler plus tard êtres anaérobies, par
opposition au nom d'aérobies donné aux autres êtres microscopiques qui ont besoin de l'air pour vivre.

Biot, sans connaître toutes les conséquences de ces études,
n'avait pas tardé à s'apercevoir qu'il avait été beaucoup trop sceptique et que des découvertes de premier ordre en physiologie allaient
sortir des recherches sur les générations dites spontanées. Aussi
aurait-il désiré, avant de mourir, que Pasteur ne fût pas seulement
le lauréat désigné à l'unanimité par la section de chimie pour le prix
Jecker en 1861 ; il aurait voulu que son ami, qui avait quarante-
huit ans de moins que lui, fût membre de l'Institut. Au commencement de 1861, une place était libre dans la section de botanique.
Biot s'autorisa des recherches faites par Pasteur depuis trois ans
sur le mode de vie et d'alimentation des végétaux d'ordre inférieur
pour dire et imprimer qu'on devait porter Pasteur sur la liste des
candidats. « J'entends d'ici l'objection banale : il est chimiste,
physicien, non pas botaniste de profession... Mais cette généralité
d'aptitude, toujours active et toujours heureuse, doit être un titre
en sa faveur... Jugeons les hommes par leurs œuvres et non
d'après la destination plus ou moins étendue ou restreinte qu'ils

se sont donnée. Pasteur a débuté devant l'Académie, en 1848, par le remarquable mémoire qui contenait implicitement la résolution de l'acide paratartrique en ses deux composants droit et gauche. Il avait alors vingt-six ans. On se rappelle la sensation que produisit cette découverte. Depuis lors, dans les douze années qui ont suivi, il a soumis à votre appréciation vingt et un mémoires, dont les dix derniers sont relatifs à la physiologie végétale. Tous sont remplis de faits nouveaux, souvent fort inattendus, plusieurs d'une grande portée, dont pas un seul n'a été trouvé inexact par des personnes compétentes pour en bien juger. Si, aujourd'hui, vous introduisez, par vos suffrages, M. Pasteur dans la section de botanique, comme vous auriez pu, en toute sûreté de conscience, y appeler Théodore de Saussure ou Ingenhousz, vous aurez acquis à cette section et à l'Académie un expérimentateur du même ordre qu'eux. C'est montrer assez évidemment où est l'intérêt de la science et le vôtre. »

Balard, qui dans cette campagne académique se rapprochait de Biot, faisait aussi ses efforts pour entraîner quelques membres de la section de botanique. Un jour qu'il se promenait dans la Pépinière du Luxembourg avec Moquin-Tandon et que de sa voix insistante et perçante il revenait à la charge, en précipitant les arguments : « Eh bien ! lui dit Moquin-Tandon, allons chez Pasteur, et si nous trouvons dans sa bibliothèque un volume de botanique je le mets sur la liste ! » C'était donner aux scrupules de la section, décidée à ne pas présenter Pasteur, une forme spirituelle. Pasteur n'eut que 24 voix. Duchartre fut nommé.

L'étude d'un champignon microscopique, capable à lui seul de transformer le vin en vinaigre, la mise en lumière du rôle de ce mycoderme, doué de la propriété de prendre l'oxygène de l'air et de le fixer sur l'alcool pour transformer celui-ci en acide acétique; les expériences les plus ingénieuses pour démontrer le pouvoir absolu, exclusif de cette petite plante ; tout donnait raison à Biot quand il soutenait qu'observer avec cette habileté des végétaux d'ordre inférieur équivalait au titre de botaniste. Pasteur, après avoir montré que les interprétations des causes qui agissent dans la production du vinaigre étaient fausses et que, seule, la plante microscopique faisait tout, songeait sans cesse à ce pouvoir des infiniment petits. Les mycodermes, disait-il, peuvent porter l'action comburante de l'oxygène de l'air sur une foule de matières organiques. Et devinant, avec l'imagination du savant qui est souvent un poète, les grandes lois cachées de la nature : « Si les êtres microscopiques disparaissaient de notre globe, la surface de la terre serait encombrée de matière organique morte et de cadavres de tout genre (animaux et végétaux). Ce sont eux principalement qui donnent à l'oxygène ses propriétés comburantes. Sans eux, la vie deviendrait impossible, parce que l'œuvre de la mort serait incomplète. »

Les idées de Pasteur sur la fermentation et la putréfaction étaient adoptées par des disciples inconnus de lui. « Je t'adresse, écrivait-il à son père, une brochure sur la fermentation qui a fait le sujet d'une thèse dans un concours récent de la Faculté de Montpellier pour l'agrégation. Ce travail m'a été dédié par son auteur que je ne connais pas du tout, circonstance qui montre que mes résultats se répandent et qu'on y donne une assez grande attention.

« Je n'ai lu encore que les dernières pages de cet écrit, lesquelles m'ont satisfait. Si le reste y répond, c'est un très bon résumé, entièrement conçu dans la direction nouvelle de mes travaux qui ont été bien compris par ce jeune docteur.

« M. Biot va très bien. Il n'a que quelque difficulté à dormir. Il a, heureusement pour sa santé, terminé ce grand travail d'exposition de mes résultats d'autrefois qui sera le plus beau titre que je puisse avoir à l'estime des savants. »

Biot mourut sans que son dernier désir — avoir Pasteur pour confrère — eût été réalisé. Ce ne fut qu'à la fin de l'année 1862 que Pasteur fut présenté par la section de minéralogie en remplacement de Senarmont. Cette nouvelle candidature ne se déroula pas sans encombre. Dans son étude sur les tartrates, Pasteur avait découvert, on s'en souvient, que leurs formes cristallines étaient hémiédriques. Quand il examinait les facettes révélatrices, il tenait le cristal d'une certaine façon bien définie et disait : L'hé-

.miédrie est à droite. Or, un minéralogiste allemand, Rammels-
berg, plaçant le cristal d'une manière opposée, disait : L'hémiédrie
est à gauche. Ce n'était qu'une affaire d'orientation convention-
nelle. Rien n'était changé aux résultats scientifiques annoncés par
Pasteur. Mais quelques adversaires firent de ce sens renversé de
l'hémiédrie une arme de combat. Arme peu dangereuse, pensa
tout d'abord Pasteur s'imaginant qu'il suffisait d'expliquer ce
simple malentendu de mots. La campagne entreprise persista,
campagne d'insinuations, de murmures, de chuchotements. Quand
il vit que cette simple différence dans la façon de placer le cristal
était signalée comme une cause d'erreur, il voulut couper court à
cette querelle née en Allemagne. Pasteur avait alors auprès de lui
non plus Raulin, mais M. Duclaux qui débutait dans la vie
scientifique. M. Duclaux a conservé le souvenir de la journée où
Pasteur, voyant qu'il fallait des arguments d'une démonstration
sans réplique, commença par faire venir un menuisier. Un poteau
de sapin fut scié séance tenante. A l'aide du rabot et de la lime,
Pasteur fit faire un jeu en bois des formes cristallines des tartrates,
formes gigantesques, comme Gulliver aurait pu en décrire dans
l'île des Géants, s'il avait eu à s'occuper de formes géométriques.
Un revêtement de papier de couleurs différentes achevait de tout
préciser; le papier vert marquait la face hémiédrique. Membre
de la Société philomatique, Pasteur demanda que la séance du
8 novembre 1862 fût consacrée à cette discussion. Vainement
quelques collègues voulurent-ils le dissuader de ce projet, au
nom du calme qui convient aux candidats. Pasteur n'écouta personne. Il partit avec sa provision de cristaux de bois. Sa leçon
fut nette, vive, impétueuse. « Si vous saviez la question, disait-il
à ses adversaires, que faites-vous de votre conscience? et si vous
ne la saviez pas, de quoi vous mêlez-vous ? » Puis, avec un de ces
retours qui lui étaient habituels et où perçait l'homme intime :
« Qu'est-ce que tout ceci ? ajoutait-il. Un de ces incidents auxquels
nous sommes tous plus ou moins exposés par les conditions de
notre carrière. Il n'en reste aucune amertume. Autant en emporte
le vent, en présence de ces mystères si variés, si nombreux, que

tous, dans des directions diverses, nous travaillons à éclairer. C'est vrai, j'ai employé un moyen insolite pour me défendre contre des attaques non rendues publiques par l'impression, mais je tiens ce moyen pour loyal et sûr et plein de déférence envers vous. Votre devise « Etude et Amitié » ne le condamnerait pas. Et puis faut-il vous faire toute ma confession ? continuait-il en reportant sa pensée vers Biot et Senarmont. Vous le savez, j'ai eu l'inestimable avantage d'être admis pendant quinze années dans les entretiens de deux hommes qui ne sont plus, mais dont la probité scientifique rayonnait comme une des forces de l'Académie des sciences. Avant de me résoudre à la conduite qui me place devant vous, j'ai interrogé mes souvenirs et essayé de faire revivre leurs conseils. Ils ne m'ont pas désavoué. »

M. Duclaux disait à propos de cette soirée : « M. Pasteur a remporté depuis bien des victoires de la parole. Je n'en connais pas de plus méritée que celle que lui valut cette improvisation aiguë et pénétrante. Il en était encore tout bouillant quand nous rentrâmes tous deux à pied rue d'Ulm, et je me rappelle l'avoir fait rire en lui demandant pourquoi, lancé comme il l'était, il n'avait pas conclu en jetant ses cristaux de bois à la tête de ses adversaires. »

Le 8 décembre 1862, Pasteur était nommé membre de l'Académie des sciences. Sur 60 votants il avait 36 suffrages.

Le lendemain, au moment où s'ouvraient les portes du cimetière Montparnasse, une femme se dirigeait vers la tombe de Biot les mains pleines de fleurs. Mme Pasteur les apportait à celui qui dormait là depuis le 5 février 1862 et qui avait aimé Pasteur d'une affection si profonde.

Une lettre, trouvée au hasard d'une vente d'autographes, une des dernières que Biot ait écrites, permet d'achever son portrait moral. Elle était adressée à un inconnu, à un découragé de la vie : « Monsieur, je suis fort touché de la confiance que vous me témoignez. Mais je ne suis point un médecin des âmes. Toutefois, à mon avis, vous ne pourriez mieux faire que de chercher des remèdes à vos souffrances morales, dans le travail, la religion et l'exercice de la charité. Un travail utile, fortement embrassé et suivi avec constance, ranimera les forces de votre esprit, en les occupant. Les sentiments religieux vous apporteront des consolations, en vous inspirant de la patience. La charité, exercée envers les autres, adoucira vos peines, en vous montrant que vous n'êtes pas le seul à souffrir des accidents de la vie. Regardez autour de vous. Vous y trouverez des affligés, plus à plaindre que vous ne l'êtes. Appliquez-vous à les soulager, à adoucir leurs souffrances. Le bien que vous leur ferez rejaillira sur vous-même, et vous montrera qu'une vie qu'on peut employer ainsi n'est pas un fardeau qu'on ne puisse, qu'on ne doive supporter. »

Peu s'en fallut que Pasteur, dès son entrée à l'Académie des sciences, ne rapportât ses cristaux de bois pour répondre aux attaques ; mais Dumas et Balard lui conseillèrent de poursuivre ses études sur les fermentations. Il s'appliquait à démontrer que « l'hypothèse d'un phénomène purement de contact n'était pas plus admissible que l'opinion qui plaçait exclusivement le caractère ferment dans des matières albuminoïdes mortes ». Tout en continuant ses recherches sur les êtres qui pouvaient vivre en dehors de l'air, il s'efforçait, chemin faisant, à propos des générations spontanées, de se surprendre en défaut sur quelque point. Jusqu'alors les liquides dont il s'était servi, si altérables qu'ils fussent, avaient été portés à l'ébullition. N'y avait-il pas une expérience nouvelle et décisive à faire ? étudier des matières organiques telles que la vie les constitue ; exposer au contact de l'air, privé de ses germes, des liquides frais, putrescibles à un très haut degré, comme le sang et l'urine ? Claude Bernard, voulant s'associer à ces expériences de Pasteur, prit lui-même du sang sur un chien. Ce sang fut renfermé dans un ballon, avec toutes les conditions de pureté, et le ballon resta dans une étuve constamment chauffée à 30 degrés, depuis le 3 mars jusqu'au 20 avril 1863, jour où Pasteur le déposa sur le bureau de l'Académie. Le sang n'avait éprouvé aucun genre de putréfaction. Il en était de même d'un ballon contenant de l'urine prise comme le sang, enfermée de même dans l'étuve et restée également intacte. « Les conclusions auxquelles j'ai été conduit par la première série de mes expériences, disait Pasteur devant l'Académie, sont donc applicables dans tous les cas aux substances organiques... »

En étudiant la putréfaction, qui n'est elle-même qu'une fermentation appliquée aux matières animales, en faisant voir le rôle tout-puissant des infiniment petits, il entrevoyait l'immensité du domaine qu'il avait conquis. Une preuve peut en être donnée. Quelque temps après l'élection académique, au mois de mars 1863, l'Empereur, s'intéressant à ce qui se poursuivait dans le petit laboratoire de la rue d'Ulm, voulut causer avec Pasteur. J.-B. Dumas revendiqua le privilège de présenter son ancien élève. L'entretien eut lieu aux Tuileries. Napoléon questionna Pasteur avec une insistance douce, un peu rêveuse. Au lendemain de cette entrevue, Pasteur écrivait : « J'ai assuré l'Empereur que toute mon ambition était de pouvoir arriver à la connaissance des causes des maladies putrides et contagieuses. »

En attendant, le chapitre des fermentations était toujours ouvert. Les études sur le vin attiraient Pasteur. Au commencement des vacances de 1863, et, avant de partir pour Arbois, il traçait ce programme à l'un de ses élèves : « Du 20 au 30 août, préparation à Paris de tous les vases, appareils, produits... qui devront nous accompagner. Le 1er septembre départ pour le Jura. Installation. Achat des produits d'une vigne, et immédiatement commencement des essais de tout genre. Il faut, vous le comprenez, marcher vite. Le raisin dure peu. »

Pendant qu'il préparait cette partie de vendanges qu'il comptait faire avec les trois normaliens Duclaux, Gernez et Lechartier, les trois hétérogénistes, Pouchet, Joly et Musset se proposaient d'employer cette même période à combattre Pasteur. Ils partirent de Bagnères-de-Luchon en touristes bien différents de ceux qui vont faire une cavalcade de quelques heures. Suivis de guides, ils s'en allaient avec des provisions de toutes sortes et des petits ballons à pointe effilée. Mieux assis sur les principes de la physiologie que sur leurs petits chevaux, disait gaiement Musset, ils franchirent sans incident le port de Venasque. Ils voulurent

aller plus loin et gagner la Rencluse. Des chasseurs d'isards, attirés par ce groupe aux allures singulières, s'approchant, les trois
hétérogénistes les éloignèrent. Les guides eux-mêmes furent invités à se retirer de quelques pas. On devait empêcher, en effet,
les poussières d'arriver dans les ballons remplis de décoction
de foin et ouverts ainsi, à huit heures du soir, à 2,083 mètres d'al-
titude? Mais 83 mètres de plus que sur le Montanvert, ce n'était
pas assez. Il fallait aller plus haut. « Nous passerons la nuit dans
un creux de la montagne, » dirent les trois savants. La fatigue,
un froid glacial, ils subirent tout avec ce courage que donne la
passion d'un problème à résoudre. Le lendemain matin, ils s'avan-
cèrent dans ce chaos de rochers qui semblent aux gens superstitieux avoir été entassés par quelque mauvais génie pour faire
obstacle aux voyageurs tentés de s'aventurer sur la montagne
maudite. A bout d'efforts, ils arrivèrent au pied d'un des plus
grands glaciers de La Maladetta. Ils étaient alors à 3,000 mètres.
« Une très profonde mais étroite crevasse de ces glaciers nous
parut, dit Pouchet, l'endroit le plus convenable pour procéder
à nos expériences. » Quatre ballons furent ouverts, puis fermés
avec des précautions que Pouchet trouvait exagérées.

S'enfermant dans sa tâche de rédacteur d'une note purement
scientifique, Pouchet a passé sous silence le retour qui fut plus
rempli de périls encore que l'ascension. A l'un des endroits les plus
dangereux, Joly fit un faux pas et aurait disparu dans un gouffre
sans la présence d'esprit et l'adresse d'un guide dont le bras valait
le jarret. Tous trois revinrent enfin à Luchon, oubliant les dangers
courus et avec la fierté de s'être élevés à mille mètres de plus
que Pasteur. Ils furent triomphants quand ils virent leurs ballons
s'altérer. « Donc, disait Pouchet, l'air de la Maladetta et en général l'air des hautes montagnes n'est pas impropre à provoquer une
altération quelconque dans une liqueur éminemment putrescible ;
donc l'hétérogénie ou production d'un nouvel être dénué de parents,
mais formé aux dépens de la matière organique ambiante, est pour
nous une réalité. »

L'Académie des sciences s'intéressait de plus en plus à ce débat.

Au mois de novembre 1863, Joly et Musset exprimèrent le vœu que l'Académie nommât une commission qui ferait répéter devant elle les principales expériences de Pasteur et de ses adversaires. A cette occasion, Flourens se prononça dans la forme un peu solennelle qui convenait bien à sa déclaration très réfléchie : « On me reproche dans plusieurs journaux de ne point dire mon opinion sur la génération spontanée. Tant que mon opinion n'était pas formée, je n'avais rien à dire. Aujourd'hui elle est formée et je la dis. Les expériences de M. Pasteur sont décisives. Pour avoir des animalcules que faut-il, si la *génération spontanée* est réelle ? De l'air et des liqueurs putrescibles. Or, M. Pasteur met ensemble de l'air et des liqueurs putrescibles, et il ne se fait rien. La génération spontanée n'est donc pas. Ce n'est pas comprendre la question que de douter encore. »

Dès l'année précédente, l'Académie elle-même avait fait connaître son sentiment sur la question en décernant à Pasteur le prix d'un concours proposé dans ces termes : « Essayer, par des expériences bien faites, de jeter un nouveau jour sur la question des générations dites spontanées. » Le mémoire de Pasteur sur les *corpuscules organisés qui existent dans l'atmosphère* avait emporté l'unanimité des suffrages.

Pasteur, qui aurait pu se retrancher derrière les suffrages de de l'Académie, la pria, au mois de janvier 1864, pour clore ces débats incessants, de nommer la commission réclamée par Joly et Musset.

Les membres de la commission furent Flourens, Dumas, Brongniart, Milne-Edwards et Balard. Pasteur aurait voulu que la discussion eût lieu le plus tôt possible. Elle avait été fixée à la première quinzaine de mars. Mais Pouchet, Joly et Musset demandèrent un sursis d'appel. Ils alléguaient le froid. « Ce serait, selon nous, écrivaient-ils à l'Académie des sciences, compromettre nos résultats et peut-être n'en obtenir aucun, que d'opérer par une température qui, même au printemps, est souvent de plusieurs degrés au-dessous de zéro dans le midi de la France. Qui peut donc nous assurer que, dans l'intervalle du 1er au 15 mars, il ne gèlera pas à Paris ? »

Se défiant même du printemps, ils demandèrent à la commission d'ajourner les expériences jusqu'à l'été prochain. « Je suis bien surpris, répliqua Pasteur, de ce retard apporté par MM. Pouchet, Musset et Joly aux opérations de la commission. A l'aide d'une étuve, il eût été facile d'élever la température au degré désiré par ces messieurs. Quant à moi, je m'empresse de déclarer que je suis à la disposition de l'Académie et qu'en été comme au printemps et en toute saison, je serai prêt à répéter mes expériences. »

On venait d'inaugurer à la Sorbonne des conférences scientifiques du soir. Il était naturel qu'un sujet comme celui de la génération spontanée fût inscrit au programme. Lorsque, le 7 avril 1864, Pasteur entra dans le grand amphithéâtre de la vieille Sorbonne, il put se rappeler les jours de sa jeunesse où l'auditoire, pressé d'entendre la parole de J.-B. Dumas, ressemblait à un public de théâtre. L'élève, devenu maître, trouva une foule plus grande encore qu'autrefois. Couloirs et passages obstrués, gradins débordants, tout était envahi. Au milieu des professeurs et des étudiants on se montrait Duruy, Alexandre Dumas père, George Sand, la princesse Mathilde. Autour d'eux, les personnages qui sont les prototypes moins du monde où l'on s'instruit que du monde où l'on parle ; enfin les inévitables qui veulent voir et surtout être vus, se donner un sujet de causerie pour les salons, bref ce qu'on appelle le Tout-Paris. Mais ce Tout-Paris allait connaître une impression nouvelle et, malgré sa légèreté, en garder le souvenir. Il n'avait pas devant lui un de ceux qui cherchent par des exordes insinuants à gagner les bonnes grâces de l'auditoire. C'était un homme au visage grave, empreint d'énergie concentrée, de puissance méditative. Il commença d'une voix ferme et profonde, en homme pénétré de la haute mission de l'enseignement et qui a charge d'esprits :

« De bien grands problèmes s'agitent aujourd'hui et tiennent tous les esprits en éveil : unité ou multiplicité des races humaines ; création de l'homme depuis quelque mille ans ou depuis quelque mille siècles ; fixité des espèces, ou transformation lente et progressive des espèces les unes dans les autres ; la matière réputée éternelle, en dehors d'elle le néant ; l'idée de Dieu inutile : voilà quelques-unes des questions livrées de nos jours aux disputes des hommes. »

Il venait, continuait-il, aborder une question accessible à l'expérience et dont il avait fait l'objet d'études sévères et consciencieuses. La matière peut-elle s'organiser d'elle-même ? Des êtres peuvent-ils venir au monde sans avoir été précédés d'êtres vivants de même espèce ? Après avoir montré que la doctrine de la génération spontanée avait été toujours s'amoindrissant, il disait pourquoi la découverte du microscope l'avait fait reparaître à la fin du xvııe siècle, « en face de ces êtres si nombreux, si divers, si bizarres de formes, dont l'origine était liée à la présence de toute matière animale ou végétale morte, en voie de désorganisation ». Il indiquait ensuite comment Pouchet avait repris cette étude, et les erreurs que ce nouveau partisan de cette vieille doctrine avait commises, erreurs difficiles d'abord à reconnaître. Avec une parfaite clarté, une ingéniosité qui trouvait son maximum d'évidence dans la simplification, Pasteur exposait comment les poussières qui flottent dans l'air renferment des germes d'organismes inférieurs, et comment un liquide préservé, grâce à certaines précautions, du contact de ces germes peut être conservé indéfiniment. On surprenait ainsi Pasteur en plein travail, comme si le grand amphithéâtre eût donné sur son petit laboratoire.

« Voici, disait Pasteur, une infusion de matière organique d'une limpidité parfaite, limpide comme de l'eau distillée, et qui est extrêmement altérable. Elle a été préparée aujourd'hui. Demain déjà elle contiendra des animalcules, de petits infusoires ou des flocons de moisissures.

« Je place une portion de cette infusion de matière organique dans un vase à long col, tel que celui-ci. Je suppose que je fasse bouillir le liquide et qu'ensuite je laisse refroidir. Au bout de quelques jours, il y aura des moisissures ou des animalcules infusoires développés dans le liquide. En faisant bouillir, j'ai détruit les germes qui pouvaient exister dans le liquide et à la surface des parois du vase. Mais, comme cette infusion se trouve remise au contact de l'air, elle s'altère comme toutes les infusions.

« Maintenant je suppose que je répète cette expérience, mais qu'avant de faire bouillir le liquide, j'étire, à la lampe d'émailleur, le col du ballon, de manière à l'effiler, en laissant toutefois son extrémité ouverte. Cela fait, je porte le liquide du ballon à l'ébullition, puis je le laisse refroidir. Or, le liquide de ce deuxième ballon restera complètement inaltéré, non pas deux jours, non pas trois, quatre, non pas un mois, une année, mais trois et quatre années, car l'expérience dont je vous parle a déjà cette durée. Le liquide reste parfaitement limpide, limpide comme de l'eau distillée. Quelle différence y a-t-il donc entre ces deux vases ? Ils renferment le même liquide, ils renferment tous deux de l'air, tous les deux sont ouverts. Pourquoi donc celui-ci s'altère-t-il, tandis que celui-là ne s'altère pas ? La seule différence, qui existe entre les deux vases, la voici. Dans celui-ci, les poussières qui sont en suspension dans l'air et leurs germes peuvent tomber par le goulot du vase et arriver au contact du liquide où ils trouvent un aliment approprié et se développent. De là, les êtres microscopiques. Ici, au contraire, il n'est pas possible, ou du moins il est très difficile, à moins que l'air ne soit vivement agité, que les poussières en suspension dans l'air puissent entrer dans ce vase. Où vont-elles ? Elles tombent sur le col recourbé. Quand l'air rentre dans le vase par les lois de la diffusion et les variations de température, celles-ci n'étant jamais brusques, l'air rentre lentement et assez lentement pour que ses poussières et toutes les particules solides qu'il charrie tombent à l'ouverture du col, ou s'arrêtent dans les premières parties de la courbure.

« Cette expérience est pleine d'enseignements. Car remarquez bien que tout ce qu'il y a dans l'air, tout, hormis ses poussières, peut entrer très facilement dans l'intérieur du vase et arriver au contact du liquide. Imaginez ce que vous voudrez dans l'air, électricité, magnétisme, ozone, et même ce que nous n'y connaissons pas encore, tout peut entrer et venir au contact de l'infusion. Il n'y a qu'une chose qui ne puisse pas rentrer facilement, ce sont les poussières en suspension dans l'air, et la preuve que c'est bien cela, c'est que si j'agite vivement le vase deux ou trois fois, dans deux ou trois jours il renferme des animalcules et des moisissures. Pourquoi ? Parce que la rentrée de l'air a eu lieu brusquement et a entraîné avec lui des poussières.

« Et par conséquent, messieurs, moi aussi pourrais-je dire en vous montrant ce liquide : j'ai pris dans l'immensité de la création ma goutte d'eau, et je l'ai prise toute pleine de la gelée féconde, c'est-à-dire, pour parler le langage de la science, toute pleine des éléments appropriés au développement des êtres inférieurs. Et j'attends, et j'observe, et je l'interroge, et je lui demande de vouloir bien recommencer pour moi la primitive création ; ce serait un si beau spectacle ! Mais elle est muette ! Elle est muette depuis plusieurs années que ces expériences sont commencées. Ah ! c'est que j'ai éloigné d'elle, et que j'éloigne encore en ce moment, la seule chose qu'il n'ait pas été donné à l'homme de produire, j'ai éloigné d'elle les germes qui flottent dans l'air, j'ai éloigné d'elle la vie, car la vie c'est le germe et le germe c'est la vie. Jamais la doctrine de la génération spontanée ne se relèvera du coup mortel que cette simple expérience lui porte. »

Le public applaudit avec enthousiasme les paroles qui terminaient cette leçon : « Non, il n'y a aucune circonstance aujourd'hui connue dans laquelle on puisse affirmer que des êtres microscopiques sont venus au monde sans germes, sans parents semblables à eux. Ceux qui le prétendent ont été le jouet d'illusions, d'expériences mal faites, entachées d'erreurs qu'ils n'ont pas su apercevoir ou qu'ils n'ont pas su éviter. »

A travers ses expériences de réfutation et ses études nouvelles, Pasteur trouvait le moyen d'administrer l'Ecole normale dans le sens le plus complet du mot. L'influence qu'il exerçait était telle qu'il ne donnait pas seulement le goût de l'étude aux élèves, il leur en donnait la passion. Il dirigeait chacun dans sa voie, il éveillait les sagacités. Avoir obtenu que les cinq places de préparateurs fussent réparties entre les normaliens sortis agrégés, c'était déjà un gain de son heureuse administration, mais sa sollicitude ne s'arrêtait pas là. Si quelque déception venait abattre un ancien élève, dans cette période de jeunesse où l'on ne doute de rien ni de personne, il le relevait vigoureusement. C'était le conseiller qui vous habitue à regarder au delà de tous les jours. Un simple échange de lettres montre mieux que toutes les considérations générales comment il comprenait son rôle. ·

Un normalien, Paul Dalimier, reçu le premier à l'agrégation de physique en 1858, · nommé ensuite préparateur d'histoire naturelle à l'Ecole, et qui, après avoir passé son doctorat, demandait à être envoyé dans une Faculté, reçut l'ordre d'aller au lycée de Chaumont. Devant cette sorte de disgrâce il écrivit à Pasteur une lettre désespérée. Il ne pouvait plus rien faire, disait-il, son avenir était perdu. « Mon cher Monsieur, lui répondit Pasteur, je regrette vivement de n'avoir pu vous voir avant votre départ pour Chaumont. Mais voici les conseils que je crois utile de vous donner. Ne manifestez pas votre juste mécontentement. Faites-vous remarquer, dès le début, par votre zèle et votre aptitude. Aggravez, en un mot, par l'accomplissement distingué de tous vos nouveaux devoirs, l'injustice commise. Ce découragement dont témoigne votre dernière lettre n'est pas digne d'un savant. N'ayez que deux choses devant les yeux : votre classe, le progrès de vos élèves et vos travaux commencés... Faites votre devoir de votre mieux, sans vous inquiéter du reste. »

Le reste, Pasteur s'en chargeait. Il alla au ministère se plaindre de ce qu'il y avait dans cette nomination non seulement d'injuste mais de blessant au point de vue général.

« Monsieur l'administrateur, lui répondait l'exilé de Chaumont, j'ai reçu la bonne lettre que vous avez bien voulu m'écrire. Le respect profond que j'ai pour toutes vos paroles est un garant de mes bonnes dispositions à suivre vos conseils. Je me suis déjà donné tout entier à mes élèves, j'ai trouvé ici un cabinet de physique dans un état déplorable, et j'en ai entrepris la réorganisation. » Elle n'eut pas le temps d'être complète : justice fut rendue. On nomma Paul Dalimier maître de conférences à l'Ecole normale. Il devait mourir à vingt-huit ans.

L'idée de maintenir, après les trois années d'Ecole, un lien non seulement entre maîtres et anciens préparateurs mais entre maîtres et élèves, lui avait inspiré, dès 1859, un rapport sur l'utilité d'un recueil qui aurait pour titre : *Annales scientifiques de l'Ecole normale.* « Le Muséum d'histoire naturelle, disait-il, n'a-t-il pas publié jadis des annales ? L'Ecole des mines n'a-t-elle pas eu, en 1794, un journal des sciences ? L'Ecole polytechnique n'a-t-elle pas également publié, en 1795, ses cahiers et, dans certains de ces cahiers, ne s'est-elle pas fait honneur des leçons de mathématiques données, pendant les premiers mois de 1795 à l'amphithéâtre du Jardin des Plantes, par Laplace et Lagrange, leçons destinées aux premiers néophytes de l'Ecole normale ? »

Quand on recherche la trace de certaines idées fécondes, il est rare de ne pas constater que la France a eu l'initiative. Mais, faute de suite et de ténacité, elle laisse dépérir ces mêmes idées qui ne sont pas perdues pour d'autres peuples. Transplantées, elles se développent, grandissent au point que notre pays lui-même ne les reconnaît plus le jour où il les reprend, et qu'elles ont à ses yeux un air d'emprunt. L'Allemagne avait vu combien on pouvait rendre de précieux services par la collection des matériaux et par l'exposé des idées au fur et à mesure qu'elles se produisent. Peu de temps avant l'époque où Pasteur était préoccupé de créer ces *Annales*, Renan, dans une lettre adressée aux directeurs de la *Revue Germanique*, fondée pour établir un lieu de rapprochement entre l'Allemagne et la France, indiquait ce contraste : « En France, on s'impose de ne livrer son œuvre au public que quand elle est mûrie et achevée ; en Allemagne, on la donne à l'état provisoire, non comme un enseignement doctoral, mais comme une excitation à penser et comme un ferment pour les esprits. »

Pasteur sentait la puissance de ce ferment intellectuel. Dans le volume intitulé le *Centenaire de l'Ecole normale*, M. Gernez a rappelé l'enthousiasme de Pasteur quand il parlait de ces *Annales*. N'était-ce pas pour les élèves envoyés en province le moyen de collaborer avec leurs anciens maîtres et d'entretenir loin de Paris le feu sacré ?

« Mon cher Raulin, écrivait Pasteur à la fin de décembre 1863, lorsque vous serez en mesure de rédiger et de publier vos observations, veuillez m'en prévenir. J'ai quelque espoir qu'à ce moment-là, et peut-être plus prochainement, ces *Annales scientifiques de l'Ecole*, dont vous m'avez souvent entendu parler, seront enfin créées et que j'aurai la satisfaction de pouvoir y donner l'hospitalité aux meilleurs travaux des anciens élèves. Le ministre est favorable à ce projet, très favorable même, et les scrupules de M. Nisard au sujet de l'ombrage qu'en pourraient éprouver les Lettres paraissent éloignés. »

Ce fut au mois de juin 1864 que Pasteur présenta à l'Académie des sciences le premier fascicule de cette publication. M. Gernez, particulièrement apprécié de Pasteur, s'est bien gardé dans le livre du *Centenaire* de raconter que le recueil débutait par ses recherches personnelles sur le pouvoir rotatoire de certains liquides et de leurs vapeurs. Il reprenait et complétait largement les recherches de Biot qui avait cherché à réduire l'essence de térébenthine en vapeur et à la faire agir dans cet état sur la lumière polarisée.

A cette même date, les hétérogénistes, voulant contraindre Pasteur à un combat d'arrière-garde, s'étaient enfin mis à la disposition de l'Académie qui les invita à comparaître devant la commission réunie au Muséum d'histoire naturelle dans le laboratoire de Chevreul. Pasteur était présent. « J'affirme, dit-il, qu'en tout lieu il est possible de prélever au milieu de l'atmosphère, un volume d'air déterminé qui ne contienne ni œuf ni spore et ne produise aucune génération dans les solutions putrescibles. » La commission déclara que, toute la contestation portant sur un simple fait, une seule expérience devait avoir lieu. Les hétérogénistes entendaient recommencer toute une série d'expériences. C'était rouvrir la discussion. La commission refusa. Ne voulant pas céder, abandonnant la lutte, n'acceptant pas les juges qu'ils avaient eux-mêmes souhaités, les hétérogénistes se retirèrent.

Et cependant Joly avait écrit à l'Académie : « Si un seul de nos matras demeure inaltéré nous avouerons loyalement notre défaite. » Pouchet de son côté avait dit : « J'atteste que sur quelque lieu du globe où je prendrai un décimètre cube d'air, dès que je mettrai celui-ci en contact avec une liqueur putrescible renfermée dans des matras hermétiquement clos, constamment ceux-ci se rempliront d'organismes vivants. » Aussi un savant qui devait être plus tard secrétaire perpétuel de l'Académie des sciences, Jamin, écrivait-il en résumant ce conflit : « Il est bien certain que les hétérogénistes, de quelque façon qu'ils aient coloré cette retraite, se sont eux-mêmes condamnés. S'ils avaient été sûrs du fait, — qu'ils s'étaient solennellement engagés à prouver sous peine de s'avouer vaincus, — ils auraient tenu à le montrer, car c'était le triomphe de leur doctrine. On ne se laisse condamner par défaut que dans les causes dont on se défie. »

Les hétérogénistes en appelèrent au public. Quelques jours après la défaite, Joly fit une leçon de représailles à la Faculté de médecine. Il appela le combat, tel que l'entendait la commission, un combat d'hippodrome; il fut applaudi par tous ceux qui, au lieu de voir uniquement des ballons stériles et d'autres altérés, et la différence des liquides employés, levure de bière et décoction de foin, mêlaient toute autre chose à la question scientifique.

Des sphères calmes du laboratoire, puis des hauteurs du Montanvert ou de la Maladetta, du bureau de l'Académie des sciences, de l'amphithéâtre de la Sorbonne, de l'Académie de médecine, le problème descendait dans les discussions mondaines. Si tout vient d'un germe, disait-on, d'où le premier germe est-il sorti ? Mystère devant lequel il faut s'incliner, répondait Pasteur; question de l'origine de toutes choses, question qui est absolument en dehors du domaine des recherches scientifiques. Mais une curiosité invincible chez la plupart des hommes ne peut pas plus se déprendre du point d'interrogation sur le commencement du monde que du point d'interrogation sur l'avenir. Cette curiosité n'admet pas que la science ait la sagesse de se confiner sur le continent assez vaste qu'elle peut explorer entre les deux abîmes. Bon nombre de gens transformaient une question de fait en une question de foi. Bien que Pasteur eût apporté dans ses recherches une préoccupation uniquement scientifique, on ne voyait guère en lui, pour le louer ou l'accabler, que le défenseur d'une cause religieuse.

Vainement avait-il dit : « Il n'y a ici ni religion, ni philosophie, ni athéisme, ni matérialisme, ni spiritualisme qui tiennent. Je pourrais même ajouter : Comme savant, peu m'importe. C'est une question de fait ; je l'ai abordée sans idée préconçue, aussi prêt à déclarer, si l'expérience m'en avait imposé l'aveu, qu'il existe des générations spontanées, que je suis persuadé aujourd'hui que ceux qui les affirment ont un bandeau sur les yeux. » Il semblait que les expériences de Pasteur ne fussent que des arguments à l'appui d'une thèse philosophique. Comprendre qu'un homme recherchât la vérité pour elle-même, sans autre but que de la trouver et de la proclamer, c'était un effort presque impossible à ceux dont les idées tenaient à une foi ardente, ou à l'influence d'un milieu, ou à des engagements d'amour-propre, ou à des calculs d'intérêt. Les hostilités étaient ouvertes. Les journalistes entretenaient le feu. Pendant qu'un prêtre, l'abbé Moigno, disait qu'il s'agissait de convertir, par la preuve de la non-génération spontanée, les incrédules et les athées, Edmond About, qui n'avait rien d'un néophyte, prenant fait et cause pour les générations spontanées, brûlait quelques cartouches. « M. Pasteur, écrivait-il, a prêché en Sorbonne au milieu d'un concert d'applaudissements qui a dû faire plaisir aux anges. » Fier d'évoluer avec sa verve jeune, ironique et légère, dans le domaine purement terrestre, About poussait gaiement une pointe vers les recherches des causes premières. « Si un petit animal gros comme la centième partie d'une tête d'épingle, disait-il, a pu naître spontanément, rien n'empêche que la nature, par ses propres forces, ait formé dans d'autres temps et d'autres conditions des baleines, des éléphants, des lions, voire des hommes. » Bien qu'il fût rebelle d'ordinaire aux séductions de l'hypothèse, About risquait, à quelque temps de là, dans une phrase incidente, l'hypothèse de l'homme primitif qui n'aurait été « qu'un sous-officier d'avenir dans la grande armée des singes ».

On peut suivre ainsi, à travers les journaux, les revues et les livres publiés à cette époque, les idées diverses que l'on faisait sortir des cornues. Guizot, presque à la veille de ses quatre-vingts ans et qui avait souhaité une halte avant de mourir pour raconter, selon les termes d'une de ses lettres, ce qu'il avait fait en ce monde et ce qu'il pensait de l'autre, abordait ce problème, dans ses *Méditations*, avec l'assurance un peu hautaine que lui donnait le sentiment d'avoir longuement réfléchi sur ses croyances et sur sa destinée : « L'homme, écrivait-il, n'est pas venu par les générations spontanées, c'est-à-dire par une force créatrice et organisatrice inhérente à la matière ; l'observation scientifique renverse tous les jours plus évidemment cette hypothèse, impossible d'ailleurs à admettre pour expliquer la première apparition, sur la terre, de l'homme complet et en état d'y vivre. » Et il saluait « M. Pasteur qui avait porté dans cette question la lumière de sa scrupuleuse critique ».

Nisard commençait à être le témoin émerveillé de ce qui se passait dans le petit laboratoire de l'Ecole normale. Toujours préoccupé des rapports de la science avec la religion, il écoutait avec quelque surprise Pasteur lui dire très modestement : «. Les recherches sur la cause première ne sont pas du domaine de la science. Elle ne connaît que ce qu'elle peut démontrer, des faits, des causes secondes, des phénomènes. »

Pasteur ne se désintéressait pas des grands problèmes qu'il appelait les éternels sujets des méditations solitaires des hommes. Nul n'en était plus pénétré que lui, mais nul aussi ne savait mieux délimiter les domaines différents. Il était irrité quand il voyait l'esprit de système, d'où qu'il vint, s'introduire dans la science. Il n'admettait pas plus l'immixtion de la religion dans la science que celle de la science dans la religion. L'indépendance absolue du savant, il la proclamait indispensable. Le jour, en effet, où un savant appuie ses études sur tel ou tel système philosophique, il abdique par là même son titre de savant. Il plaide une cause, il ne cherche plus la vérité pour elle-même sans autre souci que d'interroger la nature.

L'âpreté que Pasteur apportait dans une lutte n'avait d'égal que son oubli quand elle était terminée. A quelqu'un qui plus tard évoquait devant lui ce passé rempli d'attaques et d'éloges : « Le savant, répondit-il, doit s'inquiéter de ce qu'on dira de lui dans un siècle et non des injures ou des compliments du jour. »

Ne songeant qu'à regagner le temps perdu, Pasteur était pressé de reprendre ses études sur le vin. « Les maladies des vins, avait-il dit à l'Académie des sciences dès le mois de janvier 1864, ne proviendraient-elles pas de ferments organisés, de petits végétaux microscopiques dont les germes se développeraient lorsque certaines circonstances de température, de variations atmosphériques, d'exposition à l'air permettraient leur évolution ou leur introduction dans les vins ?... Je suis arrivé, en effet, à ce résultat que les altérations des vins sont corrélatives de la présence et de la multiplication des végétations microscopiques. » Vins acides, vins amers, vins tournés, vins filants, il les avait tous étudiés à l'aide du microscope dont il faisait le guide le plus sûr pour reconnaître l'existence du mal et le spécifier. Comme il avait particulièrement essayé de remédier à la cause de l'acidité que prennent souvent en tonneaux les vins rouges ou blancs du Jura, la ville d'Arbois, fière de ses vins clairets et de ses vins jaunes dont la célébrité se perd dans la nuit des caves, avait voulu mettre à la disposition de Pasteur, pendant les vacances de 1864, un local servant de laboratoire. Les dépenses, aux termes d'une délibération du conseil municipal, devaient être couvertes par la ville.

« Cette démarche toute spontanée du conseil municipal d'une ville qui m'est chère à tant de titres, répondit Pasteur, fait beaucoup trop d'honneur, M. le Maire, à mes modestes travaux, et les considérants qui l'accompagnent me remplissent de confusion. » Il refusait toutefois l'offre de la ville, craignant de ne pas rendre un service proportionné à la générosité du conseil. Il préféra camper avec ses préparateurs dans une ancienne salle de café, à l'entrée de la ville. L'installation des plus sommaires eût été approuvée par Balard qui disait gaiement que l'esprit d'un homme de science s'aiguise à la lutte matérielle. « Comme les appareils, ainsi que l'a raconté M. Duclaux, sortaient presque tous de chez le menuisier, le ferblantier ou le forgeron d'Arbois, on peut deviner qu'ils n'avaient pas les formes canoniques et que, lorsque nous les promenions dans les rues, pour aller puiser dans les caves le vin destiné aux analyses, nous ne passions pas sans soulever quelques brocards dans la population un peu narquoise de la petite ville. »

Le problème se réduisit pour Pasteur à s'opposer au développement des ferments organisés ou végétaux parasites, cause des maladies des vins. Après quelques tentatives infructueuses pour détruire toute vitalité dans les germes de ces parasites, il constata qu'il suffisait de porter le vin pendant quelques instants à une température de 50 à 60 degrés. « J'ai reconnu, en outre, écrivait-il, que le vin n'était jamais altéré par cette opération préalable, et, comme rien n'empêche qu'il subisse ensuite l'action graduelle de l'oxygène de l'air, source à peu près exclusive, selon moi, de son amélioration avec le temps, il est sensible que ce procédé réunit les conditions les plus avantageuses. »

Il semblait qu'il n'y eût qu'à essayer ce moyen simple, pratique, applicable à la fois aux vins célèbres et aux vins communs. Quelle erreur ! Un progrès a contre lui la levée en masse des préjugés, la petite guerre des jalousies, et jusqu'à l'indolence des intérêts eux-mêmes. Pour faire passer un service à travers cette coalition, ces embuscades et ces inerties, le savoir, le talent, le génie même ne suffisent pas : il faut l'obstination du dévouement. Pasteur l'avait. Le problème scientifique une fois résolu, son plus grand désir était de faire bénéficier de sa découverte le pays tout entier. « On s'étonne en France, lui écrivait un anglais, que le commerce des vins français n'ait pas pris plus d'extension en Angleterre depuis le traité de commerce. La raison en est assez simple. Tout d'abord, nous avons accueilli ces vins avec empressement. Mais on

n'a pas tardé à faire la triste expérience que ce commerce mène à
de grandes pertes et à des embarras infinis à cause des maladies
auxquelles ils sont sujets. » Discussions, séances de contrôle, projets d'expériences en grand, tout se succédait lorsque J.-B. Dumas
vint brusquement demander à Pasteur le plus grand des sacrifices :
celui de quitter le laboratoire.

CHAPITRE VI

1865-1870

Une épidémie ruinait dans des proportions effrayantes l'industrie des vers à soie. J.-B. Dumas avait été chargé, comme sénateur, de faire un rapport sur les vœux de plus de trois mille cinq cents propriétaires des départements séricicoles, tous demandant aux pouvoirs publics d'étudier les questions qui se rattachaient à cette épidémie persistante. Dumas se préoccupait d'autant plus du sort de la sériciculture qu'il appartenait à l'un de ces départements désolés par le fléau. Il était né, le 14 juillet 1800, dans une des ruelles les plus tristes et les plus obscures de la ville d'Alais où il se plaisait à revenir en triomphateur de la science et en dignitaire de l'Empire. Très attentif à tous les problèmes qui intéressaient la richesse nationale, il pensait que les meilleurs juges en ces matières étaient les savants. Comme il s'était rendu compte de la conscience, de l'obstination, sans parler d'autre chose, qu'apportait dans tout travail son élève et son ami, il insistait pour le décider à entreprendre cette étude. « Votre proposition, répondit Pasteur par quelques lignes hâtives, me jette dans une grande perplexité ; elle est assurément très flatteuse pour moi, son but fort élevé, mais combien elle m'inquiète et m'embarrasse ! Considérez, je vous prie, que je n'ai jamais touché un ver à soie. Si j'avais une partie de vos connaissances sur le sujet, je n'hésiterais pas ; il est peut-être dans le cadre de mes études présentes. Toutefois le souvenir de vos bontés me laisserait des regrets amers si je refusais votre pressante invitation. Disposez de moi. » Le 17 mai 1865, Dumas lui écrivait : « Je mets un prix extrême à voir votre attention fixée sur la question qui intéresse mon pauvre pays ; la misère dépasse tout ce que vous pouvez imaginer. »

Avant son départ pour Alais, Pasteur avait eu entre les mains un essai sur l'histoire du ver à soie publié par un de ses confrères, Quatrefages, né dans le Gard comme Dumas. Quatrefages reportait à une impératrice du Céleste-Empire la priorité dans l'art d'utiliser la soie il y a plus de quatre mille ans. Maîtres du précieux insecte, les Chinois avaient eu la jalousie de conserver le monopole de son éducation au point de menacer de mort quiconque oserait faire sortir de Chine des œufs de vers à soie, que l'on appelle graines tant ils ressemblent à des graines végétales. Une petite princesse eut le courage, deux mille ans après, d'enfreindre ces lois par amour pour son fiancé qu'elle voulait rejoindre au centre de l'Asie et par le désir, presque aussi vif que son amour, de ne pas renoncer, après le mariage, à une occupation digne des fées.

Pasteur, tout en aimant cette jolie légende de la sériciculture, s'intéressa davantage à la manière dont le mûrier fut implanté sur le sol français. De la Provence, Louis XI le transporta en Touraine ; Catherine de Médicis essaya de l'acclimater dans l'Orléanais ; Henri IV ordonna de planter des mûriers dans le parc de Fontainebleau et le jardin des Tuileries. Ils y firent merveille. Comme le Béarnais voulait inspirer aux grands seigneurs l'amour du sol et offrir aux paysans la perspective heureuse de « cultiver la terre en demeurant en sûreté publique », il encouragea un *Traité de la cueillette de la soie* composé par Olivier de Serres. Ce premier écrivain agricole de la France, heureux de se cantonner dans le Vivarais sur sa terre du Pradel, fut apprécié du roi, malgré l'opposition de Sully qui ne croyait pas à cette nouvelle fortune pour la France. Comment se développa cette industrie de la soie ? Les documents sur ce point font défaut.

De 1700 à 1788, écrivait Quatrefages, la France produisit annuellement à peu près six millions de kilogrammes de cocons. Le chiffre tomba de moitié sous la République ; nécessité ou affectation, la laine remplaça la soie. Napoléon Ier releva ce genre de luxe. L'industrie séricicole, depuis l'époque impériale, prospéra au point d'atteindre, à la fin du règne de Louis-Philippe, un chiffre de vingt millions de kilogrammes de cocons, qui représentaient cent millions de francs. Jamais le nom d'arbre d'or donné au mûrier n'avait été plus juste.

Tout à coup cette richesse s'effondra. Une maladie mystérieuse détruisait les chambrées. « Œufs, vers, chrysalides, papillons, la maladie, écrivait Dumas dans son rapport au Sénat, peut se manifester dans tous les organes. D'où vient-elle ? On l'ignore. Comment s'inocule-t-elle ? On ne le sait. Mais son invasion se reconnaît à des taches brunes ou noirâtres. » Ainsi s'expliquait le nom de maladie des corpuscules. On disait aussi la gattine, mot qui vient de l'italien *gattino*, *gattina*, petit chat, petite chatte : les vers malades relevaient la tête et tenaient en avant leurs pattes à crochets, comme des chats sur le point de griffer. Mais de tous les noms, celui de pébrine, adopté par Quatrefages, était le plus répandu. Il venait du mot languedocien *pébré*, poivre. Les taches des vers malades ressemblaient, en effet, à des grains de poivre.

Les premiers symptômes avaient été notés, au dire de certaines personnes, en 1845, selon d'autres, en 1847. Mais en 1849 ce fut un désastre. Le Midi de la France fut envahi. En 1853, il fallut faire venir des graines de Lombardie. Après la pleine réussite d'une année, nouveaux mécomptes. L'Italie fut atteinte comme l'Espagne et comme l'Autriche. Ne sachant à quels cartons de graines se vouer, les éducateurs les firent venir de Grèce, de Turquie, du Caucase. Le mal gagnait toujours. La Chine elle-même fut atteinte. En 1864, on ne trouvait de graines saines qu'au Japon.

Conditions atmosphériques, dégénérescence de la race des vers à soie, maladie du mûrier, toutes les hypothèses s'accumulaient. En dehors de ceux qui faisaient partie des comices agricoles et des sociétés savantes, il n'était si petit propriétaire de chambrées qui n'eût son explication à donner, sa brochure à publier, son remède à préconiser.

Quand Pasteur partit seul pour Alais, le 6 juin 1865, chargé par le ministre de l'Agriculture de cette mission scientifique, il n'avait plus devant l'esprit que cet unique point d'interrogation : comment naissaient ces taches, ces stigmates, ces signes étranges et néfastes, selon les épithètes de Quatrefages, épithètes dont on souriait un peu dans Paris qui ne s'émeut que devant le fracas de quelque grand désastre et non au récit de misères silencieuses.

Dès son arrivée, Pasteur questionna les alaisiens avec un sentiment de sympathie, dans le sens admirable du mot, et avec l'insistance de l'interrogateur qui cherchait à dégager d'un flot de paroles le détail particulier. Il n'entendit qu'indications confuses et contradictoires. On ne lui parlait que de remèdes plus ou moins chimériques. Certains éducateurs répandaient sur les vers du soufre ou du charbon pilé, séparément ou en mélange. D'autres conseillaient la farine de moutarde ou le sucre en poudre. Le sucre avait paru à Quatrefages lui-même « pouvoir agir sur les vers à la façon d'un tonique légèrement stimulant ». On couvrait encore les vers de cendres et de suie. Les poudres de quinquina étaient conseillées. Des éducateurs avaient une préférence pour certains liquides : ils aspergeaient de vin, de rhum et d'absinthe, les feuilles de mûrier. Les fumigations de chlore, de goudron avaient, assurait-on encore, des effets bienfaisants, ce qui était violemment contredit par d'autres éducateurs. Quelques-uns conseillaient l'électricité. Dans un ouvrage couronné, en 1862, par l'Académie du Gard, tous ces moyens thérapeutiques, considérés selon l'état solide, liquide ou gazeux, étaient énumérés et examinés avec le sérieux que méritait toute tentative pour provoquer cette guérison de la maladie des vers à soie. Pasteur, plus préoccupé de connaître l'origine de la maladie que de faire le recensement de tous ces remèdes, ne cessait d'interroger les propriétaires de chambrées qui lui répondaient invariablement que c'était quelque chose comme le choléra, la peste. Le grand mot de miasmes était mis en avant. Quant aux effets, rien n'était plus variable. Tels vers languissaient sur les claies dès le premier âge, d'autres à la seconde phase seulement ; quelques-uns franchissaient la troisième et la quatrième mue, montaient à la bruyère et filaient leur cocon. La chrysalide devenait papillon ; mais ce papillon malade avait les antennes déformées et les pattes desséchées. Les ailes amoindries semblaient brûlées. Acheter les œufs issus de ces papillons, c'était s'offrir un échec certain l'année suivante. Ainsi, dans une même chambrée et dans l'espace des deux mois que traverse l'existence du ver pour devenir papillon, la pébrine était tour à tour brusque ou insidieuse. Elle éclatait ou se cachait, elle s'enfermait dans la chrysalide, elle reparaissait dans le papillon ou dans les œufs d'un papillon que l'on avait cru indemne. Les alaisiens, à bout d'efforts, disaient : « Il n'y a rien à faire contre la pébrine. »

Pasteur n'admettait pas ce genre de résignation. Mais, comme il était hostile à tout dispersement intellectuel, il se proposa de poursuivre un seul côté du problème. Ces corpuscules des vers à soie, signalés depuis 1849, il résolut de les soumettre à des études microscopiques. Il s'installa près d'Alais, dans une petite magnanerie. Deux éducations avaient été mises en train. L'une achevée, provenant de graines japonaises dont l'origine était officielle, avait fourni de très beaux cocons. L'éducateur se proposait de conserver les œufs des papillons et de se dédommager ainsi des mécomptes de la seconde chambrée, également issue de graines japonaises, mais achetées sans autre garantie que la parole d'un marchand. Les vers de cette seconde éducation étaient languissants. Lorsqu'on répandait sur les claies la feuille du mûrier, on n'entendait pas le bruit des déchiquetures faites par les vers en plein appétit, bruit que Pasteur comparait un jour à des gouttes d'orage sur des arbres touffus. Tous semblaient malades. Et cependant, remarque déconcertante, à l'examen de ces vers vus au microscope, les corpuscules n'apparaissaient qu'exceptionnellement. Et, fait beaucoup plus singulier encore, extraordinaire, étrange, Pasteur, en examinant une foule de chrysalides et de papillons issus de la chambrée prospère, constata presque toujours des corpuscules. Que signifiaient ces contre-indications ? Etait-ce donc ailleurs que dans les vers qu'il faudrait surprendre le secret de la pébrine ?

Dans un livre qui serait un exposé didactique, il faudrait, après s'être arrêté un instant à ce tissu d'énigmes, aller droit aux expé-

riences qui suivirent. Mais ces pages, qui retracent parfois jour
par jour l'existence de Pasteur, doivent mêler aux recherches
les événements intimes. Neuf jours après son arrivée à Alais,
une émotion douloureuse l'arracha à ses expériences. Une dépêche l'appela en toute hâte à Arbois auprès de son père très
malade.

Il partit avec angoisse. Dans ce long voyage d'Alais à Arbois,
les sombres pensées l'assiégeaient. Le souvenir de sa mère emportée
subitement et qu'il n'avait pas revue, pas plus qu'il n'avait revu
sa fille aînée, Jeanne, morte elle aussi dans cette petite maison
d'Arbois; tout lui donnait le pressentiment d'un nouveau malheur.
Il ne se trompait pas. Il n'arriva que pour voir, à travers ses larmes,
le cercueil où était enfermé ce père qui allait dormir dans le cimetière d'Arbois, mais qui devait recevoir, par le culte de son fils,
une place dans la mémoire des hommes.

Le soir, au-dessus de la tannerie, dans la chambre vide, Pasteur
écrivit :

« Ma chère Marie, mes chers enfants, le pauvre grand-père n'est
plus et nous l'avons conduit ce matin à sa dernière demeure. Il
est aux pieds de la pauvre petite Jeanne. Au milieu de ma douleur, j'ai été bien heureux de la bonne pensée de Virginie qui
l'avait fait placer là, et j'espère qu'un jour je pourrai les réunir à
ma tendre mère et à mes sœurs, jusqu'au moment où j'irai moi-
même les rejoindre. Jusqu'au dernier instant, j'ai espéré le revoir,
l'embrasser une dernière fois, lui donner la consolation de presser
dans ses bras son fils qu'il a tant aimé; mais en arrivant à la
gare, j'aperçus des cousins tout en noir qui venaient de Salins.
Seulement alors j'ai compris que je ne pourrais plus que l'accompagner au cimetière.

« Il est mort le jour de ta première communion, ma chère
Cécile : deux souvenirs qui ne sortiront pas de ton cœur, ma
pauvre enfant. J'en avais donc le pressentiment lorsque le matin
même, à l'heure où il était frappé pour ne plus se relever, je te
demandais de prier Dieu pour le grand-père d'Arbois. Tes prières
auront été bien agréables à Dieu, et qui sait si le grand-père lui-

même ne les a pas connues et ne s'est pas réjoui avec la pauvre petite Jeanne des saintes ferveurs de Cécile.

« J'ai repassé tout le jour dans ma mémoire toutes les marques d'affection de mon pauvre père. Depuis trente années, j'ai été sa constante et presque unique préoccupation. Je lui dois tout. Jeune, il m'a éloigné des mauvaises fréquentations et m'a donné l'habitude du travail et l'exemple de la vie la plus loyale et la mieux remplie. Cet homme était, par la distinction de l'esprit et du caractère, bien au-dessus de sa position à juger des choses comme on le fait dans le monde. Lui ne s'y trompait pas : il savait bien que c'est l'homme qui honore sa position, et non la position qui honore l'homme. Tu ne l'as pas connu, ma chère Marie, au temps où ma mère et lui travaillaient si durement pour leurs chers enfants qu'ils aimaient tant, pour moi surtout, dont les livres, les mois de collège, la pension à Besançon coûtaient cher. Je le vois encore, mon pauvre père, dans les loisirs que lui laissait le travail manuel, lisant beaucoup, s'instruisant sans cesse, d'autres fois dessinant ou sculptant du bois. Il n'y a pas longtemps encore, il me montrait un dessin de moi dans lequel il a fait une croix. Il n'y a que cela de bien dans ce dessin. Il avait la passion du savoir et de l'étude. Je l'ai vu étudiant des grammaires, la plume à la main, les comparant, les commentant, afin d'apprendre à quarante et cinquante ans ce que lui avaient refusé les infortunes de ses premières années. Mais les livres qu'il aimait et qu'il recherchait par-dessus tout, c'étaient ceux qui lui remettaient en mémoire les faits de la grande époque impériale, qu'il avait servie à son heure sur le champ de bataille, et qui avait renouvelé la société.

« Et ce qu'il y a de touchant dans son affection pour moi, c'est qu'elle n'a jamais été mêlée d'ambition. Tu te rappelles qu'il m'aurait vu, disait-il, avec plaisir régent du collège d'Arbois. C'est que, derrière mon avancement possible, il voyait le travail qui le procurerait, et derrière ce travail, ma santé qui pourrait en souffrir. Et pourtant tel qu'il était, tel que je le vois mieux aujourd'hui, quelques-uns des succès de ma carrière scientifique ont dû vivement l'enorgueillir en le comblant de joie. C'était son fils, c'était son nom. C'était l'enfant qu'il avait guidé et conseillé. Ah! mon pauvre père! Je suis bien heureux de penser que j'ai pu te donner quelques satisfactions.

« Adieu, ma chère Marie, adieu, mes chers enfants. Nous parlerons souvent du grand-père d'Arbois. Que je suis heureux qu'il vous ait tous revus et embrassés, il n'y a pas longtemps, et qu'il ait eu le temps encore de connaître la chère petite Camille. Je désirerais bien vous voir et vous embrasser tous. Mais il faut que je retourne à Alais. Mes études seraient retardées d'une année si je n'y allais passer quelques jours.

« J'ai quelques idées sur cette maladie qui est véritablement pour tous ces pays du Midi un immense fléau. Le seul arrondissement d'Alais, me disait le sous-préfet, a perdu, depuis quinze ans, 120 millions de revenus. M. Dumas a mille fois raison, il faut s'en occuper, et je dois aller poursuivre mes expériences. Je vais écrire à M. Nisard [en lui demandant] que les compositions pour l'admission puissent se faire en mon absence. C'est facile. Il n'y aura qu'à faire ce qui a été fait l'an dernier.

« Adieu encore. Je vous embrasse bien affectueusement. »

Nisard lui écrivit le 19 juin : « Mon cher ami, je savais la perte que vous avez faite, et j'y prends part, de tout mon cœur qui vous est bien attaché... Prenez tous les jours qui vous seront nécessaires. Vous êtes absent pour le service de la science, et, si j'en crois mes pressentiments, pour le service de l'humanité. Tout sera fait en votre absence, comme vous l'indiquez avec tant de précision. Je ne prévois aucune difficulté... Tout est au calme à l'École. Malgré votre réserve, qui est une partie de votre talent, je vois que, selon ce que disait de vous M. Biot, vous êtes sur la piste, et que vous allez tomber sur la proie. Nous mettrons votre nom à côté de celui d'Olivier de Serres dans les annales de la sériciculture. »

Revenu à Alais, Pasteur reprit ses observations avec l'ardeur scientifique mêlée à la fièvre généreuse que donne le désir de soulager les malheurs des autres. « Elle serait bien belle et bien

utile à faire, cette part du cœur dans le progrès des sciences, »
avait-il dit, quatre années auparavant, dans un discours prononcé
à l'inauguration de la statue de Thenard. Ces paroles, on pouvait
les lui appliquer. C'est avec émotion qu'il plaça au seuil de ses
Etudes sur la maladie des vers à soie cette page écrite, en 1862,
par le secrétaire du comice agricole de l'arrondissement du Vigan :

« Le voyageur qui aurait parcouru, il y a une quinzaine d'années,
les montagnes des Cévennes, et qui reviendrait actuellement sur
ses pas, serait étonné et vivement affecté des changements de toute
nature qui se sont opérés en si peu de temps dans cette contrée.

« Jadis, il voyait, sur le penchant des collines, des hommes
agiles et robustes briser le roc, établir avec ses débris des murs
solidement construits, destinés à supporter une terre fertile mais
péniblement préparée, et élever ainsi, jusques au sommet des
monts, des gradins échelonnés plantés en mûriers. Ces hommes,
malgré les fatigues d'un rude travail, étaient alors contents et heureux, parce que l'aisance régnait à leur foyer domestique.

« Aujourd'hui les plantations de mûriers sont entièrement
délaissées ; *l'arbre d'or* n'enrichit plus le pays, et ces visages,
autrefois radieux, sont maintenant mornes et tristes : là où régnait
l'abondance ont succédé la gêne et le malaise. »

Ce n'était plus de malaise, c'était de misère qu'il s'agissait.

Et Pasteur arrêtait tristement sa pensée sur les souffrances des
populations cévenoles. Le problème scientifique se précisait maintenant. En face de ces contre-indications d'une chambrée très
réussie dont les papillons étaient cependant corpusculeux et d'une
chambrée de mauvaise apparence dont les vers ne présentaient ni
taches ni corpuscules, il avait attendu avec une impatiente curiosité ce que deviendraient ces vers à leur dernière période. Il en
vit, parmi ceux qui filaient leur soie, qui n'offraient encore ni
taches ni corpuscules. Mais dans les chrysalides, dans les chrysalides surtout en pleine maturité, à la veille de s'appeler papillons,
les corpuscules abondaient. Quant aux papillons, nul n'en était
exempt. La maladie, éclatant ainsi dans la chrysalide et dans le
papillon, n'expliquait-elle pas les échecs dans les chambrées

futures? On avait tort, disait Pasteur, dès le 26 juin 1865, au comice agricole d'Alais, de chercher exclusivement le signe du mal, le corpuscule, dans les œufs ou dans les vers; les uns et les autres pouvaient porter en eux le germe de la maladie, sans offrir de corpuscules distincts et visibles au microscope. Le mal se développait surtout dans les chrysalides et les papillons; c'était là qu'il fallait le rechercher de préférence.

« Il devait y avoir un moyen infaillible de se procurer une graine saine, en ayant recours à des papillons exempts de corpuscules. »

Comme un de ces phares qui illuminent un point de l'horizon, une première clarté se faisait dans les ténèbres. Idée directrice rapide, puis éclipse, pour ainsi dire, de cette idée. Tout devait être subordonné au contrôle souverain de la méthode expérimentale. Mais en attendant qu'elle eût le dernier mot, Pasteur formulait ainsi ses hypothèses : Tout papillon renfermant des corpuscules doit donner lieu à une graine malade. Un papillon est-il peu chargé de corpuscules, sa graine fournira des vers qui n'en montreront pas ou qui n'en montreront qu'exceptionnellement à la fin de leur vie. Le papillon est-il très corpusculeux, dès le premier âge du ver, le mal pourra s'accuser par les corpuscules ou par ces symptômes qui font préjuger qu'une chambrée n'aboutira pas.

« Si l'on réunissait, disait-il avec cette puissance d'intuition qui allait toujours au delà de ses sujets d'études immédiats, si l'on réunissait dans un même lieu une foule d'enfants nés de parents malades de la phthisie pulmonaire, ils grandiraient plus ou moins maladifs, mais ne montreraient qu'à des degrés et à des âges divers les tubercules pulmonaires, signe certain de leur mauvaise constitution. Les choses se passent à peu près de même pour les vers à soie. »

Pasteur étudia au microscope des centaines de papillons. Presque tous, à l'exception de deux ou trois couples, étaient corpusculeux. A ce lot trop restreint s'ajouta heureusement un précieux cadeau. Deux personnes, qui avaient entendu Pasteur exposer ses idées, lui apportèrent cinq papillons issus d'une race du pays et qui avaient été élevés dans une petite ville voisine, la ville d'Anduze, élevés à la turque, c'est-à-dire sans les précautions d'usage qui consistent à maintenir les vers dans des chambrées chauffées à une température égale. Comme on essayait de tout, on avait essayé de ce système qui d'ailleurs n'avait pas mieux réussi que les autres. Mais, par une rencontre inappréciable, sur ces cinq papillons femelles, quatre étaient indemnes. Dès lors, dans la pensée de Pasteur, l'étude comparative des vers qui naîtraient au printemps prochain de ces graines saines et des graines suspectes pourrait donner l'indication la plus utile. A papillons corpusculeux, graines corpusculeuses. Présage de maladie plus ou moins apparente, plus ou moins grave, selon l'abondance des corpuscules trouvés dans les papillons.

Si quelques habitants d'Alais, le maire, M. Pagès, et le président du comice agricole, M. de Lachadenède, enregistraient avec confiance ces pronostics, la plupart des sériciculteurs, plus que réservés, étaient prêts à tout critiquer, sans avoir même la patience d'attendre le résultat des prévisions. N'était-il pas dommage, disaient-ils avec ce ton de regret hypocrite qui est souvent une des formes de l'hostilité, de voir le gouvernement, au lieu de s'adresser à des sériciculteurs, à des zoologistes, confier à un chimiste seul le soin d'éclairer une question aussi mystérieuse? De tous les adversaires, les plus vigilants étaient ceux qui avaient ramené ce fléau général aux proportions minuscules de leur amour-propre parce qu'ils avaient ouvert sur le sujet un avis public. « Laissons faire le temps, » disait Pasteur.

Il revint à Paris. Un nouveau chagrin l'attendait. La plus jeune de ses filles, Camille, qui n'avait pas deux ans, était très malade. Il la veilla des nuits entières. Le matin, il descendait au laboratoire et poursuivait la tâche quotidienne. Mais quand il rentrait le soir, au milieu des siens, il laissait éclater sa tendresse devant le berceau où lui souriait cette enfant qui s'en allait.

Entre chaque ligne d'une note que rédigea Pasteur sur les

études relatives aux végétations parasites du vin, combattues par
le chauffage, et sur le parti que pouvaient tirer de ce résultat
scientifique les propriétaires et les industriels, se cachaient ainsi
des angoisses. On va, on vient, on continue sa besogne et on a
dans le cœur un fond de désespoir. C'est dans cette même période
et avec le même effort qu'il fit un travail, sur la demande de
J.-B. Dumas chargé par le gouvernement de publier les œuvres
de Lavoisier. « Personne, écrivait Dumas à Pasteur, n'a lu Lavoisier avec plus d'attention que vous, et peu sont en état de le mieux
juger... Le hasard qui m'a fait naître avant vous m'a mis en rapport avec une époque et des hommes chez qui j'ai puisé les idées et
les sentiments qui m'ont dirigé dans cette publication. Mais vous
l'eussiez faite que je n'aurais cédé à personne le bonheur de la
signaler au monde savant et même au monde lettré. C'est pour
ce motif, puisé dans une certaine conformité de principes, de goûts
et d'aspirations qui m'attache à vous depuis longtemps, que je
viens vous demander de consacrer quelques heures à Lavoisier. »

« Monsieur et illustre maître, lui répondit Pasteur, le 18 juillet
1865, en présence de votre lettre et de l'affectueuse confiance
qu'elle me témoigne, je ne puis refuser de vous soumettre un essai,
à la condition que vous voudrez bien le jeter au panier, si peu
qu'il vous déplaise. J'ai une autre faveur à vous demander, c'est
beaucoup de temps, soit à cause de mon inexpérience, soit à cause
de la fatigue d'esprit et de corps que j'éprouve depuis la maladie de
notre chère enfant et qui s'aggrave peut-être chaque jour. »

Dumas répliqua :

« Cher confrère et ami, je vous remercie de votre bonne volonté
et de votre dévouement à des intérêts, qui sont vôtres autant que
possible du reste, car je ne connais personne qui représente mieux
que vous, à l'époque actuelle, l'esprit de Lavoisier et sa méthode
où le raisonnement avait plus de part que le hasard.

« L'art d'observer et l'art d'expérimenter sont bien distincts.
Dans le premier cas, peu importe que le fait vienne de la logique
ou soit donné par la fortune ; pourvu qu'on ait la faculté de voir
vrai et de la pénétration, on en tire profit. Mais l'art d'expéri-

menter, conduisant du premier anneau de la chaîne au dernier, sans lacune et sans hésitation, faisant successivement usage du raisonnement qui pose l'alternative et de l'expérience qui la décide, jusqu'à ce que, parti de la plus faible lueur, on arrive à la plus splendide clarté ; cet art, Lavoisier en a fait une méthode et vous a possédez à un degré supérieur, qui me cause toujours une jouissance dont je vous remercie.

« Prenez votre temps ; il y a soixante-dix ans que Lavoisier attend, il y a un siècle que ses travaux commençaient à produire leurs premiers fruits ! Que sont les semaines et les mois !...

« Je vous plains de toute mon âme ; je sais quels déchirements on éprouve auprès de ce lit de douleur d'un enfant qui s'éteint. Je souhaite et j'espère que cette grande tristesse vous sera épargnée. Vous le méritez bien. »

L'engagement pris par Dumas de donner à la France une édition des œuvres de Lavoisier remontait loin. Le 7 mai 1836, au milieu d'une de ses leçons professées au Collège de France, dans le premier éclat de sa renommée, avec une éloquence qui dès cette époque méritait de s'appeler présidentielle, autant par la valeur des idées générales que par la forme dont ces idées étaient revêtues, Dumas avait promis d'élever un monument scientifique, digne d'honorer la mémoire de Lavoisier, « l'homme le plus complet, disait-il, le plus grand peut-être que la France ait produit dans les sciences ». Comme Dumas aimait que tout fût solennel quand il entrait en scène pour annoncer une noble tâche, il avait souhaité que le gouvernement de Louis-Philippe déposât un projet de loi destiné à obtenir que cette édition des œuvres de Lavoisier fût faite aux frais de l'État. L'Académie des sciences avait émis un vœu unanime approuvant le projet de ce confrère, qui était si souvent un conseiller. Mais les obstacles divers, que par euphémisme on nomme les formalités administratives, invoqués d'abord sous le gouvernement de Juillet, puis sous la République, reparurent sous l'Empire avec cette puissance des traditions capable de décourager les meilleurs vouloirs. Dumas, doucement obstiné, ne se lassa point. Il mit dix-huit ans à gagner sa cause qu'il confondait avec celle de Lavoisier. En 1861, un arrêté ministériel lui donna satisfaction. L'ouvrage parut.

Certes Pasteur connaissait et admirait plus et mieux qu'aucun autre les découvertes de Lavoisier. Mais, devant la somme de travail accompli malgré les charges diverses qui avaient éloigné du laboratoire cette vie si précieuse, tranchée à cinquante ans par le tribunal révolutionnaire ; à la lecture des travaux, composés de 1770 à 1792, et réunis pour la première fois par Dumas, Pasteur ressentit une nouvelle et vive émotion. Ce mot émotion, qui partait de sa plume, presque au commencement de son analyse, montre bien le fond de l'âme de Pasteur. Son besoin de logique ; sa patience imperturbable dans la manière d'interroger la nature pour essayer, sous l'amoncellement des faits, de découvrir des lois ; sa docilité en face de la méthode expérimentale n'avaient diminué en rien la générosité impétueuse de ses sentiments. Aussi la lecture d'un beau livre, l'exposé d'une découverte, le récit d'une action d'éclat ou d'un bienfait dans l'ombre le touchaient-ils aux larmes. Mais, s'il s'agissait d'un homme comme Lavoisier, la curiosité de Pasteur devenait une sorte de culte. Il souhaitait que les récits d'une pareille existence fussent répandus partout. Bien que le propre des découvertes, disait-il, soit de se surpasser les unes les autres et que les connaissances chimiques et physiques accumulées depuis Lavoisier aient dépassé tout ce que Lavoisier pouvait rêver, « son œuvre, comme celle de Newton et des rares génies qu'il est permis de leur comparer, restera toujours jeune. Certains détails pourront vieillir comme des formes et des modes d'un autre temps ; mais le fond, la méthode, constituent un de ces grands aspects de l'esprit humain dont les années augmentent encore la majesté. C'est dans ces modèles achevés qu'il faut contempler, pour la comprendre, la marche de la pensée déchirant les voiles de l'inconnu. C'est par la lecture des travaux des inventeurs que la flamme sacrée de l'invention s'allume et s'entretient... »

Quand parut cet article dans le *Moniteur*, Sainte-Beuve qui, maître de conférences à l'Ecole normale, de 1857 à 1861, avait eu la surprise de compter parmi les auditeurs les plus attentifs à ses causeries littéraires cet homme de laboratoire, chargé de diriger les études scientifiques, le félicita. « ..... C'est bien ainsi, lui écrivait-il, que je me figure qu'on peut expliquer et rendre sensible aux profanes le génie des inventeurs dont on suit dignement les traces, en insistant sur les parties vraiment supérieures et durables, et en dégageant ce qui fait l'immortel mérite et l'honneur de ces grands esprits. »

Si la pénétration très vive de Sainte-Beuve se fût appliquée à rechercher en même temps quel était le côté de l'esprit de Pasteur, « sensible aux profanes, » il eût noté les expressions « voiles de l'inconnu, flamme sacrée ». C'est souvent à l'aide des mots le plus fréquemment employés par un homme, que l'on pénètre ses ressorts secrets, son idée maîtresse, son ambition dominante. En appliquant ce mode de critique au style de quelques écrivains, on pourrait noter, par exemple, combien Bossuet et Corneille, qui avaient un style souverain, répétaient le mot grand et combien Buffon, qui se serait reproché de manquer de solennité, répétait le mot noble. Si l'on étudiait Pasteur un instant à ce point de vue, on verrait que les mots qui lui étaient le plus habituels étaient volonté, effort, enthousiasme. Ainsi peut s'éclairer de tant de manières différentes la physionomie de Pasteur.

Ici, sans qu'il soit nécessaire de recourir aux divisions factices en biographie d'une part et en résumé de l'œuvre d'autre part, l'ordre chronologique permet à lui seul de suivre tout ensemble les idées et les sentiments qui traversaient sa vie remplie par l'effort quotidien dans le travail personnel et le besoin quotidien aussi du dévouement. Telle parole d'un de ses discours n'était que le prolongement d'une joie scientifique ou l'écho d'une douleur intime. Joie, douleur se retrouvent dans ce livre, grâce aux confidences de ceux qui l'ont aimé. Si sa gloire reste à juste titre un empiétement sur l'avenir, la tendresse qu'il a inspirée est une reprise de possession du passé.

Au mois de septembre 1865, à deux ans, Camille mourut. Pasteur, bouleversé, conduisit ce second cercueil d'enfant au cimetière d'Arbois. Puis la vie et le travail le ressaisirent; mais peu de semaines après, au mois de novembre 1865, une lettre écrite à propos d'une élection académique témoigna de la profondeur de son chagrin.

Il s'agissait d'une candidature à l'Académie des sciences. Qui dit candidature dit non seulement examen de titres, mais luttes d'influences, des plus légitimes comme des plus inattendues. Les amis des candidats sont mobilisés. Il en est qui s'engagent avec une loyauté intrépide, d'autres qui demandent à réfléchir avant de se dévouer. Sainte-Beuve fut prié d'intervenir en faveur d'un de ses jeunes amis, Charles Robin.

Ce nom soulevait alors de vives polémiques. Pénétrant, à l'aide du microscope, dans l'organisation intime des êtres vivants, dans l'examen des tissus, des détails de la vie cellulaire, dans tout ce qui constitue l'histologie, Robin avait été, en 1862, nommé à une chaire spécialement créée pour lui à la Faculté de médecine. Persuadé qu'en dehors de ses propres études, nombre de questions rentreraient de plus en plus dans le domaine expérimental, il croyait fermement que, malgré de puissants suffrages, le spiritualisme ne pourrait « lutter contre l'esprit du temps, tout entier aux choses positives ». Il ne comprenait pas comme Pasteur la distinction très nette entre le savant d'une part et l'homme de sentiment de l'autre, en mesure de revendiquer, chacun de son côté, une indépendance absolue. Il n'imitait pas davantage la réserve de Claude Bernard qui, pressé de questions par quelque philosophe en quête d'arguments supérieurs, se gardait bien de se laisser enrôler dans le parti des croyants ou des non-croyants. D'une voix calme, indulgente, en harmonie avec la sérénité contemplative de son visage, Claude Bernard répondait : « Quand je suis dans mon laboratoire, je commence par mettre à la porte le spiritualisme et le matérialisme; je n'observe que les faits; je n'interroge que les expériences, je ne cherche que les conditions scientifiques dans lesquelles se produit et se manifeste la vie. » Robin confondait dans sa personne l'expérimentateur et le philosophe. Disciple d'Auguste Comte, il se proclamait positiviste. Positivisme, matérialisme, c'était tout un aux yeux des gens superficiels.

Ce qui avait été tenté contre Littré, candidat à l'Académie française en 1863, et ce qui l'avait fait échouer, était essayé de nouveau contre Robin, candidat à l'Académie des sciences en 1865. Sainte-Beuve qui, dans ses années d'étudiant en médecine, s'était senti positiviste avant tout le monde, puis dont la nature vive, impressionnable, avait traversé une phase de mysticisme en vers et en prose, était revenu, dans la dernière période de sa vie, à ses anciennes idées philosophiques. Mais comme il lui restait, suivant une de ses comparaisons familières, des ouvertures d'esprit tout autour de la tête, — la critique étant pour lui, non le besoin de régenter, mais l'art de comprendre, — il n'admettait pas plus les procès de tendances que les considérations extra-académiques, dès qu'il s'agissait de candidature.

Le moyen le plus simple avec Pasteur, très peu diplomate, était d'aller droit au but. Aussi Sainte-Beuve lui écrivit-il, le 20 novembre 1865 :

« Ce lundi... Cher Monsieur, me permettez-vous d'être indiscret et de venir vous solliciter en faveur de M. Robin, dont je sais que vous appréciez les travaux ?

« Peut-être M. Robin n'est-il pas de la même école philosophique que vous ; mais il me semble, — autant que je puis juger de ces choses étrangères, — qu'il est de la même école scientifique, expérimentale. S'il différait essentiellement par un autre côté, — un côté métaphysique ou non métaphysique, — ne serait-il pas bien et beau à un vrai savant de ne tenir compte que des travaux positifs ? — Rien de plus, rien de moins.

« Pardonnez-moi : j'ai tant souffert de l'injustice où j'ai vu certains organes de la presse à votre égard, que je me suis demandé quelquefois s'il n'y avait pas un moyen tout simple de réfuter ces sottises, de faire tomber dans l'eau tous ces sots et méchants propos. Vous êtes seul juge ; mais, si M. Robin mérite d'être de l'Académie des sciences, pourquoi n'en serait-il point par vous ? — C'est comme quand Littré s'est présenté à l'Académie française, ceux qui l'en ont cru digne ont eu tort, je le crois, de ne pas lui donner la main. Les sciences ont droit, ce me semble, d'être en de tels cas, encore plus indépendantes que les lettres. La science ne voit que la science.

« Mon sentiment de gratitude envers vous, pour ces bonnes quatre années, où vous m'avez fait l'honneur de me donner un auditeur tel que vous, mon sentiment d'amitié, j'ose dire, m'emporte un peu loin ! Je voulais l'autre jour vous dire quelque chose de cela chez la Princesse : elle m'y avait presque autorisé et engagé. Je suis plus hardi aujourd'hui la plume à la main... »

La princesse invoquée était la princesse Mathilde. Son salon, rendez-vous d'hommes de lettres, d'hommes de science et d'artistes, était sous le second Empire comme un entr'acte de liberté dans la causerie. Gouvernant les plus indépendants par la grâce de son accueil et la conspiration de ses prévenances, la princesse formait autour d'elle une sorte d'académie qui consolait Théophile Gautier de n'être pas de l'autre. Sainte-Beuve, qui revendiquait l'office de secrétaire surnuméraire des commandements de la princesse, lui envoya la copie de cette lettre où lui, qui excellait à peindre les autres, se peignait en petites touches pressées.

Tout apparaissait en effet dans ces lignes : son désir de soustraire les sciences et les lettres à des polémiques indignes d'elles ; son esprit hospitalier prêt à admettre les différences et même les contraires ; sa sympathie, inquiète à la lecture d'attaques imméritées contre un confrère, sympathie avivée au souvenir personnel des injures qui, par passion politique, avaient étouffé, en 1855, sa voix de professeur au Collège de France ; enfin son habileté câline d'arbitre expert sur tous les cas et sachant mettre délicatement en œuvre des ressorts divers.

Pasteur répondit courrier par courrier : « Monsieur et illustre confrère, j'ai la plus grande inclination pour M. Robin parce qu'il représenterait à l'Académie un élément scientifique nouveau, le microscope appliqué à l'étude de l'organisme chez l'homme. Je ne m'inquiète pas de son école philosophique, sinon pour le mal qu'elle peut faire à ses travaux, parce que, s'il s'agit d'un savant qui doit être sans cesse aux prises avec la méthode expérimentale, je crains bien, s'il se pique de philosophie, que cela veuille dire simplement qu'il est homme à système, à idées préconçues et fixes. Je vous avoue bien franchement toutefois que je ne me sens point du tout en mesure d'avoir une opinion sur nos écoles philosophiques. De M. Comte, je n'ai lu que quelques passages absurdes, de M. Littré je ne connais que les belles pages que son rare savoir et quelques-unes de ses vertus domestiques vous ont inspirées. Ma philosophie est toute du cœur et point de l'esprit, et je m'abandonne, par exemple, à celle qu'inspirent ces sentiments si naturellement éternels que l'on éprouve au chevet de l'enfant que l'on a chéri et dont on voit s'échapper le dernier souffle. A ce moment suprême, il y a quelque chose au fond de l'âme qui nous dit que le monde pourrait bien ne pas être un pur ensemble de phénomènes propres à un équilibre mécanique sorti du chaos des éléments par le simple effet du jeu graduel des forces de la matière. Je les admire tous, nos grands philosophes ! Nous avons, nous autres, l'expérience qui redresse et modifie sans cesse nos idées, et nous voyons constamment, pour ainsi dire, que la nature, dans la moindre de ses manifestations, est autrement faite que nous ne l'avions pressenti. Et eux qui devinent toujours, placés qu'ils sont derrière ce voile épais du commencement et de la fin de toutes choses, comment donc font-ils pour savoir ?... »

La lettre se terminait par quelques lignes intimes et confidentielles sur la nécessité d'attendre la discussion des titres. Le concurrent de Robin était un ancien collègue de Pasteur à la Faculté des sciences de Lille. Jamais, du reste, Pasteur ne se décidait avant la discussion des titres, examen qu'il suivait et écoutait, de sa place, presque en face du bureau, plus attentivement qu'aucun académicien. Pour déterminer son vote, il s'inspirait des mots de J.-B. Dumas : « En matière d'élection académique, je ne cherche pas ce que le candidat gagne à être élu, mais ce que l'Académie gagne à l'élire. »

Sainte-Beuve respecta cette réserve si juste. Il ne dut pas être choqué de l'épithète rapide donnée à quelques passages d'Au-

guste Comte. N'avait-il pas lui-même, avec sévérité, défini Auguste
Comte : « cerveau obscur et abstrus, et trop souvent malade » ?
Il attendit l'élection de Robin pour adresser ces lignes à son
« cher et savant confrère » :

« Je ne me suis pas permis de vous remercier de la lettre si
belle, j'ose le dire, si profonde de sentiments et si élevée que vous
m'avez fait l'honneur de m'écrire en réponse à la mienne. Aujour-
d'hui rien ne m'interdit plus de vous dire combien je reste pénétré
de toute votre manière de penser et d'agir dans toute cette affaire
scientifique. »

Ce « quelque chose au fond de l'âme », dont Pasteur parlait dans
sa lettre à Sainte-Beuve, se montrait souvent dans ses conversations. Il avait de ces mots qui étaient comme les éclairs de sa
vie morale : lumières intérieures, vivifiantes clartés, étincelle
divine, reflets de l'infini.

Pénétré de l'infini, s'inclinant devant le mystère de l'univers,
portant en lui un besoin toujours plus grand d'idéal, il se mettait
vaillamment à la tâche de chaque jour, aimant à répéter le mot
qui fait les hommes utiles et les grands peuples : *Laboremus!*

Dans le dernier trimestre de 1865, il se détourna quelque
temps de ses travaux pour étudier le choléra. Venant d'Égypte,
le fléau avait éclaté à Marseille, puis à Paris où il fit, au mois
d'octobre, plus de 200 victimes par jour. Un instant on put
craindre quelque chose d'analogue à ce qui s'était passé en 1832,
où sur 945,698 habitants qui constituaient alors toute la population de Paris, 18,402 personnes périrent, soit 23 décès par 1,000
habitants. Claude Bernard, Pasteur et Sainte-Claire Deville allèrent
sous les combles de l'hôpital Lariboisière au-dessus d'une salle de
cholériques.

Voici comment Pasteur racontait les expériences qu'ils tentè-
rent : « Nous avions fait pratiquer une ouverture sur un des
canaux de ventilation communiquant avec la salle ; à cette ouverture nous avions adapté un tube de verre entouré d'un mélange
réfrigérant et par un ventilateur nous faisions passer l'air de la

salle dans notre tube, afin de condenser dans celui-ci le plus pos-sible des produits de l'air de la salle. »

Claude Bernard et Pasteur voulurent ensuite recueillir directement des poussières dans les salles des cholériques, prélever du sang et bien autre chose. Ils rassemblèrent leurs efforts dans des expé-riences qui furent négatives. Un jour que Henri Sainte-Claire Deville disait à Pasteur : « Il faut du courage pour ce genre d'études. » « Et le devoir? » lui dit simplement Pasteur. Le ton donné à ce mot devoir, racontait Sainte-Claire Deville, valait tout un enseignement. Le choléra dura peu. Vers la fin de l'automne, tout danger d'épidémie avait disparu.

Napoléon III, qui aimait la science et trouvait en elle l'agrément de réfléchir sur des sujets où, à l'inverse de la politique, toute véri-table conquête est assurée du lendemain, désira que Pasteur vînt passer huit jours au palais de Compiègne.

Dès le premier soir, il y eut grande réception. Le monde diplo-matique était représenté par M. de Budberg, ambassadeur de Russie, M. de Goltz, ambassadeur de Prusse ; au milieu des dames d'honneur et des chambellans, on distinguait le comman-dant Stoffel, officier d'ordonnance, la lectrice de l'Impératrice, Mlle Bouvet, et, parmi les invités, le Dr Longet, célèbre non seu-lement par ses recherches et son *Traité de physiologie*, mais encore par son originalité de médecin qui n'avait qu'une idée, écarter la clientèle pour mieux se consacrer à la science pure ; Jules Sandeau qui, sous un aspect un peu lourd de capitaine de la garde nationale, avait une âme tendre de romancier délicat ; le peintre Paul Baudry, rayonnant de jeunesse et dans l'éclat du succès ; Paul Dubois, la conscience faite artiste, qui avait exposé cette année-là son *Chanteur florentin*. Pendant que passait avec amabilité, de groupe en groupe, et servant de lien entre le monde officiel et les invités de huit jours, l'hôte familier du palais, l'ar-chitecte Viollet-le-Duc, Napoléon, s'approchant de Pasteur, l'en-traîna doucement vers la cheminée. Pasteur ne tarda pas à mettre à profit cet entretien particulier pour instruire le souverain. Il exposa la théorie des fermentations et parla de dissymétrie moléculaire.

Les philosophes de cour félicitèrent Pasteur d'être entré en si longs propos confidentiels. L'Impératrice fit dire par son chambellan qu'elle désirait que Pasteur vînt causer avec elle. Conversation très animée, très brisée, se rappelait Pasteur, mais toujours dans cette direction des infiniment petits, des maladies épidémiques, des expériences sur les animaux, des infusoires, des maladies des vins.

Quand les hôtes eurent regagné l'immense couloir — semblable aux corridors d'un grand hôtel — où s'ouvraient les chambres portant, au lieu de numéro, le nom de l'invité, Pasteur, s'étant rendu compte que des explications verbales ne suffiraient pas et qu'une leçon de choses ne serait pas inutile à Leurs Majestés, écrivit à Paris pour avoir son microscope et des échantillons de vins malades.

Il ne pensait dans la matinée du lendemain qu'à ces envois de laboratoire, tandis que s'organisait une chasse à courre. Piaffe de cavaliers en costume, attelages de six chevaux avec postillons poudrés, tout l'équipage traversait bientôt Compiègne et entrait dans la forêt. Le cerf attaqué, on s'élançait derrière lui comme dans une fuite en avant. De distance en distance, les gardes indiquaient aux piqueurs la direction de la chasse. C'était, pour les invités qui suivaient en voiture découverte, une vision lointaine et rapide du cerf pressé, accablé par les chiens. Vers quatre heures et demie, on revint au château dans la sérénité mélancolique d'un des derniers beaux jours d'automne, tels que Jules Sandeau aimait à les décrire. Le soir après le dîner, curée aux flambeaux dans la cour d'honneur. Tout éclatait en fanfares. Debout, en livrées de gala, des valets, formant le cercle, portaient des torches. Au centre, un piqueur tenant la dépouille du cerf l'agitait sous le regard des chiens qui, prêts à se précipiter, mais maintenus d'un mot, puis relâchés et rappelés à trois reprises, tout frémissants de soumission, obtenaient enfin la joie de se jeter furieusement sur les restes de la bête.

Nouveau programme le lendemain : visite au château de Pierrefonds que Viollet-le-Duc, doué d'un merveilleux pouvoir de résurrection et libre d'exercer ce pouvoir en s'adressant aux crédits extraordinaires de la cassette impériale, avait fait surgir des ruines comme une armure éblouissante sortie d'un tombeau. Pasteur, qui aurait pu dire ce mot d'un philosophe : Je ne m'ennuie jamais que quand on m'amuse, s'arrangea, avant de partir, de manière que toute sa journée ne fût pas perdue. Il prit rendez-vous, pour l'heure du retour, avec le sommelier en chef de la cave impériale, se promettant de trouver quelques vins altérés. Il eut quelque peine cependant à découvrir sept ou huit bouteilles suspectes, tant les choses étaient bien tenues dans ce genre d'administration.

Les grands diables de laquais galonnés, se rendant peu compte de l'intérêt scientifique offert par un panier de bouteilles, suivaient d'un regard légèrement ironique Pasteur qui, en rentrant dans sa chambre, eut le plaisir de trouver son microscope et les caisses de la rue d'Ulm. Pendant que les invités étaient réunis dans le fumoir, attendant avec une impatience souriante de courtisans le thé de cinq heures, appelé le thé de l'Impératrice, et que sur un autre point on était solennellement affairé par les préparatifs de la représentation qui devait avoir lieu le soir même au théâtre du palais où Provost, Regnier, Got, Delaunay, Coquelin, Mlle Jouassain s'apprêtaient à jouer *les Plaideurs*, pendant que tout le monde enfin s'agitait, avec ce petit souci des choses immédiates et cette joie de paraître qui constituent le mouvement des cours, Pasteur, confiné dans sa chambre comme s'il eût été dans son laboratoire, restait paisiblement penché sur son microscope. Une goutte de vin amer, placée devant l'objectif, lui permettait de distinguer le petit myco-derme cause de cette amertume. Les autres végétations microsco-piques, provoquant d'autres maladies du vin, apparaissaient avec netteté.

Le dimanche à quatre heures de l'après-midi, il était reçu en audience particulière pour la plus grande instruction de Leurs Majestés. « Je me rends chez l'Empereur accompagné de mon microscope, de mon ouvrage, de mes échantillons de vins, écrivait Pasteur dans une lettre intime. On m'annonce. L'Empereur vient me prier d'entrer. Dans le fond du cabinet travaille M. Conti qui se lève pour sortir. L'Empereur le prie de rester. Puis il va chercher l'Impératrice et je commence à montrer à Leurs Majestés et mes figures et les objets mêmes au microscope. Cela dure une grande heure. »

A la fin de la leçon, l'Impératrice, qui avait été vivement intéressée, voulut que ses amis de cinq heures, réunis dans le salon du thé, eussent à leur tour quelques notions de ces études. Prenant gaiement le microscope, heureuse de tenir, disait-elle, l'emploi de garçon de laboratoire, elle arrive dans le salon privilégié où l'on ne s'attendait guère à la voir ainsi transformée, suivie de Pasteur qui expose alors, sous une forme très simple de causerie, quelques idées générales et quelques découvertes précises. C'est ainsi que, dans la série précédente des invités, Le Verrier avait parlé de sa planète et de la poussière des mondes, et que, dans la série actuelle, le Dr Longet avait été prié de faire une leçon sur la circulation du sang. Un instant curieux des choses de science, ce monde de la cour ne se doutait guère que la plus petite découverte faite au fond du laboratoire infime de la rue d'Ulm durerait plus que tout le décor et les jeux de scène du palais des Tuileries, du palais de Fontainebleau et du palais de Compiègne.

Au cours de leur entretien privé avec Pasteur, Napoléon III et l'Impératrice avaient été surpris que Pasteur ne songeât pas à tirer un profit très légitime de ses travaux et de leurs applications. « En France, répondit-il, les savants croiraient démériter en agissant ainsi. »

Il était convaincu que l'homme de science pure, en voulant exploiter ses découvertes, complique sa vie, l'ordre habituel de ses pensées et risque de paralyser en soi l'esprit d'invention pour l'avenir. S'il avait voulu suivre industriellement les résultats relatifs à ses études sur le vinaigre, n'aurait-il pas été forcé de s'en occuper d'une manière constante qui l'eût retardé pour de nouvelles recherches ? « J'ai l'esprit libre, disait-il, je me sens plein d'ardeur pour la nouvelle question de la maladie des vers à soie, comme je l'étais, en 1863, quand je me suis engagé dans celle des vins. » Tout ce qu'il souhaitait c'était de pouvoir, depuis le premier jour des éducations précoces de vers à soie jusqu'au dernier jour des éducations industrielles, s'attacher à cette grave étude qui intéressait la richesse de la France. Aussi avait-il une faveur à demander : c'était la permission de quitter l'Ecole normale une partie de l'année 1866, pour étudier sans relâche du matin au soir cette maladie, à la fois héréditaire et contagieuse, qui suggérait tant d'autres idées et ouvrait la perspective de lointains problèmes. Résoudre ces difficultés actuelles, avoir un jour un laboratoire où il pût entreprendre de grands travaux, servir utilement son pays, il n'avait pas d'autre ambition. Revenu à Paris, il obtint un congé de travail pour se rendre à Alais.

« Mon cher Raulin, écrivait-il dès les premiers jours du mois de janvier 1866 à son ancien élève, je suis chargé à nouveau par le ministre de l'Agriculture d'une mission pour l'étude de la maladie des vers à soie qui ne durera pas moins de cinq mois : du 1er février à la fin de juin. Vous serait-il agréable de vous adjoindre à moi ? »

Raulin s'excusa. Il préparait, avec sa lenteur qui était une habitude de conscience, un travail appelé à rester un chef-d'œuvre au jugement des hommes de laboratoire : sa thèse de doctorat.

« Je ne me console, lui répondit Pasteur en exprimant ses regrets de ne pas l'avoir pour compagnon, qu'en pensant que vous allez achever votre excellente thèse. »

Raulin avait eu pour camarade à l'Ecole normale un professeur au lycée Louis-le-Grand, M. Gernez, un des esprits les mieux faits pour s'associer aux études de Pasteur. Le ministre de l'Instruction publique, Duruy, ne songeait qu'à lever toutes les difficultés quand un intérêt scientifique était en jeu : il donna un congé à M. Gernez pour que Raulin fût ainsi remplacé. Un autre normalien de vingt-cinq ans, devenu préparateur depuis que M. Duclaux occupait la suppléance de la chaire de chimie à la Faculté des sciences de Clermont-Ferrand, fut prêt à partir. Reçu en même temps à l'Ecole polytechnique et à l'Ecole normale, Maillot n'avait qu'un désir, celui de travailler dans une atmosphère de laboratoire et de bibliothèque. Tous trois quittèrent Paris dans les premiers

jours de février. Logés dans un des hôtels d'Alais, ils se mirent
en quête d'une demeure qu'ils pourraient transformer en laboratoire. A côté du faubourg de Rochebelle, s'offrait, pour des locataires modestes, une maison basse que l'on appelait la maison
Combalusier. Séance tenante, la chambre et le grenier furent
occupés scientifiquement. « C'est là, pour emprunter ces souvenirs à M. Gernez, c'est là que pendant plusieurs semaines Pasteur
passa toutes ses journées. Installé au microscope devant une
fenêtre, il ne le quittait que pour pénétrer dans le grenier, véritable étuve obscure, où il suivait, à la flamme d'une chandelle, les
évolutions des vers mis à l'essai. »

Mais il fallait revenir déjeuner et dîner à l'hôtel ; Pasteur ne pouvait s'habituer à ces allées et venues. Que de temps sacrifié ! disait-
il avec impatience. Maillot, envoyé à la recherche d'un autre campement, découvrit un domaine restreint où tout invitait au travail.
Située à quinze cents mètres d'Alais, éloignée de toute demeure,
la maison était au bas de la montagne de l'Hermitage que les
mûriers, dans les temps heureux de la sériciculture, escaladaient
à travers les pierres grisâtres. On les avait presque tous arrachés.
Il n'en restait que quelques-uns mêlés au feuillage grêle d'oliviers
souffreteux. La maison pouvait loger Pasteur, sa famille et ses
élèves. Il fut facile de transformer une orangerie en laboratoire.
Le maître et ses disciples firent bien vite leur entrée dans cette
maison du Pont-Gisquet.

« Alors commença une période de travail intensif, a écrit
M. Gernez. Pasteur entreprenait un grand nombre d'essais qu'il suivait lui-même jusque dans leurs plus menus détails ; il ne réclamait notre concours que pour des opérations similaires qui servaient de contrôle aux siennes. Il en résultait qu'aux fatigues de
la journée, que notre jeunesse nous permettait de supporter, s'ajoutaient pour lui les préoccupations des recherches, les surprises
désagréables d'une correspondance où les critiques abondaient, la
nécessité de répondre à des importuns..... D'autre part, pour
déblayer le terrain, il fallait démêler, dans une foule d'assertions

produites en France et à l'étranger, celles qui paraissaient avoir quelque valeur. Enfin des remèdes présumés infaillibles pour guérir la maladie avaient été proposés; il était nécessaire d'en faire le contrôle minutieux avant de se prononcer sur leur efficacité. De là, un amoncellement d'expériences, et, en même temps, de consultations venant de tous côtés sur les points les plus divers et les plus imprévus. »

M\u1d50\u1d49 Pasteur, qui avait été retenue à Paris par l'éducation de ses enfants, partit pour Alais avec ses deux filles. Comme sa mère était à ce moment chez le recteur de l'Académie de Chambéry, M. Zevort, M\u1d50\u1d49 Pasteur eut la pensée de s'arrêter dans cette ville. A peine était-elle arrivée que sa fille Cécile, qui avait douze ans et demi, fut atteinte d'une fièvre typhoïde. Comprenant l'intérêt général qui retenait son mari à Alais, M\u1d50\u1d49 Pasteur eut le courage de ne pas lui demander de venir. Les lettres se succédaient. Inquiet, bouleversé des nouvelles qu'il pressentait plus graves, partagé entre les devoirs qui le retenaient à Alais et ses sentiments qui l'appelaient à Chambéry, Pasteur se résolut à s'éloigner quelques jours de son travail. Quand il arriva, le danger parut si bien conjuré qu'au bout de trois jours il repartit pour Alais. Cécile convalescente avait retrouvé son sourire, ce sourire si particulier qui donnait à sa physionomie sérieuse et mélancolique un charme indéfinissable. C'est ainsi que dans le milieu du mois de mai, étendue dans un fauteuil près d'une fenêtre pleine de soleil, elle sourit à sa petite sœur Marie-Louise pour la dernière fois. Le 21 mai, le médecin qui la soignait, le D\u02b3 Flesschutt, écrivait à Pasteur : « Si l'intérêt que je porte à l'enfant ne suffisait point à stimuler mon dévouement, le courage de la mère soutiendrait mon espoir et doublerait, si cela était possible, mon ardent désir d'arriver à un résultat heureux. » Le 23 mai, après une subite rechute, Cécile mourait. Pasteur n'arriva à Chambéry que pour ramener à Arbois le corps de cette enfant qu'il fit placer au cimetière, non loin de sa mère, à côté de ses deux autres filles, Jeanne et Camille, près de son père, Joseph Pasteur. Après avoir accompli tout son devoir en ce monde, défendu le sol de la France comme soldat, travaillé à la grandeur de la patrie par l'éducation d'un tel fils, Joseph Pasteur dort son dernier sommeil auprès de ses petites-filles. Si vous entrez un jour dans ce cimetière, en jetant un regard sur tant de noms qui se pressent et se succèdent comme les morts dans la terre, dites-vous, en foulant l'herbe où sont ces tombes, le long du mur, à quelques pas de la porte d'entrée, que Pasteur a connu là le fond de la douleur.

« Ton père est revenu de sa triste mission à Arbois, écrivait de Chambéry Mᵐᵉ Pasteur à son fils qui continuait ses études à Paris. J'ai pensé un instant à retourner près de toi. Mais comment ton pauvre père aurait-il pu revenir seul à Alais après tant de chagrin ? » Accompagné par celle qui était son plus grand soutien et lui redonnait le courage qu'elle avait elle-même, Pasteur revint au Pont-Gisquet. Il se remit au travail. M. Duclaux put à son tour apporter à cette colonie laborieuse sa part d'efforts.

Dans les premiers jours de juin, Duruy, avec une sollicitude de ministre qui trouvait le temps d'être un ami, écrivait affectueusement à Pasteur : « Vous me laissez tout à fait en oubli. Vous savez cependant avec quel intérêt je suis vos travaux. Où êtes-vous et où en êtes-vous ? Certainement sur la voie de quelque chose. Votre tout dévoué. »

Pasteur répondit : « Monsieur le Ministre, je m'empresse de vous remercier de votre bienveillant souvenir. Mes études ont été associées à bien des peines ! Peut-être votre charmante enfant, qui a été quelquefois jouer chez M. Le Verrier, vous a-t-elle dit qu'au nombre des petites filles de son âge réunies à l'Observatoire, se trouvait Cécile Pasteur. Ma chère enfant venait avec sa mère passer auprès de moi, à Alais, les vacances de Pâques, lorsque, dans une halte de quelques jours, à Chambéry, elle fut prise d'une fièvre typhoïde qui l'a emportée après deux mois de la plus pénible maladie durant laquelle je n'ai pu l'assister que quelques jours, retenu que j'étais ici par mon travail et plein d'espoir trompeur sur l'heureuse issue de ce mal affreux.

« Me voici remis tout entier à mes études. seule distraction à de si grandes douleurs.

« Grâce aux facilités que vous m'avez accordées, j'ai pu réunir une multitude d'observations expérimentales et je crois comprendre assez bien aujourd'hui sur plusieurs points cette maladie qui ruine tant ces contrées du Midi depuis quinze ou vingt ans. Je serai en mesure, à mon retour, de proposer à la commission de sériciculture un moyen pratique de lutter contre le mal et de le faire disparaître en peu d'années.

« J'arrive à ce résultat qu'il n'y a pas de maladie actuelle du ver à soie. Il n'y a qu'une exagération d'un état de choses qui a toujours existé et l'on peut revenir sans difficultés, selon moi, à la situation d'autrefois, renchérir même sur elle. On cherchait à constater le mal et à suivre ses progrès dans le ver et dans la graine. C'était quelque chose. Mais mes observations montrent qu'il se développe principalement dans la chrysalide, et mieux encore dans la chrysalide âgée, c'est-à-dire au moment de la formation du papillon, à la veille de la fonction de reproduction. Le microscope accuse alors avec certitude sa présence, quand bien même la graine et le ver paraissent très sains. Le résultat pratique est le suivant : Vous avez une chambrée. Elle a bien ou mal, ou médiocrement réussi. Vous voulez savoir s'il faut étouffer les cocons et les livrer à la filature ou les conserver à la reproduction ? Rien de plus simple. Par une élévation de température de quelques degrés vous hâtez la sortie d'une centaine de papillons que vous examinez au microscope, lequel dira ce qu'il faut faire.

« Et le caractère est si facile à constater qu'une femme, un enfant même peut s'en charger. Le grainage s'accomplit-il chez le paysan qui n'a pas la facilité de cette étude au moment même ? Au lieu de jeter les papillons après l'accouplement et la ponte des œufs, il mettra un grand nombre de ces papillons, tout venant, dans une bouteille, à moitié pleine d'eau-de-vie, et il les enverra à un bureau d'essai, ou à une personne expérimentée, et l'on aura ainsi toute l'année, si l'on veut, pour déterminer la valeur des graines qui devront être mises en éducation au printemps suivant. Pourtant, je me hâte d'ajouter que j'anticipe un peu sur l'avenir. Mes observations me conduisent bien à ces résultats pratiques, mais quand la lumière commence à se faire pour le savant, il n'a pas encore réuni, le plus souvent, l'ensemble de preuves qui peuvent porter la conviction chez les autres. Il y a toujours, au début, un peu d'intuition dans ses vues. Or, il ne faut pas oublier que l'on rencontre ici la grande difficulté de toutes les recherches agricoles. La matière première est excessivement changeante. Ce qui a été vu et étudié aujourd'hui, on n'est pas libre de le revoir demain. Il faudra le plus souvent attendre une année pour mettre à l'épreuve telle ou telle idée préconçue. Je me vois donc contraint de renvoyer à l'an prochain l'accumulation de preuves expérimentales qui confirmeront définitivement ma manière de voir. Je serais si pressé de les recueillir, ces preuves, et de pouvoir informer les intéressés avec le caractère de certitude qui convient à la science, lorsqu'elle s'adresse à des intérêts si immédiats, que, malgré ma fatigue, je serais tenté quelquefois de vous demander l'autorisation de rester encore ici deux mois, et d'appliquer ces idées aux grainages des *trivoltins*, c'est-à-dire de ces papillons dont les œufs éclosent au bout de quinze jours et qui permettent une nouvelle éducation après l'éducation annuelle. Qu'en pense Votre Excellence? M. Nisard, il est vrai, m'attend avec impatience afin de pouvoir aller passer quelques jours auprès de sa famille réunie à Bruxelles. Peut-être pourrait-il le faire au retour de M. Jacquinet. Toutefois, je ne fais ces ouvertures à Votre Excellence que pour le cas où elle serait plus pressée que moi-même de me voir mener à meilleure fin le travail auquel je me suis consacré.

« Veuillez agréer, Monsieur le Ministre, l'hommage de mon respect profond et de mon entier dévouement. »

Pendant que l'on s'arrachait, dans toutes les mairies des départements séricicoles, les cartons de graines japonaises envoyées par le gouvernement japonais à Napoléon III et que chaque éducateur implorait ce carton comme une dernière fiche d'espérance, Pasteur, voyant au delà de ce palliatif, décidé à triompher du mal, établissait des résultats que l'on s'empressait de critiquer. Pour éviter cette pébrine, qui était bien la maladie des corpuscules, si nettement visibles au microscope, il fallait, disait-il, ne recueillir que des graines issues de papillons non corpusculeux. Maladie contagieuse, puissance de l'hérédité, tout s'ouvrait à son esprit qui pouvait, à un si rare degré, être minutieux et généralisateur. En vue de démontrer la contagion de la pébrine, il donnait à un lot de vers sacrifiés des repas de feuilles contaminées à l'aide d'un pinceau qu'il trempait légèrement dans une eau contenant des corpuscules. Les vers ingéraient les feuilles et la maladie éclatait. On la retrouvait jusque dans les chrysalides et les papillons.

« Je suis sur la voie, je l'espère, près du but peut-être, mais il n'est pas atteint, — écrivait Pasteur au confident de ses premières années, à son fidèle ami Chappuis qui l'interrogeait toujours, — et tant que le dernier mot n'est pas dit, que la preuve définitive n'est pas acquise, il faut craindre les complications et les erreurs. L'an prochain, l'éducation de nombreuses graines que j'ai préparées lèvera mes scrupules et je serai fixé sur la valeur du moyen préventif que j'ai indiqué. Rien de plus gênant que ces études qui exigent une année avant que l'on puisse contrôler les résultats des observations déjà faites. Mais j'ai tout espoir de réussir. »

En attendant la reprise de la saison des vers à soie, il était tout entier à la dernière rédaction de son livre sur le vin. A la valeur du résultat de ses études s'ajoutait pour lui la joie de contribuer par ses recherches et leurs applications à la richesse nationale. Il suffisait, en effet, d'un chauffage, de ce procédé très simple que les autrichiens appelaient dès cette époque la pasteurisation, pour que les vins, désormais à l'abri des germes de maladie, fussent des vins de garde et de transport. La science abordait ainsi et pouvait résoudre un problème économique et commercial des plus complexes. Accordant peu d'attention aux propos de vieux gourmets qui, sans daigner s'informer de la moindre preuve expérimentale, assuraient que les vins chauffés ne pourraient s'améliorer, étant « momifiés », Pasteur était convaincu au contraire que les vins les plus délicats, les plus parfumés, ne pourraient que gagner au chauffage, puisque « le vieillissement des vins est dû, non à une fermentation, mais à une oxydation lente que doit favoriser la chaleur ». Disposé du reste à s'en remettre à un jury compétent

dans ces querelles de gastronomie transcendante, il demandait en
outre qu'une autre commission se prononçât sur l'efficacité du procédé de chauffage appliqué aux vins les plus ordinaires, destinés à
l'exportation, aux bâtiments de la flotte et aux colonies.

Plein d'espoir dans la consécration que le temps, « ce juge nécessaire et infaillible », disait-il, donnerait à l'exactitude de son travail, il tenait à rappeler dans la dédicace de ses *Etudes sur le vin*
l'intérêt que Napoléon III avait pris à ces recherches capables d'assurer des millions à la France. Puis, ne manquant jamais de constater l'enchaînement des choses, il racontait, dès l'avant-propos de
cet ouvrage, comment avait été éveillée la sollicitude impériale.

C'est à un aide de camp de l'Empereur, entré jadis dans la confiance de Napoléon par des travaux sur l'artillerie, chargé, depuis
1865, de commander l'Ecole polytechnique, c'est au général Favé
que Pasteur reportait un premier sentiment de reconnaissance.

Le général, à la lecture des épreuves, déclara que son nom
devait disparaître. Ne cédant qu'à regret à des scrupules qui rendent l'histoire trop souvent incomplète, car elle laisse dans l'ombre
ceux qui ont eu des influences heureuses, tandis que s'agitent et
bourdonnent les ambitieux qui font les empressés, Pasteur se donna
du moins le vif plaisir de mettre ces mots sur l'exemplaire du
général Favé :

« Général, il y a dans ce livre une grosse lacune — l'absence
de votre nom — qui serait impardonnable si vous ne l'aviez vous-
même exigé, par l'habitude qui vous est naturelle de faire le bien
et de vouloir qu'on l'ignore. Sans vous, ces études sur le vin
n'existeraient pas. Vous les avez fait naître, soutenues et encoura-
gées. Que j'aie du moins la satisfaction de l'écrire à la première
page de cet exemplaire, dont je vous prie d'accepter l'hommage,
en vous renouvelant l'expression de toute ma gratitude et de mon
entier dévouement. »

Un autre incident allait encore montrer un des côtés intimes de
Pasteur. Pendant l'année 1866, Claude Bernard souffrit d'une maladie d'estomac si grave que les médecins qui le soignaient, Rayer

et Davaine, durent avouer leur impuissance. Obligé de quitter son laboratoire, il alla s'enfermer près de Villefranche, dans sa maison de Saint-Julien. Il aimait cette demeure natale qu'il a pris plaisir à décrire et d'où il apercevait les cimes blanches des Alpes. « En tout temps, disait-il, je vois se dérouler à deux lieues devant moi les prairies de la vallée de la Saône. Sur les coteaux où je demeure, je suis noyé à la lettre dans des étendues sans bornes de vignes, qui donneraient au pays un aspect monotone, s'il n'était coupé par des vallées ombragées et par des ruisseaux qui descendent des montagnes vers la Saône. Ma maison, quoique située sur une hauteur, est comme un nid de verdure, grâce à un petit bois qui l'ombrage sur la droite et à un verger qui s'y appuie sur la gauche. »

Mais le charme de ses souvenirs d'enfance était assombri par de douloureuses pensées. L'esprit plein de projets, sur le point d'être frappé dans toute sa force, il eut le plus difficile des courages pour ceux qui n'ont pas la préoccupation d'eux-mêmes : il se soigna. Livré à cet unique souci de surveiller méthodiquement son régime de chaque jour, devenu son propre sujet d'expériences, il était envahi d'une profonde mélancolie. Pasteur, sachant à quel point les influences morales sont un puissant secret de réconfort, eut l'idée de relire, la plume en main, l'œuvre de Claude Bernard et fit paraître dans le *Moniteur Universel* du 7 novembre 1866 un article intitulé : *Claude Bernard. Idée de l'importance de ses travaux, de son enseignement et de sa méthode.* Il commençait ainsi :

« Des circonstances particulières m'ont offert l'occasion toute récente de relire les principaux mémoires qui ont fondé la réputation de notre grand physiologiste, Claude Bernard.

« J'en ai ressenti une satisfaction si vive et si vraie, mon admiration pour son talent s'en est trouvée confirmée et accrue de telle sorte, que je ne puis résister au désir, quelque téméraire qu'il soit, de communiquer ces impressions. Oh ! la bienfaisante lecture que celle des travaux des inventeurs de génie ! En voyant se dérouler sous mes yeux tant de progrès durables, accomplis avec une telle sûreté de méthode qu'on ne saurait présentement en imaginer de plus parfaite, je sentais à chaque instant le feu sacré de la science s'attiser dans mon cœur. »

On pourrait relever les mots : circonstances « particulières », épithète suffisamment précise pour ceux qui savaient Claude Bernard malade et devinaient le motif qui animait Pasteur, puis la modestie qui lui faisait trouver audacieux de communiquer ses impressions personnelles, enfin les termes « feu sacré de la science », qui reflètent un enthousiasme semblable à celui qu'il avait éprouvé l'année précédente en parlant de Lavoisier. Au milieu des découvertes de Claude Bernard, il choisit celle qui paraissait à la fois la plus propre à instruire par la sagacité d'invention et la plus appréciée par Claude Bernard lui-même.

« Lorsque M. Bernard, écrivait Pasteur, se présenta, en 1854, pour occuper l'une des places vacantes de l'Académie des sciences, sa découverte de la fonction glycogénique du foie n'était ni la première ni la dernière en date, parmi celles qui déjà l'avaient placé si haut dans l'estime des savants. Ce fut néanmoins par elle qu'il commença l'exposé des titres scientifiques qui le recommandaient aux suffrages de l'illustre compagnie. Cette préférence du maître décide de la mienne. »

Par quelles inductions Claude Bernard était-il arrivé à un tel résultat ? A quelles recherches s'était-il livré ? Grâce à l'article de Pasteur et au souvenir de certaines pages de Claude Bernard, il est possible de surprendre l'idée préconçue, de suivre le raisonnement que fit naître cette idée, de voir comment l'expérience vérifia le raisonnement, d'assister, en un mot, à toutes les phases qui amenèrent l'éclosion de cette découverte.

Claude Bernard avait commencé par méditer longuement sur la maladie qui porte le nom de diabète sucré et qui se caractérise, comme chacun sait, par une apparition surabondante du sucre dans tout l'organisme. Les urines en sont parfois surchargées. Mais comment se fait-il, se demandait Claude Bernard, que la quantité de sucre, expulsée par le diabétique gravement atteint, soit bien au-dessus de celle qui peut lui être fournie par les substances féculentes ou sucrées qui entrent dans son alimentation ?

Comment se fait-il, chose plus extraordinaire, que la présence de la matière sucrée dans le sang et son expulsion par les urines ne soient jamais complètement arrêtées, alors même que l'on arrive à supprimer les aliments féculents ou sucrés ? Y aurait-il dans l'organisme animal des phénomènes inconnus aux chimistes et aux physiologistes, phénomènes capables de produire du sucre ? Toutes les données de la science étaient contraires à cette manière de voir. Le règne végétal seul, affirmait-on, pouvait produire du sucre. S'imaginer que l'organisme animal fût capable d'en fabriquer semblait une hypothèse insensée. Claude Bernard s'y arrêta. Il avait pour principe expérimental le doute, ce doute philosophique, disait-il un jour, qui laisse à l'esprit sa liberté et son initiative. « Quand le fait qu'on rencontre, écrivait-il bien des années plus tard, mais en pensant de nouveau à cette découverte, quand le fait est en opposition avec une théorie régnante, il faut accepter le fait et abandonner la théorie, lors même que celle-ci soutenue par de grands noms est généralement adoptée. » Ce fait, il voulut le comprendre dans toute sa réalité, dans toute sa puissance.

Voici ce qu'il imagina et ce que Pasteur a résumé en quelques mots : « La viande est un aliment qui, par les procédés digestifs connus, ne peut donner naissance à du sucre. Or, M. Bernard a nourri, pendant un temps plus ou moins long, des animaux carnivores exclusivement avec de la viande, et il a constaté, avec une grande exactitude et avec la connaissance précise des moyens les plus parfaits que la chimie mettait à son service, que le sang qui arrive dans le foie par la *veine porte* et qui y verse les matériaux nutritifs élaborés et rendus solubles par la digestion, que ce sang est absolument privé de sucre, tandis que celui qui sort de l'organe par les veines sus-hépatiques, en est toujours abondamment pourvu... Par des tentatives qu'une méthode d'investigation des plus fécondes pouvait seule inspirer, remarquait Pasteur, M. Claude Bernard a mis en outre, en pleine lumière, la liaison étroite qui existe entre la sécrétion du sucre dans le foie et l'influence du système nerveux. Il a démontré, avec une rare sagacité, qu'en agissant sur telle ou telle partie déterminée de ce système, on pou-

---

vait à volonté supprimer ou exagérer la production du sucre. Il a fait mieux encore : il a découvert dans le foie l'existence d'une matière toute nouvelle qui est la source naturelle où puise cet organe pour fabriquer le sucre qu'il produit ».

Pasteur, s'appuyant sur la découverte de Claude Bernard, parlait des liens qui se resserreraient de plus en plus entre la médecine et la physiologie. Puis, avec ce perpétuel souci de « la jeunesse studieuse qu'enflamme (ce mot revenait souvent sous sa plume comme sur ses lèvres) qu'enflamme l'ambition du savoir et des découvertes de la science », il recommandait la lecture des leçons professées par Claude Bernard au Collège de France. Ce n'était pas l'enseignement habituel du professeur qui voit la science dans le passé, c'était un enseignement où la recherche tenait la première place. Supposant son auditoire avide d'investigation comme lui, Claude Bernard se bornait, sans nul souci de la forme, à parler en suivant sa pensée. Parfois l'idée subite d'une expérience ouvrait une parenthèse dans sa leçon et, tout entier à cette parenthèse, il ne voyait plus qu'elle. « Si le Collège de France n'existait pas, disait Pasteur, ce n'est pas exagérer de dire que la méthode d'enseignement suivie par Claude Bernard devrait donner l'idée de sa fondation. »

Ainsi se rencontrait la pensée de ces deux inventeurs dégagés de tout esprit de système, n'hésitant pas à attaquer une théorie, quelque adoptée qu'elle fût, dès qu'ils avaient un fait positif opposé à cette théorie, délimitant, chacun de son côté, ce qui relève de la science et ce qui lui est étranger, ne perdant pas leur temps à chercher l'origine des causes, mais marchant de l'avant, sans relâche, dans le domaine du déterminé. Tous deux aussi faisaient à l'imagination sa part, qui est d'inspirer les idées, mais ils soumettaient l'imagination à une discipline si forte, qu'une fois l'expérience commencée, elle devait s'effacer et se soumettre devant l'observation. Un jour, dans la première année où Paul Bert était le préparateur de Claude Bernard : « Laissez, lui dit son maître en le voyant entrer, laissez votre imagination avec votre paletot au vestiaire, mais reprenez-la en sortant. »

Tout pouvait autoriser Pasteur à dire qu'il pratiquait la méthode expérimentale de la même manière que Claude Bernard. Cependant, l'esprit rempli de ce qu'il avait lu, et en particulier de l'*Introduction à l'étude de la médecine expérimentale*, il s'exprimait non en émule, mais en disciple. « L'ouvrage exigerait un long commentaire pour être présenté au lecteur avec tout le respect que mérite ce beau travail, monument élevé à l'honneur de la méthode qui a constitué les sciences physiques et chimiques depuis Galilée et Newton et que M. Bernard s'efforce d'introduire dans la physiologie et dans la pathologie. On n'a rien écrit de plus lumineux, de plus complet, de plus profond sur les vrais principes de l'art si difficile de l'expérimentation... L'influence qu'il exercera sur les sciences médicales, sur leur enseignement, leurs progrès, leur langage même, sera immense ; on ne saurait la préciser dès à présent ; mais la lecture de ce livre laisse une impression si forte que l'on ne peut s'empêcher de penser qu'un esprit nouveau va bientôt animer ces belles études. »

Heureux d'ajouter encore à ce flot d'admiration et d'amitié l'affluent de tout ce qui venait d'autres sources, Pasteur citait la réponse de J.-B. Dumas à Duruy qui lui demandait : « Que pensez-vous de ce grand physiologiste ? — Ce n'est pas un grand physiologiste, c'est la physiologie elle-même. » « J'ai parlé du savant, concluait Pasteur, j'aurais pu faire connaître l'homme de tous les jours, le confrère qui a su inspirer tant de solides amitiés, car je cherche dans M. Bernard le côté faible et je ne le trouve pas. La distinction de sa personne, la beauté noble de sa physionomie, empreinte d'une grande douceur, d'une bonté aimable, séduisent au premier abord ; nul pédantisme, nul travers de savant, une simplicité antique, la conversation la plus naturelle, la plus éloignée de toute affectation, mais la plus nourrie d'idées justes et profondes... »

Pasteur, en annonçant que tous les symptômes graves de la maladie de Claude Bernard avaient disparu, terminait ainsi : « Puisse la publicité donnée à ces sentiments intimes aller consoler l'illustre savant des loisirs obligés de la retraite et lui dire avec quelle joie il sera accueilli à son retour par ses confrères et ses amis. »

Le lendemain même du jour où Claude Bernard reçut cet article, il écrivit à Pasteur :

« Saint-Julien, 9 novembre 1866... Mon cher ami, j'ai reçu hier le *Moniteur* contenant le superbe article que vous avez écrit sur moi. Vos grands éloges sont certes bien faits pour m'enorgueillir ; cependant je garde toujours le sentiment que je suis très loin du but que je voudrais atteindre. Si la santé me revient, comme j'aime maintenant à l'espérer, il me sera possible, je pense, de poursuivre mes travaux dans un ordre plus méthodique et avec des moyens plus complets de démonstration, qui indiqueront mieux l'idée générale vers laquelle converge l'ensemble de mes efforts. En attendant, c'est pour moi un bien précieux encouragement d'être approuvé et loué par un savant tel que vous. Vos travaux vous ont acquis un grand nom et vous ont placé au premier rang des expérimentateurs de notre temps. C'est vous dire que l'admiration que vous professez pour moi est bien partagée. En effet, nous devons être nés pour nous entendre et nous comprendre, puisque tous deux nous sommes animés de la même passion et des mêmes sentiments pour la vraie science.

« Je vous demande pardon de ne pas avoir répondu à votre première lettre : mais je n'étais pas en état de faire la note que vous me demandiez. J'ai bien pris part à vos douleurs de famille. J'ai également passé par là et j'ai pu comprendre tout ce qu'a dû souffrir une âme délicate et tendre comme la vôtre.

« J'ai l'intention de rentrer bientôt à Paris et de reprendre cet hiver mon cours, autant que je le pourrai. Comme vous le dites dans votre article, les symptômes graves paraissent avoir disparu, mais j'ai encore grand besoin de ménagements ; la moindre fatigue, le moindre écart de régime, me remettent sur le flanc. D'ailleurs, j'ai reçu durant le cours de ma maladie tant de marques de sympathie et de haute bienveillance, tant de preuves d'estime et d'amitié, qu'il me semble que je suis engagé à ne rien négliger pour le rétablissement de ma santé, afin de pouvoir par la suite témoigner aux uns ma reconnaissance et mon dévouement, aux autres ma sincère affection.

« Donc, à bientôt, j'espère ; en attendant, votre dévoué et affectionné confrère. »

Henri Sainte-Claire Deville, qui mettait tant d'esprit dans les choses du cœur, avait eu, de son côté, l'ingénieuse idée de rédiger une adresse de vœux et de sentiments collectifs pour Claude Bernard qui lui répondit :

« 10 novembre 1866. Mon cher ami, vous n'êtes pas moins habile à inventer des surprises amicales qu'à faire de grandes découvertes scientifiques. C'est une idée charmante que vous avez eue, et dont je vous suis bien reconnaissant, que celle de me faire écrire par une commission d'amis. Je garde précieusement cette lettre, d'abord parce qu'elle exprime des sentiments qui me sont chers, et ensuite parce que c'est une collection d'autographes d'hommes illustres qui doit passer à la postérité. Je vous prie d'être mon interprète auprès de nos amis et collègues E. Renan, A. Maury, F. Ravaisson et Bellaguet. Dites-leur combien je suis touché de leur bon souvenir et de leurs félicitations sur mon rétablissement. Ce n'est malheureusement pas encore une guérison, mais au moins, j'espère, une bonne entrée en convalescence.

« J'ai reçu l'article que Pasteur a fait sur moi dans le *Moniteur*. Cet article m'a paralysé les nerfs vaso-moteurs du sympathique et m'a fait rougir jusqu'au fond des yeux. J'en ai été tellement ébouriffé que j'ai écrit à Pasteur je ne sais plus trop quoi; mais je n'ai pas osé lui dire qu'il avait peut-être eu tort de trop exagérer mes mérites. Je sais qu'il pense ce qu'il a écrit, et je suis heureux et fier de son jugement, parce qu'il est celui d'un savant de premier ordre et d'un expérimentateur hors ligne. Néanmoins je ne puis m'empêcher de penser qu'il m'a vu à travers le prisme des sentiments que lui dicte son excellent cœur, et je ne mérite pas un tel excès de louanges. Je suis on ne peut plus heureux de tous ces témoignages d'estime et d'amitié qui m'arrivent. Cela me rattache à la vie et me montre que je serais bien bête de ne pas me soigner pour continuer à vivre au milieu de ceux qui m'aiment et à qui je rends bien la pareille pour tout le bonheur qu'ils me causent. J'ai l'intention de rentrer à Paris d'ici à la fin du mois, et, malgré votre bon conseil, j'aurais envie de reprendre tout doucement mon cours au Collège cet hiver. J'espère qu'on m'accordera de ne commencer que dans le courant de janvier. Mais nous causerons de tout cela à Paris.

« En attendant, votre ami tout dévoué et bien affectionné. »

Et comme si Claude Bernard trouvait qu'il n'avait pas encore remercié Pasteur avec assez d'effusion, il lui envoyait ce petit mot la semaine suivante :

« Mon cher ami, j'ai reçu de tous les côtés des compliments relativement à votre excellent article du *Moniteur*. Je suis donc très heureux et je dois vous en remercier, puisque vous m'avez fait un homme illustre de par votre autorité scientifique. J'ai hâte de reprendre mes travaux et de vous revoir, ainsi que tous mes amis de l'Académie ; mais je désirerais que ma santé fût un peu plus affermie. Il fait beau temps ici, c'est pourquoi je retarde ma rentrée à Paris de quelques jours.

« Votre bien dévoué et affectionné confrère. »

Enfin, pour clore cet épisode académique, Joseph Bertrand, en remerciant Pasteur de l'envoi de cet article, lui écrivait :

« ..... Le public y apprendra, avec bien d'autres choses, que les membres éminents de l'Académie s'estiment, s'admirent et s'aiment quelquefois sans aucune jalousie. C'était chose rare au siècle dernier, et, si tous suivaient votre exemple, nous aurions sur nos prédécesseurs une supériorité qui en vaut bien une autre.

« Croyez-moi votre très sincèrement dévoué et affectionné. »

Puissance de travail, accablement de chagrin, reprise de courage, preuve touchante d'amitié donnée à Claude Bernard, cette succession d'événements dans une même année faisait connaître le fond de Pasteur, sa nature si forte et si tendre sous une apparence concentrée. Il se montrait homme de sentiment autant qu'homme de science. Ainsi que ses recherches, ses affections allaient s'élargissant. Mais bien qu'elles s'étendissent jusqu'aux frontières de l'humanité, elles ne lui faisaient pas perdre de vue le cercle rapproché qui l'entourait. Nulle sollicitude n'égalait la sienne dans la vie de tous les jours. Aussi inspirait-il à ses disciples un attachement particulier, on pourrait dire unique, où se mêlaient l'admiration, la reconnaissance, la joie profonde de se dévouer à lui. Si son vieux maître J.-B. Biot avait dit : « Il éclaire tout ce qu'il touche », on pouvait ajouter : Il élève l'esprit et le cœur de tous ceux qui l'approchent.

Famille, disciples, tous entraient dans le mouvement de ses idées, partageaient ses espérances, subordonnaient le plus aisément du monde leur vie personnelle au succès de ses recherches. Jamais groupe ne fut, en vérité, plus étroitement uni. Lorsqu'on souriait à Paris de la question des vers à soie, en demandant s'il fallait la rapprocher de la question d'Italie ou de la question d'Allemagne, Pasteur, — qui était le moins ironique des hommes, car il regardait les rires et le scepticisme des plaisantins comme une forme dissolvante de l'activité humaine, — pensait aux ravages du fléau, depuis la plus petite magnanerie, où le paysan mettait dans l'élevage des vers à soie l'espoir du pain, jusqu'aux grandes filatures dont la fortune touchait à l'intérêt du pays. D'un regard d'ensemble, il voyait le service à rendre et ses conséquences infinies. « Il faut, répétait-il d'un ton plein de confiance, que l'année 1867 soit la dernière à entendre les plaintes des éducateurs de vers à soie. » Il semble que la limite de la critique indifférente ou hostile soit de dire à quelqu'un qui s'exprime ainsi : « Essayez. » Mais nier d'avance la possibilité de l'essai, se plaire à n'y pas croire, empêcher les autres d'y ajouter foi, c'est dépasser la mesure. On la dépassait avec entrain.

Adversaires anciens, adversaires nouveaux, c'était à qui le contredirait. Les dernières luttes n'étaient pas encore apaisées. Pouchet annonçait *urbi et orbi* que la question de la génération spontanée était reprise en Angleterre, en Allemagne, en Italie, en Amérique. Joly, l'inséparable ami de Pouchet, s'apprêtait à faire quelques études personnelles et beaucoup de considérations générales sur cette nouvelle campagne de sériciculture. Un de ses arguments, qui devait reparaître plus tard dans un article de revue, était le regret qu'il éprouvait de voir l'Etat, au lieu de confier « le soin d'étudier la maladie régnante à un chimiste, ne pas en charger des zoologistes habitués à manier le scalpel et le microscope, des physiologistes et des médecins initiés aux secrets de la vie... Car il ne faut pas se le dissimuler, ajoutait-il gravement, le problème dont il s'agit est du ressort de la physiologie et de la médecine, bien plus que du domaine de la chimie... Pour éclairer d'un vrai jour ces questions évidemment complexes et encore si pleines de mystères,... l'intelligence d'un seul homme, si grande qu'elle soit, fût-il même un homme de génie, succombe souvent sous le poids des difficultés ».

Les dissertations de ce genre abondaient et les brochures de toutes sortes se succédaient. Un mot de J.-B. Dumas suffisait presque toujours pour leur faire contrepoids. Il n'y avait pas jusqu'au plus simple billet d'invitation adressé à Pasteur où ne se retrouvât une phrase de plein espoir. A cette fin de novembre 1866, comme Duruy et le préfet du Gard devaient se rencontrer chez Dumas : « Il sera tant question d'Alais, écrivait Dumas à son ancien élève, qu'on ne peut guère se passer de vous qui en serez le bienfaiteur. » « Mon cher maître, lui répondit son confrère, s'il était vrai qu'on pût résoudre des questions de cette nature en y pensant toujours, je partagerais votre confiance, car je ne cesse de *préparer mes facultés* pour la campagne prochaine. »

Elle commença de bonne heure. Mais, avant de s'éloigner de Paris pour de longs mois, Pasteur composa, à la date du 24 janvier 1867, des notes qui témoignent de ses préoccupations universitaires. Il n'oubliait pas son titre de directeur des études scientifiques de l'Ecole normale. La haute idée qu'il se faisait de l'enseignement, les réformes qu'il souhaitait se montrent dans une sorte de programme resté à l'état de brouillon sous ce simple titre : « Améliorations diverses ».

I. — S'il arrive qu'un professeur ait le goût des recherches originales, il est rare que son zèle soit encouragé. Il devrait y avoir un mot d'ordre donné aux inspecteurs généraux et aux proviseurs. Allocation plus forte pour les frais de son enseignement et de ses travaux. Facilités pour qu'un domestique soit attaché au cabinet de physique et à l'enseignement.

II. — L'inspection générale actuelle est beaucoup trop rebelle à l'avancement au choix. Les traditions d'autrefois sont oubliées. Le talent, la valeur personnelle des individus, abstraction faite de leur âge, ne sont plus au premier rang dans les préoccupations de l'administration lorsqu'elle dispose d'emplois vacants.

III. — Ces considérations, déjà si vraies en ce qui concerne les lycées, s'appliquent mieux encore aux Facultés. Ici même elles devraient tout dominer. Pourtant, dans ces dix dernières années, on les a mises de côté, à tel point que la situation est devenue inquiétante pour l'avenir scientifique de la France. Maintes fois on a vu des fonctionnaires, insuffisants dans l'enseignement des lycées ou dans des fonctions administratives, appelés à des chaires de Facultés, sans avoir pour ainsi dire d'autres titres que cette insuffisance dans les emplois qu'ils occupaient antérieurement.

IV. — On parle de la suppression de certaines Facultés. Ce serait une grande faute. Elles ne produisent pas? Les hommes qui s'y distinguent se comptent, et, s'il faut les juger par ces résultats déplorables, sans doute elles sont trop nombreuses. Mais, avant de prendre ce parti, que l'on considère que si elles ne sont pas à la hauteur de leur mission, c'est par la faute de l'administration. Quand on voudra, et par la seule attention donnée au choix des personnes que l'on y appelle, il sera facile de faire des Facultés la pépinière féconde du haut enseignement de Paris et la meilleure sauvegarde des progrès ultérieurs de la science dans notre pays.

Les Facultés doivent être considérées comme offrant des positions honorables, indépendantes, suffisamment lucratives pour les hommes qui se distinguent dans les sciences par des travaux originaux. Si elles étaient composées, comme elles devraient l'être, l'éclat qu'elles jetteraient sur les cités, sur la science, sur le pays tout entier, éloignerait toute idée de les amoindrir, ou d'en diminuer le nombre.

V. — Loin de restreindre le nombre des emplois honorables réservés aux savants par la diminution du nombre des Facultés, il faut chercher à les multiplier. L'un des moyens d'y parvenir consisterait à doter beaucoup mieux les emplois de préparateurs. Le niveau intellectuel de ces emplois devrait être élevé. On pourrait très utilement y introduire les conditions de grades universitaires, sinon d'une manière absolue, du moins par une prime pécuniaire, un avantage de traitement lorsque les préparateurs justifieraient de tels ou tels grades. Du reste, éloigner l'uniformité et la réglementation. Plus de mérite, plus de traitement. Avancement sur place. Durée limitée des fonctions. Les traitements des préparateurs devraient atteindre facilement 3,000 et 4,000 francs, et il y faudrait porter la même attention que dans les choix des professeurs des lycées ou des Facultés.

VI. — La question des garçons de laboratoire est des plus importantes et directement liée au progrès de la science.

Ces emplois devraient être mieux dotés. Combien de temps perdu par le savant qui ne trouve pas, dans un aide-préparateur, des connaissances suffisantes ; et quelle habileté n'acquièrent pas des hommes sans instruction, mais intelligents, dévoués, lorsqu'ils ont vécu dans un laboratoire ! Il faut que ces emplois soient dotés de façon à attirer des ouvriers intelligents et à les retenir lorsqu'ils sont formés.

VI bis. — Augmenter de quelques-uns les agrégés-préparateurs de l'Ecole normale en les attachant à des savants du Muséum ou du Collège de France, ou en les faisant voyager et séjourner une ou deux années dans les laboratoires étrangers.

VII. — Création d'un bureau permanent, bien doté, pour la traduction de tous les ouvrages ou mémoires remarquables anglais, allemands, etc.

VIII. — Voilà quelques-unes de mes vues, mais tout savant a

les siennes propres. Réunir une commission dans laquelle seraient appelés les chefs d'établissement et bon nombre de savants, afin que ces dispositions et d'autres soient discutées en commun. »

Dès le mois de janvier 1867, Pasteur retournait au Pont-Gisquet, près d'Alais, avec sa femme et sa fille, MM. Gernez et Maillot, en attendant le concours plus éloigné de M. Duclaux. L'étude de ce que donnaient les graines issues de papillons corpusculeux ou de papillons sains prenait un intérêt qui allait s'augmentant sans cesse. Levé bien avant le jour, Pasteur vivait penché sur les éducations précoces. Parmi ces vers qui naissaient et grandissaient, les uns ne tardaient pas à mourir, les autres se traînaient languissamment, quelques-uns pleins de vigueur déchiquetaient les feuilles de petits mûriers dont le feuillage hâtif et tendre poussait dans une serre. Et tous obéissaient à la destinée que Pasteur avait prévue pour avoir noté leurs antécédents héréditaires ou institué des expériences de contagion. Mais il ne se contentait pas de ses résultats personnels ou de ceux que poursuivaient parallèlement ses disciples ; il aimait à étudier ce qui se passait dans le voisinage.

A quelques centaines de mètres du Pont-Gisquet, habitait, sur le flanc de la montagne, une famille dont la similitude de nom devait, peu d'années après, conquérir la célébrité littéraire par un autre genre d'éducation que l'éducation des vers à soie, la famille Cardinal. L'année précédente, elle avait eu sa part des fameux cartons de graines japonaises qui avaient pleinement réussi. Cardinal faisait déjà des projets d'aisance, qui furent bientôt étouffés dans les œufs issus des papillons que le microscope de Pasteur révéla tous corpusculeux. Que s'était-il passé ? Fallait-il incriminer la génération précédente des papillons du Taïcoun ? C'était peu probable, pensait Pasteur, car ces vers, nés chez Cardinal, avaient témoigné dans leurs évolutions vigoureuses qu'ils étaient issus de parents très sains. Mais, au-dessus de ces vers si bien portants, la famille Cardinal avait élevé des vers de mauvaise graine. Remplies de corpuscules, les litières de ces derniers vers souillaient régulièrement les claies inférieures. La contagion ne s'était manifestée que

dans le corps des papillons. Frappant exemple du mal qui, après
avoir sommeillé, n'avait éclaté que tardivement, prêt à frapper
la génération issue de ces parents corpusculeux. « Visitez de telles
chambrées, disait Pasteur ; assistez à de tels résultats, et vous
direz peut-être que l'air malfaisant, qui infecte le Gard pendant les
éducations, a soufflé sur ces chambrées. Il n'en est rien pourtant.
L'infection a été produite par le magnanier lui-même, qui a eu le
tort d'élever une graine issue de papillons très corpusculeux à
côté d'une bonne graine japonaise. »

Pasteur démontrait ainsi que la contagion de la pébrine se faisait
de deux manières : soit sur une même claie, dans une même éducation, quand un ver, passant sur un ver corpusculeux, enfonçait
dans le corps de celui-ci les crochets piquants des extrémités de ses
pattes et apportait la pébrine à d'autres vers ; soit encore, quand
la nourriture des vers était souillée par la matière excrémentielle
infiniment contagionnante. Ce fait, et bien d'autres observations,
Pasteur les consignait dans une lettre du 1er mars 1867, adressée à son confrère, correspondant de l'Académie des sciences,
M. Marès, qui, habitant Montpellier, avait suivi les études sur le
vin comme il suivait avec un intérêt passionné cette question de
la maladie des vers à soie. « Si rien ne me fait illusion, écrivait
Pasteur, si les recherches que je vais poursuivre ne m'obligent
pas à modifier profondément ma manière de voir, il me semble
que nous sommes conduits à envisager les choses beaucoup moins
en noir qu'on ne l'a fait jusqu'ici, et que le salut est entre nos
mains et sous nos yeux. »

Puis, impatienté par les objections, faites dans des polémiques
incessantes, sur la difficulté d'habituer des paysans à l'usage du
microscope : « Qu'on ne vienne pas dire, ajoutait-il, qu'il faudrait
trouver quelque chose de plus simple qu'un remède préventif qui
consiste à placer l'œil sur l'oculaire d'un microscope, après avoir
broyé un papillon dans un mortier avec quelques gouttes d'eau,
véritable jeu d'enfant et qui demande un apprentissage d'une heure
ou deux. Une pareille fin de non-recevoir ne serait que ridicule
surtout quand on songe qu'il s'agit ici d'intérêts qui se traduisent,

pour la France seule, par une perte annuelle s'élevant à 30, 40 et 50 millions de francs et, pour chaque propriétaire sériciculteur, par celle de son meilleur et souvent de son unique revenu. »

Si toute la maladie n'était que la pébrine, le remède était trouvé. Il suffisait, en effet, de pratiquer le procédé de grainage. Puis, parlant de la manière dont on pouvait l'éviter et la provoquer : « La maladie des corpuscules, disait Pasteur en résumant d'une phrase ses expériences et ses résultats, est aussi facile à prévenir qu'à donner. » Les inductions qui se présentaient à son esprit, devant le petit mortier où était broyé un corps de papillon, sont curieuses à relever.

« Je ne saurais, disait-il, avec sa préoccupation perpétuelle de rapprochements, je ne saurais mieux faire comprendre la manière dont je me représente la maladie des vers à soie qu'en la comparant aux effets de la phthisie pulmonaire. Il s'agit ici, bien entendu d'effets généraux et de ressemblances dans les résultats... La phthisie pulmonaire est une maladie héréditaire, mais elle est aussi une maladie que mille accidents peuvent déterminer. » Et il établissait ce parallèle rapide soit pour marquer le caractère héréditaire, soit pour indiquer le caractère transmissible d'une maladie aussi redoutable que la tuberculose. « Provoquez des mariages entre parents atteints de cette affection, et la maladie fera peu à peu de grands ravages. De même, je pense qu'en pleine prospérité, en partant de la meilleure graine possible, on pourra donner naissance à des vers qui deviendront, par accident, corpusculeux, sinon les vers eux-mêmes, du moins les papillons. »

A cette vue de l'esprit, si rapide, à grande envergure, il associait une méthode pédestre, pourrait-on dire. Il prévoyait jusqu'au moindre détail pour ramener le problème de la sériciculture aux proportions très simples, très pratiques. Mais, au moment où il croyait atteindre le but, le cercle des difficultés à vaincre et des expériences à tenter s'élargit tout à coup. Sur seize lots de vers qu'il avait élevés et qui avaient eu la plus belle apparence, le seizième, aussitôt après la quatrième mue, périt presque entier.

« Dans une éducation de 100 vers, écrivait Pasteur, je relevais chaque jour 10, 15, 20 morts qui devenaient noirs et pourrissaient avec une rapidité extraordinaire... Ils étaient mous, flasques, pareils à un boyau vide et plissé. J'avais beau rechercher dans ces vers la présence des corpuscules, il m'était impossible d'en rencontrer la moindre trace. »

Pasteur fut un instant troublé, découragé. Mais, en consultant les auteurs qui avaient écrit sur la maladie des vers à soie et en constatant la présence de vibrions dans ces vers morts, il ne douta pas qu'il eût sous les yeux un exemple caractérisé de la maladie des morts-flats. C'est une maladie distincte, indépendante de la pébrine. Ces nouveaux faits compliquaient singulièrement l'étude qu'il avait regardée comme close. Il fit part à Duruy des obstacles rencontrés et des résultats acquis.

« Merci pour votre bonne lettre, lui répondit Duruy le 9 avril 1867, et les heureuses nouvelles qu'elle contient.

« Pas loin de vous, à Avignon, on a élevé une statue au persan qui apporta en France la culture de la garance. Que ne fera-t-on pas pour le sauveur de nos deux plus grandes industries ? Tâchez donc d'avoir raison de vos deux ou trois faits boiteux qui déroutent encore vos espérances et ne m'oubliez plus si vous en avez raison. Comme citoyen, comme chef de l'Université et, si vous le permettez, comme votre ami, je voudrais pouvoir suivre vos travaux jour par jour.

« Vous savez que je voudrais fonder à Alais un collège spécial. Veuillez vous tenir aux écoutes à ce sujet. Nous en causerons à votre retour.

« Je remercie M. Gernez de la collaboration assidue et intelligente qu'il vous donne. »

Semblable à ces esquisses que l'on retrouve dans les albums de peintres, essais d'un grand portrait, premiers jets parfois plus curieux que tous les détails achevés de la peinture définitive, cette lettre rapide retrace la physionomie grande, simple et cordiale de Duruy. La date de la lettre la rend plus intéressante encore; elle était écrite la veille du jour où fut promulguée la loi qui réorganisait l'enseignement primaire.

Introduction dans les programmes de la connaissance historique et géographique de la France ; projets de faire surgir de terre 10,000 écoles, plus de 30,000 cours d'adultes ; nécessité de transformer certains collèges communaux qui, au lieu de continuer à être des fabriques en détresse de bacheliers surmoulés, deviendraient des collèges d'enseignement spécial d'où sortiraient des industriels et des commerçants ; luttes quotidiennes pour faire donner l'enseignement des jeunes filles par l'Université ; réforme, ou pour mieux dire, organisation de l'enseignement supérieur ; laboratoires de recherches ; école des hautes études : Duruy portait en toutes choses son activité hardie et méthodique. Nul n'était mieux en mesure, avec son esprit d'initiative et de suite, de rédiger un vaste plan d'éducation nationale. L'amour du sol, les souvenirs du passé, le culte des grands hommes, Duruy et Pasteur avaient la même façon de comprendre et de propager ces trois formes du patriotisme. Duruy pressentant l'hommage que la postérité rendrait à Pasteur, lui apportait la réserve de forces nécessaires à un homme de conquête.

Un autre ami, né ministre lui aussi, J.-B. Dumas, regardait également Pasteur comme une gloire très haute et très précieuse. Aussi s'efforçait-il de l'empêcher de prêter attention aux polémiques. Contraste déconcertant pour les observateurs superficiels, il y avait, à côté de Pasteur si méditatif et si réservé tant qu'il n'avait pas la preuve en main, un autre Pasteur qui, une fois sûr de ce qu'il avançait, était impatient d'entrer en lutte, voulait hâter, précipiter la victoire. Dumas s'interposait. Que son confrère, dans cette campagne séricicole de 1866, multipliât les expériences, partît pour Nîmes, pour Montpellier, pour Perpignan, visitât les chambrées, contrôlât les remèdes et, après les avoir expérimentés, voulût prémunir les éducateurs contre des assertions téméraires, rien de mieux. Mais il ne fallait pas qu'il perdît son temps à traiter tous les adversaires, quels qu'ils fussent, avec la même impétuosité, ou qu'il crût la cause de la science engagée parce que des articles de journaux, des brochures, des notes s'accumulaient contre son système.

« Croyez-moi, écrivait Dumas au mois de mai 1867; pour le succès de votre entreprise et pour votre propre dignité, il n'y a rien de préférable à une marche calme et tranquille vers le but, dédaignant ceux qui vous provoquent et ne provoquant pas ceux qui ne disent rien. Le succès dont vous êtes sûr et l'*immense reconnaissance* qui vous attend, doivent vous inspirer ce calme et cette patience que j'ose vous demander à l'égard des hommes, vous qui en êtes si bien doué à l'égard des choses de la nature. Il en est des problèmes moraux comme des problèmes physiques ; il y en a qu'on tranche, ils sont rares ; il y en a beaucoup qu'il faut dénouer. Si je vous contrarie un peu, que j'en sois pardonné, car il faut s'en prendre à mon amitié, à mon admiration et surtout au soin jaloux que j'ai de *votre avenir*. Tout à vous. »

De même que Talleyrand exerçait sur Napoléon Ier le don de conseil et s'efforçait de tempérer par l'esprit de prudence l'impétuosité de l'action impériale, Dumas, sachant tout ce qu'il y avait de fougue dans Pasteur, ne voulait pas que ce génie scientifique, quelquefois irrité par tant de luttes, se compromît.

Le lendemain arrivait à Alais la nouvelle qu'un grand prix de l'exposition de 1867 était donné à Pasteur pour ses études sur le vin.

« Mon cher maître, s'empressa d'écrire Pasteur à Dumas, un voyage à Nîmes, pour visiter une chambrée que le préfet m'avait signalée, m'a empêché de répondre dès hier à votre lettre et à vos dépêches. Rien ne m'a plus surpris et plus agréablement que la nouvelle de ce grand prix de l'exposition auquel je devais si peu m'attendre. C'est une nouvelle preuve de votre bienveillance pour moi, car je ne doute pas que c'est à vous seul que je dois l'initiative d'une pareille faveur. Je ferai tout ce qui dépendra de moi pour m'en rendre digne par ma persévérance à écarter toutes les difficultés du sujet qui m'occupe présentement et dans lequel la clarté se fait plus grande tous les jours. Si cette maladie des morts-flats n'était pas venue compliquer la situation, tout serait fini. Je ne saurais vous dire, en effet, combien je suis sûr de mes appréciations en ce qui concerne la maladie des corpuscules.

« Malgré tout ce que j'aurais à dire sur les notes de MM. Béchamp, Estor, Balbiani et sur les articles que les deux premiers insèrent dans le *Messager du Midi*, je suis votre conseil, je ne réponds pas... »

Mais s'il ne répondait pas, il préparait des arguments d'avenir. Il songeait aux expériences décisives pour l'élevage de l'année suivante. Dix microscopes étaient installés, çà et là, dans la ville d'Alais. De grands graineurs des Basses-Alpes se mettaient à ces études dont tout le monde s'entretenait pour les louer ou les blâmer, selon le va-et-vient de l'opinion publique. La colonie du Pont-Gisquet n'était occupée qu'à répondre à des demandes d'examens de papillons ou de cocons.

« Combien d'échecs j'ai déjà prévenus pour l'an prochain ! constatait Pasteur dans une autre lettre à Dumas, datée du 18 juin ; mais je demande toujours comme une faveur que l'on mette mon jugement à l'épreuve en élevant un gramme ou deux de la graine condamnée. Si cette affection des morts-flats, reprenait-il en oubliant qu'il avait déjà écrit à Dumas quelques jours auparavant dans les mêmes termes, n'était venue se manifester et compliquer un peu la situation, le problème me paraîtrait complètement résolu. »

Nouvelle lettre le surlendemain pour annoncer des éducations saines, la découverte de chambrées qui s'annonçaient propres au grainage.

« Si, comme je l'espère, les graines de la chambrée de Sauve, celles des chambrées de Perpignan et une autre de Nîmes, qui toutes seront placées sous la surveillance de comices ou sociétés agricoles, si, dis-je, ces graines ont, l'an prochain, le succès que j'en attends, je ne doute pas que la plus grande partie des graines faites en France, en 1868, le sera conformément à mes indications dont l'application est de la plus grande simplicité. »

Rien n'était plus simple en effet. Au moment où les papillons percent leur cocon, puis se réunissent mâles et femelles, l'éducateur, soucieux du grainage appelé grainage cellulaire, désaccouple les papillons et place chaque femelle sur un petit carré de toile.

Elle y pond ses œufs. Elle est ensuite épinglée par ses ailes dans un coin replié de ce même carré de toile. Plus tard, en automne, même en hiver, on retire ce papillon desséché. A l'aide d'une goutte d'eau on le broie dans un mortier ; il suffit d'examiner au microscope une parcelle de cette bouillie pour distinguer s'il y a des corpuscules. A la moindre constatation corpusculeuse, le morceau de toile est rejeté, puis brûlé. Ainsi disparaissent ces centaines d'œufs qui auraient perpétué la maladie.

Le privilège d'un grand prix de l'exposition universelle, Pasteur le partageait avec soixante-trois autres lauréats. Etait-ce bien nécessaire qu'il revînt d'Alais à Paris recevoir ce témoignage de satisfaction ? Il le pensa. Toujours il attachait aux choses et aux mots un sens absolu. Il n'avait pas de ces sourires intérieurs qui font accepter, avec une pointe d'ironie, les titres et les hommages. Pour employer un terme populaire, qui a passé dans le langage courant de ceux qui ne sont pas difficiles sur le choix des mots, il croyait que c'était arrivé. Les orgueilleux et les sceptiques n'ont pas de ces naïvetés.

Tout était bien fait d'ailleurs pour que cette distribution solennelle des récompenses frappât les esprits. Ceux qui étaient alors enfants se rappellent le 1er juillet 1867. Paris offrait un de ces spectacles extraordinaires qui en font la ville la plus favorable aux metteurs en scène d'une journée historique. Au milieu de l'allée centrale du jardin des Tuileries, sur la place de la Concorde, le long de l'avenue des Champs-Elysées, ce n'étaient que régiments de ligne, escadrons de dragons, garde impériale, garde nationale, garde de Paris. Dans l'éblouissement du soleil, sous l'étincellement des armes, cavaliers et fantassins formaient la haie et attendaient immobiles que passât l'Empereur. La voiture impériale attelée de huit chevaux, escortée de Cent-Gardes, au costume bleu ciel, et de lanciers de la garde, s'avança triomphalement. Napoléon III avait auprès de lui l'Impératrice et, en face, le Prince impérial et le prince Napoléon. Du palais de l'Elysée, conduits avec un cérémonial aussi magnifique, arrivaient le sultan Abdul-

Azis et le prince héritier. Puis ce fut un défilé de princes étrangers : prince royal de Prusse, prince de Galles, prince Humbert,
duc et duchesse d'Aoste, grande-duchesse Marie de Russie, tous
ceux qui devaient être acteurs ou comparses de la politique européenne. Introduits dans la salle du Palais de l'Industrie, ils vinrent
se ranger sur l'estrade du trône, décorée et protégée d'un balda-
quin de velours rouge aux longs et larges plis frangés d'or. Du
sol, s'élevant jusqu'au premier étage, un immense amphithéâtre
contenait dix-sept mille places. Aux murs, des aigles étaient
enlacés de branches d'olivier : symbole de force et de paix. Ce désir
de paix, l'Empereur l'affirma dans son discours, pendant que
l'Impératrice, coiffée d'un diadème et vêtue d'une robe de satin
blanc, entourée de princesses aux robes blanches, souriait heureuse à ces promesses d'avenir.

A l'appel de leur nom, les exposants lauréats d'un grand prix,
ceux qui allaient recevoir la rosette d'officier ou la cravate de
commandeur gravissaient les marches de l'estrade pour s'approcher
du trône. Le maréchal Vaillant présentait aux mains de l'Empereur
chaque écrin que Napoléon III remettait lui-même. La vue de ce
vieux maréchal de France, au visage rude et coloré, qui avait été
capitaine dans la retraite de Russie et que l'on saluait comme
ministre de la Maison de l'Empereur en 1867, semblait aux esprits
élevés dans la légende impériale, peu versés dans les jeux de la
politique, le trait d'union naturel et glorieux entre le premier et
le second Empire. D'une modeste origine dijonnaise, qu'il revendiquait fièrement, très lettré pour un soldat et fort curieux des
choses de la science, affectant volontiers, avec une brusquerie
militaire, de n'admettre d'autre recommandation que celle du
mérite, le maréchal Vaillant, membre de l'Institut, était ce jour-là
le personnage le mieux fait pour servir d'intermédiaire entre les
lauréats et le souverain vaguement attentif.

Les noms de certains membres de la Légion d'honneur, promus
à un grade plus élevé comme Gérôme et Meissonier ; la récompense donnée, à propos du percement de l'isthme de Suez, à Ferdinand de Lesseps, soulevèrent des applaudissements. Pasteur fut

appelé sans provoquer une égale curiosité. Travaux chimiques, grand prix dû à un procédé simple et ingénieux pour la conservation des vins, souvenirs déjà anciens des luttes sur la génération spontanée, espérances chuchotées sur l'avenir de la sériciculture, tel était le bruit confus de renseignements divers qui circulait dans la foule, pendant que Pasteur s'avançait, la physionomie grave, le teint pâle, donnant à cet apparat le dessous profond qu'il prêtait à toutes les grandes choses représentatives. « Je fus frappé, a dit un témoin bien placé pour l'examiner, M. du Mesnil, collaborateur de Duruy dans les réformes de l'enseignement, je fus frappé de cette simplicité, de cette gravité. Tout le sérieux d'une vie se lisait dans ce regard sévère, presque triste. »

A la fin de la cérémonie, au moment où le cortège impérial allait quitter le Palais de l'Industrie, un immense chœur accompagné par l'orchestre chanta : *Domine salvum fac imperatorem.*

De retour à son cabinet de la rue d'Ulm, Pasteur s'était remis à la direction des études scientifiques. Un incident vint clore la phase administrative de sa vie et bouleverser l'Ecole.

Sainte-Beuve fut la cause indirecte de cette révolution intérieure. Le Sénat, dont Sainte-Beuve était membre depuis 1865, avait eu à s'occuper d'une plainte adressée par cent deux habitants de Saint-Etienne, qui protestaient contre l'introduction, dans les deux bibliothèques populaires de leur ville, des œuvres de Voltaire, de J.-J. Rousseau, de Michelet, d'Eugène Süe, de Balzac, de George Sand, d'Ernest Renan, de Proudhon et d'autres encore. Les notables de Saint-Etienne, présidents du conseil des prud'hommes, du tribunal de commerce, de la chambre des avoués, notaires honoraires, notaires en exercice, demandaient au gouvernement d'agir.

Concilier la liberté des communes et certains droits de surveillance de l'Etat, établir un règlement sur les bibliothèques populaires : la question pouvait être réduite à ces termes, mais le Sénat, peu favorable à Sainte-Beuve, qui s'était déjà fait rappeler à l'ordre, le 29 mars, en défendant Renan, paraissait disposé à l'empêcher d'intervenir de nouveau. La matinée du 25 juin, jour où la pétition devait être discutée, Sainte-Beuve l'avait passée à corriger les épreuves de son cinquième volume de Port-Royal, en y ajoutant un appendice écrit par Chantelauze sur le cardinal de Retz. Avec un plaisir raffiné de psychologue, Sainte-Beuve suivait, à travers des transformations sans nombre, dans un dédale d'énigmes sans trêve, l'âme si peu évangélique du cardinal de Retz, de ce redoutable et séduisant génie de l'intrigue, auprès de qui, selon le mot de Chantelauze, Talleyrand n'était qu'un enfant de chœur. La mise en pages de ces documents, ce mémoire où l'on pénétrait à plein le chef de la Fronde qui voulait être cardinal, premier ministre, Sainte-Beuve dut laisser tout cela sur la table de sa petite maison de la rue Montparnasse pour aller siéger au Luxembourg. Combien peu de ses collègues s'étaient donné la peine de l'étudier, d'abord peintre séduit par la poésie de la vie intérieure, puis biographe scrupuleux et enfin investigateur sans pareil, menant à lui seul la plus vaste et la plus minutieuse enquête sur toute la littérature !

Les sénateurs ne pensaient guère à ces choses qui n'étaient pas dans leurs attributions. Volontiers les hommes politiques traitent dédaigneusement les écrivains sans réfléchir que les lettres ont sur la politique un avantage : les lettres la jugent en dernier ressort. Bien que Sainte-Beuve eût ardemment désiré ce titre de sénateur, parce que, en dehors d'une satisfaction personnelle, cela lui semblait une sorte de revanche légitime pour la littérature, il était de plus en plus dépaysé dans une assemblée où il ne pouvait guère s'appuyer que sur le prince Napoléon, qui n'était presque jamais là.

Le rapporteur avait approuvé la pétition des notables de Saint-Etienne dans des termes qui faisaient que son rapport devenait en quelque sorte la pétition elle-même. Sainte-Beuve, avec l'impatience que lui causait ce jugement absolu, en bloc, et ne voyant que la liberté d'opinion en jeu, fit acte de libéral et de lettré, en s'élevant contre le zèle excessif et presque inquisitorial du Sénat. Il l'engageait à ne pas formuler d'anathèmes : « C'est se faire tort, disait-il, c'est se préparer de grands mécomptes et, si le mot était plus

noble, je dirais de grands pieds de nez dans l'avenir. » L'ordre
du jour pur et simple, qu'il proposa, fut repoussé formidablement.
Et, pour la fin de la semaine, en guise d'épilogue, Sainte-Beuve
reçut d'un de ses collègues, M. Lacaze, qui avait soixante-huit
ans, une provocation en duel. Sainte-Beuve, âgé de soixante-trois
ans, refusa d'entrer dans ce qu'il appelait « la jurisprudence sommaire qui consiste à étrangler une question et à supprimer un
homme en quarante-huit heures ».

Les élèves de l'Ecole normale chargèrent un de leurs camarades
d'être leur interprète en félicitant Sainte-Beuve de son discours.
« Nous vous avons déjà remercié d'avoir défendu la liberté de
pensée méconnue et attaquée ; aujourd'hui que vous venez de
plaider encore pour elle, nous vous prions de recevoir de nouveau
nos remerciements.

« Nous serions heureux si l'expression de notre sympathie reconnaissante pouvait vous consoler un peu de cette injustice. Il faut
du courage pour parler au Sénat en faveur de l'indépendance et
des droits de la pensée. Mais la tâche, en devenant plus difficile,
devient aussi plus glorieuse. De tous côtés en ce moment, on
envoie des adresses : vous pardonnerez aux élèves de l'Ecole normale d'avoir suivi l'exemple général et d'avoir fait, eux aussi, leur
adresse à M. Sainte-Beuve. »

La lettre fut publiée par un journal. Dans cette période de
juillet, où arrivaient chaque jour, de tous les points de la France,
des adresses votées par les conseils municipaux à Napoléon III, un
républicain, Etienne Arago, qui avait eu entre les mains cette
adresse, la jugea plus originale que toutes celles insérées par le
Moniteur et la publia sans songer aux règlements universitaires
qui interdisaient aux élèves toute manifestation politique. La lettre
avait été agréable à Sainte-Beuve. Avoir les applaudissements de
la jeunesse, c'est la consolation de ceux qui vieillissent, c'est le plus
vif désir des hommes célèbres qui, arrivés à l'arrière-saison de
la vie, redoutent quelque chose de pire que la mort : l'oubli.
Mais s'il arrêta un instant sa pensée sur cette Ecole, sur ce « noble
séminaire », ainsi qu'il l'appelait, digne de figurer dans le grand

diocèse qu'il rêvait, où tous les esprits pourraient se pénétrer, il fut bientôt soucieux des résultats provoqués par cette publicité tapageuse.

Il était difficile à Nisard, directeur de l'Ecole, de tolérer ces deux violations de la discipline : le fait en lui-même et la publicité du fait. Malgré l'insistance de Sainte-Beuve, le signataire de la lettre fut provisoirement rendu à sa famille. Pasteur, inquiet de ce que pouvait avoir de fâcheux pour l'avenir de l'Ecole normale cette fermentation grandissante des esprits, s'adressa à Sainte-Beuve qui lui répondit :

« Cher et illustre confrère, vous avez raison de penser que cette affaire de l'Ecole me donne une vive anxiété. Je me reproche d'en être la cause occasionnelle; je conçois que la discipline demande satisfaction pour le fait de publication indiscrète et imprudente. Mon vœu eût été que nul élève n'y perdant sa carrière, tout se bornât à des peines intérieures, acceptées comme justes par ceux mêmes qui les auraient subies. Je sais et j'apprécie les considérations qui vous inspirent : laissez-moi espérer jusqu'au dernier moment que la rigueur se laissera fléchir devant une faute avouée et reconnue, et que peut-être la justice et la clémence s'embrasseront. »

Mais, entre la justice et la clémence, la conciliation avait peine à se faire place. Le point de départ, c'est-à-dire la faute contre la discipline, les journaux se hâtaient de l'oublier. La politique faisait des siennes. Elle formait nuage, planait au-dessus de la rue d'Ulm et menaçait d'éclater. Ce n'était cependant pas, — ainsi que le dirent deux élèves que l'on avait délégués auprès de Nisard, — faire acte de bien violente opposition que de s'adresser à un homme comme Sainte-Beuve qui tambourinait sur les vitres de l'édifice impérial, sans songer le moins du monde à les casser. N'était-ce pas simplement le conseiller des esprits que les normaliens avaient voulu féliciter? Ce qui était plus net, ce qui ne donnait lieu à aucune équivoque, c'était leur demande vive, presque impérieuse. de réintégration immédiate du camarade licencié.

Le soir, lorsque Pasteur voulut parler aux élèves, il entendit, dans le groupe des « littéraires » qui, à ce moment-là, voyaient moins en lui l'homme de laboratoire que le grand maître surveillant, quelques murmures, — notes basses, profondes et sourdes, sorte d'accompagnement de l'ultimatum. Pasteur, habitué en fils de soldat au respect de la discipline, ne connaissait pas l'art de délier d'un mot les difficultés ou d'apaiser d'un sourire le commencement d'un tumulte. Ce grand révolutionnaire de science était, dans la vie sociale, pénétré du sentiment de la hiérarchie. Les pourparlers furent rompus. Deux « scientifiques », mêlant leur affection pour Pasteur au désir d'accommodement avec le pouvoir directorial, retournèrent sonner à la porte de Nisard qui, malheureusement, n'était pas là. Il dînait en ville. Livrés à eux-mêmes, se croyant abandonnés ou menacés, les normaliens ne firent pas comme les figurants des chœurs d'opéra-comique chantant : Partons! partons! sans bouger de place. Un élève, devenu depuis un grave professeur, se mit à la tête des manifestants et tous se dirigèrent vers la porte de sortie. Sous le regard stupéfait du concierge Estiévant, qui n'en croyait pas ses yeux, ses pauvres yeux malades, l'élève, se donnant pleins pouvoirs, entra dans la loge et tira le cordon. Toute l'Ecole fut aussitôt dans la rue. Le matin du 10 juillet, le *Moniteur*, résumant ces faits en trois alinéas, concluait ainsi : « En présence de tels désordres, l'autorité supérieure a dû prescrire un licenciement immédiat. L'Ecole sera reconstituée et les cours ouvriront le 15 octobre. »

Duruy fut pris à partie. Ceux même qui auraient dû le défendre entrèrent en campagne. Un normalien journaliste, J.-J. Weiss, qui aimait l'indépendance de la pensée jusqu'à se plaire aux paradoxes, entraîna, dans sa petite guerre ministérielle, son camarade Sarcey qui devait se reprocher plus tard d'avoir été durant cette période très mauvais complimenteur. Plus calme, plus juste, un troisième normalien, nommé depuis peu membre de l'Institut, Ernest Bersot, suivait, de son petit logis sur la Place d'armes de Versailles, ce conflit qu'il jugeait avec l'indulgence d'un moraliste d'apaisement dont la vraie vocation était de devenir directeur spirituel de jeunes hommes. «Nous ne saurions, — écrivait-il, le 14 juillet, dans le *Journal des Débats*, en glissant sur le fait même de l'adresse et en insistant sur le sentiment de solidarité qui avait motivé ce départ en masse, — nous ne saurions reprocher à des jeunes gens de pécher, s'ils ont péché, par excès d'honneur, surtout s'ils sont destinés à être des maîtres de la jeunesse. »

Le monde littéraire, le monde politique furent un instant agités. Un homme d'Etat qui, dans les intervalles que lui laissait l'accomplissement de ses devoirs parlementaires, s'intéressait aux progrès de la science et avait écrit à Pasteur quelques mois auparavant : « J'irai chercher à l'Ecole normale les entretiens que vous voudrez bien m'accorder aux moments dont vous pourrez disposer. » Thiers, envoyait le 16 juillet ces lignes rue d'Ulm : « Mon cher Monsieur Pasteur, je viens de causer avec quelques membres de la gauche et je suis certain, ou à peu près, que l'affaire de l'Ecole normale sera apaisée dans l'intérêt des élèves dont il faut faciliter la rentrée. M. Jules Simon est décidé à s'y employer par les meilleurs sentiments. Gardez cet avis pour vous et employez-vous de votre côté à une fin pacifique. »

Homme de prudence et de diplomatie, Jules Simon était l'homme le mieux fait pour causer avec un ministre de l'Instruction publique, en attendant qu'il lui succédât sous un autre régime. L'interpellation projetée par les membres de la gauche au sujet du licenciement n'eut pas lieu. Les nouvellistes, qui se contentaient à cette époque d'enregistrer les faits sans courir à travers Paris en reporters affairés, publiaient ces lignes : « On prétend que les élèves de troisième année seraient admis à rentrer et que les deux autres promotions reviendraient au commencement de la nouvelle année scolaire. » Mais, à l'idée que l'Ecole serait reconstituée, en d'autres termes que les trois grands chefs Nisard, Pasteur et M. Jacquinet seraient changés, les regrets provoqués, dans le groupe des scientifiques, par la perspective du départ de Pasteur, se manifestèrent.

Ce fut un élève de troisième année, appelé Didon, qui se chargea de les exprimer avec un double sentiment de normalien et de franc-comtois. De Vesoul, dès le commencement des vacances, il écrivait : « Si votre départ de l'Ecole n'est pas définitivement arrêté, s'il est encore possible de l'empêcher, tous les élèves de l'Ecole se feront un plaisir et un devoir de faire tout ce qui dépendra d'eux dans ce but. S'il en est encore temps, je suis prêt à partir pour Paris. » Et, dans un paragraphe plus intime : « Quant à moi, est-il besoin de vous exprimer ma reconnaissance ? Personne jamais ne m'a montré plus d'intérêt que vous et, de ma vie, je n'oublierai ce que vous avez fait pour moi. »

Didon était le plus autorisé à parler au nom de tous. Reçu le premier à l'Ecole polytechnique en 1864, il avait donné sa démission pour entrer à l'Ecole normale. M. Darboux, en 1861, avait fait de même. Tous deux avaient rempli de surprise, par ce choix inattendu, ceux qui ne savaient pas quelle influence profonde exerçait déjà Pasteur. Persuadé que la libre recherche se développait davantage à l'Ecole normale qu'à l'Ecole polytechnique, en raison de l'indépendance plus grande laissée dans la première aux recherches personnelles (n'avait-il pas dû à cette liberté de pénétrer sur la voie de sa première découverte ?) Pasteur n'avait cessé d'entretenir, parfois de provoquer, une rivalité glorieuse entre les deux écoles. Un jour, il avait conquis à l'Ecole normale d'une façon brusque, inattendue, à la dernière heure, un futur polytechnicien, jadis lauréat du premier prix de physique au concours général, Edmond Perrier. Au moment même où ce candidat, qui avait eu double succès aux examens d'entrée des deux écoles, était, à la fin de ses vacances de 1864, sur le marche-pied de la diligence de Tulle à Brive, — sa malle destinée à l'Ecole polytechnique, déjà hissée sur l'impériale, — une lettre de Pasteur arrive. On la lit, on la commente. Le départ est retardé. Après vingt-quatre heures de réflexion, Perrier optait pour l'Ecole normale.

Faire de cette école un des grands foyers scientifiques de notre pays ; chercher à éveiller l'esprit d'investigation et d'invention ; voir surgir des rangs dans les sciences mathématiques, physiques et naturelles de jeunes savants : Pasteur, de 1857 à 1867, avait poursuivi ce but et s'en était rapproché de jour en jour. Il avait été plus que compris, plus qu'admiré par tous les normaliens de la section des sciences : il avait été aimé. « L'affection et l'estime dont j'ai reçu tant de marques dans les dix années de ma direction de la part de tous les élèves de la section des sciences, sans exception, notait-il en toute simplicité dans un projet de tableau récapitulatif sur l'état prospère de l'Ecole, sont pour moi le gage le plus sûr de la fermeté, de la justice bienveillante et du dévouement que j'ai apportés dans l'accomplissement de mes devoirs. » Lorsque des intérêts généraux sont en jeu, un homme qui a eu la garde de ces intérêts et qui est à la veille de remettre ses pouvoirs, doit être en mesure de dire le mot qui a été celui de Pasteur toute sa vie, en toutes choses : « J'ai fait ce que j'ai pu. »

Après cet examen de conscience, il songeait plus à l'avenir qu'au passé. Il était inquiet à la perspective des résultats qu'un incident d'ordre intérieur, grossi, dénaturé, exploité, risquait d'avoir pour l'Ecole. Sainte-Beuve, de son côté, ne pouvant supporter la pensée que son discours fût la cause indirecte d'une carrière perdue, plaidait auprès du ministre de l'Instruction publique en faveur de l'élève signataire de la lettre. Il terminait par ces mots où l'on sent une pointe d'amertume : « Vous avez sans doute écouté jusqu'ici beaucoup de sénateurs : daignez en écouter un qui paraît l'être bien peu, au cas qu'on fait de lui. » Le cas que Duruy faisait de Sainte-Beuve était tel que l'élève, au lieu d'être envoyé dans un petit collège, fut nommé professeur de seconde au lycée de Sens. Mais on spécifia, pour l'avenir, que nulle lettre ne pourrait être adressée, que nulle démarche ne pourrait être faite au nom de l'Ecole sans l'autorisation du directeur. Les conséquences d'une semblable aventure seraient ainsi épargnées aux maîtres appelés à recueillir l'héritage vacant.

Nisard s'apprêtait à partir en demandant un siège au Sénat. Dumas, qui venait d'être nommé président de la Commission des monnaies, avait rendu libre une place d'inspecteur général de l'enseignement supérieur. Duruy, désireux de tout mettre d'accord, l'indulgence envers les élèves et la justice envers les maîtres, jugea que ce poste était le plus favorable pour permettre à Pasteur de continuer à faire des découvertes. Le décret allait être signé, lorsque Balard, professeur de chimie à la Faculté des sciences, se mit sur les rangs. Pasteur envoya le 31 juillet au ministre de l'Instruction publique cet avertissement respectueux : « Il faut que Votre Excellence sache que j'ai été nommé, il y a vingt ans, à ma sortie de l'Ecole normale, agrégé-préparateur de cet établissement sur la proposition de M. Balard, alors maître de conférences. L'élève reconnaissant ne peut pas être en concurrence avec le maître vénéré, surtout lorsqu'il s'agit de fonctions où les considérations d'âge et de services doivent avoir un grand poids. »

Un de ses maîtres ! Ce mot disait tout. Qu'ils fussent morts ou vivants, que ce fût Biot, Senarmont, Dumas ou Balard, dès que Pasteur parlait d'eux, on aurait dit, en vérité, qu'il ne dût qu'à eux seuls tout ce qu'il était. Il fallut se rendre à son insistance de disciple.

Les décrets se succédèrent. Nisard fut remplacé par M. Francisque Bouillier qui céda sa place d'inspecteur général de l'enseignement secondaire à M. Jacquinet. Le poste de directeur des études littéraires était supprimé. Il n'y aurait plus qu'un sous-directeur de l'Ecole spécialement chargé des sections scientifiques. On eut la main heureuse. Pasteur l'avait quelque peu guidée. Le choix s'arrêta sur son ancien collègue à la Faculté de Strasbourg, nommé, après dix-huit années d'enseignement en Alsace, maître de conférences à l'Ecole normale et suppléant de Regnault au Collège de France, son cher, son fidèle, son excellent ami Bertin. Il avait fallu que Pasteur le pressât, le tourmentât pour le forcer, l'année précédente, à quitter Strasbourg. A quoi bon ? répondait Bertin, peu soucieux de nouveaux titres. Qu'irait-il faire à Paris « où, disait-il d'une voix innocente et un peu traînante, la bière est moins bonne qu'à Strasbourg » ? « Pasteur, ajoutait Bertin avec une bonhomie narquoise qui éclairait de malice son visage rasé, ne sait pas comment il faut prendre la vie ; il n'est bon qu'à avoir du génie. » Mais, sous des boutades faites pour déconcerter quelques personnages officiels qui ne jugent que sur les apparences, se cachaient le goût, l'art, la passion de l'enseignement.

Pasteur le savait. Il appréciait cet esprit fait de clarté. Nul ne lui semblait plus apte à la tâche délicate entre toutes : celle d'élever des professeurs. Pasteur n'avait plus d'inquiétude : l'avenir scientifique de l'Ecole était assuré. Mais Duruy, regrettant que les liens qui rattachaient Pasteur à cette grande maison fussent sur le point d'être rompus, lui proposa, en même temps que la chaire de chimie laissée vacante à la Sorbonne par la nomination de Balard, le poste de maître de conférences à l'Ecole normale. Cette dernière offre, si flatteuse qu'elle fût, Pasteur la déclina. Comme il savait les soins que lui coûtaient ses leçons publiques, il avouait que les deux enseignements de la Sorbonne et de l'Ecole normale dépasseraient ses forces. Son temps absorbé par cette double tâche, il lui serait à peu près impossible de poursuivre « ses travaux particuliers ». « Je ne veux cependant, disait-il, les abandonner à aucun prix. »

Il poussa le scrupule jusqu'à envoyer sa démission de professeur de chimie à l'Ecole des beaux-arts. Ce titre, il l'avait reçu à la fin de l'année 1863. Il s'était efforcé dans ses leçons d'attirer l'esprit de ses élèves, venus de tant de points divers, sur les principes mêmes de la science : « Ayons toujours l'application pour but, leur avait-il dit, mais avec l'appui solide et sévère des principes scientifiques sur lesquels elle repose. Dépouillée de ces principes, l'application n'est plus qu'un ensemble de recettes. Elle constitue ce qu'on appelle la routine. Or, avec la routine, le progrès est possible, mais il est d'une lenteur désespérante. » Que ce fût à Lille au milieu des industriels, à Paris devant des sculpteurs, des peintres et des architectes, il avait toujours la double préoccupation d'élever l'enseignement et de rendre service.

A une modestie puisée dans un respect profond pour tout auditoire s'ajouta, pour lui faire refuser le poste de maître de conférences à l'Ecole normale, un sentiment de délicatesse.

Il n'y avait alors à l'Ecole normale qu'un laboratoire vraiment digne de ce nom, le laboratoire de Sainte-Claire Deville. Si le réduit qu'occupait Pasteur à droite, en entrant dans le jardin de l'Ecole, était célèbre par son importance scientifique, il méritait de l'être également par son exiguïté. Lorsque Pasteur voulait péné-

trer dans l'étuve qu'il avait installée à force de combinaisons ingénieuses, il était obligé de s'agenouiller. « Je l'ai pourtant vu
passer là de longues heures, a écrit un témoin de ces années
lointaines, M. Duclaux, car c'est dans cette minuscule étuve qu'ont
été faites toutes les études sur les générations spontanées et
qu'ont passé à un examen journalier, souvent minutieux, les
milliers de ballons sur lesquels ont porté ces expériences célèbres.
C'est de ce petit galetas, dont on hésiterait aujourd'hui à faire
une cage à lapins, qu'est parti le mouvement qui a révolutionné
sous tous les aspects la science de l'homme physique. » En acceptant le titre de maître de conférences à l'Ecole normale, Pasteur,
ayant charge d'élèves, aurait été amené, au moment des manipulations, à rendre presque indivis le laboratoire de Sainte-Claire
Deville. La chose semblait aisée au ministre : elle parut moins
simple à Pasteur. Justice ou générosité, il jugeait que l'enseignement de la chimie à l'Ecole normale devait être entre les mains
d'un seul. « Ce laboratoire qui fait honneur à l'Université et à la
France, disait-il à Duruy, est et doit rester sans partage sous la
direction de M. Deville. » Empiéter sur ce domaine, n'était-ce pas
porter atteinte à l'autorité d'un véritable chef sachant retenir auprès
de lui d'anciens disciples? Pasteur plaida avec éloquence cette cause
contraire à ses intérêts. « C'est à côté de Sainte-Claire Deville,
auprès de ce maître aimé, continuait-il avec une pointe d'orgueil
normalien, que MM. Debray, Troost, Grandeau, Caron, Hautefeuille, Lechartier, Lamy, Gernez, Mascart et bien d'autres ont
trouvé l'asile que la pénurie des ressources de la science dans
notre pays leur refuse ailleurs. » Comme il appréciait dans Sainte-
Claire Deville le charme, l'agrément, le pouvoir de l'esprit, —
moi, je n'ai pas d'esprit, disait-il avec une simplicité sans égale, — il
se plaisait à dépeindre son confrère capable de suffire à toutes les
tâches, resté si jeune, malgré quarante-neuf ans sonnés depuis le
mois de mars 1867. Sans cesse affairé, toujours souriant, soit qu'il
eût à diriger un grand travail de recherches, soit qu'il donnât un
coup de main dans une besogne matérielle, Sainte-Claire Deville
encourageait tous ceux qui l'approchaient. C'était un excitateur

d'esprits. Contraste absolu, pour le dire en passant, avec les habitudes méditatives de ses deux grands amis Claude Bernard et Pasteur, il fallait à Sainte-Claire Deville le bruit et le remuement. Heureux de rester à déjeuner et de prendre pension au réfectoire des normaliens, à la table des préparateurs, il égayait, il amusait tout le monde, effaçant la distance de maître à élèves, gagnant les affections, sans rien perdre, par sa familiarité, du respect qu'il inspirait. Quelquefois cependant, lorsqu'il était préoccupé des dettes scientifiques trop lourdes de son laboratoire, il quittait la rue d'Ulm à l'heure du déjeuner et allait s'inviter chez Duruy. Que ce fût auprès de l'Empereur, qui jadis avait encouragé et payé les premières recherches sur un procédé de fabrication industrielle de l'aluminium ; que ce fût auprès du ministre, partout et toujours, Sainte-Claire Deville, qui avait un entrain à faire taire un méridional, parvenait à ses fins budgétaires. Aussi Duruy, dès qu'il le voyait arriver, — selon le témoignage de M. Lavisse, alors attaché au cabinet du ministre, — avait-il fini par dire en s'asseyant à table : « Allons ! combien ? j'aime mieux le savoir tout de suite. — Et Sainte-Claire Deville, ajoutait M. Lavisse, avouait un déficit en l'attribuant à la canaillerie des matières chimiques ou aux causes les plus extraordinaires qu'il expliquait en propos de l'autre monde. »

La gaieté de Sainte-Claire Deville n'empêchait pas de constater le triste état des choses. Rien n'était plus délaissé que l'enseignement supérieur. Qu'avait-on fait à la Sorbonne depuis Richelieu ? Si une pierre d'attente, destinée à marquer de nouvelles constructions, avait été posée en 1855, on attendait encore la seconde en 1867. Au Muséum, certaines galeries étaient aussi confusément encombrées que des magasins d'accessoires au fond d'un théâtre. Au Collège de France, était-il possible de décorer du nom de laboratoires les caves étroites que Claude Bernard, qui commençait seulement à relever de la longue maladie contractée dans ces lieux humides et malsains, appelait les tombeaux des savants ?

Plus que personne, Duruy déplorait ces misères. Les devoirs de l'Etat envers la science et les savants, nul ne les comprenait mieux et ne les proclamait plus impérieusement. Mais sa voix avait peu d'écho dans le conseil des ministres en proie aux soucis perpétuels de la politique. Il en est d'une découverte bienfaisante comme d'un fleuve au milieu de son cours. Qui donc pense à la source ? Dans la réalité aussi bien que par métaphore, comme historien, comme ministre, Duruy savait y songer. Un jour, en pleine jeunesse, dans une causerie de voyage, se plaisant à étudier la formation du sol français, il montrait que « la France est construite physiquement comme un cercle dont les rayons sont les fleuves, qui, partis d'une région centrale, courent à la circonférence ». Cette image lui revenait sans doute lorsque, préoccupé de la haute instruction en France, il projetait de créer, au centre de l'enseignement supérieur, une école des hautes études, divisée en plusieurs sources d'où jailliraient des enseignements divers qui se répandraient en larges courants comme autant de fleuves jusqu'aux frontières de France.

Les sources ! c'était aussi, c'était depuis plus longtemps encore le mot de Pasteur qui voyait dans le haut enseignement le secret de la supériorité d'un peuple. Il voulait que cette assertion fût proclamée, criée sur les toits du ministère. Et lui, qui venait de s'effacer si modestement comme disciple devant Balard, comme émule devant Sainte-Claire Deville, devenait solliciteur parlant ferme quand il était question des progrès de la science et de ce qu'on doit faire pour elle. L'aide de camp de l'Empereur, le général Favé, qui plaidait volontiers dans les milieux politiques la cause de ceux qui dans l'ombre travaillaient à la prospérité du pays, eut entre les mains et mit, le 6 septembre 1867, sous les yeux de Napoléon III, une note écrite la veille par Pasteur. Note précieuse : elle contient des projets de travaux et d'expériences qui sont, dès cette époque, la première annonce de découvertes encore lointaines :

« Sire, mes recherches sur les fermentations et sur le rôle des organismes microscopiques ont ouvert à la chimie physiologique des voies nouvelles dont les industries agricoles et les études médicales commencent à recueillir les fruits. Mais le champ qui reste à parcourir est immense. Mon plus grand désir serait de l'explorer avec une ardeur nouvelle, sans être à la merci de l'insuffisance des moyens matériels.

« Qu'il s'agisse de rechercher, par une étude scientifique patiente de la putréfaction, quelques principes capables de nous guider dans la découverte des causes des maladies putrides ou contagieuses, je voudrais trouver dans les dépendances d'un laboratoire assez spacieux un emplacement où l'installation des expériences pût avoir lieu commodément et sans danger pour la santé.

« Comment se livrer à des recherches sur la gangrène, sur les virus, à des expériences d'inoculation sans un local propre à recevoir des animaux morts ou vivants ? La viande de boucherie est à un prix exorbitant en Europe ; elle est un embarras à Buenos-Ayres. Comment soumettre à des épreuves variées, dans un laboratoire exigu et sans ressources, les procédés qui, peut-être, rendraient sa conservation et son transport faciles ? La maladie dite du sang de rate fait perdre annuellement à la Beauce 4,000,000 de francs : il serait indispensable d'aller, pendant plusieurs années, sans doute à l'époque des grandes chaleurs, passer quelques semaines dans les environs de Chartres pour s'y livrer à de minutieuses observations.

« Ces recherches et mille autres qui correspondent, dans ma pensée, au grand acte de la transformation de la matière organique après la mort et du retour obligé de tout ce qui a vécu au sol et à l'atmosphère, ne sont compatibles qu'avec l'installation d'un vaste laboratoire. Le temps est venu d'affranchir les sciences expérimentales des misères qui les entravent... »

Le lendemain même, Napoléon III exprimait à Duruy le désir que l'on répondît au vœu légitime de Pasteur. Et Duruy adressait ces lignes au maréchal Vaillant :

« Le projet de M. Pasteur rentre expressément dans le plan que je voudrais pouvoir exécuter pour le développement des hautes études scientifiques. Je serai heureux d'apprendre que la situation des crédits attribués aux bâtiments civils permet à Votre Excellence d'accueillir favorablement une proposition que justifient si amplement les travaux de M. Pasteur. »

La joie de Pasteur se traduisit dans une lettre adressée à celui qui, avant même M. Duclaux, avait été le témoin des difficultés matérielles que présentaient les installations provisoires de Pasteur, depuis le grenier de l'Ecole normale jusqu'au rez-de-chaussée invraisemblable où était enclavée l'étuve dans la cage de l'escalier.

« Mon cher Raulin, écrivait Pasteur dès le 10 septembre, je vais avoir à faire construire une grande étuve. Conseillez-moi, je vous prie. L'occasion vous fera grand plaisir, je n'en doute pas. Je viens de proposer à l'Empereur, qui l'a approuvée ainsi que le ministre, la fondation, sous ma direction, d'un laboratoire de chimie physiologique... Il sera probablement construit à l'Ecole normale sur l'emplacement qui va de mon laboratoire actuel aux maisons de la rue des Feuillantines. Ce projet, dont je puis parler puisqu'il est approuvé, rencontre d'unanimes adhésions. Tous mes amis compétents le considèrent comme une idée des plus heureuses et qui sera très profitable à la science.

« Ainsi, mon cher Raulin, quand il vous plaira de venir à Paris, vous trouverez un lieu de travail et tous les moyens d'études que vous pourrez désirer... Tout à vous d'affection. »

Heureux de l'accueil qui pourrait être ainsi réservé à ses anciens et à ses futurs élèves, Pasteur organisait, avec l'architecte de l'Ecole normale, M. Bouchot, dont Sainte-Claire Deville et Pasteur avaient fait un enthousiaste de la science, des plans très ingénieux sur le papier. Le pavillon, servant de laboratoire, serait relié par une galerie au laboratoire projeté. Rien n'était plus facile que de pousser le bâtiment en droite ligne jusqu'à la maison de la rue des Feuillantines formant équerre avec le jardin de l'Ecole normale. Un sous-sol permettrait d'avoir une large installation soit pour des appareils, soit pour des animaux. « Toutes ces belles espérances se réaliseront-elles ? Je n'en doute pas, écrivait encore Pasteur à Raulin deux mois plus tard, parce que je ne vois d'obstacle nulle part et néanmoins je suis bien impatient de les voir en moellons. Je croirai mieux encore alors à toutes les promesses qui me sont faites... J'ai de grands projets d'études et j'aurai besoin dans mon nouveau laboratoire d'un collaborateur exercé. J'ai toujours eu tant d'estime pour vous que je serais charmé si vous vouliez venir plus tard vous adjoindre à moi dans mes entreprises. J'espère que mon laboratoire sera assez bien doté pour que je puisse y créer une première position de 3,000 à 4,000 francs et que le temps et bien des circonstances diverses pourraient améliorer... Et votre thèse ? où en est-elle ? Est-ce pour Pâques ? Est-ce pour la fin de l'année ? J'aurai le plaisir d'être parmi vos juges... »

Un incident aurait pu hâter la réalisation des promesses gouvernementales. En attendant que le commerce de la soie bénéficiât des travaux de laboratoire et que l'agriculture eût sa part de services utilitaires, car les recherches scientifiques s'échelonnaient d'avance dans la pensée de Pasteur, une industrie spéciale devint l'obligée de la science.

Le maire d'Orléans et le président de la chambre de commerce demandèrent à Pasteur de venir exposer les résultats de ses études sur le vinaigre, dans une leçon faite en public, devant les orléanais, juges souverains en pareille matière. Bien que des négociants d'Orléans, MM. Breton-Lorion, appliquassent avec succès les principes de Pasteur pour la fabrication du vinaigre, et qu'un autre négociant, également orléanais, M. Rossignol, eût imaginé, en s'appuyant sur les théories de Pasteur pour conserver les vins, un appareil de chauffage où cinq cents pièces de vin avaient été soumises à des expériences heureuses, la foule obéissait à un va-et-vient d'opinions contradictoires.

La foule ! Biot ne croyait pas possible que l'on pût jamais lui expliquer l'origine de certaines découvertes. « Allez donc parler à la foule, disait-il, d'études antérieures, de théories physiques et chimiques longtemps élaborées dans le silence du cabinet... Elle ne s'arrêtera pas à vous écouter ; elle ignore les antécédents et les dédaigne. »

Pasteur, plus confiant, ne croyait pas qu'il fût si difficile, en

présence d'un auditoire quelconque, de provoquer un brusque
éveil de pensées et de faire comprendre la marche de certaines
recherches. A l'encontre de Biot, il aurait voulu non seulement
instruire par le récit des lents progrès dus aux longs efforts des
hommes, mais encore soulever les foules d'une émotion généreuse.
Tandis qu'il préparait sa conférence, après avoir, selon son habitude, fixé l'ordre des idées, il jeta sur un brouillon quelques lignes,
mais elles furent inutilisées. Il jugea que les détails techniques,
démonstratifs, vaudraient mieux que des vues générales sur le
système du monde. Toutefois ces lignes témoignent des rapprochements inattendus qui se faisaient tout à coup dans son esprit.
A son incroyable patience dans l'art d'observer s'ajoutait une puissante imagination.

Du vinaigre, du mycoderme, de cette petite plante qui a la propriété de déterminer la combinaison de l'oxygène de l'air avec
l'alcool, il passait aux globules du sang, puis aux lois de l'entretien de la vie. Alors embrassant d'un regard l'ordre de la nature,
il écrivait :

« Le mouvement de la pomme qui se détache de l'arbre et qui
tombe à la surface de la terre est régi par la loi qui gouverne les
mondes.

« Le premier regard de l'homme jeté sur l'univers n'y découvre
que variété, diversité, multiplicité des phénomènes. Que ce regard
soit illuminé par la science, — par la science qui rapproche l'homme
de Dieu, — et la simplicité et l'unité brillent de toutes parts. »

Ce fut le lundi 11 novembre, à sept heures et demie du soir,
que Pasteur arriva, à Orléans, dans la salle appelée salle de l'Institut. Industriels venus en grand nombre, médecins, pharmaciens,
professeurs, élèves, femmes, jeunes filles, tous voulaient l'entendre.
Un compte rendu, extrait du journal la *France Centrale* qui
rayonnait alors depuis Orléans jusqu'à Bourges, permet de
retrouver l'impression des orléanais devant le plus jeune membre
de l'Académie des sciences. Le rédacteur le dépeignait de taille
moyenne, le visage pâle, le regard vif sous des lunettes, la mise
très soignée. « Une petite et presque microscopique rosette d'officier

de la Légion d'honneur, ajoutait le journaliste, scintille, comme une étoile de petite grandeur, à la boutonnière. »

Nul, en entendant les premiers mots de la leçon, ne se serait douté que celui qui parlait avait découvert un monde ignoré jusqu'à lui. Les rhétoriciens présents à la séance pouvaient noter, au milieu de toutes les formes d'exorde qu'on leur enseignait, la simplicité de celui-ci : « M. le Maire d'Orléans et M. le Président de la Chambre de commerce, ayant appris que je m'étais occupé de la fermentation qui donne le vinaigre, m'ont prié de vouloir bien venir exposer devant les fabricants de vinaigre de cette ville les résultats de mon travail.

« Je me suis rendu avec empressement à cette invitation en m'associant au désir qui l'a provoquée, celui d'être utile à une industrie qui est une des sources de la fortune de votre cité et de votre département. »

Il s'efforça de faire comprendre scientifiquement le fait vulgaire et bien connu de la transformation du vin en vinaigre. Il montra que tout le travail venait d'une petite plante, d'un champignon microscopique, du *mycoderma aceti*. Après avoir projeté sur un tableau l'image, devenue colossale, de ce mycoderme formé d'articles d'une ténuité extrême, étranglés dans leur milieu, groupés en chapelets, Pasteur exposa qu'il suffisait de semer une trace de ce mycoderme à la surface d'un liquide alcoolique et légèrement acide pour que la petite plante ouvrière, fabricante de vinaigre, s'étendît prodigieusement. Par la chaleur de l'été ou par la chaleur artificielle, une surface de liquide aussi grande que celle de cette salle orléanaise pouvait, disait Pasteur, être couverte du mycoderma aceti en quarante-huit heures. Le voile mycodermique est parfois uni, léger, à peine visible, parfois chagriné, ridé, plus ou moins gras au toucher. Les matières grasses qui accompagnent le développement de la plante s'opposent à ce que le mycoderme, qui a besoin de l'air pour vivre, soit submergé ; il périrait alors et l'acétification s'arrêterait. Ainsi flottant, le mycoderme absorbe l'oxygène de l'air, le fixe sur l'alcool, qui est transformé en acide acétique.

De sa voix forte, lente, méditative, Pasteur expliquait tous les détails. Pourquoi, dans une bouteille en vidange, le vin abandonné à lui-même se transforme-t-il en vinaigre? C'est que, grâce à l'air et au mycoderma aceti (que l'on n'a pas besoin de semer quand on veut l'obtenir, car cette petite production végétale, dite spontanée, est mêlée partout aux poussières invisibles et vivantes), l'acte chimique de la transformation du vin en vinaigre peut se poursuivre. Pourquoi une bouteille pleine et bouchée ne s'acétifie-t-elle pas? C'est que le mycoderme, l'air manquant, ne peut se multiplier. Place-t-on dans un vase du vin chauffé préalablement et de l'air qui a été porté lui-même à une température élevée? Le vin ne s'aigrira pas. L'élévation de la température a tué les germes du mycoderma aceti, ceux que le vin pouvait contenir et ceux qui pouvaient être en suspension dans l'air. Mais si un vase, contenant du vin qui a été chauffé, est exposé au libre contact de l'air ordinaire, le vin peut s'aigrir; car si l'on a tué les germes du mycoderma aceti du vin, on n'empêche pas ceux qui peuvent être en suspension dans l'air de tomber dans le vin et d'y germer. Enfin si l'eau alcoolisée pure ne s'acétifie pas, bien que les germes en suspension dans l'air puissent y tomber, ou que le liquide ait pu en prendre aux poussières des vases, c'est que ces germes manquent des aliments nécessaires à la nourriture de la plante. Le vin les lui donne; elle ne les trouve pas dans l'eau alcoolisée. Mais si, dans cette eau alcoolisée, on offre à la petite plante, comme Pasteur le fit, certaines substances capables de lui servir d'aliments, l'acétification se produit. Reportant tous ces résultats à la pratique sévère de la méthode expérimentale : « Le grand art, disait Pasteur, consiste à instituer des expériences décisives, ne laissant aucune place à l'imagination de l'observateur. Au début des recherches expérimentales sur un sujet déterminé quelconque, l'imagination doit donner des ailes à la pensée. Au moment de conclure et d'interpréter les faits que les observations ont rassemblés, l'imagination doit au contraire être dominée et asservie par les résultats matériels des expériences. »

Lorsque l'acétification est complète, le mycoderme, s'il n'est pas submergé, continue à agir et, quand on ne l'arrête pas à temps, sa puissance oxydante devient dangereuse. N'ayant plus d'alcool à transformer, il finit par transformer l'acide acétique lui-même en eau et en gaz acide carbonique. L'œuvre de mort et de destruction s'achève ainsi.

A propos de cette dernière phase du mycoderma aceti, il s'élevait aux lois générales, aux lois de l'univers qui font que tout ce qui a vécu doit disparaître : « Il faut de toute nécessité, remarquait-il, que les matériaux des êtres vivants fassent retour, après leur mort, au sol et à l'atmosphère, sous forme de substances minérales ou gazeuses, telles que la vapeur d'eau, le gaz carbonique, le gaz ammoniac, le gaz azote, principes simples et voyageurs que les mouvements de l'atmosphère peuvent transporter d'un pôle à l'autre et chez lesquels la vie peut aller à nouveau puiser les éléments de sa perpétuité indéfinie. C'est principalement par des actes de fermentation et de combustion lente que s'accomplit cette loi naturelle de la dissolution et du retour à l'état gazeux de tout ce qui a vécu. »

Revenant à son sujet spécial, il exposait aux fabricants de vinaigre la cause de tel échec ou le danger de certaines erreurs. On s'imaginait, par exemple, que dans les tonneaux des vinaigreries d'Orléans certains petits êtres microscopiques, des anguillules dont Pasteur projeta sur un écran les images agrandies, grouillantes et rapides, étaient de quelque utilité dans la fabrication du vinaigre. Pasteur expliqua leur caractère très nuisible. Comme pour vivre elles ont besoin de respirer et que le mycoderme, pour accomplir son œuvre, éprouve, lui aussi, le même besoin d'oxygène, il y a lutte entre les anguillules et le mycoderme. Le travail de l'acétification se fait-il bien, le mycoderme l'emporte-t-il, a-t-il tout envahi en s'étalant : les anguillules sont obligées de se réfugier aux parois du tonneau où, vaincues, mais pouvant respirer, elles forment une petite armée vivante, qui guette le moindre accident de déchirure du voile. Pasteur, une loupe à la main, avait maintes fois assisté à la lutte pour la vie qui s'établit entre les anguillules et les petites plantes, les unes et les autres prêtes à se disputer les couches supérieures du liquide. Faisant nombre, agissant par paquets, les anguillules arrivent quelquefois à faire tomber un lambeau chiffonné du voile mycodermique et à détruire victorieusement l'action de ces plantes noyées.

Tout se succédait, tout s'animait dans un langage plein de vie et l'on sentait Pasteur heureux de faire passer ses longues et délicates recherches de laboratoire dans le domaine de l'industrie. Comme il avait été charmé de constater, à Orléans même, des essais sur le chauffage des vins, il annonçait que le chauffage, qui à une température de 55° était capable de préserver le vin des végétations et des germes qui l'altèrent, pouvait aussi s'appliquer, et avec autant d'efficacité, pour le vinaigre après sa fabrication. Les germes actifs du mycoderma aceti étaient ainsi arrêtés au moment voulu ; les anguillules étaient tuées ; le vinaigre restait inaltéré. « Rien n'est plus agréable aux hommes voués à la carrière des sciences, ajoutait Pasteur en terminant, que d'accroître le nombre des découvertes ; mais quand l'utilité pratique de leurs observations est immédiate, leur joie est au comble. »

Période vraiment intéressante pour l'histoire de sa vie que cette année 1867 ! A Alais, il s'était montré observateur incomparable, uniquement préoccupé de la maladie des vers à soie, ne pensant qu'à cela, ne parlant que de cela. Levé avant tout le monde pour étudier plus tôt la série des expériences en train, il restait des heures et des heures, le regard et l'esprit fixés sur certains détails. De cette attention méticuleuse il passait tout à coup à une ingéniosité extraordinaire pour varier les essais, multiplier les points de vue, prévoir et écarter les causes d'erreur. Enfin, après tant d'efforts, surgissait, comme à propos des études sur les générations spontanées ou sur la nature des ferments, une expérience simple, nette, décisive. Les contrastes de son esprit se retrouvaient dans son caractère. Presque toujours songeur concentré, enfermé dans son idée sans que rien pût l'en distraire, subitement il apparaissait homme d'action. Qu'avait-il fallu ? Parfois un simple entrefilet, souvent un compte rendu erroné, un article de journal, mais surtout la nouvelle irritante de quelque manœuvre d'un marchand de graines qui n'hésitait pas, pour le plus faible gain, à semer la ruine dans de pauvres magnaneries. Avec une ardeur combative, il voulait parler, écrire, discuter avec tous. Rentré à Paris, mêlé aux incidents extra-scientifiques de l'Ecole normale, on l'avait vu s'effacer modestement devant ses maîtres dès qu'il s'était agi d'honneurs et de titres. Puis brusquement il avait interrompu ses recherches pour venir rendre service à une ville industrielle comme Orléans. Les orléanais avaient eu la surprise de cet esprit à la fois doué du sens généralisateur et avide de faits positifs. A ces gens pratiques, qui pouvaient être dédaigneux des théories et des travaux de laboratoire, Pasteur s'était révélé non moins préoccupé qu'eux-mêmes des détails les plus précis.

Il offrait, dans la pleine maturité de ses quarante-cinq ans, les éléments les plus divers. Intuitif comme un poète, son imagination le transportait jusqu'à tel sommet d'où il entrevoyait d'immenses horizons. Tout à coup, par un violent effort, il se défiait de ses intuitions mêmes. Ne tenant aucun compte de ses élans, il revenait à ras de la méthode expérimentale, et, dans son besoin de preuves, lentement, péniblement, il remontait la pente qui menait à ses idées très hautes, très générales. Combat perpétuel qui avait souvent quelque chose de dramatique. Dans la révolution scientifique dont il était l'artisan plein de foi et soutenu par une inlassable volonté, il avait souvent sur les lèvres ces deux mots souverains : la persévérance dans l'effort. Quand il les disait, soit comme un conseil, soit comme le programme de ses propres travaux, son regard plein de lumière allait au delà de l'horizon; quelque chose de lointain, d'infini, se prolongeait devant sa pensée.

A la fin de cette année, un obstacle faillit arrêter ses vastes projets d'expériences. Il apprit que les promesses qu'on lui avait faites s'évanouissaient. Toute demande de crédits supplémentaires était refusée au ministère des Beaux-Arts. Impossibilité dès lors pour la direction des Bâtiments civils d'édifier le plus petit laboratoire sur les quelques mètres de terrain libre en bordure de l'Ecole normale. Quoi! songeait-il tristement: dans la période même où l'on trouvait des millions et des millions pour bâtir l'Opéra, l'affaire relative à un laboratoire, dont les dépenses pouvaient être évaluées entre soixante et cent mille francs, serait classée, selon l'euphémisme bureaucratique, c'est-à-dire étouffée au fond d'un carton! Mais ces frais de premier établissement, à ne considérer les choses qu'au point de vue de la dépense, ne seraient-ils pas couverts cent fois, mille fois, pour le plus grand profit de l'industrie et de l'agriculture, par les découvertes qui sortiraient de ce laboratoire?

Blessé comme savant et comme patriote, il prépara pour le *Moniteur*, journal officiel de l'Empire, un article destiné à secouer l'indifférence coupable des pouvoirs publics.

« ...Les conceptions les plus hardies, les spéculations les plus légitimes, écrivait-il, ne prennent un corps et une âme que le jour où elles sont consacrées par l'observation et l'expérience. Laboratoires et découvertes sont des termes corrélatifs. Supprimez les laboratoires, les sciences physiques deviendront l'image de la stérilité et de la mort. Elles ne seront plus que des sciences d'enseignement, limitées et impuissantes, et non des sciences de progrès et d'avenir. Rendez-leur les laboratoires, et avec eux reparaîtra la vie, sa fécondité et sa puissance.

« Hors de leurs laboratoires, le physicien et le chimiste sont des soldats sans armes sur le champ de bataille.

« La déduction de ces principes est évidente : si les conquêtes utiles à l'humanité touchent votre cœur, si vous restez confondu devant les effets surprenants de la télégraphie électrique, du daguerréotype, de l'anesthésie et de tant d'autres découvertes admirables; si vous êtes jaloux de la part que votre pays peut revendiquer dans l'épanouissement de ces merveilles, prenez intérêt, je vous en conjure, à ces demeures sacrées que l'on désigne du nom expressif de *laboratoires*. Demandez qu'on les multiplie et qu'on les orne : ce sont les temples de l'avenir, de la richesse et du bien-être. C'est là que l'humanité grandit, se fortifie et devient meilleure. Elle y apprend à lire dans les œuvres de la nature, œuvres de progrès et d'harmonie universelle, tandis que ses œuvres à elle sont trop souvent celles de la barbarie, du fanatisme et de la destruction.

« Il est des peuples sur lesquels a passé le souffle salutaire de ces vérités. Depuis trente ans, l'Allemagne s'est couverte de vastes et riches laboratoires et chaque jour en voit naître de nouveaux. Berlin et Bonn achèvent la construction de deux palais d'une valeur de quatre millions, destinés l'un et l'autre aux études chimiques. Saint-Pétersbourg a consacré trois millions à un institut physiologique. L'Angleterre, l'Amérique, l'Autriche et la Bavière ont fait les plus généreux sacrifices... L'Italie a marché un instant dans cette voie.

« Et la France ?

« La France n'est pas encore à l'œuvre... »

Il rappelait dans quel local scientifique, demi-cave, demi-sépulcre, était réduit à vivre le grand physiologiste Claude Bernard. Et où ? Dans l'établissement qui porte le nom de la patrie, écrivait Pasteur, dans le Collège de France ! Le laboratoire de chimie organisé à la Sorbonne était une pièce humide et sombre, de plus d'un mètre en contre-bas de la rue Saint-Jacques. Cela s'appelle, ô dérision ! continuait-il, le laboratoire de perfectionnement et de recherches. Il allait, il allait toujours, il démontrait que les Facultés de province étaient aussi déshéritées que celles de Paris. « Qui voudra me croire quand j'affirmerai qu'il n'y a pas, au budget de l'instruction publique, un denier affecté aux progrès des sciences physiques par les laboratoires; que c'est grâce à une fiction et à une tolérance administrative que les savants, envisagés comme professeurs, peuvent prélever sur le trésor public quelques-unes des dépenses de leurs travaux personnels, au détriment des allocations destinées aux frais de leur enseignement? »

Le manuscrit fut remis au *Moniteur* dans les premiers jours de janvier 1868. Des « variétés », que l'on pourrait appeler de tout repos, venaient de paraître; on passait, sans danger de polémique, d'une étude sur l'architecture musulmane à des considérations sur la pêche du hareng en Norvège. Le fonctionnaire, préposé aux *bons à tirer*, qui veillait au salut de l'empire dans ces colonnes officielles, eut, à la lecture de ces confidences publiques, un soubresaut de surprise. L'administration attaquée dans sa forteresse même! Et par qui? par un fonctionnaire! Il fallait à tout prix modifier ces pages, les atténuer. « Ce serait en altérer le caractère », répondit Pasteur. Le journal était dirigé par M. Dalloz qui, dans son désir de sauvegarder les responsabilités et connaissant trop Pasteur pour ne pas le savoir inébranlable, lui conseilla de faire passer les épreuves sous les yeux de M. Conti, secrétaire de Napoléon III.

« L'article ne saurait figurer au *Moniteur*, mais il n'y a pas d'inconvénient à le publier sous forme de brochure », écrivit à Pasteur M. Conti, qui avait rendu l'Empereur juge de ces révélations. Au lendemain de cette lettre, le 9 janvier, Napoléon, causant avec Duruy, se montra surpris, troublé de cet état de choses. Toutes ces misères, disait Duruy, Pasteur a raison de vouloir les étaler : c'est la meilleure façon de les guérir. N'était-il pas inquiétant et presque scandaleux, en effet, de voir le monde officiel aussi indifférent en matière de science? Est-ce que le moindre aménagement de sous-préfecture ne passait pas dans les préoccupations administratives avant un devis de laboratoire?

Duruy se sentait repris d'un nouveau désir de combat. Que de fois, malgré sa bonne humeur et son intrépidité quasi romaine, il s'était demandé s'il arriverait jamais à faire triompher ses idées relatives aux hautes études dans l'esprit des ministres ses collègues qui, emportés par les discussions quotidiennes, ne semblaient guère se douter que la vraie suprématie d'un peuple réside moins dans les discours d'estrade, les programmes à fracas, que dans le travail silencieux et obstiné de quelques hommes de science, de lettres et d'art. L'article de Pasteur, qui avait pour titre : *Le budget de la science*, parut d'abord dans la *Revue des cours scientifiques*, puis en brochure. Convaincu que c'était la gloire même du pays qui était engagée dans cette campagne, Pasteur non seulement par cet écrit, mais par ses paroles impétueuses,

dites à tout venant, réclamait ce droit de développer et de soutenir l'esprit de recherches. Passant de l'irritation en face des
obstacles à un excès de confiance quand il se voyait à la veille
de faire triompher ses idées, il écrivait, le 10 mars, à Raulin :
« Nous assistons à un mouvement très favorable au progrès des
sciences. Les retardataires sont distancés et je puis vous assurer
que je réussirai. »

Six jours après, le 16 mars, le jour même où l'on fêtait aux
Tuileries l'anniversaire de la naissance du Prince impérial que
tout le monde de la cour commençait d'entourer d'honneurs comme
le prince héritier assuré de l'avenir, Napoléon III, qui, à la
suite de cet article, avait exprimé l'intention de consulter, non
seulement Pasteur, mais encore Milne-Edwards, Claude Bernard,
Henri Sainte-Claire Deville, réunissait avec eux, dans son cabinet,
les trois personnages de l'Empire les mieux placés pour les écouter :
Rouher, le maréchal Vaillant et Duruy. L'Empereur, de sa voix
un peu lente et comme détachée, invita chacun des membres de
ce conseil à exprimer ses idées sur ce qu'il y aurait à faire. Tous
s'accordaient à regretter l'abandon de la science pure. Comme
Rouher disait qu'il ne fallait pas s'étonner que le règne des
sciences appliquées succédât au règne de la science pure : « Et
les sources des applications, si elles sont taries ? » répliqua
vivement le souverain. Pasteur, invité à donner son avis, et qui
avait pris en note tout ce qu'il se proposait de dire, rappela
que le Muséum d'histoire naturelle et l'Ecole polytechnique dont
la part d'initiative avait été si grande dans le mouvement des
sciences au commencement du siècle, n'étaient plus dans cette
période héroïque. Depuis vingt ans, la prospérité industrielle de la
France avait entraîné, disait-il, chez les meilleurs polytechniciens,
la désertion du haut enseignement et des sciences théoriques,
sources premières cependant de toutes les applications possibles.
Cette Ecole polytechnique n'était-elle pas obligée maintenant de
recourir à des candidats qu'elle n'avait point formés pour remplir
les emplois de professeurs, de répétiteurs et d'examinateurs ? Les
normaliens constituaient ce renfort nécessaire. Que fallait-il pour

ramener la prospérité qui formerait de nouveau des savants d'avenir comme on les formait autrefois? Maintenir à Paris, durant deux ou trois ans, cinq ou six des meilleurs élèves des grandes Ecoles avec le titre de répétiteurs ou d'agrégés-préparateurs, faire pour l'Ecole polytechnique et pour d'autres établissements ce que l'on faisait à l'Ecole normale. Grâce à cette institution spéciale, on aurait en réserve, pour la science et le haut enseignement, des hommes qui honoreraient plus tard leur pays. Il fallait ensuite, et c'était le second point, non moins important que le premier, donner aux savants les ressources les mieux appropriées à la poursuite de leurs travaux; imiter l'Allemagne, par exemple, où un savant passait de telle Université dans telle autre sous la condition expresse qu'on lui bâtirait « un laboratoire parfois magnifique, non pour l'architecture, ajoutait Pasteur (à moins qu'un certain orgueil national n'intervienne, ce qui se voit souvent et ce qui est une marque de l'estime qui s'attache en ces pays à la gloire scientifique), mais pour le nombre et la précision des instruments et pour les allocations propres à féconder les grandes entreprises. En outre, reprenait-il, les savants étrangers ont leur demeure jointe à leurs laboratoires et à leurs collections. »

Etait-il, en effet, une plus vive, plus pressante manière d'inviter au travail? Ce n'était pas que, dans la pensée de Pasteur, le savant dût renoncer au professorat. Il reconnaissait, au contraire, que l'enseignement public oblige à embrasser successivement, dans leurs relations entre elles ou avec les autres sciences, toutes les parties de la science dont on s'occupe. Les travaux personnels reçoivent ainsi l'influence salutaire de rapprochements et d'aperçus nouveaux. Mais pas de cours trop différents et trop rapprochés qui paralysent les forces, disait-il avec la conscience d'un homme qui savait ce qu'il en coûte de préparer une leçon. Après avoir exposé comment il se représentait la jeunesse et la vie du savant mis à même de donner sa mesure, il revenait, comme toujours, au lien qui, selon lui, devrait unir toute tâche individuelle à l'intérêt général. Il souhaitait que les villes fussent intéressées aux travaux et à la gloire de leurs établissements scientifiques. « Il faudrait, disait-il, comme s'il pressentait l'avenir, il faudrait par les dénominations d'Université de Paris, de Lyon, de Strasbourg, de Montpellier, de Lille, de Bordeaux et de Toulouse, formant par leur faisceau l'Université de France, introduire entre les cités et leurs établissements d'enseignement supérieur quelques-uns des liens qui rattachent les Universités allemandes aux localités qu'elles honorent.' »

L'instruction populaire, prodiguée en Allemagne et, au-dessus de cette instruction, l'enseignement supérieur en pleine indépendance intellectuelle : Pasteur admirait ce programme. Aussi, lorsque la Faculté de médecine de l'Université de Bonn résolut, dans cette année 1868, de lui offrir, en récompense de ses travaux sur le rôle des organismes microscopiques, un titre de docteur en médecine comme un grand hommage sur parchemin, fut-il fier de voir ses recherches mises à leur véritable rang par un peuple voisin qui proclamait la reconnaissance des services rendus à tous. Il ne soupçonnait guère alors l'autre côté de la nature allemande, le côté militaire dont les préoccupations étaient bien différentes. Celles-là, deux officiers français, le premier, le général Ducrot, nommé, depuis la fin de septembre 1865, au commandement de la 6e division militaire dont le siège était à Strasbourg, le second, le colonel baron Stoffel, attaché militaire en Prusse depuis 1866, ne cessaient de les signaler au gouvernement de l'Empereur avec une haute prévision et parfois une angoisse patriotique. Ces cris d'alarme, on les écoutait si peu qu'à cette date même de la séance du conseil des savants et des ministres au palais des Tuileries, certains complots de cour, qui furent sur le point de réussir, se tramaient dans l'entourage de l'Empereur pour que le général Ducrot quittât le commandement de Strasbourg, fût nommé à Bourges, et qu'il se délivrât ainsi, en en débarrassant les autres, de son idée fixe de l'ambition prussienne.

Le 16 mars, le soir même de cet entretien politico-académique où l'Empereur décida qu'il y aurait quelque chose d'amélioré en

France et où Duruy eut la certitude, grâce à la promesse de crédits futurs, de pouvoir offrir bientôt aux professeurs français « les
instruments de travaux nécessaires pour rivaliser avec leurs émules
d'outre-Rhin », Pasteur partait pour Alais. Partisans et adversaires
de ses expériences sur la maladie des vers à soie, c'était à qui
réclamerait son arrivée. Préfet du Gard, membres d'une commission impériale de sériciculture, tous faisaient démarches sur
démarches pour que la mission de Pasteur recommençât au plus
tôt. Il aurait eu le vif désir de faire, dans cette seconde quinzaine
de mars 1868, sa leçon inaugurale à la Sorbonne et, en exposant
les résultats de ses travaux, d'essayer, écrivait-il à Duruy, de les
rendre plus féconds en les faisant mieux connaître. « Mais ce sont
là, ajoutait-il, des raisons de sentiment plus ou moins égoïstes que
je ne saurais mettre en balance avec l'intérêt de mes recherches, si
j'avais le bonheur de les voir couronnées de succès. »

A son arrivée, il eut la joie de constater que ceux qui avaient
mis en pratique la méthode de grainage suivant ses prescriptions
rigoureuses avaient obtenu un résultat complet. D'autres sérricicul-
teurs, moins avisés, dupes des apparences trompeuses offertes par
de belles chambrées, qui n'avaient pas pris la peine d'examiner si
les papillons étaient corpusculeux, furent témoins et victimes des
échecs prédits par Pasteur. La pébrine, il la regardait comme
vaincue. Restait la flacherie, plus insaisissable, soumise à tous les
accidents qui pouvaient traverser la vie du ver à soie. Si quelques-uns de ces dangers échappaient aux prévisions, comme un
changement brusque de température, une journée d'orage par
exemple, on pouvait tout au moins veiller à ce que les feuilles de
mûrier ne fussent pas exposées à un commencement de fermentation ou contaminées par les poussières des magnaneries : causes
suffisantes pour provoquer un trouble, un désordre mortel chez les
vers dont la nourriture est chose si importante qu'en un mois ils arrivent à peser 15,000 fois plus qu'à leur naissance. La flacherie acci-
dentelle pouvait ainsi être évitée par des précautions hygiéniques.
Risquait-elle de devenir héréditaire ? Pasteur avait mis en évidence
que le microorganisme, cause de la flacherie, se développe dans

le tube digestif du ver et se localise ensuite dans la poche stomacale, lorsque le ver s'est transformé en chrysalide. Il fit connaître
le moyen d'avoir des générations de vers à soie indemnes. Ce
moyen, dit celui qui prit une part si assidue à ces études, M. Gernez, ne complique guère les opérations et produit à coup sûr de la
graine saine. Il consiste à prélever, avec une pointe de scalpel,
une petite quantité de la poche stomacale du papillon, à la délayer
dans une goutte d'eau et à rechercher le microorganisme à l'aide
du microscope. Si les papillons ne contiennent pas ce témoin de
la flacherie, on peut livrer au grainage la chambrée d'où ils
proviennent. Le microorganisme de la flacherie est aussi facile à
reconnaître, même pour un enfant, que les corpuscules de la
pébrine. Les recherches du laboratoire du Pont-Gisquet pouvaient
passer le plus aisément du monde dans la grande pratique industrielle. Rien n'est plus vrai, rien n'est plus exact, disaient certains
sériciculteurs enthousiastes et reconnaissants. Erreur ! répondaient
ceux qui ne voulaient pas appliquer la méthode ou qui l'appliquaient mal. Les marchands de graines, troublés par ces découvertes, qui portaient un si grave préjudice à leur commerce,
répandaient les bruits les plus mensongers, les plus injurieux. Il
n'était sorte d'imposture dont ils ne se fissent les intermédiaires.

Le père de Mme Pasteur, M. Laurent, écrivait à sa fille dans une
lettre datée de Lyon, le 6 juin : « Apprends qu'on a répandu ici le
bruit que le peu de succès des éducations et des procédés de Pasteur ont ému la population de vos contrées au point de l'obliger à
quitter précipitamment Alais assailli par les pierres que les habitants lui jetaient de tous côtés. »

Quelque chose de ces légendes restait dans l'esprit des simples.
Certaines lettres venant de Paris apportèrent à Pasteur des nouvelles autrement importantes. Aussi, le 27 juillet, écrivait-il à
Raulin : « La construction de mon laboratoire va commencer
immédiatement. Les ordres sont donnés et l'argent trouvé. C'est
avant-hier que le ministre m'a annoncé cette nouvelle. » Le
ministre de l'Instruction publique avait alloué 30,000 francs pour

ces travaux. Une somme égale était promise par le ministre de la Maison de l'Empereur.

Duruy préparait dans cette même période un rapport sur deux projets de décrets relatifs aux laboratoires d'enseignement et aux laboratoires de recherches, décrets qu'il ne présentait à l'Empereur « qu'après s'être assuré par une longue et minutieuse enquête, que c'était répondre aux vœux des hommes les plus compétents ».

« Le laboratoire de recherches ne sera pas utile au maître seul, écrivait le ministre, il le sera bien plus encore aux élèves, et par conséquent il assurera les progrès futurs de la science. Alors on verra les étudiants, pourvus déjà de connaissances théoriques étendues, initiés dans les *laboratoires d'enseignement* aux premières manœuvres des instruments, aux manipulations élémentaires et aux exercices que j'appellerai classiques, se grouper en petit nombre autour d'un maître éminent, s'inspirer de son exemple, s'exercer sous ses yeux à l'art d'observer et aux méthodes d'expérimentation. Associés à ses études, ils ne laisseront perdre aucune de ses pensées, l'aideront à aller jusqu'au bout de ses découvertes, et peut-être commenceront à en faire avec lui... C'est avec des institutions de ce genre que l'Allemagne a trouvé le moyen d'arriver à ce large développement des sciences expérimentales que nous étudions avec une sympathie inquiète. »

Que de projets d'études surgirent alors dans l'esprit enthousiaste de Pasteur ! De Paris, où il s'était empressé de revenir pour être là dès le premier coup de pioche donné sur l'étroit espace concédé rue d'Ulm, il écrivait à Raulin, le 10 août. Il lui demandait conseil comme à un architecte puis, l'engageant à venir le rejoindre bientôt, il lui racontait comment il entendait organiser ses vacances, où le travail dominait :

« Je quitterai Paris le 16 août avec ma femme et mes enfants pour un séjour de trois semaines au bord de la mer, près de Bordeaux, à Saint-Georges. Si vous étiez libre à la fin du mois, ou mieux dans les premiers jours de septembre, je désirerais beaucoup que vous pussiez m'accompagner à Toulon où des expériences

pourront être faites sur le chauffage des vins par ordre du ministre
de la Marine. On doit expédier au Gabon et en Cochinchine de
grandes quantités de vin chauffé et non chauffé afin d'éprouver le
procédé. Les équipages de nos colonies ne boivent que du vinaigre.
Une commission d'hommes très éclairés est nommée et a déjà commencé ses études dont elle est très satisfaite... Voyez si vous pouvez venir me rejoindre à Bordeaux où j'attendrai un avis du président de la commission, M. de Lapparent, directeur des constructions
navales au ministère de la Marine. »

La commission dont parlait Pasteur étudiait depuis deux ans s'il
y avait lieu d'appliquer les procédés de chauffage aux vins destinés aux bâtiments de la flotte et aux colonies. On fit un premier
essai, à Brest, sur une barrique de 500 litres dont la moitié seulement fut chauffée à 63°. Puis les deux vins furent introduits dans
des barriques différentes, scellées, placées sur le vaisseau le
Jean-Bart qui resta dix mois loin du port. A la rentrée du bâtiment, la commission constata la limpidité, la douceur, le moelleux
du vin chauffé. Ce sont les termes du rapport qui mentionnait
même que l'on constatait la jolie couleur de rancio, particulière
aux vins vieux. Le vin non chauffé était également limpide, mais
il avait une saveur astringente passant à l'acide. Bien qu'encore
buvable, lisait-on dans le rapport, le mieux était de le consommer
bien vite, si on voulait éviter qu'il ne se perdît entièrement. Résultats identiques constatés sur des bouteilles de vin chauffé et non
chauffé à Rochefort et à Orléans.

Après avoir exprimé au ministre de la Marine le vœu que la
commission du chauffage des vins fût rendue permanente, qu'elle
fît une grande enquête et qu'elle arrivât à se former et à répandre
une conviction solidement motivée, M. de Lapparent provoqua une
expérience décisive à Toulon. Tout se passa sous les yeux de
Pasteur. La frégate la *Sibylle*, prête à faire le tour du monde,
embarqua non plus des bouteilles ou une barrique, mais un char-
gement complet de vin chauffé.

Revenu à Arbois pour prendre quelque repos avant de repartir
pour Paris, Pasteur écrivait au confident de ses premiers travaux,

à son ami Chappuis, une lettre, datée du 21 septembre 1868, qui résume ce qui s'était passé :

« Je suis très satisfait de mes expériences à Toulon et je ne saurais trop me féliciter de la bonne fortune des essais de la marine. Nous avons chauffé en deux jours 650 hectolitres. La rapidité de l'opération se prête aux approvisionnements les plus considérables et les plus prompts. Ces 650 hectolitres vont partir pour les côtes occidentales de l'Afrique avec 50 hectolitres du même vin non chauffé. Si l'essai réussit, c'est-à-dire si les 650 hectolitres arrivent et peuvent séjourner sans altération et que les 50 s'altèrent, ce dont je ne doute pas sur la foi de mes expériences de laboratoire, la question sera résolue, et, à l'avenir, tout le vin de la marine sera assuré contre les maladies par le chauffage préalable. La dépense ne s'élèvera pas à 5 centimes par hectolitre. Les résultats de ces expériences auront une grande influence sur le commerce, toujours et avec raison défiant pour les innovations. Pourtant nous avons vu, à Narbonne particulièrement, le chauffage appliqué déjà sur une grande échelle par divers négociants, qui m'en ont dit beaucoup de bien. Bref cette grande application est en bonne voie, et j'aime à espérer qu'elle s'affirmera de plus en plus. Les débouchés pour les vins français pourront devenir immenses à l'étranger, car nos vins de table ordinaires ne peuvent se prêter à un commerce sûr avec l'Angleterre et les pays d'outre-mer que par un assez fort vinage qui en élève le prix et les dénature plus ou moins dans leurs qualités hygiéniques. »

Ces expériences réussirent. Au milieu de tant d'études diverses sa vie avait quelque chose de trépidant.

Il revint à Paris dans la première quinzaine d'octobre. Son cours à la Sorbonne, l'organisation de son laboratoire, l'écho des polémiques au sujet de la maladie des vers à soie, les projets des dernières expériences démonstratives à faire l'année suivante, tout s'accumulait précipitamment et provoquait en lui une extrême tension cérébrale.

Dès qu'il revit M. Gernez, il lui parla de la prochaine campagne de sériciculture. Ne fallait-il pas réduire au silence les attaques et les critiques à force de preuves, mettre un point final à de si longues études ? Rien ne pouvait arracher Pasteur à cette préoccupation obsédante, pas même la gaieté de Bertin qui, demeurant sur le même palier, à l'Ecole normale, ne songeait qu'à venir le distraire le soir après dîner. Bertin, avec un scepticisme très particulier de franc-comtois souriant et moqueur, trouvait que ce que la vie a de plus intéressant, ce sont les entr'actes où l'on se repose du spectacle.

Le lundi 19 octobre, Pasteur, bien que souffrant d'un étrange malaise, d'un fourmillement dans tout le côté gauche, eut le vif désir d'aller présenter à l'Académie des sciences le travail d'un italien, Salimbeni, qui, après avoir étudié et vérifié les résultats pastoriens, déclarait que la meilleure manière de régénérer la sériciculture était due au savant français. Ce certificat de bonne conduite expérimentale donné par un italien, le diplôme de l'Université de Bonn, la médaille Rumford offerte jadis par les anglais, tous ces témoignages qui venaient de peuples voisins lui étaient infiniment agréables. C'était une fierté impersonnelle, expansive, heureuse de reporter à la France les premiers hommages venus de l'étranger comme une avant-garde de la postérité. Ce jour-là, ce 19 octobre 1868, date cruelle dans la vie de tous les siens, en dépit de cet état indicible qui, au sortir du déjeuner, l'avait forcé d'interrompre tout travail et de s'étendre sur son lit en proie à un frisson glacial, il voulut quand même, à deux heures et demie, se rendre à la séance académique.

Vaguement inquiète, Mme Pasteur l'accompagna, alléguant une course à faire au delà du quai Conti. Elle ne le quitta que dans la cour même de l'Institut, au bas de l'escalier, dans le vestibule où tant d'immortels ont passé. Mme Pasteur, rencontrant Balard qui arrivait avec une vivacité juvénile, l'arrêta, lui demanda de revenir après la séance avec Pasteur de ne le quitter qu'à la porte de l'Ecole normale. Recommander à Balard, qui avait soixante-six ans, de veiller sur Pasteur si jeune, c'était le renversement des rôles. Pasteur, sans que sa voix fût altérée, présenta le travail de Salimbeni. Comme toujours il resta jusqu'à la fin de la séance. Il revint à pied avec Balard et Sainte-Claire Deville. Il dîna peu, à neuf heures il se coucha. A peine était-il dans son lit qu'il sentit le mal étrange de l'après-midi l'envahir. Il voulut parler, sa voix s'arrêta sur ses lèvres. Après quelques instants d'angoisse, il put appeler.

Pendant que Mme Pasteur faisait chercher en toute hâte un ami très intime, médecin militaire, professeur de clinique à l'Ecole du Val-de-Grâce, M. Godélier, Pasteur, tour à tour paralysé et dépa-ralysé, expliquait, dans les intervalles de ce sombre combat où sa vie était en jeu, les phénomènes dont il était victime.

L'hémorragie cérébrale amena peu à peu l'abolition du mouve-ment de tout le côté gauche. Lorsque le lendemain matin le Dr Noël Gueneau de Mussy, venant faire sa visite réglementaire aux élèves de l'Ecole normale, entra dans la chambre de Pasteur en lui disant pour ne pas l'effrayer : « J'ai appris que vous étiez indisposé et j'ai tenu à venir vous voir », Pasteur eut le triste sourire des malades clairvoyants. MM. Godélier et Gueneau de Mussy furent d'avis d'appeler en consultation le Dr Andral, qu'ils allèrent cher-cher à trois heures, à la séance de l'Académie de médecine. Déconcerté devant cette attaque d'hémiplégie si différente de celles dont il avait été témoin, Andral prescrivit l'application de seize sangsues derrière les oreilles. Idée de salut. Le sang coula abondamment. « Parole plus nette, langue dégagée, quelques mouvements dans les membres paralysés, intelligence parfaite », écrivait, le mardi soir, M. Godélier qui notait heure par heure les phases de la maladie. Mais ce même mardi, à dix heures du soir, le bulletin porte ces mots : « Se plaint de son bras para-lysé. Il pèse comme du plomb. Si je pouvais le couper ! disait Pasteur avec un gémissement. » Vers deux heures, Mme Pasteur crut que tout espoir s'évanouissait. « Froid intense, agitation anxieuse, traits affaissés, yeux languissants », lit-on encore sur ces notes rapides et comme haletantes. Le sommeil qui suivit parut être le sommeil de la mort.

Au petit jour, Pasteur sortit de ce profond assoupissement. « Intelligence toujours absolument intacte, écrivait M. Godélier le mercredi 21 octobre à midi et demi. La lésion cérébrale quelle qu'elle soit, continuait-il, ne s'est pas aggravée. Il y a un temps d'arrêt manifeste. » Ces mots : « Intelligence active » revenaient deux heures plus tard, suivis de cette observation saisissante : « Causerait très volontiers de science ».

Pendant que se succédaient depuis trente-six heures ces périodes de calme, d'agitation, ces reprises d'espoir, ces détresses, les amis se suivaient dans la chambre de l'Ecole normale. Un des premiers fut Henri Sainte-Claire Deville. Au moment où Pasteur lui disait tristement ces mots : « Je regrette de mourir : j'aurais voulu rendre plus de services à mon pays », Sainte-Claire Deville, étouffant son chagrin sous une apparence de confiance, lui répondit : « Rassurez-vous, vous allez vous rétablir, vous ferez encore de merveilleuses découvertes, vous vivrez d'heureux jours ; vous me survivrez, je suis votre aîné, promettez-moi de prononcer mon oraison funèbre... Je le souhaite parce que vous direz du bien de moi », ajouta-t-il moitié larmes, moitié sourire.

. Bertin, Gernez, Duclaux, Raulin, Didon, alors préparateur à l'Ecole normale, deux camarades francs-comtois, le professeur Auguste Lamy, le géologue Marcou, tous réclamaient comme un privilège le droit de veiller, avec Mme Pasteur et M. Godélier, celui qui leur inspirait à tous quelque chose de plus qu'une affection admirative et dévouée, un sentiment de tendresse et presque un culte.

La lettre intime d'une cousine, Mme Cribier, donne le résumé de ces sombres jours :

« 26 octobre 1868... Les nouvelles sont assez bonnes ce matin. Le malade a pu dormir quelques heures cette nuit, ce qui ne lui était pas encore arrivé. Il avait été toute la journée d'hier dans une telle agitation que M. Godélier n'était pas sans inquiétude ; il a fait faire le silence le plus complet dans l'appartement, on n'avait la permission de parler que dans le cabinet qui est la pièce la plus éloignée et la plus sourde à cause de ses doubles portes matelassées. Cette pièce ne désemplit pas du matin au soir. Tout le Paris savant vient s'informer avec anxiété de l'état du malade ; des amis intimes le veillent tour à tour ; Dumas, le grand chimiste, insistait hier de la manière la plus affectueuse pour remplir le même soin. Chaque matin, l'Empereur et l'Impératrice envoient un laquais prendre des nouvelles que M. Godélier lui remet sous pli cacheté. Enfin aucune preuve de sympathie ne fait défaut à la pauvre Marie et j'espère un peu que le malheur ne sera pas aussi complet qu'on a pu le craindre tout d'abord. L'intelligence me semble si intacte que, le repos et la jeunesse aidant, il pourra peut-être se remettre au travail avec ménagement. Cette attaque est accompagnée de symptômes qui occupent en ce moment toute l'Académie de Médecine. La paralysie agit toujours brusquement, tandis que chez M. Pasteur elle a eu lieu par petites attaques successives, vingt ou trente peut-être, et n'a été complète qu'au bout de vingt-quatre heures, ce qui a dérouté complètement les médecins qui l'entouraient et a retardé l'emploi d'un traitement actif. Ce fait est, paraît-il, observé pour la première fois et déroute toute la Faculté. »

La pensée dominait, intacte, lumineuse, souveraine, ce corps foudroyé. Comme visiblement Pasteur avait la crainte de mourir avant d'avoir éclairé sur tous les points la question de la maladie des vers à soie, si obscure avant lui, il voulut dicter à sa femme une note sur ce sujet qui le préoccupait comme s'il eût encore été penché sur les claies d'Alais.

« Une nuit que j'étais seul près de lui, a raconté M. Gernez qui ne le quitta guère pendant cette terrible semaine, j'avais vainement essayé de le distraire de ces pensées; désespérant enfin d'y réussir, je le laissai développer les idées qu'il voulait faire connaître, puis trouvant, non sans étonnement, qu'elles avaient la forme nette et précise de tout ce qu'il a produit, j'écrivis, sous sa dictée, sans en changer un mot et portai le lendemain à son illustre confrère Dumas, qui n'en croyait pas ses yeux, la note qui parut dans le compte rendu de l'Académie, le 26 octobre 1868. C'était huit jours après l'attaque qui avait failli l'emporter; elle contenait l'indication d'un procédé fort ingénieux pour découvrir aux essais précoces les graines prédisposées à la flacherie. »

Au début de la séance, Dumas rassura l'Académie par la communication de cette note qui rendait la pensée de Pasteur vivante et comme présente.

« J'ai tant à faire encore! disait-il à Jules Marcou en lui parlant de ses études sur les fermentations, les maladies contagieuses. Il y a là tout un monde à révéler. »

Les travaux d'édification du laboratoire avaient été commencés. Des clôtures en planches entouraient le terrain déjà bouleversé. Pasteur, du fond de son lit, demandait chaque jour : « Avance-t-on? » Sa femme et sa fille allaient alors à la fenêtre de la salle à manger, qui donnait sur le jardin de l'Ecole normale, mais elles ne pouvaient rapporter que de vagues réponses. Dès les premiers jours de la maladie les ouvriers avaient disparu. A peine voyaient-elles passer et repasser un terrassier qui transportait dans une brouette quelques pelletées de terre, comparse inutile d'une comédie que faisait jouer un grand ou un petit employé pour donner le change au malade. Pasteur se rétablirait-il jamais? Dès lors pourquoi cette dépense et cet empiétement sur le jardin de l'Ecole?

Pasteur ne fut pas longtemps dupe de cette supercherie. Un jour que le général Favé venait le voir, avec une constante sollicitude où se mêlaient des sentiments d'ami et de français, la prévoyance qui avait suspendu les travaux du laboratoire fut le sujet de tristes et mutuelles réflexions. N'eût-il pas été plus franc de dire tout simplement dès le 19 octobre : travaux arrêtés pour cause de décès probable ?

Napoléon III, averti de cet excès de zèle administratif non seulement par le général Favé mais encore par Sainte-Claire Deville, qui fut un des invités de Compiègne pendant les premiers jours de novembre 1868, écrivit au ministre de l'Instruction publique, le 15 novembre :

« Mon cher Monsieur Duruy, j'ai appris que, sans doute à votre insu, on avait retiré les ouvriers qui travaillaient au laboratoire de M. Pasteur, le jour même où il est tombé malade. Cette circonstance l'a vivement affecté, car elle semblait laisser entrevoir son non-rétablissement.

« Je vous prie de donner des ordres pour que le travail entrepris soit continué. Croyez à ma sincère amitié. Napoléon. »

Duruy fit porter immédiatement le billet à M. du Mesnil qui avait le titre un peu long de « chef de la division de l'administration académique, des établissements scientifiques et de l'instruction supérieure ». N'acceptant pas, soit pour son ministre, soit pour lui-même, un blâme indirect, ce blâme fût-il expédié de Compiègne, M. du Mesnil traça de sa plus grosse écriture ces mots, en marge même de l'autographe impérial :

« M. Duruy n'a pas donné d'ordres, et il n'avait pas à en donner. C'est à sa sollicitation que les travaux ont été entrepris, mais c'est la *direction des bâtiments civils* qui seule *peut* les avoir suspendus. Le fait est du reste à vérifier. »

M. de Cardaillac, chargé de la direction des bâtiments civils, fit son enquête et les travaux reprirent.

Ce fut seulement le 30 novembre que Pasteur put pour la première fois quitter son lit et passer une heure dans un fauteuil. Pendant cette période où il se voyait infirme, hémiplégique dans sa quarante-sixième année, il analysait avec une parfaite clairvoyance, selon les mots mêmes de M. Gernez, toutes les particularités de son état. Mais s'étant aperçu que ses observations attristaient son entourage, il ne parla plus de sa maladie. Il ne fut préoccupé que d'une chose : ne pas être une gêne, une charge, un fardeau, répétait-il, pour sa femme, son fils, sa fille, ses disciples qui le veillaient à tour de rôle.

Dans la journée, chacun s'offrait pour être son lecteur. Le général Favé, dont l'esprit actif, curieux s'appliquait à tout — et qui ne ressemblait guère à ce maréchal du second Empire répondant avec désinvolture à un membre de l'Institut, très fier de lui présenter un officier de mérite, homme de science : « Ne me parlez pas des savants ! c'est la peste de l'armée ! » — apporta, dans une de ses visites presque quotidiennes, un vrai livre de malade, livre facile à feuilleter ou à méditer, traduit de l'anglais et intitulé *Self-Help*. Des biographies, représentatives de ce que peuvent l'intelligence, le courage, le dévouement, se succédaient rapides comme

des séries de portraits dans un musée. L'auteur heureux d'exposer
une découverte, de décrire un chef-d'œuvre, de raconter les grands
services, de résumer les nobles entreprises, de montrer, même à
travers des actes dont les conséquences politiques étaient discutables, les prodiges qu'inspire l'énergie, avait su donner à ce
livre morcelé un caractère d'ensemble. C'était un hommage rendu
à la puissance de la volonté.

Pasteur, ainsi que l'écrivain anglais, trouvait que la suprématie
d'un peuple réside dans « la somme des activités, des énergies,
des vertus particulières ». Sa pensée s'élevait encore plus haut.
Les hommes de science pouvaient souhaiter quelque chose de
mieux encore que de contribuer à la fortune et à l'éclat de leur
pays. Un travail personnel devenant un bienfait collectif dont l'humanité tout entière profiterait, une grande forme de la gloire n'était-
elle pas là ? Et, au témoignage de ceux qui veillaient près de lui,
c'était quelque chose de très triste mais aussi de très beau que
d'assister au contraste entre cette âme plus ardente que jamais et
ce corps immobilisé de patient.

C'est sans doute au souvenir des émotions généreuses que lui
causa la lecture de ces biographies, — quelques-unes trop suc-
cinctes à son gré, celle de Jenner par exemple, — c'est en pensant à ces hommes de conquête, à ces hommes de foi, que Pasteur
écrivait :

« De la vie des hommes qui ont marqué leur passage d'un
trait de lumière durable, recueillons pieusement pour l'enseignement de la postérité jusqu'aux moindres paroles, aux moindres actes propres à faire connaître les aiguillons de leur grande
âme. »

Le culte des grands hommes ! il en faisait un principe d'éducation nationale. Pourquoi l'enfant, dès qu'il saurait lire, n'appren-
drait-il pas, par des récits d'abord sommaires puis de plus en plus
étendus, à aimer l'histoire de ceux qui ont travaillé pour la France
et pour l'humanité ? Tout ce qui est grand est simple. Serait-il donc
difficile d'intéresser, d'émouvoir les écoliers, en leur faisant connaître l'âme des grands hommes ? Héroïques ou bienfaisantes, que

de figures passeraient ainsi au-dessus des foyers, des écoles, des cités! Ce dernier mot, Pasteur l'aimait. Il attachait à ce mot « cité » le sens complet d'autrefois. Dans la piété de son patriotisme, il voyait pour un peuple qui garde le souvenir de ses morts, qui les célèbre aux jours de fête, qui les invoque aux jours de deuil, un secret de force, d'espérance, de vie : lien intime et sacré qui n'était pour Pasteur qu'un des échanges entre le monde visible et l'invisible. Son âme était profondément religieuse. Dans la maladie, au moment où toutes les choses de ce monde prennent leurs véritables proportions, sa pensée allait bien au delà de cette terre. Il pressentait l'infini comme Pascal, avec le même saisissement. Toutefois le Pascal qui, devant le prodige d'énigme et d'inquiétude que représente l'homme, s'acharne, avec le plus fier, souvent le plus dur mépris, à découvrir nos misères pour mieux nous humilier, l'attirait moins que le Pascal disant que « l'homme n'est produit que pour l'infinité » et qu' « il s'instruit sans cesse dans son progrès ».

Progrès matériel, perfectionnement moral : Pasteur avait foi dans l'un comme dans l'autre. Aussi, que ce fût à travers les impressions si vives, parfois si poignantes, causées par les pensées de Pascal, ou au milieu du plaisir sévère qu'il prenait à la lecture de Nicole (dont Silvestre de Sacy venait précisément de republier les petits traités de morale dans le format d'un livre de chevet), invariablement Pasteur recherchait les passages qui relèvent et qui consolent.

Dans un livre qu'il aimait aussi, *De la Connaissance de Dieu et de soi-même*, il goûtait le passage où Bossuet montre que la nature humaine a « l'idée d'une sagesse infinie, d'une puissance absolue, d'une droiture infaillible, en un mot de la perfection ». Il relevait encore une phrase de mise en garde, aussi digne de méditation pour l'emploi de la méthode expérimentale que pour la conduite de la vie, phrase qu'il se proposait d'inscrire en tête d'un de ses ouvrages scientifiques : « Le plus grand dérèglement de l'esprit est de croire les choses parce qu'on veut qu'elles soient. »

Au mois de décembre, tout reprit un air de joie à l'Ecole normale. Le laboratoire, qui s'élevait peu à peu, était comme une reconstruction d'espérances pour de longs travaux. M. Godélier inscrivait sur ses petites feuilles volantes : « Etat général des plus satisfaisants. Moral excellent; les progrès faits chaque jour dans le retour d'action des muscles paralysés inspirent au malade une entière confiance. Il organise les plans de sa future campagne séricicole, reçoit sans trop de fatigue beaucoup de visites, cause avec animation et gaîté, dicte souvent des lettres. »

Parmi tant de visites, une toucha surtout Pasteur et l'enchanta. Duruy, avec sa double cordialité de ministre et d'ami, vint lui apporter le meilleur des réconforts : il le rassura sur l'avenir de l'enseignement supérieur. L'augmentation de crédit qui était obtenue au budget de 1869 permettrait d'agrandir, outre le laboratoire de l'Ecole normale, de nouveaux laboratoires, puis de créer des centres d'études pour la recherche de la vérité sur d'autres points. On pouvait enfin, après tant d'efforts et de luttes, prévoir le jour où la chimie et la physique, la physiologie et l'histoire naturelle, les mathématiques aussi bien que les sciences historiques et la philologie, toutes auraient un département de pleine indépendance dans la grande province qui s'appellerait l'Ecole pratique des Hautes Etudes. Nulle contrainte, nul règlement fixe, pas d'autre programme que la liberté dans l'ardeur au travail. Tel jeune homme attiré vers la science pure, tel autre dont l'ambition serait d'être préparateur, tel autre enfin qui voudrait prétendre un jour à une chaire de haut enseignement pourraient se donner carrière. S'il y avait une étincelle de génie, l'étincelle deviendrait flamme.

Cette flamme sacrée, Duruy la voyait avec joie dans le regard de Pasteur. « Progrès lents, mais sûrs et continus, écrivait encore M. Godélier, le mardi 15 décembre : il a été de son lit à son fauteuil avec l'aide d'un bras. Mardi 22 : a été dîner dans la salle à manger en s'aidant d'une chaise pour appui. Mardi 29 : fait quelques pas sans appui. »

La convalescence est comme une seconde jeunesse qui aurait le sentiment d'une progressive et très douce conquête de la vie.

Toutefois Pasteur ne voyait, dans cette reprise de santé, que le moyen de pouvoir dépenser de nouveau sa vie de travail. Il se disait prêt à partir pour le département du Gard, non dans quelques mois ou quelques semaines comme on le lui conseillait, mais dès les premiers jours de janvier. N'était-il pas utile, nécessaire, indispensable, répétait-il, qu'il allât s'installer à trente kilomètres d'Alais, dans la commune de Saint-Hippolyte-du-Fort, à quelques pas de l'établissement qui dépendait du comice agricole du Vigan et où se faisaient des essais précoces d'éducation de vers à soie ? Du moment qu'il suffisait d'examiner au microscope des chrysalides et des papillons et qu'après cet examen on avait toute certitude sur la destinée des graines issues de ces papillons, que dès lors le commerce petit ou grand pouvait avoir des semences parfaites, ne serait-ce pas chose absurde, coupable, que de ne pas répandre ces procédés scientifiques et de laisser, pour cause de santé personnelle, de pauvres gens travailler péniblement et de plus en plus à leur propre ruine ?

Il fallut se soumettre à tant d'insistance. Le 18 janvier, trois mois presque jour pour jour après la terrible attaque, il se fit transporter à la gare de Lyon. Sa femme, sa fille, M. Gernez l'accompagnaient. « On l'installa, a écrit son élève, couché dans un coupé jusqu'à Alais d'où une calèche l'amena à Saint-Hippolyte-du-Fort. Dans ce pays où l'on ne cherche guère à se défendre que contre la chaleur, il ne put trouver qu'une maison froide, mal distribuée, mal installée. »

Maillot et Raulin, qui vinrent rejoindre leur maître, improvisèrent avec M. Gernez un laboratoire. De son fauteuil ou de son lit, Pasteur conseillait, indiquait telles et telles expériences relatives aux essais précoces. « Les opérations dont nous suivions les phases au microscope, a écrit M. Gernez, réalisaient de tous points ses prévisions et il se félicitait de n'avoir pas abandonné la partie. » Dans le monde de l'Institut, les uns louaient, les autres blâmaient son départ. C'était plus qu'imprudent, disait-on, c'était insensé. Mais Pasteur jugeait simplement que la vie ne vaut que pour être utile aux autres.

« Mon cher confrère et ami, lui écrivit J.-B. Dumas dans les premiers jours de février, je pense beaucoup à vous. Je crains la fatigue et voudrais vous l'épargner, tout en souhaitant que vous puissiez conduire jusqu'au bout votre grande et patriotique entreprise. J'ai hésité à vous écrire pour ne pas vous obliger à me répondre. Cependant, je voudrais avoir de vos nouvelles directes et, après ce point sur lequel je désirerais tous les détails, il me serait agréable de savoir par deux lignes si vous pouvez m'éclairer au sujet des deux questions suivantes :

« 1° A quelle époque revenez-vous à Alais ? A quel moment vos éducations à Alais seront-elles assez près du terme pour qu'il y ait intérêt à venir vous visiter ?

« 2° Que répondre à des personnes qui me demandent de la bonne graine, comme si on en avait les mains pleines ? Peut-on en avoir quelques onces ? Quelques grammes ? Je leur dis qu'il est trop tard. Mais si vous pouviez m'indiquer un moyen de les satisfaire, comme il s'agit du maréchal Randon et de M. Husson, par exemple, je serais heureux de pouvoir les contenter.

« Le maréchal [Vaillant] est plein de sollicitude pour vous. Nous ne pouvons pas nous rencontrer, sans que la conversation tout entière ne vous ait pour objet. De ma part, c'est naturel, de la sienne moins peut-être, mais enfin, il est occupé de vous autant qu'on puisse l'être et je lui en sais un gré infini.

« Présentez, je vous prie, à Mme Pasteur les vœux et les compliments du ménage. Nous voudrions que le Midi eût la vertu de la lance d'Achille et qu'il guérît les plaies qu'il a faites. Toutes mes amitiés. »

Pasteur, d'autant plus immobilisé qu'il avait fait une chute en essayant ses pas sur le carrelage de la maison, la seule à louer de Saint-Hippolyte-du-Fort sans doute parce qu'elle était la plus incommode, dut se résigner à dicter la lettre suivante :

« Mon cher Maître, je vous remercie de penser au pauvre infirme. Je suis toujours à peu près dans le même état qu'au moment où j'ai quitté Paris. Ma convalescence a été fort enrayée par une chute que j'ai faite sur mon côté gauche. Par bonheur je n'ai pas eu de fracture et seulement des contusions qui naturellement ont été fort longues à guérir et douloureuses.

« Aujourd'hui, les suites de cet accident ont tout à fait disparu et je me retrouve comme il y a trois semaines. Le progrès dans les mouvements du bras et de la jambe paraît recommencer, mais avec une lenteur excessive. Je vais ces jours-ci recourir à l'électricité sur le conseil du docteur Godélier, à l'aide d'une instruction qu'il a bien voulu m'envoyer et d'un petit appareil construit par Ruhmkorff. Quant à ma tête, elle est toujours bien faible. Voici comment se passent toutes mes journées : Le matin, mes trois jeunes amis viennent me voir et je règle le travail du jour. Je me lève à midi, après avoir déjeuné dans mon lit et avoir entendu la lecture d'un journal ou dicté quelque lettre. S'il fait beau, je descends pendant une heure ou deux dans le petit jardinet de la maison que nous habitons. Ordinairement, quand je ne suis pas trop invalide, je dicte à ma chère femme une page, plus souvent une demi-page d'un petit ouvrage que je prépare et où je désire résumer l'ensemble de mes observations. Avant le dîner, que nous faisons solitairement ma femme, ma petite fille et moi, afin d'éviter la fatigue de la conversation, mes jeunes collaborateurs viennent me rendre compte de leurs études. Vers sept heures ou sept heures et demie, j'éprouve une lassitude extrême et il me semble que je vais pouvoir dormir douze heures de suite, mais vers minuit invariablement, je me réveille et ne me rendors que sur le matin pendant une heure ou deux. Ce qui me donne quelque espoir de guérison, c'est que je conserve mon appétit et que ce sommeil, malgré sa longue interruption, paraît me suffire. En résumé, vous voyez que je ne commets pas trop d'imprudences, d'ailleurs je suis rigoureusement surveillé par ma femme et ma petite fille. Cette dernière m'arrache impitoyablement livres, papiers, crayons ou plumes, avec une constance qui fait mon désespoir et ma joie.

« Il faut bien que je connaisse votre affection pour vos élèves pour que j'ose ainsi vous donner tous ces détails.

« Je réponds maintenant aux autres questions de votre lettre :

« Je serai à Alais dès le 1er avril, époque à laquelle cette année on mettra à l'incubation les graines pour la campagne industrielle qui sera terminée en conséquence vers le 20 mai au plus tard. Les grainages auront lieu dans le courant de juin, un peu plus tôt, un peu plus tard, selon les départements. Il est, en effet, bien tard pour se procurer en ce moment de la graine, surtout de la graine indigène préparée suivant mon procédé. J'avais bien pensé qu'au dernier moment je recevrais des demandes et que je devrais, pour y satisfaire, me munir à temps de quelques onces, mais voilà qu'il y a trois semaines environ, notre endiablé ministre m'a écrit pour me demander de la graine à distribuer à des instituteurs et je lui en ai promis le plus possible, mais pour vous je rognerai un peu sa part et je vous enverrai plusieurs lots de 5 grammes ou demi-onces. Je suis dépouillé, en outre, par un établissement bien intéressant qui vient de se fonder en Autriche, une grande magnanerie expérimentale sur un beau domaine en Illyrie. Le directeur, qui me dit être convaincu de l'excellence de la méthode, me demande deux onces de graine ; enfin, j'ai promis trois onces à M. le comte de Casabianca et l'envoi en Corse d'un de mes jeunes gens pour aller faire un grainage sur une de ses propriétés.

« Ce que vous me dites de l'intérêt que le maréchal Vaillant prend à ma situation m'a vivement touché, non moins que le soin très obligeant qu'il a pris de m'annoncer l'encouragement donné à mes études par la Société d'agriculture. Je voudrais bien que votre Midi eût quelques éducateurs ayant un peu de son esprit scientifique et de sa méthode.

« Veuillez agréer, mon cher maître, de ma part et de celle de Mᵐᵉ Pasteur, pour vous et votre famille, l'expression de mes sentiments de reconnaissance et d'affectueux dévouement. »

A mesure que l'époque de l'éducation normale des vers à soie s'approchait, Pasteur était impatient d'accumuler les preuves qui montreraient la sûreté de la méthode dont avaient quelque peu douté les membres de la Commission des soies de Lyon, propriétaires d'une magnanerie expérimentale. Il ne fallait pas, disaient la plupart de ces industriels, avoir trop de confiance dans les micrographes. Les données de la science étaient encore loin d'être certaines. « Notre commission, avait écrit le rapporteur à la fin de l'année précédente, considère l'examen des corpuscules comme une indication utile à consulter, mais dont les résultats ne peuvent être présentés comme un fait dont on peut tirer des conséquences absolues. »

Elles sont absolues, répondait Pasteur de ce ton affirmatif qui n'admettait pas les réserves sur un point pour lui aussi net, aussi inattaquable. Que leur fallait-il donc pour être convaincus? La commission ne tarda pas à le dire. Le 22 mars 1869, elle demandait à Pasteur quelques graines saines, garanties sur expériences. Pasteur alla au delà de ces désirs. En dehors de ces échantillons de graines saines, il offrait des lots dont il prédisait les destinées futures :

« lots de graines saines devant réussir ;

« lots de graines devant périr uniquement de la maladie des corpuscules autrement dite pébrine ou gattine ;

« lots de graines devant périr uniquement de la maladie des morts-flats ;

« lots de graines devant périr partiellement de la maladie des corpuscules et de la maladie des morts-flats.

« Il me semble, ajoutait Pasteur, que la comparaison entre de telles éducations serait mieux faite pour éclairer le jugement de la commission sur la certitude des principes que j'ai établis, que si elle se bornait à une seule ou à plusieurs graines déclarées saines.

« Je désire que cette lettre soit communiquée à la commission des soies, dans une de ses prochaines séances et transcrite au procès-verbal. »

La commission, qui n'en demandait pas tant, accepta avec plaisir ces boites à surprises expérimentales.

Dans cette même période, un des préparateurs, Maillot, répondant au vœu de M. de Casabianca, partait pour la Corse, près de Vescovato, à quelques lieues de Bastia. Il emportait six lots de bonnes semences. Dès l'annonce du printemps, le reste de la colonie revint près d'Alais, au Pont-Gisquet, dans la retraite calme, pleine de mûriers, où, selon l'expression de Pasteur, tout invitait au travail. Cette installation, Pasteur l'attendait impatiemment, comme s'il dût trouver, au milieu des beaux jours, mieux que la santé : la certitude de sa victoire définitive. Rempli de confiance, il organisait déjà les missions de ses élèves. M. Duclaux, qui allait arriver au Pont-Gisquet pour suivre les éducations normales, irait ensuite dans les Cévennes contrôler les grainages faits d'après la méthode de sélection ; M. Gernez aurait à vérifier dans les Basses-Alpes les résultats des grainages que Pasteur lui-même avait faits l'année précédente, près de Digne, dans le domaine de Paillerols, chez M. Raibaud-Lange ; seul Raulin resterait au Pont-Gisquet pour étudier quelques points de détail relatifs à la flacherie. Il fallait qu'il en fût de cette maladie comme de la pébrine ; le premier observateur venu devait pouvoir, en quelques minutes, la connaître, la signaler et la rendre évitable. Est-ce que tant de résultats ne forceraient pas les adversaires au silence ?

« Mon cher confrère et ami, écrivait Dumas à Pasteur, je n'ai pas besoin de vous dire avec quelle anxiété nous vous suivons dans la double entreprise du rétablissement de votre santé si précieuse et du succès de votre nouvelle campagne séricicole.

« Je serai certainement à Alais pour la fin de la semaine et je verrai, sous votre bonne direction, tout ce qui pourra me fournir les moyens de redresser l'opinion.

« Vous avez des charlatans et des envieux à écarter. Il ne faut pas compter en venir à bout. Mais on peut passer au travers, et marchant, la vérité devant soi, arriver au but. Quant à les convertir ou à les réduire au silence, n'y comptez pas. »

Au milieu de ces plans d'expéditions, une lettre du ministre de l'Agriculture, M. Gressier, arriva très mal à propos. M. Gressier, moins au courant des procédés de grainage que des combinaisons ministérielles dont on parlait tout bas, invitait Pasteur à examiner trois lots de graines qu'une personne célèbre dans la Corrèze par sa bonne éducation des vers à soie, Mᴸˡᵉ Victorine Amat, venait d'adresser au ministre. Cette magnanarelle de Brive-la-Gaillarde, qui avait eu des réussites dont elle s'applaudissait, suppliait Son Excellence M. Gressier d'accorder à ces modestes graines une sollicitude particulière et de vouloir bien les faire élever avec tous les soins possibles. Si intéressant que fût ce don aux yeux de Mlle Amat, ce n'était pas un don unique. Elle envoyait des échantillons de ces mêmes graines, non seulement aux environs de Brive, mais encore dans le Gard, les Bouches-du-Rhône, l'Isère, etc...

M. Gressier, dans une dépêche du 20 avril, priait Pasteur d'en faire l'examen et de lui remettre un compte rendu détaillé. Pasteur, quatre jours après, répondit en termes qui ne ressemblaient guère aux termes administratifs enveloppés de précautions ouatées.

« Monsieur le Ministre..., ces trois sortes de graines sont détestables. Elevées en chambrées, même en très petites éducations, elles périront intégralement de la maladie des corpuscules. Si l'on eût suivi mon procédé de grainage, il n'aurait pas fallu plus de dix minutes pour constater que les cocons de Mlle Amat, excellents pour la filature, étaient absolument impropres à la reproduction. Mon procédé de grainage donne le moyen de reconnaître les chambrées bonnes pour graines, tout en s'opposant à la confection de ces semences infectées par la maladie qui, chaque année, inondent les départements séricicoles.

« Je vous serais fort obligé, monsieur le Ministre, de vouloir bien informer M. le Préfet de la Corrèze des prévisions que je vous signale, et de vous faire rendre compte ultérieurement des résultats des éducations des trois lots de graines de Mlle Amat.

« En ce qui me concerne, je suis tellement assuré de l'exactitude de mon jugement que je ne prendrai même pas la peine de le vérifier, en élevant les échantillons que vous m'avez adressés. Je les ai jetés à la rivière... »

Pasteur faisait appel à tous ceux qui élevaient des vers à soie dans la Corrèze et dans le Midi. « Ils se diront sans doute, écrivait-il, irrité de ces pertes de temps, de travail, pour lui, pour tous, ils se diront que si je tiens un pareil langage sur des faits d'éducation qui doivent s'accomplir ultérieurement en dehors de mon action, relativement à des graines que je déclare à l'avance les unes bonnes, les autres mauvaises, c'est que je me suis rendu maître de la vérité dans ces questions. »

J.-B. Dumas était venu à Alais. MM. Gernez et Duclaux revenaient à leur tour de leur voyage dans le midi de la France. Deux cents chambrées, portant chacune sur une ou deux onces de graines, de trois provenances différentes, élevées dans des localités diverses, n'avaient donné lieu à aucun échec. La commission lyonnaise, qui avait enregistré les pronostics faits par Pasteur avec une netteté audacieuse, les trouva très exacts. L'excellence de la méthode fut reconnue par tous ceux qui l'avaient appliquée consciencieusement. Le fléau désormais vaincu, Pasteur s'imaginait qu'il ne lui restait qu'à dresser un tableau d'ensemble de tous les résultats qui lui parviendraient. Mais du midi de la France et de la Corse les envieux commençaient leur besogne souterraine, les demi-savants à vanité complète proclamaient qu'en dehors de leurs affirmations tout était illusoire, et ceux qui auraient causé la ruine de tout le monde pour continuer leur commerce et sauvegarder leurs plus misérables intérêts, « les marchands de graines ne reculaient pas devant les plus odieux mensonges ». Ces derniers mots sont de M. Gernez.

Au lieu de s'étonner, de s'attrister, parfois de s'indigner, Pasteur, sous les arbres du Pont-Gisquet, aurait dû relire l'histoire de certaines découvertes non plus seulement, comme dans les mois passés, pour s'enthousiasmer et emporter les autres dans des sentiments de généreuse exaltation, mais surtout pour puiser, dans le récit de difficultés de toutes sortes, un peu de philosophie. Souvent elle lui faisait défaut : il était stupéfait de la sottise, il avait peine à croire à la mauvaise foi.

Ceux qui aimaient à venir le voir dans les longues soirées d'été, — comme le très bon et très gai président du comice agricole d'Alais, M. Paul de Lachadenède, grand éducateur de vers à soie et infatigable partisan de la méthode de grainage; ou encore le très calme professeur de physique et de chimie au collège d'Alais, M. Despeyroux, qui, de son petit laboratoire, suivait les expériences du Pont-Gisquet, — auraient dû mettre la conversation sur les difficultés de rendre service aux hommes.

N'avait-il pas fallu trois cents ans pour combattre les préjugés qui s'élevaient contre la pomme de terre ? N'assurait-on pas, au xvᵉ siècle, quand on la transporta du Pérou en Europe, qu'elle était cause de la lèpre ? L'accusation reconnue absurde, on disait au xviiᵉ siècle qu'elle donnait la fièvre. Un siècle plus tard, en 1771, l'Académie de Besançon ayant mis au concours cette question d'un intérêt général : « Quelles plantes peuvent dans les temps de disette suppléer aux autres nourritures de l'homme ? » Parmentier, qui était pharmacien-major, concourut. Il prouva que la pomme de terre était inoffensive. Puis, après ce plaidoyer, il entreprit une campagne de propagande qui dura plus de quinze ans. Champ d'expériences qu'il instituait à la porte de Paris, dîners qu'il organisait et où la pomme de terre jouait dans le menu un rôle prépondérant, c'était déjà bien, mais ce n'était pas assez pour emporter les préjugés. Louis XVI, — qui ce jour-là eut une inspiration à la Henri IV, — mit à sa boutonnière la fleur mauve de Parmentier. C'est à la suite de cette petite fleur, ainsi glorifiée aux yeux de la cour et de la foule, que devaient fleurir les innombrables champs de pommes de terre dans toute la France.

Si une telle période d'attente avait précédé la mise en pratique d'une découverte aussi simple, aussi utile, aussi nécessaire, on pouvait ne pas être surpris des obstacles qui entravaient la dissémination de la graine pure des vers à soie. Mais, aux yeux de Pasteur, de semblables raisonnements n'eussent été que des raisonnements de philosophe et non d'homme de conquête, ainsi que lui apparaissait le véritable savant. Sûr désormais de sa méthode, il était pressé d'avoir le dernier mot. « Il faut se dépêcher d'être utile ; il ne faut pas s'arrêter aux choses acquises », avait-il l'habitude de dire. Vérité scientifique mise en lumière, industrie de la soie sauvegardée, gagne-pain retrouvé pour tant de pauvres gens, et l'on discutait encore ! Tous les articles qui semaient la défiance et transformaient avec désinvolture les succès en échecs lui causaient une vive contrariété. Sans compter certains marchands de graines, dont les manœuvres continuaient à dépasser toutes les bornes, ses ennemis les plus inlassables étaient ceux qui, après avoir espéré trouver la solution du problème, voyaient qu'elle leur échappait. Pasteur connaissait dans leur amertume les polémiques stériles, les obstacles, tout ce qui est réservé aux hommes qui essaient d'apporter aux autres quelque chose de nouveau et d'utile. Heureusement il avait, ce qui a manqué à tant d'hommes de recherches, la collaboration active de disciples pénétrés de ses principes et de son zèle. Et, chose plus rare, inappréciable, l'affection des siens faisait que sa vie de foyer se confondait avec sa vie de laboratoire. Sa femme et sa fille qui n'était qu'une enfant, s'associaient à ses travaux de sériciculture ; elles étaient devenues des magnanarelles capables d'en remontrer aux plus vigilantes d'Alais. Enfin, autre privilège, il avait des amis ignorés prêts à le défendre. Ceux qui aimaient la science et qui pressentaient qu'elle allait être désormais appelée, grâce à Pasteur, à un grand rôle d'intervention dans toutes les choses séricicoles et agricoles saluaient son dévouement. C'est ainsi qu'à la date du 8 juillet 1869, le *Journal d'agriculture pratique* publiait une lettre d'un membre de la Chambre consultative d'agriculture d'Alais qui, étonné des rendements dus au système de grainage, s'applaudissait d'avoir lui-même, à l'aide de 21 onces de graines, obtenu 821 kilogrammes de cocons. Ce *compte rendu* se terminait par ces mots : « Nous vous serions reconnaissants si vous vouliez bien vous faire, dans les colonnes de votre journal, l'interprète de nos sentiments de gratitude envers M. Pasteur pour ses laborieuses et utiles recherches. Nous avons le ferme espoir qu'il recueillera un jour le fruit de tant de pénibles veilles et que l'avenir le dédommagera amplement des attaques passionnées dont il est aujourd'hui l'objet. »

« Monsieur Pasteur, — lui avait dit un jour le maire de la ville d'Alais, le vieux Dr Pagès, demi-enthousiaste, demi-sceptique, et que l'on voyait passer invariablement coiffé d'un chapeau haut de forme, cravaté de blanc, revêtu d'une redingote noire, en vraie tenue grave et rigide des médecins d'autrefois, — Monsieur Pasteur, si ce que vous me montrez se vérifie dans la pratique courante, rien ne pourra payer vos travaux, mais nous vous élèverons à Alais une statue d'or! »

En attendant, le piédestal n'était pas taillé. Croire que les hommes poursuivent uniquement leur intérêt est une commune erreur : ils obéissent à leurs passions et à leurs partis pris. Bien que le salut fût ainsi à portée de la main puisqu'il suffisait de recourir au microscope et qu'un enfant de dix ans, répétait Pasteur, était capable de reconnaître, en quelques minutes, si un papillon était corpusculeux ou non et de rejeter la graine infectée issue de ce papillon, la plupart des éducateurs préféraient dire : « C'est faux », au lieu de dire : « Essayons ».

Le maréchal Vaillant s'intéressait de plus en plus à cette question qui n'était pas obscurcie à ses yeux, comme aux yeux de beaucoup d'autres, par la poussière des polémiques. Ce vieux soldat d'une exactitude militaire aux séances de l'Institut et à celles de la Société impériale et centrale d'agriculture, fort au courant, comme bourguignon, des études de Pasteur sur le vin, avait voulu s'offrir le jeu d'organiser, en plein Paris, dans son cabinet même dont les hautes fenêtres s'ouvraient sur la place du Carrousel, une petite éducation de vers à soie, système Pasteur. Ces expériences, faites au palais impérial, devaient rappeler à quelque lettré, comme il y en avait non loin de là, dans la bibliothèque du Louvre, qui avait lu le *Théâtre d'Agriculture* d'Olivier de Serres, l'époque où ce même Olivier de Serres planta, sur le désir du roi Henri IV, des mûriers dans le jardin des Tuileries, et où, d'après le vieil écrivain agricole, on trouvait au bout de ce jardin une grande maison « accommodée de toutes choses nécessaires tant pour la nourriture des vers que pour les premiers ouvrages de la soie ». Le maréchal, tout en se disant le plus modeste des sériciculteurs en chambre, avait pu apprécier la sûreté d'une méthode qui permettait d'avoir à Paris, dans des conditions aussi imprévues, le même résultat obtenu non seulement au Pont-Gisquet, mais partout où l'on savait procéder. Œufs éclos, vers bien portants et, à la fin de leurs mues, prestes dans leur montée à la bruyère, enfin beaux cocons

jaunes et blancs; le maréchal énumérait toutes les phases de ses
éducations avec une complaisance d'initié et une coquetterie
d'octogénaire passionné pour les progrès scientifiques. Comme
il aimait les citations, il appliquait d'une façon inattendue à ce
genre de succès un passage d'un mémoire de Vauban sur le
siège de Namur : « Où il n'y a que de la volonté sans conduite,
on ne réussit que par hasard, et où l'on ne réussit que par hasard
on ne réussit que très rarement et on s'expose toujours à tout perdre. » C'est le cas des malheureux éleveurs de vers à soie, disait
le maréchal Vaillant, quand ils s'obstinent à ne pas suivre la
méthode très simple et très sûre qui leur est offerte.

Au moment d'une reprise d'attaques contre Pasteur, le maréchal eut l'idée de provoquer une expérience décisive qui rendrait
service à tous, aux français comme aux étrangers. Il y avait
en Illyrie, à six lieues de Trieste, une terre appelée Villa
Vicentina qui appartenait au Prince impérial. Une sœur de
Napoléon Iᵉʳ, la princesse Elisa, qui, à la chute de l'empire, y
vécut paisiblement, l'avait laissée à sa fille, la princesse Bacciochi,
dont le Prince impérial devint le légataire. La vigne et le mûrier
poussaient sur ce vaste domaine. Depuis des années, le produit
des cocons y était nul. La pébrine et la flacherie avaient désolé
ce coin de terre. Le maréchal Vaillant, ministre de la Maison
de l'Empereur, désira, d'une part, ne pas laisser improductif le
domaine princier et, d'autre part, mettre à même son confrère
de l'Institut de « vaincre d'une manière sans réplique l'opposition
faite par l'ignorance et la jalousie ». Dans une lettre du 9 octobre,
il priait Pasteur d'envoyer là-bas cent onces de graines. Chiffre
considérable, puisqu'il suffisait d'une once pour obtenir en moyenne
30 kilogrammes de cocons. Mais l'administrateur des établissements agricoles de la Couronne, M. Tisserand, qui connaissait
Villa Vicentina, disait que cent cinquante onces ne l'effraieraient
pas. Toutefois, autant par discrétion que par besoin de faire dans
le même endroit, pour que l'expérience fût démonstrative, un
autre essai, avec de la graine non vérifiée, le maréchal bornait ses
vœux aux cent onces de graines.

Six jours après, nouvelle lettre du maréchal datée cette fois de Compiègne et adressée nón plus à Pasteur mais à M. Tisserand : « J'ai proposé à l'Empereur d'offrir un logement à M. Pasteur à Villa Vicentina. L'Empereur consent de la meilleure grâce du monde. Dites-moi si c'est réalisable. »

M. Tisserand, en applaudissant de tout cœur à la bonné pensée du maréchal, décrivait tout à la fois le domaine et la villa d'habitation, la villa Elisa, maison italienne blanche à deux étages, située au milieu de pelouses et de massifs d'arbres dans un parc de soixante hectares. « Ne serait-il pas juste, continuait M. Tisserand, que M. Pasteur trouvât le calme, le repos, la santé, — qu'il a si vaillamment compromise par dévouement pour le pays, — au milieu des contrées qui seront les premières à profiter du fruit de ses belles découvertes et qui béniront son nom avant peu de temps ? »

Trois semaines après, Pasteur partait avec sa famille. Il fallut organiser à petites journées ce long voyage. L'état de la santé de Pasteur était encore très précaire. Première étape de Paris à Alais pour y recueillir les graines de sélection. Le 25 novembre, à neuf heures du soir, arrivée à Villa Vicentina. Les cinquante colons du domaine, en voyant cet inconnu, ne se doutaient pas qu'ils allaient lui devoir le retour des années prospères. Quelques semaines plus tard, le temporisateur Raulin devait venir rejoindre son maître.

Ce fut une période non de repos, mais de grand calme, sous un ciel pur, dans un travail régulier. En attendant l'éducation des vers à soie, Pasteur dictait tous les jours à Mᵐᵉ Pasteur l'ouvrage dont il avait parlé à J.-B. Dumas dans une lettre de convalescence, datée de Saint-Hippolyte-du-Fort quelques mois auparavant. Mais le petit livre projeté changeait de forme et prenait peu à peu la grosseur de deux volumes, pleins de faits, de documents, d'inductions. Il y avait constamment un échange de manuscrits et d'épreuves entre Paris et Villa Vicentina. Cette campagne de sériciculture, qui durait depuis cinq années, était racontée étape par étape comme un mémorial de toutes les expériences.

L'ouvrage fut prêt à paraître au mois d'avril 1870. Le moment de l'éducation venu, Pasteur partagea soixante-quinze onces de graines entre les colons et se réserva vingt-cinq onces pour la grande éducation qu'il devait diriger lui-même. Tout allait à bien. Un seul incident troubla ces jours de travail. Le régisseur, qui avait un reliquat de cartons du Japon, voulut tirer parti de cette graine suspecte et la fit porter sur le marché. La pensée que l'on avait vendu ainsi à des paysans pleins de confiance leur ruine mit Pasteur hors de lui. Entrant dans une violente colère, il fit venir ce régisseur, l'accabla de reproches, lui interdit de jamais reparaître en sa présence.

« Le maréchal, écrivait Dumas à Pasteur à la fin d'avril, m'a fait part des coquineries que vous avez à subir et dont vous vous affectez. Ne vous tourmentez pas plus que de raison. Je me contenterais à votre place d'une ligne dans les journaux de la localité : M. Pasteur ne répond que des graines qu'il élève ou de celles qu'il a remises lui-même aux éleveurs. »

Ces éleveurs ne tardèrent pas à être édifiés. Les résultats du procédé de grainage se traduisirent par une récolte de cocons qui se vendirent 26,940 francs. Bénéfice net, tous frais payés, 22,000 francs. La somme fut inscrite dans une colonne vide depuis dix ans : bénéfices de la villa sur le produit des vers à soie. C'était de la part de Pasteur un cadeau impérial. L'Empereur fut émerveillé; c'est le mot même dont se servit le maréchal Vaillant.

Le gouvernement voulut faire pour Pasteur ce qui avait été fait pour Dumas et pour Claude Bernard, lui donner un siège au Sénat. Le partisan le plus décidé de la candidature de Pasteur fut celui dont plus d'un personnage politique faisait son concurrent : Henri Sainte-Claire Deville.

« J'ai la joie dans l'âme », écrivait Sainte-Claire Deville à Mme Pasteur en lui annonçant la nouvelle. « Pour moi, lui écrivait-il encore au mois de juin, sachez que si Pasteur est sénateur et tout seul bien entendu, car on ne peut nommer deux chimistes, ce sera un triomphe de votre ami : ce sera son bonheur et un bonheur sans mélange. »

Le projet de décret n'était qu'un des dix-huit en préparation. La liste définitive, — la dernière de l'empire, — où figurait Emile Augier qui, après Mérimée et Sainte-Beuve déjà promus, devait représenter au Sénat la littérature française, fut retardée de jour en jour. Pasteur quitta Villa Vicentina, le 6 juillet, emportant la reconnaissance de cette contrée séricicole dont il avait été le génie bienfaisant pendant près de huit mois. Dans la haute Italie comme en Autriche, on commençait d'appliquer avec succès le procédé de grainage cellulaire. Tel éducateur obtenait une récolte de plus de 10,000 kilogrammes de cocons jaunes par une application rigoureuse, savante (et même perfectionnée, disait Pasteur avec joie) des principes établis. « Je ne sais, ajoutait-il, quels efforts ont été tentés cette année, en France, pour l'application de mon procédé de confection de la semence saine ; j'espère qu'ils auront continué actifs et fructueux et qu'ils auront triomphé des résistances intéressées et des contradictions sans fondement. »

Avant de revenir en France, il gagna Vienne, puis Munich : il voulait causer avec le chimiste allemand Liebig, le plus déterminé de ses adversaires. Il n'était pas possible, se disait Pasteur, que les idées de Liebig sur la fermentation n'eussent pas été ébranlées, renversées depuis treize années. Liebig pouvait-il soutenir encore que la présence d'une matière animale ou végétale en voie de décomposition fût nécessaire pour qu'il y eût fermentation ? Une expérience simple et décisive de Pasteur n'avait-elle pas détruit cette théorie ? En ensemençant une trace de levure dans de l'eau ne renfermant que du sucre et des sels minéraux cristallisés, Pasteur avait vu cette levure se multiplier et produire une fermentation alcoolique régulière. Puisque toute matière organique azotée qui, dans la pensée de Liebig, constituait le ferment, était éloignée, Pasteur ne prouvait-il pas ainsi et la vie du ferment et l'absence de toute action d'une matière albuminoïde en voie d'altération ? Au lieu d'un phénomène de mort, la fermentation apparaissait désormais comme un phénomène de vie. Liebig pouvait-il nier cette existence propre des ferments et, malgré leur infinie petitesse, leur toute-puissance pour détruire et transformer ? Que pensait-il de tant de notions nouvelles ? Écrirait-il encore, comme en 1845, dans ses *Lettres sur la chimie :* « Quant à l'opinion qui explique la putréfaction des substances animales par la présence d'animalcules microscopiques, on peut la comparer à celle d'un enfant qui croirait expliquer la rapidité du cours du Rhin en l'attribuant au mouvement violent que les nombreuses roues des moulins de Mayence impriment à l'eau dans la direction de Bingen » ?

Depuis ce paragraphe si ingénieusement faux, que de résultats ! Est-ce que le Liebig de 1851 qui, dans une préface, en tête de ses nouvelles *Lettres sur la chimie,* saluait J.-B. Dumas comme un maître, ne s'était pas rangé à l'avis de Dumas qui avait compris et proclamé la fécondité de la théorie pastorienne ? La voilà maintenant qui s'étendait jusqu'aux maladies. Les infiniment petits apparaissaient comme des désorganisateurs des tissus vivants. Le rôle des corpuscules dans la pébrine contagieuse et héréditaire incitait à bien des réflexions sur l'élément contagieux et héréditaire des maladies humaines. Et même, la transmissibilité à longue échéance de certaines maladies s'éclairait, maintenant qu'on voyait dans l'intérieur des vibrions de la flacherie des corpuscules brillants, corpuscules-germes, véritables graines de flacherie prêtes à germer d'une année à l'autre dans une chambrée. Convaincre Liebig, l'amener à se résigner en vrai savant au triomphe de telles idées, voilà ce que voulait Pasteur quand il entra dans le laboratoire de Liebig. Le grand vieillard de soixante-sept ans, debout, dans une longue redingote, le reçut avec une courtoisie pleine de cordialité. Mais quand Pasteur, qui avait hâte d'aborder le sujet de sa visite, voulut faire toucher du doigt le point vif des divergences, Liebig, sans rien perdre de sa bonne grâce, refusa toute discussion. Il était souffrant, disait-il. Pasteur n'insista pas, mais se promit bien de revenir à la charge.

CHAPITRE VII

1870-1872

C'est en s'arrêtant quarante-huit heures à Strasbourg, qui lui rappelait sa vie de travail et de recherches à la Faculté de cette ville, depuis la fin de décembre 1848 jusqu'en 1854, — quand tout était déjà rivalité entre la France et l'Allemagne, mais rivalité de forces intellectuelles et morales, — que Pasteur apprit les menaces de guerre. Toutes ses espérances sur le progrès en pleine paix, par la force des découvertes scientifiques, s'écroulaient. A sa tristesse de savant se mêlait l'amer souvenir de beaucoup d'illusions. Jamais plus cruel démenti avait-il été donné aux efforts généreux d'une politique de sentiment? Après avoir préparé l'indépendance et l'unité de l'Italie, la France s'était associée au désir d'unité de l'Allemagne. Parmi les conseillers ou même les adversaires de l'Empire, en était-il beaucoup qui n'eussent pas défendu cette idée que l'on croyait alors être civilisatrice? Pendant la période d'attente et d'angoisse des premiers jours de juillet 1870, où se croisaient à Strasbourg les nouvelles les plus alarmantes, on n'avait pas le temps de songer à rechercher des citations, vieilles de quelques années, mais il eût été facile de retrouver, dans la ville même, une brochure publiée par Edmond About qui, en 1860, écrivait :

« Que l'Allemagne s'unisse ! la France n'a pas de vœu plus ardent ni plus cher, car elle aime la nation germanique d'une amitié désintéressée. La France voit sans crainte une Italie de vingt-six millions d'hommes se constituer au midi ; elle ne craindrait pas de voir trente-deux millions d'Allemands fonder une grande nation sur la frontière orientale. »

Fière de proclamer la première le droit des peuples; obéissant à un mélange de douceur, de confiance, d'optimisme et à une certaine vanité dans le désintéressement, la France, qui aime à être aimée, s'imaginait que tout le monde lui saurait gré de ses vertus de sociabilité continentale, et qu'il suffisait de son sourire pour que l'Europe fût en paix et en joie. Loin de s'inquiéter de certains symptômes chez ses voisins de l'Est, elle fermait volontairement les yeux aux manœuvres des troupes prussiennes, elle se bouchait les oreilles aux roulements des batteries d'artillerie que l'on ne cessait d'entendre de ce côté. En 1863, des patrouilles de cavalerie allemande en tenue de campagne n'avaient-elles pas hardiment poussé jusqu'à Wissembourg? Mais on se persuadait que l'Allemagne s'amusait « à jouer au soldat ». C'est l'expression même dont se servait, dans des causeries de voyage parues en 1864, Duruy qui lui aussi partageait alors les illusions générales.

« Nous l'avons eu votre Rhin allemand, écrivait-il à cette époque, rappelant le vers de Musset, et, bien que vous l'ayez hérissé de forteresses et de canons, tous tournés contre nous, nous ne vous le redemandons pas, parce que le temps des conquêtes est passé, et qu'il ne doit plus s'en faire que du libre consentement des nations. Ah! ce fleuve a trop bu de sang. Quel peuple immense se lèverait si l'on pouvait faire sortir de leur linceul tous ceux qui sont tombés sur ses bords, frappés de l'épée! »

Ainsi apparaissaient, dans les deux journées que Pasteur passait à Strasbourg, les illusions de la politique française. Après le coup de tonnerre de Sadowa, le gouvernement français, se croyant en droit de réclamer une part de gratitude et de sécurité, avait demandé les bords du Rhin jusqu'à Mayence. Cet agrandissement territorial pouvait compenser les conquêtes redoutables de la Prusse. Le refus ne s'était pas fait attendre. Les provinces rhénanes avaient été immédiatement couvertes de troupes prussiennes qui mirent cette fois Strasbourg en éveil. L'Empereur, comme au sortir d'un rêve, reculant devant la guerre, adressa à la Prusse une nouvelle proposition officieuse : les provinces rhénanes deviendraient un état neutre. Même réponse hautaine de la part de la Prusse. Que restait-il donc à espérer pour la France ? La cession du Luxembourg. Désir d'autant plus naturel que les populations du Luxembourg étaient prêtes à voter pour appartenir à la France et que cet accroissement de territoire, loin de contredire la politique sur le droit des peuples, ne faisait que le confirmer. Mais cette demande, que la Prusse parut d'abord accueillir, fut entravée presque aussitôt par des intrigues qui la firent rejeter. Trompée, n'ayant même plus un rôle d'arbitre, à peine la place effacée d'un témoin que l'on dédaignait, la France s'était étourdie quelques mois encore dans l'éblouissement de son exposition de 1867. C'était un dernier et splendide décor. Le mot qui perd les nations et les souverains, le mot : à demain, était sur les lèvres de l'Empereur vieilli. La réforme de l'armée française, qui aurait dû être hardie et immédiate, fut remise pour être ensuite faite par à-coups, sans méthode. La Prusse affecta cependant de s'inquiéter. Alors l'irritation d'avoir été dupe, l'évidence d'un péril qui grandissait, un dernier espoir dans la fortune militaire de la France, tout se réunit pour donner à un incident, provoqué par la Prusse, les proportions d'un motif de guerre. Mais, malgré tant de griefs bien faits pour irriter la France, on ne pouvait croire encore à un recul brutal de civilisation. Certes la politique impériale avait été bien imprévoyante et bien inconséquente. Après avoir ouvert devant le peuple allemand de larges perspectives d'unité, elle avait cru qu'elle pourrait lui dire : « Tu ne franchiras pas le Mein », de même qu'elle pourrait dire à l'Italie : « Tu n'iras jamais à Rome ». C'était méconnaître l'impétueuse logique d'un mouvement populaire, une fois les digues rompues. Brusquement la France voyait le danger de ses illusions. Sa politique avait été en déroute. Mais s'il s'était mêlé à un large sentiment de générosité le désir d'accroître son territoire sans une goutte de sang, sur le vœu librement exprimé des populations, elle avait eu l'honneur d'être à l'avant-garde du progrès. Est-ce que toutes les idées de paix et d'humanité allaient s'abîmer dans une guerre qui jetterait l'Europe en pleine violence ?

D'une tristesse profonde, Pasteur ne pouvait se résigner à penser que son idéal sur la destinée pacifique et bienfaisante de la France, allait s'évanouir. Il quitta Strasbourg, qu'il ne devait plus revoir, en proie aux plus sombres réflexions.

Dès sa rentrée à Paris, il rencontra Sainte-Claire Deville qui revenait d'une mission scientifique en Allemagne et qui, pour la première fois, avait perdu sa gaieté et son optimisme. La guerre apparaissait à Sainte-Claire Deville plus qu'inquiétante, désastreuse. Il avait vu, dans une organisation savante et redoutable, l'armée prussienne massée à la frontière. L'invasion était certaine, et rien pour l'arrêter. En France, même dans les arsenaux comme Strasbourg, tout manquait. Sur la seconde ligne, à Toul, on se préparait si peu à la défense que le gouvernement avait cru que cette ville lui servirait de dépôt d'infanterie et surtout de cavalerie pour une portion des réserves de l'armée qui attendrait ainsi l'ordre de partir et de traverser le Rhin. « Ah! mes enfants, disait Sainte-Claire Deville aux élèves de l'Ecole normale, mes pauvres enfants, nous sommes flambés! » Plusieurs élèves le virent, entre deux expériences, « s'essuyer les yeux du coin de son tablier de laboratoire ».

La jeunesse, avec sa confiance habituelle et le patriotisme l'inspirant, ne pouvait croire que l'invasion fût si proche. Toutefois, malgré le privilège qui, en échange d'un engagement décennal dans l'Université, exemptait les normaliens de tout service militaire, ils mirent le devoir patriotique au-dessus des titres futurs de licenciés ou d'agrégés, et entrèrent dans le rang comme simples soldats. Ceux qui avaient obtenu d'être traités comme les plus favorisés, c'est-à-dire d'être incorporés immédiatement dans un bataillon de chasseurs à pied dont le dépôt était à Vincennes, passèrent leur dernière soirée, leur veillée des armes comme ils l'appelaient, dans le salon du sous-directeur de l'Ecole, Bertin. Sainte-Claire Deville et Pasteur étaient là, puis vint Duruy dont les trois fils s'engageaient. Le fils de Pasteur, qui avait dix-huit ans, allait partir de même.

Qu'ils fussent encore réunis à l'Ecole, à la veille de leurs examens comme ceux de la troisième année, ou déjà disséminés dans leurs familles comme les plus jeunes, tous les normaliens tinrent à honneur de servir : les uns dans le bataillon de chasseurs à pied déjà nommé; les autres dans un régiment de ligne; celui-ci, joyeux compagnon, plein d'entrain, nommé Louis Lande, heureux de défiler, dès le commencement du mois d'août, au premier rang des fusiliers-marins qui venaient d'arriver de Brest à Paris ; celui-là, d'une constitution très délicate, appelé Lemoine, impatient de se battre dans un régiment de l'armée active ; tel autre, officier de francs-tireurs ; tel autre, canonnier. On les vit se présenter partout où il y avait un danger à courir, l'exemple à donner. Pasteur voulait, comme Duruy et comme Bertin, prendre rang dans un bataillon de garde nationale. On dut lui rappeler qu'un homme paralysé était un invalide. Après le départ de tous les élèves, l'Ecole normale tomba dans le silence des maisons abandonnées. Le directeur, M. Bouillier, et Bertin songèrent à la transformer en ambulance. Si les normaliens échelonnés dans les secteurs de Paris étaient blessés, la maison de la rue d'Ulm les recueillerait. D'autres normaliens, comme M. Dastre, devenu aide-chirurgien major, ou d'autres choisis comme infirmiers, s'empresseraient d'accourir pour soigner leurs camarades. Ce serait un refuge de famille dans un hôpital.

Pasteur, puisqu'il était réduit à ne servir son pays que par des recherches scientifiques, eut le ferme vouloir de continuer ses travaux. Mais les défaites qui, coup sur coup, fondaient sur la France l'accablèrent. Il ne pouvait s'arracher à l'idée fixe de notre armée vaincue, de notre sang versé, de notre sol envahi.

« Ne reste pas à Paris, lui dit Bertin, secondé dans son insistance par le Dr Godélier. D'abord tu n'as pas le droit de rester, tu serais pendant le siège une bouche inutile », reprenait-il presque gaiement, animé du vif désir de voir son ami poursuivre des études dans le calme. Pasteur se laissa convaincre et partit pour Arbois le 5 septembre. Mais le mal de la France le poursuivait.

Ici encore, à l'aide de ses notes, de ses lettres, il sera possible
de le suivre dans le détail quotidien de sa vie, au milieu de ses
lectures, de ses projets de travaux et, à certaines journées, de ses
explosions de chagrin. Il voulut, pour se rejeter dans un grand
mouvement de travail, essayer de se reprendre aux livres qu'il
aimait, à « l'attrait de tout ce qui est grand et beau », suivant une
parole qui revenait souvent sur ses lèvres. C'est ainsi qu'il lut
l'*Exposition du système du monde* par Laplace. Il copia même
de sa main, — et ces extraits se trouvent mêlés à des fragments de
journaux d'alors, — quelques idées générales qui concordaient
avec les siennes. Sur cette terre « déjà si petite dans le système
solaire, selon les mots de Laplace, et qui disparaît entièrement dans
l'immensité des cieux dont ce système n'est qu'une partie insensible », un Galilée, un Newton arrivant, par une suite d'inductions, à s'élever « des phénomènes particuliers à d'autres plus
étendus et de ceux-ci aux lois générales de la nature », cette
vision enveloppait Pasteur du double sentiment dont tout homme
doit être pénétré : l'humilité devant le grand mystère du monde et
l'admiration pour ceux qui, parvenant à soulever un coin du voile,
prouvent en vérité que le génie a quelque chose de divin. Ces
lectures étaient pour Pasteur, à travers la tristesse et l'attente, un
moyen de se ressaisir et il répétait un de ses mots favoris : *Laboremus.*

Mais parfois, au milieu des heures passées ainsi entre sa
femme et sa fille, éclatait un des appels de trompette dont le
crieur public d'Arbois faisait précéder les nouvelles. Alors tout
était oublié. L'ordre universel des choses n'existait plus. L'âme
pleine d'angoisse de Pasteur se concentrait sur ce point imperceptible, il est vrai, dans le système du monde mais qui s'appelait la
France. Il descendait l'escalier, allait se mêler aux groupes qui
encombraient le petit pont de la Cuisance. Il écoutait, anxieux,
les communications officielles. Puis tristement il regagnait la
chambre où certains souvenirs laissés par son père faisaient l'heure
présente plus pénible en contrastes. A l'endroit le plus apparent
était accroché le grand médaillon du général Bonaparte au visage

maigre, énergique, déjà dominateur, œuvre du franc-comtois Huguenin ; puis, plus grande encore, l'effigie en plâtre bronzé de Napoléon vu de profil, en uniforme très simple, avec la petite épaulette basse et tombante ; enfin, près de la cheminée, une lithographie du roi de Rome aux cheveux bouclés, et, sur un rayon de bibliothèque, à la portée de la main, les livres sur la grande époque, tant de fois lus et relus par le vieux soldat, mort dans cette humble chambre qui gardait un reflet de la gloire impériale.

Cette gloire, cette légende, elles avaient enveloppé l'enfance et la jeunesse de Pasteur qui, en avançant dans la vie, avait conservé le même enthousiasme. Il se représentait, dans son imagination qui était populaire sur ce point, l'Empereur mêlé au fracas des batailles ou passant, les jours de revue, au milieu d'une escorte de maréchaux, ou bien encore entrant comme un souverain dans une capitale qui n'était pas la sienne, puis accablé par la défaite le soir de Waterloo, enfin condamné à l'exil, à l'inaction et mourant dans une lente agonie. Comme Pasteur comprenait bien que le siècle eût vécu de ce grand souvenir !

Glorieuses ou lugubres, ces visions, dans les premiers jours de septembre 1870, lui revenaient avec une insistance poignante. Qu'était-ce que Waterloo à côté de Sedan ! Le départ pour Sainte-Hélène avait eu la grandeur de la fin d'une épopée. C'était quelque chose d'enviable auprès de ce dernier épisode du second Empire, lorsque Napoléon III vaincu, épargné par la mort qu'il chercha vainement sur le champ de bataille, sortit de Sedan par la route de Donchery, pour entrer dans la petite chambre d'un tisserand où Bismarck devait lui fixer le rendez-vous donné par le roi de Prusse.

L'Empereur n'avait plus qu'une ombre de pouvoir, puisqu'il avait fait l'Impératrice régente. Ce n'était donc pas l'épée de la France, c'était son épée de souverain qu'il allait rendre. Mais il lui était permis d'espérer que le roi de Prusse serait un vainqueur usant de clémence pour l'armée et le peuple français. Le roi Guillaume n'avait-il pas déclaré qu'il ne faisait la guerre qu'à l'Empereur et nullement à la France ?

17

« Figurez-vous, a dit Bismarck en parlant de cette entrevue, figurez-vous qu'il croyait à notre générosité ! » Puis, avec ce goût de rapprochements ironiques où se plaisait son esprit dont les boutades étaient des explosions d'orgueil et de dédain, le chancelier de fer disait à propos de ce tête-à-tête qui menaçait de se prolonger : « J'éprouvais le même sentiment que quand j'étais au bal dans ma jeunesse et que j'avais engagé pour le cotillon une jeune fille à laquelle je ne savais que dire et que personne ne venait prendre pour faire un tour de valse avec elle. »

Napoléon III et le roi de Prusse se rencontrèrent dans le château de Bellevue, situé aux environs de Sedan. En face est une presqu'île qui devait porter désormais le nom tristement célèbre de Camp de la misère. L'Empereur put regarder une dernière fois ses 83,000 soldats sans armes, sans pain, en pleine boue, attendant que, par colonnes successives, des escortes prussiennes les conduisissent au delà du Rhin, prisonniers. Le mot de paix, Guillaume ne le prononça pas.

Jules Favre, le 6 septembre, en prenant possession du département des Affaires étrangères, rappela aux agents diplomatiques la chute de l'Empire, puis les paroles du roi de Prusse et, avec un élan oratoire qui détonnait dans les habitudes de style des chancelleries, mais qui était un appel au jugement de la postérité : « Le roi de Prusse veut-il continuer une lutte impie qui lui sera au moins aussi fatale qu'à nous ? Veut-il donner au monde du XIXe siècle ce cruel spectacle de deux nations s'entre-détruisant et qui, oublieuses de l'humanité, de la raison, de la science, accumulent les ruines et les cadavres ? Libre à lui, qu'il assume cette responsabilité devant le monde et devant l'histoire ! »

Et presque immédiatement après venait la phrase célèbre qui fut reprochée plus tard à Jules Favre avec une violence inique. Elle répondait à la pensée de la France tout entière. N'était-il pas juste que le peuple qui avait proclamé le droit des nations de disposer d'elles-mêmes s'écriât : « Nous ne céderons ni un pouce de notre territoire, ni une pierre de nos forteresses » ?

Bismarck, à la demande d'entretien que lui fit adresser Jules

Favre, le 10 septembre, au sujet des préliminaires de transactions à étudier, répondit par une fin de non-recevoir, tirée de l'irrégularité du nouveau gouvernement. L'ennemi se rapprochait de plus en plus de Paris qui était résolu à se défendre. Partout des soldats, des canons, des troupeaux. Le bois de Boulogne, où s'entassaient des milliers et des milliers de bœufs, était comme l'immense réserve de l'immense ville.

Dans une promenade que Bertin faisait avec M. Bouillier, à la veille de l'investissement, vers la porte Maillot et la porte d'Auteuil, en voyant le long défilé de tous ces pauvres gens éperdus, venant de quinze lieues à la ronde se réfugier dans Paris, tous deux se rappelèrent mélancoliquement la scène décrite par Gœthe dans *Hermann et Dorothée* au moment où les peuplades rhénanes fuient devant l'invasion. « La troupe des émigrants s'étendait à l'infini... C'était triste de voir sur les charrettes, sur les tombereaux, pêle-mêle, entassés, tous ces meubles qu'une maison renferme... Les femmes, les enfants se traînaient péniblement avec des hottes et des paniers... Ainsi s'en allait tout le monde sans suite et sans ordre à travers la route couverte de poussière. »

Tandis que ces exilés de banlieue allaient çà et là s'engouffrer dans Paris, la place de la Concorde donnait un émouvant spectacle. La statue qui représente la ville de Strasbourg, couverte de fleurs et de drapeaux, apparaissait à la foule comme l'image même de la patrie. Soldats et citoyens passaient et défilaient devant elle, invoquant l'Alsace que la Prusse parlait d'arracher à la France.

Ainsi arrivaient à Arbois, dans la première quinzaine de septembre, des articles, des lettres qui apportaient un écho de toutes les douleurs et de tous les hommages de Paris en armes.

« Le droit et la force se disputent le monde : le droit qui constitue et conserve la société, la force qui subjugue et pressure les nations. » Cette phrase, Pasteur la consignait en lisant les œuvres du général Foy. Les discours de cet homme, qui n'avait cherché le secret de l'éloquence que dans l'appel à ce qu'il y a de plus généreux dans les âmes, furent pendant quelques jours comme un accompagnement des propres pensées de Pasteur. Il admira les passages où le général, qui avait combattu vingt-cinq ans pour la France, rappelait en 1820, avec un frémissement patriotique, l'horreur de l'invasion étrangère. Longtemps après la paix, par une rencontre de hasard dans une rue de Paris, le général Foy se trouva face à face avec le général Wellington. Cette vue fut si odieuse au général français que, dans une séance de la Chambre, il évoqua ce souvenir avec un accent d'humiliation douloureuse qui fit passer sur l'assemblée la tristesse de Waterloo. Si Pasteur comprenait et partageait un sentiment dont la vibration prolongée durait encore, il ne put jamais parler sans un frémissement de douleur de cette guerre de 1870 que l'Allemagne poursuivait sans excuse, au mépris de l'humanité.

C'était, pour la quatrième fois depuis moins de cent ans, que l'invasion prussienne débordait sur la France. Mais au lieu de 42,000 prussiens, comme en 1792, jetés sur le sol sacré de la patrie, — et ces mots, Pasteur les prononçait avec la foi, la tendresse d'un vrai fils de France, — leur effectif d'envahissement était de 518,000 hommes de troupes prêtes à entrer en campagne contre 285,000 français. Quelle impatience de lutte, quel appétit de butin poussaient donc ces descendants des Germains tels que Tacite les a décrits? Voulaient-ils maintenant l'anéantissement de la France? La pensée qu'ils s'étaient armés en secret pour leur œuvre de domination sur tous les pays voisins, le souvenir de l'optimisme de la France jusqu'au jour de l'incident diplomatique inventé pour nous faire échec, le laisser-faire de l'Europe inspiraient à Pasteur des réflexions dont son élève Raulin fut le confident : « Quelle folie, quel aveuglement, lui écrivait-il le 17 septembre, dans l'inertie de l'Autriche, de la Russie, de l'Angleterre ! Quelle ignorance aussi dans les chefs de notre armée sur l'état des forces respectives des deux nations ! Oh que nous avions raison, nous autres savants, de regretter la misère du département de l'instruction publique ! La cause vraie de tous nos malheurs actuels est là. Ce n'est pas impunément, on le reconnaîtra peut-être un jour, mais bien trop tard, qu'on laisse une grande nation déchoir intellectuellement. Mais, comme vous le dites, si nous nous relevons de ces désastres, nous verrons encore nos hommes d'Etat se perdre dans des discussions sans fin sur des formes de gouvernement, sur des questions abstraites de politique au lieu d'aller au fond des choses. Nous portons la peine de cinquante années d'oubli profond des sciences, des conditions de leur développement, de leur immense influence sur la destinée d'un grand peuple et de tout ce qui aurait pu aider à la diffusion des lumières...

« Je m'arrête. Tout cela me fait mal. Je m'efforce d'éloigner tous ces souvenirs et la vue de toutes nos misères auxquelles je ne vois de salut que dans le désespoir d'une lutte à outrance. Je voudrais que la France résistât jusqu'à son dernier homme, jusqu'à son dernier rempart ! Je voudrais la guerre prolongée jusqu'au cœur de l'hiver afin que les éléments venant à notre aide tous ces vandales périssent de froid, de misère et de maladies. Chacun de mes travaux jusqu'à mon dernier jour portera pour épigraphe : Haine à la Prusse. Vengeance, vengeance... »

Il y a dans un psaume qui a traversé les siècles un passage où les captifs d'Israël, conduits sur les bords dès fleuves de Babylone, pleurent au souvenir de Jérusalem. Après avoir juré de ne pas oublier leur patrie, ils souhaitent à leurs ennemis tous les malheurs ensemble et jettent cette dernière imprécation contre Babylone : « Heureux celui qui saisira et brisera les petits enfants contre la pierre ! » Une des âmes les plus évangéliques de notre temps, Henri Perreyve, parlant de la Pologne, des peuples vaincus et opprimés, s'écriait en citant ce psaume : « Colère, colère de l'homme, qu'il est difficile de te chasser entièrement de son cœur ! et que le spectacle des insolences de l'injustice y allume des flammes soudaines et, ce semble, irrésistibles ! » Elles s'allumaient dans l'âme de Pasteur, faite cependant de toutes les tendresses humaines. Et voilà comment s'échappait ce cri de désespoir mêlé à un sanglot.

A cette date du 17 septembre, veille de l'investissement de Paris, Jules Favre voulut faire encore une dernière tentative de paix. Comment se passa cette entrevue, près de Meaux, au château de Ferrières, un récit publié par Jules Favre le fit connaître au monde entier. Ce récit arriva dans les grandes et les petites villes comme Arbois, soulevant les tristesses, les colères.

Jules Favre avait eu l'illusion de penser que la Prusse victorieuse bornerait ses exigences à une demande d'indemnité de guerre, cette indemnité dût-elle être formidable. Mais outre l'indemnité, Bismarck entendait prendre une part du sol français. Il réclamait d'abord Strasbourg : « C'est la clef de la maison, répétait-il, je dois l'avoir. » Et avec Strasbourg il voulait tout le département du Bas-Rhin et celui du Haut-Rhin, plus Metz et une partie du département de la Moselle. Jules Favre, avec la qualité ou le défaut français, pouvait épuiser son éloquence à mettre du sentiment dans la politique, parler du droit européen, invoquer le droit des peuples à disposer d'eux-mêmes, s'efforcer de faire ressortir ce qu'une annexion violente avait de contraire au progrès des mœurs : « Je sais fort bien, répondit Bismarck, en parlant des Alsaciens et des Lorrains, qu'ils ne veulent pas de nous. Ils nous imposeront une rude corvée, mais nous ne pouvons pas ne pas les prendre. » Dans la prévision d'une nouvelle guerre, il fallait que la Prusse eût les avantages. Tout cela dit avec une courtoisie autoritaire, une tranquillité insolente où perçait le mépris des hommes, ce qui était évidemment aux yeux de Bismarck la meilleure manière de les gouverner. Comme il tenait à Strasbourg et que Jules Favre protestait, plaidant la cause de cette héroïque ville qui faisait l'admiration de Paris et que Paris comptait imiter :

« Strasbourg va tomber entre nos mains, dit paisiblement Bismarck. Ce n'est qu'une affaire de calcul d'ingénieur. Aussi je vous demande que la garnison se rende prisonnière de guerre. »

Jules Favre bondit de douleur. Les deux mots sont de lui. Mais le roi Guillaume exigeait cette condition. Jules Favre, à bout de forces, craignant de défaillir, se retourna pour dévorer les larmes qui l'étouffaient. Il termina l'entretien en disant : « C'est une lutte indéfinie entre deux peuples qui devraient se tendre la main ».

La trace de ces angoisses patriotiques se retrouvait dans un cahier de Pasteur, de même que la circulaire adressée par Jules Favre un mois plus tard, le 17 octobre, aux agents diplomatiques pour répondre à certains points discutés par Bismarck. Pasteur nota et admira ce passage : « J'ignore quelle destinée la fortune nous réserve. Mais, ce que je sens profondément, c'est qu'ayant à choisir entre la situation actuelle de la France et celle de la Prusse, c'est la première que j'ambitionnerais. J'aime mieux nos souffrances, nos périls, nos sacrifices, que l'inflexible et cruelle ambition de notre ennemi. »

« Il faut conserver l'espérance jusqu'au bout, écrivait Pasteur après cette lecture, ne rien dire qui abatte les courages, et former des vœux ardents pour une lutte prolongée et à outrance. Rattachons-nous à tout ce qui fortifie. Bazaine peut devenir notre sauveur... »

Que de lèvres françaises prononçaient ce dernier mot, dans la période même où Bazaine s'apprêtait à livrer Metz, son armée, ses drapeaux !

« Ne faut-il pas s'écrier : Heureux les morts ! » écrivait Pasteur peu de jours après que se répandit dans toute la France la nouvelle de cette armée perdue sans qu'elle eût engagé un dernier combat, de cette ville de Metz, la plus forte de France, livrée sans nulle brèche à ses remparts. Ceux qui cherchaient dans l'histoire les leçons de patriotisme pouvaient, à travers ces tristes heures, se reporter à la biographie d'un maréchal de France sous Louis XIV, qui, né à Metz et mort à Sedan, avait été la loyauté faite soldat, s'était tenu à l'écart de tous les partis comme de toutes les intrigues et, ne recherchant aucun honneur, n'avait songé qu'à bien se battre. Le souvenir du maréchal Fabert, dont les Messins, dans ces jours de défaite, avaient enveloppé d'un voile de deuil la statue dressée sur la place de leur Hôtel de Ville, ajoutait à cette capitulation de Metz la plus douloureuse des ironies.

Tandis que Pasteur suivait anxieusement la guerre, certaines remarques, certains projets d'expériences étaient pour son esprit comme ces bruits d'horloge qui continuent de tomber dans les journées de mort. Il ne pouvait pas ne pas les entendre. C'était

comme le mouvement de sa vie intérieure. Tout travail de laboratoire lui était difficile dans cette demeure moitié appartement,
moitié tannerie, restée indivise entre lui et sa sœur. Son beau-
frère avait repris dans ce temps-là le métier paternel. Appliquant
alors son esprit d'examen à ce qui l'entourait et pouvait se relier
par quelque point à ses travaux, Pasteur étudia d'abord la fermentation du tan. Il questionnait sans cesse, tâchant de découvrir, sous telle habitude, tel procédé de routine, le motif scientifique. Il excellait à tirer du fait le plus connu, le plus insignifiant
en apparence, une induction, une idée de recherche. Tout ce qui
l'entourait lui devenait sujet d'étude. Quand sa sœur faisait le pain,
il étudiait le soulèvement de la pâte, l'influence de l'air dans le
pétrissement de la pâte, et, son imagination partant toujours d'un
petit point pour s'élever aux problèmes d'une grande portée, il
cherchait ensuite la manière dont on pourrait obtenir une puissance
plus nutritive du pain, et, comme corollaire, l'abaissement du prix
du pain.

Une correspondance de Paris, publiée par le journal le *Salut
public* du 20 décembre, renfermait précisément sur ce sujet un
avis que Pasteur conserva et annota. La Commission centrale
d'hygiène qui comprenait, entre autres membres, Sainte-Claire
Deville, Wurtz, Bouchardat, Trélat, avait voulu, en traitant cette
question du pain, devenue la question vive du siège, démontrer
aux Parisiens que le pain où entre un peu de son n'en est que meilleur pour la santé. « Avec quelle émotion, écrivait Pasteur, je viens
de lire tous ces noms chers à la science ! Ils me paraissent grandis
devant leurs concitoyens et la postérité. Pourquoi n'ai-je pu partager leurs souffrances et leurs dangers ! » Et leurs travaux, eût-il
ajouté, si quelques comptes rendus de l'Académie des sciences
fussent arrivés jusqu'à lui.

L'histoire de cette Académie pendant la guerre vaut la peine
d'être résumée en quelques lignes. Pasteur, du reste, s'intéressait
trop à tout ce qui s'y faisait pour que l'on puisse parler de lui sans
parler d'elle. Sa pensée s'y reporta maintes fois durant l'année
lugubre.

Dans la première période, l'Académie s'imaginant, comme le reste de la France, que le succès de nos armes ne faisait pas de doute, poursuivit sa tâche purement scientifique. Aux premières défaites, ce fut un désarroi. Les communications· habituelles cessèrent. Impuissante alors à s'occuper d'un autre sujet que de la guerre, l'Académie tenait des séances qui duraient à peine trois quarts d'heure. Parfois même, comme à la fin d'août, la séance, ouverte à trois heures, était levée un quart d'heure plus tard. Un des correspondants de l'Institut, le chirurgien Sédillot, qui était en Alsace à la tête d'un service d'ambulances et qui pratiqua lui-même jusqu'à quinze amputations dans une seule journée, adressa au président de l'Académie deux lettres précieuses à signaler : elles marquent une date dans l'histoire de la chirurgie et elles indiquent la part restreinte alors en France de certaines idées de Pasteur, au moment même où, hors de France, ces idées étaient admises et suivies. Le célèbre chirurgien anglais Lister, après avoir, disait-il, médité la théorie des germes de Pasteur et s'être proclamé son disciple, convaincu que la complication et l'infection des plaies tenaient à l'accès sur elles des organismes vivants, des germes infectieux, éléments de trouble, souvent de mort, avait, dès 1867, inauguré une méthode de pansement. Il poursuivait la destruction des germes flottant dans l'air, à l'aide d'un pulvérisateur chargé d'un liquide phéniqué, puis il isolait et préservait la plaie du contact de l'air. Les éponges, les drains étaient l'objet de soins minutieux de pureté. Il créait, pour tout résumer d'un mot, l'antisepsie. Quatre mois avant la guerre, il avait exposé les principes capables de diriger les chirurgiens. Nul en France, aux premières batailles, ne pensa même à appliquer cette méthode nouvelle. « L'affreuse mortalité des blessés par armes de guerre, écrivait Sédillot dans des pages qui méritent d'être citées, appelle l'attention de tous les amis de la science et de l'humanité. » Et, avec tristesse, avec désespoir, il signalait les douloureux spectacles dont il était le témoin : « L'art, hésitant et déconcerté, poursuit une doctrine et des règles qui semblent fuir devant ses recherches... On reconnaît les lieux où séjournent les blessés à

l'odeur de suppuration et de gangrène qui s'en dégage. » Des centaines, des milliers de blessés, au visage pâli, mais reflétant l'espoir,
la volonté de vivre, succombaient entre le huitième et le seizième
jour à la pourriture d'hôpital. Les échecs de cette chirurgie du
passé, on se les explique depuis que la doctrine des germes a tout
éclairé, mais à cette époque un tel aveu d'impuissance devant
le mystérieux *contagium sui generis* qui, au dire des médecins,
se dérobait à toutes les recherches, cette statistique effroyable de
mortalité avivait l'angoisse des premiers désastres.

Bientôt l'Académie voulut mieux que sa part de sollicitude,
elle voulut sa part de collaboration nationale. Ce qui tenait à la
défense et à la santé publiques devint le principal objet de son
examen. Après une lecture sur des essais pour diriger les aérostats,
on s'occupait de procédés pour conserver la viande pendant le
siège. A telle autre séance, c'était un exposé inquiet sur l'alimentation des petits enfants. Vers la fin d'octobre, on ne pouvait trouver
dans tout Paris que 20,000 litres de lait par jour. On supplia les
gens valides de s'en abstenir. C'était pour les enfants la vie ou la
mort. Déjà tant de petits cercueils venaient chaque soir prendre la
place des berceaux !

Visions des morts de vingt ans et des morts âgés de quelques
jours passaient ainsi au-dessus de la salle habituelle des réunions.
C'est à l'une de ces séances, dans la tristesse d'une dernière
journée d'automne, qu'un membre de l'Institut, âgé de quatre-
vingt-cinq ans, qui avait cru, comme Pasteur, à la civilisation,
aux liens qui établissent des rapprochements entre les peuples par
les sciences, les lettres et les arts, parcourant du regard les
fenêtres de l'Institut garnies de sacs de terre pour protéger la
bibliothèque contre l'éclat des bombes, songeant qu'il avait fallu
cacher dans des souterrains les documents précieux, les pièces
uniques, c'est à l'une de ces séances que Chevreul, les cheveux
en auréole, s'écriait de sa voix forte, dans une stupéfaction désolée :

« Et nous sommes au XIXᵉ siècle, et il y a quelques mois que
le peuple français ne se doutait pas d'une guerre qui a mis sa
capitale en état de siège, qui a tracé autour de ses remparts une

zone déserte où celui qui a semé n'a pas récolté. Et il y a des universités publiques où l'on enseigne le beau, le vrai et le droit ! »

« La force prime le droit », avait dit Bismarck. Un journaliste de la *Gazette de Silésie* imagina une autre expression qui fit le tour de l'Europe : « Le moment psychologique du bombardement. » Le 5 janvier, un des premiers obus prussiens, au sifflement aigu comme un avertisseur sinistre, s'enfonça dans le jardin de l'Ecole normale. Un autre éclata en pleine ambulance de l'Ecole. Le sous-directeur Bertin, se précipitant à travers une fumée épaisse et asphyxiante, constata que nul malade heureusement n'était atteint. Il retrouva le culot de l'obus entre deux lits. Les malades se traînèrent dans les escaliers, à la recherche d'un abri, au rez-de-chaussée, dans les salles d'études et de conférences. Ce n'était guère plus sûr.

Des hauteurs de Châtillon, les batteries ennemies bombardaient toute la rive gauche. Les Prussiens, se souciant peu des drapeaux blancs à croix rouge de Genève, réglaient leur tir sur le Val-de-Grâce et sur le Panthéon. « Sommes-nous assez loin de cette Allemagne que nous rêvions naïvement d'après les poètes et les romanciers ! écrivait, le 9 janvier, l'auteur de *Barbares et Bandits*, Paul de Saint-Victor. Entre l'Allemagne et la France s'est creusé un gouffre de haine, un Rhin de sang et de larmes qu'aucune paix ne pourra combler. »

A cette même date, Chevreul lut à l'Académie des sciences la déclaration suivante :

« Le jardin des plantes médicinales, fondé à Paris par édit du roi Louis XIII, à la date du mois de janvier 1626,

« Devenu le Muséum d'histoire naturelle par décret de la Convention du 10 de juin 1793,

« Fut bombardé,

« Sous le règne de Guillaume Ier, roi de Prusse, comte de Bismark chancelier,

« Par l'armée prussienne, dans la nuit du 8 au 9 de janvier 1871.

« Jusque-là, il avait été respecté de tous les partis et de tous les pouvoirs nationaux et étrangers. »

A cette lecture, Pasteur regretta plus vivement encore de n'avoir pas été à Paris pour signer, lui aussi, cette protestation. La plainte fière d'un vaincu, il songea, de sa petite maison d'Arbois, à la jeter à son tour au vainqueur impitoyable.

Le souvenir du diplôme qu'il tenait de l'Université de Bonn lui revint avec amertume. Certes, depuis l'époque lointaine où les vieilles géographies françaises, apprises sous le premier Empire, mentionnaient les vastes territoires qui formaient la France de ce temps-là, bien des années avaient passé. On ne se rappelait guère que, parmi nos 110 départements d'alors, le 87ᵉ par ordre alphabétique avait été le département de Rhin-et-Moselle, chef-lieu Coblentz, arrondissements Bonn et Simmern. On avait oublié ce que fit la Prusse après 1815, quand elle remit sa main de fer sur les provinces rhénanes devenues françaises de cœur. Pour rompre de telles attaches, le roi de Prusse et ses ministres avaient eu immédiatement la pensée politique de fonder une université sur la rive du Rhin. Vieilles légendes qui remontaient jusqu'à l'histoire romaine, charme des environs, tours en ruines, forêts, villages pleins de lumière, semés comme d'un coup de baguette de fée le long du fleuve, tout était réuni pour attirer les étudiants allemands et par le sentiment de la nature et par le goût du travail. La nouvelle Université était appelée à devenir ainsi, selon l'expression d'un allemand, un avant-poste de l'esprit germanique. S'emparer par un coup de force d'un peuple, puis essayer sa conquête morale à l'aide des universités, toute la politique prussienne tenait dans ces deux termes. Et cela avait si bien réussi que jamais Université n'était devenue plus prospère. C'était peu de chose que la Faculté de Strasbourg sous le second Empire, avec son nombre restreint de professeurs, sa pénurie de ressources, opposée à cette Université de Bonn avec ses 53 professeurs et ses vastes laboratoires de chimie, de physique, de médecine, de pharmacie, une galerie de minéralogie et jusqu'à un musée d'antiquités. Aussi, lorsque fut faite par les soins de Duruy, en 1868, une enquête comparative sur ces

deux Facultés rivales, Duruy et Pasteur échangèrent-ils plus d'une
réflexion sur ce contraste saisissant. Mais cette rivalité universitaire
était très noble. Il y avait, dans le désir d'une lutte d'influences, le
sentiment supérieur qui mettait la science au-dessus de toutes les
patries dans une sérénité dominatrice. N'était-ce pas d'ailleurs
Guillaume qui, pour son premier mot de roi, avait dit : « La Prusse
ne doit faire en Allemagne que des conquêtes morales » ? Pasteur
n'avait cru qu'à ce genre de conquêtes. Lorsque l'Université de
Bonn lui avait adressé, dans cette même année 1868, le diplôme de
docteur en médecine où l'on rappelait que « par ses expériences
très pénétrantes il avait le plus contribué à la connaissance de
l'histoire de la génération des petits organismes et avait fait heureusement avancer la science des fermentations », il avait ressenti la
joie de constater la marche de ses travaux qui découvraient dès
cette époque de vastes horizons aux études médicales. Ce diplôme
de docteur en médecine, décerné d'après un vœu unanime, il le
montrait avec fierté.

« Aujourd'hui, — écrivait-il, le 18 janvier 1871, au doyen de la
Faculté de médecine de l'Université de Bonn, après avoir rappelé
ses sentiments d'autrefois, — aujourd'hui, la vue de ce parchemin
m'est odieuse, et je me sens offensé de voir mon nom, avec la
qualification de *Virum Clarissimum* dont vous le décorez, se
trouver placé sous les auspices d'un nom voué désormais à l'exé-
cration de ma patrie, celui de *Rex Guilelmus*.

« Tout en protestant hautement de mon profond respect envers
vous et envers tous les professeurs célèbres qui ont apposé leur
signature au bas de la décision des membres de votre ordre, j'obéis
à un cri de ma conscience en venant vous prier de rayer mon
nom des archives de votre Faculté et de reprendre ce diplôme en
signe de l'indignation qu'inspirent à un savant français la barbarie
et l'hypocrisie de celui qui, pour satisfaire un orgueil criminel,
s'obstine dans le massacre de deux grands peuples.

« Depuis l'entrevue de Ferrières, la France combat pour le
respect de la dignité humaine et la Prusse pour le triomphe du plus
abominable des mensonges, savoir, que la paix future de l'Alle-

magne est au prix du démembrement de la France, tandis que, pour tout homme sensé, la conquête de l'Alsace et de la Lorraine est l'enjeu d'une guerre sans limite... »

La protestation se terminait par ces mots : « Ecrit à Arbois (Jura) le 18 janvier 1871, après la lecture du stigmate d'infamie inscrit au front de votre Roi par l'illustre directeur du Muséum d'histoire naturelle, M. Chevreul. »

Cette lettre pèsera peu au jugement d'un peuple dont les principes diffèrent tellement de ceux qui nous inspirent, disait Pasteur, mais elle sera du moins un écho de l'indignation des savants français.

Il souhaitait, avec son âme vibrante, que par des extraits puisés dans les correspondances militaires, dans les œuvres des écrivains, des poètes, par le rapprochement enfin de certains épisodes qui se renouvelaient sur tant de points du sol envahi, on constituât un manuel de patriotisme destiné à nos foyers, à nos écoles, à nos casernes. Lui-même, comme s'il eût voulu esquisser un semblable travail, collectionnait tout ce qui tombait sous ses yeux, souvent remplis de larmes. Il nota ainsi une lettre du général Chanzy au commandant des troupes prussiennes à Vendôme, lettre ouverte qui dénonçait les injures, les exactions, les violences inqualifiables exercées par les Prussiens contre les habitants de Saint-Calais, non seulement inoffensifs, mais encore très compatissants envers les malades et les blessés ennemis.

« A la générosité avec laquelle nous traitons vos prisonniers et vos blessés, écrivait le général Chanzy, vous répondez par l'insolence, l'incendie, le pillage. Je proteste avec indignation au nom de l'humanité et du droit des gens que vous foulez aux pieds. »

Pasteur avait recueilli ensuite certains traits de bravoure, d'héroïsme, et aussi de résignation, cette vertu capable de devenir, comme dans l'histoire des femmes pendant le siège de Paris, une des formes de l'héroïsme.

Et de tant de choses ainsi réunies se dégageait la psychologie de la guerre sous ses deux aspects : chez l'armée envahissante, un esprit de conquête allant jusqu'au besoin d'oppression et, en dehors

même de la période frémissante du combat, donnant à la haine, à
la cruauté quelque chose de réfléchi et de discipliné; chez le peuple
vaincu, un sursaut de révolte, le *non possumus* des consciences
qui comprennent ce que c'est que l'héritage du passé et la responsabilité de l'avenir en face d'un patrimoine d'honneur que chaque
génération doit sinon accroître, du moins sauvegarder. Aussi,
devant le sol foulé par l'ennemi, éprouvait-on plus que la soif du
dévouement, on avait l'ivresse du sacrifice. Ceux qui n'ont pas
vu la guerre ne savent pas la valeur de ces mots : *Amour sacré
de la patrie !*

La France fut d'autant plus aimée qu'elle était plus malheureuse.
Elle inspira à ses vrais fils une tendresse infinie. C'était à qui
dirait : Que pouvons-nous faire pour te défendre ou, si nos bras
sont trop faibles étant trop vieux, que pouvons-nous faire pour te
consoler ? « On bat maman! j'arrive », écrivait Théophile Gautier
qui, jusqu'alors assez indifférent en matière de patriotisme, avait
prodigué sa prose et sa poésie descriptives sur tous les pays de
l'Europe. Un autre poète, celui-là poète de la jeunesse pensive,
se reprochant d'avoir éprouvé des sentiments trop généreux pour
l'univers entier, Sully-Prudhomme, se promettait de tout ramener
désormais à l'amour exclusif de la France. Enfin, un poète plus
grand que tous les autres, qui, dans ce recueil rêvé par Pasteur,
mériterait une place rayonnante, Victor Hugo, mêlant des sentiments intimes à ceux de la foule, dont il écoutait à Paris les
rumeurs profondes, tour à tour formidables et douces comme le
bruit de la mer, faisait, de tant de désespoirs et de dévouements,
la première partie de l'*Année Terrible*.

Au milieu de beaucoup d'autres exemples faciles à réunir, ce
recueil de morceaux choisis, que quelqu'un devrait composer à
l'usage des petits français, pourrait avoir un dernier chapitre de
patriotisme en action : la mort de Henri Regnault. « Il faut avoir
foi dans son étoile », écrivait à son père, dans les premiers jours
du mois d'août 1870, ce peintre enthousiaste qui, le regard comme
enivré de couleurs, l'esprit plein de fougue devant de nouvelles
visions d'art après son séjour en Espagne et au Maroc, venait,

bien qu'exempté par la loi de tout service militaire puisqu'il était lauréat des prix de Rome, endosser la capote brune de garde national. Il remplit vaillamment son devoir aux avant-postes. Le 19 janvier, à la dernière sortie faite par les troupes de Paris, au combat de Buzenval, la dernière balle prussienne, tirée à la nuit tombante, le frappa au front. Il avait vingt-sept ans. L'Académie des sciences, dans sa réunion du 23 janvier, rendit hommage à celui qui emportait dans son cercueil un peu de gloire française et tant de projets éblouissants. Paris, la ville aux coups de cœur qui sait aimer et admirer, fut ému. Devant ce cortège qui s'acheminait vers le cimetière Montparnasse, on éprouvait une tristesse qui se confondait avec la douleur causée par la nouvelle de la capitulation de Paris que l'on venait d'apprendre. Le grand artiste qui s'en allait était comme le symbole de la jeunesse et du talent héroïquement et vainement sacrifiés.

Le père de Regnault, le physicien célèbre, membre de l'Institut, était à Genève. C'est là qu'il apprit le coup qui le frappait. Un autre chagrin, sans être comparable à son désespoir de père, l'atteignit encore. La guerre, non plus seulement avec ses horreurs, ses flaques de sang, ses flammes d'incendie, mais la guerre, cette guerre, avec son côté odieux de calculs et de préméditation, se montrait dans un épisode digne aussi d'être recueilli. Regnault avait laissé, dans l'appartement qu'il occupait à Sèvres comme directeur de la Manufacture, ses instruments de laboratoire. Tout en apparence était à la même place, dans le même ordre. Nulle trace d'effraction, pas le moindre éclat de vitres. Mais un prussien, très diplômé certainement, avait passé là. « Rien ne semblait changé dans cet asile de la science, a écrit J.-B. Dumas, et tout y était détruit. On s'était contenté de casser la tige de ces thermomètres ou de briser les tubes de ces baromètres ou de ces manomètres devenus, par leur participation aux plus importantes expériences du siècle, de véritables monuments historiques. Pour les balances et autres appareils de précision, il avait suffi d'en fausser d'un coup de marteau les pièces fondamentales. » Dans un coin il y avait un tas de cendres : c'étaient les registres, les manuscrits, les notes de

Regnault, son travail de dix années. Que de résultats étaient ainsi détruits. « Cruauté, s'écriait J.-B. Dumas qui, comme Chevreul, comme Pasteur, fit éclater son indignation, cruauté dont l'histoire n'offre pas d'autre exemple. » On peut excuser, ajoutait-il, le soldat romain qui, dans la fureur d'un assaut, massacrait Archimède : il ne le connaissait pas. Mais un tel travail de destruction accompli avec une sournoiserie sacrilège et barbare !

Le jour même où l'Académie des sciences adressait au père de Regnault, à « ce malheureux père, » l'assurance d'une sympathie profonde, Pasteur, inquiet de ne recevoir aucune nouvelle de son fils, qui s'étaient battu devant Héricourt, voulut aller à sa recherche dans les rangs de l'armée de l'Est. Débris, défaite, désastre, ce n'était dans toutes les bouches que ces mots lugubres. Du côté de Poligny, de Lons-le-Saunier, on ne voyait partout que des retardataires de toutes armes qui, depuis de longues étapes, ne sachant plus où étaient leurs chefs, pas même leur régiment, allaient, à peine couverts d'uniformes en lambeaux, demandant un morceau de pain. Le gros de l'armée, déjà loin, se dirigeait vers Besançon. Morne défilé de soldats français, baissant la tête sous le ciel gris de froid, à travers un paysage enveloppé de neige. Le général en chef Bourbaki, fait pour les combats tels qu'on les livrait jadis en Afrique, avec une bravoure immédiate, dans un désordre impétueux, était de plus en plus déconcerté par les combinaisons de la nouvelle guerre. Tandis que, dans une dépêche de Bordeaux, le ministre de la guerre lui enjoignait de rétrograder du côté de Dôle, d'empêcher la prise de Dijon, puis de gagner le plus vite possible, soit Nevers, soit la région d'Auxerre, Joigny, où 20,000 hommes seraient prêts à être encadrés, Bourbaki, accablé en face du spectacle lamentable qui se déroulait sous ses yeux, ne voyait de ressource pour son armée que dans une dernière ligne de retraite, vers Pontarlier.

C'est dans ce flot de soldats que Pasteur voulut essayer de retrouver son fils. Le voisin et l'ami d'enfance de Pasteur, Jules Vercel, assistait à ce départ du mardi 24 janvier, à quatre heures et demie du soir. Depuis longtemps, toutes les voitures avaient été requisitionnées. Une vieille calèche fermée, hors de louage, garnie de glaces presque circulaires, secouée, au moindre tour de roue, d'un bruit de ferrailles, s'arrêta près du pont, devant la porte qui, à gauche, pour ne pas être confondue avec l'entrée de la tannerie, portait, sur une petite plaque de fonte émaillée, ces mots inscrits en noir : M. L. Pasteur.

« Nous allons du côté de Pontarlier », dit au cocher de rencontre Pasteur que sa femme et sa fille accompagnaient. Pendant que la voiture gagnait en pleine neige la route montueuse de Ferrières, il était facile de suivre sur le visage de Pasteur, empreint d'une tristesse profonde, les émotions qui l'agitaient. Où, comment reverrait-il son fils ? Puis il pensait à son travail interrompu depuis cinq mois. Pourrait-il reprendre ses recherches dans le laboratoire de l'Ecole normale ? Les obus n'avaient-ils pas tout détruit ? Mais, si poignantes que fussent ses inquiétudes de père, quelque regret qu'il éprouvât à l'idée de cette longue interruption dans la marche de découvertes très nettement entrevues, au-dessus de tout, semblable aux immenses rochers de la Châtelaine que l'on apercevait surplombant le val d'Arbois, se dressait, devant son regard clair et mélancolique, la pensée de la France. Par cette nuit très froide, la lune éclairait le paysage blanc de neige. La voiture, arrivée sur le haut plateau, tourna à droite et se dirigea vers Montrond. Une pauvre auberge s'ouvrit devant les voyageurs. La vieille calèche, avec sa carapace de malles, resta sur le bord de la route comme une voiture de bohémiens. Le lendemain, nouvelle étape à travers une forêt de sapins dont le vaste silence n'était interrompu que par les paquets de neige qui tombaient des branches horizontales. On arriva le soir à Censeau ; on repartit le lendemain pour Chaffois et le vendredi matin seulement, par des chemins à peine praticables, tant les roues enfonçaient dans la neige, la voiture, qui semblait elle-même une épave, entra dans Pontarlier.

La ville était encombrée de soldats. On en voyait qui, comme rapetissés par le froid, se groupaient autour d'un feu allumé en pleine rue. D'autres enjambaient des chevaux morts et allaient se traîner vers le couloir d'une maison, ne demandant qu'une demi-botte de paille pour se coucher là. Beaucoup s'étaient réfugiés dans l'église et restaient étendus sur les marches du chœur. Quelques-uns enveloppaient de chiffons leurs pieds gelés, menacés de gangrène.

Tout à coup on apprit que le général en chef Bourbaki, encore à Besançon, s'était tiré un coup de pistolet dans la tête. On n'en fut pas autrement surpris. L'avant-veille, il avait télégraphié au ministre de la guerre : « Vous ne vous faites pas une idée des souffrances que l'armée a endurées depuis le commencement de décembre. » Et, avec le sentiment de démission de la vie qui envahissait ce soldat : « Soyez sûr, ajoutait-il avec désespoir, que c'est un martyre d'exercer un commandement en ce moment. »

« La retraite de Russie n'a pas dû être plus affreuse, » dit Pasteur en s'adressant à un officier, neveu de Sainte-Claire Deville, le commandant d'état-major Bourboulon, rencontré au milieu de cette bagarre et qui ne put lui donner aucun renseignement sur le bataillon de chasseurs à pied où Pasteur avait son fils. « Tout ce que je puis vous dire, répondit un soldat que Mme Pasteur questionnait anxieusement, c'est que sur le bataillon de douze cents hommes, il n'en reste que trois cents. » Au moment où elle en interrogeait un autre, un soldat qui passait entendant la conversation s'arrêta : « Le caporal-fourrier Pasteur? Oui, il est vivant. Il a été hier mon camarade de lit à Chaffois, il est resté en arrière : il est malade. Vous le rencontrerez peut-être en allant sur la route qui conduit à Chaffois. »

La famille Pasteur, qui représentait dans un pareil moment la détresse de tant d'autres familles françaises, reprit la route qu'elle avait suivie la veille. A peine la grande porte de Pontarlier franchie, une charrette à claire-voie passa. Un soldat encapuchonné, les deux mains appuyées sur le châssis de la voiture, eut un sursaut de surprise. Il descendit précipitamment et, sans qu'une parole eût été échangée, tant l'émotion était poignante de part et d'autre, la famille se retrouva tout entière.

La capitulation de Paris, qui était exposé à mourir de faim, l'armistice proposé, ces grands événements historiques sont encore présents à la mémoire des hommes qui à cette époque commençaient de savoir ce que c'est que la défaite. L'armistice que Jules Favre croyait être appliqué sans restriction à toutes les armées fut interprété d'une façon particulière par Bismarck. D'accord avec Jules Favre, Bismarck avait rédigé une dépêche gouvernementale conçue en termes généraux. Il avait été entendu, dans ces premiers pourparlers, que pour délimiter la zone neutre applicable à l'armée de l'Est, on attendrait des renseignements qui manquaient, la position respective des belligérants étant inconnue. Dans la pensée de Jules Favre, si importante que fût cette question, elle n'était que subsidiaire, le principe de l'armistice admis. Les renseignements ne vinrent pas. Jules Favre, avec un excès d'imprudente confiance, supposa que cette opération se ferait sur les lieux par les commandants des corps engagés. Quand il apprit que l'armée ennemie continuait la marche dans l'Est, il se plaignit à Bismarck qui répondit que « cet incident n'avait pu compromettre l'armée de l'Est, cette armée étant en complète déroute au moment même de la signature de l'armistice ». S'il y eut dans la réserve calculée de Bismarck un nouveau trait de sa physionomie morale, et si l'on peut dégager de cette nouvelle rencontre entre les deux ministres l'infériorité, lorsque de grands intérêts sont en jeu, des hommes d'émotion en face des hommes d'affaires qui ne s'attendrissent jamais, il faut cependant reconnaître que Bismarck disait vrai. L'armée de l'Est ne pouvait plus combattre; son chemin était coupé; sans vivres, sans vêtements, un grand nombre de soldats sans armes, elle n'avait plus qu'à passer en Suisse.

Pasteur, après être allé à Genève avec son fils qui, remis de son épuisement de fatigues et de privations, réussit, dès les premiers jours de février, à revenir en France reprendre son service d'engagé volontaire, Pasteur s'était rendu à Lyon, chez son beau-frère, M. Loir, doyen de la faculté des sciences. Il était sur le point de rentrer à Paris, quand une lettre de Bertin, datée du 18 février, lui déconseilla ce voyage. « Voici le topo de l'École. Aile du sud démolie, non refaite, on attend les ouvriers. Dortoir de troisième année, annexe d'ambulance habitée par huit élèves. Dortoir des sciences et salle de dessin, encore ambulance de quarante malades. Etude du rez-de-chaussée, cent vingt artilleurs. Laboratoire Pasteur, quarante gardes nationaux réfugiés d'Issy. Attendez encore. » Avec la pointe de gaieté qu'il trouvait le moyen d'associer à tout, Bertin esquissait ses impressions de bombardement. « Le premier jour je ne suis pas sorti, disait-il, mais je me suis orienté et j'ai trouvé la formule : en sortant de l'Ecole, sentir les maisons à gauche, en rentrant les sentir à droite; et avec cela je sortais comme d'habitude... La population de Paris a été magnifique de résignation et de patience. Aurait-elle été héroïque? Pas moyen de le savoir; nous avons été livrés aux bêtes. Pour prendre notre revanche il faut tout refaire du haut en bas, du haut surtout. »

Du haut surtout, c'était aussi ce que pensait Pasteur. Il prépara des pages, datées de Lyon, intitulées : *Pourquoi la France n'a pas trouvé d'hommes supérieurs au moment du péril.*

Parmi les fautes commises, il en était une qui, depuis plus de vingt ans, depuis sa sortie de l'Ecole normale, s'était toujours présentée devant son esprit : « l'oubli, le dédain que la France avait eu pour les grands travaux de la pensée, particulièrement dans les sciences exactes ». Constatation d'autant plus triste qu'il en allait tout autrement à la fin du xviiie siècle et au commencement du xixe. Pasteur rappelait les services qu'avait rendus la science à notre pays menacé. Si, en 1792, comme l'ont écrit les Arago, les J.-B. Dumas, la France put faire face aux dangers qui la menaçaient de toutes parts, c'est que Lavoisier, Fourcroy, Guyton de Morveau, Chaptal, Berthollet donnèrent de nouveaux moyens d'extraire le salpêtre et d'avoir de la poudre; c'est que Monge trouva l'art de fondre rapidement les canons; c'est que, grâce au chimiste Clouet, on put fabriquer vite toutes les armes blanches. La science, mise au service d'un patriotisme ardent, fit d'une nation en plein désarroi une nation armée et victorieuse. Sans Marat qui, par ses insinuations, ses injures, ses calomnies, fit dévier le sentiment de la foule, Lavoisier n'eût jamais péri sur

l'échafaud. Au lendemain de cette exécution, Lagrange disait :
« Il ne leur a fallu qu'un moment pour faire tomber cette tête et
cent années peut-être ne suffiront pas pour en produire une semblable. » Monge et Berthollet, dénoncés aussi par Marat, faillirent
avoir le même sort : « Dans huit jours, nous serons arrêtés,
jugés, condamnés et exécutés, » disait d'un ton paisible Berthollet
à Monge qui lui répondait d'une voix tout aussi calme et en ne
pensant qu'à la défense de la patrie : « Tout ce que je sais, c'est
que mes fabriques de canons marchent à merveille. »

La science, Bonaparte commença par en faire ce qu'il voulait
aussi faire de l'art, de tout, un instrument de règne. Lors du
départ pour l'Egypte, il voulut avoir un état-major de savants.
Monge et Berthollet, improvisés chefs d'un nouveau bureau de
recrutement, se chargèrent d'organiser cette escorte d'élite. Plus
tard, lorsque Napoléon fit plus que percer, quand il éclata sous
Bonaparte, il eut, dans les entr'actes de la guerre, un si grand
respect pour la place due à la science qu'il proclama l'effacement
de la rivalité des peuples quand il s'agit de découvertes. Pasteur,
en étudiant ce côté du caractère impérial, avait trouvé, dans
des pages d'Arago sur Monge, qu'au retour de Waterloo, Napoléon, dans une conversation qu'il eut à l'Elysée avec Monge,
disait : « Condamné à ne plus commander des armées, je ne
vois que les sciences qui puissent s'emparer fortement de mon
âme et de mon esprit... Je veux, ajoutait-il, croyant alors qu'il
allait partir pour l'Amérique, je veux, dans cette nouvelle carrière, laisser des travaux, des découvertes dignes de moi. »

Résumant la gloire scientifique de la France pendant la première
partie de ce siècle, Pasteur, dans son article destiné à un journal
lyonnais, le *Salut Public*, disait : « Toutes les nations étrangères
acceptaient notre supériorité, quoique toutes pussent citer avec
orgueil de grandes illustrations : la Suède, Berzélius ; l'Angleterre, Davy ; l'Italie, Volta ; l'Allemagne et la Suisse, des naturalistes éminents, de profonds géomètres ; mais nulle part ailleurs
qu'en France ils ne furent aussi nombreux, ces hommes supérieurs
dont la postérité garde le souvenir... »

Il écrivait ensuite ces lignes attristées : « Victime sans doute de son instabilité politique, la France n'a rien fait pour entretenir, propager, développer le progrès des sciences dans notre pays ; elle s'est contentée d'obéir à une impulsion reçue ; elle a vécu sur son passé, se croyant toujours grande par les découvertes de la science, parce qu'elle leur devait sa prospérité matérielle, mais ne s'apercevant pas qu'elle en laissait imprudemment tarir les sources, alors que des nations voisines, excitées par son propre aiguillon, en détournaient le cours à leur profit et les rendaient fécondes par le travail, par des efforts et des sacrifices sagement combinés.

« Tandis que l'Allemagne multipliait ses Universités, qu'elle établissait entre elles la plus salutaire émulation, qu'elle entourait ses maîtres et ses docteurs d'honneur et de considération, qu'elle créait de vastes laboratoires dotés des meilleurs instruments de travail, la France, énervée par les révolutions, toujours occupée de la recherche stérile de la meilleure forme de gouvernement, ne donnait qu'une attention distraite à ses établissements d'instruction supérieure. »

Pressentant une fois de plus les services que la science devait rendre, dans les habitudes de la vie, à la médecine, à l'industrie, à l'agriculture, à tout cet ensemble de progrès qui fait les peuples confiants et forts, il intercalait tout à coup, dans cet article de journal, un passage sur la manière dont il envisageait encore d'autres résultats.

« La culture des sciences dans leur expression la plus élevée est peut-être plus nécessaire encore à l'état moral d'une nation qu'à sa prospérité matérielle.

« Les grandes découvertes, les méditations de la pensée dans les arts, dans les sciences et dans les lettres, en un mot, les travaux désintéressés de l'esprit dans tous les genres, les centres d'enseignement propres à les faire connaître, introduisent dans le corps social tout entier l'esprit philosophique ou scientifique, cet esprit de discernement qui soumet tout à une raison sévère, condamne l'ignorance, dissipe les préjugés et les erreurs. Ils élèvent le niveau intellectuel, le sentiment moral ; par eux, l'idée divine elle-même se répand et s'exalte. »

Au moment même où Pasteur était préoccupé du désir de diriger les esprits vers un principe de vérité, de justice, d'harmonie souveraine, Sainte-Claire Deville, à l'Académie des sciences, s'arrêtant à ce premier point d'interrogation sur l'origine de nos malheurs, impatient de provoquer une réforme intellectuelle, formulait son programme : « C'est par la science, disait-il, que nous avons été vaincus. » Il était temps, selon lui, d'affranchir les grands corps scientifiques, traités jusque-là en mineurs incapables de rien faire sans être entravés par des mesures administratives ou étouffés par des mesures fiscales. Pourquoi l'Académie ne serait-elle pas le centre où viendraient aboutir toutes les questions qui relevaient de la science, de quelque nature qu'elles fussent ?

J.-B. Dumas, qui prit part à la discussion ouverte par Sainte-Claire Deville, s'associa à ces paroles et rendit hommage à la science. Mais peut-être aurait-il bien fait, moins pour ses confrères que pour les lecteurs de comptes rendus, d'insister sur ce qui faisait souvent le sujet de ses entretiens intimes : l'utilité de la science pure dans les résultats quotidiens. Avec son don de généralisation, il eût exposé les progrès de toutes sortes dus aux travailleurs qui, en s'exerçant uniquement à résoudre des problèmes difficiles, ont apporté tant de conséquences inattendues et précieuses. Peu de gens se doutaient alors en France que les laboratoires pussent être les vestibules de la ferme, de l'usine, des établissements industriels. Convertir tant d'hommes qui ne voient en toutes choses que les résultats matériels : première et grande besogne ; montrer ensuite que la science, ne s'appliquant pas à la haine, à la dévastation, au carnage, mais pénétrée de son grand rôle de paix et de progrès, peut devenir la lumière de l'humanité : noble tâche pour les grands esprits et pour ceux qui s'efforcent soit de les imiter, ce qui est un rare privilège, soit de les comprendre, ce qui est à portée de tous.

Pasteur était à ces réflexions sur l'avenir scientifique de la

France, lorsque lui arriva cette réponse du doyen de la Faculté de médecine de Bonn :

« Monsieur, le soussigné, doyen actuel de la Faculté de médecine de Bonn, est chargé de répondre à l'insulte que vous avez osé faire à la nation allemande dans la personne sacrée de son auguste empereur, le roi Guillaume de Prusse, en vous envoyant l'expression de *tout son mépris*. Dᵣ Maurice Naumann.

« P.-S. — Voulant garantir ses actes *contre la souillure*, la Faculté vous envoie ci-joint votre libelle. »

La réplique de Pasteur contenait ces lignes :

« J'ai l'honneur de vous faire savoir, Monsieur le Doyen, qu'il est des temps où l'expression de mépris, dans la bouche des sujets prussiens, équivaut, pour un cœur vraiment français, à celle de *Virum clarissimum* que vous me décerniez naguère, en la motivant, dans un de vos actes publics. » Puis éclatait la protestation en faveur de l'Alsace et de la Lorraine, de la vérité et de la justice, des lois de l'humanité.

« Et maintenant, Monsieur le Doyen, concluait Pasteur dans un *post-scriptum*, en relisant votre lettre et la mienne, je me sens le cœur navré de penser que des hommes qui, comme vous et moi, ont consacré leur vie à la recherche de la vérité et aux progrès de l'esprit humain, se tiennent mutuellement un pareil langage, motivé de ma part sur de tels actes. Voilà pourtant un des résultats du caractère imprimé à cette guerre par votre Empereur. Vous me parlez de souillure, Monsieur le Doyen. Elle est, soyez-en sûr, et elle sera, jusque dans les temps les plus reculés, pour la mémoire de ceux qui ont commencé le bombardement de Paris alors que la capitulation par la famine était inévitable, et qui ont continué cet acte sauvage quand il fut devenu évident pour tous qu'il n'avancerait pas d'une heure la reddition de l'héroïque cité. »

Les impressions simples et fortes qui passent sur un peuple, il les éprouvait comme les ressent un soldat dans l'armée, un citoyen dans la foule ; mais en même temps, avec la puissance de sa nature créatrice, il voulait faire quelque chose d'utile, de grand.

Dans une lettre datée de Lyon, au mois de mars, il écrivait à M. Duclaux :

« J'ai la tête pleine des plus beaux projets de travaux. La guerre a mis mon cerveau en jachère. Je suis prêt pour de nouvelles productions. Hélas je me fais peut-être illusion ! Dans tous les cas, j'essaierai. »

Et, comme s'il rêvait déjà, selon la remarque de M. Duclaux, un vaste Institut où, entouré de tous ses disciples, il organiserait de nouvelles victoires scientifiques : « Ah ! que ne suis-je riche, millionnaire, je vous dirais à vous, à Raulin, à Gernez, à Van Tieghem, etc..., venez ! nous allons transformer le monde par nos découvertes ! Que vous êtes heureux d'être jeune et bien portant ! Oh ! que n'ai-je à recommencer une nouvelle vie d'étude et de travail. Pauvre France, chère patrie, que ne puis-je contribuer à te relever de tes désastres ! »

Peu de jours après, dans une lettre adressée à Raulin, ce désir, ce besoin de travail et de dévouement se traduisait encore avec une sorte de fièvre. Très au loin il entrevoyait, dans les choses en apparence dissemblables, les affinités cachées. Revenu alors (parce que de pareilles études étaient les moins embarrassantes matériellement) aux recherches qui avaient passionné sa première jeunesse, il apercevait, entre les faits qu'il avait observés et ceux qu'il pressentait, des liens et des lois :

« J'ai commencé ici quelques expériences de cristallisation, dans une grande voie, si elle donne quelque résultat positif. Vous savez que je crois à une influence cosmique dissymétrique qui préside naturellement, constamment, à l'organisation moléculaire des principes immédiats essentiels à la vie, et qu'en conséquence les espèces des règnes de la vie sont, dans leur structure, dans leurs formes, dans les dispositions de leurs tissus, en relation avec les mouvements de l'univers. Pour beaucoup de ces espèces, sinon pour toutes, le soleil est le *primum movens* de la nutrition, mais je crois à une autre dépendance qui affecterait l'organisation tout entière parce qu'elle serait la cause de la dissymétrie moléculaire propre aux espèces chimiques de la vie. Je voudrais arriver par l'expérience à saisir quelques indices sur la nature de cette grande influence cosmique dissymétrique. Ce doit être, cela peut être l'électricité, le magnétisme... Et comme il faut toujours procéder du simple au composé j'essaie en ce moment de faire cristalliser le racémate double de soude et d'ammoniaque sous l'influence d'une spirale solénoïde en activité. J'ai diverses autres formes d'expériences à tenter. Si l'une d'elles réussit, nous aurons du travail pour le reste de notre vie et dans un des plus grands sujets que l'homme puisse aborder, car je ne désespérerais pas d'arriver par là à une modification très profonde, très imprévue, extraordinaire, des espèces animales et végétales.

« Adieu, mon cher Raulin. Faisons nos efforts pour détourner nos regards et notre pensée des turpitudes humaines par la recherche désintéressée de la vérité. »

Sur un petit cahier, où il notait quelques projets d'expériences, le prolongement de cette préoccupation divinatrice aux vastes vues d'ensemble se retrouvait dans des lignes sommaires : « Exposer que la vie est dans le germe, qu'elle n'est qu'une transmission depuis l'origine de la création. — Que le germe a la propriété du devenir, soit qu'il s'agisse du développement de l'intelligence et de la volonté, soit, et au même titre, qu'il s'agisse des organes, de leur formation, de leur développement. — Comparer ce devenir à celui qui réside dans le germe des espèces chimiques, lequel est dans la molécule chimique. Le devenir du germe de la molécule chimique consiste dans la cristallisation, dans la forme qu'elle revêt, dans les propriétés physiques, chimiques. Ces propriétés sont en puissance dans le germe de la molécule au même titre que les organes et les tissus des animaux et des plantes le sont dans leurs germes respectifs. — Ajouter : rien de plus curieux que de pousser la comparaison des espèces vivantes et des espèces minérales jusque dans l'étude des blessures aux unes et aux autres et des réparations de celles-ci par la nutrition, nutrition qui vient du dedans chez les êtres vivants et du dehors par le milieu de la cristallisation chez les autres. Ici le détail des faits... »

Pasteur, sur le même cahier, après avoir écrit cette tête de chapitre : « Lettre à préparer sur l'espèce dans ses rapports avec la dissymétrie moléculaire », ajoutait : « Je pourrais écrire cette lettre à Bernard. J'exposerais que, l'état de la France me privant du travail dans le laboratoire, je vais lui indiquer les idées préconçues que j'essaierai de suivre par l'expérience dans des temps meilleurs, qu'il n'y a pas péril à émettre des idées *a priori* quand on les prend comme telles, prêt à les modifier progressivement, voire même à les transformer complètement, au gré des résultats de l'observation et des faits. »

Les idées préconçues, il les comparait un jour au phare qui éclaire l'expérimentateur. « De telles idées, disait-il, servent de guide pour interroger la nature. Elles ne deviennent un danger que si on les transforme en idées fixes. »

La guerre civile était venue. Elle montrait, suivant les mots de Renan, « une plaie sous la plaie, un abîme au-dessous de l'abîme ». Les espoirs de rénovation, les projets d'un Pasteur, d'un Sainte-Claire Deville, qu'était-ce que tout cela, lorsque l'existence même de la patrie, maintenant divisée, était lugubrement en jeu sous le regard des Prussiens ?

Le monde des lettres et de la science, ne pouvant rien dans de tels désordres, s'était dispersé. Sainte-Claire Deville était à Gex, Dumas à Genève. Ceux qui ont besoin de la paix de l'esprit pour faire des œuvres durables se demandaient s'il n'y aurait pas lieu d'organiser, comme certains exilés l'avaient fait sous l'Empire, des cours, des conférences en Suisse ou en Belgique et d'allumer ainsi quelques foyers de la pensée française. On pouvait trouver des exemples d'hommes qui avaient servi la gloire de leur pays en s'expatriant. Est-ce que, pour continuer ses méditations philosophiques, Descartes n'avait pas dû se réfugier en Hollande? Pasteur aurait pu être tenté d'agir de même. Déjà, quand la guerre n'était pas achevée, un italien du Frioul, professeur de chimie, M. Chiozza, qui, non loin de Villa Vicentina, pénétré des doctrines de Pasteur, appliquait et appréciait la méthode de grainage pour les vers à soie, avait songé à lui faire proposer par le gouvernement italien

la direction d'un laboratoire et d'un établissement de sériciculture
à Milan. Pasteur refusa. Un député de la province de Pise,
M. Toscanelli, apprenant ce qui se passait, intervint pour que l'on
offrit à Pasteur mieux encore : une chaire de chimie dans ses
applications à l'agriculture, non pas à Milan, mais à Pise. Facilités
de travail, ressources de laboratoire, rien ne manquerait. « Pise,
ajoutait M. Chiozza, est une ville tranquille, une espèce de quartier
latin isolé au milieu de la campagne où les professeurs et les étudiants forment une partie importante de la population. Je crois que
vous y seriez reçu avec la plus grande cordialité et des égards tout
à fait exceptionnels. »

M. Chiozza s'excusait de démarches faites de son propre mouvement. « Mais, disait-il, je vois l'avenir très en noir, une longue
suite d'agitations pour la France. » Or, la santé et le travail
de Pasteur représentant un bien dont le monde ne pouvait se
désintéresser, quoi de plus simple que ce vœu, de plus rationnel
que cette double proposition ? Pasteur passa par des mouvements
divers. Le premier, le plus impérieux, fut de renouveler son refus.
Il ne songeait qu'à son pays vaincu : il ne voulait pas le quitter.
Cependant, si vif, si respectable que fût un tel scrupule, était-ce
comprendre les vrais intérêts de la patrie que d'assister impuissant
à tant de désastres ? Ne valait-il pas mieux aller porter au loin
l'enseignement français, essayer de provoquer chez les jeunes
étudiants italiens l'enthousiasme pour les savants de France et
les grandes choses dues à la France ? Ce nom, Pasteur aimait à le
dire. Chaque fois qu'il le prononçait, sa voix forte avait quelque
chose de fier, de tendre. C'était l'accent d'un fils plein de gratitude
qui, à travers ses premières impressions, son amour du travail,
son désir de gloire, pensait toujours au pays. Il le servirait
encore là-bas. Quelle possibilité de travail suivi, dans cette
série d'applications de toutes sortes aux études passées, à celles
qui allaient venir, au milieu d'un calme absolu ! Les mots écrits
à quelques kilomètres de Pise sur les murs de la Chartreuse :
O beata solitudo, o sola beatitudo, n'étaient-ils pas les mots les
plus enviables dans un pareil moment ? Que penserait Raulin ?

Suivrait-il son maître? C'était à ce disciple que voulait s'adresser Pasteur à travers tant d'hésitations. Raulin avait une partie de sa famille en Italie. Pour lui, l'exil serait moins dur. Ainsi, avec cette variété d'arguments et de sentiments qui rendent si difficile, si délicat le droit de juger la conduite d'un homme supérieur dans telle ou telle circonstance et de prononcer sur les mobiles qui l'ont fait agir, ainsi flottait Pasteur, partagé tour à tour entre la tristesse de s'éloigner et le désir d'être utile à son pays au lieu de passer son temps, comme presque tous les français, à gémir sur l'état des choses. Les avantages personnels qui lui furent promis, car on voulait lui donner le traitement du professeur le mieux favorisé, décidèrent de son refus.

Si, comme il l'écrivait à M. Toscanelli, l'offre relative à Pise l'avait rendu hésitant, si plusieurs fois même la question de départ était revenue dans les causeries de famille, malgré tout, il sentait que les scrupules dont M. Chiozza avait été le confident reprenaient, en dernière analyse, tout leur empire. « Je croirais commettre un crime et mériter la peine des déserteurs, avait-il écrit à M. Chiozza, si j'allais chercher loin de ma patrie dans le malheur une position matérielle meilleure que celle qu'elle peut m'offrir. »

« Toutefois, Monsieur, concluait-il, en terminant sa lettre de refus et de remerciements à M. Toscanelli, permettez-moi de vous le dire avec une entière sincérité, le souvenir de votre démarche restera dans les annales de ma famille comme un titre de noblesse, comme une preuve des sympathies de l'Italie envers la France, comme un gage de l'estime qu'elle accorde à mes travaux. En ce qui vous concerne, Monsieur le député, elle sera à mes yeux la preuve éclatante de tout le prix que les hommes publics de l'Italie accordent à la science et à sa grandeur. »

Refuser c'était bien, c'était dans l'ordre de ses sentiments. Mais qu'allait-il faire, lui qui ne pouvait vivre sans le travail du laboratoire? Au milieu du mois d'avril 1871, il ne pouvait pas plus songer à regagner Paris insurgé qu'à retourner à Arbois transformé en caserne prussienne. Il semblait, aux nouvelles qu'il recevait, que ses compatriotes ne fussent plus que des cantiniers dont la destinée était de nourrir et de servir des conquérants aux exigences d'autant plus rigoureuses que l'invasion dans la ville, le matin du 25 janvier, avait été précédée d'une tentative de résistance. Ce matin-là quelques soldats français à la recherche de leurs régiments et une poignée de francs-tireurs s'étaient disséminés, puis postés à travers les vignes. Vers dix heures, un premier coup de feu retentit dans le lointain. Au détour de la grande route sinueuse de Besançon, dès que l'avant-garde prussienne s'était montrée, un zouave, — qui la veille errait de porte en porte tremblant la fièvre et qui s'était réfugié au village de Montigny, à deux kilomètres d'Arbois, — avait brûlé désespérément sa dernière cartouche. Une escouade de Prussiens, quittant la route, la baïonnette en avant, se précipita vers la fumée du coup de fusil. On aperçut, on rejoignit, on saisit ce soldat isolé. On le fusilla séance tenante et on le lacéra à coups de baïonnette. Pendant que le gros de la colonne ennemie continuait à s'avancer vers la ville, des détachements prussiens, en ordre dispersé, à droite et à gauche de la route, à travers les mottes de terre et les ceps de vigne marchaient et tiraient. Un petit garçon pâtissier, que les arboisiens, qui aiment à donner des surnoms, appelaient gaiement Biscuit, était descendu, en marmouset curieux, du haut de la ville, depuis les vieilles arcades de pierre jusqu'aux grands peupliers qui se dressent à l'entrée d'Arbois. Tout à coup il chancela. Frappé d'une balle prussienne, il put se traîner vers la première maison, le regard déjà voilé de mort. Un vieil arboisien, qui travaillait ce matin-là dans sa vigne avec une indifférence courageuse, tomba mortellement atteint.

Si c'étaient là choses de guerre, il y en eut d'autres plus dures, plus cruelles, que Pasteur apprit avec un frémissement de tout son être. Ces faits divers se perdent dans l'histoire comme un filet de sang se perd dans un fleuve. Mais, pour les témoins, pour les contemporains de ces choses, la trace du sang ne s'efface plus. Raconter un incident dont Pasteur eut l'écho c'est faire comprendre l'indignation longtemps nouvelle que lui fit éprouver cette guerre.

Un des sous-officiers prussiens qui, après le coup de fusil tiré à Montigny, conduisaient quelques soldats en tirailleurs, jugea de loin, à vue de pays, qu'une maison située dans le faubourg de Verreux, à l'extrême limite d'Arbois, entre vignes et jardins, devait être un poste-abri de francs-tireurs. Il dirigea de ce côté la marche de ses hommes. Ce fut bien vite fait d'atteindre cette maison.

Midi sonnait. Tout combat avait cessé. Les premiers prussiens étaient déjà maîtres de la ville. D'autres, de plus en plus nombreux, suivaient. Ils débouchaient par les grands chemins, ils marchaient à la file par les plus petits sentiers. On en voyait partout. Un silence lourd, semblable à la stupeur qui suit certains orages, pesait sur les maisons à demi closes. La grande place du marché était transformée en place d'armes au pouvoir de l'ennemi. Le maire, M. Lefort, conduit par un officier prussien, qui ne lui parlait que le revolver au poing, était traité comme un otage responsable de la soumission absolue. Toutes les portes du petit Hôtel de ville furent successivement ouvertes pour constater qu'il n'y avait pas d'armes cachées. Chaque fois le maire passait le premier, par ordre, afin qu'il reçût le coup de feu si quelque arboisien avait tenté un guet-apens. Une autre escouade était allée bien vite de l'autre côté de la place, à la bibliothèque. Trois étendards-guidons, que le général Delort, quand il était capitaine de cavalerie, avait rapportés des campagnes du Rhin et donnés à sa ville natale, les prussiens les décrochèrent en renversant le buste du général.

La besogne du premier sous-officier, entré violemment dans la maison qui lui paraissait suspecte, fut tout aussi rapide. S'il s'attendait à quelque embuscade, il fut rassuré, lui et les trois hommes qui l'accompagnaient. Toute une famille, réunie au premier étage de cette petite demeure, allait se mettre à table : la femme, le mari, un fils de dix-neuf ans et deux jeunes filles. Le sous-officier, vainqueur et agissant de sa propre autorité, ne fit aucune perquisition. Il n'interrogea personne. Peut-être lui aurait-on dit que la seule chose faite par ces pauvres gens était d'avoir donné quelques

verres de vin aux soldats français. Sans même demander le nom
du chef de famille, de cet Antoine Ducret, âgé de cinquante-neuf
ans, le sous-officier le saisit par la veste. Il ordonna à ses soldats
de s'emparer également du fils. La femme Ducret, qui étendit les
bras devant la porte pour qu'on ne passât pas, pour qu'on n'arra-
chât pas du foyer ce père et ce fils, fut rejetée jusqu'au fond de la
pièce. Ses deux filles, muettes d'effroi, l'entourèrent pendant que
toutes trois entendaient le bruit des bottes prussiennes qui descendaient lourdement les quelques marches de l'escalier de bois.
Non loin de cette maison, au bas des vignes en pente, le long d'un
ruisseau, est une fontaine publique. Ducret fut placé à droite contre
le mur. Comprenant ce qu'on allait faire, il cria : « Epargnez
mon fils! — Qu'est-ce que tu demandes, toi? dit le sous-officier au
fils. — Je veux rester près de mon père », répondit-il simplement.
Le père, frappé de deux balles tirées à bout portant, tomba aux
pieds de son fils qui, un instant après, eut la tête fracassée. Les
deux corps, mutilés ensuite à coups de baïonnette, restèrent
étendus près du ruisseau. Les voisins réussirent à empêcher la
mère et les deux filles de quitter leur maison jusqu'au moment où
les corps furent dans le cercueil.

Sur les tombes d'Antoine Ducret et de Charles Ducret, on ins-
crivit ces mots amphibologiques : « Décédés à Arbois le 25 janvier 1871 par le feu des Prussiens. » Mais pour l'honneur de
l'humanité, un chef allemand, ayant su les détails de ce crime,
offrit à la femme de Ducret la vie du sous-officier. Ecartant toute
idée de vengeance : « Non, dit-elle, sa mort ne me les rendrait
pas. »

Pour échapper au cauchemar de la guerre étrangère et de la
guerre civile, Pasteur qui ne pouvait prendre son parti de voir la
France diminuée, qui voulait qu'elle reprît courage, ne cessait de
songer, dans ce mois de mars et ce commencement d'avril 1871,
au concours d'efforts qu'il faudrait réunir pour mener à bien, sur
tous les points, la tâche, la grande tâche du relèvement. Tout le
monde dans sa pensée devait se dire : Dans quelle mesure puis-je
être utile? L'important dans la vie n'est pas d'avoir un grand rôle,

mais de donner son maximum d'efforts. Les réflexions de ceux qui doutent de tout, pour s'offrir l'excuse de ne rien faire, lui étaient insupportables.

Certes, ainsi que tant d'autres, il avait connu les abattements, car les plus grands caractères ont leurs heures de doute, de défaillance, mais, en dépit des périodes où la nuit semble se faire dans les âmes, il était convaincu que la science et la paix triompheraient de l'ignorance et de la guerre. Il avait foi dans le progrès. Il était confiant dans l'accroissement du bien. Oui, malgré ce qui s'était passé, quelque effroyables que fussent les conditions de paix nous arrachant toute l'Alsace et un lambeau de la Lorraine, si lourd que lui apparût pour les générations prochaines l'impôt militaire du temps et du sang, enfin tout obsédante que fût pour lui la vision des existences de vingt ans fauchées sur le champ de bataille, ou expirant au fond d'un hôpital, sans gloire, sans utilité apparentes; oui, malgré tant de souvenirs douloureux et de sacrifices entrevus, il était persuadé que penseurs et savants arriveraient peu à peu à éveiller dans les peuples les idées de concorde et de justice.

En attendant, il fallait refaire la France. Il souhaitait que ceux qui détenaient une partie ou une parcelle de pouvoir public devinssent, selon le mot de Colbert, les espions du mérite. Au lieu de laisser le champ libre à une armée toujours grandissante de solliciteurs, pourquoi ne s'appliquerait-on pas à peser les titres, et, dès qu'il s'agit d'un grand poste, à mettre en évidence les hommes remarquables, qui presque toujours ne demandent rien? Pour lui, comme il voyait dans la réforme de l'enseignement, dans la place qui devrait être faite à ceux dont les labeurs intellectuels sont la force et la parure d'un peuple, le moyen de donner à notre pays, sur le domaine scientifique, un rang glorieux et de contribuer ainsi, but suprême, à l'avenir de l'humanité, il se promettait d'agir quotidiennement dans le cercle de son influence. Son pouvoir, il s'appliquait à l'exercer de deux manières: en proclamant de plus en plus l'autorité de ceux qu'il regardait comme des maîtres, en favorisant de toutes ses forces les hommes jeunes qui lui apparaissaient comme une réserve pour le pays. C'était un vrai chef. Il écartait de ses élèves les premiers obstacles ; il les empêchait de se disperser ou de donner sur tels et tels écueils. Il s'efforçait d'attirer sur eux plus que l'attention, la sympathie. Son autorité, quand il la faisait sentir, n'était jamais lourde, étant toujours désintéressée.

Depuis neuf ans, il suivait avec un intérêt passionné un travail commencé dans son laboratoire par Raulin, son premier préparateur. En puisant dans sa correspondance de 1862 à 1871, on n'a que l'embarras des citations pour donner une idée de Pasteur envisagé comme maître. Quelques extraits rapprochés suffisent à former un portrait.

Quand Raulin, ne pouvant prolonger son séjour au laboratoire (car l'administration d'alors exigeait un service actif dans l'Université), gagna tristement le lycée de Brest, Pasteur lui écrivit de ces lettres qui sont, à l'entrée de la vie, un motif de vaillance, une provision de joie pour un disciple. « Bon courage, lui disait-il à la fin de décembre 1862. Ne vous laissez pas distraire par les oisivetés de la vie de province. Faites d'excellentes leçons à vos élèves et consacrez tous les loisirs que vous laissera votre enseignement à vos expériences. M. Biot ne m'a jamais donné d'autres conseils. » Au mois de mars 1863, ce sont encore de ces paroles viatiques : « Ne vous laissez distraire par rien. Votre classe, les progrès de vos élèves et de vos travaux, que ce soit là votre unique préoccupation. » Au mois de juillet suivant, après avoir craint, avec l'inquiétude vigilante qui caractérise les grands et vrais amis, que Raulin s'engageât dans une voie où, à première vue, l'imagination pouvait jouer un rôle prépondérant, Pasteur prodiguait les conseils du véritable esprit scientifique, n'avançant rien qui ne puisse être prouvé. « Montrez-vous très sévère dans vos déductions, » lui répétait-il. Puis, comme s'il redoutait de troubler la ferveur, l'enthousiasme de son élève : « Je ne veux pas vous engager dans de nouvelles études, si vous avez une conviction bien établie. J'ai la plus grande confiance dans la sûreté de votre jugement. Aussi ne tenez pas plus de compte qu'il ne faut de mes observations. » Toutefois Pasteur ne pouvait s'empêcher de revenir sur le conseil de mise en garde : « Ne prenez toujours pour guide que l'expérience, » lui écrivait-il trois semaines après. Dans cette même lettre du mois d'août 1863, il lui parlait de projets d'études pour les vacances à Arbois : études sur le raisin, les vins, les vendanges. MM. Duclaux et Gernez devaient venir dans le Jura. Raulin, qui était l'homme d'une seule idée et d'un seul travail, hésitait à quitter le lycée vide où il pourrait se livrer à la besogne du matin au soir. « Votre temps sera mieux utilisé puisque vous restez à Brest pour travailler et poursuivre vos recherches, » lui répondit très simplement Pasteur, sans exprimer le moindre regret de cette collaboration manquée. Mais, au mois de décembre, ce maître à qui l'on pouvait si facilement dire non, pour cause de travail personnel, voulait forcer le mérite de son élève à se montrer. Il insista pour qu'une partie du travail de Raulin, qui n'était autre que cette fameuse, cette interminable thèse, devenue dans les conversations normaliennes une concurrence nouvelle à la vieille toile de Pénélope, fût en état d'être publiée dans les annales scientifiques de l'Ecole normale. Raulin, que tourmentait toujours le souci, le besoin de la perfection, résista encore. Et quand deux ans plus tard, en 1865, invoquant une fois de plus sa thèse, il refusa d'accompagner Pasteur, au début de la première campagne de sériciculture, malgré le congé de travail promis par Duruy : « Mon cher Raulin, vous faites très bien, lui répondit Pasteur, ne vous dérangez pas. Vous êtes, je le vois, en bonne voie de travail. Suivez bien le fait dont vous m'entretenez. » Le jour où Raulin eut la joie d'annoncer à son maître certains résultats extraordinaires, Pasteur quitta son laboratoire avec ce frémissement d'impatience de l'homme qui veut voir, se rendre compte, être édifié. Il partit pour Caen, où Raulin occupait alors la chaire de physique, et revint enthousiasmé.

Il n'avait plus que le nom de Raulin sur les lèvres, il ne cessait de vanter ce travail plus qu'important, décisif, capital, disait-il de sa voix autoritaire de certains jours. Modeste, presque timide dans l'habitude de la vie, Pasteur entrait dans de saintes colères contre quiconque n'apercevait pas l'importance, la fécondité d'une étude nouvelle. « Vous ne sentez donc pas, reprenait-il, tout ce que l'on doit à celui qui apporte quelque chose de nouveau ! » Et, que ce fût en science, en arts, en lettres, il mettait la même fougue à se faire l'apôtre d'une découverte, à vanter un tableau ou un livre. « Méditez cela ! Allez voir cela ! Lisez cela ! » Que de fois ces mots ont été jetés par lui à tous ceux qu'il rencontrait et qu'il voulait entraîner dans son mouvement impétueux ! Cependant il ne s'agissait, à propos du travail de Raulin, que d'une chose bien minuscule en apparence, d'une plante microscopique, d'une simple moisissure dont les spores mêlées aux germes de l'atmosphère se développent sur du pain mouillé de vinaigre, sur une tranche de citron. Mais jamais la *Picciola* de Saintine, cette plante qui poussait entre deux pavés d'une prison, ne fut l'objet d'une curiosité plus vive, d'une sollici- tude plus inquiète que cette mucédinée qui s'appelle l'*aspergillus niger*. Raulin, heureux de s'inspirer des études de Pasteur sur des cultures dans un milieu artificiel, c'est-à-dire exclusivement com- posé de substances chimiques définies, résolut de trouver pour cette plante un milieu-type capable de donner à l'aspergillus niger un développement maximum. Tandis que beaucoup de camarades d'Ecole ne voyaient là qu'une simple fantaisie de laboratoire, le problème prenait, devant l'attention sagace et tenace de Raulin, une importance prodigieuse. La science a de ces baguettes de fée qui transforment pour « les esprits préparés », comme les appelait Pasteur, une taupinée en Mont-Blanc. Rechercher toutes les condi- tions qui permettraient à une plante infime d'atteindre son déve- loppement absolu, n'était-ce pas aborder comme Boussingault et Georges Ville, le problème de ce que peuvent certaines substances sur la culture de quelques végétaux supérieurs, ouvrir des pers- pectives sur la puissance des véritables engrais artificiels ? Qui sait si l'on n'arriverait pas un jour, en passant de la physiologie végé- tale à la physiologie humaine, à se rendre compte des succès ou des faillites organiques ? Raulin se rapprocha des conditions indi-

quées par Pasteur pour le développement des mucédinées en général et en particulier pour une moisissure, qui a des points de
ressemblance avec l'aspergillus niger, le *penicillium glaucum*
couvrant d'une teinte bleuâtre le pain moisi, les confitures, les
fromages mous. Ce fut d'abord dans une étuve chauffée à 20° que
les semences pures d'aspergillus niger furent placées par Raulin
à la surface de vases qui contenaient tout ce qui semblait nécessaire à leur parfaite végétation. Malgré bien des soins, la chose
n'allait pas à souhait. Après de nombreux tâtonnements, il lui fallait attendre quarante-cinq jours pour constater l'état languissant
de sa mucédinée soignée, chauffée, nourrie. Que d'essais de toutes
sortes, que de recherches dans le choix des substances, dans les
conditions de température ! A 30°, résultat médiocre; au-dessus
de 38, même déception. Une température de 35°, avec air humide
et renouvelé, se montra favorable. Il était temps, car le proviseur
du lycée, homme administratif par excellence, n'admettait pas que
l'on brûlât tant de gaz dans une étuve pour élever un champignon microscopique dont l'éducation coûtait si cher et donnait
d'aussi piètres résultats. Quand Raulin avait à se plaindre de
quelqu'un il scandait sa colère, disant d'une voix sentencieuse :
« Je suis fu-ri-eux. » Il calculait de lointains projets de vengeance
qui consistaient à garder son chapeau sur la tête, lors d'une rencontre solennelle. Puis, cette vengeance satisfaite, il poursuivait
ses expériences avec une lenteur déconcertante pour les gens pressés.
Il arriva enfin à composer un liquide-type, appelé couramment,
dans le langage du laboratoire, le liquide de Raulin et capable de
faire vivre, dans un milieu nutritif par excellence, cet aspergillus
niger qu'il montrait avec fierté couvrant de très petites cuvettes en
porcelaine rectangulaires, des cuvettes de photographe, où étaient
offertes onze substances réunies pour qu'au bout de six jours ou
même de trois jours la végétation fût complète. Eau, sucre candi,
acide tartrique, nitrate d'ammoniaque, phosphate d'ammoniaque,
carbonate de potasse, carbonate de magnésie, sulfate d'ammoniaque, sulfate de zinc, sulfate de fer, silicate de potasse : tel était
le menu expérimental. Tout n'était pas fini. Restait à étudier le

rôle joué par chacun de ces éléments. Raulin variait, retranchait, ajoutait et ses résultats étaient curieux. L'aspergillus se montrait, par exemple, d'une sensibilité extraordinaire à l'action du zinc. Il suffisait, en effet, de supprimer quelques milligrammes de zinc pour que la récolte fût réduite au dixième. Au lieu de 25 grammes d'aspergillus, Raulin ne récoltait plus que 2 gr. 5. D'autres éléments étaient pernicieux. Si Raulin ajoutait dans ce liquide 1/1 600 000° de nitrate d'argent, la végétation de l'aspergillus niger s'arrêtait. Bien plus, s'il substituait au vase de porcelaine un gobelet d'argent, la végétation ne commençait même pas, « bien que la chimie, a écrit M. Duclaux qui à maintes reprises a vanté, cité, analysé ce beau travail de son prédécesseur au laboratoire, bien que la chimie soit presque impuissante à montrer qu'une portion de la matière du vase se dissout dans le liquide. Mais la plante l'accuse en mourant ».

Raulin avait résumé avec joie ce qu'il devait à son illustre maître : vues générales, principes de méthode, idées suggestives, conseils, encouragements. S'il s'était avancé plus loin que Pasteur dans une voie d'étude spéciale, il aimait à rappeler que Pasteur avait frayé la route. Après avoir lu cette thèse, destinée à devenir classique, et qui ne parut qu'en 1870, Pasteur, touché de tous les sentiments affectueux exprimés par son élève, le remerciait et ajoutait : « Mais vous m'illustrez beaucoup trop. C'est assez pour moi que l'on sache que ce travail a été commencé dans mon laboratoire et qu'il est dans la direction d'études sur laquelle j'ai le premier peut-être appelé l'attention en faisant entrevoir leur fécondité et leur avenir. Je n'avais donné que des espérances. Vous nous apportez de fort belles et fort curieuses réalités. »

Pendant cette période d'avril 1871, Pasteur, préoccupé plus que jamais de l'avenir, voulait être ambitieux pour ceux qui, pensait-il, lui succéderaient. Il adressa ces lignes à Claude Bernard : « Permettez-moi de vous soumettre une idée qui m'est venue ces jours derniers, celle de conférer à mon cher élève et ami Raulin, le prix de physiologie expérimentale pour son beau travail sur la nutrition des moisissures, ou mieux d'une moisissure, dont l'excellence ne vous a pas échappé. Pourriez-vous trouver mieux ? J'en doute. Je dois vous dire que cette idée m'a été suggérée pendant que je lisais votre admirable rapport sur les progrès de la physiologie générale en France. Si donc mon projet vous paraît acceptable, c'est vous qui en aurez semé le germe dans mon esprit ; si vous le désapprouvez, je vous fais solidaire de mon erreur. »

Claude Bernard s'empressa de répondre : « Vous pouvez compter que j'appuierai votre élève M. Raulin. Ce sera pour moi un plaisir et un devoir de soutenir un excellent travail et de recommander la belle méthode du maître qui l'a inspiré. »

Pasteur avait ajouté ces mots dans sa lettre à Claude Bernard : « Je prends le parti d'aller me fixer avec ma famille pour quelques mois près de Clermont-Ferrand auprès de mon cher Duclaux, à Royat, où nous passerons notre temps à élever quelques grammes de semence de vers à soie. »

M. Duclaux était alors professeur de chimie à la Faculté de Clermont. Clermont et Royat sont à peu de distance. Aussi Pasteur se promettait-il de faire chaque jour le chemin qui le séparerait du laboratoire de son élève. Ce projet ne plut pas à M. Duclaux. C'était chez lui, rue Montlosier 25, qu'il entendait recevoir son maître et la famille de son maître. Si l'appartement était petit, il y avait des chambres libres à l'étage supérieur. On trouverait même de la place pour préparer une chambrée de vers à soie. Le disciple eut le dernier mot. Ce fut bien vite fait d'organiser une installation qui rappelait l'existence d'intimité et de travail menée, avant la guerre, au Pont-Gisquet.

Pasteur cherchait de plus en plus le moyen de rendre son procédé de grainage aussi facilement applicable aux petites éducations domestiques qu'aux grandes chambrées industrielles. Rien n'était plus aisé que d'éliminer les papillons corpusculeux : il suffisait d'un microscope. Si l'achat, qui coûtait de 90 à 120 francs, était trop lourd pour les petits éleveurs, il pourrait être supporté par le budget de la commune. L'instituteur serait chargé d'observer les papillons des grainages cellulaires. Ainsi la pensée de Pasteur s'étendait, comme toujours, des grandes choses aux moyens les plus pratiques d'exécution. Dans l'entente de ses conquêtes, il avait quelque chose de Napoléon Ier qui, à la veille d'une entrée en campagne, vérifiait lui-même s'il ne manquait ni un paquet de cartouches, ni une pelle, ni une pioche, ni une fiole de pharmacie. Veiller aux détails qui semblent infimes aux esprits secondaires, c'est une des meilleures façons de préparer les résultats grandioses.

Dans une lettre datée du mois d'avril 1871, et adressée à un italien, M. Bellotti, conservateur du Muséum civique de Milan, qui avait publié des observations sur les vers à soie, Pasteur résumait en quelques lignes le système de grainage dont la simplicité lui avait demandé cinq ans d'études.

« ... Je ne saurais trop répéter qu'il y a deux prescriptions essentielles à observer dans l'application de mon procédé de confection de la semence saine. Vous-même, l'an dernier ne doutiez-vous pas de l'hérédité possible de la flacherie ? N'est-ce pas pour avoir négligé les conséquences pratiques de cette vérité, en 1869, que vos éducations de 1870 ont été éprouvées par la flacherie ?

« Le vieil adage par lequel vous terminez votre brochure : « A « quelque chose malheur est bon », est profondément vrai et salutaire, mais c'est à la condition d'être proclamé par un observateur sagace. Qu'un homme ignorant éprouve un échec dans l'application d'un procédé nouveau, il trouvera bien plus simple de condamner le procédé que de se demander s'il l'a bien compris, appliqué avec rigueur, et si la cause de son échec n'est pas imputable à lui seul.

« Si j'osais me citer moi-même, je rappellerais ces paroles écrites en gros caractères dans mon ouvrage, tant je sentais le besoin de les inculquer dans l'esprit du lecteur :

« Si j'étais éducateur de vers à soie, je ne voudrais jamais élever une graine née de vers que je n'aurais pas observés à maintes reprises, dans les derniers jours de leur vie, afin de constater leur vigueur, c'est-à-dire leur agilité au moment de filer leur soie. Servez-vous de graine provenant de papillons dont les vers sont montés avec prestesse à la bruyère, sans offrir de mortalité par la flacherie, de la quatrième mue à la montée, et dont le microscope aura démontré la sanité au point de vue des corpuscules, et vous réussirez dans toutes vos éducations, si peu que vous connaissiez l'art d'élever les vers à soie. »

L'Italie et l'Autriche adoptèrent à qui mieux mieux la graine faite par le système Pasteur. Mais il fallut que Pasteur fût à la veille de recevoir du gouvernement autrichien le grand prix réservé depuis 1868 à celui qui découvrirait « un remède préventif ou curatif contre la pébrine » pour que la sériciculture française commençât d'être convaincue. Singulier contraste de notre caractère ! A certains jours, la France est initiatrice au point de risquer sa fortune et son sang pour des causes parfois bien discutables et, à d'autres moments, dans l'habitude de la vie, lorsqu'elle n'a qu'à profiter d'un service venant de chez elle, la plus petite innovation lui fait peur. Souvent en matière de science, elle attend, pour l'accepter, que les autres peuples aient mis au bas d'une découverte française : « Vu et approuvé. »

Pasteur attendit avec confiance non seulement le témoignage d'approbation autrichienne, mais encore le jugement des futurs congrès séricicoles où se rencontreraient savants et praticiens du monde entier. Il avait hâte d'entreprendre une autre étude. Penser à ce qu'il avait fait lui paraissait du temps perdu. Il ne songeait qu'à ce qui restait à faire. Et de même qu'à Lille, près de vingt ans auparavant, son génie avait été stimulé par le spectacle des industries du Nord, de même que, dans le Midi, la vue de la ruine des pays séricicoles avait rendu plus ardent son désir de résoudre un problème scientifique, de même une pensée de patriotisme intervenait maintenant dans le choix de son sujet. Puisque l'Allemagne avait une supériorité incontestable dans la fabrication de la bière, n'était-ce pas bonne et utile besogne que d'essayer d'affranchir la France du tribut qui lui était imposé sur ce point ? Pasteur voulait marquer d'un progrès durable cette industrie de la bière, en étudiant scientifiquement tout le mécanisme de la fabrication. Idées et sentiments allaient constituer un nouveau chapitre dans l'histoire du savant et de l'homme.

Il y avait, entre Clermont et Royat, une brasserie située à Chamalières. Pasteur commença par la visiter avec cette curiosité patiente, méticuleuse, qui cherchait sous l'empirisme la raison cachée, le pourquoi des choses. La moindre besogne du plus humble ouvrier l'intéressait. Quel que fût d'ailleurs le sujet qu'il abordât, son examen était inlassable. Dans le besoin de précision que lui causait cette nouvelle étude, il s'étonnait à tout instant des réponses vagues, des à peu près. Tout habile que fût le brasseur de Chamalières, M. Kuhn, il n'en savait guère plus dans ce temps-là que ses collègues en brasserie. Recettes traditionnelles, changement de levain quand survenait quelque surprise de mauvaise fabrication (encore n'était-on guère averti de la chose que par les plaintes des seuls juges, qui étaient les clients), hors de là tout était obscur. Voulait-on consulter un livre, écrit depuis longtemps il est vrai, mais plusieurs fois réédité et qui avait pour auteur un secrétaire perpétuel de la Société d'agriculture, membre du Conseil d'hygiène et de salubrité, membre de l'Institut, M. Payen ? On n'était pas beaucoup plus avancé. Dans ce volume au long titre (c'était alors la mode) : « Des substances alimentaires et des moyens de les améliorer, de les conserver et d'en reconnaître les altérations », M. Payen ne consacrait que six pages à la bière. Il montrait simplement le rôle de l'orge germée, appelée malt, ce malt délayé, puis chauffé, puis aromatisé avec du houblon, le tout devenant moût de bière que l'on soumettait, une fois refroidi, à la fermentation alcoolique par la levure introduite dans le liquide provenant de toute cette décoction. M. Payen accordait à la bière une certaine faculté nutritive, mais il ajoutait avec une pointe de dédain : « La bière, en raison peut-être de l'odeur vireuse du houblon, ne semble pas douée de propriétés stimulantes aussi agréables, ni capables d'inspirer des idées aussi vives et aussi gaies que les aromes doux et variés des bons vins de France. » Dans un paragraphe sur les altérations de la bière, « altérations spontanées » (cet adjectif suivait alors invariablement le substantif), M. Payen disait que c'était surtout pendant les chaleurs que les bières s'altéraient : « Elles deviennent acides, ou même sensiblement putrides et cessent d'être potables. » Là-dessus, de bons conseils qui ne pouvaient soulever aucune objection. Le mieux était de ne pas boire de la bière trouble. Il fallait, en outre, se défier des fraudes : le houblon était parfois remplacé par des feuilles de buis. Bref un chapitre quelconque, un chapitre de petite bière.

Pasteur, dans ses allées et venues, ne cessait de se fixer ce but : arriver à ce que la fabrication de la bière française luttât avec la fabrication de la bière allemande. Son sentiment était fortifié par la sûreté de sa méthode. Il avait détruit la théorie de la génération spontanée par des preuves expérimentales. Il avait démontré que le jeu du hasard n'est pour rien dans les fermentations. La nature animée et les caractères spécifiques des ferments, les méthodes de culture par l'appropriation des milieux, la possibilité de suivre au microscope la marche de ces cultures; c'étaient autant de points scientifiques gagnés. Restait, comme difficultés à résoudre dans ces études spéciales sur la bière, la question d'une levure pure et la recherche des causes d'altération qui font les bières troubles, acides, tournées, filantes ou putrides. Ces altérations devaient tenir, pensait Pasteur, au développement des germes provenant de l'air, de l'eau ou répandus à la surface de tous les ustensiles qui servent au travail compliqué de la brasserie. « Dans toutes ces études, avait-il écrit à propos des causes qui provoquent les maladies des vins, si l'on perd de vue les conditions d'existence des êtres inférieurs, on ne voit que choses extraordinaires et l'on s'imagine volontiers que l'on assiste à des créations variées, tandis que les lois générales trouvent ici, comme partout ailleurs, de simples et naturelles applications. »

A mesure qu'il avançait dans ce domaine qu'il avait découvert, le domaine des infiniment petits, qu'il s'agît du vin, du vinaigre, ou des vers à soie, — et ces dernières études projetaient déjà devant lui des lueurs sur la pathologie humaine, — il entrevoyait « des lumières inattendues, des clartés nouvelles ». Ces mots et d'autres comme invention, enthousiasme, flamme intérieure, problème ardu, principe de fécondité, découvraient dans son langage journalier le ressort de son génie impatient de conquérir et de laisser œuvre durable.

Il avait démontré naguère que si l'on conserve un liquide putrescible, du bouillon de ménage par exemple, préalablement bouilli dans un vase à col de cygne, l'air rentrant par ce col sinueux y déposait les poussières, et que dès lors, au contact de cet air pur, le liquide restait inaltéré. Il imaginait maintenant des appareils destinés à protéger le moût contre les poussières extérieures. Il fallait le mettre en levain pur, combiner enfin la manière de lutter contre les germes microscopiques, toujours prêts à troubler la marche de la bonne levure par l'association dangereuse d'autres ferments nuisibles. Il fallait prouver que toutes les fois que la bière ne contient pas les organismes causes de ses maladies, elle est inaltérable. Restait aussi à lever bien des difficultés d'ordre technique. Le personnel de la brasserie de Chamalières s'efforça par sa complaisance de faciliter les choses.

Cet échange de services entre la science et l'industrie répondait au plan que Pasteur poursuivait. Bien qu'il ne cessât de prédire, depuis quatorze années, les progrès qui résulteraient de l'entente entre le laboratoire et l'usine, l'idée était peu comprise à cette époque. Pourtant les industriels de Lille, les vinaigriers d'Orléans, les négociants en vins, les sériciculteurs du Midi, ceux de l'Autriche, de l'Italie, plus encore que ceux de France, pouvaient être invoqués comme autant de témoins ou de bénéficiaires enthousiastes de cette collaboration. Pasteur, heureux de faire la fortune des autres, entendait organiser, contre le danger perpétuel de l'altérabilité de la bière, des expériences qui donneraient à cette industrie des notions vraiment solides parce qu'elles s'appuieraient sur des principes scientifiques. « Mon cher maître, écrivait-il à J.-B. Dumas, dans une lettre datée de Clermont, le 4 août 1871, j'ai prié le brasseur de vous adresser douze bouteilles de ma bière… J'espère que, même en la comparant avec les bonnes bières des cafés de Paris, vous la trouverez très agréable. » A la lettre d'expédition était joint un post-scriptum où le Pasteur à la fois disciple déférent et maître plein de sollicitude se montrait encore : « Mille remerciements pour votre bienveillant accueil à l'envoi du travail de Raulin. L'appui de Bernard lui est

acquis également. L'Académie ne saurait mieux placer une de ses
récompenses. C'est un travail hors ligne. »

Prêt à vanter partout son élève, Pasteur était prêt aussi à l'excuser. Malgré les instances de M. Duclaux, Raulin avait encore
trouvé des raisons pour ne pas se rendre à l'appel qui lui était fait
de passer quelques jours en Auvergne : « Je regrette vivement
que vous ne soyez pas venu nous voir, écrivit Pasteur à Raulin,
surtout à cause de la bière... Dites-moi ce que vous comptez faire.
Quand pensez-vous vous fixer à Paris? J'aurai grand besoin de
vous pour procéder à l'aménagement de mon laboratoire où tout
est à faire, vous le savez. Il faut le mettre en état de servir le
plus tôt possible. »

Si l'on trouvait que Raulin était en vérité bien lent dans ses
travaux et dans l'exécution de ses promesses, Pasteur rappelait en
souriant une dépêche reçue dans un moment difficile à Saint-
Hippolyte-du-Fort, au mois de janvier 1869. MM. Gernez et Maillot
avaient télégraphié à Raulin de venir les rejoindre; la santé de leur
maître exigeait cette arrivée immédiate. « Qu'est-il donc survenu?
télégraphia Raulin, en ajoutant pour s'excuser : trois jours préparatifs. » « Il pousse en tout l'esprit de méthode, » disait Pasteur
avec indulgence.

C'est encore Raulin que Pasteur avait souhaité d'avoir pour
compagnon de voyage à Londres, dans les premiers jours de
septembre 1871, avant de lui demander sa collaboration active à
Paris. La brasserie de Chamalières, encombrée de petits fûts de
vingt-cinq litres, ne suffisait plus à Pasteur qui voulait voir une de
ces grandes brasseries anglaises d'où sortent chaque année plus
de cent mille hectolitres de bière. Si les parisiens, heureux de
s'installer les jours de lourde chaleur aux petites tables rondes des
cafés en demandant un bock, le vrai bock qui équivaut à un quart
de litre, étaient en goût de statistique sur la consommation de la
bière, il leur serait facile de calculer que cent mille hectolitres représentent quarante millions de bocks. Dans telle brasserie anglaise
on peut multiplier ce chiffre par cinq.

Reçu en Angleterre comme un personnage de la science française, Pasteur ne laissa pas longtemps les chefs d'une des plus importantes brasseries de Londres abonder en tours de phrases polies et en offres aimables. Au lieu de parcourir les principaux services où étaient occupés 250 ouvriers, il demanda à prélever un peu de la levure du *porter*, que l'on recueillait dans le canal déversoir des levures venant des tonneaux où s'achevait la fermentation. Il examina cette levure au microscope, reconnut bien vite un des ferments de maladie, le dénonça et, pour mieux convaincre les assistants, le dessina sur une feuille de papier. « Le travail du *porter* doit laisser beaucoup à désirer, » dit-il aux chefs de la brasserie qui ne s'attendaient pas à une pareille entrée en propos. Pasteur insista sur le côté défectueux de fabrication qui devait se trahir par un mauvais goût, déjà signalé sans doute par quelques clients, ajoutait-il. On finit par lui avouer que le matin même il avait fallu rechercher, dans une des brasseries de Londres, un nouveau levain. Les brasseurs, exposés plus d'une fois à de semblables accidents, font de ces mutuels échanges. Ce levain étranger, Pasteur le demanda et le trouva incomparablement plus pur. Mais il n'en allait pas ainsi pour le levain des autres bières en fermentation, l'*ale* et le *pale-ale*.

Peu à peu tous les échantillons de bière en tonneaux, bière collée et non collée, furent soumis au champ du microscope. Pasteur montrait dans telle goutte, provenant de telle bière, trois ou quatre filaments pernicieux; dans telle autre, un seul filament : toutefois la maladie commençait ; cette bière était menacée d'altération rapide. La visite se prolongeait ; les chefs de service comparaissaient tous. On aurait dit une descente de science ressemblant à une descente de justice. Le maître de la brasserie, que l'on était allé quérir, fut obligé d'enregistrer l'une après l'autre ces constatations expérimentales. Qu'il y eût un peu de surprise, une légère impatience d'amour-propre blessé, la chose était humaine. Mais, quels que fussent les premiers sentiments, il fallut bien reconnaître l'autorité de ces paroles du savant français : « Toute altération maladive sur la qualité de la bière coïncide avec le développement d'organismes microscopiques étrangers à la nature de la

levure de bière proprement dite. » Un moraliste aurait pris plaisir
à analyser sur les physionomies de l'auditoire ces nuances de
curiosité, de doute, d'approbation qui devaient aboutir à la
conclusion tout anglaise qu'il y avait grand profit à tirer d'une
pareille leçon de choses. Pasteur, bien qu'il se piquât peu de
psychologie, rappelait avec un sourire les réponses d'abord peu
précises, puis plus nettes, puis enfin, — l'intérêt et la confiance
se mêlant, — l'aveu obtenu qu'il y avait dans un coin de la
brasserie une grande quantité de bière gâtée, en tonneaux, et
gâtée quinze jours au plus après sa fabrication. Elle était
imbuvable. « Je l'examinai au microscope, a raconté Pasteur,
sans pouvoir y reconnaître tout d'abord les ferments de maladie ;
mais prévoyant qu'elle avait dû s'éclaircir par un repos très prolongé, et que ces ferments, devenus inertes, avaient dû se rassembler au fond des immenses réservoirs qui la contenaient,
j'examinai le dépôt amassé au fond de ces réservoirs. Il était
uniquement formé de filaments de maladie, sans même offrir le
moindre mélange avec des globules de levure alcoolique. La fermentation complémentaire de cette bière avait donc été uniquement
une fermentation de maladie. »

Une semaine plus tard, en retournant visiter cette brasserie,
Pasteur constata que l'on s'était empressé non seulement d'acheter
un microscope, mais encore de changer tous les levains des bières
que l'on était en train de fabriquer.

De l'intervention du laboratoire dans un progrès de la brasserie :
ce sujet d'article aurait pu tenter Pasteur pendant son séjour à
Londres. Mais il avait mieux à faire. A son désir de recherches
s'ajoutait la toute-puissance de ses sentiments. Etre utile, donner
aux autres le plus possible de soi, rendre des services indéfiniment renouvelables : c'était là son programme, le règlement
de sa vie. Il était d'autant plus heureux d'offrir aux anglais, qui
se parent volontiers du titre d'hommes pratiques, la preuve
de ce que peut, dans le domaine utilitaire, la science désintéressée, qu'il aimait à se persuader qu'une dette morale envers
un savant de France serait dans quelque mesure réversible sur la

France elle-même. « Il faut refaire des amis à notre chère France, » ne cessait-il de dire. Et si, dans les entretiens échangés, quelques anglais venaient à émettre un doute sur l'avenir de notre pays, Pasteur, avec une énergie de la voix, du regard, de toute sa physionomie grave et volontaire, répondait que chaque français, au sortir de l'affreuse tourmente qui avait sévi de si longs mois, retournait avec vaillance à la tâche quotidienne, qu'elle fût grande ou humble. Tous ne songeaient qu'au relèvement national.

Chaque matin, quand il quittait sa chambre d'hôtel pour se rendre aux différentes brasseries, qu'il avait désormais le privilège de visiter dans leurs moindres détails, il observait ce peuple anglais qui sait donner au temps sa valeur absolue, voit en toutes choses ses intérêts, témoigne de la même suite dans les idées que dans les efforts, a le respect du passé, le sentiment de la hiérarchie. Et Pasteur ne pouvait se défendre de tristesse en songeant à ce qui nous manquait. Mais si l'on nous reprochait à juste titre la fièvre du changement, la manière brusque, par à-coups de tout remettre en question, ne devait-on pas rendre justice à ce côté généreux du caractère français, si bien doué, propre à tant de choses, qui trouve dans le dévouement le secret de son activité et pour qui la haine est une véritable souffrance?

« Il faut travailler ! » Ce mot, il le redisait plus que jamais. C'était le conseil qui clôturait pour lui tous les entretiens et toutes les réflexions philosophiques.

Il avait hâte de faire année double, le labeur fût-il disproportionné à ses forces. Au delà des maladies de la bière, maladies évitables puisqu'elles viennent de l'extérieur, il pressentait l'application de cette même doctrine d'extériorité, la doctrine des germes, à d'autres maladies. Mais en même temps qu'il était entraîné par un enthousiasme divinatoire, il savait, par un brusque effort, contenir ses pensées, les diriger, les tenir en bride. L'immense révolution qu'il projetait et préparait, il la voulait étape par étape. L'application de la science à la brasserie, tel était l'objectif qu'il se fixait alors exclusivement.

« L'intérêt, écrivait-il à Raulin, de ces visites de brasseries anglaises, et des renseignements que je puis y recueillir (ce qui paraît-il, est une grande faveur qui m'est faite), me fait regretter beaucoup que vous ayez besoin de repos, car vous auriez été, j'en suis convaincu, charmé de vous instruire comme moi *de visu*. Pour peu que vous le désiriez et que votre santé s'y prête, venez, ne fût-ce que pour quelques jours. Enfin agissez à cet égard en toute liberté. Mais préparez-vous dans tous les cas pour des essais immédiats. Nous n'attendrons même pas que le nouveau laboratoire soit prêt. Nous nous installerons dans le petit et dans une brasserie de Paris, de Paris même ou de la banlieue. »

Lorsque Pasteur fut de retour à Paris, Bertin, qui ne l'avait pas vu depuis que tant de choses s'étaient passées, l'accueillit avec une joie rayonnante. Il en est de ces amitiés de collège et de grande école comme de ces livres préférés que l'on reprend à la page interrompue. Le temps n'a pas de prise sur certaines affections ; toujours neuves, toujours jeunes, elles n'ont pas une ride. Il faut avoir été témoin de cette intimité pour savoir combien elle fut précieuse, surtout pour Pasteur. Les deux amis toutefois se ressemblaient de moins en moins. Autant Pasteur, toujours préoccupé, semblait, par son visage soucieux, donner raison à cet anglais qui a prétendu que le génie consiste dans une énorme capacité pour se donner de la peine, autant Bertin, le regard éclairé de malice, était l'image même du philosophe souriant. En dépit de ses fonctions sous-directrices qu'il remplissait avec une conscience sans égale, il ne se gênait pas pour fredonner dans les corridors ou sur les marches de l'escalier qui menait à son second étage, le refrain de quelque chanson populaire. Presque tous les soirs, traversant le palier, il sonnait à la porte de l'appartement de Pasteur. La joie entrait. Repos d'esprit, aération d'idées, tout cela Bertin l'apportait à Pasteur égayé par la philosophie de son ami qui avait une façon amusante de considérer les choses en général et, dans cette période, la bière en particulier.

Tandis que Pasteur ne voyait que levure pure, ne songeait qu'aux spores, aux ferments de maladies, aux invasions parasitaires, Bertin faisait complaisamment l'éloge de tel et tel café du quartier latin où, sans nul souci des grands principes scientifiques, on pouvait appeler des experts à se prononcer entre la bière que l'on y buvait et la bière de laboratoire, honnête, presque agréable, mais n'approchant pas de la finesse enveloppante de goût que proclamait Bertin avec la compétence d'un homme qui avait longtemps habité Strasbourg. Pasteur, — accoutumé à une méthode dont les conséquences étaient absolues, comme le procédé de grainage des vers à soie, qui permet de prédire à coup sûr, par le simple examen microscopique, un bon ou un détestable résultat, — entendait Bertin, dégustateur émérite, lui dire : « Donne-moi d'abord un bon bock, tu m'instruiras ensuite. » Pasteur convenait tout le premier du perfectionnement relatif obtenu par certains brasseurs qui, grâce à la lente expérience des années, savaient soit choisir une levure donnant un goût particulier, soit encore, avec un empirisme délicat, user de moyens préventifs contre les ferments accidentels et pernicieux, (l'emploi par exemple de la glace ou d'une plus grande quantité de houblon qui agit à un certain degré comme antiseptique). Mais, quelles que fussent les plaisanteries de Bertin, Pasteur n'en était pas moins convaincu que les grands progrès en brasserie dateraient de ses études.

Aux attaques narquoises de Bertin succédaient, en effet, des revanches expérimentales. Pasteur faisait acheter dans divers cafés de Paris vantés par Bertin quelques échantillons de bières les plus fameuses : bière de Strasbourg, de Nancy, de Vienne, de Burton. Après avoir laissé se reposer ces échantillons pendant vingt-quatre heures, il les décantait et semait une goutte des dépôts dans des ballons de moût pur. Ces ballons étaient placés dans une étuve à 20°. Quinze jours, dix-huit jours se passaient. Il étudiait alors les levures formées dans ces moûts, il dégustait ces bières : « Toutes détestables, disait-il, toutes montrant des ferments de maladies. »

Avec les mêmes précautions il ensemençait, de ses levures pures, d'autres ballons. « Aucune des bières de cette série, disait-il, n'avait pris de mauvais goût ; aucune n'avait donné lieu à des ferments étrangers, elles n'étaient qu'*éventées*. »

Il recherchait avidement les moyens de juger ce que pouvaient devenir dans la pratique les nombreux essais de son laboratoire. On a gardé dans le pays lorrain, non loin de Nancy, à Tantonville, le souvenir d'un séjour qu'il y fit. La brasserie qu'il allait inspecter s'étend sur une vaste plaine coupée par les hauts peupliers qui bordent les grandes routes. La fabrication qui, à l'origine, en 1839, était de quinze cents hectolitres atteignait maintenant près de cent mille hectolitres. Avant de pénétrer dans cette immense usine dont le mouvement donne l'impression d'une gare de chemin de fer, Pasteur commença par féliciter les maîtres de la brasserie, les deux frères Tourtel, de conserver et d'habiter avec une pointe d'orgueil la petite maison familiale bâtie depuis plus de trente ans. Les fils des deux frères, associés à tous les travaux de cette grande industrie qui leur était déjà confiée, avaient le même sentiment de respect pour cette maison modeste, aux fenêtres blanches encadrées de lierre, qui devait être le logis de Pasteur pendant huit jours. Si grande que lui parût, à une première visite, la propreté de la brasserie, elle ne lui sembla pas encore assez complète. Sur ce chapitre d'ailleurs rien ne le satisfaisait. Même s'il eût traversé en Hollande le village de Broeck, — dont la propreté invraisemblable est une gageure qui au premier moment fait sourire les étrangers et les gêne à la longue, — il eût encore trouvé de quoi critiquer. On pouvait noter dans sa vie un détail bien minuscule, mais qui, se renouvelant matin et soir, à chaque repas, trahissait des préoccupations qui s'appliquaient aux plus petites choses de l'existence. Il ne se servait pas d'une assiette, il ne prenait pas un verre sans les avoir examinés avec un soin méticuleux et essuyés à plusieurs reprises. Trace imperceptible, grain de poussière microscopique, rien n'échappait à ses yeux de myope. Puis, c'était le tour de son pain qu'il grattait, râclait jusqu'à la mie. Qu'il fût en famille ou chez des étrangers, il procédait avec une régularité invariable à ces exercices préliminaires, malgré l'étonnement inquiet de certaines maîtresses de maison qui croyaient à une inadvertance de service, quand il n'y avait là qu'une habitude invétérée de savant, remarquait Pasteur en souriant, dès qu'il s'apercevait du léger trouble causé par cette inspection prolongée. S'il agissait ainsi dans le tous-les-jours, on devine ce qu'était sa rigueur d'examen dans les choses de science et devant les récipients d'une brasserie.

Après ces études poursuivies à Tantonville avec son préparateur, M. Grenet, Pasteur établissait trois grands principes. Toute altération, soit du moût qui sert à produire la bière, soit de la bière elle-même, dépend du développement des organismes microscopiques qui sont des ferments de maladies. Ces germes de ferments sont apportés par l'air, par les matières premières, par les appareils dont on fait usage en brasserie. Toutes les fois que la bière ne contient pas les germes vivants, cause de maladies, la bière est inaltérable. Une fois formulés et prouvés, ces principes devaient triompher de toutes les incertitudes professionnelles. Et de même que par le chauffage on pouvait préserver les vins des causes diverses d'altérations, de même il était possible, en chauffant à une température de 50 à 55° la bière mise en bouteilles, de la faire échapper au développement des ferments de maladies. L'application de ce procédé se traduisit par ces mots : bière pasteurisée; néologisme qui n'allait pas tarder à entrer dans le langage courant du monde de l'industrie, par droit de conquête du laboratoire. Au milieu de résultats sans cesse contrôlés, Pasteur pénétrant les conséquences les plus lointaines de ses études, écrivait dans le livre qu'il préparait sur la bière :

« Lorsqu'on voit la bière et le vin éprouver de profondes altérations parce que ces liquides ont donné asile à des organismes microscopiques, qui se sont introduits d'une manière invisible et fortuitement dans leur intérieur, où ils ont ensuite pullulé, comment n'être pas obsédé par la pensée que des faits du même ordre peuvent et doivent se présenter quelquefois chez l'homme et chez les animaux ? Mais si nous sommes disposés à croire que cela est parce que nous le jugeons vraisemblable et possible, efforçons-nous aussitôt, avant de l'affirmer, de nous rappeler l'épigraphe de ce livre : *Le plus grand dérèglement de l'esprit est de croire les choses parce qu'on veut qu'elles soient.* »

Ainsi une fois de plus, par de telles échappées, se manifestait la caractéristique de son esprit : la puissance d'imagination avec son ensemble d'idées intuitives; puis, tout à coup, par un violent effort de mise en garde, le rappel au contrôle de ces mêmes idées. Association étrange, dualité extraordinaire de l'homme inspiré qui, par sa vision de principes nouveaux, avait une foi d'apôtre, et du savant qui, chaque matin, patiemment, interrogeait les faits; leur soumettait ses idées, ne prenait pour guide que ce qui lui était démontré.

Mais être tout entier à ses recherches, passer son temps à censurer ses méditations par des expériences sans nombre, marcher vers le grand domaine médical dont il voyait plus d'une zone inexplorée ou mal définie : ce tableau journalier de sa vie était perpétuellement modifié par les discussions qui le rappelaient en arrière, lui qui ne pouvait supporter que l'on s'arrêtât aux choses acquises. Les hétérogénistes n'avaient pas désarmé. Ils n'admettaient pas que les liquides organiques les plus altérables pussent se conserver indéfiniment sans éprouver ni fermentation ni putréfaction, quand on ne laisse arriver jusqu'à eux que l'air débarrassé de poussières.

Pouchet, le plus célèbre de tous, qui trouvait que le savant avait une double tâche : découvrir et vulgariser, préparait, pour les étrennes de 1872, un livre initiateur, intitulé : *L'Univers, les infiniment grands et les infiniment petits.* Il rappelait, en historien enthousiaste de la nature, le spectacle révélé à la fin du xviie siècle par le microscope qu'il comparait à un sixième sens pour scruter l'invisible. Il vantait les découvertes que fit l'allemand Ehrenberg en 1838 sur la prodigieuse activité des infusoires. Mais il ne prononçait pas le nom de Pasteur. L'immense travail accompli par les infiniment petits, toujours actifs, ouvriers perpétuels de fermentations et de putréfactions, il le laissait de côté. S'il voulait bien convenir que « quelques microzoaires voltigeaient çà et là », la théorie des germes lui semblait une « ridicule fiction ».

A la même date, Liebig qui, depuis l'entrevue de juillet 1870, avait eu le temps de recouvrer la santé, venait de publier un long mémoire contre l'exactitude de certains faits avancés par Pasteur.

Pasteur avait soutenu que dans le procédé de fabrication du vinaigre, désigné sous le nom de procédé allemand, les copeaux de hêtre, placés dans les tonneaux d'acétification, n'étaient que des supports pour le *mycoderma aceti*. Liebig, après avoir consulté à Munich, disait-il, le chef d'une des plus grandes fabriques de vinaigre qui ne croyait pas à la présence du mycoderme, assurait que lui-même n'en avait vu aucune trace sur des copeaux qui servaient depuis vingt-cinq ans dans cette fabrique. Le débat pouvait durer longtemps. Comment y couper court ? Par un moyen bien simple. Il suffisait, dit Pasteur, de prélever dans cette fabrique quelques copeaux, de les faire sécher rapidement dans une étuve et de les envoyer à Paris. Une commission, nommée parmi les membres de l'Académie des sciences, se constituerait juge du conflit. Pasteur se chargeait de montrer aux membres de cette commission la présence du mycoderme à la surface de ces copeaux. Un autre moyen s'offrait encore. On se contenterait de demander à ce fabricant de Munich de vouloir bien remplir d'eau bouillante pendant une demi-heure un de ses tonneaux en activité depuis longtemps, puis de le vider et de le remettre en marche. « D'après la théorie de Liebig, disait Pasteur, le tonneau devra fonctionner comme auparavant et moi j'affirme qu'il ne fera plus du tout de vinaigre, au moins pendant très longtemps et jusqu'à ce que de nouveaux mycodermes aient pris naissance à la surface des copeaux. » L'eau bouillante, en effet, devait tuer la petite plante microscopique. Et, avec cette vigueur et cette simplicité qui faisaient que le public des séances de l'Académie s'intéressait doublement à cette discussion scientifique et industrielle, Pasteur formulait de nouveau sa théorie complète de l'acétification : « Le principe en est très simple. Toutes les fois que du vin se transforme en vinaigre, c'est par l'action du voile de *mycoderma aceti* développé à sa surface. » Mais Liebig n'accepta pas la proposition.

Pasteur venait à peine de répondre à Liebig, qu'un adversaire nouveau, membre de l'Académie des sciences, M. Frémy, engageait une discussion qui devait être très longue. L'origine des ferments en était cause. M. Frémy commençait par rappeler que cette question l'occupait depuis un grand nombre d'années. Il avait publié, en effet, en 1841, un mémoire sur la fermentation lactique « à une époque, disait-il, où notre savant confrère M. Pasteur entrait à peine dans la science... Dans la production du vin, disait M. Frémy, c'est le suc même du fruit qui, au contact de l'air, donne naissance aux grains de levure par la transformation de la matière albumineuse, tandis que M. Pasteur soutient que les grains de levure ont été produits par des germes. » Selon M. Frémy, les ferments ne provenaient pas des poussières de l'air, comme le disait Pasteur, mais ils étaient créés par les corps organiques. Et créant, pour sa part, un terme nouveau, l'hémiorganisme, M. Frémy expliquait le mot et la chose en disant qu'il y avait des corps hémiorganisés qui, en raison de la force vitale dont ils sont doués, éprouvent des décompositions successives, donnent naissance à des dérivés nouveaux. Ainsi sont engendrés les ferments.

Un autre confrère, le botaniste M. Trécul, savant dont la vie tout entière ne connaissait que la poursuite de la vérité, arrivait à son tour. Il avait été témoin, disait-il, de toute une transformation d'espèces microscopiques les unes dans les autres. A l'appui de cette thèse, M. Trécul invoquait, parmi plusieurs savants, les trois inséparables : Pouchet, Musset, Joly. Hétérogéniste lui-même, il avait, en 1867, donné une définition qu'il rappelait volontiers : « L'hétérogénie est une opération naturelle, par laquelle la vie, sur le point d'abandonner un corps organisé, concentre son action sur quelques-unes des particules de ce corps, et en forme des êtres tout différents de celui dont la substance a été empruntée. »

Vieux arguments, négations rajeunies, tout entrait en ligne. Allant droit au fait, dégageant le point vif du débat, Pasteur sentait bien que c'était toujours la vieille querelle d'autrefois qui renaissait. Aussi, du premier mot, déblayait-il le terrain. A l'Académie des sciences, le 26 décembre 1871, il s'adressait à M. Trécul :

« Je puis assurer notre savant confrère qu'il eût trouvé dans les mémoires que j'ai publiés des réponses décisives sur la plupart des questions qu'il vient de soulever. Je suis vraiment surpris de le voir aborder la question des générations dites *spontanées*, en n'ayant à son service que des faits douteux et des observations aussi incomplètes. Mon étonnement n'a pas été moindre qu'à la dernière séance, lorsque M. Frémy s'est engagé dans le même débat, n'ayant à produire que des opinions surannées, sans le moindre fait positif nouveau. »

Dans sa passion pour la vérité, dans son désir de convaincre, Pasteur lançait ce défi : « M. Frémy confesserait-il ses erreurs, si je pouvais lui démontrer que le suc naturel du raisin, exposé au contact de l'air, privé de ses germes, ne peut ni fermenter ni donner naissance à des levures organisées ? » Interpellation trop vive, mots détonnant un peu dans cette salle de l'Institut, voisine de la salle des séances de l'Académie française; mais il s'agissait de vérité scientifique. Et, sous l'hémiorganisme de M. Frémy, sous les transformations de M. Trécul, Pasteur, retrouvant tout ce qu'il avait déjà tant de fois combattu, renvoyait les deux contradicteurs aux expériences où il prouvait que des liquides altérables, comme le sang et l'urine, peuvent être exposés au contact de l'air privé de ses germes sans éprouver la moindre fermentation ou putréfaction. Ce fait n'avait-il pas servi à Lister pour fonder « sa merveilleuse méthode chirurgicale »? L'irritation contre une chose erronée donnait à sa parole quelque chose de dur, d'âpre. Mais, par contre-partie, l'épithète « merveilleuse » éclatait tout à coup avec l'enchantement de rendre hommage à Lister.

En pleine possession de toutes les qualités de son génie, Pasteur —qui écrivait à cette même époque : « La science vit de solutions successives données à des *pourquoi* de plus en plus subtils, de plus en plus rapprochés de l'essence même des phénomènes », — éprouvait la fièvre que connaissent les grands savants, les grands artistes, les grands écrivains : le désir ardent de trouver, de laisser quelque chose qui ajoute au patrimoine de tous. Obligé de répondre aux points d'interrogation au lieu d'aller de l'avant, il avait peine à contenir son impatience. Il voulait mettre, disait-il, ses adversaires au pied du mur.

« Mon cher Pasteur, permettez à ma vieille amitié, lui disait dans la séance de l'Académie des sciences du 22 janvier 1872, son vieux maître Balard, permettez à ma vieille amitié de vous dire publiquement que je crains que vous n'entriez dans une voie nuisible à vos propres recherches et à votre propre repos, en répondant par vos expériences personnelles aux questions spéciales, nombreuses, qui peuvent vous être adressées, maintenant que la porte est ouverte. Que vos adversaires expérimentent d'abord eux-mêmes, et, quand ils vous apporteront des résultats qui vous paraîtront inexacts, appliquez à les discuter et à trouver le point faible, s'il y en a, cette logique scientifique sévère dont vous avez le secret.

« Le temps modifiera-t-il vos opinions ? Je ne sais, mais qu'importe ! Ce que vous en avez tiré ne frappe-t-il pas tous les yeux ? Vous avez expliqué la véritable cause de la conservation des matières alimentaires. Vous nous avez appris à préserver nos vins des diverses altérations qu'ils pouvaient éprouver. Vous avez fait connaître la véritable théorie de la production du vinaigre, et montré à l'Allemagne la cause première d'une exploitation qu'elle fait sur une grande échelle, sans comprendre la nature du procédé qu'elle a introduit dans l'industrie. Déjà la fabrication de la bière a fait de grands progrès par vos études, qui fourniront à la Bavière elle-même des améliorations dans ses pratiques. Vous avez combattu la maladie des vers à soie d'une manière victorieuse. Ne peut-on pas espérer qu'en persévérant dans cette voie vous préserverez l'espèce humaine à son tour de quelques-unes de ces maladies mystérieuses dont les germes contenus dans l'air pourraient être la cause ?

« Mais pour continuer ainsi vos travaux, il faut que rien ne vienne troubler la paix du laboratoire qu'on a construit pour la science nouvelle que vous avez créée, et qui, en présence des grands résultats qui en sont sortis, ne sera jamais trop largement doté. Il faut que vous continuiez à grouper autour de vous ces jeunes hommes que vous animez de votre esprit et que vous pénétrez de vos méthodes. Donnez des successeurs et des émules à MM. Van Tieghem, Duclaux, Gernez, Raulin, et formez ainsi une nouvelle génération de jeunes savants instruits à votre école... »

M. Duclaux lui écrivait de son côté : « Je vois bien ce que vous pouvez perdre dans ces luttes stériles, votre repos, votre temps et votre santé; je cherche vainement ce que vous pouvez y gagner. »

Mais rien ne l'arrêtait, ni les conseils de Balard, ni les lettres de ses élèves, ni même les regards presque suppliants de J.-B. Dumas. Avec sa rude loyauté, il voulait toujours répliquer. Parfois il regrettait la forme vive de ses ripostes, bien qu'il ne l'associât jamais, selon ses propres mots, à des sentiments hostiles pour ses contradicteurs tant qu'il les jugeait de bonne foi. Il ne se lassait pas de répondre, parce qu'il voulait que le dernier mot restât à la défense de la vérité. De ses lèvres jaillissaient, en improvisations passionnées, des appels, des défis. Les sceptiques n'ont pas de ces paroles frémissantes, et il était le contraire d'un sceptique. Souvent il interpellait ses contradicteurs avec une impétuosité qui ne ressemblait guère aux habitudes académiques de mesure, de ménagements, de circonlocutions.

« Savez-vous ce qui vous manque, à vous, M. Frémy, c'est l'habitude du microscope, et à vous, M. Trécul, c'est l'habitude du laboratoire! » « M. Frémy cherche toujours à déplacer les questions, disait encore Pasteur dix mois après l'appel de M. Balard. Voici ce qui est en litige avant tout autre chose : *D'où vient la levure qui fait fermenter le moût de raisin dans la cuve de vendange?* M. Frémy répond, sans fournir la moindre preuve, qu'elle provient de l'intérieur des grains de raisin, du suc même du fruit, par une transformation des matières albumineuses. Je réponds, et j'en donne la démonstration péremptoire, évidente, que cette levure provient uniquement de l'extérieur des grains, des poussières en suspension dans l'air ou déposées à la surface des grains ou du bois de la grappe. C'est dans ce cercle d'affirmations que j'ai la prétention d'enfermer M. Frémy. »

Tandis que M. Frémy discutait, dissertait et emplissait la salle

de ses objections, M. Trécul, qui vivait quelque peu en misanthrope et que l'on ne voyait guère qu'aux séances de l'Institut, le
visage souvent empreint de tristesse défiante, insistait lentement,
d'une voix sourde, sur certaines transformations de quelques cellules
et spores diverses les unes dans les autres. Ces idées de transformation, Pasteur les déclarait erronées. Cependant il y avait une
de ces transformations, et c'était là un point intéressant de ce
débat, que Pasteur avait autrefois jugée possible : celle du *mycoderma vini* ou fleur du vin en ferment alcoolique dans certaines
conditions d'existence. Une modification dans la vie du mycoderme,
lorsque ce mycoderme était submergé, lui avait fait croire à une
transformation des cellules du mycoderme en cellules de levure.
Ce fut sur cette question, restée alors en suspens, que se termi-
nèrent avec Trécul les débats de 1872 qui ont laissé aux témoins
de ces luttes un souvenir si vivant de Pasteur : inflexible quand
il avait la preuve en mains ; plein de scrupules, de réserves
quand il cherchait cette preuve ; n'admettant pas qu'on lui adressât
un éloge personnel si la vérité scientifique en cause n'était pas
saluée, reconnue avant tout. Elle seule comptait dans sa vie.

A la séance du 11 novembre, Pasteur disait :

« Il y a quatre mois, des doutes se sont présentés tout à coup
à mon esprit sur la vérité du fait dont il s'agit, et qui, pour
M. Trécul, on vient de l'entendre, est toujours indiscutable.....
Pour lever ces doutes, j'ai institué les expériences les plus nombreuses, les plus variées, et je n'arrive pas, depuis quatre mois,
je le répète, à me satisfaire par des preuves à l'abri de tout
reproche. Je conserve encore en ce moment mes doutes. Que, par
cet exemple, M. Trécul veuille bien comprendre la difficulté de
conclure rigoureusement dans ces études si délicates... »

Longtemps encore Pasteur étudia ce même point de science, car
il n'abandonnait jamais un sujet. Quand il échouait, il avait une
façon très simple de le reconnaître : « Il faut recommencer, »
disait-il. Il modifia le dispositif de ses premiers essais. L'usage
de ballons spéciaux et d'appareils un peu compliqués lui permit
d'arriver à la culture du mycoderme en écartant la seule cause

d'erreur entrevue : la chute possible, pendant les manipulations, des germes extérieurs, c'est-à-dire l'ensemencement fortuit des cellules de levure. Il réussit. Il ne revit plus de levure ni de fermentation alcoolique active. Il avait donc été antérieurement, comme il le disait, « le jouet d'une illusion ». Dans ses *Etudes sur la bière*, il se plut à raconter sa fausse manœuvre et comment, après s'être égaré, pour n'avoir pas, dans cette circonstance, tenu assez rigoureusement compte de la souveraine méthode expérimentale, il avait, en la reprenant pour guide, retrouvé son chemin. Où d'autres n'auraient écrit qu'un résumé de quelques lignes, Pasteur entra dans beaucoup de détails. Il ne faut pas seulement, disait-il, aimer la vérité, il faut la proclamer. Puis, avec l'arrière-préoccupation qu'il avait toujours de prémunir les autres contre un danger, une erreur, une fausse expérience, il écrivait :

« A une époque où les idées de transformation des espèces sont si facilement acceptées, peut-être parce qu'elles dispensent de l'expérimentation rigoureuse, il n'est pas sans intérêt de considérer que, dans le cours de mes recherches sur les cultures des plantes microscopiques à l'état de pureté, j'ai eu un jour l'occasion de croire à la transformation d'un organisme en un autre, à la transformation du *mycoderma vini* ou *cerevisiæ* en levure, et que cette fois j'étais dans l'erreur ; je n'avais pas su éviter la cause d'illusion que ma confiance motivée dans la théorie des germes m'avait fait découvrir si souvent dans les observations des autres. »

« La notion de l'espèce, a écrit M. Duclaux qui fut étroitement associé à ces expériences, était sauvée, jusqu'à nouvel ordre, de l'attaque dirigée contre elle, et elle n'a plus été contestée sérieusement depuis, au moins sur ce terrain. »

Il est parfois des échecs heureux. En se rendant compte qu'il s'était trompé, Pasteur porta son attention sur un singulier phénomène. C'est encore dans son livre sur la bière, sorte de grand registre de laboratoire, que l'on peut, à propos de cette recherche, se donner l'illusion d'être près de lui, de le voir en plein travail, de suivre la façon dont il observait la marche d'une des semences du mycoderme, qu'il venait de répandre sur du vin sucré ou du moût de bière étalé sur des petites cuvettes plates de porcelaine.

« Lorsque, dit-il, les cellules ou articles du *mycoderma vini* sont en pleine activité de germination et de propagation au contact de l'air sur un substratum sucré, ils vivent aux dépens de ce sucre et des autres matériaux sous-jacents, absolument comme le font les animaux qui utilisent également l'oxygène de l'air en dégageant de l'acide carbonique, brûlant ceci ou cela et corrélativement grossissant, se régénérant et créant des matériaux nouveaux. Non seulement dans ces conditions, le *mycoderma vini* ne forme pas d'alcool sensible à l'analyse, mais, s'il existe de l'alcool dans le liquide sous-jacent, le mycoderme le réduit en eau et en gaz carbonique par la fixation de l'oxygène de l'air. » Mais le mycoderme était-il submergé? Pasteur, — en l'étudiant pour voir comment il allait s'accommoder des nouvelles conditions qui lui étaient offertes et si d'aventure ce mycoderme ne périrait pas comme un animal que la privation subite d'oxygène asphyxie, — constata que la vie des cellules submergées se continuait lente, difficile, de courte durée, non douteuse cependant et que cette vie s'accompagnait d'une fermentation alcoolique. Elle était due cette fois au mycoderme lui-même. Le mycoderme, d'aérobie qu'il était, — c'est-à-dire ayant besoin de l'air pour vivre et accomplir son œuvre sur les matériaux présents dans le liquide, — devenait, après être soumis à cette expérience de submersion, anaérobie, c'est-à-dire vivant sans air dans les profondeurs du liquide; il se comportait alors à la manière d'un ferment.

Ainsi s'étendaient les notions sur les êtres aérobies et anaérobies que Pasteur avait fait connaître jadis dans ses recherches sur le vibrion qui est le ferment butyrique et sur les vibrions chargés de la fermentation spéciale qui s'appelle la putréfaction. Entre les aérobies, qui ont besoin d'air pour vivre, et les anaérobies, que l'air fait périr, venaient se placer des organismes capables de vivre quelque temps en dehors de l'influence de l'air. On n'avait guère songé à étudier les moisissures, qui se développent si facilement au contact de l'air. Pasteur eut la curiosité de suivre ce qu'elles devenaient quand elles étaient, comme le mycoderma vini, soumises à ce régime inattendu. Le penicillium, l'aspergillus, le mucor-mucedo, il les vit prendre le caractère ferment quand il les faisait vivre sans air ou avec des quantités d'air trop petites pour que leurs organes en fussent entourés autant qu'il était nécessaire à leur vie de plantes aérobies. Comme le mucor, devenu malgré lui anaérobie, une fois submergé, offre des cellules bourgeonnantes, on avait cru reconnaître, là encore, des globules de levure. Mais ce changement de forme, disait Pasteur, ne correspond qu'à un changement de fonction. Il ne faut voir là qu'une manière de s'adapter à une vie nouvelle, la vie anaérobie. Alors, avec cet esprit généralisateur qui, sous l'amas des faits épars, cherchait à découvrir des lois, il entrevoyait les ferments comme n'ayant « qu'à un degré plus élevé un caractère propre à beaucoup de moisissures vulgaires, sinon à toutes, et que possèdent même probablement, plus ou moins, toutes les cellules vivantes, à savoir, d'être tout à la fois aérobies ou anaérobies, suivant les conditions où on les place ».

La fermentation n'apparaissait donc plus comme un acte isolé, mystérieux; c'était un phénomène général, subordonné cependant au petit nombre de substances capables de se décomposer avec production de chaleur et de servir à l'alimentation des êtres inférieurs en dehors de la présence et de l'action de l'air. Pour tout résumer sous une formule concise, Pasteur disait : « La fermentation est la vie sans air. »

« On voit, a écrit M. Duclaux pénétré des paroles de son maître, on voit à quelle hauteur il avait élevé le débat : en changeant le mode d'interprétation de faits connus, il en faisait jaillir une théorie nouvelle. »

Mais, une modification de forme accompagnant une modification de propriété, la chose ne passait pas sans soulever les plus vives controverses. Pasteur tenait bon. Il rappelait ce qu'il avait publié à propos du ferment-type, la levure de bière. Cela remontait loin. En juin 1861 avait été insérée dans le bulletin de la Société chimique et dans les comptes rendus de l'Académie des sciences une note intitulée : *L'influence de l'oxygène sur le développement de la levure et sur la fermentation alcoolique*. Rien de plus curieux que la manière dont Pasteur, s'occupant de l'acte chimique lié à la vie végétale, exposait les deux façons de vivre de la levure de bière.

La première manière, à l'air libre. La levure, mise dans un liquide sucré, assimile le gaz oxygène, elle se développe abondamment. Dans ces conditions, elle ne travaille guère que pour elle. Le rapport du poids du sucre disparu, si on le compare au poids de la levure produite, est faible, la production de l'alcool insignifiante. Mais dans la seconde manière de vivre, si l'on vient à faire agir la levure sur le sucre sans l'intervention de l'air atmosphérique, cette levure, ne pouvant plus assimiler en toute liberté le gaz oxygène, est réduite à désoxygéner la matière fermentescible : « Il paraît dès lors naturel d'admettre, écrivait Pasteur, que lorsque la levure est ferment, agissant à l'abri de l'air, elle prend de l'oxygène au sucre et que c'est là l'origine de son caractère de ferment. » On peut, en faisant intervenir le gaz oxygène libre en quantités variables, faire passer la puissance fermentescible de la levure par des degrés divers.

Après avoir comparé la levure de bière à une plante ordinaire, Pasteur ajoutait que « l'analogie serait complète si les plantes ordinaires avaient pour l'oxygène une affinité qui leur permît de respirer à l'aide de cet élément enlevé à des composés peu stables, auquel cas on les verrait être ferments pour ces matières ». Il faisait entrevoir qu'il serait possible de rencontrer des conditions qui permettraient à certaines plantes inférieures de vivre à l'abri de l'air en présence du sucre et de provoquer la fermentation de cette substance à la manière de la levure de bière.

Ainsi, dès cette époque, avait-il jeté des semences d'idées, comme il aimait à le faire, se réservant de les reprendre plus tard pour ses propres champs d'expériences, ou, si le temps venait à lui manquer, heureux de les offrir à tout homme de science attentif. Par ses recherches sur la bière, il était revenu à ses études passées. Il y était revenu impétueusement : « Quel sacrifice je vous ai fait, ne pouvait-il s'empêcher de dire à J.-B. Dumas, — avec un mélange d'affection, de déférence et aussi de modestie, car il semblait oublier l'immense service rendu à la sériciculture, — quel sacrifice je vous ai fait en laissant pendant plus de cinq années, pour étudier la maladie des vers à soie, mes études sur les fermentations ! »

Peut-être pensait-il que, par l'abondance des preuves, il aurait pu ramener beaucoup plus tôt à sa méthode ou réduire au silence la plupart de ses adversaires. Sans doute il est impossible de ne pas mesurer avec tristesse bien des pertes de temps causées par ces discussions. Mais il est de toute justice de reconnaître que plusieurs de ces luttes mirent en œuvre et en évidence non seulement son pouvoir de conquête, mais ce qui fait le complément d'une conquête, l'esprit de contrôle qui la maintient. Sur le chemin qu'il avait déjà parcouru et qu'il indiquait aux autres, il pouvait marquer, comme autant de poteaux indicateurs, ces idées directrices : les ferments sont des êtres vivants, à chaque fermentation correspond un ferment particulier, les ferments ne naissent jamais spontanément.

Liebig et ses partisans avaient regardé la fermentation comme un phénomène de mort. Ils avaient cru que la levure de bière et en général toutes les matières animales et végétales en putréfaction reportaient sur d'autres corps l'état de décomposition dans lequel elles se trouvent elles-mêmes. Pasteur, au contraire, avait vu dans la fermentation un phénomène corrélatif de vie; il avait provoqué la fermentation complète d'un liquide sucré où n'étaient introduits que des matières minérales et une trace de levure, levure qui, au lieu de se détruire, vivait, bourgeonnait, se développait.

A ceux qui, croyant à la génération spontanée, ne voyaient dans les fermentations que des jeux du hasard, Pasteur, par des séries de preuves expérimentales, avait montré la cause de leur illusion en indiquant la porte d'entrée ouverte à des germes venant de l'extérieur. Il avait, en outre, enseigné la méthode des cultures pures. Enfin, dans ces attaques récentes où renaissaient tant de vieilles querelles sur la transformation des espèces microscopiques les unes dans les autres, Pasteur, obligé à propos du mycoderma vini d'étudier de près cette prétendue transformation, qu'il avait crue lui-même possible, avait fait la clarté sur la petite enclave obscure qui restait dans son domaine inondé de lumière. « Il suffit de songer, a écrit M. Duclaux à propos de cette longue discussion avec Trécul, il suffit de songer qu'en niant la spécificité du germe, cette opinion nierait aujourd'hui la spécificité de la maladie, pour comprendre quelles obscurités elle eût apportées dans la pathologie microbienne. Il était donc important qu'elle fût déracinée de tous les esprits. »

CHAPITRE VIII

1873-1877

Au delà des phénomènes de fermentation, Pasteur entrevoyait un autre monde : le monde des virus-ferments. Deux siècles plus tôt, le physicien anglais, Robert Boyle, avait dit que celui qui pourrait sonder jusqu'au fond la nature des ferments et des fermentations serait sans doute plus capable qu'un autre d'expliquer certains phénomènes morbides. Ces paroles revenaient bien souvent à l'esprit de Pasteur. Il avait sur le problème des maladies contagieuses ces lueurs soudaines par où se révèle le génie. Mais, comme toujours, dans un besoin d'expériences précises, il obligeait son imagination parfois exaltée à se calmer, à suivre patiemment la méthode expérimentale. A l'inverse de ces hommes-chefs qui, pressés d'augmenter le nombre de leurs adhérents, laissent volontiers certaines choses dans l'ombre, Pasteur éclairait tout malentendu pour le dissiper. Il ne pouvait supporter qu'il se glissât dans une louange qu'on lui adressait une légère erreur ou même une trop grande hâte d'interprétation. Un jour, dans la période où éclataient les plus ardentes polémiques, au milieu des luttes sur la génération spontanée, un médecin, qui déclarait que les expériences de Pasteur étaient « la gloire de notre siècle et le salut des générations à venir », M. Déclat, faisait une conférence sur les êtres infiniment petits et leur rôle dans le monde. De grandes échappées s'ouvraient pour le public. Les inductions se pressaient. « A la fin de la conférence, M. Pasteur, a raconté lui-même M. Déclat, M. Pasteur, que je ne connaissais encore que de nom, vint à moi et, après les compliments d'usage, me fit ses critiques. Mes inductions avaient troublé l'expérimentateur. « Les arguments par lesquels vous avez soutenu mes théories, me dit-il, sont fort ingénieux, mais manquent de rigueur. L'analogie n'est pas une preuve. »

Il parlait de son œuvre avec une grande modestie. S'adressant aux élèves du collège d'Arbois, il disait que c'était par « un travail assidu, sans autre don particulier que celui de la persévérance dans l'effort, joint peut-être, ajoutait-il, à l'attrait de tout ce qui est grand et beau », qu'il avait trouvé le succès dans ses recherches. Ce qu'il ne disait pas, c'est qu'en toutes choses une ardente bonté le poussait toujours en avant. Après les services qu'il avait rendus, depuis près de dix années, aux fabricants de vinaigre, à ceux qui vivent de l'industrie de la soie, du commerce des vins et de la brasserie, il voulait maintenant aborder ce qui, dès 1863, le préoccupait : l'étude des maladies contagieuses. Ainsi s'associait à la logique de ses idées, qui lui montrait la possibilité de réaliser dans la suite de ses travaux la prophétie formulée par Robert Boyle, la secrète puissance de ses sentiments. Ne pas faire leur part serait laisser dans l'ombre tout un côté de sa physionomie. N'avait-il pas lui-même dévoilé le fond de sa nature, quand il avait dit : « Elle serait bien belle et bien utile à faire cette part du cœur dans le progrès des sciences » ? Il la mettait de plus en plus dans toute son œuvre.

Ses chagrins n'avaient fait que le rendre plus incliné vers les douleurs des autres. Le souvenir des enfants qu'il avait perdues, les deuils dont il avait été le témoin le portaient à souhaiter passionnément que, grâce à l'application de méthodes qui dériveraient de ses travaux et dont il entrevoyait l'immense portée sur la pathologie, il y eût dans les foyers moins de ces places vides que l'on regarde toujours. Puis au delà, le sentiment de la patrie étant en lui un sentiment fixe, il songeait à ces milliers et ces milliers de jeunes hommes que la France perd chaque année, victimes des infiniment petits, virus animés et vivants. Enfin, à la pensée des épidémies qui lèvent un si lourd contingent de mort sur le monde entier, sa pitié s'élargissait : il avait l'obsession de la souffrance humaine.

Il regrettait de n'être pas médecin. Il lui semblait qu'il eût fait de plus grandes choses et que cela lui eût été plus facile. A sa moindre incursion sur le terrain médical, ne le regardait-on pas comme un chimiste, on disait même un chimiâtre, qui braconnait sur un domaine réservé? La défiance des médecins à l'égard des chimistes était grande et remontait loin. Tel passage, dans l'introduction du vieux *Traité de Thérapeutique* publié en 1855 par Trousseau et Pidoux, offre un intérêt pour l'histoire de la médecine : « Le chimiste qui a trouvé les conditions chimiques de la respiration, de la digestion, de l'action de tel ou tel médicament, croit avoir donné la théorie de ces fonctions et de ces phénomènes. C'est toujours la même illusion, et les chimistes n'en guériront pas. Prenons-en notre parti ; mais gardons-nous toutefois de ne pas profiter des recherches précieuses auxquelles ils ne se livreraient probablement jamais, s'ils n'étaient stimulés par l'ambition d'expliquer ce qui n'est pas de leur domaine. » Pidoux ne retrancha jamais rien des deux autres phrases que l'on peut encore trouver dans les premières pages de ce même traité : « Entre un fait physiologique et un fait pathologique, il y a la même séparation qu'entre un minéral et un végétal. » « Il n'est point au pouvoir de la physiologie d'expliquer la plus simple des affections morbides. » Mais Trousseau, doué de cette intelligence divinatrice où se reconnaît le grand médecin attentif à toutes les conquêtes de la science, et vivement intéressé par les travaux de Pasteur, devinait la portée d'une découverte et savait, comme il le disait un jour en son éloquence imagée, voir « le gland d'un chêne dans la membrure d'un navire qui sillonne l'Océan ».

Pasteur, dans la simplicité d'âme qui se mêlait à son extraordinaire puissance d'esprit, supposait que, tous les diplômes en main, il aurait eu plus d'autorité pour diriger la médecine vers l'étude des conditions d'existence des phénomènes et, — parallèlement à la méthode d'observation traditionnelle qui consiste à bien connaître et bien décrire la marche de la maladie, —donner aux praticiens le souci de la prévenir, d'en déterminer la cause. Une proposition inattendue combla en partie ce qu'il regardait comme une lacune. Au commencement de 1873, une place était vacante dans la section des associés libres de l'Académie de médecine. La candidature lui fut offerte. Il l'accepta avec empressement. Bien que placé en première ligne par la section, il ne fut élu qu'à une voix de majorité. Le reste des suffrages s'était réparti entre MM. Le Roy de Méricourt, Brochin, Lhéritier et Bertillon.

A peine nommé, Pasteur se promit d'être le plus exact des académiciens. Ce fut dès le mois d'avril, un mardi, jour de séance, qu'il gravit, au coin du boulevard Saint-Germain et de la rue des Saints-Pères, les marches de l'ancienne chapelle de l'hôpital de la Charité, qui, en 1797, devait, en partie, servir d'amphithéâtre destiné aux leçons du célèbre médecin Corvisart. L'architecte, chargé de cette transformation, avait rêvé de faire de cette chapelle-amphithéâtre un petit temple académique, en s'inspirant de la description que fait Pausanias du temple d'Esculape à Epidaure. Pour que tout fût renouvelé des Grecs, il avait établi un promenoir qui invitait au recueillement. Autour de ce promenoir, il avait élevé des colonnes où l'on pourrait inscrire, toujours comme à Epidaure, les nouvelles découvertes et les cures extraordinaires. Sur les murs de l'amphithéâtre, une place était réservée aux sentences des grands maîtres en médecine. Tout était combiné pour frapper l'imagination, selon le goût du jour. Mais peu de chose restait pour parler à l'imagination des académiciens au moment où l'Académie de médecine qui, depuis 1824, était installée rue de Poitiers, vint, en 1850, prendre place tant bien que mal, plutôt mal que bien, dans ce temple mutilé.

Lorsque Pasteur, après avoir franchi le vestibule mesquin, encombré de bustes des académiciens morts qui deviennent ainsi candidats perpétuels à la commémoration des vivants, se dirigea, traînant toujours un peu sa jambe gauche paralysée, à travers l'étroit passage aux marches descendantes, vers l'un des pupitres voisins du bureau, le pupitre numéro 5, nul parmi ses collègues ne se doutait que ce nouveau membre, d'allures presque timides, serait le plus grand révolutionnaire que la médecine eût jamais connu.

Quelque chose s'ajoutait au plaisir que Pasteur éprouvait d'avoir été nommé. Il allait retrouver là Claude Bernard. Dans ce milieu où perçait, où éclatait parfois l'hostilité contre tout ce qui ne relevait pas de la clinique, Claude Bernard s'était senti plus d'une fois dépaysé. C'était le temps où les princes de la science, comme on disait alors, étaient les médecins. On n'entrait qu'avec un respect mêlé de crainte dans leur cabinet aux meubles sévères où l'on ne voyait guère aux murs que l'éternelle gravure d'Hippocrate refusant les présents d'Artaxerxès. La bibliothèque en acajou moucheté contenait l'invariable Voltaire, l'invariable Rousseau, et, au milieu des volumes professionnels, les *Eloges* publiés par Dubois (d'Amiens), secrétaire perpétuel de l'Académie de médecine; le livre d'un rédacteur de la *Gazette médicale* de Paris, Louis Peisse, sur la médecine et les médecins. Il est dommage que nul critique médico-littéraire n'ait établi un parallèle, comme c'était encore la mode à cette époque, entre la profession de médecin et celle d'avocat considérées dans leurs rapports avec l'éloquence. Rien n'eût été plus facile à faire. Un grand médecin avait le sentiment d'une puissance dominatrice. A cette idée de supériorité bienveillante ou hautaine sur les choses et les hommes, première condition pour développer le don de la parole et encourager l'habitude du monologue, s'ajoutait l'exercice presque quotidien d'un rôle de conseiller ou de confident. A force de dicter ses volontés, le médecin prenait volontiers le ton autoritaire, ce qui est encore une des formes de l'éloquence. Et, à travers les mots sonores et comme soulignés par des gestes satisfaits, se glissaient des petites phrases formulées comme autant d'aphorismes. Pour peu que la vogue s'en mêlât, le médecin devenait une sorte de personnage dans l'Etat. Dès qu'il passait, on s'effaçait devant lui. « Avez-vous remarqué, disait à Pasteur Claude Bernard avec ce sourire qui était à la limite de bien des sentiments, que lorsqu'un médecin entre dans un salon ou une assemblée, il a toujours l'air de dire : « Je viens de sauver mon semblable » ?

Ces malices innocentes, qui sont la revanche d'un instant contre
des solennités parfois un peu trop prolongées, Pasteur les ignorait.
Il ne se doutait pas davantage de ce qu'il y a de paisible dans
l'âme du philosophe qui poursuit sa route sans se laisser détourner
par les clameurs ou les murmures des « parasites scientifiques
impuissants, disait Claude Bernard, à rien créer par eux-mêmes et
qui s'accrochent ordinairement aux découvertes des autres pour
les attaquer et chercher ainsi l'occasion de faire parler d'eux ».
Qu'importait donc à Claude Bernard ce que pouvaient penser
tel et tel! N'avait-il pas la conscience de son œuvre accomplie,
n'avait-il pas aussi l'estime, l'admiration d'hommes dont le suffrage
seul suffit? Tandis que Pasteur éprouvait déjà, au milieu de l'Académie de médecine, le besoin de faire passer dans les autres la foi
qui l'animait, Claude Bernard, en solitaire pensif, se rappelait
l'état réfractaire de ceux qui, au moment de ses premières leçons
de physiologie expérimentale appliquée à la médecine, soutenaient
que « la physiologie ne peut être d'aucune utilité en médecine et
qu'il n'y a là qu'une science de luxe dont on peut parfaitement
se passer ». Cette science de luxe, il savait la défendre comme
la science même de la vie et revendiquer pour elle une place
autonome et indépendante. Dans sa leçon d'ouverture au Muséum,
en 1870, il disait que « l'anatomie descriptive est à la physiologie
ce qu'est la géographie à l'histoire, et de même, ajoutait-il, qu'il
ne suffit pas de connaître la topographie d'un pays pour en comprendre l'histoire, de même il ne suffit pas de connaître l'anatomie
des organes pour comprendre leurs fonctions. Un vieux chirurgien, Méry, comparait familièrement les anatomistes à ces com-
missionnaires que l'on voit dans les grandes villes et qui connaissent le nom des rues et les numéros des maisons, mais ne savent
pas ce qui se passe dedans. Il se passe, en effet, dans les tissus,
dans les organes, des phénomènes d'ordre physico-chimique dont
l'anatomie ne saurait rendre compte. »

Claude Bernard était convaincu que la médecine sortirait peu
à peu de l'empirisme et qu'elle en sortirait, « de même que toutes
les autres sciences, par la méthode expérimentale... » « Sans doute,

disait-il encore, nous ne verrons pas de nos jours l'épanouissement de la médecine scientifique, mais c'est là le sort de l'humanité : ceux qui sèment et qui cultivent péniblement le champ de la science ne sont pas destinés à recueillir la moisson. » Et Claude Bernard continuait de semer.

Ce n'était pas qu'avant Pasteur, il n'y eût, çà et là, de vives, de soudaines clartés. Mais, loin de se laisser guider par elles, la plupart des médecins continuaient de s'avancer majestueusement au milieu des ténèbres. Dès qu'il était question de maladies meurtrières, de fléaux qui passent sur l'humanité, en avant les grands mots français ou latins, comme le génie épidémique, le *fatum*, le *quid ignotum*, le *quid divinum*. On parlait aussi beaucoup de constitution médicale, mot large, facile, élastique, se prêtant à tout.

Le jour où un médecin du Val-de-Grâce, — qui passait modestement dans la vie, parlant d'une voix douce, n'ayant rien d'un homme de combat, mais qui ne se payait jamais de mots, et qui était avide de réalités scientifiques, — Villemin, après des recherches expérimentales faites de 1865 à 1869, apporta la preuve que la tuberculose est une maladie qui se reproduit et ne peut se reproduire que d'elle-même, spécifique en un mot, inoculable, contagieuse, il s'en fallut de peu qu'on ne le traitât comme un perturbateur de l'ordre médical.

Idée de spécificité, pensée funeste! s'écriait le docteur Pidoux qui, avec son habit bleu à boutons d'or et sa réputation presque aussi grande à Paris qu'aux Eaux-Bonnes, apparaissait dans son costume et son langage comme un représentant de la médecine traditionnelle. Orateur de la doctrine des diathèses et de la spontanéité morbide de l'organisme, il disait dans des discours applaudis : La tuberculose! mais n'est-ce pas « l'aboutissant commun d'une foule de causes diverses internes et externes, et non le produit d'un agent spécifique toujours le même »! Ne fallait-il pas regarder cette maladie comme « une et multiple tout à la fois, amenant le même résultat final, la destruction nécrobiotique et infectante du tissu plasmatique d'un organe par une foule de voies que l'hygiéniste et le médecin doivent s'appliquer à fermer » ? Où donc allait-on avec ces doctrines de spécificité ? « Appliquées aux maladies chroniques, ces doctrines nous condamnent, disait-il, à la recherche des remèdes spécifiques ou des vaccins et tout progrès est arrêté... La spécificité immobilise la médecine. » Ces phrases étaient recueillies par la littérature médicale.

Le bacille de la tuberculose n'avait pas été découvert par Villemin. Le Dr Koch devait beaucoup plus tard, en 1882, le trouver et l'isoler, mais Villemin pressentait l'existence d'un virus. Pour démontrer la contagiosité de la tuberculose, il avait tout un petit monde d'animaux en expériences, il multipliait les inoculations, prenait des crachats de tuberculeux, les répandait sur de la ouate, laissait ces crachats se dessécher et donnait ensuite cette ouate comme litière à des petits cochons d'Inde qui devenaient tuberculeux. A tant de faits précis, Pidoux répondait que Villemin était grisé, fasciné par les inoculations. Et, avec cette facilité des orateurs à reprendre la même pensée sous des formes différentes, à donner les tours les plus variés à une argumentation, l'adversaire de Villemin jetait ce conseil ironique : « Il ne reste plus alors aux médecins qu'à tendre des filets aux sporules de la tuberculose ou à trouver le vaccin. »

Cette phtisie qui tombait des nues ressemblait à la théorie de Pasteur sur les germes qui flottent dans l'air. Ne valait-il pas mieux rester dans la doctrine plus philosophique et plus vraie, disait Pidoux, des générations spontanées ? Ce mot spontané revenait dans un dernier conseil : « Laissez-nous donc croire, jusqu'à preuve du contraire, que nous avons raison, nous, partisans de l'étiologie commune de la phtisie, partisans de la dégénération tuberculeuse spontanée de l'organisme sous l'influence des causes accessibles que nous recherchons partout, pour couper peu à peu le mal dans ses racines. »

Un accueil à peu près semblable à celui qu'avait reçu Villemin fut réservé à Davaine qui, après avoir médité les travaux de Pasteur sur le ferment butyrique et le rôle joué par ce ferment, rapprocha ce ferment et son action de certains parasites, visibles au microscope, qu'il avait constatés dans le sang des animaux morts de la maladie charbonneuse. Par sa présence et par sa multiplication rapide dans le sang, cet agent doué de vie agissait sans doute, disait Davaine, à la manière des ferments. Le sang était modifié au point d'amener promptement la mort de l'animal infecté. Ces filaments que l'on trouve constamment dans le charbon, Davaine les nommait bactéridies. « Ils ont, ajoutait-il, une place marquée dans la classification des êtres vivants. » Mais qu'importait ce virus animé à beaucoup de médecins ! A toutes les preuves expérimentales ils répondaient par des arguments oratoires.

Dans la période même où Pasteur vint siéger pour la première fois à l'Académie de médecine, Davaine était pris violemment à partie. Ses expériences sur la septicémie en étaient la cause ou le prétexte. Certes, ce sujet comme celui du charbon, était encore enveloppé d'obscurités que Pasteur n'allait pas tarder à percer. Mais, au ton seul des dissertations et des théories, Pasteur pouvait se préparer aux batailles futures. Théorie des germes, conception des virus-ferments, tout cela était attaqué comme le renversement de toutes les notions acquises; il fallait empêcher le désordre dans les esprits, mettre obstacle à des empiétements. Un chirurgien, qui avait rendu de grands services, le Dr Chassaignac, parlait devant l'Académie de médecine de ce qu'il nommait une « chirurgie de laboratoire qui fait périr beaucoup d'animaux et sauve très peu d'hommes ». Afin de marquer les distances entre les expérimentateurs et les praticiens, il rappelait à la modestie ceux qui pouvaient être tentés de proclamer trop vite une découverte : « Il faut, disait-il, que tout ce qui sort du laboratoire soit circonspect, soit modeste, réservé, tant qu'il n'a pas reçu la sanction des longues et patientes recherches du clinicien, tant qu'il n'a pas obtenu cette manière d'investiture clinique, sans laquelle il n'y a pas de véritable science médicale et pratique. » Car enfin, ce serait trop facile de tout ramener dans la pathologie à une piqûre d'aiguille, à une goutte de sang sur l'objectif du microscope. Tout ne se résumait pas en une question de bactérie. Et, sans se douter de sa prophétie, puisqu'il donnait un sens ironique à ces paroles, il s'écriait : « Fièvre typhoïde, bactérisation ! miasmes des hôpitaux, bactérisation ! »

C'était à qui dirait son mot. Le Dᵣ Piorry, presque octogénaire, n'y manqua pas. Ses apparitions à l'Académie avaient toujours quelque chose de solennel. Professeur, écrivain, maître en fait de discours, il portait le poids de sa réputation au point d'en être à certains jours comme accablé. De même qu'il avait trouvé pour les expériences de Villemin, cette explication toute simple que « la matière tuberculeuse ne paraissait être autre chose que du pus qui a subi, par suite de son séjour dans les organes, des modifications nombreuses et variées », de même il s'imaginait qu'une des principales causes d'accidents déplorables de septicémie à la suite d'opérations chirurgicales, c'était le défaut d'un renouvellement d'air dans les salles. Il suffisait, dans sa pensée, que les odeurs de putridité ne se fissent point sentir pour que la mortalité fût plus rare. Et comme on venait de dire que l'infection putride n'était point un ferment organisé, que les organismes inférieurs n'avaient par eux-mêmes aucune action toxique, qu'ils semblaient, pour tout résumer d'une ligne, être le résultat, non la cause des altérations putrides, le Dᵣ Bouillaud, lui aussi contemporain de Piorry, interpella Pasteur pour savoir ce que ce nouveau collègue pensait de tout cela.

C'eût été peut-être le moment pour un de ces praticiens, grands liseurs de journaux et de bulletins de médecine parcourus chaque matin au fond d'une voiture avant la visite à l'hôpital et chez les malades, de glisser une citation tout indiquée. La chose en valait la peine. Elle eût été comme un souhait de bienvenue pour le nouveau membre de l'Académie, elle eût troublé plus d'un orateur prêt à disserter, elle eût honoré enfin la mémoire de Trousseau, mort six ans auparavant, en 1867.

Bien que pour Trousseau une ligne de démarcation subsistât toujours en médecine entre la science et l'art, l'art qui lui paraissait « un don du ciel » (et intérieurement il remerciait le ciel de le lui avoir fait), il n'avait pas tardé à sortir des étroites conceptions médicales, telles que celles de son ancien collaborateur et ami

Pidoux. D'une éloquence qui n'a pas été surpassée en médecine, il rendait avec éclat toute lumière reçue. C'est dans une de ses célèbres et dernières leçons de clinique médicale à l'Hôtel-Dieu qu'il prédisait l'avenir des travaux de Pasteur.

Il exposa que pour Pasteur toutes les fermentations proprement dites étaient toujours corrélatives de la présence et de la multiplication d'êtres organisés. « Voilà donc, disait Trousseau, la grande théorie des ferments rapportée à une fonction organique ; tout ferment est un germe dont la vie se manifeste par une sécrétion spéciale. Peut-être en est-il de même des virus morbides, peut-être sont-ils des ferments qui, déposés dans l'organisme à un moment donné et dans certaines circonstances déterminées, se manifesteront par des produits multiples. Ainsi le ferment varioleux fera la fermentation variolique, d'où naîtront des milliers de pustules ; ainsi le virus morveux, ainsi le virus de la clavelée.

« D'autres virus semblent agir localement ; mais, par la suite, ils n'en modifient pas moins tout l'organisme ; ainsi la pourriture d'hôpital, la pustule maligne, les érysipèles contagieux. Ne peut-on admettre, en ces circonstances, que le ferment ou matière organisée de ces virus sera transporté ici par la lancette, là par l'atmosphère ou par des pièces de pansement ? »

Mais personne à l'Académie de médecine ne songea à citer ces paroles oubliées. Pasteur, à l'interpellation de Bouillaud, rappela ses recherches sur les ferments lactique et butyrique, et parla de ses études sur la bière. Il exposa que l'altération de la bière est due à la présence d'organismes filiformes. Si les bières s'altèrent, c'est qu'elles ont en elles les germes des ferments organisés. « La corrélation est certaine, indiscutable, entre la maladie et la présence des organismes. » Ces derniers mots, il les soulignait si bien du geste et les prononçait d'une voix si impérative que le sténographe, chargé de recueillir les improvisations de la tribune, les marquait en gros caractères.

C'est à l'Académie des sciences qu'il annonçait, quelques mois plus tard, les conséquences pratiques de ces principes. De même que le vin, la bière n'est pas un liquide altérable de lui-même.

« Pour que la bière s'altère, disait-il dans une communication du 17 novembre 1873, pour qu'elle devienne aigre, putride, filante, tournée, lactique, il est nécessaire que, dans son intérieur, se développent des organismes étrangers, et ces organismes n'apparaissent et ne se multiplient qu'autant que leurs germes existent à l'origine dans la masse liquide. » Il est possible de s'opposer à l'introduction de ces germes. Pasteur décrivait au tableau noir un appareil qui pouvait ne communiquer avec l'air extérieur que par des tubes qui faisaient l'office des cols sinueux des ballons de verre dont il s'était servi dans ses expériences sur les générations dites spontanées. Question de moût, question de levain pur, il entrait dans tous les détails. Il démontrait que du moment que l'espèce de levure de bière seule avait été semée, on était en pleine sécurité. « Ce qui a été avancé, disait-il au sujet d'une transformation possible de la levure en bactéries, en vibrions, *mycoderma aceti*, moisissures vulgaires, ou vice versa, est erroné. »

Devant ce nouveau chapitre ajouté à son œuvre, il était heureux d'avoir pu se rendre maître d'un des problèmes qui avait défié depuis plusieurs siècles les efforts de tous les brasseurs. Il écrivait avec fierté, dans une lettre intime, à propos de la lecture qu'il venait de faire : « C'est incroyable de netteté, de précision, maintenant que c'est terminé, car ces résultats si simples, si clairs, m'ont fait passer de bien mauvaises nuits avant de se présenter à moi aussi bien démontrés qu'ils le sont aujourd'hui. »

Mais faire pénétrer sa conviction dans l'esprit des autres, c'était le second point à obtenir, plus difficile que le premier. L'idée des transformations dont avait parlé et dont reparlait encore M. Trécul, n'était pour Pasteur qu'hypothèses à l'appui desquelles on ne pouvait citer que des faits confus, mal observés, entachés d'erreurs qu'on n'avait pas su dégager au milieu des difficultés inhérentes aux expériences.

Au mois de décembre 1873, dans une séance de l'Académie, il offrit à M. Trécul des petits flacons ensemencés avec des spores pures de *penicillium glaucum*, le priant de vouloir bien les accepter, les observer à loisir, et l'assurant d'avance de l'impossibilité d'y trouver la trace d'une transformation quelconque des spores sémées en cellules de levure.

« Lorsque M. Trécul aura achevé le petit travail que je sollicite de son dévouement à la connaissance de la vérité, continua Pasteur, je remettrai à M. Trécul, dans une de nos séances, les éléments d'un travail tout semblable sur le *mycoderma vini*. En d'autres termes, j'apporterai à M. Trécul du *mycoderma vini* parfaitement pur, avec lequel il pourra reproduire ses anciennes observations et reconnaître l'exactitude des faits que j'ai annoncés en dernier lieu. »

Pasteur terminait ainsi : « Que l'Académie me permette une dernière réflexion. Il faut avouer que mes contradicteurs ont été vraiment bien malencontreux de prendre occasion de ma lecture sur les maladies de la bière pour renouveler cette discussion. Comment n'ont-ils pas compris que mon procédé de fabrication de la bière inaltérable ne pourrait exister si le moût de la bière pouvait donner au contact de l'air toutes les transformations qu'ils annoncent? Et puis, ce travail sur la bière, fondé tout entier sur la découverte et la connaissance des propriétés de quelques êtres microscopiques, est-ce qu'il n'est pas venu à la suite de mes études sur le vinaigre, sur les propriétés du *mycoderma aceti*, sur le procédé nouveau d'acétification que j'ai fait connaître ? Ce dernier travail n'a-t-il pas eu pour suite mes études sur les causes des maladies des vins et les moyens de les prévenir, toujours fondées sur la découverte et la connaissance d'êtres microscopiques non spontanés? Ces dernières recherches n'ont-elles pas été suivies de la découverte d'un moyen préventif de la maladie des vers à soie, déduit également de l'étude d'organismes microscopiques non spontanés ?

« Est-ce que toutes les recherches auxquelles je me suis livré depuis dix-sept ans ne sont pas, malgré les efforts qu'elles m'ont coûtés, le produit des mêmes idées, des mêmes principes, poussés par un travail incessant, dans des conséquences toujours nouvelles? La meilleure preuve qu'un observateur est dans la vérité, c'est la fécondité non interrompue de ses travaux. »

Cette fécondité se montrait non seulement par ses travaux personnels, mais encore par ceux qu'il inspirait ou qu'il encourageait. C'est ainsi que dans cette même période un ancien élève de l'Ecole normale, qu'il avait choisi comme préparateur, M. Gayon, aborda comme sujet de thèse des recherches sur les altérations des œufs. Un œuf est-il gâté, est-il pourri, cela est dû à la présence et à la multiplication d'êtres infiniment petits. Les germes de ces organismes, les petits organismes eux-mêmes, provenant de l'oviducte de la poule pénètrent jusque dans les points où se forme la membrane coquillière et même l'albumine. « Il en résulte, conclut M. Gayon, que l'œuf pendant la formation de ces divers éléments, peut recueillir ou non, suivant les circonstances, des organismes ou leurs germes et porter en lui, par conséquent, dès qu'il est pondu, la cause d'altérations ultérieures. On voit en même temps que le nombre des œufs susceptibles de s'altérer variera d'une poule à l'autre aussi bien que dans une même poule, puisque les organismes qu'on observe sur l'oviducte s'élèvent à des hauteurs variables. »

Si les organismes qui altèrent et font pourrir certains œufs, « se formaient, disait Pasteur, parce que la matière de l'œuf s'organise spontanément en ces petits êtres, tous les œufs devraient se putréfier. Or cela n'est pas ». A la fin de cette thèse, qui avait demandé à M. Gayon moins de temps que celle de Raulin, trois ans seulement, on lisait entre autres conclusions : « La putréfaction dans les œufs est corrélative du développement et de la multiplication de vibrioniens, bactéries au contact de l'air, vibrions loin du contact de l'air. Les œufs, à ce point de vue, ne sortent point de la loi générale trouvée par M. Pasteur. »

En dehors même du laboratoire de chimie physiologique, selon le titre donné au petit laboratoire de l'Ecole normale, l'influence de Pasteur s'étendait. Ses idées étaient pour les intuitifs quelque chose comme des battements d'éclairs le soir à l'horizon, et pour les esprits volontairement confinés sur des points spéciaux de vraies lumières révélatrices. Sur d'autres points, certaines prévisions que Pasteur n'avait pu qu'indiquer se trouvaient justifiées.

Dans son mémoire, publié en 1862, sur l'examen de la doctrine des générations spontanées, il avait signalé, parmi les productions organisées de l'urine qui se putréfie, l'existence d'une torulacée en chapelets de très petits grains. Un médecin, le Dr Traube, en 1864, avait montré que Pasteur avait vu juste en pensant que la fermentation ammoniacale était due à cette torulacée — dont les propriétés devaient être étudiées plus tard avec un soin infini, comme sujet de thèse, par un ancien élève de l'Ecole normale qui inspirait à Pasteur un vif attachement, M. Van Tieghem. Pasteur devait, à son tour, compléter ses propres observations et assurer qu'il n'y avait pas un seul malade à urine ammoniacale, sans que l'on ne constatât la présence de ce petit ferment organisé. Enfin, après avoir prouvé que l'acide borique s'opposait au développement de ce ferment ammoniacal, il indiqua plus tard au célèbre chirurgien M. Guyon l'emploi de l'acide borique pour les lavages de la vessie. M. Guyon mit à profit ce conseil et s'empressa d'en reporter le bienfait à Pasteur.

Ce n'était là que petits engagements. Mais s'il éprouvait à la veille des grandes batailles pressenties une fièvre intérieure qui lui faisait souhaiter d'aller de l'avant, qui lui faisait écrire dans une lettre des derniers mois de l'année 1873 : « Combien je voudrais avoir la santé et les connaissances spéciales nécessaires pour me jeter à corps perdu dans l'étude expérimentale de quelqu'une de nos maladies contagieuses ! » il voulait toutefois ne rien laisser d'obscur et d'incertain derrière lui. Approfondir l'étude des fermentations, c'était pour lui, si lointain que fût le but, une façon d'atteindre la médecine. Quand on constaterait, se disait-il, que les altérations un peu profondes de la bière sont produites par des organismes microscopiques qui trouvent dans ce liquide un milieu favorable à leur développement; quand on verrait que — contrairement aux idées d'autrefois sur ces altérations regardées comme spontanées, propres à ces liquides, dépendantes de leur nature et de leur composition — la cause de ces maladies ne leur est pas intérieure, qu'elle leur est extérieure : alors serait singulièrement battue en brèche la doctrine d'hommes comme Pidoux qui, à propos de maladies, disait : « La maladie est en nous, de nous, par nous », qui, même à propos de la variole et de la morve, disait encore qu'il n'est pas sûr qu'elles ne puissent naître que par inoculation et contagion. Ainsi s'établissaient dans l'esprit de Pasteur des liens dont lui seul voyait la force.

On était si loin alors de tels rapprochements! Parmi les chirurgiens et les médecins, quel était donc celui qui se souciait d'aller à l'école d'un chimiste « qu'il fallait renvoyer à ses cornues » ? Seul un petit groupe non hiérarchisé, jeune, avide de vérité, se rangeait le mardi sur les hauts gradins de l'amphithéâtre de l'Académie de médecine, pour ne pas manquer l'heure où Pasteur apporterait une de ses communications relevant d'une méthode scientifique « qui résout chaque difficulté par une expérience simple à interpréter, qui charme l'esprit, et en même temps est si décisive qu'elle le satisfait comme une démonstration géométrique et lui donne une impression de sécurité ».

Ces lignes d'une si parfaite justesse ont été écrites par un de ceux qui venaient là, sentant que quelque chose de grand et de nouveau allait naître. C'était un aide de clinique du Dr Béhier. Tout occupé qu'il fût d'analyses médicales, il refaisait, pour son enseignement personnel, les expériences de Pasteur sur les fermentations. La sûreté des méthodes pastoriennes l'enchantait. Connaissant les grandes luttes engagées, il était impatient de suivre celles qui allaient s'ouvrir. Il en parlait avec une ardeur, une fièvre qui, sur son visage maigre, osseux, se lisait dans l'éclat de son regard. Cette fièvre, elle se manifestait encore dans le timbre de sa voix nette, brève, parfois impérieuse où dominait le souci, le besoin d'une implacable logique. D'humeur solitaire, sans nulle ambition de grades, de concours, de candidature, il ne songeait qu'au travail par amour du travail même. Ce jeune homme de vingt et un ans, inconnu de Pasteur, n'avait qu'un seul désir : être un jour admis au rang le plus modeste dans le laboratoire de l'Ecole normale. Il s'appelait Roux.

Affinités, rapprochements, trame de la vie tissée par une main invisible! Cet étudiant en médecine, ce disciple caché dans la foule ne représentait-il pas une génération avide de choses nouvelles, pénétrée plus que les précédentes d'un impérieux besoin de preuves? Frappés du peu de fondement des théories médicales, ces jeunes gens devinaient qu'il fallait demander aux laboratoires le secret des progrès à accomplir dans les hôpitaux. La médecine et la chirurgie d'alors forment avec celles d'aujourd'hui un contraste si grand qu'il semble, en vérité, que plusieurs siècles les séparent. Un jour sans doute, quelque professeur, quelque historien de la médecine exposera dans un tableau d'ensemble ces vastes, ces immenses progrès. Mais, en attendant ce récit fait en pleine compétence, il est possible, même dans un livre comme celui-ci, (qui n'est, et pour beaucoup de causes, qu'un rapide résumé de choses très différentes, à travers une biographie très simple,) de donner à un lecteur étranger à ces études une idée sommaire d'un des chapitres les plus intéressants de l'histoire de la civilisation, puisqu'il s'agit du salut d'innombrables vies humaines.

« Une piqûre d'épingle est une porte ouverte à la mort », avait dit jadis le chirurgien Velpeau. Cette porte ouverte s'élargissait devant le plus petit acte opératoire. L'incision d'un abcès ou d'un panaris avait quelquefois des suites si graves que certains chirurgiens hésitaient à donner un léger coup de bistouri. C'était une bien autre affaire, quand il s'agissait d'une grande intervention chirurgicale. Par une ironie des choses, on pouvait être sûr, il est vrai, du succès immédiat des opérations les plus difficiles. Une science plus profonde et la découverte si précieuse de l'anesthésie ne concouraient-elles pas à ce résultat de la première heure? Le patient, dont la volonté et la conscience étaient suspendues, se réveillait de la plus terrible opération comme d'un songe. Mais c'était au moment où la chirurgie pouvait être hardie, presque audacieuse, maîtresse de la douleur, qu'elle s'arrêtait troublée, déconcertée, épouvantée par les revers qui suivaient l'acte opératoire. On n'entendait dans ce temps-là que les mots : pyohémie, gangrène, pourriture d'hôpital, érysipèle, septicémie, infection purulente.

Devant des lendemains si redoutables, on arrivait, il y a quelque quarante ans, à ne pas oser tenter, à prohiber même certaine opération alors nouvelle, que l'on pratiquait en Angleterre et en Amérique, comme l'ovariotomie, « quand même, disait Velpeau, les guérisons annoncées seraient réelles ». Pour exprimer par une image saisissante l'effroi que pouvait inspirer l'ovariotomie, un médecin allait jusqu'à dire qu'il fallait la ranger « parmi les attributions de l'exécuteur des hautes œuvres ». Comme on n'osait plus faire une seule de ces opérations dans les hôpitaux et que l'on attribuait la cause des désastres aux hôpitaux mêmes, regardés comme lieux d'infection, l'Assistance publique avait loué, aux environs de Paris, une maison isolée, dans un endroit salubre. En 1863, dix femmes y furent envoyées l'une après l'autre. Les habitants de l'avenue de Meudon virent chacune de ces femmes malades entrer successivement dans cette demeure. Et dix fois aussi ils virent en sortir, peu de temps après, un cercueil. Dans leur ignorance effrayée, ils appelaient cette maison mystérieuse : la maison du crime. Les médecins arrivaient à se demander s'ils ne portaient pas la mort avec eux, propagateurs inconscients de virus et de poisons subtils.

Depuis le commencement du XIXᵉ siècle, il y avait eu plus qu'un arrêt dans la chirurgie, il y avait eu un recul. On perdait infiniment moins d'opérés dans les siècles précédents parce qu'on faisait de l'antisepsie sans le savoir : cautérisations par le feu, liquides bouillants, substances désinfectantes. Pour ne remonter qu'au XVIIIᵉ siècle, on peut trouver, dans un simple essai de vulgarisation, paru en 1749, intitulé : *La médecine et la chirurgie des pauvres*, qu'il faut empêcher l'air d'agir sur les plaies. Il était recommandé, en outre, de ne pas fouiller dans la blessure avec le doigt ou la sonde. « Il est très salutaire en découvrant la plaie pour la panser, ajoutait ce recueil, d'appliquer d'abord sur toute son étendue un linge trempé dans du vin chaud ou dans de l'eau-de-vie. » Huile chaude, eau-de-vie chaude, pansements rares,

tels que les pratiquait sous le premier Empire le grand chirurgien
Larrey, on avait obtenu par ces moyens de bons résultats. Mais,
sous l'influence de Broussais, la théorie de l'inflammation fit
rétrograder la chirurgie. Alors s'étalèrent les bassines où se faisaient les cataplasmes, s'entassèrent des paquets de charpie,
communément faite avec des vieux draps d'hôpitaux, que l'on se
contentait de lessiver, et s'alignèrent des pots de cérat. Il y avait
bien eu dans la seconde partie de ce siècle des tentatives nouvelles de pansements à l'alcool, à l'eau alcoolisée, à l'alcool
camphré. En 1868, au moment où la mortalité, à la suite d'amputations dans les hôpitaux, dépassait 60 p. 100, le chirurgien Léon
Le Fort bannissait les éponges, exigeait de ses élèves « la propreté extrême des instruments, le lavage soigné des mains avant
toute opération », et employait pour les pansements l'eau alcoolisée.
Mais, bien que ses résultats fussent satisfaisants au point que pour
les amputations la mortalité, dans son service à l'hôpital Cochin,
ne fût plus que de 24 p. 100, ses collègues étaient à cent lieues
de penser que le premier secret pour empêcher les accidents qui
suivaient les opérations consistait dans une réforme des pansements.

Ceux qui ont traversé une salle de blessés et d'amputés pendant la guerre de 1870, et plus encore ceux qui étaient étudiants
en médecine à cette époque, ont conservé un tel souvenir de ce
spectacle qu'ils en parlent avec effroi. C'était l'agonie perpétuelle.
Tous les blessés, tous les opérés suppuraient. Une odeur âcre et
fétide vous enveloppait et vous poursuivait. La septicémie infectieuse était partout. « Le pus, disait un élève d'alors, devenu
depuis professeur à la Faculté de médecine, M. Landouzy, semblait
germer de toutes parts comme s'il avait été semé par le chirurgien. » Et M. Landouzy rappelait ces mots d'un chirurgien de
la Charité, « grand et bel opérateur, » qu'il appelle même « un
virtuose et un dilettante s'il en fût dans l'art d'opérer », M. Denon-
villiers, parlant à ses élèves : « Quand vous aurez une amputation
à faire, regardez-y à dix fois, car si nous décidons d'une opération,
trop souvent nous signons un arrêt de mort ». Un autre chirur-

gien, dans un accès de découragement qui devait être bien profond
pour abattre sa confiance jeune, active, rebondissante, M. Verneuil, s'écriait : « Plus d'indications précises, plus de prévisions
rationnelles : abstention, conservation, mutilation restreinte ou
radicale, débridement préventif ou consécutif, extraction précoce
ou retardée des projectiles ou des esquilles, pansements rares ou
fréquents, émollients ou excitants, secs ou humides, avec ou sans
drainage, rien ne réussissait ». Pendant le siège de Paris, dans
le Grand Hôtel, qui avait été transformé en ambulance, Nélaton,
désespéré de ses efforts impuissants à la vue de tant d'opérés qui
se succédaient dans la mort, déclarait que celui qui triompherait
de l'infection purulente mériterait une statue d'or.

Ce ne fut qu'à la fin de la guerre qu'Alphonse Guérin — que
tant de gens confondaient, à sa grande irritation, avec un autre
chirurgien, Jules Guérin, son homonyme ennemi, — eut l'idée
que « la cause de l'infection purulente pourrait bien être due
aux germes ou ferments que Pasteur avait découverts dans
l'air ». Alphonse Guérin voyait dans la fièvre paludéenne des émanations de substances végétales putréfiées et dans l'infection purulente des émanations animales, émanations septiques, capables
d'engendrer la mort. « Je croyais plus fermement que jamais, décla-
rait-il, que des miasmes émanant du pus des blessés étaient la
cause réelle de cette affreuse maladie, à laquelle j'avais eu la douleur de voir succomber les blessés, soit qu'ils fussent pansés avec
de la charpie ou du cérat, soit que les lotions alcoolisées ou phéniquées fussent faites plusieurs fois par jour, et que des linges imbibés
de ces substances restassent appliqués sur les plaies... Dans mon
désespoir, cherchant toujours un moyen de prévenir cette terrible
complication des plaies, j'eus la pensée que les miasmes dont j'avais
admis l'existence, parce que je ne pouvais pas expliquer autrement
la production de l'infection purulente, et qui ne m'étaient connus
que par leur influence délétère, pourraient bien être des corpuscules animés de la nature de ceux que Pasteur avait vus dans l'air,
et dès lors l'histoire des empoisonnements miasmatiques s'éclaira
pour moi d'une clarté nouvelle. Si, dis-je alors, les miasmes sont

des ferments, je pourrais prémunir les blessés contre leur funeste influence en filtrant l'air, comme Pasteur l'avait fait... J'imaginai alors le pansement ouaté et j'eus la satisfaction de voir mes prévisions se réaliser. »

Après avoir arrêté l'écoulement du sang, une fois les vaisseaux liés avec soin, la plaie bien nettoyée, lavée à diverses reprises avec des solutions phéniquées ou avec de l'alcool camphré, Alphonse Guérin appliquait, près du point coupé, d'abord de minces couches de ouate, puis des couches de plus en plus épaisses. Des bandes de toile neuves et résistantes permettaient de comprimer la ouate. C'était quelque chose comme un empaquetage, un emballage, selon le mot même d'Alphonse Guérin. Le pansement pouvait rester en place une vingtaine de jours. Il fut appliqué à l'hôpital Saint-Louis sur les blessés de la Commune depuis le mois de mars jusqu'au mois de juin 1871. Ce fut une stupéfaction profonde parmi les chirurgiens quand ils apprirent que sur 34 opérés pansés à la ouate, 19 avaient échappé à la mort. « L'infection purulente, disait le docteur Reclus qui ne pouvait y croire, était devenue pour nous une maladie fatale, nécessaire, attachée comme par un décret divin à tout acte chirurgical important. »

Il y a quelque chose de bien autrement redoutable que les germes atmosphériques; il y a le germe-contage dont les mains, les instruments, les éponges des chirurgiens peuvent être le réceptacle si on ne prend pas des précautions minutieuses, infinies pour écarter ce danger perpétuel. Ces précautions, on ne les prenait guère dans ce temps-là. On n'y songeait même pas. La charpie, l'odieuse charpie, traînait sur les tables des hôpitaux et des ambulances, pêle-mêle avec les bocaux sales. Il avait donc suffi de simples lavages sur les plaies, puis et surtout de la rareté des pansements qui, en empêchant les occasions de contact, diminuaient les chances d'infection, pour obtenir, — grâce à une réforme inspirée par les travaux de Pasteur, — ce précieux, cet inattendu remède des accidents consécutifs aux opérations. En 1873, Alphonse Guérin, alors chirurgien de l'Hôtel-Dieu, avait sur le conseil de Wurtz, soumis à Pasteur tous les faits qui s'étaient passés à l'hôpital

Saint-Louis où la chirurgie était autrement « active », selon le mot de Guérin, qu'à l'Hôtel-Dieu. Il l'avait prié de venir voir les pansements ouatés. Pasteur s'empressa d'accepter cette invitation. Entretiens avec ses collègues de l'Académie de médecine, visites aux hôpitaux, c'était une nouvelle période qui commençait. Il y entrait plein d'ardeur. Et, pour augmenter la joie de se dire qu'il avait pu éveiller dans d'autres esprits des idées capables de conduire à de nouveaux services rendus à l'humanité, il recevait cette lettre de Lister, datée d'Edimbourg, le 18 février 1874 :

« Mon cher Monsieur, voulez-vous me permettre de vous offrir une brochure que je vous envoie par le même courrier et qui rend compte de quelques recherches sur un sujet que vous avez entouré de tant de lumière : la théorie des germes et de la fermentation. J'aime à croire que vous pourrez lire avec quelque intérêt ce que j'ai écrit sur un organisme que vous avez le premier étudié dans votre *Mémoire sur la fermentation appelée lactique*.

« J'ignore si les *Annales de la chirurgie britannique* ont jamais passé sous vos yeux. Dans le cas où vous les auriez lues, vous avez dû y trouver, de temps à autre, des nouvelles du système antiseptique que, depuis ces neuf dernières années, je tâche d'amener à la perfection.

« Permettez-moi de saisir cette occasion de vous adresser mes plus cordiaux remerciements pour m'avoir, par vos brillantes recherches, démontré la vérité de la théorie des germes de putréfaction et m'avoir ainsi donné le seul principe qui pût mener à bonne fin le système antiseptique.

« Si jamais vous veniez à Edimbourg, ce serait, je crois, une vraie récompense pour vous, que de voir à notre hôpital dans quelle large mesure le genre humain a profité de vos travaux. Ai-je besoin d'ajouter quelle grande satisfaction j'éprouverais à vous montrer ici ce dont la chirurgie vous est redevable ?

« Excusez la franchise qui m'est inspirée par notre commun amour de la science et croyez au profond respect de votre très sincère Joseph Lister. »

Instruments, éponges, objets nécessaires au pansement, tout,
dans le service de Lister, était d'abord purifié dans une solution
d'acide phénique, dite solution forte, contenant 50 grammes d'acide
phénique par litre d'eau. Mêmes précautions étaient prises pour
les mains de l'opérateur et de ses aides. Pendant tout le cours de
l'opération, un pulvérisateur chargé d'eau phéniquée créait autour
de la plaie une atmosphère antiseptique. L'opération terminée,
c'était un nouveau lavage de la plaie avec la solution d'acide
phénique. Il y avait, en outre, des pièces de pansement spéciales.
Une gaze, semblable à la tarlatane, imprégnée de résine et de
paraffine mélangée d'acide phénique, puis recouverte d'une toile
imperméable, maintenait de nouveau une atmosphère antiseptique
autour de la plaie. Telle était, dans ses grandes lignes, la méthode
de Lister.

Un interne des hôpitaux, M. Just Lucas-Championnière, — qui
devait se constituer plus tard le propagateur de cette méthode en
France et la faire connaître dans une monographie précieuse publiée
en 1876, — avait, au retour d'un voyage fait à Glasgow, exposé,
dès 1869, dans le *Journal de médecine et de chirurgie pratiques*,
ces premiers principes d'assainissement et de défense, « cette
minutie extrême, écrivait-il, cette rigueur dans le pansement ».
Mais sa voix isolée se perdit. On ne prêta pas plus d'attention à
une leçon célèbre que fit Lister au commencement de 1870 sur la
pénétration des germes dans un foyer purulent et sur l'utilité de
l'antisepsie appliquée à la clinique. Quelques mois avant la
guerre, en mars, le grand physicien anglais Tyndall, dans un
article intitulé *Poussières et maladies*, que publia la *Revue des
cours scientifiques*, rappelait encore cette leçon de Lister. Mais
en France les grands chefs avaient une absolue confiance en eux-
mêmes; beaucoup n'éprouvaient pas le besoin de s'instruire et le
grand public de ce temps-là, par une présomption nationale,
n'admettait pas que notre pays n'eût pas le premier et le dernier
mot dès qu'il s'agissait d'un progrès quelconque. Aussi le bruit
des succès qu'obtenait cette méthode antiseptique n'intéressait-il
presque personne. Et cependant, de 1867 à 1869, sur 40 amputés

Lister en avait sauvé 34. Si l'on s'arrête une seconde devant un pareil chiffre, comment se défendre d'une immense tristesse, en songeant à ces centaines, à ces milliers de jeunes hommes succombant dans les hôpitaux et les ambulances pendant l'année lugubre et qui eussent pu être sauvés par le pansement de Lister ! Pour atténuer toutefois de trop douloureuses récriminations, il est nécessaire de rappeler que, même dans son propre pays, Lister, au début, avait été vivement attaqué. « On tourna en ridicule, — a écrit quelqu'un qui après avoir été, très jeune, le témoin impuissant de la chirurgie du passé devait être, à tous les points de vue, excellent juge des progrès de l'antisepsie et de l'asepsie chirurgicales, le docteur Auguste Reverdin, professeur à la Faculté de médecine de Genève, — on tourna en ridicule les minutieuses précautions du pansement de Lister, et ceux qui perdaient presque tous leurs opérés en les enfarinant dans des cataplasmes n'avaient point assez de sarcasmes à lancer contre celui qui leur était si supérieur. » Lister, avec son calme souriant, fait de courage, de confiance et de bonté, laissait dire et s'efforçait chaque année d'améliorer sa méthode. Il était le premier à l'éprouver, à la revoir, à la corriger. Quel que fût le scepticisme de ceux qu'il invitait à venir constater ce qui se passait, ce scepticisme tombait devant des résultats éclatants. Toutefois certains adversaires ne désarmaient pas : ils se rejetaient sur la question de priorité relative à l'emploi de l'acide phénique. Cette priorité, Lister n'avait jamais songé à la revendiquer. Mais on rappela que Jules Lemaire, dès 1860, disaient les uns, un peu plus tard, disaient les autres, avait proposé d'employer des solutions faibles d'acide phénique dans les pansements; que le docteur Déclat, en 1861, prescrivait l'acide phénique dans la maison de santé des frères Saint-Jean de Dieu ; que Maisonneuve, Demarquay, d'autres encore s'en servaient également. Ce qu'on se gardait de dire, c'est que Lister avait créé toute une méthode chirurgicale dont les services constituèrent d'immenses progrès. Et Lister aimait à proclamer avec gratitude que les principes qui l'avaient guidé, il les devait à Pasteur.

Dans la période même où Pasteur recevait cette lettre, qui lui causa une satisfaction profonde, on était si loin en France de tout ce qui touchait à l'antisepsie et à l'asepsie, on s'en doutait si peu, qu'après avoir donné, devant l'Académie de médecine, le conseil aux chirurgiens de faire passer par la flamme leurs instruments avant de s'en servir, il dut revenir sur cette expression qui n'avait pas été comprise :

« J'ai voulu dire par là qu'on devait faire subir aux instruments de chirurgie un simple flambage, sans les chauffer réellement. En voici la raison. Si l'on examinait une sonde au microscope, on trouverait à sa surface des sillons, des vallées où se logent des poussières que le lavage le plus minutieux ne peut enlever complètement. La flamme permet de détruire entièrement ces poussières organiques. Ainsi dans mon laboratoire où je suis enveloppé de germes de toutes sortes, je ne me sers pas d'un instrument sans l'avoir d'abord passé par la flamme. »

Conseils, indications, signalements des fautes commises, il enseignait le plus qu'il pouvait. S'agissait-il, par exemple, à l'Académie des sciences, au mois de janvier 1875, du pansement de Guérin ? Pasteur avait eu l'occasion de constater, dans une visite à l'Hôtel-Dieu, le 13 novembre précédent, avec MM. Larrey et Gosselin, que certain pansement ouaté avait été fort mal appliqué, par un élève de garde dans le service de Guérin, sur un homme blessé à la main. Nul lavage n'avait été fait préalablement sur cette main noire de cambouis. Quand on avait soulevé le pansement en présence de Guérin, l'odeur du pus était repoussante ; on le trouva rempli de vibrions. Guérin, par malheur, n'avait que ce cas à présenter. A cette séance de l'Académie des sciences, Pasteur entra dans quelques détails sur les précautions nécessaires pour éloigner les germes qui doivent, à l'origine, exister à la surface de la plaie ou à la surface de la ouate. Les couches de ouate, il fallait les porter préalablement à une très haute température. Et, envisageant comme toujours la démonstration qu'il faudrait faire, il disait : « Pour rendre compte de la mauvaise influence des proto-organismes et des ferments dans les liquides de suppuration des plaies, j'essaierais l'expé-

rience suivante : sur deux membres symétriques d'un animal chloroformé, je ferais deux blessures identiques ; sur l'une des plaies,
j'appliquerais le pansement ouaté avec une grande rigueur ; sur
l'autre plaie, au contraire, je cultiverais, si l'on peut ainsi dire, les
organismes microscopiques, transportés d'une plaie étrangère et
offrant des caractères plus ou moins septiques.

« Enfin, je voudrais pratiquer sur un animal chloroformé, et sur
un point du corps convenablement choisi, car l'expérience serait
très délicate, une blessure qui serait faite dans l'air parfaitement
pur, et j'entretiendrais ultérieurement et constamment de l'air pur
au contact de la plaie, sans recourir d'ailleurs à aucun mode de
pansement quelconque. Dans ces conditions où une plaie serait constamment, et dès l'origine, entourée d'air pur, c'est-à-dire d'air
absolument privé de germes étrangers, qu'arriverait-il ? Pour moi,
je suis porté à croire que la guérison serait nécessaire, parce que
rien ne gênerait le travail de réparation et d'organisation qui doit
se faire à la surface d'une plaie pour qu'elle guérisse. »

Et il faisait comprendre ainsi ce que l'hygiène peut avoir à
gagner, dans les hôpitaux et ailleurs, aux mille précautions de
propreté et d'éloignement des germes d'infection.

Grand remueur d'idées, il entendait forcer ses collègues de
l'Académie de médecine à faire entrer désormais dans les préoccupations de la médecine et de la chirurgie le rôle pathogénique des
infiniment petits. La lutte devait être longue, pénible, de chaque
instant. Au mois de février 1875, sa présence provoqua sur les
fermentations un débat qui ne devait s'achever qu'à la fin du mois
de mars. Se rappelant certaines discussions qui avaient duré
quatre mois, Pasteur aurait voulu couper court à un étalage d'hypothèses qui ne donnaient guère plus de lumière à la fin qu'au commencement. Comme il supposait que cette assemblée devait être
uniquement préoccupée de la connaissance des manifestations de
la vie, il exposa ses expériences sur la vie, faites dans des conditions ignorées jusqu'à lui. Remontant de quinze années en arrière
et rappelant que dans le liquide d'un ballon, — liquide porté d'abord
à l'ébullition, puis refroidi et privé d'air, liquide propre à l'alimenta-

tion de certains êtres malgré sa composition en quelque sorte purement minérale, — on pouvait semer des vibrions et, à la suite de cet ensemencement, assister à la multiplication de ces vibrions, grâce à un transport incessant de la matière fermentescible au ferment, et constater ces deux choses capitales : la vie sans air et la fermentation, Pasteur s'écriait :

« Oh! comme les voilà loin de nous et reléguées au rang des chimères, toutes ces théories de la fermentation imaginées par Berzelius, Mitscherlich, Liebig, et que de nos jours, MM. Pouchet, Frémy, Trécul, Béchamp ont rééditées en les accompagnant d'hypothèses nouvelles! Qui oserait soutenir encore que les fermentations sont des phénomènes de contact, des phénomènes de mouvement communiqué par une matière albuminoïde qui s'altère, ou des phénomènes produits par des matières semi-organisées qui se transforment en ceci ou en cela? Tous ces échafaudages créés par l'imagination s'écroulent devant notre expérience si simple et si probante. »

Il présenta, dans une péroraison inattendue, une remarque dont les membres les plus célèbres de l'Académie pouvaient faire leur profit :

« Il y a quelques semaines, disait-il, dans de brillants comités secrets dont je ne suis jamais sorti sans être émerveillé par le talent de parole que j'y avais entendu déployer, vous vous demandiez comment l'Académie pourrait introduire, à un plus haut degré, dans ses travaux et dans ses discussions, le véritable esprit scientifique. Laissez-moi vous indiquer un moyen qui ne serait certainement pas une panacée, mais dont l'efficacité m'inspire toute confiance. Ce moyen consisterait dans une sorte d'engagement moral pris par chacun de nous de ne jamais appeler ce bureau une tribune, de ne jamais appeler un discours une communication qui y serait faite, de ne jamais appeler orateur celui qui vient de prendre ou qui va prendre la parole. Laissons ces expressions aux assemblées politiques délibérantes qui dissertent sur des sujets où la preuve est souvent si difficile à donner. Ces trois mots, tribune, discours, orateur, me paraissent incompatibles avec la simplicité et la rigueur scientifiques. »

Cette déclaration fut applaudie. Les assemblées approuvent quelquefois les vérités qui leur sont dites. On comprenait aussi que cet homme, avide de preuves, eût quelque peine à se contenir en entendant un personnage de cette assemblée, ancien pharmacien en chef du Val-de-Grâce, membre du conseil d'hygiène, M. Poggiale, disserter sur un sujet aussi ardu que la question de la génération spontanée et dire avec un accent de scepticisme un peu dédaigneux :

« M. Pasteur nous a dit qu'il cherchait depuis vingt ans la génération spontanée sans l'avoir trouvée ; il la cherchera longtemps encore, et, malgré son courage, sa persévérance et sa sagacité, je doute qu'il la trouve. Cette question est presque insoluble… Cependant ceux qui comme moi n'ont pas d'opinion arrêtée sur la génération spontanée conservent le droit de vérifier, de contrôler, de discuter les faits au fur et à mesure qu'ils se produisent de quelque part qu'ils viennent… »

« Quoi ! s'écria Pasteur, irrité dès qu'on touchait légèrement à ces questions, grosses comme le monde, disait-il, quoi ! je suis engagé depuis vingt années dans un sujet et je ne dois pas avoir d'opinion, et le droit de *vérifier*, de *contrôler*, de *discuter* et d'*interroger* appartiendra surtout à celui qui ne fait rien pour s'éclairer, à celui qui vient de lire plus ou moins attentivement nos travaux, les pieds sur les chenets de la cheminée de son cabinet !

« Vous n'avez pas d'opinion sur la génération spontanée, mon cher collègue, je le crois sans peine, tout en le regrettant. Je ne parle pas, bien entendu, de ces opinions de sentiment que tout le monde a plus ou moins dans les questions de cette nature, car dans cette enceinte de recherche et de progrès nous ne faisons pas du sentiment ou des systèmes pour le plaisir d'en faire. Vous dites que, dans l'état actuel de la science, il est plus sage de ne pas avoir d'opinion. Eh bien, j'en ai une, moi, et non de sentiment, mais de raison, parce que j'ai acquis le droit de l'avoir par vingt années de travaux assidus, et il serait sage à tout esprit impartial de la partager.

« Mon opinion, mieux encore, ma conviction, c'est que, dans

l'état actuel de la science, comme vous dites avec raison, la génération spontanée est une chimère, et il vous serait impossible de me
contredire, car mes expériences sont toutes debout, et toutes prouvent que la génération spontanée est une chimère.

« Quel jugement portez-vous donc sur mes expériences ? Est-ce
que je n'ai pas placé cent fois la matière organique au contact de
l'air pur dans les conditions les meilleures pour qu'elle produise
spontanément la vie ? Est-ce que je n'ai pas opéré sur les matières
organiques les plus favorables, de l'aveu de tous, à la naissance de
la spontanéité, matières telles que le sang, l'urine, le jus de raisin ?
Comment ne voyez-vous pas la différence essentielle entre mes
adversaires et moi ? Outre que j'ai contredit, preuve en main, toutes
leurs assertions, et que jamais ils n'ont osé contredire sérieusement
une des miennes, pour eux qui prétendent que les matières fermen-
tescibles trouvent spontanément en elles-mêmes leurs ferments,
chaque cause d'erreur bénéficie à leur opinion. Pour moi qui soutiens qu'il n'y a pas de fermentations spontanées, je suis tenu d'éloigner toute cause d'erreur et toute influence perturbatrice. Je ne
puis maintenir mes résultats qu'au moyen des expériences les plus
irréprochables ; leurs opinions, au contraire, profitent de toute expérience insuffisante, et c'est là seulement qu'ils trouvent leur appui.

« En résumé, où voulez-vous en venir, partisans déclarés de
l'hétérogénie ou soutiens complaisants et inconscients de cette doctrine ? Combattre mes assertions. Attaquez-vous donc à mes expériences. Prouvez qu'elles sont inexactes au lieu d'en faire constamment de nouvelles *qui ne sont que des variantes des miennes*, mais
où vous introduisez des erreurs qu'il faut ensuite vous montrer du
doigt... »

La façon tranchante d'interpeller Pasteur pour lui dire qu'il y
avait encore bien des points inexpliqués au sujet de la fermentation
faisait qu'il jetait à ses adversaires cette apostrophe :

« Quelle idée vous faites-vous donc du progrès dans la science ?
La science fait un pas, puis un autre, puis elle s'arrête et se recueille
avant d'en faire un troisième. Est-ce que l'impossibilité de faire ce
dernier pas supprime le succès acquis par les deux premiers ?

« Une mère tient son enfant à la mamelle et le pose à terre, et lui dit : Marche ! L'enfant (et ne sommes-nous pas tous des enfants devant le mystère de la nature) fait un pas, puis un second, puis s'arrête chancelant. Seriez-vous bien venu de lui dire : Ah ! tu as fait deux pas, mais tu hésites au troisième. Tes efforts précédents sont non avenus ; tu ne marcheras jamais.

« Vous voulez renverser ce que vous appelez ma théorie, c'est apparemment pour en défendre une autre.

« Eh bien, laissez-moi vous dire à quels signes on reconnaît les théories vraies.

« Le propre des théories erronées est de ne pouvoir jamais pressentir des faits nouveaux ; et toutes les fois qu'un fait de cette nature est découvert, ces théories, pour en rendre compte, sont obligées de greffer une hypothèse nouvelle sur les hypothèses anciennes...

« Le propre des théories vraies, au contraire, c'est d'être l'expression même des faits, d'être commandées et dominées par eux, de pouvoir prévoir sûrement des faits nouveaux, parce que ceux-ci sont par la nature enchaînés aux premiers ; en un mot, le propre de ces théories est la fécondité. »

Toutes ces paroles se pressaient à flots, avec une intonation grave, convaincue, parfois véhémente. Peu lui importait l'art oratoire, tel qu'il est enseigné et tel qu'il était pratiqué dans ce milieu d'éloquence. C'était sa pensée tout entière qui s'échappait avec impétuosité. Il s'agissait de la vérité à défendre. Cette vérité, il l'aimait par-dessus toutes choses, il la proclamait ; il fallait qu'il convertît à sa foi scientifique ceux qui doutaient, ceux qui hésitaient, ceux qui dissertaient. Aussi de quel dédain, avec quelle irritation même reprenait-il les attaques d'adversaires qui supposaient que, dans une question comme celle des générations spontanées, il obéissait à une arrière-pensée quelconque, à un parti pris.

« La science, disait-il à une séance suivante de l'Académie de médecine pour couper court à des insinuations qu'il regardait comme des injures, la science ne doit s'inquiéter en quoi que ce soit des conséquences philosophiques de ses travaux. Si par le développement de mes études expérimentales j'arrivais à démontrer que la matière peut s'organiser d'elle-même en une cellule ou en un être vivant, je viendrais le proclamer dans cette enceinte avec la légitime fierté d'un inventeur qui a la conscience d'avoir fait une découverte capitale, et j'ajouterais, si l'on m'y provoquait : tant pis pour ceux dont les doctrines ou les systèmes ne sont pas d'accord avec la vérité des faits naturels. C'est avec la même fierté que je vous ai dit tout à l'heure en mettant mes adversaires au défi de me contredire : dans l'état actuel de la science, la doctrine des générations spontanées est une chimère. Et j'ajoute avec la même indépendance : tant pis pour ceux dont les idées philosophiques ou politiques sont gênées par mes études.

« Est-ce à dire que dans mon for intérieur et dans la conduite de ma vie je ne tienne compte que de la science acquise? Je le voudrais que je ne le pourrais pas, car il faudrait me dépouiller d'une partie de moi-même.

« En chacun de nous il y a deux hommes : le savant, celui qui a fait table rase, qui par l'observation, l'expérimentation et le raisonnement veut s'élever à la connaissance de la nature, et puis l'homme sensible, l'homme de tradition, de foi ou de doute, l'homme de sentiment, l'homme qui pleure ses enfants qui ne sont plus, qui ne peut, hélas ! prouver qu'il les reverra, mais qui le croit et l'espère, qui ne veut pas mourir comme meurt un vibrion, qui se dit que la force qui est en lui se transformera. Les deux domaines sont distincts et malheur à celui qui veut les faire empiéter l'un sur l'autre, dans l'état si imparfait des connaissances humaines. »

Aussi, dans cette séparation, telle qu'il la comprenait, n'y avait-il en lui aucun des conflits qui dans l'âme humaine sont la cause de tant de crises intérieures et provoquent entre les hommes les malentendus, les discussions, les disputes interminables. Savant, il revendiquait hautement une liberté absolue dans la recherche. « Le véritable savant, avait-il dit encore dans cette même année, et devant cette même Académie de médecine, n'a pas à s'inquiéter de ce qui peut être dans telle ou telle hypothèse :

son devoir et son but sont de chercher ce qui est. » Ainsi que Claude Bernard et Littré, il trouvait que c'était faire fausse route et perdre son temps que chercher à pénétrer les causes premières. « Nous ne pouvons, disait-il, constater que des corrélations. » Mais il ne comprenait pas, — avec le sentiment spiritualiste qui l'animait et qui lui faisait réclamer pour la vie intérieure la même liberté que pour les recherches scientifiques, — il ne comprenait pas certains donneurs d'explications faciles qui affirment que la matière s'est organisée d'elle-même et qui, considérant comme tout simple le spectacle d'ensemble dont la terre n'est qu'une partie infime, ne sont nullement émus par la puissance infinie qui a fait les mondes. Pour lui, il croyait à la divine impulsion qui a formé l'univers. Avec les élans de son cœur, il proclamait l'immortalité de l'âme.

Sa manière d'envisager la vie humaine, malgré les tristesses, les luttes, les lourdes épreuves, avait quelque chose de souverainement consolateur. « Nul effort n'est perdu », disait-il, donnant ainsi la plus virile leçon de philosophie aux esprits subalternes qui ne voient dans tout travail que le résultat immédiat et, dès la première déception, se laissent aller au découragement. Dans son respect du grand phénomène de conscience qui fait que presque tous les hommes, enveloppés par le mystère de l'univers, ont la prescience d'un idéal, d'un dieu, il trouvait que « la grandeur des actions humaines se mesure à l'inspiration qui les fait naître ». Il était convaincu que nulle prière n'est vaine. Si tout est simple pour les simples, tout est grand pour les grands : c'est à travers « les divines régions du savoir et de la lumière » qu'il se représentait ceux qui ne sont plus.

Il ne parlait que rarement de ces choses. Il fallait pour cela qu'il fût amené, au cours d'une polémique engagée contre lui, à marquer son éloignement, ce n'est pas assez dire, ses répugnances pour les négations orgueilleuses et les ironies stériles, ou encore que, dans telle occasion solennelle, prenant la parole devant une assemblée de jeunes hommes, il éprouvât le besoin de pénétrer au centre des sentiments.

Ces premières discussions à l'Académie de médecine, — prolongées démesurément par un vétérinaire, Colin d'Alfort, au labeur considérable, mais pour qui le besoin de discuter était si impérieux qu'il n'était plus de son propre avis quand on pensait comme lui, — eurent l'avantage d'inciter les médecins à rechercher les infiniment petits.

Le secrétaire annuel, M. Roger, les définissait dans un rapport « ces subtils artisans de beaucoup de désordres dans l'économie vivante ». Poursuivre leur destruction, empêcher leur pénétration, tel était le programme à suivre.

« Aux éclatants services rendus par M. Pasteur à la science et au pays, ajoutait M. Roger après avoir résumé à grands traits les travaux de son collègue, il était juste qu'une éclatante récompense fût décernée : l'Assemblée nationale s'est chargée de ce soin. »

Cette récompense votée quelques mois auparavant était la troisième récompense nationale accordée depuis le commencement du siècle à des savants français. En 1839, Arago devant la Chambre des députés, Gay-Lussac devant la Chambre des pairs, avaient fait reconnaître glorieusement les services rendus par Daguerre et Niepce. En 1845, une autre récompense nationale fut accordée à l'ingénieur Vicat. En 1874, Paul Bert, membre de l'Assemblée nationale, heureux d'être chargé du rapport sur le projet de loi tendant à accorder à Pasteur une récompense nationale, écrivait en rappelant ces précédents :

« De pareils témoignages de gratitude, donnés par une nation aux hommes qui l'ont illustrée et enrichie, honorent au moins autant cette nation que ces hommes.

« Sans doute, au moment où le savant saisit enfin la découverte à laquelle l'ont lentement conduit la méditation et l'expérience, s'il constate surtout qu'elle peut immédiatement contribuer au progrès et au bonheur de l'humanité, il n'a, dans sa joie sublime, rien à envier aux distinctions, aux honneurs, aux récompenses. Sans doute, il oublie ou dédaigne ces avantages matériels à la poursuite desquels tant d'autres consument leur vie, et il s'absorbe dans la contemplation du problème à demi résolu, de la cause trouvée, du Protée enchaîné qu'il force à parler enfin. Et il reste indifférent aux difficultés de la vie, si elles ne vont pas jusqu'à nuire à ses propres travaux.

« Mais il y va de l'honneur et de l'intérêt des nations que la vie de ces hommes soit non seulement admirée, mais enviée... »

Après ce trait de logique vigoureuse, exorde qui précisait ainsi le très beau principe des récompenses nationales, Paul Bert étudiait la série des découvertes de Pasteur et parlait des millions que Pasteur avait assurés à la France « sans en retenir la moindre part ». A ne considérer que la sériciculture, les pertes subies en vingt années, avant l'intervention de Pasteur, s'élevaient à 1,500 millions.

« Ainsi, Messieurs, concluait Paul Bert, les découvertes de M. Pasteur après avoir éclairé d'un jour nouveau l'obscure question des fermentations et du mode d'apparition des êtres microscopiques, ont révolutionné certaines branches de l'industrie, de l'agriculture, de la pathologie. On est frappé d'admiration en voyant que tant de résultats, et si divers, procèdent, par un enchaînement de faits suivis pas à pas, où rien n'est laissé à l'hypothèse, d'études théoriques sur la manière dont l'acide tartrique dévie la lumière polarisée. Jamais le mot fameux : le génie c'est la patience, n'a reçu une aussi éclatante confirmation.

« C'est cet admirable ensemble de travaux théoriques et pratiques que le Gouvernement vous propose d'honorer par une récompense nationale. Votre Commission, à l'unanimité, approuve cette proposition.

« La récompense demandée consiste en une pension viagère de 12,000 francs ; cette somme représente à peu près les émoluments (fixe et éventuel) de la chaire de Sorbonne que la maladie force M. Pasteur à abandonner. Elle est bien modique, à coup sûr, lorsqu'on la compare surtout avec la valeur des services rendus. Votre Commission regrette que l'état de nos finances ne lui permette pas d'en élever le chiffre. Mais elle pense, avec le savant rapporteur de la Commission instituée par le Gouvernement [M. Marès] « que les résultats économiques et hygiéniques des découvertes de

M. Pasteur seront prochainement si considérables que la nation française trouvera juste d'augmenter plus tard le témoignage de sa reconnaissance envers lui et envers la science dont il est l'un des plus glorieux représentants. »

La pension devait être réversible par moitié sur la veuve de Pasteur.

Le projet de loi fut voté par 532 voix contre 24.

« Tu n'as pas un vote unanime, lui écrivait son vieil ami Chappuis, alors recteur de l'Académie de Grenoble. Où est le gouvernement, reprenait-il avec une gaieté cordiale, qui a réuni une majorité semblable ? » Ce qui ajoutait, en effet, au prix de la récompense, c'est que cette assemblée, divisée sur tant de choses, avait éprouvé un sentiment quasi unanime de gratitude envers celui qui avait tant travaillé pour la science, pour la patrie et pour l'humanité.

« Bravo, mon cher Pasteur, je suis heureux pour vous et pour moi : je suis fier pour nous tous ; votre ami dévoué, Sainte-Claire Deville. »

« Vous allez être un savant heureux, lui écrivait son élève, M. Duclaux, parce que vous voyez déjà et que vous allez voir encore plus le triomphe de vos doctrines et de vos découvertes. »

Ceux qui s'imaginaient que cette récompense nationale serait la fin d'un grand chapitre, peut-être même celle du livre de sa vie, lui adressaient, sans penser à mal, un conseil qui l'irritait : ils lui parlaient de repos. Que sa paralysie du côté gauche à la suite de son hémorragie cérébrale se fît encore sentir par une légère claudication ; que sa main gauche fût encore loin d'avoir recouvré la souplesse des mouvements, ces signes extérieurs ne lui rappelaient que trop le mal qui l'avait frappé et dont il pouvait être menacé d'un instant à l'autre. Mais sa puissance d'âme commandait plus que jamais à son corps infirme. Aussi Nisard, en dépit d'une pénétration qu'il poussait quelquefois jusqu'à la subtilité, montrait-il qu'il ne connaissait encore qu'imparfaitement Pasteur en lui écrivant dans une lettre de félicitations : « Maintenant, cher ami, il faut vous appliquer de toutes vos forces à vivre pour les vôtres, pour tous ceux qui vous aiment et un peu pour vous-même. »

Malgré une tendresse profonde, quelques-uns disaient passionnée pour les siens, Pasteur avait d'autres désirs que de limiter sa vie au cercle étroit de la famille. Pour tout homme qui se sent une mission à remplir, il y a des clartés plus vives, plus hautes, plus pures que celles du foyer. Quant à l'allusion, très rapide il est vrai, sur le soin que Pasteur devrait avoir de sa santé, autant aurait valu conseiller à certains vieillards de s'occuper de la santé des autres.

Vainement le docteur Andral avait-il dit, écrit même, que, consulté, il interdirait à Pasteur tout travail un peu assidu. Ne pas travailler de tout son pouvoir, c'était aux yeux de Pasteur perdre la raison de vivre. Si un certain équilibre s'établissait cependant entre les conseils, les sollicitudes inquiètes et la grande somme de travail et d'efforts que Pasteur voulait continuer à donner, c'était grâce à celle qui dans l'ombre, de la façon la plus discrète et la plus active, collaboratrice précieuse, confidente de toutes les expériences, veillait à ce que rien, en dehors du travail, ne vînt compliquer la vie de Pasteur. Tout était subordonné aux exigences du laboratoire, mais du laboratoire seul. Jamais Pasteur n'acceptait de se rendre à une de ces grandes soirées mondaines qui ne sont qu'une forme de l'impôt du temps prélevé par les oisifs sur les gens qui ont quelque chose à faire, sur les hommes célèbres surtout. Egalement rayée toute soirée au théâtre. Le nom de Pasteur, connu dans le monde entier, n'était jamais cité dans le Tout-Paris. Habituellement le soir, après le dîner, il se promenait dans l'antichambre et le corridor de son appartement de l'Ecole normale, pensant à tous ses projets de travaux, les combinant sous toutes les formes, tour à tour inquiet ou plein d'espoir, selon la mise en train des expériences. A dix heures, il se couchait et, le lendemain matin, que la nuit eût été bonne ou mauvaise, dès huit heures, il descendait à son laboratoire.

Cette vie qui, à travers tant de polémiques, de discussions, conservait, grâce à la régularité, le secret d'une force toujours égale, faillit être troublée par la politique au mois de janvier 1876. Pasteur qui, dans sa modestie singulièrement exagérée, presque déconcertante à certains jours, avait cru qu'un diplôme de docteur en médecine eût rendu plus facile sa révolution scientifique, s'imagina, après les ouvertures pressantes qui lui étaient faites par quelques compatriotes fiers de lui, qu'il servirait avec plus d'utilité la cause de l'enseignement supérieur s'il obtenait un siège au Sénat. L'enseignement supérieur ! Grande, utile, nécessaire, impérieuse besogne. Ce qu'avaient fait jadis en Allemagne, au lendemain des désastres, les grands citoyens clairvoyants pour faire pénétrer dans l'esprit et dans le cœur de leurs compatriotes l'importance d'une haute culture, Pasteur voulait être au Sénat pour en faire sentir le besoin à la France.

Il avait l'exemple de certains hommes supérieurs qui, pris de scrupule, se sont demandé s'ils ne devaient pas quitter leur cabinet de travail, si le plus grand devoir n'est pas de chercher à éclairer les foules et les assemblées. Pourquoi le suffrage universel, au lieu d'accueillir tant de gens qui lui disent : Que veux-tu ? Je ferai ce que tu voudras, — n'accepterait-il pas ceux qui, lui parlant au nom d'un rude labeur, lui feraient ce simple appel : Accepte-nous tels que nous sommes : nous ne te tromperons pas, nous te dirons toujours ce que nous croirons être la vérité.

Pasteur adressa de Paris une lettre aux électeurs sénatoriaux du Jura : « Je ne suis point un homme politique, leur écrivait-il. Je ne suis lié à aucun parti. N'ayant jamais étudié la politique, j'ignore beaucoup de choses, mais ce que je sais pertinemment, c'est que j'aime ma patrie et que je l'ai servie de toutes mes forces. » Ainsi que tant de bons citoyens, il était d'avis qu'il fallait aider le pays à chercher dans l'expérience sérieuse de la République le relèvement de la grandeur et de la prospérité nationales. Honoré des suffrages de ses compatriotes, « c'était, disait-il, la science dans sa pureté, sa dignité et son indépendance qu'il représenterait au Sénat ». Deux journaux jurassiens d'opinions différentes étaient d'accord pour regretter que Pasteur quittât « les hauts et paisibles sommets de la science » et vint dans le Jura solliciter les suffrages de ses compatriotes. Pasteur répondit à l'un deux :

« La science dans notre siècle est l'âme de la prospérité des nations et la source vive de tout progrès. Sans doute la politique avec ses fatigantes et quotidiennes discussions semble être notre guide. Vaine apparence ! Ce qui nous mène, ce sont quelques découvertes scientifiques et leurs applications. »

Et de ses lettres écrites fiévreusement à Lons-le-Saunier, dans sa chambre de l'hôtel de l'Europe, — car il fut tout entier pendant une semaine à cette lutte électorale, — ou de ses réponses dictées à son fils qui lui servait de secrétaire, de ses affiches, de ses discours jaillissait cette même association de sentiments : Science et Patrie. Pourquoi la France de 1792 avait-elle vaincu ? « C'est disait-il, parce que la science avait donné au courage de nos pères le moyen matériel de combattre et de vaincre. » Et il rappelait le rôle de Monge, de Carnot, de Fourcroy, de Guyton de Morveau, de Berthollet, qui furent « l'âme de l'immortel ensemble de travaux qui ont permis à la France de vaincre l'Europe coalisée ». Tout ce qui avait été si souvent le sujet de ses méditations pendant la guerre, quand il se reportait à l'époque grandiose où, grâce à ce concours d'hommes de science, on avait su non seulement fabriquer rapidement l'acier, mais encore hâter le tannage des peaux pour fournir plus vite des souliers aux soldats, trouver le moyen d'extraire dans le plâtras des démolitions le salpêtre pour la fabrication de la poudre, se servir des ballons pour suivre les mouvements de l'ennemi, perfectionner le télégraphe aérien ; tout cela se présentait à son esprit. Après avoir enregistré les résultats que le génie de la science et le patriotisme des savants avaient obtenus pendant la Révolution française, il s'écriait un peu imprudemment : « Dites donc à des hommes qui ne seraient que politiques d'en faire autant ! »

Toujours aussi se présentait à lui la vision de l'Allemagne qui, pendant soixante ans, s'était relevée, reconstituée, tandis que les gouvernements qui se succédaient en France, entraînés par la politique, ne s'étaient pas occupés « des grands travaux de la pensée ».

Les électeurs sénatoriaux étaient au nombre de 650. Jules Grévy vint à Lons-le-Saunier soutenir la candidature de MM. Tamisier et Thurel. Dans la réunion qui eut lieu la veille du scrutin, il se porta leur garant, s'il en était besoin, disait-il. « Vous leur donnerez demain vos suffrages et en usant ainsi des pouvoirs que la loi vous confie, vous aurez bien mérité de la République et de la France. » Incidemment, de sa voix paisible, sentencieuse, il se plut à reconnaître « que les travaux scientifiques et le caractère de M. Pasteur étaient des titres au respect et à l'estime de tous. Mais la science a sa place naturelle à l'Institut », ajouta-t-il en insistant sur le côté politique représenté par le Sénat.

L'intervention de Grévy en faveur de ses deux candidats fut décisive. M. Tamisier obtint 446 voix; M. Thurel 445; un général, le général Picard 183; un candidat monarchiste, M. Besson 153; Pasteur en eut 62.

Il avait reçu le matin même de l'élection une lettre de sa fille lui souhaitant un échec. L'idée que la politique entraverait bon gré mal gré les travaux poursuivis, la certitude que son père serait plus utile à la France en restant dans son laboratoire; c'était la conclusion d'une lettre nette, sans ambages, vraie lettre de jeune fille qui ne sait rien dissimuler. Il était facile du reste d'être d'une sincérité absolue avec Pasteur. On pouvait tout lui dire. Jamais, dans sa famille, homme ne fut mieux aimé, plus admiré et moins flatté.

« Que tu juges bien les choses, ma chère enfant! lui répondit Pasteur le soir même. Tu as mille fois raison. Mais je ne suis pas fâché d'avoir vu tout cela de près et que ton frère l'ait vu. Tout est instruction. »

Cette petite aventure sur le domaine politique compta d'autant moins dans la vie de Pasteur que le but qu'il poursuivait allait bientôt être atteint. Trois mois après, à la distribution des prix du concours général, le ministre de l'Instruction publique prononçait un discours dont Pasteur conserva le texte en soulignant de sa main les passages suivants :

« Bientôt, je l'espère, nous verrons les Ecoles de médecine et de pharmacie reconstruites ; le Collège de France pourvu de nouveaux laboratoires ; la Faculté des sciences, qui étouffait dans ses vieux murs, transférée et agrandie, et l'antique Sorbonne elle-même élargie et embellie. »

Et quand le ministre parlait de « ces hautes études de philosophie, d'histoire, de science désintéressée qui sont la gloire d'une nation et l'honneur de l'esprit humain,.. qui doivent garder le premier rang pour rayonner sur toutes les études inférieures et les éclairer de leur lumière sereine, pour rappeler enfin aux hommes le vrai but et la véritable grandeur de l'intelligence humaine », Pasteur pouvait se dire que cette grande cause qu'il avait plaidée depuis 1854, depuis le jour où il avait été doyen de la Faculté des sciences de Lille, qu'il avait soutenue en 1868, puis au lendemain de la guerre, allait enfin être gagnée en 1876.

Une joie française lui fut donnée pour ses vacances, au mois de septembre de cette même année 1876. Un grand Congrès international des sériciculteurs était réuni à Milan. La Russie, l'Autriche, l'Italie et la France avaient envoyé leurs délégués. Pasteur représentait la France. Il était accompagné de ses anciens élèves, si étroitement associés à ses études sur les vers à soie, Duclaux et Raulin, tous deux professeurs à la Faculté des sciences de Lyon, et de Maillot, directeur de la station séricicole de Montpellier.

Les membres du Congrès avaient eu d'avance le programme des questions. Aussi chacun de ceux qui devaient prendre la parole arrivait-il avec un bagage de faits observés. Les discussions ouvertes permirent à Duclaux, Raulin et Maillot de montrer d'une manière éclatante ce qu'était sur ce sujet déterminé la rigueur de la méthode expérimentale qu'ils avaient apprise de leur maître et qu'ils enseignaient à leur tour.

Les entr'actes d'un congrès sont les excursions. Une promenade sur le lac de Côme fut un enchantement. Puis on offrit aux délégués français l'agréable surprise d'une visite, dans les environs de Milan, à un immense atelier de grainage qui portait le nom de

Pasteur. Ses impressions, Pasteur les traduisit dans une lettre à J.-B. Dumas le 17 septembre :

« Mon cher maître..... Je regrette vivement que vous ne soyez ici. Vous partageriez ma satisfaction. Je date ma lettre de Milan, mais en réalité nous sommes, le Congrès terminé, et pour un jour ou deux, à la maison de campagne de M. Susani, en pleine Brianza. Pendant dix heures par jour, depuis le 4 juillet, 60 à 70 femmes sont occupées aux examens microscopiques avec un contrôle rigoureux, un ordre parfait. Il n'y a pas d'usine mieux organisée. Quarante mille cellules de papillons passent au microscope par jour. C'est merveilleux de propreté et d'arrangement. Toute erreur est impossible par l'organisation d'un premier et d'un second contrôle.

« J'ai éprouvé une joie qui me dédommage bien de l'opposition frivole dont quelques-uns de mes compatriotes m'ont poursuivi pendant plusieurs années, en lisant mon nom en gros caractères au frontispice du bel établissement que nous venons de visiter; c'est un hommage spontané rendu à mes études par son propriétaire. Beaucoup de sériciculteurs font eux-mêmes leurs graines par sélection ou la font faire par des personnes instruites, habituées à ce travail. Les récoltes sont ce que les font les conditions climatériques avec de très bonnes graines. Quand la saison n'est pas tout à fait contraire, les rendements de 50 à 70 kilogrammes par onces de 25 grammes ne sont pas rares. »

M. Susani se promettait de faire pour cette année seule 30,000 onces de graines. Devant la mise en activité de cette véritable usine — où, en dehors de ces jeunes filles micrographes, plus de 100 personnes étaient occupées à mille soins divers, au lavage des mortiers qui servent à broyer les corps des papillons pour les soumettre à l'examen microscopique, à l'essuyage des lamelles du microscope, à tous les détails enfin d'opérations délicates, mais très simples, que l'on avait déclarées jadis impraticables, — Pasteur songeait aux petites expériences dans la serre du Pont-Gisquet, aux débuts si modestes de son procédé qui s'appliquait magnifiquement sur ce coin de terre italienne. Et il

éprouvait une joie fière, celle de voir ce que peut la science initiatrice.

Un mois auparavant, presque jour pour jour, le 18 août 1876,
J.-B. Dumas avait présidé la cinquième session tenue à Clermont-
Ferrand pour l'avancement des sciences. Par un rapprochement
curieux à signaler, car c'est à l'aide de témoignages semblables que
l'on constate la marche des idées, J.-B. Dumas s'était plu à montrer
l'influence grandissante des savants dans le monde :

« L'avenir, disait-il, appartient à la science. Malheur aux peuples
qui fermeraient les yeux sur cette vérité... Appelons à nous sur ce
terrain pacifique et neutre de la philosophie naturelle où toutes les
victoires sont des bienfaits, où les défaites ne coûtent ni sang, ni
larmes, les cœurs que la grandeur de la patrie émeut ; c'est par
la science et par les hauteurs de la science qu'elle ressaisira son
prestige. »

Les mêmes pensées éclatèrent au milieu d'un toast que Pasteur
porta au nom de la France dans le banquet d'adieu où étaient réunis
les trois cents membres du Congrès de sériciculture :

« Messieurs, je porte un toast à la lutte pacifique de la science.
C'est la première fois que j'ai l'honneur d'assister, et sur un sol
étranger, à un congrès scientifique international. Je m'interroge sur
les sentiments qu'ont fait naître en moi, outre vos discussions courtoises, l'hospitalité brillante de la noble cité milanaise, et je me sens
pénétré de deux impressions profondes : la première, c'est que la
science n'a pas de patrie, la seconde, qui paraît exclure la première,
mais qui n'en est pourtant qu'une conséquence directe, c'est que la
science est la plus haute personnification de la patrie. La science
n'a pas de patrie, parce que le savoir est le patrimoine de l'humanité, le flambeau qui éclaire le monde. La science doit être la plus
haute personnification de la patrie, parce que de tous les peuples,
celui-là sera toujours le premier qui marchera le premier par les
travaux de la pensée et de l'intelligence.

« Luttons donc dans le champ pacifique de la science pour la
prééminence de nos patries respectives. Luttons, car la lutte c'est
l'effort, la lutte c'est la vie quand la lutte a le progrès pour but.

« Vous, Italiens, travaillez à multiplier sur le sol de votre belle
et glorieuse patrie les Secchi, les Brioschi, les Tacchini, les Sella,
les Cornalia... Vous, les fiers enfants de l'Autriche-Hongrie, suivez
plus fermement encore que par le passé l'impulsion féconde qu'un
homme d'Etat éminent, aujourd'hui votre représentant près de la
cour d'Angleterre, a donnée à la science et à l'agriculture. Nous
n'oublions pas, tous tant que nous sommes ici, que la première
station séricicole a été fondée en Autriche. Vous, Japonais, puisse la
culture des sciences être au nombre de vos principales préoccupations dans l'étonnante transformation politique et sociale dont vous
donnez au monde le merveilleux spectacle. Nous Français, courbés
sous la douleur de la patrie mutilée, montrons une fois de plus que
les grandes douleurs peuvent faire surgir les grandes pensées et les
grandes actions.

« Je bois à la lutte pacifique de la science. »

« Vous retrouverez, écrivait Pasteur à J.-B. Dumas en lui annonçant l'envoi de ce toast, qui avait été accueilli par des vivats prolongés, vous retrouverez un écho des sentiments que vous avez su
inspirer à vos élèves sur la grandeur et la destinée de la science
dans les sociétés modernes. »

S'il se reportait ainsi vers son maître au milieu des acclamations,
si la raison secrète et profonde des choses lui demeurait présente
à travers le fracas d'un banquet, si le sentiment qu'il éprouvait
pour la patrie était vraiment filial, c'est que ce puissant esprit avait
un côté délicat et tendre. Et voilà ce qui donnait tout à coup, en
public, à cet homme de laboratoire que l'on se représentait absorbé
dans la méditation, des élans, des appels, des mouvements d'éloquence jaillissant du fond de son être et remuant toute une foule.
Mais c'était dans la vie intime que paraissait en toutes choses son
ouverture de cœur, son ardent besoin d'aimer et d'être aimé. Cet
homme de génie avait un cœur d'enfant. Cela était d'un charme
incomparable.

« La récompense comme l'ambition du savant, — selon une
parole de Pasteur dite aussi dans cette même année 1876, au
milieu d'un compte rendu de l'Académie des sciences, — est de

conquérir l'approbation de ses pairs ou celle des maîtres qu'il vénère. »

Il connaissait déjà cette récompense, il pouvait satisfaire cette ambition. Dumas, depuis près de trente ans, savait ce qu'était Pasteur. Lister avait proclamé sa gratitude. Tyndall — qui, excursionniste infatigable, aimait à découvrir les grands horizons et qui, dans ses leçons célèbres, se plaisait volontiers aux comparaisons avec les hauteurs, les éminences, avec tout ce qui donne une vue vaste et claire, — admirait l'étendue des travaux de Pasteur. Or les expériences de Pasteur avaient été vivement attaquées par un jeune médecin anglais, le D\u02b3 Bastian, qui avait provoqué dans le public anglais et le public américain, au sujet des générations spontanées, des préventions ardentes contre les résultats annoncés par Pasteur.

« La confusion et l'incertitude ont fini par devenir telles, écrivait Tyndall à Pasteur, qu'il y a six mois j'ai pensé que ce serait rendre service à la science, en même temps que justice à vous-même, que de soumettre la question à une nouvelle investigation. Mettant à exécution une idée que j'avais eue il y a six ans, et dont les détails sont indiqués dans l'article du *British medical Journal,* que j'ai eu le plaisir de vous envoyer, j'ai parcouru une grande partie du terrain sur lequel s'était établi le D\u02b3 Bastian, et réfuté, je crois, beaucoup des erreurs qui avaient égaré le public.

« Le changement qui s'est opéré dès lors dans le ton des journaux de médecine de l'Angleterre est tout à fait digne de remarque, et j'incline à penser que la confiance générale du public dans l'exactitude des expériences du D\u02b3 Bastian a été considérablement ébranlée.

« En reprenant ces recherches, j'ai eu l'occasion de rafraîchir ma mémoire sur vos travaux; ils ont ravivé en moi toute l'admiration que j'en avais éprouvée à ma première lecture. Je suis dans l'intention de poursuivre ces recherches jusqu'à ce que j'aie dissipé tous les doutes qui ont pu s'élever au sujet de l'inattaquable exactitude de vos conclusions. »

Et Tyndall ajoutait un paragraphe que Pasteur remplaça modestement par des points dans la communication de cette lettre à l'Académie :

« Pour la première fois, dans l'histoire de la science, nous avons le droit de nourrir l'espérance sûre et certaine que, relativement aux maladies épidémiques, la médecine sera bientôt délivrée de l'empirisme et placée sur des bases scientifiques réelles ; quand ce grand jour viendra, l'humanité, dans mon opinion, saura reconnaître que c'est à vous que sera due la plus large part de sa gratitude. »

Ce passeport pour l'immortalité, Tyndall était bien placé pour le signer. Mais en attendant, il fallait lutter, et Pasteur ne voulait pas laisser, même à un de ses pairs, fût-ce Tyndall, le poids de ces discussions. Son adversaire du reste l'intéressait. Le D\ Bastian avait, comme l'a écrit M. Duclaux, « de la ténacité, de la fertilité d'esprit, l'amour, sinon l'intelligence de la méthode expérimentale ». La discussion devait durer des mois. En général, selon le calcul que s'était plu à faire J.-B. Dumas, « au bout de dix ans, le jugement d'une grande théorie est porté en dernier ressort : c'est fini, c'est un fait accompli, c'est une idée passée dans la science ou repoussée irrévocablement ». Si Pasteur, au lendemain du Congrès de Milan, pouvait se dire qu'il en avait été ainsi pour l'adoption de son système de grainage cellulaire, il en allait différemment pour cette question des générations spontanées. La querelle renaissait à l'Académie des sciences et à l'Académie de médecine, elle se ravivait en Angleterre et Bastian se proposait de venir au laboratoire de l'Ecole normale faire lui-même ses expériences.

« Voilà bientôt vingt années, rappelait Pasteur, que je poursuis, sans la trouver, la recherche de la vie sans une vie antérieure semblable. Les conséquences d'une telle découverte seraient incalculables. Les sciences naturelles en général, la médecine et la philosophie en particulier, en recevraient une impulsion que nul ne saurait prévoir. Aussi, dès que j'apprends que j'ai été devancé, j'accours auprès de l'heureux investigateur, prêt à contrôler ses assertions. Il est vrai que j'accours vers lui plein de défiance. J'ai tant de fois éprouvé que, dans cet art difficile de l'expérimentation, les plus habiles bronchent à chaque pas et que l'interprétation des faits n'est pas moins périlleuse ! »

Le docteur Bastian opérait sur de l'urine acide, bouillie, et neutralisée par une solution de potasse portée à la température de 120°. Si, après le refroidissement du ballon d'urine, on le chauffait à une température de 50° pour faciliter le développement des germes, le liquide au bout de huit à dix heures était rempli de bactéries. « Ces faits prouvent la génération spontanée, » s'écriait le Dr Bastian.

Pasteur l'invita d'abord à remplacer la dissolution de potasse bouillie par un fragment de potasse solide, après qu'elle aurait été portée au rouge ou seulement à 110°. Ce serait éloigner les germes de bactéries que peut contenir la solution aqueuse. Cette question des germes d'organismes inférieurs que les eaux peuvent contenir fut, en effet, au cours de cette discussion qui se prolongeait, étudiée par Pasteur, aidé de M. Joubert, professeur de physique au collège Rollin. On trouvait de ces germes jusque dans les eaux distillées des laboratoires. Il suffisait à ces eaux de passer en minces filets dans l'air ou d'être versées dans des vases qui renfermaient des germes pour être contaminées. Seules les eaux de sources filtrées lentement à travers une grande épaisseur de terrain sans fissure étaient privées de germes.

Il y avait, en outre, la question d'urine et la question de récipient. L'urine, recueillie par le Dr Bastian dans un vase non flambé et mise dans une cornue non flambée, pouvait renfermer des spores d'un bacille que l'on appelle le *bacillus subtilis*, spores qui offrent une grande résistance à l'action de la chaleur. Elles ne se développent pas dans des liquides notablement acides. Or, par la potasse le liquide étant rendu neutre ou un peu alcalin, le développement des germes avait lieu. Que fallait-il donc faire? Recueillir l'urine dans un vase flambé et l'introduire dans une cornue flambée. Il n'y eut plus production d'organismes, ainsi que l'a exposé dans sa thèse M. Chamberland, alors agrégé-préparateur au laboratoire et qui prit la part la plus grande à ces expériences.

C'est dommage que Pasteur n'ait pas eu l'observation paisible d'un moraliste. Il aurait pu écrire un chapitre intitulé : De l'utilité d'avoir certains adversaires. Cette discussion avec Bastian fit, en effet, découvrir pour quel motif, au moment des célèbres débats sur la génération spontanée, les hétérogénistes, Pouchet, Joly et Musset, en opérant comme Pasteur, mais sur un milieu différent, obtenaient des résultats en contradiction apparente avec ceux de Pasteur. Si leurs ballons, remplis de décoction de foin, donnaient presque constamment des germes alors que ceux de Pasteur, remplis d'eau de levure, étaient toujours stériles, c'est que l'eau de foin renfermait des spores de bacillus subtilis. Les spores restaient inactives tant que le liquide demeurait à l'abri de l'air, mais il suffisait de laisser rentrer l'oxygène dans le ballon pour qu'elles pussent se développer.

C'est de ce conflit avec Bastian que date, pour stériliser les liquides, leur chauffage à une température de 120°. Mais, a écrit M. Duclaux, « le chauffage à 120° d'un ballon à moitié plein de liquide peut ne stériliser que la partie mouillée, laissant la vie persister dans les régions qui ne sont pas en contact avec le liquide. Il faut, pour tout détruire, porter les parois sèches à 180° ».

Un ancien élève de l'Ecole normale qui, depuis le mois d'octobre 1876, était préparateur au laboratoire de Pasteur, M. Boutroux, témoin de toutes ces recherches, écrivait dans sa thèse : « La connaissance de ces faits permet d'obtenir facilement des milieux de cultures neutres parfaitement pures, et par suite d'étudier autant de générations qu'on veut d'un microorganisme sans aucun mélange, une fois qu'on a réussi à se procurer de la semence pure. »

Pasteur a défini ce qu'il appelait tubes, vases, coton *flambés*. « Pour se débarrasser des germes microscopiques que les poussières de l'air et de l'eau dont on se sert pour le lavage des vases déposent sur tous les objets, le meilleur moyen consiste à placer les vases (leurs ouvertures fermées par des tampons de ouate) pendant une demi-heure dans un poêle à gaz qui chauffe l'air où plongent les objets à une température de 150 à 200° environ. Les vases, tubes, pipettes, sont alors prêts pour l'usage. Pour flamber la

24

ouate, on l'enferme dans des tubes ou dans du papier buvard. »
Ce que Pasteur avait recommandé aux chirurgiens, quand il leur
disait de passer à la flamme tous les instruments dont ils se servaient,
devenait pratique courante dans le laboratoire. Le moindre tampon
de ouate qui bouchait un vase flambé était préalablement stérilisé. Ainsi sortait tout armée une nouvelle technique, prête à
répondre aux attaques et à assurer d'autres victoires.

Si Pasteur, selon son terme énergique, poussait à bout le
Dr Bastian, c'est qu'il apercevait nettement derrière cette prétendue expérience de génération spontanée une cause de conflits
perpétuels avec les médecins et les chirurgiens. On pouvait les
partager en deux groupes. Les uns ne demandaient qu'à repousser
purement et simplement la théorie des germes. Les autres disposés
à accepter les résultats des recherches de Pasteur, en tant que
travaux de laboratoire, n'admettaient pas ses incursions expérimentales sur le terrain de la clinique. Aussi Pasteur écrivait-il au
Dr Bastian dans les premiers jours de juillet 1877 :

« Savez-vous pourquoi j'attache un si grand prix à vous combattre et à vous vaincre? c'est que vous êtes un des principaux
adeptes d'une doctrine médicale, suivant moi funeste au progrès
de l'art de guérir, la doctrine de la spontanéité de toutes les maladies. Vous êtes de cette école, qui inscrirait volontiers au frontispice de son temple comme le voulait naguère un des membres de
l'Académie de médecine de Paris : « La maladie est en nous, de
« nous, par nous. » Tout serait donc spontané en pathologie. Voilà
l'erreur préjudiciable, je le répète, au progrès médical. Au point
de vue prophylactique, comme au point de vue thérapeutique, il y
a un abîme pour le médecin et le chirurgien, suivant qu'ils prennent
pour guide l'une ou l'autre des deux doctrines. »

CHAPITRE IX

La confusion des idées sur l'origine des maladies contagieuses et épidémiques allait recevoir tout à coup une immense clarté. Pasteur venait d'aborder l'étude de la maladie appelée charbon ou sang de rate. D'où venait cette maladie qui chaque année causait de si grandes ruines à l'agriculture? La Beauce et la Brie, la Bourgogne et le Nivernais, le Berry, la Champagne, le Poitou, le Dauphiné et l'Auvergne payaient tous les ans un tribut formidable à ce genre de mort. En Beauce, par exemple, dans un seul troupeau de moutons, 20 pour 100 mouraient. Dans certaines parties de l'Auvergne c'était 10 ou 15 pour 100. Parfois la maladie allait même jusqu'au quart, au tiers, à la moitié du troupeau. L'arrondissement de Provins subissait des pertes annuelles de plus de 500,000 francs. Là, comme à Fontainebleau, comme à Meaux, certaines fermes portaient le nom de *fermes à charbon*. On disait ailleurs *champs maudits, montagnes maudites*. Il semblait qu'un sort fût jeté sur les troupeaux assez hardis pour traverser ces champs ou gravir ces montagnes. L'animal était presque toujours frappé en quelques heures. On voyait des moutons rester en arrière du troupeau, la tête baissée, les jambes chancelantes. Frissons, respiration haletante, déjections sanguinolentes, évacuations semblables par la bouche et les naseaux : la mort arrivait si vite que souvent le berger avait à peine eu le temps de s'apercevoir que l'animal était malade. Asphyxie ou apoplexie, c'était quelque chose de foudroyant. Le cadavre se ballonnait rapidement. A la moindre déchirure, un sang noir, épais et visqueux s'écoulait.

De là le nom de charbon. Si l'on appelait encore cette maladie sang de rate, c'est qu'à l'autopsie on voyait cet organe prendre d'énormes proportions. Venait-on à l'ouvrir, c'était comme une bouillie noire. Sur certains points, la maladie prenait un caractère d'une extrême violence. De 1867 à 1870, dans le seul district de Novogorod, en Russie, on enregistra plus de 56,000 cas de mort par l'infection charbonneuse. Chevaux, bœufs, vaches, moutons, tout avait succombé. Atteintes de la contagion sous des formes diverses, — il suffit d'une piqûre ou d'une écorchure pour que bergers, bouchers, équarrisseurs, tanneurs s'inoculent la pustule maligne, — 528 personnes avaient péri.

Bien qu'un professeur à l'Ecole d'Alfort, M. Delafond, montrât à ses élèves, dès l'année 1838, qu'il y avait dans le sang charbonneux des petits bâtonnets, comme il les appelait, ce n'était alors pour lui et ses élèves qu'une sorte de curiosité sans importance scientifique. Davaine, quand il reconnut en 1850, ainsi que Rayer, dans le sang des animaux morts du charbon ces bâtonnets, ces petits corps filiformes, se contenta, lui aussi, de les signaler. Cela lui semblait si peu de chose, que son observation n'est même pas mentionnée dans une première notice rédigée par lui-même sur ses travaux. Ce ne fut que onze ans plus tard, — frappé, comme il se plut à le reconnaître hautement, par la lecture du mémoire de Pasteur sur le ferment butyrique dont les petites baguettes cylindriques offrent tous les caractères de vibrions ou de bactéries, — que Davaine se demanda si les corpuscules filiformes vus dans le sang des moutons charbonneux n'agiraient pas à la manière d'un ferment et ne seraient pas cause de la maladie. En 1863, un médecin de Dourdan, voisin d'un fermier qui avait perdu en huit jours 12 moutons morts du charbon, envoya le sang d'un de ces moutons à Davaine qui s'empressa d'inoculer des lapins avec ce sang. Il reconnut la présence de ces petits bâtonnets immobiles et transparents qu'il appela la bactéridie charbonneuse. Le mot bactéridie est le diminutif de *bacterium*, genre de vibrions caractérisés par leur forme rectiligne. On pouvait croire que la cause du mal était trouvée, en d'autres termes que la relation de ces bactéridies avec la maladie qui avait entraîné la mort ne pouvait être mise en doute. Mais deux professeurs du Val-de-Grâce, Jaillard et Leplat, réfutèrent ces expériences.

Ils avaient fait venir, en plein été, d'un établissement d'équarrissage situé près de Chartres, un peu de sang charbonneux provenant d'une vache, sang qu'ils inoculèrent à des lapins. Les lapins étaient morts, mais sans présenter de bactéridies. Jaillard et Leplat affirmèrent que l'affection charbonneuse n'était pas une maladie parasitaire, que la bactéridie était un épiphénomène de la maladie et ne pouvait en être considérée comme la cause.

Davaine, refaisant les expériences de Jaillard et Leplat, trouva une nouvelle interprétation. La maladie que ses contradicteurs avaient inoculée, disait-il, n'était pas le charbon. Alors, au lieu de sang de vache, Jaillard et Leplat parlèrent de faire venir du sang de mouton charbonneux. Il fut facile à un vétérinaire de Chartres, M. Boutet, de répondre à ce désir. Quelques gouttes de sang furent envoyées. Sang de mouton ou sang de vache, les résultats furent les mêmes. Pas de bactéridies. Y avait-il donc deux maladies distinctes? L'incertitude était dans tous les esprits.

D'autres observateurs étaient venus à leur tour. Un jeune médecin allemand, qui débutait dans une petite commune d'Allemagne, le Dʳ Koch, avait eu l'idée, en 1876, de chercher un milieu de culture pour la bactéridie. Quelques gouttes d'humeur aqueuse, recueillies dans l'œil des bœufs ou des lapins, lui parurent favorables. Au bout de quelques heures de cette nutrition, les bâtonnets observés au microscope étaient de dix, de quinze, de vingt fois plus grands qu'au début. Ils s'allongeaient démesurément au point que tout le champ du microscope en était couvert. On aurait pu les comparer à un peloton de fil embrouillé. En examinant ces filaments dans leur longueur, le Dʳ Koch les vit, au bout d'un certain temps, rempli de petites taches espacées. C'était, çà et là, comme une ponctuation de spores. Dans une conférence scientifique à Glasgow, quelques mois après, Tyndall, qui savait intéresser par une perpétuelle variété de tons son auditeur ou son lecteur, disait familièrement que ces petits corps ovoïdes étaient contenus dans l'enveloppe du filament comme des pois dans leur cosse. Or, remarque intéressante, Pasteur, lorsqu'il étudiait, dans la maladie des vers à soie, le mode de reproduction des vibrions de la flacherie, les avait vus se fragmenter, former des spores, semblables à des corpuscules brillants; il avait démontré que ces spores pouvaient, ainsi que des graines et après plusieurs années, reprendre vie et continuer leur œuvre désastreuse. La bactéridie charbonneuse ou, comme on disait encore, le *bacillus anthracis* se reproduisait de cette manière. L'inoculation, faite par le Dr Koch à des cochons d'Inde, à des lapins et à des souris provoquait le charbon aussi facilement et aussi fatalement que le sang des veines d'un animal mort charbonneux. Bâtonnets et spores donnaient ainsi le secret de la contagion. Il semblait que le fait fût établi, lorsque Paul Bert, au mois de janvier 1877, vint annoncer à la Société de biologie qu'il était « possible de faire périr le bacillus anthracis dans la goutte de sang par l'oxygène comprimé, d'inoculer ce qui reste et de reproduire la maladie et la mort sans que la bactéridie se montrât... Les bactéridies, ajoutait-il, ne sont donc ni la cause, ni l'effet nécessaire de la maladie charbonneuse. Celle-ci est due à un virus. »

Pasteur aborda le sujet. Une petite goutte de sang d'un animal mort du charbon, une goutte microscopique, fut déposée, ensemencée, après les précautions habituelles de pureté, dans un ballon stérilisé qui contenait de l'urine neutre ou légèrement alcaline. Le liquide de culture pouvait être également du bouillon ordinaire, du bouillon de ménage, ou encore de l'eau de levure de bière, l'un et l'autre neutralisés par la potasse. Au bout de peu d'heures, quelque chose de floconneux nageait dans ce liquide. La bactéridie pouvait être vue, non sous la forme de bâtonnets courts et cassés, mais sous l'apparence de filaments enchevêtrés comme des écheveaux. Se trouvant là en bon terrain de culture, elle s'étirait, elle s'allongeait. Une goutte de ce liquide prélevée dans le premier flacon servit à ensemencer un second flacon, dont une goutte servit de même à ensemencer un troisième, et ainsi de suite jusqu'à un quarantième. La semence de ces cultures successives provenait toujours d'une gouttelette de la culture précédente. Introduisait-on une gouttelette d'un de ces flacons sous la peau d'un lapin ou d'un cobaye, c'était la maladie charbonneuse, c'était la mort que l'on inoculait. Mêmes symptômes, mêmes caractères que si l'on avait inoculé la goutte de sang primitive.

Que devenait, en présence des résultats de ces cultures successives, l'hypothèse d'une substance inanimée, pouvant être contenue dans la première goutte de sang qui avait servi au premier ensemencement? Elle était diluée dans des proportions qu'on ne pouvait même plus imaginer. Dès lors, ce serait une absurdité, pensait Pasteur, d'admettre que la dernière virulence emprunte son pouvoir à un agent virulent existant dans la goutte du sang originaire. C'est à la bactéridie, qui s'est multipliée dans chaque culture, et à la bactéridie seule, qu'est dû ce pouvoir. La vie de la bactéridie avait fait la virulence. « Le charbon était donc bien, selon les expressions de Pasteur, la maladie de la bactéridie, comme la trichinose est la maladie de la trichine, comme la gale est la maladie de l'acarus qui lui est propre, avec cette circonstance toutefois que dans le charbon, le parasite, pour être aperçu, exige l'emploi du microscope et de forts grossissements. » Après que la bactéridie eut présenté, au bout de quelques heures, d'un ou deux jours au plus, ces longs filaments, un autre spectacle suivit. Au milieu de ces filaments, apparaissaient des noyaux allongés, les germes, les spores, les graines qu'avait signalés le Dr Koch. Ces spores, semées à leur tour dans du bouillon, reproduisaient les petits paquets filamenteux, les bactéridies. Pasteur faisait remarquer qu' « un seul germe de bactéridie dans la goutte ensemencée, se multiplie dans les heures suivantes et finit par remplir tout le liquide d'un feutrage de bactéridies si abondant qu'à l'œil nu on dirait qu'on a délayé dans le liquide une bourre de coton cardé ».

Un disciple qui allait être étroitement associé à ces travaux sur le charbon, M. Chamberland, a défini ainsi ce que venait de faire Pasteur : « Par son admirable procédé des cultures en dehors de l'organisme, Pasteur montre que les bâtonnets qui existent dans le

sang et auxquels il conserve le nom de bactéridies, qui leur a été
donné par Davaine, sont des êtres vivants pouvant se reproduire
indéfiniment dans des liquides appropriés, à la façon d'une plante
dont on ferait successivement des boutures pour la multiplier. La
bactéridie ne se reproduit pas seulement sous la forme filamenteuse,
elle peut aussi donner des spores ou germes, à la manière de beaucoup de plantes qui présentent deux modes de reproduction, par
boutures et par graines. »

Le premier point était donc maintenant déterminé. Le terrain
entrevu et abordé par Davaine, mais qu'il n'avait pas pu défendre
contre les attaques, était désormais domaine scientifique, à l'abri
de toute nouvelle tentative.

Restait pourtant à expliquer les expériences de Jaillard et Leplat.
Comment avaient-ils provoqué la mort avec du sang d'un animal
charbonneux et n'avaient-ils retrouvé aucune bactéridie ? C'est alors
que Pasteur guidé, comme le disait Tyndall, par « son extraordinaire faculté de combiner les faits avec les raisons de ces faits »,
se plaça tout d'abord dans les conditions de Jaillard et Leplat qui
avaient reçu, en plein été, du sang d'une vache et d'un mouton
charbonneux, sang qui avait été évidemment prélevé plus de vingt-
quatre heures avant l'expérience. Pasteur, qui projetait d'aller sur
place, dans le clos d'équarrissage situé près de Chartres, recueillir
lui-même du sang charbonneux, écrivit d'avance pour que l'on
conservât pendant deux ou trois jours les cadavres des animaux
morts du charbon. Il arriva dans cet établissement, le 13 juin 1877,
accompagné du vétérinaire, M. Boutet. Trois cadavres étaient
étendus : un mouton mort depuis seize heures, un cheval dont la
mort remontait à vingt ou vingt-quatre heures et enfin une vache
morte depuis plus de quarante-huit heures, peut-être même depuis
trois jours, car on l'avait amenée d'une commune assez éloignée.
Le sang du mouton, dont la mort était récente, ne contenait que des
bactéridies charbonneuses. Dans le sang du cheval on trouvait,
outre les bactéridies, des vibrions de putréfaction. Ces vibrions domi-
naient plus encore dans le sang de la vache. Le sang du mouton,
inoculé à des cochons d'Inde, provoqua le charbon avec bactéridies

pures. Le sang du cheval et celui de la vache amenèrent une mort rapide sans bactéridies.

Dès lors, ce qui s'était passé dans les expériences de Jaillard et Leplat, ainsi que dans les expériences inachevées et incertaines de Davaine, devenait très simple pour Pasteur. Tout lui apparaissait avec une parfaite clarté. Et cette lumière s'allumait après une autre confusion causée par un nouvel expérimentateur qui était venu dire son expérience dix ans après les discussions de Jaillard, Leplat et Davaine.

C'était un vétérinaire de Paris, M. Signol. Il avait écrit à l'Académie des sciences qu'il suffisait d'assommer ou mieux, d'asphyxier un animal sain pour que, dans l'intervalle de seize heures au moins, le sang de cet animal, prélevé dans les veines profondes, devînt virulent. M. Signol avait cru voir des bactéridies immobiles et identiques aux bactéridies charbonneuses; mais ces bactéridies, disait-il, étaient incapables de pulluler dans les animaux inoculés. Toutefois le sang était tellement virulent que les animaux succombaient rapidement d'une mort analogue à celle causée par le charbon. Une commission fut nommée pour vérifier le fait. Pasteur en fit partie avec son confrère Bouillaud, toujours si vif, si alerte, malgré ses quatre-vingts ans, et qui avait moins l'air d'un vieillard que d'un jeune homme ridé, et son autre confrère Bouley, de vingt ans plus jeune que Bouillaud, Bouley le premier vétérinaire de France qui ait siégé à l'Institut. « Il marquait bien, » suivant le mot familier que l'on emploie au régiment. Haute taille, regard droit, clair, bienveillant, moustache un peu blanchie qui tombait, sans la cacher, sur une bouche spirituelle et narquoise. Sa physionomie était toute de vaillance et de belle humeur. Il était heureux de mettre son talent d'orateur et d'écrivain au service de ceux qui travaillaient pour exposer ou répandre des idées. Il ne devait pas tarder à être l'ardent, l'infatigable propagateur des découvertes de celui qu'il appelait « le maître ».

Le jour où se réunit cette commission, M. Signol montra le cadavre d'un cheval qu'il avait sacrifié la veille pour cette expérience. Il l'avait asphyxié en pleine santé. Pasteur découvrit dans les veines profondes de ce cheval et montra à Bouley, ainsi qu'à MM. Joubert et Chamberland, un long vibrion, translucide au point d'échapper facilement au regard, rampant, flexueux et qui, d'après une comparaison de Pasteur, écartait les globules du sang comme un serpent écarte l'herbe dans les buissons. C'était le vibrion septique. Du péritoine où il pullule, ce vibrion passe, quelques heures après la mort, dans le sang. Il représente comme l'avant-garde des vibrions de putréfaction. Or, en demandant du sang charbonneux, Jaillard et Leplat avaient reçu du sang à la fois charbonneux et septique. La septicémie, si prompte dans son action que des moutons ou des lapins inoculés succombent en vingt-quatre ou trente-six heures, avait fait périr les lapins de Jaillard et Leplat. C'était également la septicémie provoquée par ce vibrion (ou les germes de ce vibrion, car lui aussi a des germes), que M. Signol avait, tranquillement et à son insu, inoculée aux animaux soumis à ces expériences. Des cultures successives de ce vibrion septique permirent à Pasteur de montrer, comme il l'avait fait pour la bactéridie charbonneuse, qu'une goutte de ces cultures provoquait chez un animal la septicémie. Mais tandis que la bactéridie charbonneuse est aérobie, le vibrion septique, étant anaérobie, doit être cultivé dans le vide ou dans l'acide carbonique. Et cultivant alors ces bactéridies et ces vibrions avec autant de soin que certains hollandais des variétés de tulipes, Pasteur arrivait à séparer la bactéridie charbonneuse et le vibrion septique quand ils étaient temporairement associés. Etait-ce une culture au contact de l'air, on n'avait que la bactéridie. Etait-ce une culture à l'abri de l'air, on n'avait que le vibrion septique. Restait à expliquer ce que Pasteur appelait le fait Paul Bert. Ce fut bien simple. Le sang que Paul Bert avait reçu de Chartres était de la même qualité que celui qui avait été adressé à Jaillard et Leplat : c'était un sang non seulement charbonneux, mais déjà septique. Si les filaments de bactéridies ou les filaments de vibrions septiques peuvent périr sous l'oxygène comprimé, il n'en va pas de même des corpuscules-germes. Ceux-là sont tenaces. On peut les chauffer un grand nombre d'heures à 70° sans les faire périr, on peut même les soumettre à une température de 95°. Action du vide, acide carbonique, oxygène comprimé, rien ne leur fait. Les bactéridies filamenteuses étaient donc tuées par Paul Bert sous l'influence de la pression, mais comme les germes ne s'en portaient pas plus mal, ces germes redonnaient la maladie charbonneuse. Paul Bert vint au laboratoire de Pasteur. Il vérifia les faits, contrôla les expériences. Le 23 juin 1877, il se rendit à la Société de biologie et s'empressa de reconnaître qu'il s'était trompé. Cela avec une loyauté toute française, selon le mot de Pasteur.

Malgré ce témoignage, et quelle que fût l'admiration pour Pasteur de certains médecins, — entre autres Henri Gueneau de Mussy, qui publia, précisément dans cette année 1877, un aperçu de la théorie du germe-contage et de l'application de cette théorie à l'étiologie de la fièvre typhoïde, — la lutte continuait entre les doctrines de Pasteur et les doctrines médicales. Elle couvait, se montrait parfois çà et là, en attendant le moment où elle pourrait éclater. C'est ainsi que dans la longue discussion qui s'ouvrit à l'Académie de médecine sur la fièvre typhoïde, discussion qui dura des mois et des mois pour reprendre encore quelques années plus tard, des maîtres de la parole médicale, faisant le procès de cette théorie des germes, proclamaient la spontanéité méconnue de l'organisme vivant. La fièvre typhoïde, disaient-ils, était engendrée en nous-mêmes et par nous-mêmes. Tandis que Pasteur avait la conviction que les maladies virulentes et contagieuses arriveraient un jour, — et c'était là le but suprême de toute son œuvre, — à être rayées des préoccupations, des angoisses et des deuils de l'humanité, et que les infiniment petits, connus, isolés, étudiés, seraient enfin vaincus, on allait répétant que c'était autant de rêveries et d'utopies. Les vieux professeurs qui avaient édifié leur carrière sur un ensemble d'idées dont ils faisaient la vérité médicale, étourdis par toutes ces choses nouvelles, essayaient, comme Piorry, de rappeler l'attention sur leurs écrits d'autrefois. « Ce n'est pas la maladie, être abstrait, disait Piorry, qu'il s'agit de traiter, c'est le malade qu'il faut étudier avec le plus grand soin par tous les moyens physiques, chimiques et cliniques que la science comporte. »

La contagion que Pasteur faisait voir, qui apparaissait si nettement dans les désordres que montraient les cadavres des cobayes
charbonneux, le ventre ouvert, les quatre pattes épinglées sur une
planchette d'autopsie, était comptée pour rien. Quant à l'assimi-
lation d'une expérience de laboratoire sur des lapins et des cochons
d'Inde à ce qui se passait dans la pathologie humaine, on devine
combien c'était chose négligeable pour ceux qui n'admettaient même
pas la possibilité d'une comparaison entre la médecine vétérinaire
et la médecine proprement dite. C'est ce milieu hostile qu'il serait
intéressant de reconstituer afin d'apprécier ce qu'il fallut à Pasteur
d'efforts de volonté pour triompher des obstacles qui lui étaient
suscités de toutes parts dans le monde médical et dans le monde
vétérinaire.

Le professeur de l'Ecole d'Alfort, Colin, qui, depuis dix à douze
ans, avait fait, disait-il, plus de cinq cents expériences sur le
charbon, ne tarda pas, après les notes de Pasteur sur la bactéridie
charbonneuse, à exposer, en dix-sept pages, lues à l'Académie de
médecine le 31 juillet, que les résultats des expériences de Pasteur
n'avaient pas l'importance que Pasteur leur attribuait. Parmi tant
d'objections formulées, il y en avait une capitale, aux yeux de
Colin ; c'était l'existence d'un agent virulent placé dans le sang à
côté des bactéridies.

Bouley, qui venait de communiquer à l'Académie des sciences
une note d'un professeur à l'Ecole vétérinaire de Toulouse,
M. Toussaint, dont les expériences concordaient avec celles de
Pasteur, avait été cependant quelque peu ému par la lecture de
Colin. Il écrivit dans ce sens à Pasteur, qui était alors dans le
Jura où il passait les vacances. Pasteur lui adressa une lettre
aussi vigoureuse qu'une de ses répliques à l'Académie.

« Arbois, 18 août 1877. Mon cher confrère... je m'empresse de
vous répondre. Oh ! que j'aurais envie de prendre à la lettre l'honneur que vous me faites en m'appelant « votre maître » et de vous
donner une bonne et verte leçon, homme de peu de foi, qui parais-
sez avoir été touché par la lecture de M. Colin à l'Académie de
médecine, puisque vous dissertez encore sur la possibilité d'un agent

virulent, et que vos incertitudes semblent calmées par une note nouvelle présentée par vous lundi dernier à l'Académie des sciences.

« Laissez-moi vous dire, en toute franchise, que vous n'êtes pas assez pénétré des enseignements que renferment les lectures que j'ai faites, en mon nom et au nom de M. Joubert, à l'Académie des sciences et à l'Académie de médecine. Croyez-vous donc que je les aurais faites ces lectures, si elles avaient eu besoin des confirmations dont vous me parlez, ou si les contradictions de M. Colin avaient pu les atteindre? Vous savez bien quelle est ma situation dans ces graves controverses ; vous savez bien qu'ignorant, comme je le suis, de toutes les connaissances médicales et vétérinaires, je serais immédiatement taxé de présomption, si j'avais la témérité de prendre la parole sans être armé pour le combat, la lutte et la victoire. Tous, à l'envi, et avec raison, vétérinaires et médecins, vous me jetteriez la pierre si j'apportais dans vos débats des semblants de preuves.

« Comment n'avez-vous pas remarqué que M. Colin a travesti, je devrais même dire supprimé, parce qu'elle gênait ses croyances, l'importante expérience des cultures successives de la bactéridie dans l'urine? Mêler une goutte de sang charbonneux à de l'eau, à du sang pur, à du sérum ou à l'humeur de l'œil, comme l'ont fait Davaine, Koch et M. Colin lui-même, puis inoculer une partie du mélange et provoquer la mort, c'est laisser le doute dans l'esprit sur la cause de la virulence, principalement depuis les célèbres expériences de Davaine sur la septicémie. Tout autre est notre expérience... »

Et Pasteur montrait comment de cultures en cultures artificielles il arrivait à la cinquantième, à la centième, et comment il suffisait d'une goutte de cette centième culture, identique à la première, pour déterminer la mort aussi sûrement qu'avec une goutte de sang charbonneux.

Les mois passaient et il en était peu qui ne fussent, — ainsi que l'avait souhaité Pasteur pour ses années de jeunesse, — marquées par un progrès. Dans une lettre intime à son vieux camarade et ami d'Arbois, Jules Vercel, il écrivait, le 11 février 1878 : « Je suis très occupé. Jamais, à aucune époque de ma carrière scientifique je n'ai tant travaillé, ni été tant intéressé par les résultats de mes recherches qui jetteront, je l'espère, de nouvelles et grandes lumières sur certaines branches très importantes de la médecine et de la chirurgie. »

Devant ces découvertes successives c'était à qui dirait son mot. Tant de faits accumulés étaient cependant regardés de haut par cette catégorie de gens à qui un mélange d'ignorance, de dédain et de parti pris donne un ton assuré. En revanche, il y en avait d'autres, et parmi eux on comptait les plus grands, qui proclamaient impérissables les travaux de Pasteur et trouvaient que le mot de théorie dont se servait Pasteur méritait d'être changé en celui de doctrine. Un de ceux qui avaient le droit de parler ainsi en pleine connaissance de cause était le Dr Sédillot. Son esprit critique, avisé, l'avait empêché de ressembler à tant d'autres vieillards qui, selon une comparaison de Sainte-Beuve, arrêtent leur montre à un moment donné, et ne savent et ne veulent plus compter les heures du progrès. Cet ancien directeur de l'Ecole du service de santé militaire de Strasbourg, qui était à la retraite en 1870, avait repris, on s'en souvient peut-être, son poste de chirurgien volontaire dès l'engagement de Wissembourg. Ce fut de l'ambulance de Hagueneau qu'il adressa à l'Académie des sciences, dont il était correspondant, une lettre sur la mortalité effrayante des blessés, mortalité qui défiait ses soins et déconcertait son dévouement. Très modeste, il appelait la sollicitude de ses confrères sur le problème de l'infection purulente, de la pourriture d'hôpital. L'Académie l'avait nommé, après la guerre, membre titulaire. Nul ne suivait les travaux de Pasteur avec plus d'attention que ce grand vieillard de soixante-quatorze ans, à la physionomie sévère et triste. Il était de ceux qui avaient été arrachés à la terre d'Alsace et qui ne s'en consolaient pas. Au mois de mars 1878, il lut à l'Académie une note intitulée : De l'influence des travaux de M. Pasteur sur les progrès de la chirurgie.

Ces découvertes qui avaient, disait-il, profondément modifié l'état de la chirurgie et en particulier le traitement des plaies, il les mon-

trait pouvant toutes se rattacher à un principe. Ce principe descendait aux faits partiels, expliquait les succès de Lister, comment
certaines opérations étaient devenues possibles et comment certaines
guérisons, inespérées autrefois, étaient maintenant signalées de
toutes parts. Le véritable progrès était là. Et Sédillot concluait par
un dernier paragraphe qui mérite d'être recueilli, lui aussi, comme
le précieux commentaire d'un contemporain : « Nous aurons assisté
à la conception et à la naissance d'une chirurgie nouvelle, fille de
la science et de l'art, qui ne sera pas une des moindres merveilles
de notre siècle et à laquelle les noms de Pasteur et de Lister res-
teront glorieusement attachés. »

Sédillot, dans cette communication, inventa un néologisme pour
caractériser tout cet ensemble d'organismes et d'infiniment petits :
vibrions, bactéries, bactéridies, etc. Il proposa de les désigner tous
sous le terme générique de *microbe*. Ce mot avait, aux yeux de
Sédillot, l'avantage d'être court et d'avoir une signification générale.
Toutefois, pris de scrupule avant de l'employer, il consulta Littré qui
lui répondit le 26 février 1878 :

« Très cher confrère et ami, *microbe* et *microbie* sont de très bons
mots. Pour désigner les animalcules je donnerais la préférence à
microbe, d'abord parce que, comme vous le dites, il est plus court,
puis parce qu'il réserve *microbie*, substantif féminin, pour la dési-
gnation de l'état de microbe. »

Certains linguistes se donnèrent carrière, au nom du grec, pour
critiquer la formation du mot. Microbe, disaient-ils, signifie plutôt
animal à vie courte qu'animal infiniment petit. Littré donna un
second certificat de vie au mot microbe :

« Il est bien vrai, écrit-il à Sédillot, que μικρόβιος et μακρόβιος
signifient, dans la grécité, à *courte vie* et à *longue vie*. Mais, comme
vous le remarquez justement, il s'agit non pas de la grécité proprement dite, mais de l'emploi que notre langage scientifique fait
des radicaux grecs. Or la langue grecque a βίος, vie, βιοῦν, vivre,
βιούς, vivant, dont le radical peut très bien figurer sous la forme de
be ou *bie* avec le sens de vivant dans *aérobie, anaérobie, microbe*.
Mon sentiment est de ne pas répondre à la critique et de laisser le

mot se défendre lui-même, ce qu'il fera sans doute. » Pasteur, en l'adoptant, allait lui faire faire le tour du monde.

Si, pendant ce mois de mars 1878, Pasteur avait été heureux d'entendre, à l'Académie des sciences, les paroles de Sédillot, avant-courrières de la postérité, il avait entendu à l'Académie de médecine des communications d'un tout autre genre. Colin d'Alfort, de la place isolée où se plaisait sa misanthropie, avait recommencé ses critiques contre Pasteur d'une voix processive qu'il cadençait lentement, uniformément, quelle que fût la variété des objections. Comme il parlait incessamment d'un état de virulence charbonneuse sans bactéridies, Pasteur impatienté pria l'Académie de nommer une commission qui serait juge.

« Quand, disait-il, la lumière a été faite sur un sujet par des preuves expérimentales sérieuses et non réfutées, il ne faut pas que la science traîne à sa suite des assertions sans preuves qui remettent tout en question. Je demande expressément que M. Colin soit mis en demeure de démontrer ce qu'il avance, d'autant plus que son assertion implique cette autre, qu'une matière organique, ne renfermant ni bactéridies, ni germes de bactéridies, produit dans le corps d'un animal vivant des bactéridies charbonneuses. C'est la génération spontanée de la bactéridie. »

Comment Colin, — homme de labeur s'il en fût, qui dans les premières pages de son *Traité de physiologie comparée des animaux* avait rendu hommage à la méthode d'observation et d'expérience, seule capable, disait-il, de conduire à de grands résultats, — se laissait-il emporter, en face d'un des plus beaux exemples de cette méthode, à un esprit de défiance et de négation ? Il est vrai que, dans ces mêmes pages, on pouvait relever, çà et là, une pointe de critique contre certains contemporains en général, et contre Claude Bernard en particulier. Mais ce qui n'était alors que contradiction passagère était devenu contradiction permanente. Il suffisait que Pasteur dît blanc pour que Colin répondît noir. En séance, hors de séance, se répandant en longs discours, ou glissant des petites remarques murmurées, il était toujours d'un avis opposé. Pasteur avait dit que les oiseaux et, notamment les poules ne

prenaient pas la maladie charbonneuse. Colin s'était empressé de
dire que rien n'était plus facile que de donner le charbon aux
poules. Il l'avait dit au moment même où Pasteur s'était borné à
constater le contraire dans une lecture du 17 juillet 1877. Colin
venait précisément de demander à Pasteur de lui remettre une
culture de bactéridies. Pasteur le pria, puisque les poules contractaient si facilement le charbon, d'avoir la bonté, en échange de
l'échantillon de bactéridies, de vouloir bien lui apporter une poule
charbonneuse. Parole dite, promesses échangées. L'histoire de la
poule de Colin, Pasteur devait la rendre célèbre par un récit fait
au mois de mars 1878. Ce fut comme un intermède au milieu de
ces discussions techniques.

Pasteur, rappelant sa communication de juillet 1877 sur le charbon, racontait la chose ainsi : «,A la fin de la semaine (de cette
semaine de juillet), je vois entrer M. Colin dans mon laboratoire et,
avant même de lui serrer la main, je lui dis : « Et ma poule charbonneuse, vous ne l'avez donc pas ? » M. Colin me répondit : « Ayez
confiance en moi, vous l'aurez la semaine prochaine. » « Je partis
en vacances. Aussitôt après mon retour, et à la première séance de
l'Académie à laquelle j'assistai, je me dirigeai vers M. Colin et je
lui dis : « Et ma poule devant mourir du charbon, où est-elle ? —
Je viens, me répondit M. Colin, de reprendre mes expériences sur
le charbon ; dans quelques jours je vous porterai une poule charbonneuse. » Les jours et les semaines s'écoulèrent, non sans de
nouvelles instances de ma part et de nouvelles promesses de
M. Colin. Un jour, il y a deux mois environ, M. Colin m'avoua
qu'il s'était trompé autrefois et qu'il ne lui était pas possible de
donner le charbon aux poules. « Eh bien ! mon cher confrère,
ajoutai-je, je vous montrerai qu'il est possible de donner le charbon
aux poules, et c'est moi qui vous porterai un jour, à Alfort une
poule devant mourir du charbon. »

« J'ai raconté à l'Académie cette histoire de la poule tant promise
par M. Colin, afin de bien montrer que notre collègue n'avait
jamais contredit nos observations sur le charbon que d'une façon
fort peu sérieuse. »

Colin, après avoir commencé par parler de beaucoup d'autres choses, finit par dire : « Je regrette de n'avoir pu jusqu'ici remettre à M. Pasteur une poule malade ou morte du charbon. Les deux que j'avais achetées à cet effet ont été inoculées plusieurs fois dans des séries de piqûres avec un sang très actif. Ni l'une ni l'autre n'est devenue charbonneuse. Peut-être l'expérience aurait-elle réussi après de nouvelles tentatives, mais un chien vorace y a mis fin en mangeant un beau jour les deux bêtes dont on avait probablement mal fermé la cage. »

Le mardi qui suivit cet incident, le 19 mars 1878, ceux qui passaient rue d'Ulm virent avec quelque surprise Pasteur tenant gaiement à la main une cage où l'on voyait trois poules, l'une morte, les deux autres vivantes. Ainsi chargé, il monta dans un fiacre qui le conduisit à l'Académie de médecine. Au commencement de la séance, il déposa sur le bureau cette cage inattendue. Il expliqua que la poule morte avait été inoculée du charbon l'avant-veille, le dimanche à midi, par cinq gouttes d'eau de levure, employée comme liquide nutritif pour une semence de bactéridies parfaitement pures, qu'elle était morte le lundi soir à cinq heures, après vingt-neuf heures d'inoculation. Il expliqua en outre, en son nom et au nom de MM. Joubert et Chamberland, comment, en présence de ce fait curieux que les poules étaient réfractaires au charbon, ils avaient eu l'idée de rechercher si cette préservation singulière et restée jusque-là si mystérieuse n'avait pas sa cause dans la température du corps des poules, « plus élevée de quelques degrés que la température du corps de toutes les espèces animales que le charbon peut décimer ».

Cette idée préconçue fut suivie d'une expérience ingénieuse. Pour abaisser de quelques degrés la température du corps d'une poule inoculée, on lui donna un bain où le tiers du corps plongeait et était maintenu. Quand on la traite ainsi, la poule meurt le lendemain, disait Pasteur. « Tout son sang, la rate, le poumon, le foie, sont remplis de bactéridies charbonneuses susceptibles de cultures ultérieures, soit dans des liquides inertes, soit dans le corps des animaux. Nous n'avons pas eu jusqu'ici une seule exception. »

Pour témoigner du succès de cette expérience, la poule blanche gisait au fond de la cage. Comme il ne manquait pas de gens, même à l'Académie, qui auraient pu accuser le bain prolongé d'avoir amené la mort, une des deux poules vivantes, la poule au plumage grisâtre et qui ne demandait qu'à sortir de l'Académie, avait été placée dans un bain pendant le même temps et à la même température. Restait la troisième, une poule noire qui s'agitait, très vaillante. Elle avait été inoculée du charbon en même temps que la poule blanche, avec le même liquide charbonneux. Elle en avait même reçu dix gouttes au lieu de cinq pour rendre le résultat comparatif plus probant. Elle n'avait pas été soumise au traitement du bain. Vous voyez que sa santé est parfaite, disait Pasteur. « On ne peut donc douter que la mort de la poule blanche soit due uniquement à l'inoculation charbonneuse, et d'ailleurs les bactéridies qui remplissent son corps en font foi. »

Il y avait à faire une quatrième expérience sur une quatrième poule. Mais il aurait fallu que l'Académie de médecine tint séance de nuit. Faute de temps, la chose ne put être essayée que plus tard au laboratoire. Une poule inoculée du charbon pouvait-elle, par le simple fait d'être retirée de son baquet d'eau, entrer en convalescence et se guérir ? On en prit une ; elle fut inoculée, maintenue prisonnière dans un bain, les pattes attachées au fond du baquet, jusqu'au moment où l'on constata que la maladie charbonneuse l'envahissait. Retirée alors de ce bain, la poule mouillée était emmaillottée de coton et réchauffée dans une étuve à 35°. La bactéridie, arrêtée dans son développement, disparaissait; elle était résorbée dans le sang. La poule était sauvée. Remise dans une cage du sous-sol du laboratoire, elle attendait quelque autre destin d'inoculation. Que d'idées se levaient devant l'esprit de ceux qui suivaient de pareilles expériences! Une température de 42°, qui est la température des poules, descendant seulement à 38°, et voilà une réceptivité provoquée. Il suffisait donc que la température de la poule réfractaire au charbon se rapprochât, par immersion, de la température d'un lapin ou d'un cochon d'Inde pour que la poule ne fût plus qu'une victime comme eux.

Maladie, mort, influence d'un milieu, c'étaient inductions de toutes sortes.

Dans cette même période, entre les enthousiasmes de Sédillot et les attaques de Colin, on pouvait trouver une autre note, une note moyenne, qui correspondait assez exactement à l'état d'esprit attentif de quelques médecins et de quelques chirurgiens qui s'empressaient d'enregistrer ces résultats, de les célébrer et de finir par un mélange d'admiration et d'attente.

Ces faits, écrivait un rédacteur de la *Gazette hebdomadaire de médecine et de chirurgie*, M. Lereboullet, dans un compte rendu de la séance de l'Académie de médecine, ces faits « éclairent d'un jour nouveau la théorie de la genèse et du développement des bactéridies charbonneuses. Ils seront vérifiés et contrôlés par de nouveaux expérimentateurs, et il semble très probable que M. Pasteur, qui n'apporte jamais à la tribune académique aucune assertion prématurée ou conjecturale, en déduira au point de vue de l'étiologie des maladies virulentes des conclusions d'un grand intérêt. »

Même à ceux qui, comme M. Lereboullet, admiraient le plus Pasteur, il semblait qu'on ne dût pas donner immédiatement aux microbes une place aussi prépondérante. A la fin de ce compte rendu, daté du 22 mars 1878, il rappelait qu'une discussion était ouverte à l'Académie de médecine et que le chirurgien M. Léon Le Fort n'admettait pas la théorie des germes dans ce qu'elle avait d'absolu. Certes M. Le Fort reconnaissait « tous les services que les études du laboratoire ont rendus à la chirurgie en appelant l'attention sur certains accidents des plaies et en provoquant de nouvelles recherches faites en vue d'améliorer les méthodes de pansement »... « Comme tous ses confrères de l'Académie, comme notre éminent maître M. Sédillot, ajoutait M. Lereboullet, M. Le Fort rend hommage aux travaux de M. Pasteur; mais il reste dans son rôle de clinicien en faisant quelques réserves au sujet de toutes leurs applications à la chirurgie. »

Ces réserves avaient été vives. M. Le Fort disait en propres termes : « Cette théorie dans ses applications à la clinique chirurgicale est absolument inacceptable. » Pour lui, l'infection purulente primitive, bien que venant de la plaie, naissait sous l'influence de phènomènes locaux et généraux *intérieurs* et non *extérieurs* au malade. Ces deux mots, M. Le Fort les soulignait. Il pensait que l'économie avait le pouvoir de faire l'infection purulente, sous des influences diverses. Il y avait un poison septique créé, un poison né spontanément, qui se propageait ensuite à d'autres malades par les intermédiaires, c'est-à-dire les instruments, les objets des pansements, les mains du chirurgien. Mais à l'origine, avant la propagation du germe-contage, il y avait infection purulente primitivement et spontanément développée. Et, pour résumer avec force ce qu'il enseignait et ce qu'il écrivait sur ce point, M. Le Fort disait, en pleine séance de l'Académie de médecine : « Je crois à l'*intériorité* du principe de l'infection purulente chez certains malades ; c'est pour cela que je repousse l'extension à la chirurgie de la théorie des germes qui proclame l'*extériorité constante* de ce principe. »

Pasteur s'était levé.

« Avant que l'Académie accepte les conclusions de la lecture qu'elle vient d'entendre, — dit-il de cette voix pleine d'énergie qui était si bien la voix adéquate à la fermeté de ses principes scientifiques, — avant la condamnation de la théorie des germes en pathologie, je serais heureux qu'elle voulût bien attendre l'exposé des recherches que je poursuis en collaboration de MM. Joubert et Chamberland. »

Son impatience de prendre la parole dans ce débat, où il s'agissait de savoir si oui ou non la médecine et la chirurgie donneraient à la théorie des germes une place décisive, était tellement forte que séance tenante il formula, comme autant de têtes de chapitres, des propositions sur la septicémie ou l'infection putride, sur le vibrion septique proprement dit, sur les germes de ce vibrion pouvant former poussière que le vent transporte, que les eaux tiennent en suspension, sur la vitalité de ces germes. Il attira l'attention sur les méprises auxquelles on s'exposait si, dans cette connaissance nouvelle de ces petits êtres, on ne tenait compte que de leur aspect morphologique. « Le vibrion septique par exemple, disait-il, passe, suivant les milieux où on le cultive, par des formes, par des longueurs, par des grosseurs si différentes qu'on croirait avoir sous les yeux des êtres spécifiquement séparés les uns des autres. »

Ce fut le 30 avril 1878 qu'éclata cette communication fameuse sur la théorie des germes, faite en son nom et au nom de MM. Joubert et Chamberland. Plus de phrases rapides, plus d'aphorismes comme au moment de la discussion; un exorde grand et fier :

« Les sciences gagnent toutes à se prêter un mutuel appui. Lorsque, à la suite de mes premières communications sur les fermentations, en 1857-1858, on put admettre que les ferments proprement dits sont des êtres vivants, que des germes d'organismes microscopiques abondent à la surface de tous les objets, dans l'atmosphère et dans les eaux, que l'hypothèse d'une génération spontanée est présentement chimérique, que les vins, la bière, le vinaigre, le sang, l'urine et tous les liquides de l'économie n'éprouvent aucune de leurs altérations communes au contact de l'air pur, la médecine et la chirurgie jetèrent les yeux sur ces clartés nouvelles. Un médecin français, le Dr Davaine, fit la première application heureuse de ces principes à la médecine, en 1863. »

Dans ces quelques lignes se trouvaient rassemblés des sujets d'étude qui, passant des recherches industrielles à des recherches physiologiques, paraissaient, à première vue, bien étrangers les uns aux autres. Mais les barrières qui séparent les sciences, et qui sont imaginées sans doute pour ménager les forces humaines dans certaines limites, semblaient tout à coup s'abaisser. N'avait-on pas, du reste, l'exemple le plus saisissant du côté factice des séparations et des catégories lorsqu'un savant tel que Pasteur, qui avait été élu à l'Académie des sciences comme minéralogiste, montrait, par l'enchaînement de ses études depuis plus de trente ans, que la science est une et qu'elle embrasse tous les sujets ? A peine l'attention des assistants avait-elle été sollicitée vers ces rapprochements inattendus que déjà Pasteur s'empressait de relier aux recherches de la veille sur l'étiologie du charbon, ses recherches présentes sur la septicémie. Il revint rapidement sur les heureux succès des cultures de la bactéridie charbonneuse et sur la preuve certaine, indiscutable, que la dernière aussi bien que la première culture agissait dans le corps des animaux en leur donnant le charbon. Puis il avoua la lacune qui s'était ouverte tout d'abord dans l'application d'une méthode semblable pour cultiver le vibrion septique. « Toutes nos premières expériences ont échoué, disait-il, malgré la variété des milieux de culture dont nous nous sommes servis : eau de levure de bière, bouillon de viande, etc. »

L'idée que ce vibrion pourrait être un organisme exclusivement anaérobie et que la stérilité des liquides ensemencés devait tenir à ce que le vibrion était tué par l'oxygène de l'air en dissolution dans ces liquides ; le rapprochement qu'offraient des faits de même ordre quand il s'agissait du vibrion de la fermentation butyrique, qui non seulement vit sans air, mais que l'air tue ; puis les essais dans le vide ou en présence du gaz acide carbonique pour cultiver le vibrion septique ; la réussite de ces deux tentatives ; et, comme corollaire de ces résultats, la preuve donnée que l'action de l'air tue les vibrions septiques, qu'on les voit alors sous forme de fils mouvants se détruire et disparaître, en quelque sorte brûlés par l'air : — tout cela Pasteur l'exposait magistralement. Puis, dans une pensée qui était comme une baie largement ouverte au milieu du détail de tant d'expériences, il disait :

« S'il est terrifiant de penser que la vie puisse être à la merci de la multiplication de ces infiniment petits, il est consolant aussi d'espérer que la science ne restera pas toujours impuissante devant de tels ennemis, lorsqu'on la voit, prenant possession de leur étude, nous apprendre, par exemple, que le simple contact de l'air suffit parfois pour les détruire... Mais si l'oxygène détruit les vibrions, continuait-il en allant au-devant des arguments de son auditoire, comment donc la septicémie peut-elle exister, puisque l'air atmosphérique est partout présent? Comment accorder ces faits avec la théorie des germes? Comment du sang exposé au contact de l'air peut-il devenir septique par les poussières que l'air renferme? Tout est caché, obscur, et matière à discussion quand on ignore la cause des phénomènes ; tout est clarté quand on la possède. »

Dans un liquide septique et exposé au contact de l'air, les vibrions meurent et disparaissent. Mais, au-dessous de ces couches supérieures, dans les couches profondes, — et il suffit d'un centimètre d'épaisseur du liquide septique pour que le mot couches profondes soit une expression juste, — « les vibrions, disait Pasteur, protégés contre l'action de l'oxygène par leurs frères qui périssent au-dessus d'eux, continuent à se multiplier par scission ; puis, peu à peu ils passent à l'état de corpuscules-germes avec résorption du restant du corps du vibrion filiforme. Alors, à la place des fils mouvants de toutes dimensions linéaires, dont la longueur dépasse souvent le champ du microscope, on ne voit plus qu'une poussière de points brillants isolés ou enveloppés d'une gangue amorphe, à peine visible. Et voilà formée, vivante de la vie latente des germes, ne craignant plus l'action destructive de l'oxygène, voilà, dis-je, formée la poussière septique, et nous sommes armés pour l'intelligence de ce qui tout à l'heure nous paraissait si obscur ; nous pouvons comprendre l'ensemencement des liquides putrescibles par les poussières de l'atmosphère ; nous pouvons comprendre la permanence des maladies putrides à la surface de la terre ».

Brusquement encore s'ouvrait une nouvelle parenthèse pleine de lumière sur les maladies « transmissibles, contagieuses, infectieuses, dont la cause réside essentiellemement et uniquement dans la présence d'organismes microscopiques... C'est la preuve, expliquait-il, que, pour un certain nombre de maladies, il faut abandonner à tout jamais les idées de virulence spontanée, les idées de contage et d'éléments infectieux naissant tout à coup dans le corps de l'homme et des animaux et propres à donner origine à des maladies qui vont se propager ensuite, sous des formes cependant identiques à elles-mêmes ; toutes opinions fatales au progrès médical et qu'ont enfantées les hypothèses gratuites de génération spontanée, de matières albuminoïdes-ferments, d'hémiorganisme, d'archebiosis et tant d'autres conceptions sans fondement dans l'observation ».

Une expérience curieuse qui devait encore, au jugement de

Pasteur, être méditée par les chirurgiens, était l'expérience suivante. Après avoir pratiqué, à l'aide d'un coup de bistouri, une petite fente dans l'épaisseur des tissus d'un gigot, il y faisait pénétrer une goutte de culture du vibrion septique. Le vibrion faisait son œuvre. « La chair, dans ces conditions, disait Pasteur, est toute gangrenée, verte à sa surface, gonflée de gaz, s'écrase facilement en donnant une bouillie sanieuse dégoûtante. » Alors par une association d'idées immédiate, il s'adressait aux chirurgiens de l'Académie :

« Cette eau, cette éponge, cette charpie avec lesquels vous lavez ou vous recouvrez une plaie y déposent des germes qui, vous le voyez, ont une facilité extrême de propagation dans les tissus et qui entraîneraient infailliblement la mort des opérés dans un temps très court si la vie, dans ces membres, ne s'opposait à la multiplication de ces germes. Mais, hélas ! combien de fois cette résistance vitale est impuissante, combien de fois la constitution du blessé, son affaiblissement, son état moral, les mauvaises conditions du pansement n'opposent qu'une barrière insuffisante à l'envahissement des infiniment petits dont vous l'avez recouvert, à votre insu, dans la partie lésée. Si j'avais l'honneur d'être chirurgien, pénétré comme je le suis des dangers auxquels exposent les germes des microbes répandus à la surface de tous les objets, particulièrement dans les hôpitaux, non seulement je ne me servirais que d'instruments d'une propreté parfaite, mais, après avoir nettoyé mes mains avec le plus grand soin et les avoir soumises à un flambage rapide, ce qui n'expose pas à plus d'inconvénients que n'en éprouve le fumeur qui fait passer un charbon ardent d'une main dans l'autre, je n'emploierais que de la charpie, des bandelettes, des éponges préalablement exposées dans un air porté à la température de 130 à 150° ; je n'emploierais jamais qu'une eau qui aurait subi la température de 110 à 120°. Tout cela est très pratique. De cette manière, je n'aurais à craindre que les germes en suspension dans l'air autour du lit du malade ; mais l'observation nous montre chaque jour que le nombre de ces germes est pour ainsi dire insignifiant à côté de ceux qui sont répandus dans les poussières à la surface des objets ou dans les eaux communes les plus limpides. »

Il descendait aux plus petits détails; pas un ne lui semblait négligeable. C'est qu'il voyait en chacun d'eux une application des principes rigoureux qui devaient transformer la chirurgie, la médecine et l'hygiène.

La mise en état de défense contre les microbes, grâce aux substances qui les tuent ou empêchent leur développement, telles que l'acide phénique, le sublimé, l'iodoforme, le salol, etc.; tout ce qui constitue l'antisepsie ; puis, autre progrès, issu du premier, l'obstacle opposé à l'arrivée des microbes et des germes par la désinfection complète, la propreté absolue des instruments et des mains, de tout ce qui doit entrer en contact avec le blessé ou l'opéré, en un mot l'asepsie : combien d'existences humaines devaient être sauvées par ces applications d'une même méthode !

Au souvenir de la surprise heureuse que Pasteur avait éprouvée en Italie, quand il avait vu son nom inscrit avec gratitude sur un grand établissement de sériciculture, quelqu'un, après l'avoir entendu appeler avec tant de force les préoccupations incessantes des chirurgiens et des médecins sur la théorie des germes, aurait pu prophétiser qu'une ère nouvelle s'ouvrait, que dans quelques années ce nom serait invoqué au milieu de tous les amphithéâtres, gravé au-dessus des salles de médecine et de chirurgie, et que Pasteur assisterait vivant à la réalisation d'une partie des progrès et des bienfaits qui lui seraient dus.

En effet, malgré toutes les résistances, que de choses se dégageaient des enseignements du laboratoire ! Méthode de cultures pures, preuves expérimentales qu'un microbe est réellement agent de maladie et de contagion, car on peut le soumettre à un procédé de cultures successives en dehors de l'économie, enfin nécessité impérieuse de stérilisation; est-ce qu'il n'était pas évident que toutes ces choses s'imposeraient aux réflexions des médecins et des chirurgiens, des chirurgiens surtout, qui, au lieu d'être comme jadis, à leur insu, semeurs de principes infectieux, pourraient avoir désormais le droit de tenter des opérations audacieuses, en pleine sécurité ?

L'idée que l'humanité se délivrerait un jour de ces infiniment petits si redoutables, donnait à Pasteur une fièvre de travail, un besoin de nouvelles recherches, une immense espérance. Mais, une fois de plus, il savait se contenir, ne pas se jeter en études diverses sur tous les points, sérier les problèmes et il revenait au charbon.

Comme le pays le plus frappé était le pays chartrain, le ministre de l'Agriculture, prévenant un vœu du conseil général d'Eure-et-Loir, avait confié à Pasteur la mission d'étudier les causes du charbon dit spontané, c'est-à-dire qui éclate à l'improviste sur un troupeau, et de rechercher les moyens préventifs ou curatifs qui pourraient s'opposer au mal. Comment Pasteur allait-il procéder ? Avant le récit de cette campagne, éclairé par les témoignages de ceux qui y prirent part, il y aurait matière à réflexion pour les philosophes qui se plaisent à étudier la différence de méthodes dans le travail sur un même sujet. Trente-six années auparavant, le savant vétérinaire Delafond avait été chargé de rechercher, en Beauce particulièrement, les causes de la maladie charbonneuse. Bouley, qui était grand liseur, disait qu'il n'y avait pas de contraste plus instructif que celui que l'on pouvait voir entre la méthode de raisonnement suivie par Delafond, et la méthode expérimentale pratiquée par Pasteur. C'était en 1842 que Delafond avait reçu de l'autorité de M. Cunin-Gridaine, ministre de l'Agriculture, la mission « d'aller étudier cette maladie sur les lieux où elle sévissait, d'en rechercher les causes et d'examiner particulièrement si ces causes ne résideraient pas dans le mode de culture usité dans le pays ». Delafond arrive en Beauce. Il voit que le mal frappe les moutons les plus forts. L'idée lui vient qu'il y a « trop plein, excès de sang circulant dans les vaisseaux »; il est ainsi conduit à analyser le sol, à rechercher une corrélation entre la richesse du sang des moutons de la Beauce et la richesse en principes azotés de leurs aliments. Ce sont alors des conseils aux cultivateurs pour rendre plus maigre la ration habituelle, puis des raisonnements sur la marche de la maladie qui sévissait de moins en moins à mesure que l'on s'avançait dans les terrains pauvres, sablonneux, bas ou humides. La Sologne, considérée à ce point de vue, devenait un pays privilégié.

Bouley, voulant montrer que Delafond n'avait cessé de chercher la concordance des faits et d'un raisonnement personnel, ajoutait que, pour expliquer « une maladie dont l'essence est la pléthore générale devenant contagieuse et traduisant ses effets par des accidents charbonneux sur l'homme », Delafond avait imaginé que l'atmosphère des bergeries où les animaux étaient entassés se trouvait chargée de gaz malfaisants, d'émanations putréfiantes qui donnaient lieu à une altération du sang « due tout à la fois à une asphyxie lente et à l'introduction, par les poumons, d'éléments septiques dans le sang ».

Pour être juste à l'égard de Delafond, Bouley aurait dû rappeler d'autres recherches. Il pouvait indiquer, comme le reconnut un professeur à l'Ecole d'Alfort, M. Nocard, que Delafond, en 1863, préoccupé de l'étiologie du charbon, avait recueilli du sang charbonneux et tenté, à une époque où l'on ne songeait guère à ce genre d'expériences, quelques essais sur le développement de la bactéridie, dans des verres de montre, à la température habituelle du corps. Il avait vu les petits bâtonnets grandir et devenir filaments. Il les comparait à un « mycélium très remarquable ». « J'ai vainement cherché, ajoutait Delafond, à voir le mécanisme de la fructification, ce à quoi j'espère néanmoins arriver. » Mais la technique bactériologique, comme le disait M. Nocard, était alors tout entière à créer. La mort frappa Delafond avant qu'il pût achever son travail.

En 1869, un congrès scientifique fut tenu à Chartres. Une des questions examinées était celle-ci : Qu'a-t-on fait pour combattre la maladie du sang de rate chez les moutons ? Un vétérinaire énuméra les causes qui contribuaient, selon lui, à produire et à augmenter la mortalité par le sang de rate : influence fâcheuse des mauvaises conditions hygiéniques ; usage d'aliments altérés, moisis ou cryptogamisés; air chauffé et vicié par l'encombrement des moutons dans des bergeries pleines de fumier d'où s'échappent des émanations putrides; miasmes ou effluves paludéens; danger des lieux bas et d'un sol humide ou inondé par les pluies orageuses. Quand la discussion s'engagea, un vétérinaire fort écouté, M. Boutet, ne voyait d'autre moyen, pour préserver le reste d'un troupeau frappé par la maladie, que de le faire changer de terrain. Contrairement à l'avis de son collègue, il recommandait « un lieu frais et humide ». Il était difficile au président et à l'assemblée de savoir lequel des deux avait raison. Ce qui apparaissait de plus clair, c'était l'étendue du désastre causé par le sang de rate dans la Beauce seulement. « Les pertes, disait le président, se sont chiffrées certaines années par 20 millions de francs. » On ne voyait malheureusement d'autre remède que celui qui se pratiquait : l'émigration du troupeau contaminé. Mais cette émigration, — comme le faisait remarquer un fermier qui habitait sur le bord d'une route et qui ne se souciait pas que son troupeau rencontrât le troupeau malade, — devrait se faire la nuit seulement. Dans la fuite de ces moutons, le berger était contraint de laisser, çà et là sur le chemin, des cadavres.

Pasteur, partant de ce fait que la maladie du charbon est produite par la bactéridie, se proposait de prouver que, dans un département comme celui d'Eure-et-Loir, la maladie s'entretenait d'elle-même. Un animal meurt-il du charbon en pleins champs, souvent il est enfoui à l'endroit même où il est tombé. Ainsi se crée un foyer de contagion, dû aux spores charbonneuses mêlées à la terre où viennent ensuite paître des troupeaux de moutons. Il devait en être de ces germes, pensait Pasteur, comme des germes du vibrion de la flacherie qui résistent d'une année à l'autre et donnent ainsi la maladie. Comment ces spores charbonneuses pourraient-elles être isolées? Ce serait une affaire de laboratoire. En attendant, il comptait étudier le mal sur place.

Presque invariablement, quand il n'avait pas de plus vif souci que d'être tout entier à l'étude d'un problème, une nouvelle discussion venait entraver ses projets. Certes, il avait cru que le fait expérimental de pouvoir rendre une poule charbonneuse était bien démontré, que cette question était morte, aussi morte que la poule refroidie après avoir été inoculée. Colin, dans une séance de l'Académie de médecine du 9 juillet, revint cependant sur le sujet et, en terminant une nouvelle série de négations, lança ce trait de la fin : « J'aurais été bien aise de voir les bactéridies de la poule morte que M. Pasteur nous a présentée sans la sortir de sa cage et qu'il a remportée intacte au lieu de nous rendre témoins de l'autopsie et de l'examen microscopique. »

« Je laisse de côté, répondit Pasteur dans une séance suivante, ce qu'il y a de malveillant dans les insinuations de cette phrase. Je ne veux y voir que le désir de M. Colin d'avoir entre les mains une poule morte charbonneuse, remplie de bactéridies. Dès lors, je viens demander à M. Colin s'il veut bien accepter une telle poule à la condition suivante : l'autopsie et l'examen microscopique seront faits par lui en ma présence et en présence d'un confrère, membre de cette Académie, qu'il désignera ou que l'Académie désignera, et un procès-verbal sera signé des personnes présentes. Ainsi sera bien et dûment constaté, et par M. Colin lui-même, que les conclusions de sa note du 14 mai sont nulles et non avenues.

« L'Académie comprendra l'insistance que j'apporte à rejeter loin de moi les contradictions superficielles de M. Colin. Je le dis ici sans fausse modestie : j'ai toujours considéré que je n'avais aucun droit, que celui que m'a donné votre grande bienveillance, à siéger parmi vous. Je n'ai, en effet, aucune connaissance médicale ni vétérinaire.

« Dès lors, je me crois tenu à plus de rigueur que personne, pour ainsi dire, dans les présentations que j'ai l'honneur de vous faire. Je perdrais promptement tout crédit si je vous apportais des faits erronés ou seulement douteux. Si jamais je me trompe, ce qui peut arriver même aux plus scrupuleux, c'est que ma bonne foi aura été grandement surprise.

« D'autre part, je suis entré parmi vous avec un programme à suivre qui exige que tous mes pas soient assurés.

« Mon programme, je puis vous le dire en deux mots : j'ai cherché pendant vingt ans et je cherche encore la génération spontanée proprement dite.

« Si Dieu le permet, je chercherai pendant vingt ans et plus la génération spontanée des maladies transmissibles.

« Dans ces difficiles études, autant je rejetterai toujours avec sévérité la frivolité dans la contradiction, autant j'aurai d'estime et de reconnaissance pour ceux qui m'avertiront que je suis dans l'erreur. »

L'Académie décida que l'autopsie et l'examen microscopique de la poule charbonneuse, que Pasteur devait remettre à Colin, seraient faits en présence d'une commission composée de Pasteur, Colin, Davaine, Bouley et Vulpian.

Cette commission se réunit dès le samedi suivant, 20 juillet, à l'Académie de médecine, dans la salle du conseil. Un membre de l'Académie, M. Armand Moreau, venu par curiosité et aussi pour signaler à Pasteur, à la fin de cette séance de contrôle, un nouvel incident scientifique, se joignit aux cinq membres présents.

Sur la table trois poules étaient étendues. Elles étaient mortes toutes les trois. La première avait été inoculée sous le thorax, avec cinq gouttes d'une eau de levure un peu alcalinisée qui avait servi de milieu nutritif aux bactéridies charbonneuses. Mise dans un bain à 25°, elle était morte au bout de vingt-deux heures. La poule numéro 2, inoculée à double dose avec dix gouttes d'un liquide de culture, avait été mise dans un bain, qui, celui-là, était de 30°. Elle était morte au bout de trente-six heures. La poule numéro 3, également inoculée et baignée, était morte en quarante-huit heures.

A côté de ces trois poules, il en était une vivante qui avait été inoculée de la même manière que la poule numéro 1. Celle-ci était restée, quarante-trois heures et demie, le tiers du corps plongé dans un baquet d'eau. Quand on vit au laboratoire que sa température était descendue à 36°, qu'elle semblait tout à fait malade, qu'elle était incapable de manger, on la retira du bain. C'était le matin même de ce samedi. On la réchauffa dans une étuve à 42°. Bien que chancelante encore, elle commençait à se remettre, elle eut même bon appétit dans la salle du Conseil de l'Académie.

Ce fut la poule numéro 3, la poule aux dix gouttes d'inoculation, qui fut, séance tenante, autopsiée. Bouley, après avoir constaté au foyer d'inoculation une infiltration séreuse, fit admirer aux juges qui siégeaient dans cette salle, devenue tout à coup un laboratoire de contrôle, de très belles et très nombreuses bactéridies répandues dans tout le corps de la poule.

« Après ces constatations, concluait Bouley, chargé du procès-verbal, M. Colin a déclaré qu'il était inutile de procéder à l'autopsie des deux autres poules, celle qui venait d'être faite ne pouvant laisser aucun doute sur la présence des bactéridies charbonneuses dans le sang d'une poule inoculée du charbon et mise ensuite dans les conditions que M. Pasteur a déterminées pour que l'inoculation devienne efficace.

« La poule numéro 2 a été livrée intacte à M. Colin pour servir aux examens et aux expériences qu'il croirait devoir faire à Alfort.

« Ont signé : G. Colin, H. Bouley, C. Davaine, L. Pasteur, A. Vulpian. »

« La signature de M. Colin en tête de ce procès-verbal ! Précieux autographe ! » disait Bouley avec son bon et gai sourire. Mais Pasteur, heureux de l'épilogue qui clôturait spirituellement toute discussion sur ce point, avait déjà donné à sa pensée un autre cours. Le membre de l'Académie, qui s'était joint aux membres de la commission, M. Armand Moreau, venait de lui montrer un numéro de la *Revue scientifique*, paru le matin même, et qui était d'un vif intérêt pour Pasteur.

Au mois d'octobre 1877, Claude Bernard, dans un dernier séjour qu'il fit à Saint-Julien, près de Villefranche, avait commencé des expériences sur les fermentations. Il les avait continuées dès son retour à Paris, seul, dans le cabinet situé au-dessus de son laboratoire du Collège de France.

Lorsque Paul Bert son élève préféré, M. d'Arsonval son préparateur, M. Dastre son disciple, M. Armand Moreau son ami venaient le voir, il leur disait, en petites phrases courtes, quasi-sibyllines, sans commentaire, sans explication expérimentale, qu'il avait fait de bonnes choses pendant les vacances... « Pasteur n'a qu'à bien se tenir... Pasteur n'a vu qu'un côté de la question... Je fais de l'alcool sans cellule... Il n'y a pas de vie sans air... »

Les places qu'occupaient Claude Bernard et Pasteur à l'Académie des sciences étaient voisines. C'était un plaisir pour l'un et l'autre d'échanger leurs idées. Claude Bernard avait assisté aux séances de novembre et de décembre. Mais, par une réserve qui ne lui était pas habituelle avec Pasteur, il n'avait fait aucune allusion à ses expériences du mois d'octobre. Au mois de janvier 1878, il tomba gravement malade. Dans ses conversations avec M. d'Arsonval, qui le soignait très affectueusement, Claude Bernard parlait de son prochain cours au Muséum. Avant, disait-il, de traiter le sujet des fermentations, il viendrait discuter ses idées avec Pasteur. Quand M. d'Arsonval, à la fin de janvier, voulait revenir sur ces confidences incomplètes : « Cela est dans ma tête, disait Claude Bernard, mais je suis trop fatigué pour vous l'expliquer. » La même réponse découragée, il la fit encore deux ou trois jours avant de mourir. Quand il succomba le 10 février 1878, Paul Bert, M. d'Arsonval et M. Dastre pensèrent qu'il était de leur devoir de rechercher si leur maître laissait des notes relatives aux travaux qui représentaient sa dernière pensée. Ce fut M. d'Arsonval qui découvrit, au bout de quelques jours, des notes soigneusement cachées dans un meuble de la chambre de Claude Bernard. Toutes étaient datées du 1er au 20 octobre 1877. Il n'y en avait aucune datée de novembre et de décembre. Claude Bernard n'avait-il pas cependant poursuivi ses expériences pendant cette période? Le sentiment de Paul Bert fut que l'on se trouvait évidemment en présence non d'une œuvre, ni même d'une esquisse, mais d'une sorte d'ébauche. « Tout cela condensé, ajoutait Paul Bert, serré en une série de conclusions magistrales, qui respiraient la certitude, sans qu'il fût aisé de discerner par quelle voie cette certitude était venue à ce puissant et prudent esprit. »

Que fallait-il faire de ces notes? L'avis des trois disciples de Claude

Bernard fut de les publier. Il faut, disait Paul Bert, tout en déclarant, dans quelles conditions a été trouvé ce manuscrit, « lui bien donner son caractère de notes incomplètes, de confidences que se faisait à lui-même un grand esprit cherchant une voie, et, pour arriver à cette certitude qui chez les hommes de génie précède parfois la preuve, jalonnant sa route indistinctement d'hypothèses et de faits ».

M. Berthelot, à qui le manuscrit fut apporté, présenta ces notes aux lecteurs de la *Revue scientifique*. Il signalait ce caractère trop abrégé pour conclure à une démonstration rigoureuse, mais il expliquait que plusieurs amis et élèves de Claude Bernard avaient « pensé qu'il y avait intérêt pour la science à conserver la trace des dernières préoccupations de ce grand esprit, quelque incomplète qu'elle nous ait été laissée ».

Pasteur, à peine rentré dans son laboratoire, après la séance de la commission de l'Académie de médecine, lut avidement ces dernières notes de Claude Bernard.

Etait-ce une précieuse trouvaille qui ferait connaître les secrets que Claude Bernard avait laissé pressentir ? « Allais-je donc avoir, se disait Pasteur, à défendre cette fois mes travaux contre ce confrère et cet ami pour lequel je professais une admiration profonde, ou bien aurais-je à constater des révélations inattendues qui infirmeraient et discréditeraient les résultats que je croyais avoir définitivement établis ? »

La lecture le rassura sur ce point. Elle l'attrista par d'autres côtés. Puisque Claude Bernard n'avait ni demandé ni même autorisé la mise au jour de ces notes, pourquoi, disait-il, ne pas les avoir accompagnées d'un commentaire expérimental ? On eût ainsi reporté à Claude Bernard l'honneur de ce qui pouvait être bon dans son manuscrit et dégagé sa responsabilité de ce qui pouvait être incomplet et défectueux.

« Quant à moi personnellement, — disait-il dans une sorte de confidence que l'on retrouve aux premières pages de son *Examen critique d'un écrit posthume de Claude Bernard sur la fermentation*, — je me trouvais dans un cruel embarras. Avais-je le droit de considérer le manuscrit de Bernard comme l'expression de sa pensée, et étais-je autorisé à en faire une critique approfondie ? » Projets de chapitres ou table des matières, ce qui ressortait du manuscrit de Claude Bernard, c'était la condamnation des travaux de Pasteur sur la fermentation alcoolique. Non-existence de vie sans air ; le ferment ne provenant pas de germes extérieurs ; l'alcool se formant par un ferment soluble en dehors de la vie : telles étaient les conclusions de Claude Bernard.

« Si Claude Bernard était convaincu, se disait Pasteur, d'avoir par devers lui la démonstration des conclusions magistrales qui terminent son manuscrit, pour quel motif me l'a-t-il caché ? Je me reportais aux témoignages de bienveillante affection qu'il m'avait donnés depuis mon entrée dans la carrière scientifique, et j'arrivais à cette conclusion que les notes laissées par Bernard n'étaient qu'un programme d'études, qu'il s'était essayé sur le sujet et que, suivant en cela une méthode qui lui était habituelle, il avait, afin de mieux découvrir la vérité, formé le projet d'instituer des expériences qui mettraient en défaut mes opinions et mes résultats. »

Très perplexe, Pasteur prit le parti de porter le débat dès le surlendemain, à la séance du lundi, devant ceux qu'il regardait comme ses juges naturels, c'est-à-dire ses confrères. Il revenait sur ce silence de Claude Bernard, sur cette absence de toute allusion pendant leurs rencontres hebdomadaires. « Cela ne me paraît pas possible, disait-il, aussi je me demande si les éditeurs de ces notes ne se sont pas aperçus que c'est chose fort délicate de prendre sur soi, sans y être formellement autorisé par l'auteur, de mettre au jour des notes et des cahiers d'études. Qui d'entre nous ne serait ému à la pensée qu'on agira de même à son égard ?...

« Prendre pour guide cette idée que j'étais sur tous les points dans l'erreur, instituer des expériences pour l'établir, telle a dû être sa méthode de préparation sur le sujet qu'il voulait traiter. »

C'était aussi l'avis du Dr Armand Moreau, qui se rappelait que Claude Bernard conseillait de mettre en doute toutes les théories. Une théorie, pour mériter confiance, devait résister aux objections et aux attaques. « Si donc, concluait Moreau, si dans

l'intimité des conversations avec ses amis et dans le secret plus
intime encore de notes jetées sur le papier et soigneusement mises
de côté, Claude Bernard développe un plan de recherches en
vue de juger une théorie, s'il imagine des expériences, il est
résolu à n'en parler qu'autant que les expériences seront bien
claires, auront été vérifiées ; on ne saurait donc prendre dans ses
Notes les propositions formulées même de la façon la plus expresse
sans se rappeler que tout est projet et qu'il devait recommencer
les expériences déjà faites. »

Quelqu'un voulait-il défendre les expériences que Pasteur jugeait
douteuses, incertaines ou mal interprétées, Pasteur se disait prêt à
répondre. « Dans le cas contraire, par respect pour la mémoire de
Claude Bernard, je répéterai, reprenait-il, ses expériences avant de
les discuter. »

Les uns dissertaient sur ces Notes comme sur de simples travaux
d'attente et conseillaient à Pasteur de poursuivre ses études sans se
laisser retarder par des expériences de contrôle. Les autres faisaient de ces Notes l'expression de la pensée même de Claude
Bernard. « Cette opinion, disait Pasteur, — montrant là un des
côtés de l'homme de sentiment que Claude Bernard avait jadis si
bien défini, — cette opinion toutefois laisse entière l'énigme du
silence qu'il a gardé à mon égard. Mais pourquoi en chercherais-je
l'explication ailleurs que dans la connaissance intime de son beau
caractère ? Ce silence n'a-t-il pas été un nouveau témoignage de sa
bonté et l'un des effets de la mutuelle estime qui nous unissait ? Puisqu'il pensait avoir entre les mains la preuve que les interprétations
que j'avais données à mes expériences étaient erronées, n'a-t-il pas
voulu seulement attendre pour m'en instruire l'époque où il se croirait
prêt pour une publication définitive ? J'aime à prêter aux actions de
mes amis des intentions élevées, et je veux croire que la surprise que
m'a causée sa réserve à l'égard du confrère que ses contradictions
intéressaient le plus doit faire place dans mon cœur à des sentiments
de pieuse gratitude.

« Toutefois, Bernard eût été le premier à me rappeler que la
vérité scientifique plane au-dessus des convenances de l'amitié et

que j'ai le devoir, à mon tour, de discuter en toute liberté ses vues et ses opinions. »

A peine Pasteur avait-il fait à l'Académie sa communication du 22 juillet, qu'il commanda en toute hâte trois serres vitrées. Il voulait les transporter dans le Jura, « où je possède, disait-il à ses confrères, une vigne de quelques dizaines de mètres carrés ».

Deux observations qu'il a exposées dans un chapitre de ses *Etudes sur la bière*, « tendent à établir que la levure ne peut apparaître que vers l'époque de la maturité du raisin et qu'elle disparaît pendant l'hiver pour ne se montrer de nouveau qu'à la fin de l'été ». Dès lors, « il n'existe pas encore de germes de levure sur les grappes des raisins qui sont à l'état de verjus ». « Nous sommes, ajoutait-il, à une époque de l'année où, grâce au retard de la végétation, dû à une saison froide et pluvieuse, les raisins sont précisément à l'état de verjus dans le canton d'Arbois. En prenant ce moment pour enfermer des pieds de vigne dans des serres presque hermétiquement closes, j'aurai en octobre, pendant les vendanges, des pieds de vigne portant des raisins mûrs sans germes extérieurs des levures du vin. Ces raisins, étant écrasés avec les précautions nécessaires pour ne pas introduire de germes de ces levures, ne pourront ni fermenter ni faire du vin. Je me donnerai le plaisir d'en rapporter à Paris, de les présenter à l'Académie et d'en offrir quelques grappes à ceux de nos confrères qui peuvent croire encore à la génération spontanée de la levure. »

Au milieu de l'agitation qu'avait fait naître cet écrit posthume, quelques-uns disaient et insinuaient que si Pasteur annonçait de nouvelles recherches sur le sujet, c'est qu'il sentait ses travaux menacés.

« Je n'accepte pas du tout cette interprétation de ma conduite, écrivait Pasteur à J.-B. Dumas, le 4 août 1878, au moment même où il partait pour le Jura; je m'en suis très clairement expliqué dans ma première note du 22 juillet où j'ai annoncé que j'allais faire de nouvelles expériences uniquement par respect pour la mémoire de Bernard. »

Pasteur attendait avec impatience les serres qui devaient être livrées dans un délai de dix à douze jours au plus. A peine arrivées, elles furent installées dans la vigne qu'il possédait à deux kilomètres d'Arbois. Pendant que l'on agençait les fers et les vitrages, il rechercha si les germes de la levure étaient réellement absents sur les grappes de verjus. Il eut la satisfaction de voir qu'il en était ainsi et que notamment les grappes destinées à être placées sous les serres ne portaient pas trace de germes de levure. Toutefois, craignant que la fermeture des serres fût insuffisante et qu'il y eût ainsi un danger de germes pour les grappes, il prit la précaution, « tout en laissant quelques grappes libres, d'en enfermer un certain nombre sur chaque pied avec du coton qui avait été porté à une température de 150° environ ».

Rentré à Paris le 16 août, il s'empressa de revenir à ses moutons charbonneux en attendant patiemment l'époque de la maturité des raisins.

Pasteur s'était adjoint, à côté de M. Chamberland, celui qui désirait si vivement prendre part aux travaux du laboratoire, M. Roux. Alors s'organisa pour cette campagne charbonneuse un plan de mobilisation qui allait embrasser plusieurs années. M. Chamberland et M. Roux devaient aller, en plein été, s'installer près de Chartres. Un élève, qui sortait de l'Ecole vétérinaire d'Alfort, M. Vinsot, voulut se joindre à eux. Les souvenirs de ces journées, M. Roux les a racontés lui-même dans une notice : *L'Œuvre médicale de Pasteur*.

« Nous y trouvions comme guide M. Boutet, qui connaissait son pays charbonneux mieux que personne, et nous nous rencontrions parfois avec M. Toussaint, qui étudiait le même sujet que nous. Chaque semaine, Pasteur venait donner la direction et suivre les travaux. Quels bons souvenirs nous ont laissés ces campagnes contre le charbon en pays chartrain ! Dès le grand matin, visites aux parcs de moutons épars sur ce vaste plateau de la Beauce, resplendissant sous le soleil d'août, autopsies pratiquées au clos d'équarrissage de Sours, chez M. Rabourdin, ou dans la cour des fermes; après midi, tenue du cahier d'expériences, lettres à Pasteur, mise en train des expériences nouvelles. La journée était bien remplie, et combien était intéressante et salutaire cette bactériologie en plein air !

« Les jours où Pasteur venait à Chartres, le déjeuner à l'hôtel de France ne durait guère ; vite en voiture pour aller à Saint-Germain, chez M. Maunoury, qui avait bien voulu mettre sa ferme et son troupeau à notre disposition. Pendant le trajet, on parlait des essais de la semaine et de ceux à entreprendre. Aussitôt qu'il avait mis pied à terre, Pasteur, plein de hâte, se rendait aux parcs ; immobile près des barrières, il regardait les lots en expérience avec cette attention soutenue à laquelle rien n'échappait; des heures durant, il suivait des yeux un mouton qu'il croyait malade ; il fallait lui rappeler l'heure et lui montrer que les tours de la cathédrale de Chartres commençaient à s'effacer dans la nuit pour le décider à partir. Il interrogeait fermier et serviteurs; il tenait toujours compte de l'opinion des bergers, qui, à cause de leur vie solitaire, donnent toute leur attention à leur troupeau et deviennent souvent des observateurs sagaces. »

De retour à Arbois le 17 septembre, Pasteur commença par écrire au ministre de l'Agriculture une note sur les idées pratiques suggérées par cette première campagne d'études. Quelques moutons, achetés près de Chartres et parqués sur un champ, avaient reçu, au milieu des brassées de luzerne dont on les nourrissait, des spores charbonneuses. Rien n'avait été plus facile que d'apporter du laboratoire, et de répandre sur ce champ de Beauce où passait le petit troupeau témoin, un liquide de culture bactéridienne et d'en arroser le fourrage. Toutefois les premiers repas ne donnaient pas de bons résultats scientifiques. Il était difficile de provoquer la mort. Mais, quand on associait à ce menu expérimental toutes les plantes piquantes qui pouvaient produire des blessures dans la bouche des moutons, autour de leur langue, dans leur pharynx, quand on ajoutait par exemple des chardons ou des barbes d'épi d'orge, la mortalité commençait. Sans être aussi considérable qu'on l'eût souhaitée pour la démonstration, elle suffisait néanmoins à expliquer comment le charbon pouvait se déclarer, car on retrouvait à l'autopsie les lésions caractéristiques du charbon dit spontané. On pouvait, en outre, conclure de là que le mal débute dans la bouche et l'arrière-gorge, à la suite des repas de luzerne contagionnée seule ou de luzerne contagionnée avec mélange de matières blessantes.

Il fallait donc, dans un département comme celui d'Eure-et-Loir où il devait y avoir partout des germes charbonneux, notamment à la surface des fosses qui renfermaient des cadavres d'animaux charbonneux, il fallait que les éleveurs eussent soin d'éloigner des aliments du bétail les plantes comme les chardons, les barbes d'avoine, les menues pailles. La moindre blessure, insignifiante d'ordinaire au point de vue de la santé des moutons, risquait, en effet, de devenir dangereuse par l'introduction possible du germe de la maladie.

« Il faudrait d'autre part, écrivait Pasteur, éviter toutes les occasions de diffusion des germes du charbon par les animaux morts de cette affection, car il est probable que le département d'Eure-et-Loir contient ces germes en plus grande quantité que les autres départements, parce que le charbon y ayant depuis longtemps établi domicile, la maladie s'y entretient d'elle-même, les animaux morts n'étant pas traités de façon à détruire tous les germes de contagion ultérieure. »

Ce rapport achevé, Pasteur gagna bien vite la route de Besançon et les hauts peupliers qui, plantés à l'intersection de la route et du petit chemin de Rozières, sont comme des arbres d'honneur en face de la petite vigne montante. Il eut d'abord une déception. Ses précieux raisins n'avaient pas mûri. Toute la force de la vigne s'était portée sur le bois, les rameaux et les feuilles. Mais les raisins eurent leur tour à la fin de septembre et au commencement d'octobre, aussi bien les raisins restés libres sous les serres que ceux que Pasteur appelait les *encotonnés*. Toutefois la coloration de ces derniers différait de celle des autres. Au lieu d'être noirs comme les petits noirins d'à côté, les encotonnés étaient plutôt violacés. Les raisins blancs, restés enveloppés, étaient pâles auprès des raisins à teinte jaune dorée. Pasteur plaça les grains des deux séries de grappes dans des tubes distincts. Le 10 octobre, il fit la comparaison entre les grains des grappes sous serres, grappes libres ou recouvertes de coton, et les grappes voisines en plein air. « Le résultat, dit-il, dépassa, pour ainsi dire, mon attente. Les tubes aux grains des grappes de plein air fermentèrent par les levures du raisin après trente-six ou quarante-huit heures de séjour dans une étuve dont la température variait entre 25 ou 30°; pas un, au contraire, des nombreux tubes à grains des grappes recouvertes de coton n'entrèrent en fermentation par les levures alcooliques, et, chose remarquable, il en fut de même pour les grains des grappes libres sous les serres. C'était l'expérience déjà décrite dans mes *Etudes sur la bière*. Les jours suivants, je répétai ces expériences et j'obtins les mêmes résultats. » Une autre expérience de contrôle était indiquée. En détachant des grappes expérimentales, recouvertes de coton, et en les suspendant une fois décotonnées, à des ceps de la vigne restés en plein air, ces grappes, — dont les similaires étaient tout à l'heure incapables, après l'écrasement de leurs grains, d'entrer en fermentation, — devaient, pensait Pasteur, être recouvertes des germes des levures alcooliques comme il y en avait sur les grappes des raisins mûrs qui poussaient en plein air et sur le bois des grappes. Dès lors les grappes sorties des serres, et exposées au régime habituel, fermenteraient sous l'influence des germes qu'elles ne manqueraient pas de recevoir comme les autres. Les choses se passèrent ainsi.

Il s'agissait de rapporter à l'Académie des sciences ces ceps chargés de grappes encotonnées. Pour être à l'abri d'un choc, même du plus léger froissement des grappes, il fallait arriver à maintenir, debout et intacts entre Arbois et Paris, ces ceps aussi précieux que peuvent l'être, pour des collectionneurs, les plus rares orchidées. Ce fut dans un coupé du train express que Pasteur reprit la route de Paris, accompagné de sa femme et de sa fille qui se constituaient porteuses à tour de rôle de ces raisins d'expérience promise. Enfin ceps et grappes arrivèrent sans encombre à l'Ecole normale, et de l'Ecole normale à l'Institut. De même que Pasteur avait apporté ses poules sur le bureau de l'Académie de médecine, il eut le plaisir d'offrir ses raisins à ses confrères de l'Académie des sciences. « Ecrasez-les au contact de l'air pur, leur disait-il, et je vous mets au défi de constater la fermentation ! » Une longue discussion s'ouvrit avec M. Berthelot ; elle se prolongea jusqu'au mois de février 1879.

« C'est le propre des esprits élevés, a dit M. Roux, de se passionner pour les idées... Pour Pasteur, la fermentation alcoolique était corrélative de la vie de la levure ; pour Bernard et M. Berthelot elle était une action chimique comme toutes les autres, et pouvait s'accomplir sans la participation des cellules vivantes. » « Dans la fermentation alcoolique, disait M. Berthelot, il se produit peut-être un ferment alcoolique soluble. Ce ferment soluble se consomme peut-être au fur et à mesure de sa production. »

M. Roux avait vu Pasteur essayer « d'extraire le ferment alcoolique soluble des cellules de levure en les broyant dans un mortier, en les congelant pour les faire éclater, ou encore en les mettant dans des solutions salines concentrées pour forcer le suc à sortir par osmose à travers l'enveloppe ». Pasteur confessait ses vains efforts. Dans une communication à l'Académie des sciences, le 30 décembre 1878, il disait :

« C'est toujours une énigme pour moi que l'on puisse croire que je serais gêné par la découverte de ferments solubles dans les fermentations proprement dites ou par la formation de l'alcool à l'aide du sucre, indépendamment des cellules. Certainement, je l'avoue sans hésitation, et je suis prêt à m'en expliquer plus longuement si on le désire, je ne vois présentement ni la nécessité de l'existence de ces ferments ni l'utilité de leur fonctionnement dans cet ordre de fermentations. Pourquoi vouloir que les actions de *diastases*, qui ne sont que des phénomènes d'hydratation, se confondent avec celles des ferments organisés, ou inversement ? Mais je ne vois pas que la présence de ces substances solubles, si elle était constatée, puisse rien changer aux conclusions de mes travaux, et moins encore si de l'alcool prenait naissance dans une action d'électrolyse.

« On est d'accord avec moi lorsque : 1° on accepte que les fermentations proprement dites ont pour condition absolue la présence d'organismes microscopiques ; 2° que ces organismes ne sont pas d'origine spontanée ; 3° que la vie de tout organisme qui peut s'accomplir en dehors de l'oxygène libre est soudainement concomitante avec des actes de fermentations, qu'il en est ainsi de toute cellule qui continue de produire des actions chimiques hors du contact de l'oxygène. »

Lorsque Pasteur résuma tous ces incidents et qu'il forma de cette discussion l'appendice de son livre : *Examen critique d'un écrit posthume de Claude Bernard sur la fermentation,* les sentiments pénibles qu'il avait éprouvés de lutter contre un ami qui n'était plus là se traduisaient si bien à maintes reprises que Sainte-Claire Deville lui écrivit le 9 juin 1879 : « Mon cher Pasteur, j'ai lu hier en petit comité de professeurs et de savants quelques passages de votre nouveau livre. Nous avons tous été émus des expressions dont vous vous servez pour exalter notre pauvre Bernard, des sentiments d'amitié et de pure fraternité qui vous ont animé. »

Sainte-Claire Deville allait répétant combien il admirait en Pasteur la précision de la pensée, la vigueur de la parole, la netteté des écrits. Quant à J.-B. Dumas, il eut l'idée d'appeler spécialement l'attention de ses confrères de l'Académie française sur certaines pages de cet *Examen critique.* Si étrangers qu'ils fussent presque tous à ce genre d'études, comment ne seraient-ils pas frappés par la sagacité et l'ingéniosité des recherches de Pasteur, par la rigueur de ses exposés et enfin par l'éloquence que lui inspiraient les conceptions de son génie? Porté à cette hauteur, l'esprit scientifique ne pouvait-il rivaliser avec l'esprit littéraire? A propos de ces germes des ferments qui font le vin dans la cuve et dont il avait préservé les grappes encotonnées, Pasteur écrivait :

« Que de réflexions font naître ces résultats, et peut-on se défendre de faire observer que plus on pénètre dans l'étude expérimentale des germes, plus on y entrevoit de clartés imprévues et d'idées justes sur la connaissance des causes des maladies par contage! N'est-il pas très digne d'attention que, dans ce vignoble d'Arbois, et cela serait vrai des millions d'hectares des vignobles de tous les pays du monde, il n'y ait pas eu, à l'époque où j'ai fait les expériences dont je viens de rendre compte, une parcelle de terre, pour ainsi dire, qui ne fût capable de provoquer la fermentation par une levure du raisin, et que, par contre, la terre des serres dont j'ai parlé ait été impuissante à remplir cet office ? Et pourquoi ? Parce que, à un moment déterminé, j'ai recouvert cette terre par quelques vitres. La mort, si j'ose ainsi parler, d'un grain de raisin qui eût été jeté alors sur un vignoble quelconque aurait pu arriver infailliblement par les parasites *saccharomyces* dont je parle ; ce genre de mort eût été impossible, au contraire, sur les petits coins de terre que mes serres recouvraient. Ces quelques mètres cubes d'air, ces quelques mètres carrés de surface du sol, étaient là au milieu d'une contagion universelle possible, et ils ne la craignaient pas depuis plusieurs mois. »

Et brusquement alors, allant bien au delà de ces questions de levures, envisageant les germes de maladie et de mort : « N'est-il pas permis, continuait-il, de croire, par analogie, qu'un jour viendra où des mesures préventives d'une application facile arrêteront ces fléaux qui, tout à coup, désolent et terrifient les populations ; telle l'effroyable maladie (fièvre jaune) qui a envahi récemment le Sénégal et la vallée du Mississipi, ou cette autre (la peste à bubons), plus terrible peut-être, qui a sévi sur les bords du Volga ! »

La soudaineté de ses ripostes quand on attaquait ses travaux, la ténacité de ses réfutations faisaient que, dans les séances académiques, on voyait surtout en lui l'homme de lutte. Mais revenu au laboratoire et tout en continuant de chercher à mettre en évidence, par tous les moyens, ce ferment alcoolique soluble dont avait parlé Claude Bernard pour combattre la théorie de la fermentation alcoolique corrélative de la vie de la levure, il abordait bien d'autres sujets dont les conclusions semblaient étranges aux médecins.

Quelqu'un qui travaillait au laboratoire avait eu une série de furoncles. Pasteur qui disait toujours : « Cherchons le microbe, » se demanda si le pus des furoncles n'aurait pas un organisme qui, en se transportant çà et là, car on peut dire qu'un furoncle n'arrive jamais seul, expliquerait les foyers d'inflammation et les récidives. Après avoir prélevé, avec les précautions habituelles de pureté, le pus de trois furoncles successifs, il constata, dans du bouillon stérilisé, un microbe formé de petits points arrondis qui, disposés en amas, tapissaient les parois du vase de culture. Même constatation fut faite sur un homme que le Dr Maurice Raynaud, qui s'intéressait à ces recherches furonculeuses, avait envoyé au laboratoire. Une malade de l'hôpital Lariboisière dont le dos était couvert de furoncles permit de nouveaux prélèvements de pus et de nouvelles constatations du microbe. Plus tard, Pasteur, conduit par le Dr Lannelongue à l'hôpital Trousseau, au moment où il s'agissait d'opérer une petite fille atteinte de cette maladie des os et de la moelle que l'on appelle l'ostéomyélite, recueillit quelques gouttes du pus de l'extérieur de l'os et du pus de l'intérieur et il retrouva des amas de microbes. Ensemencé dans un liquide de culture, ce microbe ressemblait si bien à l'organisme du furoncle que l'on devrait, à première vue, affirmer, disait Pasteur, l'identité des deux furoncles et dire que l'ostéomyélite est le furoncle de l'os.

L'hôpital prit alors autant de place dans la vie de Pasteur que le laboratoire.

« Chamberland et moi nous l'assistions dans ces études, a écrit M. Roux. C'est à l'hôpital Cochin ou à la Maternité que nous allions le plus souvent, transportant dans les salles ou à l'amphithéâtre nos tubes de culture et nos pipettes stérilisées. On ne s'imagine pas ce que Pasteur a surmonté de répugnances pour visiter les malades et assister aux autopsies. Sa sensibilité était extrême, et il souffrait moralement et physiquement des douleurs des autres ; le coup de bistouri qui ouvrait un abcès le faisait tressaillir comme s'il l'avait reçu. La vue des cadavres, la triste besogne des autopsies, lui causaient un véritable dégoût. Que de fois nous l'avons vu sortir malade de ces amphithéâtres d'hôpitaux ! Mais son amour de la science, sa curiosité du vrai, étaient plus forts : il revenait le lendemain. »

L'étude des fièvres puerpérales, qui était encore enveloppée de profondes obscurités, l'intéressait au plus haut point. Les applications de ses théories au progrès de la chirurgie ne devaient-elles pas se réaliser en obstétrique ? Ne pouvait-on arriver à arrêter ces épidémies qui passaient comme un fléau dans les Maternités ? On se rappelait encore avec effroi, dans l'hôpital de la Maternité de Paris, que du 1er avril au 10 mai 1856, sur 347 accouchements il y avait eu 64 décès. L'hôpital avait dû être fermé. Les survivantes, obligées de se réfugier à l'hôpital Lariboisière, et poursuivies, disait-on, par l'épidémie, succombèrent presque toutes. Le Dr Tarnier, interne à la Maternité dans cette période désastreuse, racontait plus tard que l'ignorance des causes de la fièvre puerpérale était telle que parfois étant occupé à quelque besogne d'autopsie, un de ses maîtres l'appelait dans le service des accouchements, sans que personne pensât un seul instant aux principes infectieux qui pouvaient être ainsi transportés de l'amphithéâtre au lit de la malade.

La discussion qui s'était élevée en 1858 à l'Académie de médecine se prolongea pendant quatre mois. Les hypothèses eurent beau jeu. Seul Trousseau eut la prescience de l'avenir en établissant une analogie entre les accidents infectieux puerpéraux et les accidents infectieux chirurgicaux. L'idée même d'un ferment se présenta à lui.

Les lecteurs qui se plaisent encore aux comparaisons entre autrefois et aujourd'hui, pourraient retrouver, dans des livres et des brochures qui n'offrent plus d'ailleurs que cet intérêt historique, la marche hésitante, parfois découragée des meilleurs praticiens au sortir de cette discussion. Misère, méphitismes, concentration de miasmes, étaient invoqués à la fois.

Les années se suivaient. La Maternité semblait aux femmes du peuple comme le vestibule de la mort. En 1864, sur 1,530 accouchements on compta 310 morts. Au commencement de 1865, il fallut fermer presque complètement la Maternité. Les travaux d'amélioration donnèrent d'abord l'espérance que « le génie épidémique » était chassé. « Mais, dès le début de 1866, écrivait le Dr Trélat, alors chirurgien en chef de la Maternité, l'état sanitaire se trouble : la mortalité s'élève en janvier, et en février nous sommes débordés. » Sur 103 accouchements, en effet, il y avait eu 28 décès. La mauvaise aération, la forme claustrale du bâtiment, le voisinage des différents services, Trélat énumérait toutes ces choses en constatant « une sorte de parti pris de ne jamais faire intervenir le médecin ni le chirurgien dans la direction hygiénique et la tenue de l'établissement ». Mais l'origine même du mal, où donc était-elle ?

« Sous l'influence de causes qui nous échappent, avait écrit vers cette même époque M. Léon Le Fort, la fièvre puerpérale se développe chez une accouchée ; celle-ci devient un foyer de contagion, et si cette contagion peut s'exercer et s'exercer librement, l'épidémie sera constituée. »

Tarnier, qui remplaça Trélat à la Maternité en 1867, était depuis onze ans si bien convaincu de la contagiosité de la fièvre puerpérale qu'il ne songeait qu'à enrayer le mal par tous les moyens de défense dont le premier lui semblait être l'isolement des malades.

En 1874, le docteur Budin, alors interne des hôpitaux, avait constaté à Edimbourg les heureux progrès dus à l'antisepsie, grâce à Lister. Trois et quatre ans plus tard, en 1877 et en 1878, après avoir vu que, dans les différentes Maternités de la Hollande, de l'Allemagne, de l'Autriche, de la Russie et du Danemark, l'antisepsie était pratiquée avec succès, il rapporta ses heureuses impressions à Paris. Tarnier s'empressa d'employer l'acide phénique à la Maternité ; il eut de très bons résultats. Son interne d'alors, M. Bar, essaya ensuite le sublimé. Et pendant que commençait cette nouvelle période de triomphe sur les accidents, Pasteur arrivait à l'Académie de médecine, après avoir constaté dans certaines infections puerpérales un microbe en chaînettes, en chapelets, qui se prêtait très bien à la culture.

« Pasteur, a écrit M. Roux, n'hésite pas à déclarer que cet organisme microscopique est la cause la plus fréquente des infections chez les femmes accouchées. Un jour, dans une discussion sur la fièvre puerpérale à l'Académie de médecine, un de ses collègues les plus écoutés dissertait éloquemment sur les causes des épidémies dans les Maternités. Pasteur l'interrompt de sa place : « Ce qui cause l'épidémie, ce n'est rien de tout cela : c'est la médecine et son personnel qui transportent le microbe d'une femme malade à une femme saine. » Et comme l'orateur répondit qu'il craignait fort qu'on ne trouve jamais ce microbe, Pasteur s'élance vers le tableau noir, dessine l'organisme en chapelet de grains en disant : « Tenez, voici sa figure. » Sa conviction était si forte qu'il ne pouvait s'empêcher de l'exprimer fortement. On ne saurait se rendre compte aujourd'hui de l'état de surprise, de stupéfaction même, dans lequel il mettait médecins et élèves lorsque, à l'hôpital, avec une simplicité et une assurance qui paraissaient déconcertantes chez un homme qui entrait pour la première fois dans un service d'accouchement, il critiquait les méthodes de pansement et déclarait que tous les linges devraient passer au four à stériliser. »

Pasteur ne se contentait pas de donner ces conseils, de prodiguer ces critiques et de se faire, en passant, quelques ennemis irréductibles parmi ceux qui étaient autrement préoccupés de l'importance de leur vanité professionnelle que des progrès scientifiques. Pour mieux convaincre ceux qui doutaient toujours, il assurait que, chez une malade très infectée, envahie, selon un de ses mots désolés et habituels, il pourrait mettre le microbe en évidence par une simple piqûre d'épingle faite au bout du doigt de cette malheureuse condamnée à mourir le lendemain.

« Et Pasteur, écrit M. Roux, le faisait comme il le disait. Malgré la tyrannie de l'éducation médicale qui pesait alors sur les esprits, quelques élèves étaient entraînés et venaient au laboratoire pour voir de plus près ces méthodes qui permettaient des diagnostics si précis et des pronostics si sûrs. »

Montrer que devant ces infiniment petits, ces ennemis invisibles, prêts à envahir le corps humain à la moindre blessure, il faut être toujours sur le qui vive; redire bien haut que les chirurgiens, eux, leurs aides et leurs gardes peuvent, à la suite de la plus petite imprudence ou du plus léger oubli, être une cause de conta-

mination et des propagateurs de mort ; faire éclater par des exemples
saisissants la vérité de la théorie des germes ; mettre en pleine
lumière, à propos de cette discussion sur la fièvre puerpérale, la
toute-puissance microbienne, — que de luttes et d'efforts avant de
faire pénétrer tout cela dans les esprits ! Mais ce qui inspirait, ce
qui soutenait Pasteur dans cette période, la plus féconde peut-être
de son existence, c'est qu'il sentait que derrière ces notions il y
avait le salut de vies humaines et qu'une mère ne serait plus
arrachée par la mort au berceau d'un enfant.

« Je les ferai bien marcher ! Il faudra coûte que coûte qu'ils y
viennent ! » répétait-il avec une sainte colère contre les médecins
qui continuaient à disserter ou qui, du fond de leur cabinet, au
milieu d'un cercle, parlaient avec scepticisme de ces petites bêtes
nouvellement découvertes, de ces parasites ultra-microscopiques,
en s'efforçant de modérer l'enthousiasme et même la confiance. Il
y avait toutefois quelques mauvais moments à passer pour ceux qui
niaient toujours. Pouvait-on rejeter ou traiter dédaigneusement un
fait expérimental que venait de suivre avec un vif intérêt non
seulement le public habituel de l'Académie des sciences, mais
encore le grand public qui commençait à trouver que ces sujets
étaient dignes d'attention ?

Un professeur à la Faculté de Nancy, le Dr Feltz, avait annoncé
à l'Académie des sciences, au mois de mars 1879, que, dans le
sang prélevé sur une femme atteinte de fièvre puerpérale et
morte à l'hôpital de Nancy, il avait trouvé des filaments immobiles,
simples ou articulés, transparents, droits ou courbes, qui appartenaient, disait-il, au genre *leptothrix*. Pasteur, qui dans ses études
sur la fièvre puerpérale n'avait rien trouvé de pareil, écrivit au
Dr Feltz pour le prier de lui envoyer quelques gouttes de ce sang
infectieux. Après avoir reçu et examiné cet échantillon, Pasteur
s'empressa de faire connaître à M. Feltz que ce leptothrix n'était
autre que la bactéridie charbonneuse. M. Feltz, fort surpris et très
perplexe, se déclara prêt à reconnaître, à proclamer son erreur
s'il était convaincu par l'examen du sang charbonneux. Ce sang,
il irait, ajoutait-il, le recueillir partout où il pourrait. Pasteur

voulut lui épargner des recherches, en allant immédiatement au-
devant de ce désir. Il offrit à M. Feltz de lui expédier en gare de
Nancy trois petits cochons d'Inde vivants. Le premier serait inoculé
avec le sang infectieux de la femme morte, le second avec la bactéridie d'un sang charbonneux venant de Chartres, le troisième avec
du sang charbonneux d'une vache du Jura.

Les trois cobayes furent inoculés le 12 mai, à 3 heures de l'après-
midi, et arrivèrent parfaitement vivants à Nancy le matin du 13 mai.
Ils moururent dans la journée du 14, au milieu du laboratoire de
M. Feltz qui put ainsi les observer avec une attention particulière
jusqu'à leur mort. « A l'autopsie, après avoir examiné avec
soin le sang des trois animaux, il m'a été impossible, déclara
M. Feltz, de constater la moindre différence; non seulement le
sang, mais les organes internes, et principalement la rate, se trouvaient modifiés de la même manière... Il est certain pour moi,
écrivit-il à Pasteur, que l'agent contaminant a été le même pour
les trois cobayes, c'est-à-dire la bactéridie que vous appelez charbonneuse. »

Le leptothrix puerperalis n'existait donc pas. Et c'est à distance,
sans l'avoir vue, que Pasteur disait : cette femme est morte du
charbon. Alors, avec une loyauté, qui est l'honneur de la vie de
recherches, M. Feltz écrivit à l'Académie des sciences pour raconter les choses. « Il est doublement regrettable, concluait-il, que
je n'aie pas connu le charbon dès l'année dernière, car j'aurais
pu d'une part diagnostiquer la complication redoutable que présentait la femme morte et d'autre part rechercher le mode de contamination qui m'échappe presque complètement aujourd'hui. »
Tout ce qu'il avait pu savoir, c'est que cette femme de peine
demeurait dans une petite chambre voisine d'une écurie appartenant
à un maquignon. Beaucoup de bêtes venaient là. Y avait-il eu dans
cette écurie des bêtes malades? M. Feltz n'avait pu s'assurer du
fait. « Je termine, ajoutait-il, en remerciant M. Pasteur de la grande
bienveillance qu'il m'a témoignée au cours de mes rapports avec
lui. Grâce à lui, j'ai pu me convaincre de l'identité qui existe entre
la bactéridie du charbon et ce bâtonnet trouvé dans le sang d'une

femme qui a présenté tous les symptômes d'une fièvre puerpérale grave. »

Au moment de l'histoire de cette femme, histoire si caractéristique et capable de persuader les esprits qui ne s'obstinaient pas à garder un faux pli, d'autres expériences aussi précises se poursuivaient au laboratoire à propos du charbon. Il s'agissait de découvrir si, sur la terre du champ où l'on avait donné, aux moutons témoins, des repas de luzerne contagionnée par un liquide de culture bactéridienne, il serait possible de retrouver encore, quatorze mois après ces expériences, des germes charbonneux. Il semblait que parmi tant d'autres microbes contenus dans la terre, retirer, isoler ces germes fût un tour de force presque impossible. On y parvint toutefois. Cinq cents grammes de terre furent mis en suspension dans l'eau. On en recueillit des particules infiniment petites. Comme la spore charbonneuse résiste à une température de 80 à 90° et que ce procédé de chaleur est un mode d'élimination mortelle pour les autres microbes, on chauffa ainsi les particules terreuses et on les inocula à des cochons d'Inde. Quelques-uns moururent charbonneux. Donc, en passant sur telle ou telle partie suspecte de cette terre de Beauce, les troupeaux étaient exposés à ce genre de contagion. Il suffisait, en effet, qu'il y eût sur la terre du sang charbonneux pour que l'on y trouvât, plus d'une année après, des germes de bactéridies. Que de fois ce sang était répandu quand on transportait le cadavre d'un animal infecté chez l'équarrisseur ou quand on l'enfouissait sur place ! Ces millions, ces milliards de bactéridies, répandues ainsi à la surface de la terre et dans la terre, donnaient leurs spores et ces graines de mort ne demandaient qu'à germer.

Et l'on continuait d'opposer des faits négatifs à ces faits positifs et d'invoquer la théorie de la spontanéité.

« C'est avec une profonde tristesse, disait Pasteur à la séance de l'Académie de médecine du 11 novembre 1879, que je me vois contraint de répondre si fréquemment à des contradictions irréfléchies ; c'est avec non moins de tristesse que je vois la presse médicale parler de ces discussions sans paraître s'inquiéter des vrais principes de la méthode expérimentale...

« Je m'explique toutefois, sans trop de surprise, ce désarroi de la critique, par cette circonstance que la médecine et la chirurgie se trouvent aujourd'hui, suivant moi, dans une époque de transition et de crise. Deux courants les entraînent. Une doctrine vieillit, une autre vient de naître. La première, qui compte encore un nombre immense de partisans, repose sur la croyance à la spontanéité des maladies transmissibles. La seconde est la théorie des germes, du contage vivant, avec toutes ses conséquences légitimes.

« Quand dans cette enceinte j'entends invoquer, sans preuves sérieuses à l'appui, l'existence d'un virus charbonneux ; quand je lis dans nos bulletins, sur les questions dont je parle, l'exposé d'expériences faites par à peu près, sans précision ; quand je vois amonceler des résultats négatifs, solidaires de toutes sortes d'erreurs possibles, et qu'on tente de les opposer à des faits positifs démontrés, je me dis avec douleur : Voilà encore un représentant des méthodes et des dogmes qui finissent, et je me sens encouragé à payer à votre science, que j'aime pour elle-même et pour ses grandes et bienfaisantes applications, un nouveau tribut d'efforts. »

Pour marquer la différence entre les époques, Pasteur conseillait respectueusement à M. Bouillaud, qui prenait part à la discussion, de relire l'ouvrage de Littré intitulé : *Médecine* et *Médecins* et de comparer avec les idées actuelles le chapitre sur les épidémies écrit en 1836, quatre ans après le choléra qui avait jeté l'effroi dans Paris et dans toute la France.

« Le poison et le venin s'éteignant sur place après avoir opéré le mal qui leur est propre, écrivait Littré, ne se reproduisent pas dans le corps de la victime ; mais les virus et les miasmes se reproduisent et se propagent. Rien de plus obscur pour le physiologiste et le médecin que ces sournoises combinaisons d'éléments organiques ; mais c'est là l'atelier de malfaisance et de mort où il faut essayer de pénétrer. »

En face de cette terrible invasion d'épidémies, il semblait à Littré que les peuples occupés au mouvement et au progrès de leur vie

fussent, à certaines périodes, sacrifiés comme des victimes, semblables à des « mineurs qui, poursuivant le filon qu'ils sont chargés
d'exploiter, tantôt déchaînent les eaux souterraines qui les noient,
tantôt ouvrent un passage aux gaz méphitiques qui les asphyxient
ou les brûlent et tantôt enfin provoquent les éboulements de terrain
qui les ensevelissent sous les décombres ».

« Parmi les maladies épidémiques, disait Littré dans un autre
passage que Pasteur avait également noté, les unes occupent
le monde et en désolent presque toutes les parties, les autres sont
limitées à des espaces plus ou moins étendus. De ces dernières,
l'origine peut être recherchée soit dans des circonstances locales,
d'humidité, de marécage, de matières animales ou végétales en
décomposition, ou bien dans les changements que le genre de vie
des hommes éprouve. »

C'était au mois de septembre 1879 que Pasteur avait lu et copié
ces passages. « Si j'avais à défendre la nouveauté des idées que
mes études de ces vingt dernières années ont introduites dans la
médecine, — écrivait-il à la suite d'une de ces conversations
qu'il aimait à avoir avec l'un des siens sur les routes d'Arbois,
tant de fois parcourues ainsi et d'où son regard passait des vastes
horizons de la plaine à la ligne harmonieuse des collines, —
j'invoquerais l'esprit significatif des paroles de Littré. Tel était
donc, en 1836, sur l'étiologie des grandes épidémies, des grandes
contagions, l'état de la science et des idées pour un des esprits les
plus avancés, les plus pénétrants. Je ferais observer, contrairement
à l'opinion de Littré, que rien ne prouve la spontanéité des grandes
épidémies. De même que nous venons de voir le phylloxéra envahir
l'Europe (importé d'Amérique, ce qu'on aurait pu ignorer), de
même il se pourrait que les causes des grandes pestes eussent pris
origine, à l'insu des pays frappés, dans d'autres pays qui auraient
eu avec ces derniers des contacts fortuits. Soit un être microscopique, habitant telle ou telle contrée de l'Afrique, où il existerait
sur des animaux, sur des plantes, des hommes même et qui serait
capable de communiquer une maladie à la race blanche. Qu'une
circonstance fortuite l'amène en Europe et il pourra devenir l'occa-

sion d'une épidémie... » Revenant encore plus tard sur ce passage : « Aujourd'hui, disait-il, s'il s'agissait d'écrire un article sur le même sujet, ce serait certainement l'idée de ferments vivants, d'êtres et de germes microscopiques qui serait invoquée et discutée comme cause. C'est là le grand progrès, ajoutait-il avec la fierté légitime de la voie ouverte, le grand progrès auquel mes travaux ont eu une si large part. Mais c'est le propre de la science et du progrès de découvrir sans cesse des horizons nouveaux. En avançant dans la découverte de l'inconnu, le savant ressemble au voyageur qui atteint des sommets de plus en plus élevés, d'où sa vue aperçoit sans cesse des étendues nouvelles à explorer. Aujourd'hui autant de maladies contagieuses nouvelles, autant d'êtres microscopiques nouveaux s'offrent à l'esprit comme étant à découvrir et devant rendre merveilleusement compte des états pathologiques et de leurs manières de se propager et d'agir rapportées aux façons de vivre, de se multiplier dans l'organisme et de le détruire. Certes le point de vue est bien différent de celui de Littré. »

Aussi, de retour à Paris, l'esprit rempli de ces idées, n'avait-il pu s'empêcher de dire à l'Académie de médecine tout ce qu'il pensait. La spontanéité des maladies transmissibles, voilà l'erreur qu'il entendait combattre. Il avait lutté contre la théorie de Liebig sur les ferments. L'idée d'une spontanéité créée de toutes pièces par l'organisme, quand il s'agissait de virus, lui semblait aussi inexacte. « Aveugle, disait-il, qui ne pressent pas que cette doctrine de spontanéité vieillit et s'effondre ! »

Sur ces ruines il voyait s'élever la doctrine des germes. Elle ne s'établirait qu'au prix de bien des efforts. Mais que la bataille fût plus ou moins prolongée qu'importait ? Le résultat n'était pas douteux.

Sa puissance d'esprit, le don de rayonnement qu'il exerçait étaient tels que de plus en plus ses proches s'intéressaient aux choses du laboratoire. Tous tâchaient de pénétrer chaque jour davantage dans les pensées de Pasteur. Son cercle de famille s'était agrandi, son fils et sa fille étaient mariés. Les deux nouveaux

venus n'avaient pas tardé à être initiés aux résultats passés et aux
expériences récentes. De même que dans son enfance et sa jeunesse
il avait trouvé au foyer paternel des êtres dont il était passionnément aimé, il avait maintenant, dans sa maturité, des affections
qui s'efforçaient d'être égales à la tendresse dont il les entourait. Il
faisait du bonheur autour de lui comme il donnait de la gloire à la
France.

Il traçait déjà pour l'avenir tout un programme de recherches
scientifiques. Puisque l'on pouvait, à propos du charbon, montrer
une cause spécifique, agissante et vivante, et que dès lors il
était permis d'espérer qu'on arriverait à combattre cette bactéridie,
comme on combat un ennemi qui n'est plus invisible et dont on
peut mesurer la force, n'y aurait-il pas pour d'autres maladies virulentes des milieux de culture à trouver, permettant d'isoler le
microbe, de s'en rendre maître, de le domestiquer, d'éclairer aussi
les obscurités de l'étiologie en attendant que l'on pût trouver une
prophylaxie certaine? C'est dans ce courant d'idées qu'un autre
microbe devint bientôt l'objet des mêmes études de culture et
d'inoculation que la bactéridie charbonneuse.

CHAPITRE X

1880-1882

Vous est-il arrivé d'être témoin, dans une cour de ferme, du spectacle offert par les désastres d'une épidémie singulière qui semble éclater subitement? Un matin, on trouve frappées de mort sur leur nid des poules que l'on croyait occupées à être de bonnes couveuses. D'autres, entourées de leurs poussins, les laissent s'éloigner, ne les rappellent pas, ne les regardent plus. Immobiles au milieu de la cour, les pattes fléchissantes, elles sont prises d'une lassitude mortelle. Un coq jeune, superbe, qui la veille jetait à tout le voisinage ses appels triomphants, terrassé tout à coup, le bec clos, le regard éteint, la crête d'un rouge violacé et tombante, agonise, le cou enfoncé dans ses plumes ternies. S'il essaie de se dresser sur ses ergots, il retombe bientôt vaincu. Et pendant que, çà et là, des poules, pelotonnées sur elles-mêmes, meurent, d'autres, qui ont un sursis de vie parfois jusqu'au lendemain, viennent sous les pattes, sous les ailes des mourantes, gratter et becqueter les grains souillés de déjections où se trouvent les germes de mort. C'est le choléra des poules.

Un vétérinaire alsacien, Moritz, avait le premier signalé, en 1869, des « granulations » dans le corps des animaux atteints de ce mal parfois foudroyant et dont les ravages vont jusqu'à 90 poules sur 100. Il ne reste sans doute que celles qui, guéries d'une atteinte légère du choléra, ont pu résister à la contagion. Neuf ans après Moritz, un vétérinaire italien, Perroncito, figura le microbe qui a la forme de petits points. En l'étudiant, Toussaint montra que le microbe était bien la cause de la virulence du sang.

La tête d'un coq mort du choléra fut envoyée à Pasteur par Toussaint. La première chose à faire, une fois le microbe isolé, c'était d'essayer des cultures successives. L'urine neutralisée, c'était ce que Toussaint avait employé. Parfaite pour la culture de la bactéridie du charbon, elle était un mauvais milieu pour la culture du microbe du choléra des poules. La pullulation du microbe ne tardait pas à s'arrêter. Si on l'ensemençait dans un petit ballon d'eau de levure où se développait également la bactéridie, c'était bien pis encore. En moins de quarante-huit heures, le microbe périssait. « N'est-ce pas l'image, disait Pasteur tout en cherchant un autre milieu de culture, et avec ce don de rapprochement qui faisait d'un échec un motif de réflexions, n'est-ce pas l'image de ce qu'on observe quand un organisme microscopique se montre inoffensif pour une espèce animale à laquelle on l'inocule ? Il est inoffensif, parce qu'il ne se développe pas dans le corps de l'animal ou que son développement n'atteint pas les organes essentiels à la vie. » Le milieu de culture le mieux approprié à la vie du microbe du choléra des poules fut le bouillon de muscles de poules, neutralisé par la potasse et rendu stérile par une température de 110 à 115°.

« La facilité de multiplication de l'organisme microscopique dans ce milieu de culture tient du prodige, écrivait Pasteur dans sa double communication à l'Académie des sciences et à l'Académie de médecine aux premiers jours de février 1880, communication intitulée : *Sur les maladies virulentes et en particulier sur la maladie appelée vulgairement choléra des poules.* En quelques heures, le bouillon le plus limpide commence à se troubler et se trouve rempli d'une multitude infinie de petits articles d'une ténuité extrême, légèrement étranglés à leur milieu et qu'à première vue on prendrait pour des points isolés. Ces articles n'ont pas de mouvement propre. En quelques jours, ces êtres, déjà si petits quand ils sont en voie de multiplication, se changent en une multitude de points si diminués de volume que le liquide de culture, troublé d'abord, jusqu'à être presque laiteux, devient à peine louche par la présence de points d'un diamètre non mesurable avec rigueur, tant il est faible. Le microbe dont il s'agit fait certainement partie d'un tout autre groupe que celui des vibrions. J'imagine qu'il viendra se placer un jour auprès des virus, aujourd'hui de nature inconnue, lorsqu'on aura réussi à cultiver ces derniers, comme j'espère qu'on est à la veille de le faire. »

Pasteur exposait que la virulence de ce microbe était si grande qu'il suffisait pour tuer les poules de la plus infime gouttelette de culture récente sur quelques miettes de pain. Les poules ainsi nourries contractaient la maladie par leur canal intestinal, excellent milieu de culture pour le petit organisme, et périssaient rapidement. Les excréments infectés devenaient une cause de contagion pour les poules voisines qui leur étaient données comme compagnes dans les cages du laboratoire. C'est après s'être arrêté devant une de ces poules malades que Pasteur, qui préférait toujours une description individuelle aux descriptions d'ensemble, faisait cette peinture :

« L'animal en proie à cette affection est sans force, chancelant, les ailes tombantes. Les plumes du corps soulevées lui donnent la forme en boule. Une somnolence invincible l'accable. Si on l'oblige à ouvrir les yeux, il paraît sortir d'un profond sommeil et bientôt les paupières se referment, et le plus souvent la mort arrive sans que l'animal ait changé de place, après une muette agonie. C'est à peine si quelquefois il agite les ailes pendant quelques secondes. »

En essayant l'effet que pourrait produire ce microbe sur les cochons d'Inde élevés dans le laboratoire, Pasteur constata que ce microbe ne provoquait que très rarement la mort du cobaye, qu'il n'y avait le plus souvent, au point d'inoculation, qu'une simple lésion qui se terminait par un abcès. Si, au lieu d'attendre que cet abcès se refermât et guérît, on l'ouvrait, il y avait, mêlé au pus, le petit microbe du choléra des poules. Il se conservait dans l'abcès comme s'il eût été dans une fiole.

« Des poules ou des lapins, remarquait Pasteur, qui vivraient en compagnie de cobayes portant de tels abcès pourraient tout à coup devenir malades et périr sans que la santé des cochons d'Inde parût le moins du monde altérée. Pour cela, il suffirait que les abcès des cochons d'Inde, venant à s'ouvrir, répandissent un peu de leur contenu sur les aliments des poules et des lapins. Un observateur témoin de ces faits, et ignorant la filiation dont je parle, serait dans l'étonnement de voir décimés poules et lapins sans causes apparentes, et croirait à la spontanéité du mal ; car il serait loin de supposer qu'il a pris son origine dans les cochons d'Inde, tous en bonne santé, surtout s'il savait que les cochons d'Inde sont sujets, eux aussi, à la même affection. Combien de mystères dans l'histoire des contagions recevront un jour des solutions plus simples encore que celle dont je viens de parler ! »

Un hasard, comme il y en a pour ceux qui ont le génie de l'observation, devait bientôt marquer un immense progrès et préparer une grande découverte. Tant que l'on avait ensemencé, sans interruption, de vingt-quatre heures en vingt-quatre heures, les ballons de culture du microbe du choléra des poules la virulence était restée la même. Mais en prenant une vieille culture oubliée, datant de quelques semaines, et en inoculant des poules, grande fut la surprise de voir qu'elles étaient malades et ne succombaient pas. Qu'allait-il se passer si l'on inoculait à ces poules réfractaires la culture de la veille, jeune, active, mortelle à coup sûr ? Le même phénomène de résistance se produisit. Qu'y avait-il donc de changé ? Quel était ce modificateur de l'activité du microbe ? D'où venait cette atténuation ? Des recherches ne tardèrent pas à prouver que l'oxygène de l'air en était cause. Et, en mesurant entre les cultures, des intervalles variables allant de quelques jours à un mois, à deux mois, à trois mois, on arrivait à des variations de mortalité qui faisaient que l'on tuait huit poules sur dix, puis cinq sur dix, puis une sur dix et enfin, comme dans le premier cas où, à la suite de longues vacances, la culture avait eu le temps de vieillir, on arrivait à n'en plus tuer du tout, bien que le microbe pût être encore cultivé.

« Enfin, chose non moins curieuse, disait Pasteur avec fièvre quand il expliquait tout cela, si vous prenez chacune de ces cultures de virulence atténuée pour point de départ de cultures successives et sans intervalle sensible dans les mises en train des cultures, toute la série de ces cultures reproduira la virulence atténuée de celle qui a servi de point de départ. De même la virulence nulle reproduit la virulence nulle. »

Et pendant que les poules neuves, c'est-à-dire celles qui n'avaient jamais eu la maladie du choléra des poules, exposées au virus mortel, périssaient, celles qui avaient subi les inoculations atténuées et qui recevaient plus que leur part de ce même virus mortel éprouvaient soit la maladie sous une forme bénigne, soit un malaise plus ou moins passager, quelquefois même n'en éprouvaient aucun : elles avaient l'immunité. Ce fait n'était-il pas digne d'être rapproché du grand fait de la vaccine, que Pasteur avait si souvent médité ?

Alors l'espoir d'obtenir, par des cultures artificielles, des virus-vaccins contre les maladies virulentes qui causent de grandes pertes à l'agriculture dans l'élevage des animaux domestiques, et au delà, sans cesse comme un point lumineux et fixe, l'espoir plus grand de préserver enfin l'humanité de ces maladies contagieuses qui l'ont tant de fois décimée et la déciment encore tous les jours; cet espoir invincible lui faisait souhaiter de vivre assez longtemps pour accomplir quelques découvertes nouvelles et voir ses disciples marcher dans la voie qu'il leur traçait. Qu'auraient dû peser, en face de si grandes idées, les vaines oppositions de ceux qui continuaient à disserter, ou les remontrances indirectes de ceux qui le renvoyaient superbement à ses cornues, à ses expériences de laboratoire, en lui déniant plus ou moins respectueusement le droit d'établir quelque analogie entre de pareilles études et les choses de la médecine ! Il manquait de dédain. Il voulait toujours convaincre. Fort de son expérimentation, qui lui permettait de produire des preuves et de rendre ainsi la vérité démontrable; établissant la liaison entre une maladie microbienne et une maladie virulente ; prêt enfin à reproduire par la culture, à tous les degrés d'atténuation, une véritable vaccine, ne forcerait-il pas ses adversaires de bonne foi à reconnaître l'évidence des faits ? N'entraînerait-il pas tous les esprits attentifs dans le vaste mouvement qui allait remplacer tant de vieilles choses par des notions précises, de plus en plus accessibles? Dans cette période d'enthousiasme, où il eut vraiment des jours de bonheur incomparable, joie de l'esprit dans toute sa puissance, joie du cœur dans toute son expansion car il s'agissait de bien à répandre, il sentait que rien désormais n'arrêterait la marche de sa doctrine dont il disait : « Un souffle de vérité l'emporte vers les champs féconds de l'avenir. »

Et c'était de cette voix ardente, convaincue, où l'on sentait que l'effort et la foi d'un homme étaient réunis, qu'il lisait aux Académies ses notes pleines de faits, de preuves, d'inductions qui se pressaient et entraînaient l'auditeur gagné, persuadé, subjugué. Même à la lecture, bien que l'on éprouvât tout d'abord une surprise un peu déconcertante devant tant d'expériences qui s'accumulaient, parfois sans transition visible de tel sujet à tel autre, — car il excellait en rapprochements entre des faits disparates pour le premier venu, — on était emporté par toutes ces choses inattendues, par ces vues sur l'avenir. Il avait cette intuition qui fait d'un grand savant un grand poète. Que d'idées se présentaient en foule à son esprit! C'était souvent comme des abeilles qui toutes voudraient sortir en même temps d'une ruche. De tant de projets, d'idées préconçues, il faisait un stimulant de recherches. Mais, une fois qu'il s'était engagé sur une route, il se défiait à chaque pas, il n'avançait qu'à la suite d'expériences précises, nettes, irréfutables.

Une note de lui sur la peste, note datée du mois d'avril 1880, indique bien comment il entendait que l'on travaillât en vue de faire surgir les idées. L'année précédente, l'Académie de médecine avait nommé une commission composée de huit membres pour tracer un programme de recherches relatives à la peste. Le fléau avait éclaté dans un village situé sur la rive droite du Volga, dans le district d'Astrakan. Cas isolé d'abord, puis dix jours après, nouvelle mort. Ainsi qu'un incendie qu'on ne peut plus éteindre, tout le village, de maison en maison, avait été envahi, dévoré par le fléau. Sur une population de 1,372 habitants, 370 avaient

péri. Il mourait jusqu'à 30 ou 40 personnes par jour. Alors, dans un
de ces moments sinistres où les hommes ne connaissent plus que
l'âpre désir de survivre, les parents eux-mêmes avaient abandonné
leurs malades, leurs mourants, par 20° de froid, au milieu des
cadavres restés sans sépulture. Les villages voisins avaient été
contaminés. Mais, grâce à l'autorité russe, qui établit comme cordon sanitaire des postes solidement reliés et faisant bonne garde,
le mal fut localisé. Certains médecins, réunis à Vienne, avaient
assuré que cette peste n'était autre que la peste noire du xivᵉ siècle,
celle qui avait dépeuplé l'Europe. Les vieilles peintures et les
vieilles sculptures d'alors qui représentent la mort jetant dans
son lugubre cortège l'enfant et le vieillard, le mendiant, l'Empereur, le Pape, témoignent des ravages formidables d'un tel fléau.
En France, depuis l'épidémie de Marseille, en 1720, il semblait
que la peste ne fût plus qu'un souvenir, un cauchemar lointain
et relégué en texte de narration. Le Dʳ Rochard, dans un
rapport à l'Académie de médecine, rappelait en passant comment
la contagion avait éclaté au mois de mai 1720. Un navire, qui
avait perdu six hommes de la peste pendant la traversée, était
entré dans le port de Marseille. La peste, après une première phase
insidieuse, s'était déchaînée au mois de juillet dans toute sa
fureur.

« Puisque la peste, écrivait Pasteur dans sa note qui n'était
qu'une indication de recherches à faire, une sorte de programme
d'études, puisque la peste est une maladie dont on ignore absolument la cause, il n'est pas illogique de supposer qu'elle est peut-
être produite, elle aussi, par un microbe spécial. Toute recherche
expérimentale devant avoir pour guide certaines idées préconçues,
on pourrait sans inconvénient, et très utilement peut-être, aborder
l'étude de ce mal avec la croyance qu'il est parasitaire.

« De toutes les preuves qu'on puisse invoquer en faveur de la
corrélation possible entre une affection déterminée et la présence
d'un organisme microscopique, la plus décisive est celle de la
méthode des cultures des organismes à l'état de pureté ; méthode
qui depuis vingt-deux ans m'a servi à résoudre la plupart des diffi-

cultés relatives aux fermentations proprement dites : notamment l'importante question, fort débattue jadis, de la corrélation qui existe entre ces fermentations et leur ferment propre. »

Il indiquait alors que si, après avoir recueilli soit du sang, soit du pus à la fin de la vie ou aussitôt après la mort d'un pestiféré, on arrivait à découvrir l'organisme microscopique, puis à trouver pour ce microbe un liquide de culture approprié, il y aurait lieu d'inoculer des animaux de diverses espèces, le singe peut-être de préférence, et de rechercher les lésions capables d'établir les rapports de cause à effet entre cet organisme et la maladie dans l'espèce humaine.

Certes il ne dissimulait pas les grandes difficultés d'expérimentation que l'on rencontrerait ; car, une fois l'organisme découvert et isolé, rien n'indique *a priori* à l'expérimentateur le milieu de culture approprié. Tel liquide convenant on ne peut mieux à certains organismes microscopiques est absolument contraire à d'autres. N'en était-il pas ainsi pour le microbe du choléra des poules ? Contrairement à toute attente, ce petit organisme ne se développe pas dans le bouillon de levure de bière. Un expérimentateur pressé pourrait conclure que le choléra des poules n'est pas produit par un organisme microscopique, que c'est une maladie spontanée, inconnue dans ses causes prochaines. L'erreur serait capitale, disait Pasteur, car il suffirait d'un autre milieu, d'un autre bouillon en apparence voisin du précédent, du bouillon de poule par exemple, pour qu'il y eût culture virulente.

Il fallait donc, dans ces recherches sur la peste, essayer divers milieux ; de plus, avoir toujours présent à l'esprit le caractère soit aérobie, soit anaérobie des êtres microscopiques infectieux. « La stérilité d'un liquide de culture peut tenir à la présence de l'air, ajoutait Pasteur, non à sa constitution propre : par exemple le vibrion septique est tué par l'oxygène de l'air. Il résulte de ces dernières circonstances que les cultures doivent être faites non seulement en présence de l'air, mais dans le vide ou au contact de l'acide carbonique pur. Dans ce dernier cas, aussitôt après avoir ensemencé le sang ou l'humeur que l'on veut éprouver, il faut faire le vide dans les tubes, les fermer à la lampe et les abandonner à une température convenable comprise en général entre 30 ou 40°. » Ainsi jalonnait-il la route d'idées diverses pour suggérer sur divers points la recherche scientifique de l'étiologie de la peste.

Comme il ne ressemblait guère à ceux qui n'admettent pas que l'on puisse s'aventurer, même en simple curieux, sur leur domaine spécial où ils veulent rester maîtres absolus, comme il aimait que le grand public se rendît compte de l'utilité des recherches de laboratoire, il avait envoyé à son ami Nisard le *Bulletin de l'Académie de médecine* qui contenait une première communication sur le choléra des poules et cette note sur la peste.

« Si vous en avez le loisir lisez-les, lui écrivait-il dans un petit billet daté du 3 mai 1880. Elles pourront vous intéresser *et puis il ne faut pas qu'il y ait de lacunes dans votre instruction.* Or, elles seront suivies d'autres.

« Aujourd'hui même, à l'Institut, demain à l'Académie de médecine, je ferai une nouvelle lecture.

« Recueillez toujours les critiques pour me les redire. Je les préfère de beaucoup aux éloges qui sont stériles, à moins qu'on ait besoin d'être encouragé. Ce n'est pas mon cas : j'ai la foi et le feu sacré encore pour longtemps. »

Nisard lui répondit le 7 mai : « Mon bien cher ami, je suis comme étourdi de l'effort que mon ignorance m'a forcé de faire pour suivre vos idées, et ébloui de la beauté de vos découvertes sur le point principal, et du nombre de découvertes accessoires qu'elles suscitent dans le cours de votre merveilleux travail. Vous avez bien raison de ne pas aimer les éloges stériles ; mais vous feriez tort à ceux qui vous aiment, si vous ne trouviez plaisir à être loué par eux, quand ils ne savent pas d'autre moyen de vous accuser réception de vos notes.

« J'en suis, pour la note sur le choléra des poules, à ma seconde lecture, et j'y fais cette remarque que l'écrivain y suit le découvreur, et que la langue s'élève, s'assouplit et se colore pour exprimer toutes les faces du sujet.

« Vous me rendez bien heureux de vous voir croître chaque jour en renommée, et bien fier de mon amitié. »

Au milieu de ses recherches sur le vaccin du choléra des poules, l'étiologie du charbon ne cessait de préoccuper Pasteur. Un grand point d'interrogation restait dans son esprit. Les germes du charbon remontaient-ils à la surface de la terre et comment? Au cours d'une de ses excursions habituelles avec MM. Chamberland et Roux, à la ferme de Saint-Germain, près de Chartres, il entrevit brusquement l'explication de cette énigme. Dans un champ qui venait d'être moissonné, il remarqua un emplacement dont la teinte différait quelque peu des terres voisines. Il interrogea M. Maunoury, propriétaire de la ferme, qui répondit que l'année précédente on avait enfoui là des moutons morts charbonneux. Pasteur s'approcha de plus près et il fut intéressé par la foule de ces petits cylindres de terre, de ces tortillons que les vers rendent et déposent sur le sol. Ne serait-ce pas, se dit-il, l'explication de l'origine des germes reparaissant à la surface ? Est-ce que les vers dans leurs voyages souterrains à travers leurs galeries, au retour de leurs fouilles dans le voisinage immédiat des fosses, n'apporteraient pas les spores charbonneuses et ne sèmeraient pas ainsi ces germes exhumés ? Ce serait encore une révélation singulière, inattendue, mais bien simple, due à la théorie des germes. Il ne se perdit pas en rêveries sur la portée que pouvait avoir cette idée préconçue. Toujours impatient de faire apparaître la vérité : « Nous ferons l'expérience, » dit-il.

Bouley, à qui Pasteur dès son retour à Paris avait parlé du rôle possible de ces vers de terre qui seraient ainsi des messagers, des convoyeurs de germes, fit recueillir des vers venus à la surface des fosses où l'on avait enterré, plusieurs années auparavant, des bêtes charbonneuses. Ainsi que Bouley, Villemin et Davaine furent invités à vérifier le fait au laboratoire. On ouvrit le corps des vers. Des cylindres terreux qui remplissaient leur canal intestinal, on put extraire et mettre en évidence les spores charbonneuses.

A l'époque même où Pasteur révélait ce rôle pathogénique des vers de terre, Darwin exposait, dans un dernier livre, leur rôle agricole. Lui aussi, avec son attention profonde et sa force de méthode qui savait découvrir l'importance cachée de ce qui semblait négligeable aux esprits secondaires, avait vu comment les lombrics ouvrent leurs galeries, puis comment, en retournant la terre et en ramenant à la surface, par leurs déjections, tant de particules, ils aèrent, ils drainent le sol et arrivent, par une incessante continuité, à rendre les plus grands services à l'agriculture. Laboureurs excellents, fossoyeurs redoutables. Ces deux tâches, l'une bienfaisante et l'autre pleine de périls, Pasteur et Darwin, chacun de son côté, et à l'insu l'un de l'autre, les mettaient en pleine lumière.

Pasteur avait recueilli la terre des fosses où l'on avait enfoui dans le Jura des vaches mortes du charbon en juillet 1878. « A trois reprises, dans cet intervalle des deux années dernières, disait-il, au mois de juillet 1880, à l'Académie des sciences et à l'Académie de médecine, ces mêmes terres de la surface des fosses nous ont offert le charbon. » Des expériences récentes avec de la terre du champ de la ferme beauceronne confirmaient ce fait. Loin des fosses, les particules de terre n'avaient pas provoqué le charbon.

Alors, pressé de donner un conseil pratique, il montrait comment les animaux parqués pouvaient trouver dans certains fourrages les germes du charbon qui n'avaient d'autre origine que la désagrégation, par l'effet de la pluie, de ces petits cylindres excrémentiels des vers. Les animaux qui s'arrêtent volontiers au-dessus des fosses, où l'herbe est plus épaisse, car la terre est plus riche en humus, risquent ainsi leur vie. Ils se contagionnent à peu près de la même façon que dans les expériences où l'on arrosait leur luzerne d'un liquide rempli de spores charbonneuses. Les germes septiques sont ramenés de même à la surface du sol.

« On devra, disait-il, s'efforcer de ne jamais enfouir les animaux dans des champs destinés soit à des récoltes de fourrages, soit au pacage des moutons. Toutes les fois que cela sera possible, on devra choisir pour l'enfouissement des terrains sablonneux ou

des terrains calcaires, mais très maigres, peu humides et de dessiccation facile, peu propres, en un mot, à la vie des vers de
terre. »

Pasteur n'avait jamais qu'une idée : aller de l'avant. Mais,
comme un chef d'armée qui n'aurait eu que deux aides de
camp, il lui fallait faire porter les efforts de MM. Chamberland et
Roux sur tel et tel point de France en même temps. Parfois il
s'agissait simplement de contrôler un fait annoncé un peu précipitamment par des expérimentateurs qui, soit dans un désir de
priorité, soit dans l'intention de pousser aux recherches d'autres
hommes de science, publiaient des faits dont on doutait au laboratoire. C'est ainsi que M. Roux se rendit, à la fin de ce même
mois de juillet, à quatorze kilomètres de Nancy, dans un domaine
isolé appelé la ferme de Bois-le-Duc, pour vérifier si la mort
successive de dix-neuf bêtes à cornes était véritablement due
au charbon, comme on l'affirmait. L'eau du pâturage était incri-
minée. L'isolement absolu du troupeau semblait exclure toute
autre cause de contamination. Après avoir recueilli de la terre et
de l'eau un peu partout sur le territoire de la ferme, M. Roux
était revenu au laboratoire avec ses pipettes et ses tubes. Tout le
portait à croire qu'il y avait eu là septicémie et non charbon.
M. Chamberland de son côté, pour des expériences de contamination au-dessus des fosses, faisait établir près de Lons-le-Saunier,
à Savagna, dans une prairie où l'on avait enterré plus de deux
ans auparavant des bêtes charbonneuses, une petite barrière à
claire-voie formant enclos. Quatre moutons y furent placés. A trois
ou quatre mètres en amont de ce premier enclos, une autre
barrière était établie pour enfermer quatre moutons témoins. Il
n'y avait qu'à attendre le résultat. C'était une expérience de
vacances. Pasteur l'organisait d'autant mieux qu'il venait d'arriver
à Arbois.

Une grande tristesse l'y attendait. « Je viens, écrivait-il à Nisard au commencement du mois d'août, d'avoir le malheur de
perdre ma sœur, celle qui, avec les tombes de mes parents et de
nos enfants, me ramenait chaque année à Arbois. En quarante-

huit heures, j'ai vu la vie, la maladie, la mort, l'enterrement. Cette promptitude est effrayante. J'aimais beaucoup cette sœur qui, dans les temps difficiles, quand la plus modeste aisance n'était même pas encore au foyer domestique, a porté durement le poids du jour et s'est dévouée pour les plus jeunes dont je faisais partie. De ma famille paternelle et maternelle me voilà seul survivant. »

Dans les premiers jours d'août, le jeune professeur à l'Ecole vétérinaire de Toulouse, Toussaint, annonçait avoir réussi à vacciner des moutons contre le charbon. Un procédé de vaccination (qui consistait à recueillir du sang d'un animal charbonneux au moment où il allait mourir ou immédiatement après la mort, à défibriner le sang, puis à le passer sur un linge et à le filtrer sur dix ou douze feuilles de papier) avait été infructueux. La filtration était infidèle et dangereuse. Les bactéridies passaient et tuaient les animaux que l'on voulait préserver. Toussaint alors avait eu recours à la chaleur pour tuer les bactéridies. « J'ai porté, disait-il, le sang défibriné à 55° pendant dix minutes. Le résultat a été complet. Cinq moutons, inoculés avec 3 centimètres cubes de ce sang, ont été inoculés depuis avec du sang charbonneux très actif et ne s'en sont nullement ressentis. » Il fallait toutefois faire plusieurs inoculations successives.

« Toute idée de villégiature doit être suspendue. Il faut nous remettre à l'étude tant à Paris que dans le Jura, » écrivait Pasteur à ses disciples. Bouley de son côté croyait le but atteint, sans se dissimuler toutefois les difficultés d'interprétation du fait annoncé. Il avait obtenu du ministre de l'Agriculture l'autorisation que l'on fît à Alfort l'essai de ce liquide, dit vaccinal, sur vingt moutons.

« Hier, écrivait Pasteur à son gendre le 13 août, j'ai été donner à M. Chamberland des instructions pour que je puisse vérifier dans le plus bref délai possible le fait Toussaint, auquel je ne croirai qu'après l'avoir vu, de mes yeux vu. Je fais acheter vingt moutons et j'espère être fixé quant à l'exactitude de cette observation, vraiment extraordinaire, dans trois semaines environ. La nature a bien pu mystifier M. Toussaint, quoique ses assertions paraissent attester néanmoins l'existence d'un fait fort intéressant. »

Les assertions de Toussaint étaient hâtives. Pasteur ne tarda pas à être éclairé sur ce point. Une température de 55°, prolongée pendant dix minutes, ne suffisait pas pour tuer les bactéridies dans le sang ; elles n'étaient qu'affaiblies, retardées dans leur développement. Même après quinze minutes d'exposition à cette température, il n'y avait qu'un engourdissement de la bactéridie. Pendant que l'on poursuivait ces expériences dans le Jura et au laboratoire de l'Ecole normale, les moutons d'Alfort donnaient de vives inquiétudes à Bouley. L'un mourait charbonneux le lendemain de l'inoculation, trois le surlendemain. Les autres étaient si malades que M. Nocard voulait en sacrifier un pour l'autopsier immédiatement. Un instant, Bouley crut à un désastre complet. Mais les seize autres moutons se rétablirent peu à peu, prêts à la contre-épreuve de l'inoculation du charbon.

Pendant que Pasteur précisait les points décisifs, il apprenait, à la fois par une lettre de Bouley et par une lettre de M. Roux, que le liquide vaccinal, Toussaint l'obtenait non plus par la chaleur, mais par l'action mesurée de l'acide phénique sur le sang charbonneux. L'interprétation d'affaiblissement restait la même.

« Que conclure de ce résultat? écrivait Bouley à Pasteur. Evidemment que Toussaint ne vaccine pas, comme il le croyait, avec un liquide destitué de bactéridies; puisqu'il donne le charbon avec ce liquide, mais qu'il se sert d'un liquide où la puissance de la bactéridie est réduite par le nombre diminué et l'activité atténuée. Son vaccin ne serait autre que du liquide charbonneux dont l'intensité d'action serait affaiblie au point de n'être pas mortelle pour un certain nombre d'individus susceptibles qui le recevraient. Mais ce serait un vaccin plein de traîtrise, puisqu'il serait capable de récupérer sa puissance avec le temps. L'expérience d'Alfort rend probable que le vaccin, essayé à Toulouse et qui s'y est montré inoffensif, avait acquis, dans l'intervalle des douze jours écoulés, avant qu'on l'essayât à Alfort, une intensité plus grande, parce que la bactéridie, un instant endormie par l'acide phénique, avait eu le temps de se réveiller et de pulluler malgré cet acide. »

Pendant que Toussaint était allé à Reims, où se tenaient les séances de l'Association française pour l'avancement des sciences, exposer que ce n'était pas, comme il l'avait annoncé, le liquide qui place l'animal dans des conditions relatives d'immunité, et qu'il résumait l'interprétation de Bouley, à savoir que c'était un charbon supportable qui était inoculé, Pasteur avait rédigé une note assez vive qui remettait les choses au point. Son besoin de rigueur dans les expériences le rendait parfois trop sévère. Bien que le procédé fût infidèle, l'explication inexacte, Toussaint avait cependant le mérite d'avoir constaté un état d'atténuation passagère de la bactéridie. Bouley demanda à Pasteur de surseoir à toute communication par bienveillance pour Toussaint. Un des moutons parqués sur les fosses charbonneuses était mort le 25 août, le corps rempli de bactéridies, et cela montrait une fois de plus l'erreur de ceux qui croyaient à la spontanéité des maladies transmissibles. Pasteur en informa J.-B. Dumas; il exprima en même temps son avis sur le fait Toussaint. Sa lettre fut communiquée à l'Académie des sciences :

« Permettez-moi, avant de terminer, de vous faire une autre confidence. Je me suis empressé, également avec le concours de MM. Chamberland et Roux, de vérifier les faits si extraordinaires que M. Toussaint, professeur à l'Ecole vétérinaire de Toulouse, a annoncés récemment à l'Académie. Sur la foi d'expériences nombreuses et qui ne laissent pas place au doute, je puis vous assurer que les interprétations de M. Toussaint sont à reprendre. Je ne suis pas davantage d'accord avec M. Toussaint sur l'identité qu'il affirme exister entre la septicémie aiguë et le choléra des poules. Ces deux maladies diffèrent du tout au tout. »

Bouley fut touché d'entendre ces simples réserves après toutes les expériences de vérification faites à l'Ecole normale et dans le Jura. En racontant les incidents d'Alfort et en espérant toutefois que la vaccination charbonneuse ne tarderait pas à être définitivement trouvée, il révéla que Pasteur avait eu « la délicatesse de s'abstenir de toute critique détaillée pour laisser à M. Toussaint le soin de se contrôler lui-même ».

La lutte contre les maladies virulentes était de plus en plus pour Pasteur la question capitale. Que de fois, non seulement au laboratoire mais encore dans les causeries de famille, — car il associait étroitement les siens à toutes les préoccupations de sa vie scientifique, — que de fois il revenait sur ce sujet! Du moment que l'oxygène de l'air apparaissait comme un modificateur du développement d'un microbe dans le corps des animaux, on était peut-être en présence d'une loi générale applicable à tous les virus. Quel bienfait si l'on pouvait arriver à découvrir ainsi les vaccins de toutes les maladies virulentes! Et dans sa fièvre de recherches, trouvant que scientifiquement l'histoire du choléra des poules était plus avancée que ne l'est celle des affections variolique et vaccinale, — ce grand fait de la vaccine restant isolé, inexpliqué, — il avait hâte, dès son retour à Paris, dans la seconde quinzaine de septembre 1880, de presser les médecins sur ce point spécial : les rapports entre la variole et la vaccine. A n'envisager que l'expérimentation physiologique, « l'identité, disait-il, du virus varioleux et du virus vaccin n'a jamais été démontrée ». Lorsque Jules Guérin, — né combatif, l'étant encore à la veille de ses quatre-vingts ans, et qui ne demandait, selon son mot dit à Bouley pendant les vacances, qu'à « tomber Pasteur », — prétendait que « la vaccine humaine est le produit de la variole des animaux (cowpox et horsepox) inoculée à l'homme et humanisée par la succession de ses transmissions chez l'homme », Pasteur lui répliquait ironiquement que cela revenait à dire : « La vaccine, c'est la vaccine ».

Ceux qui avaient l'habitude de parler à Pasteur avec une sincérité absolue lui conseillaient de ne pas se laisser entraîner à de nouvelles discussions où la plupart de ses adversaires prenaient des mots pour des idées et noyaient le débat dans un déluge de phrases. Est-ce que, en dédommagement de ces oppositions irritantes, incessantes, il ne gagnait pas à la cause de la vérité quiconque commençait à entrevoir que non seulement le génie jusque-là mystérieux du charbon, mais aussi d'autres génies malfaisants, inconnus encore, comme celui de la peste, de la fièvre jaune, pourraient être à leur tour transformés en leur propre vaccin? Est-ce que Bouley ne venait pas, il y avait peu de jours, dans cette même Académie de médecine, de saluer cette ère nouvelle qui autorisait, disait-il, toutes les espérances? « Que de fantômes de l'ancienne étiologie, avait-il ajouté, sont destinés à s'évanouir devant les clartés de la médecine expérimentale! » Que gagnait la science à de pareils débats, puisque ceux qui tenaient la première place parmi les vétérinaires, les médecins, les chirurgiens, reconnaissaient hautement tout ce dont la science était redevable à Pasteur? Pourquoi d'ailleurs s'inquiéter d'entendre telle et telle voix discordantes? Espérait-il les convaincre? C'était peine perdue. Pourquoi s'étonner, en outre, que certains esprits profondément troublés dans leurs habitudes, leurs principes, leur influence, eussent quelque peine, voire même quelque colère, à abandonner leurs idées? S'il est pénible à des locataires de quitter un appartement où ils ont vécu depuis leur jeunesse, qu'est-ce donc quand on reçoit congé de toute une éducation?

Pasteur, à qui l'on pouvait dire ainsi qu'il manquait de sérénité et de philosophie, reconnaissait avec un affectueux sourire que l'on avait raison. Il jurait d'être calme; mais, une fois dans la salle de l'Académie, les attaques de ses adversaires, leurs insinuations, leurs partis pris l'énervaient, l'irritaient. Ses promesses s'effondraient.

« Avoir la prétention, disait-il dans la séance du 5 octobre 1880, d'exprimer les rapports de la variole humaine avec la vaccine, en ne parlant que de la vaccine et de ses rapports avec le cowpox et le horsepox, sans prononcer même le mot de variole humaine, c'est tomber dans la logomachie, c'est équivoquer, afin d'esquiver le point vif du débat. »

Peu soucieux des nuances de pensée ou d'expression, il était tout entier à sa foi robuste dans la méthode expérimentale. Sa logique

inflexible, implacable l'entraînait. Il passait brusquement de la
défense à l'agression. Son langage devenait âpre : « Nous serons
deux désormais en présence, disait-il en parlant de Guérin, et nous
verrons lequel des deux sortira éclopé et meurtri de cette lutte. »

Certains procédés opératoires de Guérin, il les tournait si vivement en ridicule que Guérin, dans cette même séance d'octobre,
quittant tout à coup sa place, voulut se précipiter sur Pasteur. Le
baron Larrey s'interposa. Il empêcha de passer ce fougueux octogénaire. La séance fut levée en plein tumulte. Au lendemain de cette
discussion, Jules Guérin, tout frémissant encore, envoya à Pasteur
deux témoins pour lui demander une réparation par les armes.

Pasteur les renvoya vers ceux qu'il appelait les témoins naturels,
aussi bien pour lui que pour Guérin, c'est-à-dire M. Béclard, secrétaire perpétuel de l'Académie de médecine, et M. Bergeron, secrétaire annuel, qui tous deux, sous leur responsabilité, publiaient
le *Bulletin officiel de l'Académie.* « Je suis prêt, ajoutait Pasteur,
à modifier, n'ayant pas le droit d'agir autrement, ce qui paraîtrait
à MM. les rédacteurs du recueil, outrepasser les droits de la critique et de la légitime défense. » Par déférence pour MM. Béclard
et Bergeron, Pasteur voulut terminer la querelle en écrivant au
président de l'Académie qu'il n'avait pas eu l'intention de blesser
un collègue et que, dans toutes les discussions de ce genre, il n'était
jamais préoccupé que de défendre l'exactitude de ses propres
travaux.

Le *Journal de médecine et de chirurgie,* rédigé par M. Lucas-
Championnière, donnait au sujet de cette lettre bénévole ce résumé
d'impressions : « Pour notre part, nous admirons la mansuétude
de M. Pasteur que l'on représente toujours comme violent et prêt à
partir en guerre. Voilà un savant qui fait de temps à autre des
communications courtes, substantielles, extrêmement intéressantes.
Il n'est pas médecin, et, guidé par son génie, il trace des voies
nouvelles au milieu des études les plus ardues de la science
médicale. Au lieu de rencontrer le tribut d'attention et d'admiration qu'il mérite, il rencontre une opposition forcenée de quelques
individualités de naturel querelleur, toujours disposées à démolir

après avoir écouté le moins possible. S'il use d'une expression scientifique que tout le monde ne comprend pas, ou qu'il emploie quelque expression médicale un peu incorrectement, alors se dresse devant lui le spectre des discours infinis, destinés à lui démontrer que tout était pour le mieux dans la science médicale avant qu'on lui eût ajouté les études précises, et apporté les ressources de la chimie et de l'expérimentation... En disant logomachie, M. Pasteur nous semblait modéré. »

De combien d'incidents aussi futiles, de querelles aussi vaines, la vie d'un grand homme n'est-elle pas traversée ! Plus tard on ne voit que la gloire, l'apothéose et les statues dressées sur les places publiques. Il semble que ces demi-dieux se soient avancés comme dans une avenue triomphale vers la postérité reconnaissante. Mais que d'entraves, que d'oppositions retardent la marche d'un esprit libre, désireux de mener à bien son œuvre et incité par la pensée féconde de la mort! Elle est toujours présente aux esprits préoccupés des intérêts supérieurs. Pasteur ne se considérait que comme un hôte passager de ces grandes demeures intellectuelles qu'il voulait développer et fortifier pour le plus grand bien de ceux qui viendraient après lui. En face de l'hostilité, de l'indifférence ou du scepticisme qu'il constatait parfois dans ce milieu médical, il lui arrivait d'interpeller les étudiants qui siégeaient sur les bancs du public pour les prémunir contre des arguties comme celles que l'on ne cessait de lui opposer.

« Jeunes gens qui siégez au haut de ces gradins, s'écriait-il un jour, et qui êtes peut-être l'espoir de l'avenir médical dans notre pays, ne venez pas chercher ici les excitations de la polémique, venez vous instruire des méthodes. »

Ces méthodes, opposées aux spéculations *a priori*, aux conceptions vagues, il n'était pas de jour qui ne les fortifiât. L'atténuation artificielle, c'est-à-dire le virus modifié par l'oxygène de l'air qui affaiblit et éteint la virulence, tandis que la même culture du virus, mise en tube fermé, reste virulente; la vaccination par le virus atténué : ces immenses progrès, Pasteur les apportait à la fin de 1880. Mais ce même procédé serait-il applicable au microbe du charbon? Grand problème. Le vaccin du choléra des poules était facile à obtenir : il suffisait d'abandonner à elles-mêmes, pendant un certain temps au contact de l'air, des cultures pures. Elles ne tardaient pas à perdre leur virulence. Mais les spores du charbon, très indifférentes à l'air atmosphérique, gardaient une virulence indéfiniment prolongée. N'arrivait-il pas qu'au bout de huit, dix, douze années, des spores trouvées dans des fosses où l'on avait enfoui des bêtes charbonneuses fussent encore en plein pouvoir de virulence? Force était donc de tourner cette difficulté par un procédé de culture qui agirait sur la bactéridie filamenteuse, avant la formation des spores. Ce qui peut se résumer en quelques lignes demanda de longues semaines de contention, de tâtonnements et d'essais de toutes sortes.

Dans le bouillon neutre de poule, la bactéridie ne se cultive plus à 45°; elle se cultive encore, et facilement, vers 42 et 43°, mais à cette température les spores ne se forment plus.

« A cette température limite, a expliqué M. Chamberland, les bactéridies vivent et se reproduisent encore ; mais jamais elles ne donnent de germes. Dès lors, en essayant la virulence du flacon après six, huit, dix, quinze jours, nous avons retrouvé exactement les mêmes phénomènes que pour le choléra des poules. Au bout de huit jours, par exemple, notre culture, qui, à l'origine, tuait 10 moutons sur 10, n'en tue plus que 4 ou 5; après dix ou douze jours elle n'en tue plus du tout; elle ne fait que communiquer aux animaux une maladie bénigne qui les préserve ensuite contre la maladie mortelle. Et, chose bien digne de remarque, les bactéries une fois atténuées dans leur virulence peuvent être cultivées à une température de 30 à 35°, température où elles donnent des germes ayant la même virulence que les filaments qui les ont formés. »

Bouley, témoin assidu de tous ces faits, disait, sous une autre forme, que si l'on reportait cette bactéridie atténuée, dégénérée, dans un milieu de culture dont la température plus basse est favorable aux manifestations de ses activités, elle redevient apte à former des spores. Mais de ces spores issues de bactéridies affaiblies « ne naîtront que des bactéridies affaiblies comme elles dans leur faculté de pullulation ».

Ainsi est obtenu, enfermé dans des spores inaltérables, un vaccin prêt à être expédié dans le monde entier pour servir à vacciner les animaux contre la maladie charbonneuse.

Le jour où il fut sûr de cette découverte, Pasteur, remontant du laboratoire à son appartement, dit aux siens avec une émotion profonde : « Je ne me consolerais pas si cette découverte que nous avons faite, mes collaborateurs et moi, n'était pas une découverte française. »

Mais, avant de la proclamer, il voulait attendre encore. Toutefois la cause dévoilée, le mode de propagation indiqué, la prophylaxie rendue facile, c'en était assez pour enthousiasmer les esprits attentifs et pour rendre reconnaissants les propriétaires de troupeaux.

C'est dans ce sentiment que la Société des agriculteurs de France décida, dans sa séance du 21 février 1881, de remettre à Pasteur une médaille d'honneur. J.-B. Dumas, retenu à l'Académie des sciences, n'avait pu assister à cette séance. « J'aurais voulu, écrivait-il à Bouley, chargé d'exposer dans cette grande réunion les principales découvertes de Pasteur, j'aurais voulu montrer par mon empressement à me joindre à vous combien je m'associe de cœur à votre admiration pour celui que vous n'honorerez jamais au niveau de son mérite, de ses services et de son dévouement passionné pour la vérité et pour la patrie. »

Le lundi suivant, en allant à l'Académie des sciences, Bouley disait à Dumas : « Grâce à votre lettre, je suis maintenant sûr d'avoir une petite part d'immortalité. — Tenez, répondit Dumas, en montrant Pasteur qui marchait devant eux, voilà celui qui nous y conduit tous les deux. »

C'était ce lundi-là, 28 février, que Pasteur allait faire sa célèbre communication sur le vaccin du charbon et toute la gamme des virulences. Le secret de ces retours à la virulence était tout entier dans des cultures successives à travers le corps de certains animaux. Venait-on à inoculer une bactéridie affaiblie à un cobaye de quelques jours, elle était inoffensive. Mais elle tuait le cobaye d'un jour.

« Si l'on passe alors d'un premier cobaye d'un jour à un autre, disait Pasteur, par inoculation du sang du premier au second, de celui-ci à un troisième, et ainsi de suite, on renforce progressivement la virulence de la bactéridie, en d'autres termes son accoutumance à se développer dans l'économie. Bientôt, par suite, on peut tuer les cobayes de trois et quatre jours, d'une semaine, d'un mois, de plusieurs années, enfin les moutons eux-mêmes. La bactéridie est revenue à la virulence d'origine. Sans hésiter, quoique nous n'ayons pas encore eu l'occasion d'en faire l'épreuve, on peut dire qu'elle tuerait les vaches et les chevaux ; puis elle conserve cette virulence indéfiniment si l'on ne fait rien pour l'atténuer de nouveau.

« En ce qui concerne le microbe du choléra des poules, lorsqu'il est arrivé à être sans action sur ces dernières, on lui rend la virulence en agissant sur des petits oiseaux, serins, canaris, moineaux, etc., toutes espèces qu'il tue de prime-saut. Alors, par des passages successifs dans le corps de ces animaux, on lui fait prendre peu à peu une virulence capable de se manifester de nouveau sur les poules adultes.

« Ai-je besoin d'ajouter que, dans ce retour à la virulence et chemin faisant, on peut préparer des virus-vaccins à tous les degrés de virulence pour la bactéridie et qu'il en est ainsi pour le microbe du choléra ?

« Cette question du retour à la virulence est du plus grand intérêt pour l'étiologie des maladies contagieuses. »

Puisque le charbon ne récidive pas, avait dit Pasteur au cours de cette communication, chacun des microbes charbonneux, atténué dans le laboratoire, constitue pour le microbe supérieur un vaccin. « Quoi de plus facile dès lors que de trouver dans ces virus successifs des virus propres à donner la fièvre charbonneuse aux moutons, aux vaches, aux chevaux sans les faire périr et pouvant les préserver ultérieurement de la maladie mortelle? Nous avons pratiqué cette opération avec un grand succès sur les moutons. Dès qu'arrivera l'époque du parcage des troupeaux dans la Beauce, nous en tenterons l'application sur une grande échelle. »

On ne tarda pas à lui en offrir les moyens. Il rencontra un concours empressé des volontés les plus diverses. Les uns espéraient une démonstration éclatante de la vérité scientifique, les autres souhaitaient tout bas une revanche, éclatante elle aussi. Le promoteur d'une très grande expérience projetée fut un vétérinaire de Melun, M. Rossignol.

Si quelque curieux s'amusait à feuilleter le numéro du journal la *Presse vétérinaire*, dont M. Rossignol était un des principaux rédacteurs, il retrouverait, à la date du 31 janvier 1881, moins d'un mois par conséquent avant la nouvelle de cette grande découverte sur le vaccin du charbon, une page de M. Rossignol qui s'exerçait sur ce thème : « Voulez-vous du microbe, on en a mis partout. La microbiâtrie est aujourd'hui tout à fait à la mode, elle règne en souveraine ; c'est une doctrine qu'on ne discute pas, on doit l'admettre sans réplique, du moment surtout que son grand prêtre, le savant Pasteur, a prononcé le mot sacramentel : *J'ai dit*. Le microbe seul est et doit être la caractéristique d'une maladie ; c'est entendu et convenu, désormais la théorie des germes doit l'emporter sur la clinique pure ; le microbe seul est éternellement vrai et Pasteur est son prophète ».

A la fin du mois de mars, M. Rossignol se mettait en campagne, sollicitait quelques souscriptions, montrait tout l'intérêt qu'il y aurait pour les éleveurs de la Brie, — dont le bétail était aussi frappé par la maladie charbonneuse que celui des éleveurs de la Beauce, — à profiter d'un bienfait pareil. Il ne fallait pas laisser cette découverte, si elle était vraie, confinée dans le laboratoire de l'Ecole normale ou destinée uniquement au public privilégié de l'Académie des sciences, qui n'en saurait que faire. M. Rossignol eut bientôt une centaine de souscripteurs. Croyait-il que, devant un public de vieux praticiens tant de fois impuissants à combattre la maladie charbonneuse, tous ces petits ballons de virus, dont Pasteur disait merveille, se répandraient, eux et leur fortune dans une cour de ferme ? La fable du pot au lait de la Fontaine aurait-elle dans les annales vétérinaires son pendant ? Quelques-uns l'assuraient. Mais que ne disait-on pas à propos de cette expérience ! Les microbes étaient un sujet de plaisanteries perpétuelles. Quand nous serons à cent, nous ferons une croix, disaient certains collègues de M. Rossignol. On se gaussait des recettes académiques. La profession vétérinaire, on l'apercevait dans une vingtaine d'années à travers un vaste laboratoire des mieux aménagés, où l'on se livrerait avec acharnement à la culture des nombreuses espèces, races, sous-races et variétés de microbes. Il y avait de bons moments de gaieté dans le pays Briard. Si, comme le dit un vieil adage, la lumière vient habituellement d'en haut, bon nombre de praticiens n'eussent pas été fâchés de faire partir d'en bas un large souffle pour éteindre la lumière de Pasteur.

M. Rossignol sut intéresser tout le monde à son initiative. Aussi lorsque, le 2 avril, la Société d'agriculture de Melun fut saisie de ce projet, qui avait un intérêt général, s'empressa-t-elle de l'approuver et d'accorder son patronage.

Le président, le baron de la Rochette, fut invité à faire auprès de Pasteur les démarches nécessaires pour l'engager à organiser des expériences publiques sur la vaccination préventive du charbon dans l'arrondissement de Melun. Le 8 avril, cette proposition était publiée dans une circulaire que M. Rossignol adressait aux membres de la Société d'agriculture de Melun et du comice des arrondissements de Melun, Fontainebleau et Provins.

« Le retentissement que ces expériences auront nécessairement, écrivait M. Rossignol, frappera les esprits et finira par convaincre ceux qui éprouvent encore quelques doutes : l'évidence des faits aura pour résultat de dissiper toutes les incertitudes. »

Le baron de la Rochette était le type du vieux gentilhomme. Tout dans sa personne avait un ensemble de bonne grâce et de courtoisie d'autrefois. Fort au courant de tous les progrès agricoles et se piquant à juste titre, avec une aisance de grand propriétaire, de faire de l'agriculture un art et une science, il avait dans tous les milieux où il passait la voix assurée et aimable. Quand il entra dans le laboratoire, il fut bien vite charmé par la simplicité du savant qui s'empressa d'accepter la proposition d'une expérience en grand.

Dans les derniers jours d'avril Pasteur avait rédigé le programme qui devait être suivi près de Melun, dans la ferme de Pouilly-le-Fort. Ce programme fut tiré, grâce aux soins diligents de M. Rossignol, à un grand nombre d'exemplaires qui se répandirent non seulement dans tout le département, mais encore dans le monde agricole. C'était une prophétie tellement affirmative que quelqu'un disait à Pasteur avec un peu d'inquiétude :

— Vous rappelez-vous ce que le maréchal de Gouvion Saint-Cyr disait de Napoléon ? « Il aimait les parties hasardeuses ayant un caractère de grandeur et d'audace. Il jouait le va-tout. » Vous allez jouer le vôtre.

— Oui, répondit Pasteur qui voulait forcer la victoire.

Et comme ses collaborateurs, à qui il venait de donner lecture de conventions si précises, si sévères, étaient eux-mêmes émus de tant d'assurance : « Ce qui a réussi sur 14 moutons au laboratoire, leur dit Pasteur, réussira aussi bien sur 50 à Melun. »

Ce programme ne laissait aucune ligne de retraite. La Société d'agriculture de Melun mettait à la disposition de Pasteur 60 moutons; 25 devaient subir deux inoculations vaccinales, à douze ou quinze jours d'intervalle, par le virus charbonneux atténué. Quelques jours plus tard, ces 25 moutons, en même temps que 25 autres, seraient inoculés par le charbon très virulent.

« Les 25 moutons non vaccinés périront tous, écrivait Pasteur, dans cette sorte de convention ; les 25 vaccinés résisteront. »

On les comparerait ultérieurement avec les 10 moutons indemnes ne subissant aucun traitement et appelés à servir de témoins. Ainsi serait démontré que les vaccinations n'ont pas empêché les moutons vaccinés de retrouver, après un certain temps, leur état normal. Venaient ensuite d'autres prescriptions, l'enfouissement, par exemple, des moutons morts dans des fosses distinctes, voisines les unes des autres et situées dans un enclos palissadé.

« Au mois de mai 1882, ajoutait Pasteur, on fera parquer dans cet enclos 25 moutons neufs, c'est-à-dire n'ayant servi à aucune expérience. » Et, voyant les choses à un an de distance, il prédisait que sur les 25 moutons de ce petit lot de l'année suivante, nourris avec l'herbe de cet enclos ou avec de la luzerne que l'on y déposerait, plusieurs se contagionneraient par les germes charbonneux que ramèneraient à la surface du sol les vers de terre, et que ces moutons mourraient du charbon. Enfin, on pourrait prendre 25 autres moutons, les parquer tout à côté de cet enclos dans un endroit où l'on n'aurait jamais enfoui d'animaux charbonneux. Dans ces conditions, aucun d'eux ne contracterait la maladie.

M. de la Rochette ayant exprimé le désir que des vaches fussent comprises dans le programme, Pasteur répondit qu'il était tout prêt à cette nouvelle expérience, en ajoutant toutefois que les épreuves de vaccinations sur les vaches n'étaient pas aussi avancées que celles sur les moutons. Il pourrait arriver, disait-il, que les résultats ne fussent pas aussi manifestement probants. Mais il avait confiance. On lui offrit 10 vaches ; 6 devaient être vaccinées et 4 non vaccinées. Les expériences commenceraient le jeudi 5 mai et seraient terminées vraisemblablement dans la première quinzaine de juin.

Au moment où M. Rossignol annonçait que tout était prêt pour l'époque fixée, une note de la rédaction de la *Presse vétérinaire* rappelait que les expériences de laboratoire seraient répétées *in campo* et que Pasteur pourrait ainsi « démontrer qu'il ne s'était pas trompé quand il affirmait, devant l'Académie stupéfaite, qu'il avait découvert le vaccin charbonneux, c'est-à-dire le préservatif d'une des maladies les plus terribles dont les animaux, comme l'homme lui-même, puissent être affectés ». Mêlant tous les tons, et se plaisant aux réminiscences classiques, cette note se terminait ainsi : « Ces expériences sont solennelles et elles deviendront mémorables si, comme M. Pasteur l'affirme avec une conviction sûre d'elle-même, elles viennent confirmer toutes celles qu'il a déjà instituées. Nous faisons des vœux ardents pour que M. Pasteur réussisse et qu'il sorte vainqueur d'un tournoi qui a suffisamment duré. S'il réussit, il

29

aura doté son pays d'un grand bienfait, et ses adversaires pourront, comme l'esclave antique, ceindre leur front de laurier et se préparer à suivre, enchaînés et courbés, le char de l'immortel triomphateur. Mais il faut réussir, le triomphe est à ce prix. Que M. Pasteur toutefois n'oublie pas que la roche Tarpéienne est près du Capitole. »

Le 5 mai, de la gare de Melun ou de la petite gare de Cesson, arrivait une foule nombreuse se dirigeant vers la cour de la ferme de Pouilly-le-Fort. Il y avait comme une mobilisation de conseillers généraux, d'agriculteurs, de médecins, de pharmaciens et surtout de vétérinaires. La plupart de ces derniers, — comme le disaient d'ailleurs le représentant de la société vétérinaire de l'Yonne, M. Thierry et un de ses collègues, M. Biot, de Pont-sur-Yonne, — venaient là pleins de scepticisme. Ils échangeaient des plaisanteries ou des coups d'œil à remplir de satisfaction les adversaires de Pasteur. On l'attendait à la dernière inoculation virulente.

Pasteur, assisté non seulement de MM. Chamberland et Roux mais encore d'un troisième élève appelé Thuillier, procéda à l'installation des sujets d'expériences. Au dernier moment, deux moutons furent remplacés par deux chèvres.

Candidats à la vaccination et témoins non vaccinés étaient séparés sous un vaste hangar. Pour injecter le liquide vaccinal, on se servit de la petite seringue de Pravaz. Ceux qui connaissent les injections de morphine savent combien l'aiguille pénètre facilement dans les tissus sous-cutanés. Chacun des 25 vaccinés avait reçu à la face interne de la cuisse droite l'injection de cinq gouttes de culture bactéridienne que Pasteur appelait le premier vaccin. C'est en arrière de l'épaule que 5 vaches et 1 bœuf, substitué à la 6e vache, furent à leur tour vaccinés. On marqua d'un numéro à la corne droite le bœuf et les vaches. Les moutons furent marqués à l'oreille.

On demanda ensuite à Pasteur de vouloir bien faire, dans la grande salle de la ferme de Pouilly, une conférence sur la maladie charbonneuse. Alors, sous une forme familière, pleine de clarté, allant au-devant de toutes les objections, ne s'étonnant pas de

l'ignorance, des partis pris, sachant très bien que beaucoup désiraient au fond un échec, il exposa méthodiquement les étapes parcourues et indiqua le but qu'il atteindrait. Pendant près d'une
heure, il intéressa, instruisit cet auditoire si varié. On sentait que
la foi qui l'animait était profonde et qu'au souci du problème scientifique à résoudre se joignait le désir d'épargner aux cultivateurs de
lourdes pertes. Au sortir de la conférence, quelques-uns, mieux au
courant que d'autres, admiraient la logique et l'harmonie de cette
carrière qui mêlait à la science pure des résultats incalculables
pour la fortune publique. Alliance extraordinaire, en effet, donnant
une physionomie à part à cet homme d'un labeur prodigieux. On
se donna rendez-vous pour la seconde inoculation. Dans l'intervalle, les 6, 7, 8 et 9 mai, MM. Chamberland et Roux vinrent
à Pouilly-le-Fort prendre la température des animaux vaccinés.
Rien n'était anormal. Le 17 mai, nouvelle inoculation d'un second
virus atténué, mais plus virulent. Inoculé d'emblée à des moutons, ce second liquide vaccinal eût provoqué une mortalité de
50 p. 100.

« Mardi 31 mai, écrivait Pasteur à son gendre, aura lieu la
troisième et dernière inoculation, cette fois avec 50 moutons et
10 vaches. J'ai grande confiance, puisque les deux premières, du
5 mai et du 17, se sont effectuées dans les meilleures conditions
sans la moindre mortalité dans le lot des 25 vaccinés. Le 5 juin,
au plus tard, le résultat définitif sera connu, c'est-à-dire 25 survivants chez les 25 vaccinés et 6 vaches. Si le succès a cette
netteté, ce sera un des plus beaux faits de science et d'application de ce siècle, consacrant une des plus grandes et des plus
fécondes découvertes. »

Cette grande expérience n'empêchait pas d'autres études poursuivies au laboratoire. Le jour même de la seconde inoculation à
Pouilly-le-Fort, Mme Pasteur écrivait à sa fille : « Un des chiens
du laboratoire a l'air de devenir malade de la rage; ce serait,
paraît-il, un très grand bonheur au point de vue de l'intéressante
expérience qu'il fournirait. » Le 25 mai, autre lettre de Mme Pasteur qui montre combien autour de Pasteur on partageait ses

préoccupations, ses espérances, on était entraîné dans le cours de ses idées :

« Grande nouvelle que ton père rapporte à l'instant du laboratoire ! Le nouveau chien trépané et inoculé de la rage est mort cette nuit après dix-neuf jours seulement d'incubation. La maladie s'est manifestée le quatorzième jour et ce matin le même chien a servi pour inoculer un *chien neuf*, toujours par trépanation, ce que Roux a exécuté avec une habileté sans pareille. Tout cela veut dire que nous allons avoir autant de chiens enragés que nous en désirerons pour les expériences et que celles-ci vont devenir excessivement intéressantes.

« Le mois prochain un délégué du *maître* se rendra dans le Midi pour étudier la maladie du rouget qui sévit ordinairement vers cette époque. On espère beaucoup trouver le vaccin de cette maladie. »

La trépanation du chien avait vivement préoccupé Pasteur. Lui, que l'on dépeignait dans certains milieux d'antivivisectionnistes comme un bourreau de laboratoire, avait l'horreur d'imposer une souffrance à un animal. « Il assistait sans trop de peine, a écrit M. Roux, à une opération simple comme une inoculation sous-cutanée, et encore, si l'animal criait un peu, Pasteur se sentait aussitôt pris de pitié et donnait à la victime des consolations et des encouragements qui auraient paru comiques, s'ils n'avaient été touchants. La pensée qu'on allait perforer le crâne d'un chien lui était désagréable. Il souhaitait vivement que l'expérience fût réalisée et il craignait de la voir entreprendre. Je la fis un jour qu'il était absent. Le lendemain, comme je lui rendais compte que l'inoculation intra-crânienne ne présentait aucune difficulté, il s'apitoya sur le chien : « Pauvre bête, son cerveau est sans doute lésé, il doit être paralysé. » Sans répondre, je descendis au sous-sol chercher l'animal et je le fis entrer au laboratoire. Pasteur n'aimait pas les chiens; mais quand il vit celui-ci, plein de vivacité, fureter partout en curieux, il témoigna la satisfaction la plus vive et se mit à lui prodiguer les mots les plus aimables. Pasteur savait un gré infini à ce chien de si bien supporter la trépanation, et de faire ainsi tomber tous ses scrupules pour les trépanations futures. »

A mesure que le jour des dernières expériences de Pouilly-le-Fort approchait, le monde vétérinaire s'agitait davantage. La moindre rencontre provoquait une discussion. Quelques prudents disaient : « Il faut attendre. » Les croyants étaient encore en petit nombre.

Un ou deux jours avant la troisième et décisive inoculation, le vétérinaire de Pont-sur-Yonne, M. Biot, qui suivait les expériences de Pouilly-le-Fort avec un rare scepticisme, rencontra, sur le chemin de Maisons-Alfort, Colin. Ils firent route ensemble. « Notre conversation avec Colin, — c'est M. Biot qui a raconté et dicté le fait à son ami et collègue M. Thierry, très sceptique lui aussi et s'attendant à la roche Tarpéïenne, — notre conversation roula tout naturellement sur les expériences de Pasteur. Colin disait : « Il faut vous méfier, car dans le bouillon de cultures bactéridiennes il y a deux parties : une partie supérieure inerte et une partie profonde très active dans laquelle sont accumulées les bactéridies qui, à raison de leur poids, tombent au fond du récipient. On inoculera, avec la partie supérieure du liquide, les moutons vaccinés qui n'en mourront pas, tandis que les témoins seront inoculés avec le liquide du fond qui les tuera. »

Colin recommanda à M. Biot de saisir, au moment venu, le flacon contenant le liquide très virulent, « de l'agiter fortement de façon à produire un mélange parfait, rendant toute la masse uniformément virulente ».

Si Bouley avait entendu quelque chose de pareil, il se fût révolté, à moins qu'il n'eût ri de bon cœur. Un an auparavant, dans une lettre à M. Thierry, qui non seulement défendait mais exaltait Colin, Bouley avait écrit :

« Sans doute Colin est un homme de valeur et il a su mettre à profit les ressources que lui donnait à Alfort sa position de chef de service d'anatomie pour accomplir des travaux importants. Mais notez bien que son génie négatif l'a conduit presque toujours à tâcher de démolir les œuvres véritablement grandes. Il a nié Davaine ; il a nié Marey ; il a nié Claude Bernard ; il a nié

Chauveau. En ce moment c'est à Pasteur qu'il s'attaque. » Et Bouley, à qui Colin devait sa situation à Alfort, aurait pu ajouter : Il m'appelle son persécuteur. Mais M. Biot ne voulait croire ni à l'hostilité, ni à la passion de Colin. De pareils conseils ne lui semblaient que des scrupules en matière de physiologie expérimentale. Colin ne doutait pas, disait M. Biot, de la bonne foi de Pasteur, mais il lui déniait l'aptitude à faire des expériences *in anima vili*.

Le 31 mai, tout le monde était dans la ferme. M. Biot exécuta les prescriptions de Colin et agita le tube de virulence avec une énergie de vétérinaire. Il fit mieux encore. Toujours sur le conseil de Colin, qui lui avait dit que la virulence effective était en raison directe de la quantité du liquide injecté, il demanda qu'une plus grande quantité que celle dont on allait se servir fût inoculée aux animaux. On donna triple dose. D'autres vétérinaires exprimèrent le vœu que le liquide virulent fût inoculé à tour de rôle à un vacciné et à un non-vacciné. Sans chercher à pénétrer quelles pouvaient être les insinuations lointaines, les défiances immédiates ou les calculs hostiles, en un mot tous les mobiles de ces demandes, Pasteur, impassible, se prêta à ces exigences diverses.

Tout était achevé à trois heures et demie. Rendez-vous fut pris pour le surlendemain, 2 juin, dans le même enclos. La proportion entre croyants et incrédules commençait à être renversée. Pasteur semblait tellement sûr de son fait que beaucoup disaient : Il n'est pas possible qu'il se soit trompé. Tel petit groupe avait cependant bu le matin au *fiasco* de Pasteur. Mais, soit pensée sournoise d'assister à un échec, soit désir généreux d'être témoin d'une victoire scientifique, chacun murmurait : « Je voudrais être plus vieux de deux jours. »

Le 1er juin, MM. Chamberland et Roux revinrent à Pouilly-le-Fort juger de l'état des inoculés. Dans le lot des moutons non vaccinés, beaucoup de malades se tenaient à l'écart, tête baissée, refusant toute nourriture. Chez quelques vaccinés un peu de fièvre; l'un d'eux accusait même 40°; sur un mouton un léger œdème avait pour centre le point d'inoculation; fièvre manifeste chez un agneau; un autre boitait; mais chez tous l'appétit se maintenait, sauf chez la brebis qui ne voulait pas manger. Tous les non-vaccinés devenaient de plus en plus malades. Chez tous, notait M. Rossignol, l'essoufflement est à son maximum. Les mouvements du flanc sont entre-coupés de temps à autre par des plaintes. Si l'on veut forcer les plus malades à se lever et à marcher, ce n'est qu'à grand'peine qu'ils se décident à faire quelques pas, tant leur démarche est branlante et vacillante. Le soir, au moment où M. Rossignol quitta Pouilly-le-Fort, il y avait déjà trois cadavres. « Tout me fait présager, écrivit-il, qu'un grand nombre de moutons succomberont dans la nuit. »

Au retour de MM. Chamberland et Roux, qui avaient constaté une élévation de température sur certains vaccinés, l'anxiété de Pasteur fut vive. Elle ne fit que s'accroître à l'arrivée d'une dépêche de M. Rossignol annonçant qu'il considérait une brebis comme perdue. Par un brusque contraste, Pasteur, qui avait tracé un programme si hardi, ne laissant aucune part à l'imprévu, et qui, la veille encore, était d'une tranquillité imperturbable au milieu de ces lots de moutons dont le salut ou la mort devait décider d'une immortelle découverte ou d'un irrémédiable échec, Pasteur se sentit, tout à coup, pris de doutes, d'angoisses.

Bouley, qui était venu ce soir-là voir son maître, comme il aimait à l'appeler, ne comprenait pas cette réaction, résultant d'une tension trop continue d'esprit, disait M. Roux qui ne s'en inquiétait pas. La nature si émotive de Pasteur, étrangement associée à un tempérament de lutteur, le dominait. « Pendant quelques instants, a écrit M. Roux, sa foi chancela, comme si la méthode expérimentale pouvait le trahir. » La nuit fut sans sommeil.

« Ce matin à huit heures, écrivit Mme Pasteur à sa fille, nous étions encore très préoccupés et dans l'attente de la dépêche qui aurait pu nous annoncer quelque désastre. Ton père ne voulait pas se laisser distraire de ses inquiétudes. A neuf heures, le laboratoire était informé et, cinq minutes après, le télégramme m'était communiqué. J'ai eu un petit moment d'émotion qui m'a fait passer par toutes les couleurs de l'arc-en-ciel. Hier, on avait constaté avec effroi une grande élévation de température chez l'un des vacccinés. Ce matin, le même mouton était guéri. »

A l'arrivée de la dépêche, la physionomic de Pasteur s'illumina. Sa joie fut profonde. Il voulut la faire partager immédiatement à ses enfants absents et, avant de partir pour Melun, il leur adressa cette lettre :

« 2 juin 1881. Nous sommes à jeudi seulement et voilà que je pense à vous écrire. C'est qu'il y a déjà un grand résultat acquis, qu'une dépêche venant de Melun m'annonce à l'instant. Mardi dernier, 31 mai, nous avons inoculé tous les moutons, les vaccinés et les non-vaccinés, par le charbon très virulent. Il n'y a pas quarante-huit heures. Or la dépêche annonce que quand nous arriverons aujourd'hui, à deux heures, tous les non-vaccinés seront morts. Ce matin, 18 étaient déjà morts et les autres mourants. Quant aux vaccinés, tous sont debout. La dépêche se termine par ces mots : *Succès épatant.* Elle est du vétérinaire, M. Rossignol.

« C'est trop tôt encore pour juger en dernier ressort. Les vaccinés pourraient tomber malades. Mais quand je vous écrirai dimanche, si tout va bien, on pourra assurer qu'ils conserveront désormais leur bonne santé et que le succès, en effet, aura été éclatant. Mardi dernier nous avons eu un avant-goût des résultats définitifs. Samedi et dimanche on avait distrait des deux séries des 25 vaccinés et des 25 non vaccinés, 2 moutons, dans chacune des séries et on les avait inoculés par le virus très virulent. Or, à l'arrivée de tous les visiteurs, mardi, au nombre desquels se trouvaient M. Tisserand, M. Patinot, préfet de Seine-et-Marne, M. Foucher de Careil, sénateur... nous avons trouvé morts les deux non-vaccinés, et bien portants les deux vaccinés. Je me suis alors adressé à l'un des vétérinaires présents : « N'ai-je pas lu dans un journal, sous votre signature, au sujet du petit organisme virulent de la salive : « Allons ! encore un microbe. Quand nous serons à cent, nous ferons une croix. » C'est vrai, répondit-il aussitôt, avec bonne foi. Mais je suis un pécheur converti et repentant. Eh bien, ai-je répliqué, laissez-moi vous rappeler la parole de l'Evangile : il y aura plus de joie au ciel pour un pécheur converti qui aura fait pénitence que pour quatre-vingt-dix-neuf justes. Un autre des vétérinaires présents m'a dit : « Je vous en amènerai un autre, M. Colin. » Vous vous trompez, lui ai-je répondu. Celui-là contredit pour contredire et ne croit pas parce qu'il ne veut pas croire. Il faudrait guérir une névrose et vous n'y parviendrez pas. »

« La joie est au laboratoire et à la maison. Réjouissez-vous, mes chers enfants. »

Quand Pasteur, à deux heures de l'après-midi, arriva dans la cour de la ferme de Pouilly-le-Fort, accompagné de ses jeunes collaborateurs, un brouhaha s'éleva, puis éclatèrent des applaudissements et jaillit de toutes les bouches une acclamation. Délégués de la Société d'agriculture de Melun, des sociétés médicales, des sociétés vétérinaires et des comices ; représentants du conseil central d'hygiène de Seine-et-Marne ; journalistes ; petits cultivateurs tiraillés en sens divers par des articles élogieux ou injurieux et qui s'étaient demandé pendant quelques semaines s'il fallait s'incliner devant une très grande découverte ou la nier bien haut, tous étaient là. Les cadavres des 22 non-vaccinés gisaient côte à côte ; 2 autres moutons étaient en train de mourir ; le dernier du lot sacrifié, déjà haletant, offrait les signes caractéristiques de l'infection charbonneuse. Tous les vaccinés étaient en pleine santé.

Le visage heureux de Bouley reflétait les sentiments qui répondent si bien au besoin de certaines natures : s'enthousiasmer pour une grande chose, se dévouer à un grand homme. M. Rossignol, dans un de ces élans de loyauté qui font honneur à la nature humaine, revenait, avec une parfaite sincérité, sur la précipitation d'un premier jugement. Bouley l'en félicitait. Lui-même, bien des années auparavant, s'était laissé aller, disait-il, à un jugement trop prompt sur certaines expériences de Davaine dont les résultats paraissaient alors invraisemblables. Après avoir été témoin de ces expériences, Bouley s'était fait un devoir de proclamer, à la tribune de l'Académie de médecine, qu'il s'était trompé. Il avait rendu hommage à Davaine. « Voilà, je crois, disait-il, la ligne de conduite qu'on doit toujours observer. On s'honore en reconnaissant ses erreurs et en rendant justice au mérite qu'on a pu méconnaître. »

Jamais revanche n'avait été plus éclatante que celle de Pasteur. Les vétérinaires, qui s'étaient montrés les plus incrédules, désormais convaincus, ne demandaient qu'à être les apôtres de cette doctrine positive. M. Biot ne parlait de rien moins que de se faire vacciner et de s'inoculer ensuite le virus le plus virulent. De toutes parts on regrettait l'absence de Colin. Pasteur écoutait tout cela et n'était pas satisfait : « Il faut attendre jusqu'au 5 juin, disait-il, pour que l'expérience soit complète et la preuve décisive pour les vaccinés. »

M. Rossignol et M. Biot firent, chacun de son côté, séance tenante, l'autopsie de deux des moutons charbonneux. On pouvait très nettement voir au microscope l'abondance des bactéridies dans le sang.

Au moment où l'on reconduisit celui que l'on saluait, — avec un luxe d'épithètes, juste contre-partie des ironies d'autrefois, — comme l'immortel auteur de la magnifique découverte de la vaccination charbonneuse et où l'on décida que la ferme de Pouilly-le-Fort s'appellerait désormais clos Pasteur, il ne restait de tous les moutons non-vaccinés que le mouton déjà envahi par le mal. Il devait mourir dans la nuit. Dans le lot des vaccinés, une brebis seule inspirait quelques inquiétudes. Elle était pleine, elle mourut le 4 juin, mais d'un accident dû à son état et non des suites de l'inoculation ; l'autopsie en donna la preuve.

Parmi les bovidés, ceux qui étaient vaccinés continuèrent à manger très paisiblement, comme si leur inoculation eût été de tout repos, tandis que chez les non-vaccinés, il y eut des œdèmes énormes.

Enfin, le 5 juin, Pasteur écrivait à sa fille : « Le succès est bien acquis. Les animaux vaccinés vont toujours admirablement bien. L'épreuve est complète. Mercredi, on dresse un procès-verbal des faits et des résultats. Lundi 13 juin, je le communiquerai à l'Académie des sciences et le lendemain à l'Académie de médecine. »

Et ce même jour il adressait à Bouley qui, comme inspecteur général des écoles vétérinaires avait dû partir pour Lyon, un télégramme joyeux. Bouley répondit immédiatement par la lettre suivante :

« Lyon, 5 juin 1881. Très affectionné maître, votre triomphe m'a rempli de joie. Quoique les jours soient bien loin où ma foi en vous était encore quelque peu hésitante, faute de ne m'être pas encore suffisamment imprégné de votre esprit, tant que l'événement qui vient de se réaliser, d'une manière si rigoureusement conforme à vos prédictions, était dans le futur, je ne pouvais me détacher d'une certaine inquiétude dont vous étiez quelque peu cause, puisque je vous en avais vu, vous-même, saisi, comme il arrive à tous les inventeurs, à la veille du jour qui doit faire éclater leur gloire. Enfin, votre télégramme, *après quoi je soupirais* depuis vingt-quatre heures, est venu m'annoncer que le monde vous avait trouvé fidèle en toutes vos promesses, et que vous veniez d'inscrire une nouvelle grande date dans les *annales de la science* et, tout particulièrement, dans celles de la médecine à laquelle vous avez ouvert une ère nouvelle.

« J'éprouve la plus grande joie de votre triomphe pour vous d'abord qui recevez, aujourd'hui, la récompense de vos nobles efforts à poursuivre la vérité ; et, vous le dirai-je, pour moi aussi, qui me suis si intimement associé à votre œuvre que j'aurais ressenti, comme s'il m'eût été absolument personnel, l'échec que vous auriez éprouvé. Aussi bien, tout mon enseignement au Muséum n'est que le récit de vos travaux et la prédiction de ce qu'ils renferment de fécond. »

Ces expériences de Pouilly-le-Fort eurent un retentissement prodigieux. Il y eut dans la France entière une explosion d'enthousiasme. Pasteur connut la gloire sous sa forme la plus rare, la plus pure. Le sentiment profond, on peut dire le culte, qu'il inspirait à ceux qui vivaient près de lui ou qui travaillaient avec lui était devenu le sentiment de tout un peuple.

Le 13 juin, à l'Académie des sciences, en terminant le récit des expériences de Pouilly-le-Fort, il pouvait exposer ainsi ses résultats et leurs conséquences pratiques :

« Nous possédons maintenant des virus-vaccins du charbon, capables de préserver de la maladie mortelle, sans jamais être eux-mêmes mortels, vaccins vivants, cultivables à volonté, transportables partout sans altération, préparés enfin par une méthode qu'on peut croire susceptible de généralisation, puisque, une première fois, elle a servi à trouver le vaccin du choléra des poules. Par le caractère des conditions que j'énumère ici, et à n'envisager les choses que du point de vue scientifique, la découverte des vaccins charbonneux constitue un progrès sensible sur le vaccin jennérien, puisque ce dernier n'a jamais été obtenu expérimentalement. »

Progrès sensible, voilà comment il qualifiait cette manière de forcer une maladie restée jusque-là mystérieuse à livrer son secret, cette facilité de l'arrêter dans sa marche, de la faire prisonnière dans un liquide de culture, et d'arriver enfin, par autant de puissance d'esprit que d'ingéniosité dans les moyens, à ce que le vaccin obtenu, comme le vaccin du choléra des poules, en dehors de l'organisme, préservât de l'atteinte du mal mortel. De toutes parts, on sentait que quelque chose de très grand, de très inattendu, autorisant désormais toutes les espérances, venait de naître. Les idées de recherches surgissaient. Dès le lendemain de ces résultats obtenus à Pouilly-le-Fort, quelqu'un venait demander à Pasteur d'aller au Cap de Bonne-Espérance pour y étudier une maladie contagieuse qui sévissait sur les chèvres.

« Ton père voudrait bien faire ce grand voyage, écrivait Mme Pasteur à sa fille, passer par le Sénégal pour y recueillir quelques bons germes de fièvre pernicieuse, mais je tâche de modérer son ardeur. Je trouve que l'étude de la rage lui suffit pour le moment. »

Il était à cette époque, comme il l'écrivait lui-même, « en ébullition ». Travail de laboratoire, notes lues à l'Académie des sciences et à l'Académie de médecine, comptes rendus à la Société d'agriculture, conférence à Versailles au milieu d'un congrès

agronomique, le lendemain leçon faite à Alfort devant les professeurs et les élèves : il se multipliait, il allait partout où on l'appelait. L'ordre, la clarté, l'enchainement des idées et des faits à
l'appui des idées, le récit méthodique des expériences, enfin un
enthousiasme qui éclatait devant certaines perspectives d'avenir,
surtout quand il s'adressait à un jeune auditoire, tout cet ensemble
causait une impression saisissante. Ceux qui le voyaient et l'entendaient pour la première fois étaient d'autant plus surpris qu'une
légende s'était formée, dans certains milieux, autour de Pasteur.
Volontiers on l'aurait fait passer pour être d'un caractère peu
accommodant, irritable, d'une autorité dominatrice, presque despotique. Et l'on avait devant soi un homme parfaitement simple,
d'une modestie telle qu'il semblait ignorer sa gloire, heureux non
seulement de répondre à toutes les objections mais encore de les
provoquer, n'élevant la voix que quand il s'agissait de défendre
la vérité, d'exalter le travail, d'inspirer l'amour de la France qu'il
voulait revoir au premier rang. Il ne cessait de répandre cette
idée qu'il fallait qu'elle reprît sa place par les progrès et les
bienfaits scientifiques. Les jeunes gens, dont la clairvoyance pénétrante perce à jour les habiletés et les calculs de ceux qui jouent
un rôle au lieu d'accomplir une tâche, l'écoutaient charmés, bientôt conquis, désormais entraînés comme disciples. En lui, ils
reconnaissaient les trois qualités, si rarement réunies, qui font les
vrais bienfaiteurs des hommes : la puissance du génie, la force
du caractère et la bonté.

Le gouvernement de la République, voulant reconnaître l'éclat
de cette découverte de la vaccination charbonneuse, lui offrit
le grand cordon de la Légion d'honneur. Pasteur y mit une
condition. Il voulait que ses deux collaborateurs eussent le même
jour le ruban rouge. « Ce qui me tient le plus au cœur en ce
moment, écrivait-il le 26 juin dans une lettre à son gendre, c'est de
faire décorer Chamberland et Roux. Cette grand'croix ne trouvera
grâce devant moi qu'à ce prix. Ils se donnent un mal ! Hier ils
ont été vacciner 10 vaches et 250 moutons à 15 kilomètres de
Senlis. Jeudi nous avons vacciné 300 moutons à Vincennes.

Dimanche ils ont été près de Coulommiers. Vendredi nous allons à Pithiviers. Ce que je désire surtout c'est donner à la découverte cette consécration d'une distinction exceptionnelle à deux jeunes hommes dévoués, pleins de courage et de mérite. Hier j'ai écrit à Paul Bert en le priant d'intervenir chaleureusement en leur faveur. »

Un homme qui ne cessait de s'intéresser aux progrès dus à la méthode expérimentale, un des amis de la première heure qui, en 1862, avait salué avec joie l'élection de Pasteur à l'Académie des sciences, entra, le visage rayonnant, dans le laboratoire de l'Ecole normale. Il avait une de ces physionomies qui reposent de beaucoup d'autres. Heureux d'apporter une bonne nouvelle, il en prenait sa part en homme de bien, de labeur et de dévouement. « M. Grandeau, écrivait Mme Pasteur à ses enfants, vient d'annoncer au laboratoire que Roux et Chamberland sont décorés et que M. Pasteur est grand cordon. On s'est embrassé cordialement au milieu des cochons d'Inde et des lapins. »

Ces jours furent traversés par une grande tristesse. Henri Sainte-Claire Deville venait de mourir. On rappela alors à Pasteur les mots que lui adressait son ami en 1868 : « Vous me survivrez, je suis votre aîné, promettez-moi de prononcer mon oraison funèbre. » Certes, en formant un tel souhait, Sainte-Claire Deville avait surtout voulu dérouter les tristes pressentiments de Pasteur qui se croyait frappé à mort. Mais, invention d'amitié ou désir secret, il sentait que nul ne le comprenait mieux que Pasteur. L'un et l'autre avaient la même manière d'aimer la science ; ils mettaient le patriotisme à sa vraie place ; ils espéraient dans l'avenir de l'esprit humain ; ils éprouvaient devant les mystères de l'infini une même émotion religieuse.

Après avoir rappelé quel était le vœu de son ami :

« Me voilà, dit Pasteur, devant ta froide dépouille, obligé malgré le chagrin qui m'accable, de demander à des souvenirs ce que tu as été, pour le redire à la foule qui se presse autour de ton cercueil. A quoi bon, hélas? Tes traits sympathiques, ta spirituelle gaieté, ton franc sourire, le son de ta voix, nous accompagnent et vivent au milieu de nous. La terre qui nous porte, l'air que nous respirons, ces éléments que tu aimais à interroger et qui furent toujours si dociles à te répondre, sauraient au besoin nous parler de toi. Les services que tu as rendus à la science, le monde entier les connaît, et tout homme que le progrès de l'esprit humain a touché porte ton deuil. »

Il énumérait alors les qualités du savant, la précision inventive dans cette tête ardente, pleine d'imagination, et en même temps la rigueur dans l'analyse, la fécondité d'enseignement que se plaisaient à reconnaître ceux qui avaient travaillé près de lui, Debray, Troost, Fouqué, Grandeau, Hautefeuille, Gernez, Lechartier. Puis, voulant montrer que chez Sainte-Claire Deville l'homme était à la hauteur du savant :

« Dirai-je maintenant ce que tu as été dans l'intimité ? A quoi bon encore ! Est-ce à tes amis que je rappellerai la chaleur de ton cœur ? Est-ce à tes élèves que je donnerai des preuves de l'affection dont tu les enveloppais et du dévouement que tu mettais à les servir ? Vois leur tristesse. Est-ce à tes fils, à tes cinq fils, ta joie et ton orgueil, que je dirai les préoccupations de ta paternelle et prévoyante tendresse ? Est-ce à la compagne de ta vie, dont la seule pensée remplissait tes yeux d'une douce émotion, qu'il est besoin de rappeler le charme de ta bonté souriante ?

« Ah ! je t'en prie, de cette femme éperdue, de ces fils désolés, détourne tes regards en ce moment. Devant leur douleur profonde, tu regretterais trop la vie ! Attends-les plutôt dans ces divines régions du savoir et de la pleine lumière, où tu dois tout connaître maintenant, où tu dois comprendre même l'infini, cette notion affolante et terrible, à jamais fermée à l'homme sur la terre, et pourtant la source éternelle de toute grandeur, de toute justice et de toute liberté. »

La voix de Pasteur faillit s'arrêter au milieu des larmes, comme s'était arrêtée jadis la voix de J.-B. Dumas parlant sur la tombe de Péclet. Les savants ont des émotions d'autant plus profondes qu'elles ne sont pas affaiblies, comme chez beaucoup d'écrivains ou d'orateurs, par l'usage trop répété des mots qui finissent par user les sentiments.

S'il semble, au sortir d'un cimetière de province, que les petits groupes qui s'éloignent à pied avec lenteur emportent quelque chose des tristesses éprouvées, la sortie d'un cimetière de Paris donne une impression tout autre. On devine que la vie va ressaisir, emporter dans sa trépidation, les assistants qui presque tous ont l'air d'avoir été les témoins d'un accident qui ne les menace pas. Pasteur sentait, de toute son âme pleine de tendresse, ces contrastes, ces amertumes. Il avait le culte du souvenir. Le portrait de Sainte-Claire Deville ne devait plus quitter son cabinet de travail.

Comme les adversaires de la nouvelle découverte ne pouvaient tenir bon sur aucun point où étaient discutées les expériences décisives de Pouilly-le-Fort, ils eurent recours à un autre moyen d'attaques. Le virus, qui avait été employé pour témoigner de l'efficacité, des vaccinations préventives, était, prétendaient-ils, un virus de culture, une quintessence de laboratoire; d'autres ajoutaient : quelque chose de machiavéliquement préparé par Pasteur. Est-ce que des animaux vaccinés résisteraient aussi bien à l'action du sang charbonneux lui-même, le vrai sang malfaisant et mortel à coup sûr? Aussi ces sceptiques attendaient-ils impatiemment les résultats des expériences qui se poursuivaient près de Chartres, dans la ferme de Lambert. Seize moutons beaucerons furent réunis à un lot de 19 moutons arrivés d'Alfort et retirés du troupeau des 300 moutons vaccinés contre le charbon trois semaines auparavant, le jour même de la leçon faite à Alfort. Le 16 juillet, à dix heures du matin, les 35 moutons — neufs et vaccinés — étaient tous réunis, attendant leur sort. On apporta, dans le champ qui devait servir aux expériences, le cadavre d'un mouton mort charbonneux, quatre heures auparavant, chez un cultivateur voisin.

L'autopsie faite, les lésions caractéristiques du charbon constatées, on injecta dix gouttes de sang charbonneux aux 35 moutons, en passant alternativement d'un vacciné d'Alfort à un mouton beauceron indemne. Le surlendemain, 18 juillet, 10 moutons beaucerons étaient déjà morts, plusieurs étaient tristes, abattus. Les moutons vaccinés étaient très bien portants.

Pendant que l'on autopsiait les 10 moutons beaucerons, 2 autres mouraient. Le 19, 3 autres avaient succombé. Bouley, que le vétérinaire Boutet avait averti de ces incidents successifs, écrivait le 20 juillet à Pasteur :

« Mon cher maître, Boutet vient de me faire part de l'événement de Chartres. Tout s'est accompli suivant la parole du maître. Vos moutons vaccinés sont sortis triomphants de l'épreuve et tous les autres, moins un, sont morts. Ce résultat a son importance toute spéciale dans ce pays où l'incrédulité se maintenait, malgré toutes les démonstrations déjà faites. Il paraît que c'étaient surtout les médecins qui se montraient réfractaires. « C'est trop beau, disaient-ils, pour que ce soit vrai », et ils comptaient sur la vigueur du charbon naturel pour mettre votre méthode en défaut. Aujour-d'hui les voilà convertis, m'écrit Boutet, et les vétérinaires aussi, — un entre autres qui était, paraît-il, tout à fait *blindé* du côté du cerveau, — et tous les agriculteurs. C'est un hosannah poussé par tout le monde en votre honneur. »

Après avoir félicité Pasteur du grand cordon, il ajoutait : « Je me suis trouvé aussi bien heureux de la récompense que vous avez fait accorder à vos deux jeunes collaborateurs, si pleins de votre esprit, si dévoués à votre œuvre et à votre personne et qui vous donnent un concours si dévoué et si désintéressé. Le gouver-nement s'est honoré en sachant si à propos signaler par cette distinction la grandeur de la découverte à laquelle ils ont pris part. »

Désormais, et pour un certain temps, les oppositions systéma-tiques tombèrent. C'est par milliers et milliers de doses que l'on demanda le nouveau vaccin qui devait sauver des millions à l'agri-culture.

Quelques jours plus tard nouveau changement de vie et chan-gement de décor. Pasteur, invité par le comité d'organisation du Congrès médical international qui devait se tenir à Londres, reçut du gouvernement de la République la mission de représenter la France.

Le 3 août, à son arrivée dans l'immense salle de Saint-James qui, depuis le parterre jusqu'aux galeries supérieures, était remplie, comme débordante de spectateurs, un des commissaires, le reconnaissant dès l'entrée, vint le prier de monter sur l'estrade réservée aux membres les plus illustres du congrès. Pendant qu'il se dirigeait vers les marches de cette estrade, les applaudissements éclatèrent. De toutes parts on poussait des vivats, des hurrahs. Pasteur se retourna vers ses deux compagnons, qui étaient son fils et son gendre, et leur dit avec un mouvement d'inquiétude :

« C'est sans doute le prince de Galles qui arrive, j'aurais dû venir plus tôt.

— Mais c'est vous que tout le monde acclame ! » dit, avec son grave et affectueux sourire, le président du congrès, Sir James Paget.

Quelques instants plus tard, le prince de Galles fit son entrée, ainsi que son beau-frère, le fils de l'Empereur d'Allemagne, le prince héritier. Dans son discours, sir James Paget disait que la science médicale devait poursuivre trois buts : la nouveauté, l'utilité, la charité. Le seul nom de savant prononcé était celui de Pasteur. Les applaudissements furent tels qu'ils obligèrent Pasteur, placé derrière Sir James Paget, à se lever pour saluer cette grande assemblée.

« J'étais bien fier, écrivait Pasteur dans une lettre datée du 3 août à Mme Pasteur, j'étais bien fier intérieurement non pour moi, — tu sais ce que je suis devant les triomphes, — mais pour mon pays, en songeant que j'étais distingué exceptionnellement au milieu de ce concours immense d'étrangers, d'allemands surtout, qui sont ici en nombre considérable, bien plus nombreux que les français, dont le total cependant ne s'élève pas à moins de 250. Jean-Baptiste et René étaient dans la salle. Tu juges de leur émotion.

« Après la séance, lunch chez sir James Paget, avec le prince de

Prusse à sa droite, le prince de Galles à sa gauche. Puis, réunion des 25 ou 30 convives dans le salon. Sir James m'a présenté au prince de Galles devant qui je me suis incliné, en lui disant que j'étais heureux de saluer un ami de la France. « Oui, m'a-t-il dit, « un grand ami. » Sir James Paget a eu le bon goût de ne pas me demander de me présenter au prince de Prusse ; quoiqu'il n'y ait place dans de telles circonstances que pour la courtoisie je n'aurais pu me décider à paraître avoir demandé à lui être présenté. Mais voilà que lui-même s'approchant de moi me dit : « M. Pasteur, « permettez-moi de me présenter à vous et de vous dire que je vous « ai applaudi tout à l'heure. » Il a continué, fort aimable du reste. »

Au milieu des rencontres inattendues provoquées par ce congrès, c'était un spectacle intéressant de voir ce fils de roi et d'empereur, héritier de la couronne d'Allemagne, allant au-devant de ce français dont l'esprit de conquête portait sur la maladie et sur la mort. Quelle gloire rêverait un jour celui qui devait être Frédéric III? Sa haute stature, son air de commandement, le grade le plus élevé de l'armée prussienne décerné par son père, le roi Guillaume, dans une lettre solennelle datée de Versailles, au mois d'octobre 1870; tout semblait maintenir ce prince au visage énergique dans un rôle d'homme de guerre. Et cependant ne disait-on pas en France qu'il avait protesté contre certaines barbaries froidement exécutées par les généraux prussiens dans cette campagne de 1870? N'avait-il pas trouvé draconiennes, dangereuses, les clauses du traité de Francfort? Seul maître, nous eût-il arrachés d'Alsace? Quelle part apporterait ce nouveau et prochain règne dans l'histoire de la civilisation?... Et le destin marquait déjà pour une mort prochaine ce prince de cinquante ans. Devant la souffrance, devant la mort inexorable qui l'étouffait, il fut héroïquement doux. A San Remo commença, sous le soleil, au milieu des roses, sa longue agonie. Il fut Empereur moins de cent jours. Mourant, il avait sur les lèvres le mot de paix pour son peuple.

Comme Pasteur, en venant à ce congrès, était non seulement curieux de constater la place que tenait en médecine et en chirurgie la théorie des germes mais encore désireux de s'instruire, il ne manquait aucune discussion, il était assidu à toutes les séances. Ce fut dans une séance de simple section, le 5 août, que Bastian voulut réfuter Lister. Après ce discours, le président dit tout à coup : « La parole est à M. Pasteur », sans que Pasteur l'eût demandée. Les applaudissements éclatèrent. Pasteur ne savait pas l'anglais ; il se pencha vers Lister pour lui demander ce qu'avait dit le Dr Bastian :

« Il a dit, répliqua Lister à voix basse, que les organisations microscopiques dans les maladies se produisaient par les tissus mêmes.

— Cela me suffit, » dit Pasteur. Et alors il invita Bastian à faire l'expérience suivante :

« Prenez le membre d'un animal, broyez-le, laissez s'épancher dans ce membre, autour de ces os broyés, autant de sang et d'autres liquides normaux ou anormaux qu'il vous plaira. Veillez seulement à ce que la peau du membre ne soit ni déchirée ni ouverte, et je vous porte le défi de faire apparaître, les jours suivants et pendant tout le temps que durera la maladie, le moindre organisme microscopique dans les humeurs de ce membre. »

Sur l'invitation de sir James Paget, Pasteur, dans une des grandes séances générales du congrès, fit une conférence sur les principes qui l'avaient conduit à l'atténuation des virus, sur la méthode qui lui avait permis d'obtenir les vaccins du choléra des poules et du charbon, et enfin sur les résultats obtenus. « En quinze jours, disait-il, nous avons vacciné dans les départements voisins de Paris près de 20,000 moutons et un grand nombre de bœufs, de vaches et de chevaux...

« Permettez-moi, concluait-il, de ne pas terminer, sans vous témoigner la grande joie que j'éprouve de penser que c'est comme membre du congrès médical international siégeant en Angleterre que je viens de vous faire connaître en dernier lieu la vaccination d'une maladie plus terrible peut-être pour les animaux domestiques que la variole pour l'homme. J'ai donné à l'expression de vaccination une extension que la science, je l'espère, consacrera comme un hommage au mérite et aux immenses services rendus par un des plus grands hommes de l'Angleterre, votre Jenner. Quel bonheur pour moi de glorifier ce nom immortel sur le sol même de la noble et hospitalière cité de Londres ! »

« C'est Pasteur qui a eu le grand succès du congrès, écrivait, dans un compte rendu fait pour le *Journal des Débats*, le Dr Daremberg heureux, à la fois comme français et comme médecin, d'entendre les hurrahs unanimes saluer le délégué de la France. Quand M. Pasteur parlait, quand on parlait de lui, sur tous les bancs, parmi toutes les nations, des tonnerres d'applaudissements éclataient. Ce travailleur infatigable, ce chercheur sagace, cet expérimentateur précis et brillant, ce logicien implacable, cet apôtre enthousiaste a produit sur tous les esprits un effet invincible. »

Le peuple anglais, qui cherche surtout dans un grand homme la puissance d'initiative, la force du caractère, partageait cette admiration. Seul, loin du congrès, dans l'ombre, un groupe était hostile à ce mouvement général et cherchait l'occasion de prendre une revanche plus ou moins directe. C'était le groupe des antivaccinateurs et des antivivisectionnistes. L'influence de ces derniers était assez grande pour continuer d'empêcher en Angleterre l'expérimentation sur les animaux. Aussi, dans une séance générale du congrès, le savant allemand Virchow exposa-t-il l'utilité de l'expérimentation en pathologie.

Déjà dans un congrès précédent, tenu à Amsterdam, Virchow avait dit, aux applaudissements de l'assemblée : « Tous ceux qui attaquent la vivisection n'ont pas la moindre idée de la science et moins encore de l'importance et de l'utilité de la vivisection pour le progrès de la médecine. » Mais à cet argument si juste, les ligues internationales protectrices des animaux, très puissantes, comme tout ce qui est fondé sur un sentiment que l'on peut exalter, avaient répondu par des phrases de combat. Les laboratoires de physiologie étaient comparés à des chambres de torture. Il semblait que, par caprice, par cruauté, en tout cas fort inutilement, tels et tels hommes de science eussent pour unique préoccupation d'infliger aux animaux liés, garrottés sur une planche, des douleurs qui n'avaient d'autre limite que la mort.

Il est facile d'exciter là pitié pour les bêtes. Dès qu'on parle des chiens l'auditoire est conquis. Enfant choyé, vieille fille délaissée, jeune homme dans l'enthousiasme de la vie, misanthrope lassé de tout et de tous, qui donc, parmi les plus heureux ou les plus misérables, n'a pas, à la meilleure place de ses souvenirs, le nom de quelque chien à donner en exemple de fidélité, de courage, de dévouement? Aussi, pour soulever la révolte, suffisait-il aux antivivisectionnistes de rappeler, parmi les fantômes de chiens-victimes, le chien tant de fois cité qui, soumis à une expérience, léchait la main de l'opérateur. Comme il y avait eu de la part de certains étudiants des abus parfois cruels, on affectait de ne voir que ces abus. Les savants s'inquiétaient peu de cette agitation, en partie féminine. Ils comptaient sur le bon sens public pour faire justice de ces doléances déclamatoires. Mais le Parlement anglais vota une loi interdisant la vivisection. A partir de 1876, il fallait qu'un expérimentateur anglais fît le voyage de France pour inoculer un cochon d'Inde.

Virchow n'entrait pas dans les détails; mais il rappelait, dans un vaste exposé sur la médecine physiologique expérimentale, comment, à chaque nouveau progrès de la science, — jadis pour la dissection des cadavres, ensuite pour l'expérimentation sur les animaux vivants, — les mêmes critiques passionnées se renouvelaient. La loi d'interdiction, votée en Angleterre, avait rempli d'ardeur une nouvelle société de Leipzick. Elle avait demandé au Reichstag, dans cette même année 1881, une loi punissant la cruauté envers les animaux, sous prétexte de recherches scientifiques, d'un emprisonnement de cinq semaines à deux ans et de la privation des droits civils. D'autres sociétés allaient moins loin; mais elles entendaient que certains de leurs membres eussent un droit d'entrée et de contrôle dans les laboratoires des Facultés.

« Celui qui s'intéresse plus aux animaux qu'à la science et à la connaissance de la vérité n'a pas qualité pour contrôler officiellement les choses scientifiques, » disait Virchow. Avec une gravité ironique, soulignée par ses rides narquoises, il ajoutait : « Où irions-nous, si le savant qui vient de commencer une expérience de bonne foi se voit dans l'obligation de répondre pendant ses recherches au premier venu, puis ensuite de se défendre, devant le magistrat, du crime de ne pas avoir choisi une autre méthode, d'autres instruments et peut-être même une autre expérience?...

« Il faut prouver notre bon droit à la face du monde entier, » concluait Virchow, inquiet de ces ligues qui se multipliaient et qui répandaient à pleines conférences les jugements les plus erronés sur les travaux des savants. Pasteur aurait pu apporter, comme pièces démonstratives de certaines déviations d'idées et de sentiments, telles et telles lettres qu'il recevait assez régulièrement d'Angleterre, remplies de menaces, d'injures, de malédictions et le vouant à des tourments éternels pour avoir multiplié les attentats sur les poules, les cobayes, les chiens et les moutons du laboratoire. Ce sont là jeux de femmes quand elles aiment les bêtes.

Peut-être, après le discours de Virchow, eût-il été curieux d'entendre un médecin français indiquer à son tour, par des séries de faits, comment, en France, on avait eu à lutter contre des préjugés non moins tenaces, et comment aussi les savants avaient fini par imposer la certitude qu'il n'y a de science pathologique que si la physiologie est en progrès et qu'elle ne peut l'être que par la méthode expérimentale. Claude Bernard avait exprimé cette idée sous tant de formes qu'il aurait presque suffi de donner quelques extraits de ses œuvres. Tout jeune, il avait été témoin du mouvement d'opposition qui agitait encore si vivement l'Angleterre. Tel petit incident, qu'il aimait à rappeler, aurait pu être cité à cette occasion.

En 1841, étant préparateur de Magendie, un jour qu'il l'assistait dans une leçon de physiologie expérimentale, il vit entrer, vêtu d'un habit à collet droit, coiffé d'un chapeau à très larges bords, un vieillard dont le costume seul indiquait un quaker.

« Tu n'as pas le droit, dit ce quaker à Magendie, de faire mourir les animaux ni de les faire souffrir. Tu donnes un mauvais exemple et tu habitues tes semblables à la cruauté. »

Magendie répliqua qu'il ne fallait pas se placer à ce point de vue, que le physiologiste, quand il est mû par la pensée de faire une découverte utile en médecine et par conséquent utile à ses semblables, ne mérite aucunement ce reproche.

« Votre compatriote Harvey, lui dit-il pour essayer de le convaincre, n'aurait pas découvert la circulation du sang s'il n'avait fait des expériences de vivisection. Cette découverte valait bien le sacrifice de quelques-unes des biches qui étaient dans le parc du roi Charles Ier. »

Mais le quaker poursuivait son idée. Il s'était donné, disait-il, pour mission de faire disparaître du monde trois choses : la guerre, la chasse et les expériences sur les animaux vivants. Magendie dut le congédier.

Trois ans après l'incident du quaker, Claude Bernard à son tour faillit être taxé de barbarie par un commissaire de police. Afin d'étudier les propriétés digestives du suc gastrique, il avait eu l'idée de recueillir ce suc au moyen d'une canule, d'une sorte de robinet d'argent qu'il adaptait à l'estomac des chiens vivants. Un chirurgien de Berlin, M. Dieffenbach, pendant un séjour à Paris, exprima le désir de voir cette application de canule stomacale. Le chimiste Pelouze avait un laboratoire rue Dauphine; il l'offrit à Claude Bernard. Un chien perdu servit de sujet d'expérience. On l'enferma dans la cour de la maison. Claude Bernard voulait le tenir ainsi en surveillance. Mais comme ce traitement n'empêchait pas le chien d'aller et de venir, à peine la porte de la cour fut-elle ouverte qu'il se sauva la canule au ventre.

« Quelques jours après, — c'est Claude Bernard qui a raconté lui-même le fait, dans son grave rapport daté de 1867 sur les progrès de la physiologie générale en France, — quelques jours après, de grand matin, étant encore au lit, je reçus la visite d'un homme qui venait me dire que le commissaire de police du quartier de l'Ecole de médecine avait à me parler, et que j'eusse à passer chez lui. Je me rendis dans la journée chez le commissaire de police de la rue du Jardinet. Je trouvai un petit vieillard d'un aspect très respectable, qui me reçut d'abord très froidement et sans me rien dire ; puis me faisant passer dans une pièce à côté, il me montra, à mon grand étonnement, le chien que j'avais opéré dans le laboratoire de M. Pelouze, et me demanda si je le reconnaissais pour lui avoir mis l'instrument qu'il avait dans le ventre. Je répondis affirmativement en ajoutant que j'étais très content de retrouver ma canule que je croyais perdue. Mon aveu, loin de satisfaire le commissaire, provoqua probablement sa colère, car il m'adressa une admonestation d'une sévérité exagérée, accompagnée de menaces pour avoir eu l'audace de lui prendre son chien pour l'expérimenter.

« J'expliquai au commissaire que ce n'était pas moi qui étais venu prendre son chien, mais que je l'avais acheté à des individus qui les vendaient aux physiologistes, et qui se disaient employés par la police pour ramasser les chiens errants. J'ajoutai que je regrettais d'avoir été la cause involontaire de la peine que produisait chez lui la mésaventure de son chien, mais que l'animal n'en mourrait pas ; qu'il n'y avait qu'une chose à faire, c'était de me laisser reprendre ma canule d'argent et qu'il garderait son chien. Ces dernières paroles firent changer le commissaire de langage ; elles calmèrent surtout complètement sa femme et sa fille. J'enlevai mon instrument, et je promis en partant de revenir. Je retournai, en effet, plusieurs fois rue du Jardinet. Le chien fut parfaitement guéri au bout de quelques jours ; j'étais devenu l'ami du commissaire et je croyais pouvoir compter désormais sur sa protection. C'est pourquoi je vins bientôt installer mon laboratoire dans sa circonscription, et, pendant plusieurs années, je pus continuer mes cours privés de physiologie expérimentale dans le quartier, ayant toujours l'avertissement et la protection du commissaire pour m'éviter de trop grands désagréments jusqu'à l'époque où, enfin, je fus nommé suppléant de Magendie au Collège de France. »

Toujours active, la Société protectrice des animaux de Londres avait eu l'idée singulière d'envoyer à Napoléon III des doléances, presque des remontrances, au sujet des vivisections pratiquées dans l'empire français. L'Empereur avait doucement renvoyé ces plaintes anglaises à l'Académie de médecine. Tout aurait pu finir par des chansons d'étudiants, tout se prolongea en discours d'académiciens. Dans une lettre adressée à M. Grandeau, lettre non datée, mais qui, par le rapprochement des faits, est du mois d'août 1863, Claude Bernard laissait percer, ce qui lui arrivait si rarement, une pointe d'irritation. Se promettant bien de ne pas aller entendre à l'Académie de médecine « les bêtises » de ceux qu'il appelait les avocats des bêtes, de « ceux qui protègent les bêtes en haine des hommes », il faisait cet exposé concluant :

« Vous me demandez quelles sont les découvertes principales que l'on doit aux vivisections, afin de les signaler comme argument en faveur de ce genre d'études. Il n'y a sous ce rapport qu'à citer tout ce que possède la physiologie expérimentale ; il n'y a pas un seul fait qui ne soit la conséquence directe et nécessaire d'une vivisection. Depuis Galien qui a coupé les nerfs laryngés et appris ainsi leurs usages sur la respiration et la voix, depuis Harvey qui a découvert la circulation, Pecquet et Aselli les vaisseaux lymphatiques, Haller l'irritabilité musculaire, Bell et Magendie les fonctions des nerfs et tout ce qu'on a appris depuis l'extension de cette méthode des vivisections, qui est l'unique méthode expérimentale ; en biologie, tout ce qu'on sait sur la digestion, la circulation, le foie, le sympathique, les os, le développement, tout, absolument tout, est le résultat des vivisections seules ou combinées avec d'autres moyens d'études. »

En 1875, il revenait encore sur cette idée dans son cours de médecine expérimentale au Collège de France. « C'est à l'expérimentation que nous devons, disait-il, toutes nos notions précises sur les fonctions des viscères et *a fortiori* sur les propriétés des organes tels que les muscles, les nerfs, etc. »

Enfin une citation particulièrement intéressante aurait pu être offerte aux membres du Congrès. Un suédois avait questionné Darwin sur la vivisection, car de tous côtés s'étendait le mouvement de propagande des antivivisectionnistes. On arrivait quelquefois à se demander, hors de France, si l'on ne reviendrait pas, pour expérimenter, aux ruses de trappeurs imaginées par J.-B. Dumas et Prévost dans leur jeunesse, quand ils habitaient

Genève et faisaient leurs premiers travaux de physiologie. La nuit, une lanterne à la main, ils gagnaient furtivement une ancienne casemate des fortifications que le commandant de la garde leur avait livrée. C'est dans ce réduit insoupçonné qu'ils pouvaient tenter une opération sur un animal dont les plaintes ne parviendraient pas au dehors. Darwin qui, comme Pasteur, n'admettait pas que l'on imposât une souffrance inutile aux animaux, — et Pasteur poussait même la chose si loin qu'il n'aurait jamais eu, disait-il, le courage de tuer un oiseau à la chasse, — Darwin, dans une lettre datée du 14 avril 1881, approuvait les mesures qui pouvaient être prises pour empêcher les actes de cruauté, mais il ajoutait :

« D'un autre côté je sais que la physiologie ne peut faire aucun progrès si l'on supprime les expériences sur les animaux vivants et j'ai l'intime conviction que retarder les progrès de la physiologie, c'est commettre un crime contre le genre humain... A moins d'ignorer absolument tout ce que la science a fait pour l'humanité, on doit être convaincu que la physiologie est appelée à rendre dans l'avenir à l'homme et même aux animaux d'incalculables bienfaits. Voyez les résultats obtenus par les travaux de M. Pasteur sur les germes des maladies contagieuses : les animaux ne seront-ils pas les premiers à en profiter ? Combien d'existences ont été sauvées, combien de souffrances épargnées, par la découverte des vers parasites, à la suite des expériences faites par Virchow et autres sur des animaux vivants ! »

Le Congrès de Londres marquait une étape dans la voie du progrès. Outre les questions discutées et pouvant recevoir une solution précise, l'esprit scientifique, non content d'accumuler les faits, de s'appliquer à en découvrir les causes et à en trouver les lois, ne semblait-il pas susceptible de pénétrer un jour les lettres, la politique, d'augmenter enfin, partout où une enquête est faisable, son pouvoir de contrôle ? Au lieu d'être l'impassible souveraine que l'on s'imagine volontiers, la science, — et cela éclatait par les découvertes de Pasteur et leurs conséquences : les Paget, les Tyndall, les Lister, les Priestley le proclamaient bien haut, —

la science se montrait capable d'associer à la recherche pure et au souci perpétuel de la vérité un profond sentiment de compassion pour les souffrances et les misères, un besoin de dévouement toujours plus grand.

Le discours prononcé par Pasteur au Congrès médical de Londres fut, sur la demande d'un député anglais, imprimé et distribué à tous les membres de la Chambre des communes. Le Dr H. Gueneau de Mussy, qui avait passé une partie de sa vie en Angleterre, sous le second Empire, pendant l'exil des d'Orléans, écrivait à Pasteur le 15 août : « J'ai été bien heureux d'assister à votre triomphe. Vous nous relevez en face de l'étranger. »

Pasteur ne voyait dans les applaudissements qu'un stimulant pour de nouveaux efforts. S'il avait la fierté de ses découvertes, il n'avait pas la vanité de l'effet produit. Dans un billet, il disait : « Le *Temps* signale de nouveau dans une correspondance de Londres, mon discours au congrès. Quel succès inattendu ! »

Comme il avait appris que la fièvre jaune venait d'être apportée dans la Gironde, au lazaret de Pauillac, par le vaisseau le *Condé*, venant du Sénégal, il partit immédiatement pour Bordeaux. Il espérait trouver le microbe dans le sang des malades ou des morts et arriver à le cultiver. M. Roux s'empressa de rejoindre son maître.

Quand on parlait à Pasteur du danger de contagion : « Eh qu'importe? répondait-il. La vie au milieu du danger, c'est la vraie vie, c'est la grande vie, c'est la vie du sacrifice, c'est la vie de l'exemple, celle qui féconde ! » Ce qui le contraria, c'est que son arrivée fut signalée dans les journaux. Il s'impatientait de ne pouvoir voyager et travailler incognito.

Le 17 septembre, il écrivait à Mme Pasteur :

« ... Nous nous sommes approchés d'un grand transport qui est en rade de Pauillac et qui vient d'arriver. De notre bateau nous avons pu parler aux hommes de l'équipage. Leur santé est bonne; mais ils ont perdu sept personnes à Saint-Louis, deux passagers et cinq hommes de l'équipage. Le capitaine et un mécanicien exceptés, tous sont nègres sénégalais sur ce navire. Nous nous sommes approchés d'un autre grand paquebot et d'un troisième. La santé est également bonne...

« Le navire le plus éprouvé est le *Condé* qui est en quarantaine dans la rade de Pauillac et dont nous n'avons pu approcher. Il a perdu dix-huit personnes soit en mer, soit au lazaret... »

Aucune expérience ne put être tentée : les malades étaient convalescents. « Mais, écrivait-il le lendemain, le *Richelieu* va arriver (je crois du 25 au 28) avec des passagers... Il est plus que présumable qu'il y aura eu des morts dans la traversée et des malades pour le lazaret. J'attends donc l'arrivée de ce navire avec l'espoir, Dieu pardonne à la passion du savant ! que je pourrai tenter quelques recherches au lazaret de Pauillac où je vais disposer les choses en conséquence. Sois assurée que je prendrai beaucoup de précautions. En attendant que faire à Bordeaux ?

« J'ai fait la connaissance du jeune bibliothécaire de la bibliothèque de la ville, qui est à quelques pas de l'hôtel Richelieu, sur les allées de Tourny. La bibliothèque m'est ouverte à toute heure et en ce moment même j'y suis seul fort tranquillement et commodément installé, entouré de plus de Littré que je n'en pourrai consommer. »

Depuis plusieurs mois, certains membres de l'Académie française, — revendiquant la tradition de la Compagnie, qui a tenu à honneur d'avoir toujours au milieu d'elle des savants comme Cuvier, Flourens, Biot, Claude Bernard, J.-B. Dumas, — pressaient Pasteur d'être candidat à la place laissée vacante par Littré. Pasteur voulait connaître non seulement l'œuvre mais la vie de celui qu'il serait peut-être appelé à remplacer. Il releva tout d'abord avec émotion ces quelques lignes. C'était une dédicace de Littré à la mémoire de son père, soldat de la marine, sergent-major sous la Révolution. Elle est imprimée en tête de la traduction des œuvres d'Hippocrate :

« ... Préparé par ses leçons et par son exemple, j'ai été soutenu dans mon long travail par son souvenir toujours présent. J'ai voulu inscrire son nom sur la première page de ce livre, auquel du fond de la tombe il a eu tant de part, afin que le travail du père ne fût pas oublié dans le travail du fils et qu'une pieuse et juste reconnaissance rattachât l'œuvre du vivant à l'héritage du mort... »

Rapprochement singulier : Pasteur, en 1876, avait obéi à un même sentiment filial en écrivant à la première page des *Etudes sur la bière :*

« A la mémoire de mon père, ancien militaire sous le premier Empire, chevalier de la Légion d'honneur. Plus j'ai avancé en âge, mieux j'ai compris ton amitié et la supériorité de ta raison. Les efforts que j'ai consacrés à ces *Etudes* et à celles qui les ont précédées sont le fruit de tes exemples et de tes conseils. Voulant honorer ces pieux souvenirs, je dédie cet ouvrage à ta mémoire. »

Exemples, conseils, pieuse reconnaissance, pieux souvenirs : c'est la même idée, ce sont presque les mêmes mots. Ces deux fils de soldats avaient gardé la virile empreinte des vertus paternelles. En même temps une grande tendresse de cœur les pénétrait tous deux. Littré, à la mort de sa mère, fut frappé d'un si profond chagrin que Sainte-Beuve écrivait : « On me le dépeint fixe, immobile, la tête baissée près du foyer, dans une sorte de stupeur muette, restant des mois entiers sans travailler, sans toucher une plume ni un livre, et comme mort à tout. Ces âmes intègres et entières ont des sensibilités plus entières aussi. » Pasteur, à la mort de sa mère, avait éprouvé un semblable chagrin.

Malgré l'attention que Pasteur apportait à étudier Littré, il ne cessait, au fond de la bibliothèque, de penser à la fièvre jaune. Il voyait fréquemment le directeur de la santé, M. Berchon, pour lui demander s'il n'avait pas de nouvelles du *Richelieu*. Un jeune médecin, le Dr Talmy, avait exprimé à Pasteur le désir de le rejoindre à Bordeaux et d'obtenir l'autorisation de se faire, le moment venu, interner au lazaret. Pasteur écrivait le 25 septembre à Mme Pasteur :

« Rien de nouveau, si ce n'est l'autorisation du ministre de l'internement du Dr Talmy, à qui je viens de télégraphier qu'il peut se mettre en route. Les armateurs propriétaires du *Richelieu* fixent toujours à mardi son arrivée en rade de Pauillac. M. Berchon, qui est le premier informé de ce qui se passe en rade, m'enverra une dépêche aussitôt que le *Richelieu* se présentera et alors nous partirons, MM. Talmy, Roux et moi, pour connaître l'état du navire, sans y pénétrer bien entendu, ce qui d'ailleurs ne serait pas possible s'il est en patente brute ou suspecte. »

Et comme Mme Pasteur avait demandé ce qui se passait à l'arrivée d'un navire : « De son canot placé sous le vent, continuait Pasteur dans la même lettre, M. Berchon reçoit les papiers du bord qui donnent jour par jour l'état sanitaire du navire. Avant de passer des mains du capitaine du navire dans celles du directeur de la santé, les papiers sont saupoudrés de chlorure de chaux.

« S'il y a des malades, tous les passagers sont conduits au lazaret ; il ne reste que quelques hommes d'équipage sur le navire, placé d'ailleurs en quarantaine, sur la rade, personne ne pouvant ni en sortir, ni y entrer.

« Et voilà ! Les temps sont proches. Dieu veuille que dans le corps de l'une de ces malheureuses victimes de l'ignorance médicale j'aperçoive quelque être microscopique spécifique ! Et après ? Après, ce serait vraiment beau de faire de cet agent de maladie et de mort son propre vaccin. La fièvre jaune est l'une des trois grandes pestes de l'Orient. — Peste, choléra, fièvre jaune. — Sais-tu que ce qui est beau déjà, c'est de pouvoir poser le problème en cés termes. »

Le *Richelieu* arriva, mais il était indemne. Le dernier passager était mort pendant la traversée, son corps avait été jeté à la mer. Il fallut quitter Bordeaux et reprendre le chemin du laboratoire.

CHAPITRE XI

1882-1884

Ce fut au milieu de nouvelles expériences qu'il apprit que la date de l'élection à l'Académie française était fixée au 8 décembre. Certains candidats passent la moitié de leur temps en fiacre pour faire leurs visites traditionnelles, supputent les voix, les divisent en voix sûres, en voix probables, et sont un peu trop disposés à prendre toute politesse pour une promesse, toute phrase vague pour une espérance possible. Pasteur, avec une parfaite simplicité, se contentait de dire à tels et tels académiciens, célèbres par leurs perpétuelles et savantes combinaisons de premier tour, de second tour, de troisième tour : « De ma vie, je n'avais pensé au grand honneur d'entrer à l'Académie française. On a eu l'obligeance extrême de me dire : Présentez-vous, vous serez nommé. Comment ne pas se laisser entraîner sur cette pente glorieuse pour la science et pour les siens ? »

Un seul membre de l'Académie ne voulut pas recevoir la visite de Pasteur. Ce fut Alexandre Dumas : « Je lui défends, disait-il, de venir me voir : c'est moi qui irai le remercier de vouloir bien être des nôtres. » Il était de ceux qui pensaient, comme M. Grandeau l'écrivait à Pasteur, que « quand Claude Bernard et Pasteur consentent à entrer dans les rangs d'une compagnie, tout l'honneur est pour cette dernière ».

Elu, Pasteur témoigna de la jeunesse de ses sentiments. Etre l'un des Quarante lui semblait un honneur excessif. Aussi prépara-t-il laborieusement, sans toutefois, disait-il, que son année scientifique 1881-1882 dût en souffrir, son discours de réception.

Plus il pénétrait dans la simplicité de cette vie de Littré, plus il en était ému. Le travail dans l'intimité de la vie de famille, c'était pour Littré la forme vraie du bonheur.

Peu de gens, en dehors des confrères de Littré, savent que sa femme et sa fille furent les collaboratrices de son œuvre capitale. Dans cette tâche complexe, ardue, renouvelable à chaque mot, souvent désespérante, d'un dictionnaire qui, colonne par colonne, formerait une longueur de trente-sept kilomètres, elles recherchaient les citations nécessaires. Sa fille surtout prenait un soin extrême à ce genre de poursuites, et « rarement, selon le témoignage même de Littré, elle dut renoncer de guerre lasse à mettre la main sur le passage qui avait été mal ou insuffisamment indiqué ». Le dictionnaire, commencé en 1859, quand Littré touchait presque à la soixantaine, n'eut que deux temps d'arrêt : en 1861, lorsque la veuve d'Auguste Comte vint demander à Littré de tout interrompre pour écrire la biographie du fondateur de la philosophie positive, et en 1870, lorsque la vie de la France fut compromise et arrêtée pendant de longs mois. Ressemblant peu à ces hommes toujours préoccupés d'eux-mêmes qui, au milieu d'un malheur général, voient surtout ce qui menace leurs intérêts personnels, Littré, dans une phrase digne de son caractère, écrivait : « Je me rends cette justice qu'en présence des dangers et des désastres de la patrie, je ne conservai aucune pensée pour l'interruption ou la ruine de mon œuvre. »

Cet homme de labeur et de désintéressement avait eu toutefois un rêve de luxe : posséder une maison de campagne. « En sacrifiant toute sorte de superflu », d'après ses termes qui prêtent à sourire quand on sait quel était son genre d'existence, Littré avait pu réaliser ce désir. Pasteur, qui apportait en toutes choses des habitudes scrupuleuses de vérification précise, quitta pendant un jour son laboratoire pour aller visiter cette villa située à quelques lieues de Paris, non loin de Maisons-Laffitte, au Mesnil. Le jardinier qui vint ouvrir la porte semblait être le propriétaire de cette vieille et humble demeure. Tout se disjoignait dans les pièces carrelées. Seul le jardin d'un tiers d'hectare donnait un

petit air d'aisance à cette propriété qui avait été l'unique fantaisie
du philosophe, heureux d'y voir croître des légumes, d'y récolter
quelques fruits, en citant, avec la complaisance des hommes sans
ambition, quelques vers de Virgile, d'Horace et de La Fontaine.
L'allée que Littré appelait, avec un peu d'emphase, l'allée trans-
versale des tilleuls était pleine de son souvenir pour qui connaissait certains détails de sa vie. Lorsque dans le village et la maison tout dormait, sauf lui qui travaillait régulièrement jusqu'à
trois heures du matin, c'était sur un de ces tilleuls que par les
nuits de printemps un rossignol chantait. « Il emplissait, suivant
l'expression de Littré, le silence de la nuit et de la campagne de
sa voix limpide et éclatante. »

En parcourant ce jardin et cette maison, qui reflétaient la vie
d'un sage, et où toute chose semblait attendre le retour du vieillard et sa reprise de travail, Pasteur disait avec tristesse : « Est-il
possible qu'un tel homme ait été méconnu jusqu'à être calomnié ! »
Les propagateurs de légendes auraient pu venir dans la salle où
travaillait habituellement la famille de Littré. Un crucifix attestait,
en face des croyances de la femme et de la fille, le respect de Littré
pour leur foi. « Je me suis trop rendu compte, disait-il un jour,
des souffrances et des difficultés de la vie humaine pour vouloir
ôter à qui que ce soit des convictions qui le soutiennent dans les
diverses épreuves. » Garder ses convictions, comprendre et respecter celles des autres, se faire une loi de ne jamais troubler une
conscience : cette haute et pure morale, Littré la pratiquait sans
effort.

Tout en évoquant ce côté resté peu connu, Pasteur, aux heures
de repos qu'il trouvait, le soir, à son foyer, étudia le positivisme
dont Auguste Comte avait été le grand pontife et Littré le grand
apôtre. La philosophie positive avait semblé à Littré, à l'âge de
quarante ans, dans la pleine maturité de son esprit, une philosophie
de toute sécurité. Cette conception scientifique du monde conduit
à ne rien affirmer, à ne rien nier au delà de ce qui est visible
et démontrable; cette doctrine invite à s'occuper des autres, à
« subordonner la personnalité à la sociabilité »; elle inspire l'amour

de la patrie; au-dessus de la patrie, elle mène à la reconnaissance pour l'humanité qui a tant souffert pour alléger « le poids des fatalités naturelles »; elle élève enfin l'amour de l'humanité à la hauteur d'une religion.

Certes, quand on voyait Pasteur, dans son laboratoire de la rue d'Ulm, tout entier à des travaux qui relevaient exclusivement du domaine positif, écartant de ses recherches toute considération métaphysique, sans cesse préoccupé de servir les autres, de se dévouer à l'humanité, on aurait pu le regarder comme le savant le plus pénétré de cette doctrine. Mais le positivisme lui apparaissait d'abord comme aboutissant à des conclusions discutables en politique et en sociologie, parce que « là où les passions humaines interviennent, le champ de l'imprévu est immense ». Il lui reprochait ensuite et surtout une « grande et visible lacune ». Le positivisme « ne tient pas compte, disait Pasteur, de la plus importante des notions positives, celle de l'infini ».

Il s'étonnait que le positivisme enfermât l'esprit dans des limites et lui défendît de les franchir. « Ne sera-t-il pas toujours dans la destinée de l'homme de se demander : qu'y a-t-il au delà de ce monde ? » Alors, dans l'homme de science d'une observation lente, précise et pour ainsi dire accumulée, surgissait un sentiment profond. C'est dans un de ces élans qu'il écrivait ce passage de son discours, comme si toute la force de son âme jaillissait impétueusement : « Qu'y a-t-il au delà ? L'esprit humain, poussé par une force invincible, ne cessera jamais de se demander : Qu'y a-t-il au delà ? Veut-il s'arrêter soit dans le temps, soit dans l'espace ? Comme le point où il s'arrête n'est qu'une grandeur finie, plus grande seulement que toutes celles qui l'ont précédée, à peine commence-t-il à l'envisager, que revient l'implacable question et toujours, sans qu'il puisse faire taire le cri de sa curiosité. Il ne sert de rien de répondre : au delà sont des espaces, des temps ou des grandeurs sans limites. Nul ne comprend ces paroles. Celui qui proclame l'existence de l'infini, et personne ne peut y échapper, accumule dans cette affirmation plus de surnaturel qu'il n'y en a dans tous les miracles de toutes les religions; car la notion de l'infini a ce double caractère de s'imposer et d'être incompréhensible. Quand cette notion s'empare de l'entendement, il n'y a qu'à se prosterner. Encore, à ce moment de poignantes angoisses, il faut demander grâce à sa raison : tous les ressorts de la vie intellectuelle menacent de se détendre; on se sent près d'être saisi par la sublime folie de Pascal. Cette notion positive et primordiale, le positivisme l'écarte gratuitement, elle et toutes ses conséquences dans la vie des sociétés.

« La notion de l'infini dans le monde, j'en vois partout l'inévitable expression. Par elle, le surnaturel est au fond de tous les cœurs. L'idée de Dieu est une forme de l'idée de l'infini. Tant que le mystère de l'infini pèsera sur la pensée humaine, des temples seront élevés au culte de l'infini, que le Dieu s'appelle Brahma, Allah, Jéhova ou Jésus. Et sur la dalle de ces temples vous verrez des hommes agenouillés, prosternés, abîmés dans la pensée de l'infini. »

Le positivisme triomphant inspirait alors presque tous les chefs de foule. Et à ce moment même l'homme qui, découvrant quelques secrets de la nature, aurait pu être tout entier à ce qu'il appelait l'enchantement de la science, proclamait le mystère de l'univers. Avec son humilité intellectuelle, Pasteur s'inclinait devant un pouvoir plus grand que le pouvoir humain. « Nous sommes enveloppés de mystères, » avait-il l'habitude de dire. Mystère, « mystérieuse puissance du dessous des choses », ces mots revenaient dans la dernière partie de son discours. Puis, avec cet optimisme plein de vaillance, qui est la vertu inspiratrice des grandes actions, convaincu que l'humanité doit travailler en vue d'un plan divin :

« Heureux, disait-il, — et cette parole mérite d'être recueillie à jamais, car elle est de celles qui passent sur le monde comme un souffle pur, — heureux celui qui porte en soi un dieu, un idéal de beauté et qui lui obéit : idéal de l'art, idéal de la science, idéal de la patrie, idéal des vertus de l'Evangile! Ce sont là les sources vives des grandes pensées et des grandes actions. Toutes s'éclairent des reflets de l'infini. »

Toutefois, si fécondes en méditations que fussent de telles paroles, ce n'est pas sur elles que Pasteur voulut terminer. Ne devait-il pas revenir à l'éloge de Littré et lui apporter un suprême hommage ? « Souvent, écrivait-il dans un dernier paragraphe, il m'est arrivé de me le représenter, assis auprès de sa femme, comme en un tableau des premiers temps du christianisme ; lui, regardant la terre, plein de compassion pour ceux qui souffrent ; elle, fervente catholique, les yeux levés vers le ciel ; lui, inspiré par toutes les vertus terrestres ; elle, par toutes les grandeurs divines ; réunissant dans un même élan comme dans un même cœur les deux saintetés qui forment l'auréole de l'Homme-Dieu, celle qui procède du dévouement à ce qui est humain, celle qui émane de l'ardent amour du divin ; — elle, une sainte dans l'acception canonique ; lui, un saint laïque.

« Ce dernier mot ne m'appartient pas. Je l'ai recueilli sur les lèvres de tous ceux qui l'ont connu. »

Les deux confrères que Pasteur avait choisis pour être ses parrains académiques, le jour de la séance solennelle de l'Académie française, étaient J.-B. Dumas et Nisard. Dumas, qui appréciait mieux que personne les progrès scientifiques dus à Pasteur et qui applaudissait à tant de gloire, savait gré à son ancien élève d'être resté aussi simple, aussi modeste qu'au temps lointain où, sur les bancs de la Sorbonne, Pasteur inconnu prenait des notes dans la foule des jeunes gens. Il semblait, en vérité, que rien ne fût changé dans leur situation depuis quarante ans. Lorsque Pasteur, qui venait d'écrire, avec ce mouvement et cette force, la fin de son discours, sonna, au mois de mars 1882, à la porte de J.-B. Dumas, accompagné de l'un des siens, le manuscrit en poche, il avait moins l'air d'un confrère qui va faire une visite affectueuse que d'un étudiant qui se rend respectueusement chez son président de thèse.

L'hôtel particulier où demeurait Dumas est situé au fond d'une cour paisible de la rue Saint-Dominique. De même que la maison de Littré était bien en accord avec une vie soustraite au monde, la maison de J.-B. Dumas reflétait les habitudes d'hospitalité d'un secrétaire perpétuel pénétré de son rôle. Ce n'étaient dans le salon que souvenirs et témoignages de reconnaissance. Professeur à la Sorbonne, au Collège de France, à la Faculté de médecine, à l'Ecole polytechnique, à l'Ecole centrale, Dumas avait partout prodigué ses leçons, ses conseils, son influence dominatrice. Comme pour résumer à la fois le passé et le présent, on voyait, à deux places d'honneur, un portrait où il apparaissait dans le jeune et triomphant éclat de sa réputation, et un buste le représentant dans la sérénité de sa robuste vieillesse. Près du salon était un cabinet fait pour la causerie, quand Dumas voulait bien accorder une part d'intimité. C'est là qu'il s'empressa de faire entrer Pasteur qui, approchant de la table un tabouret, se mit à lire. Mais ce discours si ferme, où tout se détachait en pleine vigueur, il le prononça d'une voix presque basse, trop rapide, toute troublée, sans même lever les yeux vers Dumas qui, présidant cette scène du haut de son fauteuil, avait de temps en temps un murmure approbatif. Tandis que le visage de Pasteur aux rides soucieuses était celui d'un savant de travail opiniâtre, de lutte ardente, le visage calme de Dumas rendait bien l'équilibre de toutes les facultés et comme l'apaisement de toutes les ambitions. Rien ne troublait cette physionomie grave et douce. Son sourire, qui avait d'ordinaire une finesse prudente et une bienveillance graduée, s'éclaira plus que d'habitude pour féliciter Pasteur. Le passage sur l'infini lui paraissait toutefois digne d'un plus grand développement. Dumas se rappelait que lui-même, succédant à Guizot comme membre de l'Académie française, avait exposé ses propres méditations : « Dès que l'homme pense, affirmait-il, le sentiment de l'infini lui est révélé, et l'infini se montrant inaccessible, sa pensée s'arrête au bord du gouffre de l'inconnu. » Venait ensuite un passage sur l'espace, le temps, le mouvement, la matière, qui se terminait par un acte de foi. De la place d'honneur qui lui était faite parmi les hommes, Dumas s'abaissait au regard de Dieu comme une créature humble et soumise.

Le second parrain de Pasteur, Nisard, presque octogénaire, était moins heureux que Dumas. Si la science, en guide qui ne

trompe pas, donne des joies profondes et durables, la politique
et la littérature, passant par trop de vicissitudes qui tiennent au
mouvement des passions ou au caprice des modes, exposent à des
regrets et à des mécomptes ceux qui s'imaginent que leurs conceptions représentent un point d'arrêt. Nisard se trouvait dépaysé.
Les auteurs dont les volumes s'alignaient à quelques pas de chez
lui, sous les galeries de l'Odéon, semblaient en général peu
préoccupés de mettre un livre en face du triple idéal qu'il avait
toujours proposé : celui de l'esprit humain, celui du génie particulier de la France et celui de la langue française. La mort avait
enlevé presque tous ses amis d'autrefois. Aussi lorsque certains
dimanches d'hiver, à la fin de l'après-midi, Pasteur venait dans
cette vieille demeure de la rue de Tournon, était-ce fête pour
Nisard qui se croyait un instant reporté vers les années où il
dirigeait de haut l'Ecole normale. Toute sa vie heureuse lui réap-
paraissait; il n'y avait pas jusqu'à la déférence de Pasteur qui ne
fût aussi grande, plus grande peut-être qu'autrefois. Bien que
Nisard apportât dans toute intimité une nuance de protection,
c'était un causeur de bonne et vieille race. Il savait glisser d'un
sujet à l'autre, prendre la fleur d'une matière, être tour à tour
malicieux et câlin, entrer avec bienveillance dans la vie des autres
et ne pas insister sur la sienne, se montrer, au milieu de la vieillesse, pénétré d'une philosophie quelquefois plus acquise que
réelle. Mais le privilège des lettres est d'apporter, dans les périodes
difficiles, des arguments de renfort. Grâce à tel ou tel souvenir,
on espère, on se console, on se résigne. Pasteur se plaisait à
entendre tout ce qui remontait à la mémoire de Nisard. Il aimait
ce sourire qui passait sous ce regard presque aveugle. Ces causeries du dimanche lui rappelaient les entretiens qu'il avait eus
jadis, au lycée de Besançon, avec Chappuis, lorsque tous deux,
dans la ferveur de la jeunesse, lisaient ensemble les vers d'André
Chénier et ceux de Lamartine. Dix-huit ans plus tard, Pasteur
n'avait pas manqué un seul des cours que Sainte-Beuve faisait
aux élèves de l'Ecole normale. Il aimait cette critique variée, libre,
pénétrante, ouvrant des jours sur tous les points de l'horizon litté-

raire. Nisard, lui, comprenait plutôt la critique comme un traité solennel avec clauses et conditions. Son besoin de tout hiérarchiser lui faisait même donner des places aux auteurs, comme s'ils eussent été rangés sous sa chaire ainsi que des élèves plus ou moins méritants. Mais, quand il parlait, la rigueur de son système était enveloppée dans la grâce de sa conversation.

Si le coin que Pasteur pouvait réserver aux lettres était forcément restreint, ce coin toutefois restait privilégié. Ne lisant que ce qui valait la peine d'être lu, il éprouvait pour tout écrivain digne de ce nom plus que de l'estime, un véritable respect. Il y mêlait l'idée la plus élevée des lettres et de leur influence sur la société. Aussi disait-il un jour à Nisard que les lettres sont de grandes éducatrices. « Le cerveau, ajoutait-il, peut à la rigueur suffire à la science : le cœur et le cerveau interviennent dans les lettres et c'est là ce qui explique le secret de leur supériorité pour diriger la marche des esprits. » C'était prêcher un apôtre. Jamais, aux yeux de Nisard, trop grand hommage ne pouvait leur être adressé. Il approuva l'exorde du discours, qui reflétait tant de modestie et où se retrouve le mot émotion que Pasteur employa si souvent.

« Au moment où je me présente devant cette illustre assemblée, je sens renaître l'émotion qui s'est emparée de moi le jour où j'ai sollicité vos suffrages. Le sentiment de mon insuffisance me saisit de nouveau, et je serais confus de me trouver à cette place si je n'avais le devoir de reporter à la science elle-même l'honneur, pour ainsi dire impersonnel, dont vous m'avez comblé. »

Le secrétaire perpétuel, Camille Doucet, mûri dans les usages de l'Institut, sans cesse préoccupé de l'effet produit, devinant que le public aurait peine à croire à un tel effacement, si sincère néanmoins, et n'accepterait jamais le mot « insuffisance », écrivit à Pasteur en lui envoyant l'épreuve du discours : « Cher et honoré confrère, permettez-moi de vous engager à modifier ainsi votre première phrase. La modestie va vraiment trop loin. » Camille Doucet rayait : *le sentiment de mon insuffisance me saisit de nouveau* et, après « l'honneur », il barrait les mots : *pour ainsi dire impersonnel.* Pasteur alla consulter Nisard. *Le sentiment de mon insuffisance* fut remplacé par : *le sentiment de ce qui me manque.* Mais Pasteur maintint énergiquement : *l'honneur pour ainsi dire impersonnel.* Il voyait, dans son élection, moins un hommage particulier que celui d'ordre général rendu à la science.

Des incidents comme ceux-là prennent de l'importance dans le milieu académique. Il en est, en effet, d'une réception comme d'une première au théâtre. Le public spécial s'intéresse huit jours d'avance à tout ce qui se prépare. Femmes, filles et sœurs d'académiciens ; protectrices de candidatures en ligne ; veuves de ceux qui ont siégé là ; lauréats qui rêvent déjà d'un fauteuil, tout ce monde s'agite pour avoir un billet de centre, d'amphithéâtre ou de tribune. Ce qui augmentait l'intérêt que pouvait offrir cette séance de la réception de Pasteur, ce qui lui donnait du piquant, comme disent certains membres de l'Institut qui pensent plus aux vivants qu'au mort, c'est que Pasteur devait être reçu par Renan.

Pour avoir un avant-goût du spectacle offert par le hasard académique mettant en présence Pasteur et Renan, il suffisait de se rappeler comment, trois années plus tôt, Renan, qui succédait à Claude Bernard, avait remercié ses confrères dans une de ces phrases où se résument les impressions de tout nouvel académicien. « On arrive à votre cénacle, disait-il, à l'âge de l'Ecclésiaste, âge charmant, le plus propre à la sereine gaieté, où l'on commence à voir, après une journée laborieuse, que tout est vanité, mais aussi qu'une foule de choses vaines sont dignes d'être longuement savourées. »

La forme des remerciements des deux discours marquait bien la différence des deux esprits : Pasteur, prenait tout au sérieux, donnait aux mots leur sens absolu ; Renan, incomparable écrivain, au style souple, ondoyant, glissait, se déroulait et fuyait à travers les sinuosités de sa philosophie. Tout ce qui était trop net l'offusquait. Il était prêt à nier quand on affirmait, sauf à montrer à des disciples trop zélés le tort de leurs négations. Il consolait religieusement ceux dont il détruisait la foi. Tout en invoquant l'Eternel, il réclamait le droit de le prendre en faute de temps en temps. Quand une foule l'applaudissait, il aurait volontiers murmuré :

Noli me tangere, et ajouté, avec ce mélange de bonhomie et de dédain qui le rendait joyeux : Laissez venir à moi les hommes d'infiniment d'esprit.

Ce jeudi-là, ce 27 avril 1882, il y eut foule à l'Institut. Lorsque le brouhaha se fut calmé, Renan, assis au bureau comme directeur de l'Académie, entre Camille Doucet, secrétaire perpétuel et Maxime Du Camp, chancelier, déclara la séance ouverte. Pasteur se leva. Revêtu, selon l'usage, du costume aux broderies vertes, portant en écharpe le grand cordon de la Légion d'honneur, il paraissait plus pâle que d'habitude. D'une voix nette et grave, il commença par l'expression de sa reconnaissance profonde, puis, avec cet ensemble de sincérité et d'autorité qui s'imposait toujours au public quel qu'il fût, il fit l'éloge de son prédécesseur. Nulle recherche, nul artifice de composition. Un hommage complet rendu à l'homme, mais l'aveu presque immédiat d'un dissentiment philosophique. Dans cet examen, « je n'apporterai, disait Pasteur, d'autre souci que celui de garder ma propre liberté de penser ».

On l'écoutait avec une attention émue. Mais lorsqu'il montra l'erreur du positivisme voulant retrancher l'idée de l'infini, et qu'il proclama le besoin de culte des peuples devant ce grand mystère, il sembla que, par la puissance de cette parole devenue vibrante, tout ce qu'il y a de faiblesse et de dignité dans l'homme, — qui passe dans ce monde courbé sous la loi du travail avec la prescience de l'idéal, — apparaissait dans une lumière saisissante et consolatrice.

Loi du progrès par le travail, désir de perfectionnement moral, espérance que l'homme atteindra les régions divines : tous les principes directeurs de cette vie bienfaisante étendaient leur noblesse sur l'assemblée.

Un des privilèges de celui qui reçoit le nouveau membre de l'Académie est de rester assis dans un fauteuil devant une table et de se préparer ainsi à lire confortablement son discours qui est d'ordinaire comme la contre-partie ou la revanche du premier. Visiblement Renan était heureux d'occuper ce fauteuil présidentiel. Il souriait à l'assistance avec des sentiments complexes. Les spec-

tateurs qui avaient un long usage de son œuvre arrivaient peut-
être à les démêler : le respect pour tant de travail accompli par un
savant qui avait la première place du monde ; le sentiment de
l'honneur qui en rejaillissait sur la France ; le plaisir personnel de
saluer un tel homme au nom de l'Académie, et, en même temps,
la joie de répondre en toute liberté avec une ironie légère aux
croyances de Pasteur. Tout se jouait pour ainsi dire dans cette
tête puissante de Renan au regard bleu très doux, mais dont la
bienveillance était corrigée par la finesse redoutable du sourire.

Il commença d'une voix caressante par reconnaître que l'Académie était bien incompétente pour juger les travaux et la gloire de
Pasteur. « Mais, ajouta-t-il avec une éloquence pleine de grâce, en
dehors du fond de la doctrine, qui n'est point de notre ressort,
il est une maîtrise, monsieur, où notre pratique de l'esprit humain
nous donne le droit d'émettre un avis. Il y a quelque chose que
nous savons reconnaître dans les applications les plus diverses ;
quelque chose qui appartient au même degré à Galilée, à Pascal,
à Michel-Ange, à Molière ; quelque chose qui fait la sublimité du
poète, la profondeur du philosophe, la fascination de l'orateur, la
divination du savant. Cette base commune de toutes les œuvres
belles et vraies, cette flamme divine, ce souffle indéfinissable qui
inspire la science et la littérature et l'art, nous l'avons trouvé en
vous, monsieur, c'est le génie. Nul n'a parcouru d'une marche
aussi sûre les cercles de la nature élémentaire ; votre vie scientifique est comme une traînée lumineuse dans la grande nuit de
l'infiniment petit, dans ces derniers abîmes de l'être où naît la
vie. »

Après un résumé rapide et brillant des découvertes pastoriennes,
de leur enchaînement et de leurs conséquences : « Que vous êtes
heureux, monsieur, — et cela était dit avec des intonations comme
secouées d'amabilité et de belle humeur, — de toucher ainsi par
votre art aux sources mêmes de la vie! Admirables sciences que
les vôtres! Rien ne s'y perd. »

Puis, par une de ces fantaisies tournantes où il excellait à dépis-
ter les auditeurs trop convaincus, Renan parlait un peu plus loin

de la vérité comme il aurait parlé de Célimène : « La vérité est une grande coquette, monsieur. Elle ne veut pas être cherchée avec trop de passion. L'indifférence réussit souvent mieux avec elle. Quand on croit la tenir, elle vous échappe ; elle se livre quand on sait l'attendre. C'est aux heures où on croyait lui avoir dit adieu qu'elle se révèle ; elle vous tient rigueur, au contraire, quand on l'affirme, c'est-à-dire quand on l'aime trop. »

En écoutant ce passage de coquetterie, on pouvait à la volée se rappeler que dans sa jeunesse où tout ce qui était optimiste l'irritait, Renan, au début de ses *Essais de morale et de critique*, s'était servi, pour parler de la vérité, d'une comparaison bien différente. « La vérité, écrivait-il alors, est roturière ; elle est peu sensible aux grands airs ; elle ne se livre qu'aux mains noircies et aux fronts ridés. » En présence de Pasteur, il remplaça le mot vérité par le mot nature : « La nature est roturière, — dit-il en félicitant Pasteur de cette laborieuse assiduité qui ne connaissait ni distraction ni repos, — elle veut qu'on travaille ; elle aime les mains calleuses et ne se révèle qu'aux fronts soucieux. » La pensée de Renan se plaisait ainsi à ces feux changeants comme des feux de Bengale.

Puis il entrait en lutte courtoise. Tandis que Pasteur, avec sa vision de l'infini, se montrait religieux comme Newton, Renan, qui aimait à disserter et à jouir des problèmes moraux qu'on aperçoit, disait-il, non de face, mais de côté et comme du coin de l'œil, donnait à son ironie toutes les formes. Il parlait du doute avec délices : « Le mot de l'énigme qui nous tourmente et nous charme ne nous sera jamais livré... Qu'importe après tout, puisque le coin imperceptible de la réalité que nous entrevoyons est plein de ravissantes harmonies et que la vie, telle qu'elle nous a été octroyée, est un don excellent et pour chacun de nous la révélation d'une bonté infinie ? »

Cette physionomie rieuse, cette voix pleine d'onction traversée de malice, ce geste d'indulgence absolue, il aurait dit plénière, voilà comment la légende représentera Renan, le Renan des dernières années. Elle empêchera les critiques pressés de remonter plus loin et de voir de plus haut. Le gascon qui était en lui (car par la famille de sa mère il avait du sang bordelais dans les veines) avait fini par effacer aux yeux du vulgaire et presque étouffer sous l'ironie le breton rêveur et plein de poésie. Mais, avant d'atteindre à la quiétude narquoise dont il donnait le spectacle à l'Académie et dans les banquets, il avait passé par toute une évolution: N'écrivait-il pas à trente-six ans : « Bien que parfois je sois tenté d'envier le don de ces natures heureuses, toujours et facilement satisfaites, j'avoue qu'à la réflexion je me trouve fier de mon pessimisme, et que, si je le sentais s'amollir, le siècle restant le même, je rechercherais avidement quelle fibre s'est relâchée dans mon cœur. » Douze ans après, en faisant un nouvel examen de conscience littéraire et politique, il aurait pu constater, plus amèrement encore, qu'il n'était pas une assise de sa pensée qui n'eût été ébranlée, rompue, réduite en poussière. Croyance, idées politiques, idéal qu'il s'était forgé de la civilisation européenne, successivement tout avait croulé. Après sa séparation d'avec l'Eglise, il s'était rejeté vers la science historique. L'Allemagne lui était apparue, comme jadis à Mme de Staël et à tant d'autres, le refuge des penseurs. En l'étudiant, il crut, selon ses mots, entrer dans un temple. Il s'imaginait que les peuples germaniques avaient pour unique souci les droits de l'âme et de la conscience. Le devoir exposé par Kant, la foi dans l'humanité telle que la proclamait Herder, la poésie du sens moral dans Schiller lui faisaient voir l'Allemagne à travers ces seuls hommes, semeurs d'idées profondes et de sentiments généreux. Il lui semblait qu'une collaboration de la France, de l'Allemagne et de l'Angleterre créerait « une invincible trinité entraînant le monde, surtout la Russie, dans la voie du progrès par la raison ». Mais cette façade allemande, qu'il prenait pour la façade d'un temple, dissimulait la plus formidable caserne que l'Europe eût jamais connue, et, à côté de cette caserne, des fonderies de canons, des usines de mort, tout ce qui préparait le peuple allemand à devenir une armée d'invasion contre la France. Le réveil fut dur. Cette guerre, telle que la firent les prussiens, avec un esprit de méthode dans la cruauté, le remplit de douleur. Lors d'un de ses derniers voyages, abordant Sélinonte, au milieu d'un paysage pestilentiel et désolé, il avait aperçu, renversées à terre, les colonnes de vieux temples aux chapiteaux doriques. Il aurait pu comparer ses pensées des jours et des lendemains de la guerre au spectacle de tous ces temples abattus. Mais de même que, sur cette terre de Sélinonte, gercée et crevassée par des mois brûlants sous un soleil torride, il avait découvert un délicieux petit lys blanc double qui seul perçait et fleurissait, — de même l'art, qui en lui survivait à tout, continua de fleurir.

Et le temps passa, et cet art, incomparable du reste, enveloppa de couleurs, embauma de parfums ce coin de ruines. Un mélange de noblesse et de dédain faisait que Renan regardait comme imperceptible le nombre d'hommes capables de comprendre ses élévations philosophiques. Pasteur venait de mettre son âme à découvert ; Renan, après avoir revendiqué les droits de la critique, se plut à mettre en lumière l'antinomie intellectuelle de certains esprits et le côté affectif qui peut les rapprocher : « Permettez-moi, lui disait-il, de vous rappeler votre belle découverte de l'acide droit et de l'acide gauche... Il y a des esprits qu'il est aussi impossible de ramener l'un à l'autre qu'il est impossible, selon la comparaison dont vous aimez à vous servir, de faire entrer deux gants l'un dans l'autre. Et pourtant les deux gants sont également nécessaires : tous deux se complètent. Nos deux mains ne se superposent pas ; mais elles peuvent se joindre. Dans le vaste sein de la nature, les efforts les plus divers s'ajoutent, se combinent et aboutissent à une résultante de la plus majestueuse unité. »

La langue française, dont il dit quelque part, qu' « on ne la trouve pauvre, cette vieille et admirable langue, que quand on ne la sait pas », il la maniait avec une dextérité, un choix de nuances, un goût d'harmonies qui n'ont jamais été dépassés. Sachant définir tous les sentiments humains, il allait de la comparaison de tout à l'heure, pour peindre les divergences dans l'ordre intellectuel, à cette imprécation contre la mort : « La mort, selon une pensée qu'admire M. Littré, n'est qu'une fonction, la dernière et la plus tranquille de toutes. Pour moi, je la trouve odieuse, haïssable, insensée, quand elle étend sa main froidement aveugle sur la vertu et le génie. Une voix est en nous que seules les bonnes et grandes âmes savent entendre, et cette voix nous crie sans cesse : « La vérité et le bien sont la fin de ta vie ; sacrifie tout le reste à ce but » ; et quand, suivant l'appel de cette sirène intérieure, qui dit avoir les promesses de vie, nous sommes arrivés au terme où devait être la récompense, ah ! la trompeuse consolatrice ! elle nous manque. Cette philosophie, qui nous promettait le secret de la mort, s'excuse en balbutiant, et l'idéal, qui nous avait attirés jusqu'aux limites de l'air respirable, nous fait défaut quand, à l'heure suprême, notre œil le cherche. Le but de la nature a été atteint ; un puissant effort a été tenté ; une vie admirable a été réalisée, et alors, avec cette insouciance qui la caractérise, l'enchanteresse nous abandonne et nous laisse en proie aux tristes oiseaux de la nuit. »

A côté de cette page qui renferme un commentaire admirable de ce que dit le peuple devant le cercueil de quelques rares grands hommes : ces hommes-là ne devraient pas mourir ! que n'a-t-il résumé, dans cette séance académique, ce que plusieurs auditeurs pouvaient, à l'aide de rapprochements faisant jets de lumière, distinguer presque clairement et, malgré des contradictions, regarder comme le fond de sa pensée ! Pour Renan, tout homme supérieur préparé par des ancêtres souvent obscurs, par deux ou trois générations pleines de dévouement et de sacrifice, devenait une sorte de conscience de l'univers. Or, la fin de l'humanité étant, selon lui, de produire des grands hommes, ces grands hommes étaient faits pour initier à la vie de l'esprit ceux qui étaient au-dessous d'eux. Ainsi l'humanité, prenant, grâce à ces directeurs intellectuels, une conscience de plus en plus nette d'elle-même, arrivait à faire du divin, on pourrait presque dire à organiser Dieu. L'âme de Renan était pénétrée d'une poésie religieuse laissée par le souvenir de ses premières années, ainsi qu'achève de s'évaporer un parfum d'encens dans l'église déserte quand l'office est terminé. Il voyait, dans le mystère sans fond de la vie, « la conscience émerger de l'abîme comme un rameau d'or prédestiné, et l'œuvre divine se poursuivre

par un effort sans fin où la personne de chacun de nous laissera
une trace éternelle ». Mouvement hâté par les très grands esprits,
contribution faible de toute la foule mêlant son vaste et confus
murmure aux voix de certains prophètes : c'est ainsi qu'il se représentait le monde en marche vers quelque grand but.

Une petite phrase incidente, perdue dans sa réponse à Pasteur,
renfermait bien cette pensée : « L'œuvre divine s'accomplit par la
tendance intime au bien et au vrai qui est dans l'univers. » Ailleurs
il fait dire à l'un des personnages de ses Dialogues philosophiques :
« Parfois, je conçois Dieu comme la grande fête intérieure de l'univers, comme la vaste conscience où tout se réfléchit et se réper-
cute. » « Nous sommes tous des fonctions de l'univers, peut-on lire
dans un autre passage. Le devoir consiste à ce que chacun rem-
plisse bien sa fonction. » L'Egyptien mort en construisant les pyra-
mides lui paraissait avoir plus vécu que celui qui avait coulé des
jours inutiles sous les palmiers. Le premier n'existe-t-il pas encore
par la pierre qu'il a posée ? Il en sera de même, disait Renan, de
l'homme qui aura collaboré à l'œuvre d'éternité. Et quand il félicitait Pasteur d'avoir « inséré une pierre de prix dans les assises
de l'édifice éternel de la vérité », n'était-ce pas toujours la même
idée ? Elle aurait gagné à apparaître non par échappées lointaines,
singulièrement espacées, et qu'il faut en quelque sorte surprendre,
mais nettement, en plein horizon de son idéal. Il avait écrit, avec
le mépris des choses vulgaires, avec le dédain des choses décoratives : « Le but d'une noble vie doit être une poursuite idéale et
désintéressée. » Peut-être aurait-il pu donner, dans un tel jour,
un développement à cette méditation. La jugea-t-il trop austère
pour cet auditoire ? Comme il avait constaté que les locutions favorites des français impliquaient un sentiment gai de la vie, il était
d'une indulgence trop dédaigneuse pour aller à contre-courant d'un
monde qu'il estimait frivole. L'esprit religieux et l'esprit critique, il
les remplaçait volontiers, à ces moments de représentation, par
l'esprit mondain. Pensant d'ailleurs qu'une foule de choses ne
s'exprimaient que par la gaieté, il trouvait ce siècle amusant et
contribuait à l'amuser encore. Et, parlant de la place d'obser-

vateur qu'il occupait, il estimait la stalle assez bonne, avec des accoudoirs et une escabelle selon ses goûts. S'il levait les yeux au ciel, il disait que nous devons la vertu à l'Eternel, mais que nous avons le droit d'y joindre, comme reprise personnelle, l'ironie. Pasteur trouvait étrange que l'ironie s'appliquât à des sujets qui ont obsédé tant de grands esprits et que résolvent à leur manière tant de cœurs simples.

Les chroniqueurs à la recherche d'antithèses comme moyen de transition auraient eu beau jeu pour parler de la semaine qui suivit cette séance à l'Académie française. Aux applaudissements du monde qui gravite autour de l'Institut succédaient les applaudissements du peuple des campagnes. On élevait dans l'Ardèche une statue à Olivier de Serres. La ville d'Aubenas, en fêtant la mémoire de celui qui, au XVIᵉ siècle, avait le premier développé dans notre pays l'industrie de la soie, voulut associer à ce témoignage de reconnaissance celui qui avait sauvé de la ruine cette industrie.

C'était la seconde fois qu'une ville de France proclamait sa gratitude envers Pasteur. Quelques mois auparavant, la Société d'agriculture de Melun avait donné en son honneur une séance extraordinaire. Elle n'avait rien trouvé de mieux, disait dans un discours présidentiel le baron de la Rochette, que « de faire frapper à l'effigie de M. Pasteur une médaille commémorative d'un des plus grands services que la science ait jamais rendus à l'agriculture ».

Mais, dans cette journée de glorification, Pasteur, au lieu de se complaire un instant au souvenir des expériences de Pouilly-le-Fort, n'avait déjà plus qu'une idée, et c'était bien là un des traits de son caractère, aborder, séance tenante, un autre sujet d'étude : la péripneumonie contagieuse des bêtes à cornes. Le vétérinaire M. Rossignol venait d'entretenir l'assistance de cette question. Pasteur, qui avait été chargé peu de temps avant par le Comité des épizooties d'étudier les accidents causés souvent par les inoculations du virus péripneumonique, rappela alors en quelques paroles les qualités variables des virus, et comment dans un virus la plus légère impureté peut exercer une influence sur les effets de ce virus.

Il avait vainement essayé, avec ses collaborateurs, la culture du virus péripneumonique dans les bouillons de poule, de veau, de levure de bière. Il fallait puiser le virus dans le poumon d'une vache morte de péripneumonie et le recueillir dans des tubes préalablement stérilisés. On l'inoculait, en évitant toute cause d'altération, sous la peau de la queue de l'animal à vacciner, endroit choisi à cause de la densité de la peau et du tissu cellulaire. En opérant sur d'autres régions, on aurait risqué des accidents graves, tant le virus est violent. Encore arrive-t-il parfois que les phénomènes d'irritation locale vont jusqu'à provoquer la chute d'une partie de la queue. Recueillir le virus et l'inoculer ainsi, c'était le premier point. Restait à étudier comment on pouvait obtenir et conserver le virus à l'état de pureté. Les propriétaires de troupeaux, qui voudraient savoir la manière dont Pasteur comprenait les services à rendre aux praticiens, retrouveraient facilement une note que publia le Recueil de médecine vétérinaire à la fin de cette même année 1882.

« Le virus pur, disait Pasteur, se conserve virulent pendant des semaines et des mois. Un poumon peut en fournir d'assez grandes quantités, faciles à éprouver pour sa pureté dans des étuves, ou même aux températures ordinaires. Avec un seul poumon on peut s'en procurer assez pour servir à des séries assez nombreuses d'animaux. Il y a plus : sans recourir à de nouveaux poumons, on pourrait entretenir cette provision de virus de la façon suivante : il suffirait, avant l'épuisement d'une première provision de virus, d'inoculer un jeune veau au fanon ou derrière l'épaule. La mort arrive assez promptement et tous les tissus, près ou assez loin du voisinage de la piqûre, sont infiltrés de sérosité, laquelle est virulente à son tour. On peut également la recueillir et la conserver à l'état de pureté. » Le virus ainsi conservé s'atténuerait-il avec le temps jusqu'à perdre toute espèce de virulence? C'était encore un autre sujet d'étude.

Ce qu'avait fait la ville de Melun, Aubenas voulait le faire également. Pasteur, se rendant à un vœu unanime, arriva le 4 mai dans cette petite ville de l'Ardèche. Salle d'attente pavoisée, musique, arc triomphal de fleurs et d'arbustes, discours du maire, présentation du conseil municipal, de la chambre et du tribunal de commerce : toute la ville était en fête. Le bruit de la fanfare fut presque étouffé sous les acclamations. Les vivats cette fois ne s'adressaient pas à un homme de guerre ou à un homme de tribune, mais à un homme de laboratoire. Ceux qui aimaient à philosopher saluaient cette manifestation de la reconnaissance populaire comme un progrès dans l'humanité.

Dans la séance du concours régional, on remit à Pasteur une médaille frappée à son effigie, ainsi qu'un objet d'art qui représentait des génies autour d'une coupe, les mains chargées de cocons. Un petit microscope, — ce microscope dont on avait nié jadis l'application pratique parce que c'était une idée de savant et que jamais magnanarelle ne saurait se servir d'un instrument aussi délicat, — était là comme un attribut triomphant.

« Pour nous tous, dit le président du syndicat des filateurs d'Aubenas, vous fûtes le génie secourable dont la magique intervention conjura le fléau qui nous ruinait. C'est un bienfaiteur que nous saluons en vous. »

S'effaçant comme il l'avait fait à l'Académie, c'est à la science que Pasteur reportait ces éloges, ces démonstrations, cet enthousiasme. « Je ne suis pas l'objet, disait-il, je suis le prétexte. » Puis il continuait : « La science a été la passion maîtresse de ma vie. Je n'ai vécu que pour elle et dans les heures difficiles, inséparables des longs efforts, la pensée de la patrie relevait mon courage. J'associais sa grandeur à la grandeur de la science.

« En élevant une statue à Olivier de Serres, l'illustre enfant du Vivarais, vous donnez à la France un noble exemple. Vous montrez à tous que vous avez le culte des grands hommes et des grandes choses qu'ils ont accomplies. Cela, c'est la semence féconde. Vous l'avez recueillie. Puissent vos fils la voir grandir et fructifier !

« Je me reporte au temps déjà éloigné où, désirant répondre aux suggestions d'une illustre et bienveillante amitié, je quittais Paris pour aller étudier dans un département voisin le fléau qui décimait vos magnaneries. Pendant cinq années, j'ai lutté pour la connaissance du mal, le moyen de le prévenir, et, après l'avoir trouvé, j'ai lutté encore afin de porter dans les esprits la conviction que j'avais acquise.

« Tout cela est bien loin maintenant et je puis en parler avec modération. Je me sers là d'un mot qu'on m'applique rarement. Cependant je suis le plus hésitant des hommes, le plus craintif devant les moindres responsabilités quand la preuve me fait défaut. Nulle considération, au contraire, ne m'empêche de défendre ce que je tiens pour vrai quand j'ai pour garant de mes convictions de solides preuves scientifiques.

« Un homme qui eut pour moi une bonté toute paternelle [Biot], avait pour devise : *Per vias rectas*, par le droit chemin. Je me félicite de la lui avoir empruntée. Si j'avais eu plus de timidité ou d'esprit de doute en face des principes que j'avais établis, bien des points de science et d'application seraient demeurés obscurs et soumis à des discussions sans fin. L'hypothèse de la génération spontanée jetterait encore son voile sur mille questions. Vos éducations de vers à soie seraient livrées à l'empirisme, sans guide et sans contrôle pour la fabrication d'une bonne graine. La vaccination charbonneuse, destinée à affranchir l'agriculture de pertes immenses, serait méconnue et rejetée comme une pratique dangereuse. Où sont aujourd'hui les contradictions? Elles passent, et la vérité reste. Après quinze années d'intervalle, vous en donnez une preuve éclatante.

« Aussi j'éprouve une joie profonde à voir mes efforts compris et célébrés avec un élan de sympathie qui restera dans ma mémoire et dans celle de ma famille comme un glorieux souvenir. »

Il ne fut pas possible à Pasteur de reprendre paisiblement le chemin de son laboratoire. Les agriculteurs et les vétérinaires de Nîmes, intéressés par tous les essais de vaccinations charbonneuses, avaient voulu organiser à leur tour un programme d'expériences.

Pasteur arriva pour entendre, dans une séance de la Société d'agriculture du Gard, le rapport du vétérinaire et recevoir les félicitations de la société. Le président exprimait la reconnaissance de tous les propriétaires de troupeaux, de tous les éleveurs, impuissants jadis devant une maladie désormais vaincue.

Pendant que lui était remise une médaille commémorative et que l'on préparait un banquet en son honneur, car l'enthousiasme méridional ne va jamais sans une perspective de toasts, Pasteur remerciait les hommes d'initiative qui songeaient à de nouvelles expériences destinées à lever les doutes de quelques vétérinaires et surtout les méfiances des bergers en face d'un progrès qui ne venait pas du Midi. Moutons, bœufs et chevaux, les uns vaccinés, les autres neufs, furent mis à sa disposition. Avec lui il ne fallait pas s'attarder : l'expérience fut fixée au lendemain matin dès huit heures. Après avoir inoculé à tous les animaux le virus charbonneux, Pasteur annonça que les vaccinés seraient indemnes et que les douze moutons non vaccinés seraient, quarante-huit heures plus tard, morts ou mourants. Rendez-vous fut pris pour le surlendemain, 11 mai, chez l'équarrisseur de la ville, établi au Pont de Justice où se faisaient les autopsies. Pasteur partit immédiatement pour Montpellier. La Société centrale d'agriculture de l'Hérault l'attendait. Elle aussi avait renouvelé des expériences et exprimé le vœu que Pasteur fît une leçon à l'Ecole d'agriculture. Très fatigué, presque malade, il entra dans le grand amphithéâtre. Quand il vit cette assemblée de professeurs et d'étudiants accourus des diverses Facultés, ces agriculteurs qui venaient en foule de tous les points du département, devant un tel auditoire, qui représentait à la fois tant de curiosité scientifique et d'intérêts agricoles, son visage s'éclaira. Sa parole, d'abord lente et réclamant l'indulgence, s'éleva par degrés. Oubliant bientôt toute fatigue, il entra dans le sujet des maladies virulentes et contagieuses. L'ordre des idées, la clarté des mots, le don de communiquer aux autres la flamme intérieure, l'idée fixe d'inspirer aux étudiants la passion du travail, la fièvre de la recherche, et, par des mouvements d'éloquence, la précision la plus minutieuse dans les détails, le souci et l'art de rendre la science accessible à tous : tant de qualités si différentes étonnaient, entraînaient, enthousiasmaient l'auditoire. Pendant deux heures, il se donna, cerveau et cœur, à cette foule. Parfois il s'arrêtait pour inviter les assistants à formuler leurs objections, ne demandant, disait-il, qu'à être questionné, parce qu'il voulait faire pénétrer la vérité dans tous les esprits. On répondait à son appel, on l'interrogeait. Ses réponses emportèrent les dernières résistances.

« Nous ne pouvons, dit le vice-président de la Société d'agriculture, M. Vialla, abuser des instants de M. Pasteur qui appartiennent non pas à nous seulement, mais à la France entière. Qu'il me permette toutefois de lui adresser une dernière prière. Il nous a débarrassés de la terrible maladie du charbon. Qu'il veuille bien maintenant s'occuper d'une contagion non moins redoutable, la clavelée, qui est pour ainsi dire endémique dans notre région, et nul doute qu'il ne parvienne à trouver le remède salutaire.

— J'ai à peine terminé mes expériences sur la vaccination charbonneuse, répondit doucement Pasteur, vous me demandez de trouver le remède de la clavelée. Pourquoi pas celui du phylloxera ? » Et, tout en invoquant les journées trop courtes : « En fait d'efforts, reprit-il avec cette puissance d'énergie dont il venait de donner une nouvelle preuve, je suis à vous *usque ad mortem.* »

Se rendant encore aux instances des membres de la Société d'agriculture et des différents corps scientifiques, il assista, convive honoraire, au banquet préparé pour lui. Ce n'était plus seulement la sériciculture reconnaissante qui lui souhaitait longue vie, c'était l'agriculture reconnaissante. Ces derniers mots éclatèrent au milieu d'ovations prolongées. Au lieu d'en tirer gloire pour un triomphe personnel, il ne voyait, disait-il, dans l'accueil qui lui était fait par les villes d'Aubenas, de Nimes et de Montpellier, que le sentiment de la France honorant le travail.

« Je voudrais, ajoutait-il en songeant aux efforts accomplis sur tant de points par tant d'hommes de valeur dignes d'être distingués, dans le vieux sens du terme, je voudrais que les dépositaires de l'autorité publique, ministres, préfets, recteurs, maires, fussent des espions du mérite public, chargés de mettre en évidence tous ceux qui honorent la patrie. Si une telle œuvre pouvait s'accomplir, les destinées de la France seraient singulièrement agrandies. »

Presque toujours il laissait son auditoire sur quelque belle et fortifiante pensée, sur une idée directrice. Comme tout finissait pour lui non par des phrases, mais par des faits, il revint à Nîmes et se trouva le 11 mai, à neuf heures du matin, avec des médecins, des vétérinaires, des éleveurs et des bergers, au rendez-vous qui avait été donné au Pont de Justice. Sur douze moutons, six étaient déjà morts, les autres mourants. Il fut facile de reconnaître que le virus charbonneux avait produit les mêmes lésions que celles que l'on observe à la suite du charbon ordinaire. Avec sa modestie et sa clarté habituelles, lisait-on dans les journaux du pays, M. Pasteur a donné toutes les explications nécessaires.

« Et maintenant travaillons ! » dit-il avec entrain en repartant pour Paris. Il était impatient de retrouver le laboratoire de l'Ecole normale.

Pour lui donner un témoignage de reconnaissance publique plus éclatant encore que celui qui venait de telle ou telle région, l'Académie des sciences avait résolu de provoquer un mouvement général des sociétés savantes. Il fut décidé qu'une médaille gravée par Alphée Dubois, représentant le profil de Pasteur et qui porterait au revers ces mots : « A Louis Pasteur, ses confrères, ses amis, ses admirateurs », lui serait remise le 25 juin. Ce dimanche-là, une délégation, présidée par Dumas et composée de Boussingault, Bouley, Jamin, Daubrée, Bertin, Tisserand et Davaine, arriva rue d'Ulm. Elle trouva Pasteur au milieu de sa famille.

« Mon cher Pasteur, lui dit Dumas de sa voix grave, il y a quarante ans, vous entriez comme élève dans cette maison. Dès vos débuts, vos maîtres avaient prévu que vous en seriez l'honneur, mais nul n'eût osé prévoir quels services éclatants vous étiez destiné à rendre à la science, au pays, au monde. »

Et, après avoir jeté un regard d'ensemble sur cette vaste carrière, montré les sources de richesse que Pasteur avait découvertes ou fait renaître, les préceptes bienfaisants que lui devaient la médecine et la chirurgie : « Mon cher Pasteur, continua Dumas avec une émotion affectueuse, votre vie n'a connu que des succès. La méthode scientifique, dont vous faites un emploi si sûr, vous doit ses plus beaux triomphes. L'Ecole normale est fière de vous compter au nombre de ses élèves; l'Académie des sciences s'enorgueillit de vos travaux; la France vous range parmi ses gloires.

« Au moment où, de toutes parts, les témoignages de la reconnaissance publique s'élèvent vers vous, l'hommage que nous venons vous offrir, au nom de vos admirateurs et de vos amis, pourra vous sembler digne d'une attention particulière. Il émane d'un sentiment spontané et universel, et il conserve pour la postérité l'image fidèle de vos traits.

« Puissiez-vous, mon cher Pasteur, jouir longtemps de votre gloire et contempler les fruits toujours plus nombreux et plus riches de vos travaux. La science, l'agriculture, l'industrie, l'humanité vous conserveront une gratitude éternelle, et votre nom vivra dans leurs annales parmi les plus illustres et les plus vénérés. »

Debout, la tête baissée, le regard mouillé de larmes, Pasteur fut quelque temps sans répondre, puis avec un violent effort sur lui-même : « Mon cher maître, dit-il presque à mi-voix, il y a quarante ans, en effet, que j'ai le bonheur de vous connaître et que vous m'avez appris à aimer la science et la gloire.

« J'arrivais de la province. Après chacune de vos leçons, je sortais de la Sorbonne transporté, et souvent ému jusqu'aux larmes. Dès ce moment, votre talent de professeur, vos immortels travaux, votre noble caractère, m'ont inspiré une admiration qui n'a fait que grandir avec la maturité de mon esprit.

« Vous avez dû deviner mes sentiments, mon cher maître. Il n'est pas une seule circonstance importante de ma vie, ou de celle de ma famille, circonstance heureuse ou pénible, qui vous ait trouvé absent et que vous n'ayez en quelque sorte bénie.

« Voilà qu'aujourd'hui encore vous êtes au premier rang dans l'expression de ces témoignages, bien excessifs suivant moi, de l'estime de mes maîtres, devenus mes amis.

« Et ce que vous avez fait pour moi, vous l'avez fait pour tous vos élèves. C'est là un des traits distinctifs de votre nature. Derrière les individus, vous avez toujours envisagé la France et sa grandeur.

« Comment vais-je faire désormais? Jusqu'à présent les grands éloges avaient enflammé mon ardeur et ne m'avaient inspiré que l'idée de m'en rendre digne par de nouveaux efforts; mais ceux que vous venez de m'adresser, au nom de l'Académie et des Sociétés savantes, sont en vérité au-dessus de mon courage. »

Pasteur, qui depuis plus d'un an était acclamé par les foules, reçut, ce 25 juin 1882, le témoignage qu'il mettait au-dessus de tous les autres : l'éloge de son maître.

Pendant qu'il rappelait l'influence rayonnante que Dumas avait eue sur lui, ceux qui étaient réunis dans ce salon de l'Ecole normale songeaient que Dumas pouvait évoquer avec la même force et le même charme des souvenirs pareils. N'avait-il pas connu, lui aussi, des enthousiasmes qui avaient illuminé sa jeunesse? En 1822, l'année même où naissait Pasteur, Dumas, qui vivait alors à Genève, dans une chambre d'étudiant, vit entrer chez lui un personnage d'une cinquantaine d'années, vêtu comme on l'était sous le Directoire : habit bleu clair à boutons d'acier, gilet blanc et culotte jaune. C'était Alexandre de Humboldt. Il n'avait pas voulu traverser Genève sans voir ce jeune homme qui, à vingt-deux ans, venait de publier avec Prévost des mémoires sur le sang et l'urée. Cette visite, les longues causeries ou, pour mieux dire, les monologues de Humboldt avaient fait passer Dumas par tous les sentiments de surprise, de fierté, de reconnaissance, de dévouement que donnent, à l'entrée de la vie, les premières rencontres avec un grand homme. Lorsque Dumas l'entendit parler de Laplace, Berthollet, Gay-Lussac, Arago, Thenard, Cuvier, et qu'au lieu des personnages décoratifs qu'il se représentait, Humboldt les lui eut dépeints familièrement accessibles, il n'eut plus qu'une pensée : aller à Paris, les connaître, vivre auprès d'eux, s'inspirer de leurs méthodes. « Le jour où Humboldt quitta Genève, disait Dumas, la ville me sembla vide. » Ainsi s'était décidé le voyage de Dumas à Paris, ainsi s'était ouverte cette carrière qui depuis soixante ans était éblouissante.

Arrivé maintenant, comme au soir d'un beau jour, à la fin de sa vie scientifique, Dumas, dans cet après-midi de juin, venait d'avoir la joie de fêter Pasteur. Il passa, en le quittant, sous les fenêtres du laboratoire de l'Ecole normale où quelques jeunes hommes, pénétrés des doctrines pastoriennes, représentaient une réserve d'avenir pour le progrès de la science.

Dans la vie de Pasteur, cette période de 1882 fut d'autant plus intéressante que, si la victoire sur tant de points était indiscutable, des combats partiels se livraient encore au loin, éclataient çà et là. Souvent, au lendemain même d'un jour où il avait cru la cause scientifique gagnée, un adversaire se dressait brusquement.

Les plus vives attaques étaient parties de l'Allemagne. Le recueil des travaux de l'Office sanitaire allemand avait mené, sous la direction du Dr Koch et de ses élèves, une véritable campagne contre Pasteur, incapable, disait-on, de cultiver les microbes à l'état de pureté. Il ne savait même pas, assurait-on, reconnaître le vibrion septique, bien qu'il l'eût découvert. Les expériences des poules devenues charbonneuses par le seul fait d'un abaissement de température après inoculation ne signifiaient rien. Le rôle des vers de terre dans la propagation du charbon, quand ils vont ingérer les spores charbonneuses au fond des fosses, les ramènent sur le sol et les y déposent sous la forme de cylindres terreux ; le procédé pour extraire les germes charbonneux contenus dans ces cylindres, leur inoculation à des cobayes qui mouraient du charbon ; tout cela était nul, non avenu, prêtait à sourire. Enfin rien n'était plus contestable que l'influence préservatrice de la vaccination.

Au milieu de ces propos, l'Ecole vétérinaire de Berlin demanda au laboratoire de l'Ecole normale du vaccin charbonneux. Pasteur répondit qu'il désirait que des expériences fussent faites devant une commission nommée par le gouvernement allemand. Le ministre de l'Agriculture, du domaine et des forêts la constitua. Virchow en fit partie. Un ancien élève de l'Ecole normale qui, après avoir obtenu, à sa sortie de l'Ecole, le premier rang au concours d'agrégation des sciences physiques, était entré au laboratoire, un de ceux sur qui Pasteur comptait le plus, Thuillier partit pour l'Allemagne avec ses petits tubes de virus virulent ou atténué. Pasteur ne se déclarait pas satisfait ; il aurait voulu confondre ses adversaires face à face, les obliger à avouer publiquement leur défaite.

Une occasion allait bientôt lui être offerte. Il était venu, comme chaque année, passer le mois d'août et le mois de septembre à Arbois, dans sa petite maison qu'il se plaisait à arranger. Il faisait combler les fosses de la tannerie. « La maison ne sera pas embellie, écrivait-il à son fils, mais elle y gagnera beaucoup de confort et même de gaieté par la vue plus immédiate d'une cour propre suivie d'un jardin, le tout longé par la rivière. »

Le comité du Congrès international d'hygiène, qui devait se réunir à Genève, se chargea d'interrompre cette villégiature. Il invita Pasteur à faire une communication sur les virus atténués. Par hommage spécial, on lui réservait, sans adjoindre aucune autre lecture à la sienne, la séance du mardi 5 septembre. Dès lors, dans la maison d'Arbois, le cours des vacances s'arrêta. A peine Pasteur consentait-il à faire une promenade vers cinq heures du soir à l'entrée d'Arbois, sur la route de Besançon. Encore fallait-il insister impérieusement. Après être resté penché toute la matinée et tout l'après-midi sur sa table de travail, consultant sans cesse ses registres de laboratoire, il s'en allait mécontent d'être arraché à son cabinet. Si quelqu'un de son entourage risquait une interrogation sur la lecture projetée, il répondait par des mots rapides qui coupaient court à toute autre demande : « Laissez-moi, vous me troubleriez. » Ce fut seulement quand Mme Pasteur, de son écriture si nette, recopia selon son habitude les petits feuillets surchargés de renvois, que l'on fut au courant de la note qui allait servir de réponse.

A son arrivée dans la salle du Congrès, les applaudissements partirent de tous côtés. Les banquettes, les tribunes étaient
occupées non seulement par des professeurs, des médecins,
tous les habitués de congrès, mais encore par les touristes, qui
s'intéressent aux choses de la science quand la mode s'en
mêle.

. Pasteur rappela l'invitation qu'il avait reçue : « Je l'ai acceptée
avec empressement, dit-il, heureux de me trouver un instant l'hôte
d'un peuple ami de la France, ami des bons comme des mauvais
jours. Je nourrissais d'ailleurs l'espoir de me rencontrer ici avec
des contradicteurs de mes travaux de ces dernières années. Si les
congrès sont un terrain de rapprochement et de conciliation, ils
sont au même degré un terrain de discussions courtoises. Nous
sommes tous animés d'une passion supérieure, la passion du progrès et de la vérité. »

Presque toujours, à l'ouverture des congrès, on ne voit, on n'en-
tend que politesses dans la confusion des langues. Partout s'agitent
des personnages qui s'offrent des brochures, des cartes de visite et
ne prêtent qu'une oreille distraite aux discours solennels. Cette
fois, le premier acte avait une première scène qui suspendait toutes
les causeries. Pasteur, dominant l'assemblée, apparaissait en pleine
gloire et en pleine force. Bien qu'il eût près de soixante ans, ses
cheveux étaient restés noirs ; seule la barbe grisonnait. Son visage
reflétait une énergie à toute épreuve. S'il n'eût pas boité légèrement et si sa main gauche n'eût pas semblé un peu raidie, nul ne
se serait douté de l'attaque de paralysie qui l'avait frappé quatorze
années auparavant. Le sentiment de la place que la France devait
tenir dans un congrès international donnait à son regard quelque
chose d'ému et de fier, à sa parole un accent d'autorité qui s'imposait. On le sentait prêt à combattre des adversaires et à faire de
cette assemblée une réunion de juges. En dehors des diplomates
de congrès qui, aux premières paroles entendues, échangèrent
quelques regards inquiets à l'idée d'une polémique possible, les
français étaient heureux d'être représentés mieux qu'aucun autre
peuple. De toutes parts on se montrait, sur un des bancs de la salle

le Dr Koch, de vingt et un ans plus jeune que Pasteur, portant des lunettes à branches d'or. Il écoutait impassible.

Toutes les études faites avec la collaboration de MM. Chamberland, Roux et Thuillier, Pasteur les analysa. Il faisait pénétrer les auditeurs, même les plus profanes, dans toute l'ingéniosité des expériences soit pour obtenir, soit pour conserver, soit pour modifier la virulence de divers microbes. « On ne peut douter, disait-il, que nous possédons une méthode générale d'atténuation... Les principes généraux sont trouvés et on ne saurait se refuser à croire que l'avenir, dans cet ordre de recherches, est riche des plus grandes espérances. Mais, si éclatante que soit la vérité démontrée, elle n'a pas toujours le privilège d'être facilement acceptée. J'ai rencontré en France et à l'étranger des contradicteurs obstinés... Permettez-moi de choisir parmi eux celui dont le mérite personnel a le plus de droits à notre attention, je veux parler du Dr Koch de Berlin. »

Alors Pasteur résuma les critiques de toutes sortes qui avaient paru dans le recueil des travaux de l'Office sanitaire allemand. « Peut-être dans cette assemblée, dit-il, quelques personnes partagent-elles les opinions de mes contradicteurs. Qu'elles me permettent de les inviter à prendre la parole. Je serais heureux de les éclairer. »

Koch, montant sur l'estrade, déclina toute discussion. Il préférait, disait-il, répondre plus tard par écrit. Pasteur fut déçu. Il aurait souhaité que, sinon le congrès, du moins une commission dont Koch aurait désigné les membres, prononçât en dernier ressort sur toutes les expériences. Il se résigna à attendre. Les jours suivants, lorsque les congressistes le voyaient se rendre à l'une des séances où il était question d'hygiène générale, d'hygiène scolaire, d'hygiène vétérinaire ils ne reconnaissaient plus dans cet homme simple, attentif, ne cherchant qu'à s'instruire, celui qui avait mis au défi son adversaire. Hors de la lutte, Pasteur redevenait le plus modeste des hommes, ne se permettant jamais de critiquer ce qu'il n'avait pas étudié à fond. Mais sûr de son fait, il se montrait animé d'une passion violente, la passion de la vérité. Quand elle avait triomphé, il ne conservait pas la moindre amertume des luttes subies.

Cette journée du 5 septembre resta célèbre à Genève. « Tous les honneurs ont été pour la France, écrivait Pasteur à son fils. C'est là ce que je désirais. »

Déjà il était tout entier à la poursuite d'une autre maladie qui faisait de grands ravages, le mal rouge ou rouget du porc. Thuillier, toujours prêt à partir dès qu'il s'agissait d'une démonstration à faire ou d'une expérience à tenter, avait étudié, au mois de mars 1882, sur un point du département de la Vienne, l'existence d'un microbe dans les porcs atteints de cette maladie. Pour savoir si ce microbe était la cause du mal, il fallait recourir aux opérations habituelles de la méthode souveraine dans ce genre d'études : rechercher d'abord un milieu de culture propre à l'organisme microscopique (on constata que le bouillon de veau lui convenait on ne peut mieux); prélever ensuite, dans les petits ballons de verre où ce microbe se développait, une gouttelette d'une de ces cultures et ensemencer ainsi d'autres ballons; enfin inoculer aux porcs le liquide de ces cultures. La mort arrivait avec tous les symptômes du rouget : le microbe était donc bien la cause du mal. Pourrait-on maintenant atténuer ce microbe et obtenir un vaccin? Pressé par un vétérinaire du département de Vaucluse, demeurant à Bollène, M. Maucuer, d'étudier cette maladie et d'en chercher le remède, Pasteur partit accompagné de son neveu, Adrien Loir, et de Thuillier. Tous trois arrivèrent le 15 novembre à Bollène.

« On ne peut imaginer, écrivait Pasteur à Mme Pasteur dans une lettre datée du lendemain, plus d'obligeance et d'empressement à nous être agréables que ces excellentes gens Maucuer. Où ils couchent, dans quel cabinet noir, pour nous livrer deux chambres, la mienne et une autre à deux lits, je n'ose pas y penser. Ils sont jeunes encore, n'ont qu'un fils de huit ans qui est en septième au lycée d'Avignon et pour lequel on a demandé un congé de quelques heures aujourd'hui afin qu'il vienne saluer

« M. Pasteur ». Je suis soigné ainsi que ces messieurs d'une manière qui pourrait te faire envie. Il fait ici plus froid et aussi pluvieux qu'à Paris. J'ai du feu dans ma chambre, de ce feu de bois de chêne vert que tu connais depuis nos séjours au Pont-Gisquet.

« Tout cela n'est rien à côté du plaisir que j'ai éprouvé en apprenant que le rouget est loin d'être éteint. Des malades partout, des mourants, des morts à Bollène, dans la campagne. Le mal est désastreux cette année. Dans l'après-midi d'hier, nous avons vu malades et morts. Nous avons amené à la maison un jeune porc très malade et ce matin nous allons tenter la vaccination chez un M. de Ballincourt qui a perdu tous ses porcs et vient d'en racheter dans l'espoir que le vaccin sera préservatif. Enfin du matin au soir nous pourrons voir la maladie et essayer de la prévenir. Cela me rappelle la maladie des vers à soie. Les porcheries avec leurs malades et leurs morts remplacent les chambrées frappées par la pébrine.

« Ce n'est pas dix mille porcs, mais vingt mille au moins qui sont morts et le mal est plus répandu encore dans l'Ardèche. »

La journée du 17 se passa à aller inoculer des porcs à quelques kilomètres de Bollène, dans une propriété de M. de la Gardette. Le soir, un ancien conseiller d'Etat, M. de Gaillard, vint à la tête d'une délégation adresser à Pasteur des compliments et le prier d'accepter un banquet. Pasteur déclina cet honneur. Il renvoyait, dit-il, son acceptation à l'époque où le rouget serait vaincu. On lui parlait de ses services passés, mais il les oubliait. Il avait cette force qui caractérise les hommes avides de progrès : ne voir que ce qui est devant soi.

Des expériences étaient en cours d'exécution, — il avait installé bien vite une porcherie expérimentale tout près de la maison de M. Maucuer, — et, dès le 21, il écrivait encore à M^mᵉ Pasteur, dans une de ces lettres qui sont si souvent comme une feuille détachée d'un cahier de laboratoire :

« Le rouget n'est plus à beaucoup près aussi obscur et je suis persuadé maintenant que, le temps aidant, le problème scientifique, et pratique à la fois, sera résolu... Aujourd'hui trois autopsies de porcs. Elles durent longtemps chacune. Thuillier y met une ardeur patiente et froide qui ne compte pas avec le temps. »

Trois jours après : « J'ai bien du regret de ne pouvoir t'annoncer que je vais repartir pour Paris. C'est vraiment impossible d'abandonner tant d'expériences en train. Il faudrait revenir une et plusieurs fois. Ce qui importe, c'est que les choses s'embrouillent et se débrouillent peu à peu et c'est bien ainsi que les expériences marchent. Tu sais qu'en fait de maladies, aujourd'hui l'étude ne peut plus se borner à une connaissance médicale du mal ; il faut arriver à le prévenir. Nous y tentons *et j'entrevois le succès*. Garde cet espoir pour toi et nos enfants. Je vous embrasse tous bien affectueusement.

« *P.-S.* — Je ne me suis jamais mieux porté. Envoie-moi 1,000 francs. Il ne me reste plus que 300 francs des 1,600 que j'ai apportés. Les porcs coûtent cher et nous en tuons beaucoup. »

Enfin le 3 décembre :

« J'adresse à M. Dumas une note pour la séance de l'Académie de demain. Si j'avais le temps, je la transcrirais pour le laboratoire et pour René. »

« Nos recherches, lisait-on dans le compte rendu de l'Académie, se résument dans les propositions suivantes :

« I. — Le mal rouge des porcs est produit par un microbe spécial, facilement cultivable en dehors du corps des animaux. Il est si ténu qu'il peut échapper à une observation même très attentive. C'est du microbe du choléra des poules qu'il se rapproche le plus. Sa forme est encore celle d'un 8 de chiffre, mais plus fin, moins visible que celui du choléra. Il diffère essentiellement de ce dernier par ses propriétés physiologiques. Sans action sur les poules, il tue les lapins et les moutons.

« II. — Inoculé à l'état de pureté au porc, à des doses, pour ainsi dire, inappréciables, il amène promptement la maladie et la mort avec leurs caractères habituels dans les cas *spontanés*. Il est surtout mortel pour la race blanche, dite perfectionnée, la plus recherchée par les cultivateurs.

« III. — Le Dr Klein a publié à Londres, en 1878, un travail étendu sur le rouget, qu'il appelle *pneumo-entérite du porc ;* mais cet auteur s'est entièrement trompé sur la nature et les propriétés du parasite. Il a décrit comme microbe du mal rouge un bacille à spores, plus volumineux même que la bactéridie du charbon. Très différent du vrai microbe du rouget, le bacille du Dr Klein n'a, en outre, aucune relation avec l'étiologie de cette maladie.

« IV. — Après nous être assurés par des épreuves directes que la maladie ne récidive pas, nous avons réussi à l'inoculer sous une forme bénigne, et l'animal s'est montré alors réfractaire à la maladie mortelle.

« V. — Quoique nous jugions que des expériences nouvelles et de contrôle soient encore nécessaires, nous avons, dès à présent, la confiance que, à dater du printemps prochain, la vaccination par le microbe virulent du rouget, atténué, deviendra la sauvegarde des porcheries... »

Pasteur terminait ainsi sa lettre du 3 décembre : « Nous pourrons partir demain lundi. Adrien Loir et moi nous coucherons à Lyon. Thuillier se rendra à Paris sans arrêt, parce que nous venons d'acheter dix petits porcs qu'il accompagnera et soignera, s'il est nécessaire. A l'arrivée surtout ils n'attendront pas. Jeunes ou vieux les porcs craignent le froid. On les ensevelira dans la paille. Ils sont très jeunes et charmants, car on finit par les aimer. »

Le lendemain, Pasteur écrivait à son fils : « Tout s'est bien passé suivant nos prévisions et nous avons, Thuillier et moi, grand espoir de pouvoir établir la vaccination préventive du mal d'une façon pratique. Ce sera un grand service dans tous les pays d'élevage des porcs où le mal rouge (ainsi nommé, en effet, parce que les animaux meurent couverts de taches rouges ou violacées, déjà développées pendant la fièvre qui précède la mort) fait parfois des ravages effrayants. Aux Etats-Unis, en 1879, il est mort plus d'un million de porcs de cette affection. Elle sévit en Angleterre et en Allemagne. Cette année, elle a frappé les Côtes-du-Nord, le Poitou, les départements de la vallée du Rhône. Hier, j'ai envoyé à

M. Dumas quelques lignes de résumé de nos résultats pour être communiqués à la séance d'aujourd'hui. »

Nouvelles études sur les virus, nouvelles expériences sur la rage; le retour à Paris n'avait fait que stimuler son ardeur. Quand on lui reprochait de ne pas ménager ses forces : « Il me semblerait, disait-il, que je commets un vol si je passais une journée sans travailler. » Mais entrevoir d'autres découvertes, poursuivre le problème de la rage, vouloir à toute force délivrer l'humanité de cet effroi, dût-il lui-même succomber à la tâche, c'eût été pour Pasteur une vie trop enviable. Les contradictions se succédaient pour traverser son existence. A peine revenu de Bollène, et déjà tout entier à d'autres expériences, il lui fallut répondre à la réplique de Koch. Ce n'était pas que le savant allemand n'eût modifié sur certains points sa manière de voir. Au lieu de nier, comme en 1881, l'atténuation des virus, il la proclamait maintenant comme une découverte de premier ordre. Mais il croyait peu, ajoutait-il, aux résultats pratiques de la vaccination charbonneuse.

Pasteur lui opposa un rapport du vétérinaire Boutet à la Société vétérinaire et agricole de Chartres, à la fin du mois d'octobre précédent. Les moutons vaccinés depuis une année dans Eure-et-Loir formaient un total de 79,392. Au lieu d'une mortalité qui depuis dix ans dépassait 9 pour 100, la mortalité n'avait été que de 518 moutons, soit bien moins de 1 pour 100. Il y avait donc eu, grâce aux vaccinations, plus de 6,700 moutons préservés. Dans l'espèce bovine, 4,562 animaux avaient été vaccinés. Sur un pareil nombre, on perdait annuellement plus de trois cents bêtes. Depuis la vaccination, onze vaches seulement étaient mortes. « Ces résultats nous paraissent convaincants, ajoutait M. Boutet. Si nos cultivateurs beaucerons veulent comprendre leurs intérêts, les affections charbonneuses ne seront bientôt plus qu'un souvenir parce que le charbon, le sang de rate et la pustule maligne ne sont jamais spontanés et qu'en empêchant par la vaccination la mortalité de leur bétail, ils détruiront toutes causes de propagation du charbon et par conséquent feront disparaître de la Beauce en quelques années cette redoutable affection. »

Koch continuait à sourire de la découverte sur le rôle des vers de terre dans l'étiologie du charbon. « Vous avez tort, monsieur, répondit Pasteur. Vous vous préparez encore le mécompte d'un changement d'opinion. » Même scepticisme de Koch et même affirmation de Pasteur sur la question des poules devenues charbonneuses. Pasteur aurait pu sourire à son tour et apporter à sa réponse une éclaircie de gaieté en rappelant le petit intermède scientifique donné par Colin. Mais il ne s'attardait pas aux incidents. Se souciant peu d'atténuer les mots, il concluait ainsi à propos de la méthode d'application : « Toutes violentes que soient vos attaques, monsieur, elles n'entraveront pas son succès. J'attends également avec confiance les conséquences que cette méthode de l'atténuation des virus tient en réserve pour aider l'humanité dans sa lutte contre les maladies qui l'assiègent. » Ces lignes, écrites le 1er janvier 1883, étaient comme un souhait d'années plus heureuses pour le monde entier.

A peine cette polémique s'achevait-elle qu'un nouveau débat était soulevé à l'Académie de médecine. On discutait, dans les premières semaines de 1883, sur un nouveau traitement de la fièvre typhoïde. L'historique de la question valait d'être mis en lumière. En 1870, un étudiant en médecine à Lyon, devenu engagé volontaire, M. Glénard, fut, comme tant d'autres, emmené prisonnier de guerre à Stettin. Un médecin allemand, le Dr Brand, ému par le spectacle des maux que subissaient tous nos soldats vaincus, se montra humain, plein de compassion et de dévouement. L'étudiant français s'attacha à lui, l'accompagna dans les cliniques, le vit traiter avec succès les fièvres typhoïdes par des bains à 20°. Brand se félicitait de cette méthode, dite des bains froids, qui donnait des guérisons très nombreuses. M. Glénard, à son retour à Lyon, confiant dans cette méthode dont il avait constaté les heureux résultats, obtint qu'à l'hôpital de la Croix-Rousse, où il était interne, son chef de service tentât les mêmes essais. Ils durèrent plus de dix ans. Presque tous les médecins de Lyon furent successivement con-

vaincus que la méthode de Brand était efficace. M. Glénard vint
à Paris et lut à l'Académie de médecine un mémoire sur ce traitement de la fièvre typhoïde. L'Académie nomma une commission
composée de médecins militaires et de médecins civils. La discussion s'ouvrit.

Les mots tribune, discours, qui avaient causé une si grande
surprise à Pasteur les premières fois qu'il vint à l'Académie de
médecine, furent prodigués dans cette discussion. Les simples
curieux, venus pour s'instruire sur l'efficacité de ce traitement de
la fièvre typhoïde, pouvaient se livrer encore à une étude d'éloquence médicale. Ce combat fut héroïque de dissertations. Que de
sorties vigoureuses contre le microbe pressenti dans la fièvre
typhoïde! « On vise le microbe et l'on abat le patient! » s'écriait
l'un des orateurs qui ajoutait, au milieu de vifs applaudissements,
qu'il fallait opposer « une barrière infranchissable à des témérités
aventureuses et soustraire ainsi les malades aux dangers imprévus
de cette bourrasque thérapeutique ».

Un autre orateur se mettait en campagne sur un ton plus léger :
« Je ne crois guère à cette invasion de parasites qui nous menace
comme une onzième plaie d'Egypte », disait M. Peter. Et, prenant
à partie les savants teintés de médecine, les chimiâtres, ainsi qu'il
les appelait : « Ils en sont arrivés, disait-il, à ne voir dans *les*
fièvres typhoïdes que *la* fièvre typhoïde, dans la fièvre typhoïde
que la fièvre, dans la fièvre que la chaleur. Ils en sont venus
ainsi à cette idée lumineuse de combattre le chaud par le froid.
Cet organisme est en feu, il n'y a qu'à jeter de l'eau dessus ;
c'est une doctrine de pompier ! »

Vulpian, dont l'esprit grave se rapprochait de l'esprit de Pasteur,
intervint pour dire qu'il ne fallait pas décourager par des paroles
dédaigneuses les tentatives nouvelles. Sans se prononcer sur la
valeur de la méthode des bains froids, qu'il n'avait pas expérimentée, il portait son regard au delà de cette discussion. Il indiquait
les voies qui lui paraissaient, en théorie, susceptibles de conduire
à un traitement curatif. Il fallait s'efforcer de découvrir l'agent,
cause de la fièvre typhoïde et, une fois qu'on le connaîtrait,

chercher à le détruire ou à le paralyser dans les humeurs et les tissus des typhiques, ou bien trouver des médicaments capables soit d'empêcher les agressions de cet agent, soit de faire disparaître les effets de cette agression « pour produire relativement à la fièvre typhoïde ce que détermine le salicylate de soude, par rapport au rhumatisme articulaire aigu ».

En dehors du public restreint qui pouvait s'asseoir sur les banquettes du fond de l'Académie de médecine, le grand public lui-même s'intéressait à ces débats qui se prolongeaient. Le chiffre si élevé de la mortalité dans l'armée par le fait de la fièvre typhoïde expliquait cette attention soutenue, avide de chiffres. Tandis que l'armée allemande, où la méthode de Brand était employée, ne perdait pas cinq hommes sur mille, la mortalité dans l'armée française s'élevait à plus de dix pour mille. Lorsque le service militaire n'était pas obligatoire, on ne prêtait à une épidémie de fièvre typhoïde dans une caserne qu'une attention plus ou moins compatissante. Mais la pensée que la fièvre typhoïde avait fait, depuis dix ans, plus de vides dans les rangs de l'armée que la plus meurtrière des batailles, mettait les esprits et les cœurs en éveil. Ainsi, par une sorte de compensation relative, le service obligatoire appelait impérieusement la sollicitude de tous. Ce qui n'était regardé jusqu'alors que comme des accidents prenait les proportions de malheurs. Quelque loi mystérieuse veut-elle que chaque progrès dont l'humanité bénéficiera soit acheté par une somme de souffrances, d'angoisses, de deuils? Faut-il pour éveiller la pitié humaine que la peur personnelle soit en jeu? Sans se perdre en points d'interrogation philosophique (cela n'était pas dans les habitudes de son esprit), l'homme qui contribuait le plus à répandre les théories nouvelles, Bouley, trouva qu'il était temps d'introduire dans le débat certaines idées sur les grands problèmes poursuivis en médecine depuis la découverte de ce qui peut être appelé, disait-il, un nouveau règne de la nature, le règne de la microbie. Dans un exposé à l'Académie de médecine, il résumait à grands traits le rôle des infiniment petits, leur activité pour produire les phénomènes de fermentations et de maladies. Il montrait, par les travaux parallèles de Pasteur et de Davaine d'une part, de M. Chauveau de l'autre, que la contagion est fonction d'un élément vivant.

« C'est surtout, disait Bouley, à l'endroit de la prophylaxie des maladies virulentes que la doctrine microbienne a donné les résultats les plus merveilleux. S'emparer des virus les plus mortels, les soumettre à une culture méthodique, faire agir sur eux des agents modificateurs dans une mesure calculée et réussir ainsi à les atténuer à des degrés divers, de manière à faire servir leur force réduite, mais encore efficace, à transmettre une maladie bienfaisante, à la suite de laquelle l'immunité est acquise contre la maladie mortelle : quel rêve ! Et ce rêve, M. Pasteur en a fait une réalité... » « Jamais rien de tel n'avait lui, » continuait Bouley qui aimait à marquer ses enthousiasmes par une citation de poète.

Le débat s'élargit; la question de la fièvre typhoïde ne fut plus qu'un incident. Le rôle pathogénique des infiniment petits entrait en cause. La médecine traditionnelle était en face des théories microbiennes. M. Peter revenait au premier rang pour les combattre.

Le mot chimiâtre, il ne l'appliquait nullement à Pasteur, disait-il. Les mots probité scientifique, grande doctrine, grand homme se trouvaient dans son discours. Il reconnaissait à une séance suivante qu'il n'était que « juste de proclamer qu'on doit aux recherches de M. Pasteur les applications pratiques les plus utiles en chirurgie comme en obstétrique ». Mais, estimant que la médecine pouvait être plus indépendante, il répétait « que la découverte des éléments matériels des maladies virulentes ne jetait pas « les « grandes clartés » qu'on a dites, soit sur l'anatomie pathologique, soit sur l'évolution, soit sur le traitement, soit surtout sur la prophylaxie des maladies virulentes. Ce sont là, ajoutait-il, des curiosités d'histoire naturelle, intéressantes à coup sûr, mais à peu près de nul profit pour la médecine proprement dite, et qui ne valent ni le temps qu'on y passe, ni le bruit qu'on en fait. Après tant et de si laborieuses recherches, il n'y aura rien de changé en médecine, il n'y aura que quelques microbes de plus. »

Le propos était fait pour circuler rapidement. C'était, sur le terrain médical, ce qu'avait été autrefois, sur le terrain politique, la phrase célèbre du comte d'Artois en 1814 : « Rien n'est changé en France, il n'y a qu'un français de plus. » Ce mot, pour le dire en passant, le comte Beugnot assure dans ses Mémoires que c'est lui, Beugnot, qui l'a trouvé, sur le désir de Talleyrand dont la politique avait besoin d'un mot historique pour le *Moniteur*. Le comte d'Artois accueillit en bon prince les paroles qu'on lui prêtait, et ne tarda pas à se persuader qu'il les avait réellement dites.

Mais la phrase : il n'y aura que quelques microbes de plus, rencontra immédiatement plus d'obstacles pour faire son chemin. A un journal qui la répétait, un professeur de la Faculté de médecine, M. Cornil, se contentait de rappeler qu'au temps où l'acare de la gale avait été découvert, plus d'un partisan de la vieille doctrine avait dû s'écrier : Que m'importe votre acare ! Que m'apprend-il de plus que ce que l'on sait? Mais, reprenait M. Cornil, le médecin qui avait compris la valeur de cette découverte, au lieu d'infliger aux malades des médications intérieures pour combattre ce qui semblait être une maladie invétérée, pouvait les en débarrasser à l'aide d'un coup de brosse et d'un peu de pommade.

M. Peter, dans la suite de son discours qui prenait le ton d'un réquisitoire, quand il faisait défiler les narrateurs de certains insuccès de vaccinations ou les commentateurs inexacts de quelques expériences, voulait bien toutefois ajouter cette circonstance atténuante : « L'excuse de M. Pasteur c'est d'être un chimiste qui a voulu, inspiré par le désir d'être utile, réformer la médecine à laquelle il est absolument étranger...

« Dans cette lutte que j'ai entreprise, l'affaire actuelle n'est qu'un engagement d'avant-garde ; mais, si j'en crois les renforts qui m'arrivent, la mêlée pourrait bien devenir générale et la victoire, je l'espère, restera aux gros bataillons, c'est-à-dire à la « vieille médecine. »

Bouley, stupéfait que M. Peter méconnût la notion du microbe introduite dans la pathologie, supportait vaillamment, à lui seul, ce combat d'avant-garde. « Depuis trente ans, — disait-il dans une de ces parenthèses où se complaisait parfois son esprit généralisateur pour mieux frapper l'auditoire par un exemple, — depuis trente ans, de combien de travaux l'étude histologique de la tuberculose n'a-t-elle pas été l'occasion ? Si l'on entassait les uns au-dessus des autres les livres que cette étude a produits, peut-être la pile s'élèverait-elle jusqu'au sommet du Panthéon. » Il rappelait les discussions qui avaient eu lieu sur la matière caséeuse, tuberculeuse, etc., jusqu'à ce qu'une notion nouvelle, vivifiante vînt simplifier la solution des problèmes débattus. « Et, reprenait-il, cette solution, vous la rejetez en disant : Qu'est-ce que cela me fait?... Quoi, M. Koch, de Berlin, qui, avec les découvertes qu'il a faites, pourrait bien s'abstenir d'être envieux, M. Koch vous démontre la présence de bactéries dans les tubercules, et cela ne vous paraît d'aucune importance! Mais ce microbe vous donne l'explication de ces propriétés contagieuses de la tuberculose que M. Villemin a si bien démontrées, car c'est l'instrument même de la virulence qu'on vous met sous les yeux. »

Puis Bouley réfutait les arguments de M. Peter, résumait l'histoire de la découverte de l'atténuation des virus et tout ce que cette méthode de cultures possibles dans un milieu extra-organique pouvait susciter d'espérances sur le vaccin du choléra et sur celui de la fièvre jaune, qui seraient peut-être découverts un jour et protégeraient l'espèce humaine contre ces redoutables fléaux. Et Bouley terminait ainsi :

« Que M. Peter fasse comme moi ; qu'il étudie M. Pasteur, qu'il se pénètre bien de tout ce qu'il y a d'admirable, par la certitude absolue des résultats, dans la longue série de recherches qui l'ont conduit de la découverte de la nature des ferments à celle de la nature des virus, et alors, je puis lui en donner l'assurance, au lieu de décrier cette grande gloire de la science française, dont nous devons tous avoir l'orgueil, il se laissera emporter, lui aussi, par l'enthousiasme et s'inclinera plein d'admiration et de respect devant le chimiste qui, pour n'être pas médecin, illumine la médecine et dissipe, à la clarté de ses expériences, des obscurités qui jusqu'à présent étaient demeurées impénétrables. »

Mais qu'importaient ces conseils à certains opposants ? Si Pasteur répétait toujours : « Encore plus de clarté ! » et si rien ne lui paraissait assez net, assez précis, il se heurtait à des obstinés, comparables à des originaux qui fermeraient en plein jour rideaux et volets et diraient : Vous voyez bien qu'il fait nuit ! Il y avait aussi les esprits sceptiques ou prévenus, aux aguets des insuccès et prêts à les noter, à les rassembler, à les publier avec un entrain passionné de collectionneurs.

Un an auparavant (et M. Peter n'avait pas manqué de rappeler ce fait), une expérience de vaccination charbonneuse avait pleinement échoué à l'Ecole vétérinaire de Turin. Tous les moutons vaccinés, aussi bien que tous les moutons non vaccinés témoins, avaient succombé à la suite de l'inoculation du sang d'un mouton mort du charbon. Cela se passait au mois de mars 1882. Aussitôt que Pasteur eut appris cet échec extraordinaire, qui semblait être la contre-expérience de Pouilly-le-Fort, il adressa, le 16 avril, une lettre au directeur de l'Ecole vétérinaire de Turin pour lui demander à quelle date remontait la mort du mouton qui avait servi à fournir le sang charbonneux pour l'inoculation virulente. Le directeur trouva tout simple de répondre que le mouton était mort dans la matinée du 22 mars et que son sang avait été inoculé dans la journée du lendemain. « Il y a eu, s'écria Pasteur, une faute scientifique grave : on a inoculé un sang à la fois septique et charbonneux. » Bien que le directeur de l'Ecole vétérinaire de Turin assurât que le sang avait été examiné avec soin, qu'il était charbonneux et nullement septique, il suffisait à Pasteur de se reporter à ses expériences de 1877 sur le charbon et la septicémie pour maintenir devant la Société centrale vétérinaire de Paris, le 8 juin 1882, que l'Ecole de Turin avait eu le tort de prendre le sang d'un cadavre mort depuis vingt-quatre heures au moins, car elle avait ainsi employé, à son insu, un sang à la fois septique et charbonneux. Les six principaux professeurs de l'Ecole de Turin protestèrent tous ensemble contre une pareille interprétation : « Nous tenons pour merveilleux, écrivaient-ils avec un respect ironique, que votre Illustre Seigneurie ait pu, de Paris, reconnaître avec une si grande sûreté la maladie qui a fait tant de victimes parmi les animaux vaccinés et non vaccinés, soumis à l'inoculation du sang charbonneux, dans notre Ecole, le 23 mars 1882...

« Il ne nous semble pas possible qu'un savant puisse affirmer l'existence de la septicémie chez un animal qu'il n'a pas vu... »

Cette lettre à Pasteur était devenue une lettre circulaire adressée à beaucoup de savants. Pasteur maintenait ses affirmations. Les turinois protestaient de nouveau. La querelle durait depuis une année. A chaque attaque contre Pasteur, le petit groupe des turinois se détachait avec maestria.

Le 9 avril 1883, Pasteur fit juge l'Académie des sciences de l'incident turinois, de la manière dont on l'interprétait, et annonça le parti qu'il avait pris de mettre fin à cette agitation qui menaçait, disait-il, de voiler un instant la vérité. Il lut la lettre qu'il venait d'adresser aux professeurs de Turin :

« Messieurs, une contestation s'étant élevée entre vous et moi au sujet de l'interprétation à donner de l'échec absolu de votre expérience de contrôle du 23 mars 1882, j'ai l'honneur de vous informer que, si vous voulez bien l'accepter, je me rendrai à Turin le jour que vous me désignerez; vous inoculerez, en ma présence, le charbon virulent à tel nombre de moutons qu'il vous plaira. Pour chacun d'eux l'instant de la mort sera déterminé et je démontrerai que, chez tous, le sang du cadavre, d'abord uniquement charbonneux, sera le lendemain tout à la fois septique et charbonneux. Il sera dès lors établi, avec une entière exactitude, que l'assertion formulée par moi le 8 juin 1882, et contre laquelle vous avez protesté à deux reprises, correspondait, non à une opinion arbitraire, comme vous le dites, mais à un principe scientifique immuable, et que j'ai pu légitimement affirmer, de Paris, la septicémie, sans qu'il fût le moins du monde nécessaire que j'eusse vu le cadavre du mouton qui a servi à vos expériences.

« Un procès-verbal sera dressé, jour par jour, des faits qui se produiront ; il sera signé des professeurs de l'Ecole vétérinaire de

Turin et des autres personnes, médecins ou vétérinaires, qui auront été présentes aux expériences. Enfin, ce procès-verbal sera rendu public par la voie des Académies de Turin et de Paris. »

Pasteur se contenta de cette lecture à l'Académie des sciences. Depuis plusieurs mois il n'allait plus à l'Académie de médecine. Il était las de luttes incessantes et stériles. Plus d'une fois il était sorti frémissant de ces discussions. Il disait à MM. Chamberland et Roux qui l'attendaient après les séances : « Comment certains médecins ne comprennent-ils pas la portée, la valeur de nos expériences ? Comment n'entrevoient-ils pas le grand avenir de toutes ces études ? »

Le lendemain de la séance à l'Académie des sciences, jugeant que sa demande d'invitation à Turin suffisait pour clore l'incident, Pasteur partit pour Arbois. Il voulait organiser un laboratoire annexé à sa maison. Où le père avait travaillé manuellement, au milieu d'ouvriers, dans un horizon si restreint, le fils se livrerait aux études qui projetaient au loin leur lumière.

A l'Académie de médecine, le 3 avril, avait été lue une lettre de M. Peter annonçant qu'il n'abandonnait pas la lutte commencée et que l'on ne perdrait rien pour attendre.

A la séance suivante, un autre médecin, M. Fauvel, tout en se proclamant admirateur des travaux de Pasteur et plein de respect pour sa personne, jugeait bon de ne pas accepter aveuglément toutes les inductions auxquelles Pasteur pouvait être entraîné et de combattre celles qui étaient en opposition avec les faits acquis. Après lui, M. Peter attaquait violemment ce qu'il appelait des médications microbicides qui, disait-il, peuvent devenir homicides. En lisant le bulletin de cette séance, Pasteur eut un mouvement de colère. Ses résolutions de ne plus retourner à l'Académie de médecine cédèrent au motif impérieux de ne pas laisser Bouley mener à lui seul la campagne de défense. Il partit pour Paris.

Comme toute sa famille se trouvait à Arbois et que les portes de l'appartement normalien étaient closes, le plus simple pour Pasteur fut de se rendre, accompagné de l'un des siens, à l'hôtel du Louvre. La considération qui entoure un voyageur est en raison directe du nombre de ses colis. Quand le suisse, du fond de sa logette, vit arriver ce passant, qui n'avait qu'une valise à la main, il jugea, du premier coup d'œil, qu'une des chambres du dernier étage conviendrait on ne peut mieux à ce voyageur d'allure si modeste.

Le lendemain de grand matin, Pasteur était devant une petite table de travail, tout entier à son projet de réponse. Il notait, il écrivait, il dictait. Si vive que fût l'impétuosité de sa parole, il savait plier les arguments qui débordaient à l'ordre logique d'une discipline rigoureuse. Sa pensée ardente, pleine de faits, opposait à chaque objection d'irréfutables preuves. Que sa riposte prît une tournure âpre, peu lui importait. Il ne faisait même pas la part de certains passages où justice lui était rendue en termes élogieux. C'était bien de cela qu'il s'agissait ! Il ne voyait que les conséquences de l'attaque capable de déconcerter et de désorienter les jeunes gens au début de leurs études médicales. Sa foi scientifique l'emportait.

A trois heures de l'après-midi, il était à l'Académie de médecine. Au moment où il se dirigeait vers la petite tribune, le président, M. Hardy, l'accueillit par ces mots :

« Permettez-moi, avant de vous donner la parole, de vous dire que l'Académie vous voit revenir au milieu de nous avec un grand plaisir et qu'elle espère que, maintenant que vous avez repris le chemin de notre enceinte, vous ne l'oublierez plus. »

Une fois les points de discussion isolés et rectifiés, Pasteur invita M. Peter à faire une enquête plus approfondie sur les vaccinations charbonneuses et à avoir confiance dans le temps, seul et souverain juge. Le souvenir des hostilités violentes qu'avait rencontrées autrefois la vaccine de Jenner dans les premières années de son application, ne devait-il pas mettre en garde contre les jugements précipités ? Il n'était pas un seul des médecins présents qui n'eût à ce moment le souvenir de ce que l'on avait écrit jadis contre la vaccine. N'avait-on pas mis en doute, calomnié, chargé de tous les méfaits cette découverte, pendant que Jenner se contentait d'accumuler, en pleine confiance, les résultats qui se succédaient et de répondre ainsi à tous les préjugés de la foule et à tous les sophismes de savants et de philosophes?

Puis Pasteur combattit l'idée fausse que chaque science doit se renfermer dans des limites étroites.

« Les sciences, s'écria-t-il, gagnent toutes à se faire des emprunts mutuels, et chaque nouveau point de contact est marqué pour elles par de nouveàux progrès... Il est vrai qu'au moment où surgissent ces progrès, venus de sciences voisines, apparaissent toujours des esprits inconsciemment rétrogrades, qui iraient volontiers jusqu'à demander que leur science particulière fût mise en régie. Tout en affirmant bien haut, comme M. Peter vient de le faire, qu'ils ne cherchent qu'à aller en avant, ils se raidissent contre le mouvement qui les emporte.

— Qu'ai-je à faire, a dit M. Peter, de l'esprit du chimiste, du physicien et du physiologiste, en médecine?...

« A l'entendre parler avec tant de dédain des chimistes et des physiologistes qui touchent aux questions de maladies, on dirait, en vérité, qu'il parle au nom d'une science dont les principes sont assis sur le roc. Lui faut-il donc des preuves du peu d'avancement de la thérapeutique? Voilà six mois que, dans cette assemblée des plus grands médecins, on discute le point de savoir s'il vaut mieux traiter la fièvre typhoïde par des lotions froides que par de la quinine, de l'alcool ou de l'acide salicylique, ou même ne pas la traiter du tout.

« Et quand on est à la veille peut-être de résoudre la question de l'étiologie de cette maladie par la *microbie*, M. Peter commet ce blasphème médical de dire : « Eh! que m'importent vos mi- « crobes? Ce ne sera qu'un microbe de plus. »

Stupéfait que l'ironie pût s'exercer contre de nouvelles études qui ouvraient aux esprits de si larges horizons, il « dénonçait », au risque même de dépasser la mesure dans l'expression, « la légèreté » avec laquelle un professeur à la Faculté de médecine parlait des vaccinations par les virus atténués. Mais ce qui aurait pu empêcher tout froissement personnel, c'était cette phrase qu'il avait dite un jour dans son cercle de famille et qui jaillit, ce mardi-là, de ses lèvres devant l'Académie de médecine : « Je ne me consolerais.pas que la grande découverte de l'atténuation des virus-vaccins ne fût pas une découverte française. »

Pasteur ne revint à Arbois que pour quelques jours. Rentré à Paris, il commençait d'autres recherches quand il reçut une très longue lettre des professeurs de l'Ecole vétérinaire de Turin. Au lieu de l'inviter, ils l'accablaient sous leurs expériences, ils lui adressaient un questionnaire, le tout sur un ton blessé, ironique. Ils concluaient par l'éloge d'un vaccin charbonneux national italien. Ce vaccin produisait des effets préservatifs parfaits, quand il ne tuait pas. « Ils ne sortiront pas de mon dilemme, disait Pasteur ; de deux choses l'une : ou ils connaissaient mes notes de 1877, en d'autres termes le débrouillement des assertions contradictoires de Davaine, de Jaillard et Leplat, de Paul Bert, ou ils les ignoraient. Dans ce dernier cas, s'ils les ignoraient au 23 mars 1882, tout est dit. Ils ne sont pas coupables d'avoir agi comme ils l'ont fait, mais il fallait l'avouer purement et simplement. S'ils les connaissaient, pourquoi ont-ils inoculé du sang prélevé sur un mouton mort depuis plus de vingt-quatre heures ? Ils disent : mais ce sang n'était pas septique. Qu'en savent-ils ? Ils n'ont rien fait pour le savoir. Il fallait inoculer des cobayes de préférence, puis essayer des cultures dans le vide par comparaison avec des cultures dans l'air. Pourquoi ne veulent-ils pas me recevoir ? Ne serait-ce pas la chose la plus naturelle du monde que cette rencontre entre hommes qui n'ont d'autre passion que de rechercher la vérité ? »

Espérant encore contraindre ses adversaires à un rendez-vous à Turin et les convaincre, Pasteur leur écrivit :

« Paris, le 9 mai 1883... Messieurs, votre lettre du 30 avril me surprend beaucoup. De quoi s'agit-il entre vous et moi ? Que j'aille à Turin, si vous l'acceptez, pour démontrer que des moutons morts du charbon, en tel nombre qu'il vous plaira, seront, dans les premières heures après leur mort, exclusivement charbonneux, et que, le lendemain de leur mort, ils seront tout à la fois charbonneux et septiques; qu'en conséquence, lorsque, le 23 mars 1882, voulant inoculer du sang uniquement charbonneux à des moutons vaccinés et non vaccinés, vous avez prélevé du sang dans un cadavre charbonneux mort depuis plus de vingt-quatre heures, vous avez commis une faute scientifique grave.

« Au lieu de me répondre par oui ou par non, au lieu de me dire : « Venez à Turin ou ne venez pas », vous me proposez, dans une lettre manuscrite de dix-sept pages, de vous envoyer, de Paris, par écrit, des explications préalables sur tout ce que j'aurais à démontrer à Turin.

« A quoi bon en vérité ? Ne serait-ce pas préparer des discussions sans fin. C'est parce qu'une controverse écrite n'a pas abouti et n'aboutirait pas davantage, si nous la reprenions encore sous cette forme, que je me suis mis à votre disposition.

« De nouveau, j'ai l'honneur de vous prier de vouloir bien m'informer si vous acceptez la proposition que je vous ai faite, le 9 avril, de me rendre à Turin pour placer sous vos yeux les preuves des faits que je viens de rappeler.

« *P.-S.* — C'est pour ne pas compliquer le débat que je ne m'arrête pas à toutes les assertions et citations erronées que contient votre lettre. »

Les préparatifs de voyage se traduisaient par la répétition d'expériences au laboratoire. M. Roux fut chargé d'en instituer; le programme était intéressant. Mais, pendant ce temps-là, les turinois tournaient une petite lettre désagréable et préparaient une brochure intitulée : *Du dogmatisme scientifique de l'illustre professeur Pasteur*. Les choses en restèrent là.

Toutes ces péripéties intéressaient non seulement les hommes de science, mais encore les chercheurs qui aiment à connaître comment naît et grandit une doctrine scientifique, les obstacles qu'elle rencontre, les appuis qu'elle trouve, les passions qu'elle soulève, les intérêts qu'elle froisse, les enthousiasmes qu'elle provoque si elle a l'avenir devant elle.

Tant de discussions qui se sont renouvelées sur des points si divers ont-elles été heureuses ou faut-il les regretter comme une perte de temps? Il y en a qui furent fécondes en résultats. Elles poussèrent à la recherche de tout ce qui pouvait mettre en évidence les preuves décisives. De plus, grâce aux luttes que Pasteur a subies, ses disciples dans le monde peuvent se dire qu'ils lui doivent d'entrer plus paisiblement dans les domaines dont il a assuré la conquête.

Au cours même de cette période, — et pendant que s'élevaient sous les voûtes du petit temple académique de la rue des Saints-Pères les mots furia microbienne, fanatisme du microbe, fétichisme, — les agriculteurs ne se laissaient pas troubler dans leur confiance motivée par deux années de préservation contre la maladie charbonneuse.

« Quand je vois la science faire de pareilles conquêtes, s'écriait Bouley en s'adressant à ses confrères de l'Académie de médecine, je m'incline plein de respect et d'admiration devant l'homme à qui la science en est redevable, et si c'est là du fétichisme, de l'idolâtrie, je ne crains pas de dire que je suis idolâtre. »

Dans les pays où le fléau était endémique, les vétérinaires qui, pour lutter contre le mal, avaient en vain prodigué leur dévouement, multiplié les conseils, épuisé les remèdes et avaient dû jusqu'alors s'avouer vaincus, envoyaient des lettres qui débordaient de gratitude et de statistiques indiscutables. Terres empestées, montagnes dangereuses, champs maudits, toutes ces dénominations, annonçaient-ils, allaient bientôt disparaître.

C'est par centaines de mille, en chiffres précis 613,740, que les moutons avaient été vaccinés pendant l'année 1882 ; les bœufs vaccinés formaient un total de 83,946. Le département du Cantal qui, à lui seul, payait chaque année au fléau du charbon un tribut dont la somme s'élevait à trois millions, voulut, au mois de juin 1883, à l'occasion d'une exposition agricole, donner à Pasteur un témoignage de reconnaissance particulière. Offrir l'objet d'art habituel des concours régionaux avait paru insuffisant. Au bas d'une coupe en bronze argenté se détachait un groupe de vaches et de moutons. Derrière ce groupe, — pour imiter l'ingénieuse pensée de la ville d'Aubenas qui, l'année précédente, avait fait figurer le microscope comme un attribut d'honneur, — était représenté, dans de petites proportions, un instrument élevé pour la première fois à la dignité de l'art : la petite seringue servant aux inoculations charbonneuses.

On insista vivement pour que Pasteur vînt recevoir ce souvenir d'un pays qui lui devrait désormais une grande fortune. Il se laissa convaincre et arriva comme toujours accompagné de sa famille. Le maire, entouré du conseil municipal, le salua par ces mots : « Elle est bien petite, notre ville d'Aurillac, et vous n'y trouverez pas cette population brillante qui habite les grandes cités ; mais vous y trouverez des intelligences capables de comprendre la mission toute scientifique et humanitaire que vous vous êtes si généreusement donnée. Vous y trouverez des cœurs capables de sentir vos bienfaits et d'en conserver le souvenir. Depuis longtemps votre nom est dans toutes les bouches. »

Pasteur, se promenant à travers cette exposition régionale, ressemblait peu à ces personnages officiels qui écoutent avec componction les détails que leur donne un état-major de fonctionnaires. Il ne songeait qu'à s'instruire, allait droit à tel exposant, l'interrogeait non du bout des lèvres avec des mots de politesse banale, mais très désireux d'explications pratiques. Rien ne lui paraissait de peu d'importance. Les habitudes de chaque pays, la routine même provoquaient chez lui des réflexions, un besoin d'enquête sur ce qui eût semblé à tout autre insignifiant. « Il ne faut rien négliger, disait-il, et souvent une remarque de l'homme le plus inculte, mais qui fait bien ce qu'il fait, est infiniment précieuse. »

Au sortir de cette promenade à travers les produits et les machines agricoles, il fut croisé dans une rue d'Aurillac par un paysan qui s'arrêta net, agita son grand chapeau et cria : Vive Pasteur !... « Vous m'avez sauvé mon bétail », continua-t-il en venant lui serrer la main.

Les médecins voulurent à leur tour fêter celui qui, n'étant pas médecin, rendait à la médecine de si grands services. Trente-deux docteurs se réunirent pour boire à sa santé. Le médecin en chef de

l'hospice d'Aurillac, le Dʳ Fleys, dans un toast qui prit les proportions d'un grand discours, lui disait :

« Les voies sont ouvertes désormais à vos contemporains et à
vos successeurs. Ils n'ont plus qu'à suivre et peuvent marcher en
toute sûreté. Toute une série de découvertes va résulter de ces
prémices. Et, ce que la mécanique céleste doit à Newton, ce que
la chimie doit à Lavoisier, ce que la géologie doit à Cuvier, ce
que l'anatomie générale doit à Bichat, la physiologie à Claude
Bernard, la pathologie et l'hygiène le devront à Pasteur... Unissez-
vous à moi, mes chers confrères, et buvons à la gloire de l'illustre
Pasteur, au précurseur de la médecine future, au bienfaiteur de
l'humanité. »

Ce glorieux titre était maintenant associé à son nom, dès que
l'on parlait de ses travaux, de leurs conséquences, des découvertes qui viendraient encore et de celles que ses disciples, en
marchant dans la même voie, accompliraient à leur tour. Au premier rang des enthousiastes, les meilleurs juges étaient les
savants dont la pensée, tournée tout entière du côté de la science
pure, admirait ce qu'avait accompli depuis trente-cinq années ce
grand homme d'une pénétration égale à la ténacité dans l'effort.
Puis venaient les industriels, les magnaniers, les sériciculteurs et
les agriculteurs qui devaient leur fortune à celui qui avait mis
dans le domaine public tous ses procédés. Enfin la France pouvait se rappeler les paroles du grand physiologiste anglais Huxley,
dans une leçon publique de la Société royale de Londres : « Les
découvertes de Pasteur suffiraient à elles seules pour couvrir la
rançon de guerre de cinq milliards payés par la France à l'Allemagne en 1870. »

A ce capital de recherches s'ajoutait le prix inappréciable des
vies humaines sauvées. Depuis que l'on appliquait la méthode
antiseptique dans les opérations chirurgicales, la mortalité, qui
était auparavant de 50 pour 100, était tombée à 5 pour 100. Dans
les maternités, plus que décimées jadis, puisqu'il y a des statistiques donnant non seulement 100 mais 200 morts pour 1 000, les

chiffres se réduisaient maintenant à 3 et même à moins de 3 pour
1 000. Ils allaient tomber au-dessous de 1 pour 1 000. Et à la suite
des principes que Pasteur avait établis, l'hygiène grandissait, se
développait et prenait enfin sa place dans les préoccupations
publiques. Tant de progrès accomplis avaient attiré à Pasteur une
gratitude qui chaque jour s'augmentait. La patrie en était fière
comme d'un de ses meilleurs fils. Ce cerveau très puissant, ce
cœur très tendre avait ajouté à la gloire française comme un rayonnement de bonté.

Le gouvernement de la République se rappelait que l'Angleterre avait voté deux récompenses nationales à Jenner, l'une
en 1802, l'autre en 1807, la première de 10,000 livres sterling
et la seconde de 20,000, c'est-à-dire 750,000 francs. C'est au
moment de cette délibération devant la Chambre des Communes
que le grand orateur Pitt s'écriait : « Votez, messieurs, jamais
votre reconnaissance ne s'élèvera à la hauteur du service rendu. »
Le ministère français proposa d'augmenter la pension de 12,000
francs accordée à Pasteur, à titre de récompense nationale, par une
loi de 1874 ; de l'élever à 25,000 francs, avec réversibilité d'abord
sur la veuve et ensuite sur les enfants de Pasteur. Une commission
fut nommée ; Paul Bert fut de nouveau choisi comme rapporteur.

A maintes reprises, pendant que la commission était réunie, un
des membres, Benjamin Raspail, exalta la théorie parasitaire pré-
conisée en 1843 par son père. Son plaidoyer filial allait jusqu'à
accuser Pasteur de plagiat. Tout en reconnaissant le rôle que Raspail
attribuait aux petits êtres microscopiques, Paul Bert, dans son
rapport, rétablissait la vérité. Il rappelait que la tentative de
F.-V. Raspail en faveur de l'origine parasitaire des maladies
épidémiques et contagieuses n'avait pas rallié l'opinion des savants.
« Sans doute, disait-il, l'origine parasitaire de la gale était bien
définitivement acceptée, grâce, en grande partie, aux efforts de
Raspail ; mais on se défiait de généralisations considérées comme
hors de proportion avec les faits sur lesquels elles prétendaient
s'appuyer. Conclure de l'existence de l'acarus de la gale, visible
à l'œil nu ou avec la plus faible loupe, à la présence, dans les

humeurs des maladies virulentes, de *parasites microscopiques*, parut tout à fait excessif. D'ailleurs l'observation directe faisait absolument défaut. Il est bien évident, pour prendre un exemple, que F.-V. Raspail n'avait pas vu l'animalcule de la rage, quand il disait que c'était *un insecte acare ou helminthe de grande ou de petite taille*. Ces hypothèses, que nous sommes forcés de rappeler ici, parce qu'on en a beaucoup parlé dans les discussions de la commission, ne peuvent être considérées, suivant l'heureuse expression d'un de nos collègues, élève de F.-V. Raspail, que comme une sorte d'intuition. »

C'eût été, pour un député philosophe, une esquisse intéressante à tracer, en marge du rapport de Paul Bert, que de noter les séries d'hypothèses, d'erreurs, de rêveries, d'intuitions qui avaient précédé les travaux de Pasteur. Sans remonter trop loin, on pouvait passer d'un anatomiste allemand, Henle, qui avait eu l'idée de quelque chose de vivant dans l'évolution d'une maladie, à un médecin de village français, Jean Hameau, méditant dès 1836, dans ses longues promenades à travers les forêts de pins d'Arcachon, sur le rôle grandiose des virus. D'une étonnante sagacité, il arriva, par la comparaison et l'analyse, à l'assurance que les virus ont des germes qui les reproduisent. L'histoire de la médecine pourrait être un des fragments de l'histoire de l'esprit humain par la peinture des variations et des tâtonnements. A côté de ce que peuvent les esprits droits, pleins de bon sens et de logique, doués du don si précieux de rapprochement, on verrait où mènent les esprits systématiques, les écueils où ils donnent, les fondrières où ils versent.

M. Duclaux, tout en déclarant qu'il faut savoir gré à ceux qui depuis Columelle et Varron, en passant par Paracelse, Frascator et Linné, ont devancé leur époque dans ces vues analogiques entre les phénomènes de fermentation et les maladies, disait : « Mais ce n'est pas dans ces falots multicolores se promenant dans la nuit qu'il faut voir l'aurore de nos idées actuelles. »

« Les hypothèses, avait dit Pasteur, nous les brassons à la pelle dans nos laboratoires, elles remplissent nos registres de projets d'expériences, elles nous invitent à la recherche, et voilà tout. » Une seule chose comptait pour lui : la vérification expérimentale.

Paul Bert, dans son rapport très complet, citait les paroles d'Huxley à la Société royale de Londres, celles de Pitt à la Chambre des communes. Il exposait que, depuis le jour où avait été votée la première loi, « une nouvelle série de découvertes, non moins merveilleuses au point de vue théorique et plus importantes encore au point de vue pratique, était venue frapper le monde savant d'étonnement et d'admiration ». Récapitulant les travaux de Pasteur :

« Ils peuvent, disait-il, être classés en trois séries, ils constituent trois grandes découvertes.

« La première peut être formulée ainsi : *Chaque fermentation est le produit du développement d'un microbe spécial.*

« La seconde a pour formule : *Chaque maladie infectieuse* (celles au moins étudiées par M. Pasteur et ses disciples immédiats) *est produite par le développement dans l'organisme d'un microbe spécial.*

« La troisième peut être exprimée ainsi : *Le microbe d'une maladie infectieuse, cultivé dans certaines conditions déterminées, est atténué dans son activité nocive ; de virus il est devenu vaccin.*

« Comme conséquences pratiques de la première découverte, M. Pasteur a donné les règles de la fabrication du vinaigre et de la bière, et il a montré comment on peut préserver la bière et le vin contre les fermentations secondaires qui les amènent à l'aigre, à l'amer, à la graisse, à la pousse, et s'opposent à leur transport et même souvent à leur conservation sur place.

« Comme conséquences pratiques de la seconde, M. Pasteur a donné des règles à suivre pour mettre les troupeaux à l'abri des contaminations charbonneuses, et les vers à soie à l'abri des maladies qui les détruisaient. Les chirurgiens, d'autre part, sont arrivés, en la prenant comme guide, à faire disparaître à peu près complètement les érysipèles et les infections purulentes qui, jadis, amenaient la mort de tant d'opérés.

« Comme conséquences pratiques de la troisième, M. Pasteur a donné les règles à suivre pour préserver, et a préservé, en effet, les chevaux, les bœufs et les moutons de la maladie charbonneuse qui en tue chaque année en France pour une vingtaine de millions de francs. Les porcs vont être également mis à l'abri du rouget qui les décime, et les oiseaux de basse-cour, du choléra qui fait parmi eux de terribles ravages. Tout fait espérer que la rage sera, elle aussi, bientôt domptée. »

On félicita Paul Bert de son rapport. Il répondit : « C'est une chose si bonne et si salubre que l'admiration! » N'est-elle pas, en effet, la faculté la plus capable d'embellir, de consoler, de fortifier la vie?

La loi votée par la Chambre, le Sénat, sur le rapport de M. Edouard Millaud, la vota quinze jours plus tard à l'unanimité. Pasteur apprit le premier vote par les journaux. Il venait d'arriver dans le Jura. Le 14 juillet, il quittait Arbois pour se rendre à Dôle. Il avait promis d'assister à une double cérémonie.

On devait inaugurer, ce jour de fête nationale, une statue de la Paix et placer une plaque commémorative sur la maison natale de Pasteur. Fêter la Paix, rendre hommage à cette demeure : rapprochement plein d'harmonie. Le cortège officiel qui entourait Pasteur, se dirigeant à pied vers la place où se dressait la statue, fut accompagné sur tout le parcours d'une longue acclamation populaire. Le voile de la statue tomba. L'image de la Paix apparut, digne, fière, représentant la confiance dans le droit et l'énergie dans le travail. C'est ce qui faisait dire au préfet du Jura, en présence de Pasteur : « Voilà la Paix inspiratrice du génie et des grands services rendus! » Le cortège quitta l'estrade pour gagner la rue des Tanneurs, rue étroite aux pavés cailloiteux. Lorsque Pasteur, qui n'avait pas revu sa maison natale depuis sa toute petite enfance, se trouva en face de cette tannerie et qu'il entrevit les chambres si basses, si humbles où avaient vécu son père et sa mère, il fut en proie à une poignante émotion.

Le maire cita la délibération du conseil municipal où se trouvaient ces mots : « M. Pasteur est un bienfaiteur de l'humanité,
un des grands hommes de la France; il sera pour tous les Dôlois,
et notamment pour ceux qui comme lui sont sortis des rangs du
peuple, un objet de respect, en même temps qu'un exemple à
suivre; et nous pensons qu'il est de notre devoir de perpétuer son
nom dans notre ville. »

Le directeur des Beaux-Arts, M. Kaempfen, délégué par le
gouvernement à cette cérémonie, prononça ces simples mots :
« Au nom du gouvernement de la République je salue l'inscription qui rappelle que, le 27 décembre 1822, dans cette petite maison de cette petite rue, est né celui qui devait être un des premiers
savants de ce siècle si grand par la science et qui a, par ses admirables travaux, accru la gloire de la patrie et bien mérité de l'humanité tout entière. »

Ce qui se passait dans l'âme de Pasteur jaillit dans ces paroles :
« Messieurs, je suis profondément ému de l'honneur que me fait
la ville de Dôle; mais permettez-moi, tout en vous exprimant ma
reconnaissance, de m'élever contre cet excès de gloire. En m'accordant un hommage qui ne se rend qu'aux morts illustres, vous
empiétez trop vite sur le jugement de la postérité.

« Ratifiera-t-elle votre décision et n'auriez-vous pas dû, monsieur le maire, prévenir prudemment le conseil municipal de ne
pas prendre une résolution aussi hâtive ?

« Mais après avoir protesté, messieurs, contre les dehors éclatants d'une admiration que je ne mérite pas, laissez-moi vous dire
que je suis touché et remué jusqu'au fond de l'âme. Votre sympathie a réuni sur cette plaque commémorative les deux grandes
choses qui ont fait à la fois la passion et le charme de ma vie :
l'amour de la science et le culte du foyer paternel.

« Oh! mon père et ma mère! oh! mes chers disparus, qui
avez si modestement vécu dans cette petite maison, c'est à vous
que je dois tout! Tes enthousiasmes, ma vaillante mère, tu les as
fait passer en moi. Si j'ai toujours associé la grandeur de la science
à la grandeur de la patrie, c'est que j'étais imprégné des senti-

ments que tu m'avais inspirés. Et toi, mon cher père, dont la vie fut aussi rude que ton rude métier, tu m'as montré ce que peut faire la patience dans les longs efforts. C'est à toi que je dois la ténacité dans le travail quotidien. Non seulement tu avais les qualités persévérantes qui font les vies utiles, mais tu avais aussi l'admiration des grands hommes et des grandes choses. Regarder en haut, apprendre au delà, chercher à s'élever toujours, voilà ce que tu m'as enseigné. Je te vois encore, après ta journée de labeur, lisant le soir quelque récit de bataille d'un de ces livres d'histoire contemporaine qui te rappelaient l'époque glorieuse dont tu avais été témoin. En m'apprenant à lire, tu avais le souci de m'apprendre la grandeur de la France.

« Soyez bénis l'un et l'autre, mes chers parents, pour ce que vous avez été et laissez-moi vous reporter l'hommage fait aujourd'hui à cette maison.

« Messieurs, je vous remercie de m'avoir permis de dire bien haut ce que je pense depuis soixante ans. Je vous remercie de cette fête et de votre accueil et je remercie la ville de Dôle, qui ne perd de vue aucun de ses enfants et qui m'a gardé un tel souvenir ! »

« Rien de plus délicieux, lui écrivait Bouley, que ces sentiments d' « une âme bien située » qui reporte à l'influence des parents toute la gloire dont leur fils a revêtu leur nom. Tous vos amis vous ont reconnu, et vous êtes apparu sous un aspect nouveau à tous ceux qui ont pu méconnaître votre cœur en ne vous jugeant que par l'âpreté de certaines de vos paroles dans les discussions académiques, où l'amour de la vérité vous a fait manquer quelquefois de douceur. »

Il semblait qu'après ces hommages successifs, ce dernier surtout, plus délicat que tous les autres, il eût vraiment atteint un des plus hauts sommets de gloire. Son ambition n'était pas satisfaite. Etait-elle donc illimitée, malgré cette modestie qui lui attirait tous les cœurs ? Que souhaitait-il encore ? Deux grandes choses : aller jusqu'au bout de ses études sur la rage et faire que ses disciples, dont il associait toujours le nom à ses travaux, apparussent comme ses successeurs désignés. Autour d'eux se grouperaient plus tard d'autres élèves qui, véritables missionnaires, iraient répandre à travers le monde les doctrines et les méthodes nouvelles. Les mots : Allez et enseignez toutes les nations ! lui semblaient les plus grands qui eussent été dits et il trouvait que le rôle de la science est de les redire à son tour.

Quelques cas de choléra avaient été signalés à Damiette dès le mois de juin. Les anglais assuraient qu'il ne s'agissait là que du choléra endémique ; aussi se montrèrent-ils opposés aux quarantaines. Ils avaient la majorité au conseil sanitaire d'Alexandrie par leurs fonctionnaires immédiats ou leurs agents indirects ; il suffisait à ceux-ci et à ceux-là de quitter la séance du conseil pour que les votants, réduits à un petit nombre, fussent dans l'impossibilité de prescrire des mesures sanitaires. Les anglais, en fermant volontairement les yeux sur les dangers de l'épidémie, auraient voulu donner une nouvelle preuve de l'importation du choléra, qu'ils n'auraient pas mieux réussi. Le choléra s'étendit. Le 14 juillet, il pénétrait au Caire. Du 14 au 22, cinq cents personnes mouraient par jour. Alexandrie était menacée. Pasteur, avant de quitter Paris pour Arbois, avait soumis au Comité consultatif d'hygiène publique l'idée d'une mission française à Alexandrie.

« Depuis la dernière épidémie de 1865, disait-il, la science a fait un grand progrès au sujet des maladies transmissibles. Toutes celles de ces maladies qui ont été l'objet d'une étude approfondie se sont offertes aux biologistes comme étant le produit d'un être microscopique se développant dans le corps de l'homme ou des animaux et y déterminant des ravages le plus souvent mortels. Tous les symptômes de la maladie, toutes les causes de la mort sont directement sous la dépendance des propriétés physiologiques du microbe...

« Ce qu'il faut actuellement, pour répondre aux préoccupations de la science, c'est s'enquérir de la cause première du fléau. Or, l'état présent de nos connaissances commande de porter toute l'attention sur l'existence possible, dans le sang ou dans

tel ou tel organe, d'un infiniment petit dont la nature et les propriétés rendraient compte vraisemblablement de toutes les particularités du choléra, aussi bien des symptômes morbides qu'il détermine que des caractères de sa propagation. L'existence constatée
de ce microbe dominerait promptement toute la question des
mesures à prendre pour arrêter le mal dans sa marche et suggé-
rerait peut-être des moyens thérapeutiques nouveaux. »

Le Comité d'hygiène fit mieux qu'approuver le projet de Pasteur,
il lui demanda de désigner des jeunes gens dont le savoir serait
égal au dévouement. Pasteur n'avait qu'à regarder autour de lui.
A peine eût-il raconté, en revenant au laboratoire, ce qui s'était
passé au Conseil d'hygiène que M. Roux s'offrit immédiatement à
partir. Un professeur agrégé à la Faculté de médecine, médecin des
hôpitaux, M. Straus et un professeur de l'Ecole vétérinaire d'Alfort,
M. Nocard, qui l'un et l'autre avaient été autorisés à travailler au
laboratoire, se déclaraient prêts à suivre M. Roux. Thuillier eut le
même désir, mais il demanda vingt-quatre heures de réflexion.

La pensée d'un père et d'une mère qui pour l'élever avaient fait
de grands sacrifices et dont la seule joie était de le voir arriver
près d'eux, à Amiens, passer quelques jours de vacances, le rendait hésitant. Mais quand il eut mis au-dessus de sa vive affection
l'idée d'un grand devoir, il rassembla son énergie, rangea ses
papiers, ses notes, ses projets de travaux et partit embrasser les
siens. Son père fut confident de ce dessein, sa mère l'ignora. Au
moment où les journaux parlèrent d'une mission française qui
devait aller étudier le choléra, sa sœur aînée, qui avait pour ce
frère une tendresse semblable à celle d'Eugénie de Guérin pour
son frère Maurice, lui dit brusquement : « Au moins, Louis, tu ne
vas pas en Egypte ? Jure-le-moi. — On ne peut jurer de rien, »
répondit-il avec son calme absolu. S'il quittait la France, ce serait
pour aller en Russie procéder à des vaccinations charbonneuses,
comme il était allé, en 1881, faire des expériences à l'Institut vétérinaire de Buda-Pesth, puis en Allemagne. Quand il partit d'Amiens,
rien dans ses adieux n'avait trahi la moindre émotion. Ce ne fut
que de Marseille qu'il écrivit à ses parents la vérité.

Des difficultés administratives avaient retardé le départ de la mission. Elle arriva en Egypte le 15 août. Le Dr Koch était venu lui aussi étudier le choléra. Il y avait à Alexandrie de 40 à 50 morts par jour. Le médecin en chef de l'hôpital européen, le Dr Ardouin, mit son service à l'entière disposition des savants français. Dans un certain nombre de cas il fut possible de pratiquer l'autopsie aussitôt après la mort, avant que la putréfaction eût le temps d'intervenir. C'était chose capitale au point de vue de la recherche d'un microorganisme pathogène aussi bien qu'au point de vue anatomo-pathologique.

Il y avait dans les selles caractéristiques des cholériques et dans le contenu de l'intestin une grande variété d'organismes. Mais lequel était vraiment cause du choléra? Les tentatives de cultures les plus variées furent faites inutilement. Même résultat négatif pour les inoculations aux diverses espèces animales, depuis les chiens, les chats, les porcs et les singes jusqu'aux pigeons, en passant par les cobayes et les lapins. On leur fit vainement ingérer à plusieurs reprises des selles riziformes ainsi que du sang de cholérique. L'injection intra-veineuse ou sous-cutanée ne produisit aucun effet. Les études portèrent sur vingt-quatre cadavres. Brusquement l'épidémie s'arrêta. Ne voulant pas perdre son temps, ni revenir en France avant de savoir si le mal ne réapparaîtrait pas, la mission française s'occupa de recherches sur la peste bovine. Tout à coup une dépêche de M. Roux apprit à Pasteur que Thuillier venait d'être emporté par une attaque de choléra.

« Je reçois la nouvelle d'un grand malheur, écrivait Pasteur à J.-B. Dumas, le 19 septembre. M. Thuillier est mort hier à Alexandrie du choléra foudroyant. Je viens de prier par dépêche M. le maire d'Amiens de prévenir la famille du coup qui la frappe.

« La science perd en Thuillier un de ses courageux représentants et du plus grand avenir. Je perds un disciple aimé et dévoué, mon laboratoire un de ses principaux soutiens.

« Je ne me consolerai de cette mort qu'en pensant à notre chère patrie et à ce qu'il a fait pour elle. »

Thuillier n'avait que vingt-six ans. Que s'était-il passé? Avait-il

négligé quelques-unes des prescriptions que Pasteur avait données
par écrit avant le départ de la mission et que l'on trouvait exagérées tant elles étaient minutieuses?

Toute la journée Pasteur resta silencieux, atterré. Le chef du
laboratoire, M. Chamberland, pressentant le chagrin de son maître,
vint à Arbois. Ils échangèrent leurs tristes pensées. Pasteur retomba
bientôt dans son silence. Tout à coup, par une brusque réflexion
où se révélait le savant qui souhaitait que cette mort ne fût pas inutile, qui portait sa pensée au delà des tristesses immédiates et considérait le vaste ensemble des vies humaines : « Pourvu, dit-il à
mi-voix, qu'ils aient songé à prendre quelques gouttes de sang ! »

Peu de jours après, une lettre de M. Roux racontait ce malheur :

« Alexandrie, 24 septembre. Monsieur et cher maître, j'apprends
à l'instant qu'un bateau italien va partir et je vous écris ces
quelques mots sans attendre le courrier de France.

« Le télégraphe vous a appris l'affreux malheur qui est tombé
sur nous comme la foudre.

« Thuillier et Nocard étaient allés, le vendredi 14, à Tantah,
assister à une autopsie de peste bovine; ils sont revenus le samedi,
et, le lundi 17, ils sont allés au lazaret des animaux, à l'abattoir,
recueillir du sang de bœuf. Thuillier eut le matin une selle, il fut
toute la journée gai et prit un bain de mer, et le soir nous avions
fait une promenade en voiture. Au dîner il mangea de bon appétit,
et se coucha vers dix heures et demie. Le sommeil vint rapidement.
A trois heures du matin, il va à la garde-robe, il se sent très mal
et entre dans notre chambre en criant : « Roux, je suis très mal »,
et il tombe sur le plancher. Straus et moi, nous le portons dans
son lit; il avait le visage pâle et suant, les mains froides comme
un homme qui a une syncope. Nous avons cru d'abord à une indi-
gestion. Il se remit très vite, prit un peu de solution opiacée et
s'endormit.

« Je m'étais installé dans sa chambre sur le canapé. A cinq
heures, il eut une selle diarrhéique abondante. Je le couchai; il
vomit son dîner de la veille comme il l'avait ingéré. Puis, soulagé,
il s'endormit de nouveau après avoir pris encore une solution opia-

cée. A sept heures, il me paraît plus mal, il se plaint du froid. Une nouvelle selle survient. Straus et moi avons besoin de le soutenir, tant la syncope est menaçante. A partir de ce moment, tout se précipite. La médication la plus énergique a beau être appliquée, à huit heures on peut le considérer comme mort. Crampes des muscles des jambes, des cuisses, du diaphragme, altération de la face, selles involontaires, rien ne manque au tableau du choléra le plus effroyable.

« Dès sept heures, nous nous sommes mis à le frictionner. Tous les médecins français et italiens sont là. Le champagne glacé est prodigué, les injections d'éther pratiquées. Tout enfin, tout est mis en œuvre avec l'ardeur et la foi de ceux qui sont décidés à tout pour repousser la mort. La respiration est pénible ; mais, grâce aux frictions, la température ne baisse pas. Vers midi, un peu de mieux, on sent le pouls à l'avant-bras. A deux heures la respiration devient plus pénible, les selles sont toujours involontaires, le pouls a disparu. La respiration et la circulation ne sont entretenues que par les injections d'éther et le champagne : les traits sont tirés, mais l'expression n'est pas très cholérique.

« Grâce à tout ce que nous avions de forces et d'énergie, nous avons entretenu l'agonie jusqu'au mercredi matin 19, à sept heures. L'asphyxie, qui durait depuis vingt-quatre heures, était plus forte que nos soins.

« Par ce que vous avez ressenti, vous jugerez de notre douleur.

« La colonie française, le corps médical, ont été atterrés. Les manifestations les plus glorieuses pour notre pauvre Thuillier ont été faites.

« Il a été enterré le mercredi soir à quatre heures, au milieu de la plus belle et de la plus imposante manifestation qu'Alexandrie ait vue depuis longtemps.

« Un hommage précieux et touchant entre tous a été rendu par la mission allemande, avec une noblesse et une simplicité qui nous ont tous émus.

« M. Koch et ses collaborateurs sont venus au moment où la nouvelle se répandit en ville. Ils ont trouvé les paroles les plus

belles pour la mémoire de notre cher mort. Au moment de la levée
du corps, ces messieurs ont apporté deux couronnes qu'eux-mêmes
ils ont clouées sur le cercueil. « Elles sont modestes, a dit M. Koch,
« mais elles sont de laurier ; ce sont celles que l'on donne aux
« glorieux. »

« M. Koch tenait l'un des coins du drap mortuaire. Nous avons
embaumé notre camarade ; il est couché dans un cercueil en zinc
scellé. Les formalités ont été accomplies pour que ses restes
puissent être rapportés en France, lorsque les délais exigés par les
règlements seront accomplis : en Égypte le délai est d'un an.

« La colonie française veut élever un monument à la mémoire
de Louis Thuillier.

« Monsieur et cher maître, que de choses encore à vous dire !
Le récit de ces tristes événements si vite accumulés tiendrait des
pages. Tout est incompréhensible dans ce malheur. Depuis plus de
quinze jours nous n'avions pas vu un cholérique. Nous commen-
cions à nous occuper de la peste bovine.

« De nous tous, Thuillier prenait le plus de précautions. Il était
d'une minutie irréprochable.

« Par ce courrier, nous écrivons au nom de tous un mot à la
famille.

« Voilà les coups que le choléra porte à la fin d'une épidémie.

« L'heure m'oblige à clore cette lettre.

« Croyez à notre respectueuse affection. »

Toute la colonie française, qui reçut des italiens et de tous les
étrangers les témoignages de la sympathie la plus profonde, souhaitait de perpétuer le souvenir de Thuillier.

Le 15 octobre, Pasteur écrivait à un médecin français qui,
d'Alexandrie, lui faisait part de ce projet :

« Je suis touché de la généreuse résolution qu'a eue la colonie
française d'Alexandrie d'élever un monument à la mémoire de
L. Thuillier. Ce cher et vaillant jeune homme mérite tous les
honneurs. Plus que personne, peut-être, je sais la perte que la
science a faite par cette mort cruelle. Je ne puis m'en consoler et,
déjà, je pense avec quelle douleur poignante je vais revoir, dans

quelques jours, à mon laboratoire, la place vide de ce cher disciple. »

Revenu à Paris, Pasteur fit en son nom et au nom de Thuillier une communication à l'Académie des sciences sur la vaccination, désormais acquise, du rouget des porcs. Dès les premiers mots, rappelant ce qu'avait été Thuillier, il s'exprimait ainsi :

« Thuillier était entré dans mon laboratoire après avoir obtenu le premier rang au concours d'agrégation des sciences physiques à l'Ecole normale.

« C'était une nature profondément méditative et silencieuse. Une mâle énergie se dégageait de sa personne ; elle a frappé tous ceux qui l'ont connu. D'un labeur infatigable, il était prêt pour tous les dévouements. »

Quelques jours auparavant, M. Straus avait fait à la Société de biologie l'exposé sommaire des études poursuivies par la mission du choléra. Il concluait ainsi : « Les documents recueillis pendant ces deux mois d'études sont loin de donner la solution du problème étiologique du choléra, mais peut-être ne seront pas inutiles pour l'orientation des recherches futures. »

Le bacille cholérique fut plus tard mis en évidence par le Dr Koch. Il avait déjà cru l'entrevoir pendant ses recherches en Egypte.

La gloire qui, au commencement de ce siècle, avait été vue à travers les champs de bataille, semblait prendre désormais son domicile d'élection dans les laboratoires, « ces temples de l'avenir », ainsi que Pasteur les appelait. Il y avait un immense mouvement de travail dans toutes les recherches qui pouvaient diminuer les maux causés par les infiniment petits dont on constatait de plus en plus la toute-puissance. Du monde entier parvenaient à Pasteur des lettres, des appels, des demandes de consultation. Beaucoup le croyaient médecin. « Il ne soigne pas les individus, répondit un jour Edmond About à un étranger qui commettait cette méprise, il s'efforce de guérir l'humanité. »

Un des camarades d'Ecole de Pasteur, Emile Verdet, esprit

merveilleusement doué, insatiable de toutes les connaissances avait dit, en 1847, à Joseph Bertrand : « Pasteur ne connaît pas les limites de la science, je crains pour lui de stériles efforts : il aime les problèmes insolubles. » Depuis trente-cinq ans, les démentis successifs n'avaient pas manqué à ce jugement préconçu ; l'étude de la rage permettait à quelques sceptiques de le renouveler. Ce qui compliquait, en effet, le problème de la rage, c'est que Pasteur n'arrivait pas à découvrir et à isoler le microbe.

Il s'efforçait de tourner cette difficulté. Il était poursuivi par l'idée que la médecine humaine pourrait profiter « de la longue durée d'incubation de la rage pour tenter d'établir dans cet intervalle de temps, avant l'éclosion des premiers symptômes rabiques, l'état réfractaire des sujets mordus ». Le chemin lui semblait encore long à parcourir, mais il avait l'espoir invincible d'atteindre le but. « Ce serait bien finir, » disait-il.

Au commencement de l'année 1884, J.-B. Dumas se plaisait à suivre de loin les communications de Pasteur à l'Académie des sciences. Souffrant, obligé de se rappeler qu'il était plus qu'octogénaire, il avait dû aller passer l'hiver dans le Midi. Le 26 janvier, il écrivit une dernière fois à Pasteur. Il traduisait son impression sur un livre qui était le résumé sommaire des découvertes de Pasteur et de leur enchaînement.

« Cher confrère et ami, j'ai lu avec une grande et sincère émotion le tableau de votre vie scientifique tracée par une main amie mais véridique. Témoin assidu et sérieux admirateur de vos efforts heureux, de votre fécond génie et de votre méthode imperturbable, je considère comme un grand service rendu à la science d'en avoir mis sous les yeux de la jeunesse l'ensemble exact et complet.

« Pour le public, ce sera une impression salutaire ; pour les jeunes savants une initiation ; et pour ceux qui ont dépassé comme moi l'âge du travail, ils aimeront à y retrouver des réminiscences leur rappelant des joies et des admirations qui ont fait leur bonheur.

« Puisse la Providence vous conserver longtemps à la France et vous maintenir dans cet équilibre admirable de l'intelligence qui observe, du génie qui devine et de la main qui exécute, avec une perfection inconnue jusqu'ici. »

Dumas prouvait une dernière fois son affection. A travers la mélancolie de sa vie qui s'achevait, sa pensée se reportait vers la patrie et il formait des vœux pour celui qui contribuait chaque jour à augmenter la gloire française.

Trois semaines après, le 20 février, si peu de temps avant de mourir, il se montrait secrétaire perpétuel préoccupé de faire rendre justice au savant qui a créé, disait-il, « l'admirable instrument au moyen duquel il a liquéfié quelques-uns des gaz les plus rebelles et rendu possible la liquéfaction de tous... Je voudrais, ajoutait-il, que l'Académie prît la décision de proclamer le service éclatant rendu par M. Cailletet, en lui décernant le prix Lacaze. Il ne faut pas laisser le monde savant dans le doute sur le véritable auteur de la découverte qui range les gaz permanents au nombre des matières communes, susceptibles de prendre à volonté l'état solide, liquide ou aériforme. J'écris en conséquence à Chevreul comme président de la commission. Quoi qu'il arrive j'aurai fait mon devoir. »

J.-B. Dumas mourut le 11 avril 1884. Pasteur était à la veille de se rendre, au nom de l'Académie des sciences, à Edimbourg. La célèbre Université écossaise allait fêter son troisième centenaire. L'Institut de France, invité à prendre part à cette solennité, venait de choisir des représentants pour chacune des cinq Académies. L'Académie française déléguait M. Caro ; l'Académie des sciences, Pasteur et de Lesseps ; l'Académie des sciences morales, M. Gréard ; l'Académie des inscriptions et belles-lettres, M. Perrot ; l'Académie des beaux-arts, M. Eugène Guillaume. En outre, le Collège de France envoyait M. Guillaume Guizot et l'Académie de médecine le Dr Henry Gueneau de Mussy.

L'idée qu'il ne serait pas à Paris pour accompagner jusqu'au cimetière le maître incomparable de sa jeunesse, le conseiller, le confident de sa vie, rendait ce voyage officiel infiniment douloureux à Pasteur. Il ne voulait plus partir. Son camarade d'Ecole normale et son confrère à l'Académie française, M. Mézières, chargé de représenter le ministre de l'Instruction publique aux cérémonies d'Edimbourg, lui fit envisager que la meilleure manière d'honorer Dumas était de songer à ce que Dumas n'avait cessé d'avoir en vue : l'intérêt du pays. Pasteur partit en se promettant, quand il serait au milieu des jeunes gens d'Edimbourg qui voulaient le recevoir comme un maître, de rappeler la place de Dumas dans la science.

A Londres les délégués eurent la surprise d'un wagon-salon qui avait été réservé pour conduire à Edimbourg Pasteur et ses amis de France. Un brasseur d'Edimbourg, M. Younger, avait tenu, par un sentiment de gratitude pour les applications des travaux de Pasteur sur la bière, à offrir cette hospitalité anticipée. Sully-Prudhomme dédiait un jour des vers à ceux qu'il nommait ses amis inconnus. Pasteur, pour avoir semé à travers le monde et à pleines mains ses enseignements et ses méthodes, avait partout des amis inconnus prêts à lui témoigner leur reconnaissance ou leur admiration.

Les délégués français avaient toute la journée pour songer aux souvenirs qui rattachaient l'Ecosse à la France. Et, rapides comme les paysages vus à travers les glaces du wagon-salon, les évocations se succédaient. C'étaient ces milliers d'Ecossais qui vinrent, pendant la guerre de Cent ans, combattre pour la France. Puis, comme dans un brouillard léger, se levait la vision mélancolique de Marie Stuart. Si l'on passait de l'histoire à la philosophie, on pouvait faire des rapprochements saisissants entre les deux peuples et les deux Universités. C'est en trouvant dans la boîte d'un bouquiniste un volume de Thomas Reid que Royer-Collard, étonné de tout ce qu'il y avait là de sagesse et de confiance dans la raison, crut établir pour longtemps une philosophie qui semblait alors concilier toutes choses. Sans se piquer de rien inventer, puisqu'il ne faisait que mettre en valeur les idées du philosophe d'Edimbourg, il donna l'impulsion d'un grand mouvement en France. Et ce mouvement continuait encore, grâce au second successeur de Royer-Collard dans la chaire de philosophie, qui était précisément Caro, l'un des délégués.

Peut-être, à mesure qu'on se rapprochait d'Edimbourg, Caro espérait-il que, dans le pays de Reid et de Dugald-Stewart, quelqu'un de l'Université écossaise s'aviserait de marquer la différence des temps et des milieux. Le contraste était intéressant. Triomphante sous la Restauration, la philosophie spiritualiste traversait depuis lors des temps difficiles. Au milieu du combat, Caro avait cherché à la défendre, acceptant, « non pas avec résignation, mais avec empressement, avec joie, la liberté de discussion la plus complète et toutes les conséquences qu'elle entraîne... L'honneur de la philosophie spiritualiste est là », avait-il dit, au temps déjà lointain de sa leçon d'ouverture, vingt ans auparavant. Et il avait ajouté : « Son salut aussi. » Fidèle à un programme de polémique, le meilleur de tous, il s'était inspiré des paroles de Guizot : « Je ne veux avoir pour adversaires que les idées. »

La présence de Guillaume Guizot éveillait ces citations qui dormaient au fond de quelques mémoires. Les doctrines philosophiques venant de l'Ecosse, répandues en Angleterre et en France, célébrées par des disciples très éloquents, intéressaient un moraliste aux écoutes, M. Gréard. Un autre membre de l'Institut, M. Mézières, se réjouissait d'entendre parler et de parler lui-même de Walter Scott. L'œuvre de cet enchanteur, ainsi qu'il l'appelait, il la connaissait dans ses moindres détails. Il l'avait lue, comme on lisait autrefois, dans les périodes calmes, où les longs ouvrages ne faisaient pas peur. L'écrivain prenait-il son temps, n'épargnait-il aucun trait de description, mettait-il vingt pages où il ne fallait que vingt lignes, le lecteur ne témoignait pas plus d'impatience que le voyageur à petites journées quand il apercevait une côte à gravir. Walter Scott, — au temps où il signait « l'auteur de *Waverley* » et où il connaissait la forme la plus souhaitable de la gloire littéraire : assister dans l'ombre, sans dévoiler son nom, au succès de ses œuvres, — comparait un de ses romans à une humble chaise de poste anglaise à quatre roues, attelée de chevaux passables et sous la direction d'un conducteur honnête. Si l'on s'amusait à poursuivre cette analogie entre les moyens de locomotion et le mouvement de la littérature, on trouverait, entre certaines études hâtives, haletantes, et notre manière de voyager quelque chose de pareil dans la trépidation.

Ferdinand de Lesseps, alors dans toute la puissance de sa renommée, était heureux de venir en Angleterre et en Ecosse. Il se rappelait que le droit de cité lui avait été jadis offert à Londres, « en témoignage de l'habileté avec laquelle il avait conçu le canal de Suez et de l'énergique persévérance qu'il avait déployée pour en assurer la réalisation ». Il se promettait d'apprendre à l'Université d'Edimbourg que sa famille était d'origine écossaise, si l'on remontait assez loin, disait-il de sa voix militaire un peu cassée. Cette annonce imprévue, il en escomptait déjà l'effet, avec sa verve et son don joyeux d'à-propos. Ce vieillard, à la veille de ses quatre-vingts ans, ne songeait guère à se reposer dans le fauteuil que venait de lui réserver l'Académie française. Il était toujours prêt à partir pour le Nouveau-Monde. « Vous étonnez l'univers par de grandes choses qui ne sont pas des guerres, » lui avait écrit son futur parrain, Victor Hugo. Lesseps aurait pu invoquer encore dans le passé un autre grand poète, Gœthe, qui non seulement souhaitait le percement de l'isthme de Suez, mais encore disait dans une de ses conversations de 1827 : « Si l'on réussit à percer un canal tel qu'il puisse donner passage du golfe du Mexique dans l'Océan Pacifique à des vaisseaux de toute charge et de toute grosseur, ce fait aura d'incalculables résultats... Je voudrais voir cela de mon vivant... » Ferdinand de Lesseps avec sa confiance, son intrépidité de belle humeur, n'hésitait pas à croire que sa seconde et gigantesque entreprise s'achèverait comme la première.

Le train allait arriver à Edimbourg. Le Dr Gueneau de Mussy était plus intéressé par l'exposé des expériences de Pasteur sur la rage que par tant de souvenirs évoqués et par ces vers du poète écossais Robert Burns qui remontaient à la mémoire de quelques-uns des compagnons de wagon :

« Tes fils, disait Burns dans des strophes dédiées à la ville d'Edimbourg, tes fils, sociables, bienveillants, accueillent l'étranger à bras ouverts. » Ce n'était pas trop dire. La réception fut si empressée et si cordiale qu'un rédacteur du *Journal officiel*, chargé d'aller à Edimbourg pour rendre compte des fêtes, répondit au désir de gratitude des délégués en donnant les noms des principaux habitants qui s'étaient disputé l'honneur de les recevoir. En tête figurait M. Younger. On aurait pu dire Younger et famille. Sa femme, ses enfants reçurent Pasteur avec un sentiment d'hospitalité dont l'épithète habituelle n'avait jamais été mieux justifiée.

Le lendemain matin, les délégués du monde entier étaient réunis dans la cathédrale de Saint-Gilles. Avec le sentiment élevé qui chez tant de peuples mêle la vie religieuse à la vie politique, le Conseil de la ville avait voulu qu'un service précédât et consacrât les fêtes. Solennellement les psaumes et les hymnes s'élevaient sous les voûtes gothiques. Le pasteur Robert Flint monta en chaire. De cette même place, au temps des violences et des persécutions, le disciple et l'ami de Calvin, le fougueux Jean Knox, avait fanatisé les foules. Le pasteur Flint, pénétré de l'importance que prenait un sermon en face de cette immense assemblée, étudia les rapports de la science avec la foi. L'absolue liberté de la science dans le domaine des faits, la pensée divine considérée comme un stimulant de recherches, car le vent du progrès n'est qu'un souffle de Dieu : tel était son sujet qui emportait les esprits vers les plus hautes méditations. Le spectacle de tous ces jeunes gens entourant leurs maîtres immédiats et ceux qui étaient délégués par les deux mondes rendait ces méditations plus graves encore.

Dans la journée, la jeunesse donna aux fêtes un caractère de vie, de mouvement, de gaieté. Une représentation dramatique fut offerte par les étudiants. Il n'y avait pas jusqu'aux musiciens qui ne fussent pris dans leurs rangs. La manière dont était organisée cette Université intéressa vivement les délégués français. Habitués à voir l'État maître et dispensateur unique, ils avaient sous les yeux une institution indépendante, ne devant sa fortune qu'aux libéralités volontaires. Le pouvoir de l'initiative privée, on le constatait partout. Au rebours de ce qui se passe en France, où l'unité administrative se fait sentir jusque dans la dernière section de commune, le gouvernement anglais s'efface, se réduit lui-même au minimum. Il lui suffit d'inspirer la foi dans l'unité politique. Maîtresse chez elle, l'Université d'Edimbourg est libre de conférer d'emblée certains grades très élevés aux personnages qu'elle invite ; toutefois elle ne peut disposer que de diplômes de docteur en théologie et de docteur en droit. Elle avait fait ainsi dès le lendemain de la guerre, lorsque s'ouvrit à Edimbourg le congrès annuel de l'Association britannique pour l'avancement des sciences. Deux français seulement étaient venus à Edimbourg : M. Janssen et le général Perrier. M. Janssen, en l'honneur de l'astronomie, reçut le diplôme de docteur en droit qui lui tombait du ciel. Comme l'Université voulait bien faire les choses en 1884, elle réserva à un certain nombre d'élus dix-sept diplômes de docteur en théologie et cent vingt-deux diplômes de docteur en droit. « En fait de lois, disait en souriant le savant Helmholtz, je ne connais que les lois de la physique. »

C'était le jeudi matin, 17 avril, que devait avoir lieu la proclamation solennelle des grades universitaires. Les deux cités qui constituent Edimbourg, toutes deux séparées par un profond ravin que suit la ligne du chemin de fer, — d'un côté la ville neuve et, de l'autre, la vieille ville de fière allure que domine un château-citadelle dressé sur un rocher, — arboraient des drapeaux qui flottaient au vent. Dans les rues on ne voyait qu'uniformes et costumes éclatants. Sur le pas des portes les visages s'éclairaient de plaisir et de fierté. Ce n'était plus seulement en famille que l'on allait recevoir les étrangers; on s'apprêtait à les fêter magnifiquement.

La séance s'ouvrit dans l'immense salle où se tiennent les synodes de l'église presbytérienne. Un massier de l'Université précédait avec majesté le chancelier, le recteur et un grand cortège de professeurs en robe. Ils prirent place sur une estrade. Au milieu de la salle se tenaient assis ceux qui allaient recevoir les insignes du grade universitaire. C'est une sorte de camail, le *hood*, pour les docteurs en droit, et le bonnet carré pour les docteurs en théologie. Au fond de la salle, aux galeries, aux pourtours, près de 3,000 étudiants.

Avant la cérémonie, une prière dite par un professeur, prière spéciale, évocation du passé, espérance de l'avenir, demandant à Dieu de bénir les délégués et leur patrie, s'éleva simple et grande. Le chancelier dans un discours d'apparat résuma l'histoire de l'Université; il la montra fille de la Réforme, mais respectueuse de toutes les croyances et de toutes les confessions.

Peut-être le protocole aurait-il pu signaler au chancelier de l'Université d'Edimbourg la place que devait tenir l'Institut de France. On avait suivi l'ordre alphabétique; l'Académie de Clermont dut à cette organisation de passer avant l'Académie française. Chaque nouveau dignitaire, à l'appel de son nom, montait sur l'estrade et s'approchait du chancelier. C'était une joie pour les étudiants de saluer par leurs applaudissements les hommes qui avaient le plus d'influence sur leurs études. La gradation des vivats donnait à chaque personnage la mesure de la place qu'il tenait dans le monde.

Au moment où le nom de Pasteur fut prononcé, il se fit tout à coup un profond silence. On voulait le voir se diriger vers l'estrade et recevoir le diplôme de docteur en droit. Son apparition provoqua un ouragan de vivats. Toutes les mains s'agitaient. Cinq mille personnes étaient debout. C'était une ovation grandiose.

Le soir, il y eut un immense banquet. Dans la salle aux couleurs bleue et blanche, couleurs de l'Université, vingt-huit tables étaient dressées pour mille convives. La table d'honneur était réservée à ceux qui devaient prendre la parole. Les toasts allaient se succéder quatre heures de suite. Il est facile d'échelonner son admiration et sa patience quand on se dit qu'un siècle vous sépare d'une reprise de discours semblables. Pasteur était le voisin de Virchow. Ils parlèrent ensemble des études sur la rage; Virchow avoua que, quand il avait vu Pasteur, en 1881, s'attaquer à un pareil problème, il avait douté de la possibilité d'une solution. Le voisinage de ces deux hommes montrait l'utilité de pareilles réunions. C'est par les rapports entre savants du monde entier que commencera peut-être l'apaisement des haines ou des rancunes entre les peuples. L'humanité conduite par la science vers les régions sereines de la paix, est-ce un rêve ?

Après la lecture d'un télégramme de la Reine qui félicitait l'Université et adressait ses souhaits de bienvenue à tous les hôtes, il y eut un toast à la Reine et à la famille royale, puis quelques paroles prononcées par le représentant de l'Empereur du Brésil, ce souverain dont on pouvait dire que rien de ce qui était scientifique ne lui était étranger. Alors Pasteur se leva :

« Mylord chancelier, messieurs, la ville d'Edimbourg donne un spectacle dont elle peut être fière. Toutes les grandes institutions scientifiques, ici réunies, apparaissent comme un immense congrès de félicitations et d'espérances. L'honneur et la gloire de ce rendez-vous international vous appartenaient à juste titre. Depuis des siècles, l'Ecosse a uni ses destinées à celles de l'intelligence humaine. Une des premières parmi les nations, elle a compris que l'esprit mène le monde. Et le monde de l'esprit, en répondant à votre appel, vous rend l'hommage que vous méritez. Hier, sous les voûtes de Saint-Gilles, quand l'éminent professeur Robert Flint s'écriait en s'adressant à l'Université d'Edimbourg : « Souviens-toi « du passé et regarde l'avenir », tous les délégués, rangés comme des juges à un grand tribunal, évoquaient les siècles écoulés et formaient du même cœur le même vœu d'un avenir plus glorieux encore que le passé. Au milieu des délégués de toutes les nations qui vous apportent les illustres témoignages de leur sympathie, la France vous envoie pour la représenter celles de ses institutions qui résument le mieux l'esprit français et qui sont la meilleure part de sa gloire. Partout où se montre dans le monde un foyer de lumière, la France applaudit. Et quand la mort frappe sur un sol étranger un homme de génie, elle le pleure comme un de ses enfants. Cette noble solidarité, je l'ai ressentie en entendant plusieurs de vos savants me parler avec émotion de la mort de l'illustre chimiste J.-B. Dumas, glorieux membre de toutes vos académies et, il y a peu d'années encore, le panégyriste éloquent de votre grand Faraday. En quittant Paris, j'avais le poignant chagrin de ne pouvoir suivre son cercueil. Mais l'espoir que je pourrais rendre ici un dernier et solennel hommage à ce maître vénéré, à ce grand citoyen de France, m'a fait surmonter mon affliction. D'ailleurs, messieurs, si les hommes passent, leurs œuvres restent. Nous ne sommes tous que les hôtes passagers de ces grandes demeures morales qui, comme toutes les universités venues pour vous saluer en ce jour solennel, sont assurées de l'immortalité. »

Il avait rendu hommage à J.-B. Dumas, non pas un dernier hommage, car il était de ces disciples qui jugent toujours insuffisantes leurs paroles de vénération, mais un hommage que les délégués des Universités devaient reporter dans leur pays.

Il avait aussi, par sa présence, son discours, tout l'éclat de sa gloire, valu à la France de grands honneurs, les plus grands, au dire des anglais eux-mêmes. Il avait fait son devoir, il ne songeait plus qu'à partir. Mais les étudiants voulurent, le lendemain, fêter au milieu d'eux quelques-uns de ces hommes qu'ils se proposaient comme modèles et que sans doute ils ne reverraient plus jamais.

Après avoir remercié les étudiants pour cette invitation qui, disait-il, le rendait très fier, le comblait de joie parce qu'il avait toujours aimé la jeunesse, Pasteur prononça ces paroles d'une voix profonde et comme scandée par une émotion intense :

« Du plus loin qu'il me souvienne de ma vie d'homme, je ne crois pas avoir abordé jamais un étudiant sans lui dire : Travaille et persévère ; le travail amuse vraiment et seul il profite à l'homme, au citoyen, à la patrie. A plus forte raison vous tiendrai-je ce langage. L'âme commune, si je puis ainsi parler, d'une assemblée de jeunes gens est formée tout entière des sentiments les plus généreux parce qu'elle est plus voisine de l'étincelle divine qui anime tout homme à son entrée dans le monde. La preuve de cette affirmation, vous venez de me la donner. En vous voyant applaudir comme vous venez de le faire les hommes qui s'appellent de Lesseps, Helmholtz, Virchow, je me suis senti ému jusqu'au fond de l'âme. Votre langue a emprunté à la nôtre le beau mot d'enthousiasme. Les grecs nous l'avaient légué : ἐν Θεός, un dieu intérieur. C'est sous l'impression d'un sentiment presque divin que tout à l'heure vous avez acclamé ces hommes supérieurs.

« Un de nos écrivains, qui a le mieux fait connaître en France et en Europe la philosophie de Reid et de Dugald-Stewart, disait en s'adressant à la jeunesse dans l'avant-propos du meilleur de ses ouvrages :

« Quelle que soit la carrière que vous embrassiez, proposez-vous « un but élevé. Ayez le culte des grands hommes et des grandes « choses. »

« Les grandes choses ! Vous en avez un exemple sous les yeux. Ce centenaire ne restera-t-il pas comme un des plus glorieux souvenirs de l'Ecosse? Les grands hommes! Dans quel pays, en vérité, leur mémoire est-elle plus honorée que dans votre patrie ?

« Mais si le travail doit être le fonds de votre vie, si le culte des grands hommes et des grandes choses doit s'associer à toutes vos pensées, cela ne suffit pas encore. Efforcez-vous d'apporter dans tout ce que vous entreprendrez l'esprit de méthode scientifique fondée sur les œuvres immortelles des Galilée, des Descartes et des Newton.

« Vous surtout, étudiants en médecine de la célèbre Université d'Edimbourg, qui, formés par des maîtres éminents, avez des droits aux plus hautes ambitions scientifiques, inspirez-vous de la méthode expérimentale. C'est à ces principes que l'Ecosse doit les Brewster, les Thomson et les Lister. »

L'orateur chargé, au nom des étudiants, de répondre aux délégués étrangers, s'exprima ainsi en s'adressant directement à Pasteur :

« Monsieur Pasteur, vous avez arraché à la nature des secrets qu'elle ne cachait que trop soigneusement, sinon avec malice. Nous vous saluons comme un des bienfaiteurs de l'humanité, d'autant plus que nous savons que vous admettez l'existence de secrets, dans l'ordre spirituel, qui nous ont été révélés par ce que vous venez de nommer l'œuvre de Dieu en nous.

« Représentants de la France, nous vous prions de dire à votre grande patrie que nous suivons avec admiration les grandes réformes que vous introduisez dans toutes les branches de votre enseignement, réformes qui sont pour nous les gages d'une rivalité bienfaisante et de relations de plus en plus cordiales, car les malentendus sont les résultats de l'ignorance, — ténèbres que le travail des savants dissipe. »

Le lendemain matin, à dix heures, toute la foule était massée sur le quai de la gare. Les mouchoirs s'agitaient. On se montrait, on s'arrachait un grand journal d'Edimbourg qui reproduisait le discours de Pasteur aux étudiants et portait en gros caractères ces mots : « En commémoration du séjour de M. Pasteur à Edimbourg, M. Younger fait don à l'Université d'Edimbourg d'une somme de 500 livres (12,500 francs). »

Un hommage direct fut offert à Pasteur. Il avait tenu la veille à aller saluer chez elle la fille de Livingstone, Mme Bruce. Elle lui apporta, quelques instants avant le départ du train, un livre intitulé : *La vie de Livingstone.*

Le wagon-salon attendait Pasteur et ses amis. Les délégués vantaient l'hospitalité reçue et, en regrettant un peu qu'une part plus large n'eût pas été faite aux sciences morales et politiques, aux souvenirs littéraires trop effacés, chacun était frappé de la place de plus en plus grande que tenait la science et de l'accueil fait à Pasteur. « C'est vraiment la gloire, lui disait l'un d'eux avec un sentiment de fierté et d'émotion. — Je n'y pense, croyez-le bien, répondit Pasteur, que pour m'encourager à aller en avant tant que mes forces ne seront pas épuisées. »

CHAPITRE XII

1884-1885

Au milieu de toutes les recherches faites au laboratoire, il en était une qui, aux yeux de Pasteur, dominait toutes les autres : l'étude de la rage. Percer les ténèbres enveloppant, depuis le commencement du monde, ce mal mystérieux dont on discutait encore l'origine contagieuse et les formes si diverses, il y avait là pour son génie et pour son besoin de dévouement une sorte de hantise. Quand il avait été reçu à l'Académie française, Renan, avec l'espoir d'être prophète une fois en sa vie, lui avait dit : « L'humanité vous devra la suppression d'un mal horrible, et aussi d'une triste anomalie, je veux parler de la défiance qui se mêle toujours un peu pour nous aux caresses de l'animal dans lequel la nature nous montre le mieux son sourire bienveillant. »

C'est en décembre 1880 que les deux premiers chiens enragés, cadeau précieux pour le laboratoire, avaient été offerts à Pasteur par Bourrel. Ancien vétérinaire de l'armée, Bourrel était l'homme de Paris et de France hospitalisant le plus grand nombre de chiens et notamment de chiens enragés. Bien que ce vétérinaire eût lui-même inventé, comme préservatif de la rage, une méthode de résection et d'émoussement qui consistait à limer les dents des chiens pour les empêcher d'entamer la peau ; bien qu'il eût, en outre, publié, vers 1874, qu'il était inutile de recourir aux vivisections pour faire naître la rage et qu'il n'y avait qu'à « laisser à cette maladie ses lois d'origine et d'évolution, lois impénétrables pour la science jusqu'à ce jour »; il en arrivait à se demander si dans le laboratoire de l'Ecole normale on ne trouverait pas quelque chose de plus et de mieux que ce qu'il avait essayé dans ses chenils de la rue Fontaine-au-Roi.

Des deux chiens qu'il avait offerts, l'un était atteint de rage muette, que l'on appelle rage mue ; il avait la mâchoire entr'ouverte par la paralysie, la langue pendante, pleine de bave, le regard anxieux et comme suppliant ; l'autre, atteint de rage furieuse, les yeux injectés, prêt à se précipiter sur la main qui s'approchait, sur une barre de fer, jetait par intervalles, et au milieu d'hallucinations, ses aboiements douloureux se prolongeant en hurlements, en appels désespérés.

Que d'hypothèses alors sur la rage, ses causes, son siège, ses remèdes ! La confusion était partout. Ce qui paraissait positif, c'était que la salive des animaux enragés contenait le virus rabique, que le mal se communiquait par morsures et que la période d'incubation de la rage pouvait varier de quelques jours à plusieurs mois. L'observation clinique était réduite à une complète impuissance ; seule l'expérimentation jetterait un peu de lumière dans ces vastes obscurités. On connaîtrait peut-être où s'élabore le virus rabique avant d'arriver dans la salive. Mais était-ce dans la salive seule que le germe du mal se localisait, comme l'avait affirmé Bouley au début d'une conférence à la Sorbonne pendant le mois d'avril 1870 ?

Un nouveau fait semblait être venu tout d'abord à l'appui de cette affirmation. Le 10 décembre 1880, Pasteur avait été prévenu par le professeur Lannelongue qu'un enfant de cinq ans, mordu au visage un mois auparavant, venait d'entrer à l'hôpital Trousseau. Agitation, spasmes, effroi, sursauts au moindre souffle d'air, soif ardente et impossibilité d'avaler une goutte d'eau, mouvements convulsifs, accès de fureur ; le débat de ce petit être contre la mort, c'était tout le tableau de la rage. Après vingt-quatre heures de souffrances, l'enfant eut un dernier délire et mourut étouffé par des mucosités qui remplissaient sa bouche. Quatre heures après la mort, Pasteur recueillit quelques-unes de ces mucosités qui, délayées dans de l'eau, furent inoculées à des lapins. Ils moururent en moins de trente-six heures. Leur salive, inoculée à d'autres, provoqua une mort aussi rapide. Le Dr Maurice Raynaud, qui avait déjà annoncé la transmission par la salive de la rage de l'homme aux lapins et qui venait, lui aussi, de faire mourir des lapins par des mucosités de ce même enfant, se crut autorisé à dire que ces lapins étaient morts de la rage. Pasteur fut moins pressé de conclure. Il avait étudié au microscope le sang des lapins morts au laboratoire ; il y avait trouvé un organisme microscopique. La virulence de cet organisme, cultivé dans du bouillon de veau, s'était manifestée sur des lapins et des chiens. Leur sang avait présenté ce même organisme. « Mais, ajoutait Pasteur dans la séance de l'Académie de médecine du 18 janvier 1881, j'ignore absolument les relations de cette nouvelle maladie avec la rage. » N'était-il pas vraiment singulier de voir les effets mortels d'une pareille maladie apparaître si tôt, quand la période d'incubation de la rage est parfois si longue ? N'y avait-il pas un microbe inconnu associé à la salive rabique ? Ce point d'interrogation fut suivi d'expériences faites avec la salive d'enfants qui étaient morts de maladies communes et même avec la salive normale d'adultes bien portants. Thuillier, qui se mit à étudier et à suivre avec sa patience habituelle ce microbe de la salive, d'une virulence spéciale, ne tarda pas à lui appliquer avec succès la méthode d'atténuation due à l'oxygène de l'air. « On se serait passé de la découverte d'une maladie nouvelle, » disaient ceux pour qui tout finit par un bon mot de fumoir. N'était-ce rien cependant que d'éloigner des esprits une première confusion ? L'étude longue, répétée, de la bave des chiens enragés, — où résidait si bien pour tout le monde le principe virulent de la rage que l'on prenait uniquement des précautions contre la bave en faisant une autopsie, — fit découvrir à Pasteur qu'il y avait d'autres méprises. Si la gueule d'un chien bien portant renferme des microbes de toutes sortes, provenant de bien des souillures, qu'est-ce donc de la gueule d'un chien enragé se jetant sur tout ce qui est à sa portée pour le lécher ou le lacérer ? Le virus rabique se trouve ainsi associé à beaucoup d'autres microorganismes, prêts à jouer leur rôle et à déconcerter l'expérimentateur. Abcès, complications morbides, que de microbes d'espèces variées peuvent intervenir avant le développement du virus rabique! Certes, par l'inoculation de la bave la rage pouvait être obtenue, mais on ne pouvait assurer d'avance qu'elle le serait. Combien d'efforts cependant avait faits Pasteur pour inoculer la rage à des lapins uniquement par la bave d'un chien enragé! Dès que dans le chenil de Bourrel éclatait un cas de rage, une dépêche arrivait au laboratoire. Le temps de demander un fiacre, et l'on partait bien vite avec une demi-douzaine de lapins dans un panier.

Un jour, deux aides de Bourrel, voulant répondre au désir qu'avait Pasteur de prélever lui-même dans la gueule d'un chien enragé un peu de bave, de la recueillir ainsi directement, se chargèrent d'entraîner hors de sa cage de fer un boule-dogue qui écumait. Ils lui jettent un nœud coulant, ils s'en emparent. Le chien qui se débat furieux est étendu sur une table. La mâchoire à demi liée reste entr'ouverte. Leurs puissantes mains tiennent le chien enragé immobile pendant que Pasteur, un tube effilé entre les lèvres, le tête penchée sur la gueule du chien, aspire quelques gouttes de bave. Ainsi se trouvaient rapprochés dans le même danger, associés dans un même courage, Pasteur et deux inconnus.

Mais toujours même incertitude en inoculant la bave ; toujours cette longue durée d'incubation. Attendre pendant des semaines, des mois entiers le résultat d'une expérience, c'était à n'en pas sortir, disait Pasteur. On agissait à l'aveugle. Il fallait, si l'on voulait pénétrer dans la connaissance du virus rabique, ne pas recourir à la salive, agent trop infidèle d'expérimentation, puisqu'il était impossible d'établir la fixité de cette matière virulente.

Venait alors l'expérimentation par le sang. Mais si quelques-uns assuraient que la virulence existait là, ils ne pouvaient s'appuyer ni sur les expériences insuffisantes de Magendie, ni sur celles de Renault qui alla jusqu'à pratiquer la transfusion du sang d'un chien enragé à un chien sain, ni sur celles de Paul Bert qui fit vainement aussi ces mêmes tentatives d'inoculation et de transfusion. Pasteur n'obtint pas de meilleurs résultats. « Recommençons d'autres expériences, » disait-il inlassable. Le mot de Buffon :

« Rassemblons des faits pour avoir des idées », il aimait à le citer. Plus les faits s'accumulaient, plus les cas de rage étaient observés, et plus devenait absolument nette la conviction que la rage a son siège dans le système nerveux, particulièrement dans le bulbe. « Il semble, a dit celui qui était associé chaque jour à ces recherches, dont il devait faire le sujet de sa thèse, M. Roux, il semble, lorsqu'on suit les manifestations de la rage, que l'on assiste à la propagation du virus dans le système nerveux de l'animal enragé. A l'inquiétude, à la fureur due à l'excitation de l'écorce grise du cerveau, succèdent l'altération de la voix, les difficultés de la déglutition. Le bulbe et les nerfs qui en partent sont donc atteints à leur tour ; enfin la moelle elle-même est envahie, et c'est par la paralysie que se termine la scène rabique. »

Tant que le virus n'a pas atteint les centres nerveux, il peut séjourner dans tel point du corps pendant des semaines, pendant des mois. Ainsi s'expliquent les lenteurs de certaines incubations et, heureusement, le non-danger de certaines morsures de chiens enragés. La conception *a priori* que le virus s'attaque aux centres nerveux remontait loin. Récemment, en 1879, le docteur Duboué (de Pau) avait édifié toute une théorie en partant de cette même idée, mais sans l'appuyer d'aucune expérience. Et quand un professeur à l'Ecole vétérinaire de Lyon, M. Galtier, voulut tenter des expériences dans cette direction, il fit connaître, au mois de janvier 1881, à l'Académie de médecine, qu'il n'avait constaté l'existence du virus chez le chien enragé que dans les glandes linguales et sur la muqueuse bucco-pharyngienne. « J'ai inoculé plus de dix fois, disait-il, et toujours avec le même insuccès, le produit obtenu en exprimant la substance cérébrale, celle du cervelet, celle de la moelle allongée de chiens enragés. »

Pasteur allait montrer qu'il était possible de réussir en opérant d'une façon particulière, selon une technique rigoureuse, inconnue alors dans les autres laboratoires. L'autopsie d'un chien enragé une fois faite et ne révélant aucune lésion caractéristique, le cerveau mis à découvert, avant de prendre un peu de substance bulbaire, on brûlait, avec une baguette de verre, la surface du bulbe pour en détruire les souillures, les poussières extérieures. Puis, avec un tube effilé, préalablement flambé, on prélevait, on aspirait une parcelle de la substance. Un verre, qui avait été d'abord mis dans une étuve à 200°, recevait la parcelle de bulbe. Alors, avec un agitateur, c'est-à-dire une petite baguette de verre, elle aussi flambée, on broyait et on délayait la substance nerveuse dans un peu d'eau ou de bouillon préalablement stérilisé. Quant à la seringue qui allait servir à l'inoculation, destinée au chien ou au lapin déjà couché sur la table, elle avait été purifiée dans l'eau bouillante.

La plupart des animaux qui avaient reçu sous la peau cette inoculation succombaient à la rage. Cette matière virulente agissait donc mieux que la bave. Un grand résultat était obtenu. « Le siège du virus rabique, écrivait Pasteur, n'est donc pas dans la salive seule. Le cerveau le contient et on l'y trouve revêtu d'une virulence au moins égale à celle qu'il possède dans la salive des enragés. » Mais cette étape n'était aux yeux de Pasteur qu'un très faible commencement du chemin qui restait à parcourir. Il était nécessaire de trouver un meilleur procédé pour que l'étude de la maladie eût des données plus sûres. Il fallait que tous les animaux devinssent enragés. Il fallait aussi abréger la durée d'incubation.

C'est alors que Pasteur eut l'idée d'inoculer directement le virus rabique à la surface du cerveau d'un chien. En plaçant d'emblée le virus dans son vrai milieu, la rage, pensait-il, se produirait sûrement. L'incubation serait probablement plus courte. L'expérience fut tentée. On fixa un chien dans la gouttière à expériences. Que les antivivisectionnistes ne se hâtent pas de crier à la torture! Il était chloroformé. Un trépan, sorte de vilebrequin, muni d'une scie tournante qu'une petite manivelle faisait mouvoir, permit de lui enlever une rondelle du crâne. La membrane assez forte, assez résistante, qui entoure le cerveau et qu'on appelle la dure-mère, apparut. Une seringue de Pravaz, où avait été préalablement introduite la petite quantité de virus rabique à inoculer, piqua la dure-mère et l'injection fut faite. Lavage de la plaie avec l'acide

36

phénique, trois points de suture pour recoudre la peau, tout était achevé en quelques minutes. Le chien réveillé reprit ses allures habituelles, gaies, familières. Mais au bout de quatorze jours, la rage éclata : rage furieuse avec aboiements caractéristiques, changement d'humeur, éparpillement de sa litière qu'il déchirait et avalait, hallucinations de plus en plus fréquentes comme s'il voyait passer devant ses yeux hagards et devenus cruels des ennemis effrayants. Il mourut paralysé, terme fatal de la rage.

Voilà donc une méthode qui permettait de donner la rage à coup sûr et dans un très bref délai. On multiplia les trépanations. Si rapides qu'elles fussent, Pasteur, voulant que toute souffrance inutile fût épargnée, exigeait que tout chien, tout lapin soumis à ces expériences fût endormi. Un cornet de papier buvard imbibé de chloroforme était mis sous le nez de l'animal. « Autant de trépanations et d'inoculations sur le cerveau, écrivait Pasteur dans la note présentée à l'Académie des sciences, le 30 mai 1881, et le lendemain à l'Académie de médecine, autant de cas de rage confirmée et rapidement développée. » C'était l'affaire d'une semaine ou deux, de dix-huit ou vingt jours au plus. « Etant donné le caractère de la méthode, ajoutait-il, il y a lieu d'espérer qu'il en sera toujours ainsi. »

En attendant que, dans cette étude si compliquée, des recherches partielles fussent poursuivies sur divers points, les grandes lignes se dégageaient. Mais d'autres obstacles se présentaient. Pasteur ne pouvait appliquer la méthode qui lui avait servi jusqu'alors pour l'isolement, puis pour la culture du microbe en dehors de l'organisme, dans un milieu artificiel, car il n'arrivait pas à déceler, à mettre en évidence le microbe de la rage. Comment y parvenir? L'existence du microbe n'était pas douteuse. Peut-être était-il à la limite de la visibilité. Puisque ce quelque chose d'inconnu est vivant, pensa Pasteur, il faut arriver à le cultiver. A défaut de bouillon de culture, essayons du cerveau même des lapins. C'est un tour de force expérimental. Tentons-le.

A peine un lapin trépané et inoculé venait-il de mourir paralysé, que l'on trépanait et que l'on inoculait avec un peu de sa moelle

rabique un autre lapin. De passage en passage, en inoculant toujours le virus par le même procédé opératoire, les durées d'incubation furent de moins en moins longues. De dix-huit jours elles
descendirent à quatorze, puis devinrent plus courtes encore au point
de n'être plus, après une centaine d'inoculations non interrompues,
que de sept jours et un peu moins. Mais le virus parvenu à ce
degré et dont l'énergie, comme on le constata au laboratoire, dépassait celle du virus des autres chiens enragés par morsure courante,
devint fixe. Pasteur en était maître. Chiens emprisonnés dans des
cages rondes à solides fermetures, lapins et cochons d'Inde dans
des cages superposées, ce n'était partout dans le laboratoire de
l'Ecole normale qu'animaux en expériences. Chaque matin, Pasteur,
une fiche à la main, allait relever l'état des inoculés. Tel cobaye,
trépané et inoculé de la rage le matin même, était marqué comme
devant mourir au bout de cinq jours; tel lapin avait une semaine
devant lui; tel chien, un sursis d'existence un peu plus long. Et
les choses se vérifiaient avec une exactitude surprenante.

Par ce procédé de trépanation et d'inoculation, la rage éclate cent
fois sur cent. Cette sûreté, la durée moindre d'incubation, c'étaient
là d'immenses progrès. Pasteur ne s'en contentait pas. Il fallait
maintenant chercher à descendre les degrés de virulence. Une fois
l'atténuation du virus conquise, on pourrait espérer rendre les
chiens réfractaires à la rage. Pourquoi, en effet, le virus rabique,
comme le virus mortel du charbon, qui passe par des états intermédiaires de virulence, ne s'atténuerait-il pas à tous les degrés et ne
préserverait-il pas des atteintes du virus rabique mortel? Pasteur
fit prélever un fragment de la moelle, à virus fixe, d'un lapin qui
venait de mourir de rage. Ce fragment fut suspendu par un fil dans
un flacon flambé dont l'air était entretenu à l'état sec par des fragments de potasse caustique, placés au fond du vase, semblables à
de petits éclats de marbre blanc. Une bourre de ouate fermait le
flacon pour le mettre à l'abri des poussières de l'air. La température
de la pièce où se faisait cette dessiccation fut maintenue à 23 degrés.
A mesure que la moelle se desséchait, elle perdait de plus en
plus sa virulence qui s'éteignait tout à fait au bout de quatorze

jours. Cette moelle devenue inactive, on la broya dans l'eau pure
et on l'inocula sous la peau à des chiens. Le second jour, on leur
inocula la moelle de treize jours et ainsi de suite en remontant
vers la virulence jusqu'à la moelle extraite du lapin mort de rage
le matin même. Que ces chiens fussent mordus ensuite par des
chiens enragés, qui leur étaient donnés pendant quelques minutes
comme compagnons de cage, ou même qu'ils fussent soumis à
l'inoculation intracranienne du virus de chien à rage des rues, ils
résistaient. Ces privilégiés, Pasteur en avait à l'Ecole normale,
dans les anciennes dépendances du collège Rollin, que le Conseil
municipal de Paris avait mises à sa disposition ; enfin, faute de
place, dans le chenil de Bourrel.

Devenu maître de l'état réfractaire, Pasteur souhaitait que ces
résultats fussent contrôlés par une commission. Le ministre de
l'Instruction publique répondit à ce désir. La commission, constituée à la fin de mai 1884, fut composée de Béclard, doyen de
la Faculté de médecine, Paul Bert, Bouley, Villemin, Vulpian,
et M. Tisserand, directeur du ministère de l'Agriculture. Elle se
mit immédiatement à l'œuvre. Le dimanche 1er juin, une dépêche
de M. Nocard annonçait qu'un chien très rabique venait de
mourir à Alfort. On apporta son cadavre au laboratoire de
l'Ecole normale. Un fragment de son bulbe, délayé dans du
bouillon stérilisé, constitua la matière d'inoculation. On amena
deux chiens jugés par Pasteur réfractaires à la rage. Trépanés,
ils furent inoculés avec deux gouttes de ce liquide. Même petite
couronne de trépan de 5 à 6 millimètres de diamètre, même rondelle osseuse enlevée, même liquide d'inoculation introduit juste
au-dessous de la dure-mère, à deux chiens indemnes de tout
traitement antérieur et à deux lapins. Bouley, qui devait faire un
rapport au ministre sur toutes les expériences, notait au moment
même :

« M. Pasteur annonce qu'étant donnée la nature du virus rabique
employé, les lapins ne prendront la rage que dans un intervalle de
douze à quinze jours environ, qu'il en sera de même des deux chiens
témoins et que les réfractaires ne la prendront ni tôt ni tard, quel

que soit le temps pendant lequel la commission les tienne en observation. »

Le 29 mai, Mme Pasteur écrivait à ses enfants :

« La commission rabique s'est réunie hier et a nommé son président. C'est M. Bouley qui a été choisi. Rien de décidé pour le commencement des expériences. Votre père, toujours fort préoccupé, me parle peu, dort peu, se lève dès l'aurore, en un mot continue la vie que j'ai commencée avec lui il y a trente-cinq ans aujourd'hui. »

Le 3 juin, Bourrel faisait savoir qu'un chien furieux était dans le chenil de la rue Fontaine-au-Roi. Immédiatement un chien réfractaire et un chien neuf furent soumis à de nombreuses morsures ; ce dernier fut violemment, à plusieurs reprises, mordu à la tête. Le chien enragé vivait encore le lendemain et il était en état de mordre, télégraphiait Bourrel. Deux nouveaux chiens, l'un réfractaire, l'autre neuf, lui furent offerts. La commission, pensant que la bave des premières morsures pouvait être plus abondante et plus dangereuse, fit passer le réfractaire du 3 et le réfractaire du 4 avant leurs camarades.

Le 6 juin, après la mort du chien enragé, la commission procéda avec le bulbe de l'animal à l'inoculation par trépanation de six autres chiens : trois réfractaires, trois neufs sortis de la fourrière et deux lapins. Il n'y aurait pas d'expériences complètes de laboratoire si l'on ne finissait pas par des lapins.

Le 10 juin, nouvelle dépêche de Bourrel, nouveau chien enragé, nouvelle convocation, nouveau réfractaire soumis aux morsures.

« Ce chien mordeur, rabique, écrivait Pasteur dans une lettre à son gendre datée du 12 juin, avait passé la nuit dans la chambre et sur le lit de son maître. Depuis quelques jours il avait des allures suspectes. Le 10 au matin, il a la voix rabique. Son maître qui, il y a vingt ans, avait entendu un chien enragé aboyer, est aussitôt pris de frayeur et conduit son chien chez M. Bourrel qui le trouve, en effet, enragé et mordeur. Heureusement un reste d'affection lui avait fait respecter son maître...

« Ce matin 12 juin, l'état rabique commençant est constaté chez un des témoins du 1ᵉʳ juin, trépané en même temps qu'un autre chien témoin et deux réfractaires. Je vais en informer les membres de la commission et leur donner rendez-vous. C'est le douzième jour d'incubation du mal. Espérons que l'autre témoin va également prendre la rage et que les deux réfractaires résisteront. »

Pendant que la commission venait examiner le chien pris de rage furieuse, le premier de la série, dans le délai même indiqué par Pasteur, elle constatait, en outre, que les lapins trépanés le 1ᵉʳ juin commençaient d'être atteints de paralysie rabique, le matin du 14. « Cette paralysie, notait Bouley, se traduit par une grande faiblesse des membres, surtout du train de derrière. Le moindre choc les renverse et ils éprouvent une grande difficulté pour se relever. » Le deuxième chien témoin du 1ᵉʳ juin, dont la commission avait remarqué, la veille, l'allure suspecte, était enragé. Les chiens réfractaires se portaient bien.

Pendant ce mois de juin, Pasteur trouvait le temps de mettre sa fille et son gendre au courant de toutes les expériences de la commission : « Conservez mes lettres, leur écrivait-il, ce sera comme un double des procès-verbaux. »

Ce n'était plus seulement par deux, par quatre, c'était par douzaine de chiens que l'on procédait dans les derniers jours de juin aux expériences de contrôle. Elles se poursuivirent jusqu'au commencement du mois d'août. Les chiens que Pasteur avait déclarés réfractaires subirent les épreuves diverses du virus rabique. Morsures, injections intraveineuses, trépanations, on voulut tout essayer avant de leur donner le nom de vaccinés. Le 17 juin, Bourrel annonçait que le chien témoin, mordu le 3 juin, était pris de rage. Les membres de la commission se rendirent rue Fontaine-au-Roi. La période d'incubation n'avait été que de quatorze jours. Les nombreuses morsures à la tête motivaient sans doute, disait Bouley, cette rapidité du mal. Le chien déchiquetait les planches de sa niche et mordait sa chaîne avec fureur. Les jours suivants, plusieurs chiens témoins étaient pris de rage. Pasteur avait d'abord expérimenté sur 19 chiens réfractaires pour faire la contre-partie des 19 témoins, mais il en ajouta 4 autres qui portaient le nombre des réfractaires à 23. Sur les 19 témoins, il y avait eu, à la suite de morsures, 3 cas de rage sur 6; à la suite des inoculations intraveineuses 6 sur 8; enfin 5 cas de rage sur 5 à la suite des inoculations par trépanation. Il était probable, disait Bouley, qu'avec la variété que présentaient les durées d'incubation à la suite de morsures, le chiffre de la mortalité s'élèverait encore.

Résumé des expériences et témoignage que Pasteur n'avait rien avancé qui ne fût rigoureusement exact, tout était adressé au ministre de l'Instruction publique dès le commencement du mois d'août. « Nous vous soumettons aujourd'hui, écrivait Bouley, ce rapport sur la première série des expériences dont nous venons d'être les témoins, afin que M. Pasteur puisse s'en autoriser dans la communication qu'il se propose de faire au Congrès scientifique international de Copenhague, sur ces magnifiques résultats qui honorent à un si haut degré la science française et lui constituent un nouveau titre à la reconnaissance de l'humanité. »

Un désir de la commission avait été que l'on pût construire un vaste chenil pour apprécier la durée de l'immunité chez les chiens inoculés préventivement contre la rage et pour savoir, autre et grand problème, si, après morsure, il serait possible, par l'inoculation du virus atténué, de combattre le virus provenant des morsures. Sur la demande du ministre, la commission parcourut le bois de Meudon à la recherche d'un emplacement favorable. Elle trouva unanimement que l'on pouvait organiser un chenil au bas du parc. Nul endroit ne conviendrait mieux. Il était isolé de toute habitation, facile à clore, il ne gênerait personne. Mais lorsque les habitants de Meudon surent que l'on songeait à construire, loin d'eux, sur leur territoire toutefois, une succursale inattendue de la fourrière, ce furent de beaux cris. Il semblait que chaque habitant eût aux jambes une meute de chiens enragés. Le maire de Meudon, bien qu'admirateur passionné du maître, comme il le disait très haut, prit fait et cause pour ses administrés craintifs, évoqua l'image du public paisible des dimanches qui n'irait plus au bois de Meudon. « Ce bois, écrivait-il, où l'on devrait envoyer tous ceux que débilite l'existence de Paris, c'est de lui qu'on veut faire un épouvantail ! » Lettre publique envoyée au ministre, recopiée pour les journaux, délégations, il ne négligea rien et gagna son procès.

On indiqua alors à Pasteur, pour sa kyrielle de chiens, un domaine situé près de Saint-Cloud, de l'autre côté des bois. de Marnes, dans le parc de Villeneuve-l'Etang. Du petit château à volets verts, propriété de la duchesse d'Angoulême, puis du duc Decazes, enfin de Napoléon III, qui en avait fait un prolongement discret de Saint-Cloud, il ne restait, après les mutilations de la guerre, que des murs délabrés et menaçant ruine. Mais plus loin, certaines dépendances, qui étaient d'anciennes écuries, pouvaient être transformées en chenil.

Une loi de 1878 avait autorisé la vente de ce domaine appartenant à l'Etat. Le jour de l'adjudication, nul amateur ne s'était présenté. L'endroit se prêtait mal, à cause des nombreuses servitudes, aux projets d'un grand acquéreur. Toute opération immobilière était peu tentante pour une compagnie. Le terrain, dominé par un grand étang, coupé par un petit, bordé du côté de Marnes par une rivière factice, ne favorisait pas une entreprise de morcellement et de saccagement. La loi qui avait autorisé l'aliénation de Villeneuve-l'Etang fut abrogée. On affecta une partie du domaine au ministère de l'Instruction publique en vue des expériences de Pasteur et de ses disciples sur la prophylaxie des maladies contagieuses.

L'esprit plein de projets, Pasteur partit pour le Congrès médical international qui, trois ans après celui de Londres, devait se tenir à Copenhague. Plus de seize cents membres s'étaient fait inscrire. Presque tous, à peine dans la ville, eurent la surprise d'un billet de logement. Les danois ont la coquetterie généreuse de l'hospitalité. Ils s'étaient partagé les listes pour recevoir à leur propre foyer des amis connus ou inconnus. Plusieurs, avec une prévoyante délicatesse, apprenaient depuis trois ans le français afin de mieux fêter nos compatriotes.

Un franc-comtois, membre de l'Académie française, Xavier Marmier, — qui, avant de borner les distractions de sa vie à une promenade à petits pas le long des quais, avait fait le tour de l'Europe, — écrivait en 1843, dans ses *Lettres sur le Nord*, que pendant le mois qui précède le printemps, tout le monde à Copenhague s'aborde avec ces mots de fête : « Voici le printemps. » Il semblait qu'en 1884 il y eût cette variante : Voici l'été qui amène le Congrès. Le fils de Pasteur, alors secrétaire de la légation de France à Copenhague, avait souvent parlé à son père, avec une sympathie admirative, de ces gens du Nord qui, sous leur apparence calme, presque froide, cachent des enthousiasmes profonds et réfléchis. Ils ont, comme le disait un grand citoyen danois, Jacobsen, « la passion de tous les progrès, de toutes les idées fécondes ».

La séance d'ouverture eut lieu le 10 août dans la grande salle du palais de l'Industrie. Le roi et la reine de Danemark, le roi et la reine de Grèce assistaient à cette assemblée solennelle. Le président, le professeur Panum, souhaita, au nom de son pays, la bienvenue à tous les membres étrangers. Il célébra la neutralité de la science, en ajoutant que les trois langues officielles dont on se servirait pendant le congrès seraient le français, l'anglais et l'allemand : « Trois pavillons de nations différentes luttant, ensemble, mais comme des vaisseaux poussés l'un vers l'autre dans l'océan du progrès. » Son discours était tout entier en français « cette langue, disait Panum, qui nous divise le moins et que nous sommes habitués à regarder comme la plus courtoise du monde ».

L'ancien président du Congrès de Londres, sir James Paget, dégageant la portée scientifique de ces réunions triennales, montra que c'est grâce à elles que les peuples peuvent mesurer la marche de la science.

Virchow, au nom de l'Allemagne, développa la même idée.

Pasteur représentait la France. De même qu'à Milan en 1878, à Londres en 1881, à Genève en 1882, à Edimbourg tout récemment, il montra combien se confondaient en lui l'homme de science et l'homme de patriotisme.

« Au nom de la France, dit-il, je remercie M. le président de ses paroles de bienvenue. J'applaudis aux sentiments qu'il vient d'exprimer. Par notre présence dans ce congrès, nous affirmons la neutralité de la science.

« La science n'a pas de patrie, ou plutôt la patrie de la science embrasse l'humanité tout entière. Cette vérité n'est-elle pas constatée par le spectacle que nous donnent aujourd'hui le roi de Danemark et le roi de Grèce, se faisant honneur de saluer une assemblée de savants venus de tous les points du monde?

« Mais, messieurs, si la science n'a pas de patrie, l'homme de science doit avoir la préoccupation de tout ce qui peut faire la gloire de sa patrie. Dans tout grand savant vous trouverez toujours un grand patriote. La pensée d'ajouter à l'honneur de son pays le soutient dans ses longs efforts ; l'ambition de voir la nation à laquelle il appartient prendre ou garder son rang le jette dans les difficiles mais glorieuses entreprises du savoir qui amènent les vraies et durables conquêtes. L'humanité profite alors de ces travaux qui lui arrivent de tous côtés. Elle compare, elle choisit, elle s'empare avec orgueil de toutes les gloires nationales. Vous, messieurs, qui représentez cette connaissance humaine si ardue et si délicate qu'elle est tout à la fois une science et un art ; vous qui venez apporter au patrimoine commun de l'univers ce que vous avez laborieusement acquis ; vous dont le nom est un honneur pour votre patrie, vous pouvez être fiers de constater qu'en travaillant pour elle vous avez bien mérité du genre humain. »

La séance fut suspendue. Pasteur fut présenté au roi. La reine de Danemark et la reine de Grèce, dérogeant à l'étiquette, allèrent au-devant de lui « marquant ainsi, disait le compte rendu d'un journal français, la sympathie que la cour danoise éprouve à l'égard de notre illustre compatriote ».

Les danois à la tête du comité avaient voulu multiplier les occasions de rencontres pour que les messagers de quelque fait intéressant eussent la possibilité de l'annoncer. Les sections siégeaient dans les diverses salles de l'Université, semblables à autant de salles d'examen où, par un changement de rôles, des professeurs venaient s'instruire. Les séances s'ouvraient à neuf heures. Elles étaient interrompues à midi. Elles devaient reprendre à une heure. Encore pouvait-on ne pas perdre son temps en allées et venues ; il suffisait de se prémunir d'un cachet donnant droit à déjeuner dans un petit restaurant voisin, connu par sa frugalité.

Cinq assemblées générales devaient être pour quelques savants l'occasion d'exposer leurs idées sur un sujet d'intérêt universel. Pasteur fut prié d'inaugurer ces séances. Non seulement les membres du congrès mais tous ceux qui s'intéressent aux choses de science étaient venus entendre l'exposé de la méthode qui avait permis à Pasteur de s'avancer pas à pas avec sécurité dans la question si ardue de la rage. Il déclarait d'abord la guerre à ce préjugé, si répandu, que la rage peut naître spontanément. Quelles que soient les conditions où l'on place un chien, ou tout autre animal, conditions physiologiques ou pathologiques, la rage ne se manifeste jamais s'il n'y a pas eu morsure ou lèchement d'un autre animal enragé : nouvelle et éclatante preuve de la doctrine de l'extériorité des germes. La rage est si peu spontanée qu'elle est inconnue dans certaines contrées. Pour qu'un pays tout entier soit à l'abri de la rage, il suffit qu'une loi impose, comme en Australie par exemple, une quarantaine de plusieurs mois à tout chien venant de l'étranger. Un chien mordu par un animal enragé, à la veille d'être embarqué, aurait ainsi largement le temps de mourir. Sans aller si loin de Copenhague, la Norvège et la Laponie sont également indemnes. Quelques bonnes mesures prophylactiques, et le fléau est écarté. Vainement objectera-t-on qu'il y a eu un jour un premier chien enragé. « C'est là, disait Pasteur, un problème insoluble dans l'état actuel de la science, puisqu'il rentre dans le grand inconnu de l'origine même de la vie. »

Les expériences faites avec ses collaborateurs ; la démonstration que le virus de la rage envahit les centres nerveux ; les cultures du virus dans le corps des animaux ; les essais d'atténuation du virus rabique en le faisant passer du chien au singe et, en même temps que cette atténuation graduée, une exaltation en sens inverse par les passages successifs du virus rabique de lapin à lapin ; la possibilité d'obtenir ainsi tous les degrés de virulence ; enfin la certitude de posséder un vaccin de la rage des chiens : — toutes les étapes vers cette grande découverte, l'auditoire les suivit avec une curiosité passionnée.

« Des acclamations enthousiastes, écrivait le correspondant du *Journal des Débats*, ont accueilli les conclusions de l'infatigable travailleur. »

« Toute la salle était debout, écrivait de son côté le correspondant du journal le *Temps*, et devant cet hommage qui retombait en gloire sur la France, nous éprouvions, nous français, une émotion haute et débordante, une joie de patriotisme battant son plein. »

Après l'exposé de cette découverte, Pasteur eut la fierté française de constater, au cours d'une des premières promenades offertes aux congressistes, l'application en grand de ses méthodes, non plus comme en Italie dans les progrès de la sériciculture, mais dans ceux de la brasserie. Le citoyen danois, dont le nom était célèbre dans l'Europe entière par ses dotations scientifiques, J.-C. Jacobsen, avait fondé, en 1847, la brasserie de Carlsberg devenue l'une des plus importantes du monde. Ce n'était plus, comme au début, 4,000 hectolitres, c'était 200,000 qui roulaient chaque année hors de Carlsberg et de Ny Carlsberg, la brasserie nouvelle dirigée par le fils de Jacobsen.

En 1879, Jacobsen, inconnu de Pasteur, lui avait écrit : « Je vous serais très obligé si vous vouliez me permettre de faire exécuter par un des grands artistes qui honorent la France, M. Paul Dubois, votre buste en marbre pour l'ériger dans le laboratoire de Carlsberg, en commémoration des services rendus à la chimie, à la physiologie et à la brasserie par vos travaux sur la fermentation, base de tous les progrès futurs de l'art du brasseur. »

Le visage de Pasteur, son regard profond et comme lointain d'homme de pensée, son expression habituelle de gravité, de sévérité, sa puissance d'énergie à toute épreuve, prête aux contradictions, aux luttes ; tout cela fut cherché, trouvé, travaillé avec une puissance d'art incomparable sous la main créatrice de Paul Dubois.

Obéissant à un même sentiment de gratitude, le fils de Jacobsen voulut qu'à l'entrée de la rue Pasteur, qui mène à Ny Carlsberg, le buste du savant, cette fois buste en bronze, fût encastré dans le mur de la brasserie comme une image protectrice.

Pasteur put vérifier que tout était dirigé à Carlsberg d'après les principes enseignés dans ses *Etudes sur la bière*. C'était pour les membres du congrès, — que Jacobsen et son fils recevaient et fêtaient magnifiquement, — une fantastique leçon de choses. Jamais n'était mieux apparue la démonstration des services que l'industrie peut recevoir de la science. Dans le grand laboratoire, le physiologiste Hansen arrivait à différencier les levures. Il venait précisément de séparer trois espèces de levures produisant des bières ayant trois goûts différents. La multiplication de telle et telle levure, les qualités de leurs diverses races, la reprise, l'extension des travaux de Pasteur, c'était un enchantement pour les hommes de science. Et au milieu de cette visite industrielle, une surprise extraordinaire les attendait.

Dans une salle pleine de lumière, les statues de marbre les plus célèbres de Paul Dubois, de Falguière, de Chapu donnèrent aux français l'illusion d'un beau musée de France. Le drapeau tricolore flottant sur cette cité d'industrie, de science et d'art complétait cet ensemble d'impressions. Un musée dans une usine, n'était-ce pas comme la synthèse du sens pratique et des sentiments délicats du peuple danois ?

Quelque douloureuses qu'eussent été les épreuves subies en 1864 ; bien que la France, l'Angleterre et la Russie eussent laissé commettre l'attentat d'invasion, au mépris de vieux traités qui garantissaient la possession du Slesvig au Danemark ; cette nation démembrée, amoindrie ne s'était abandonnée ni aux récriminations stériles ni aux tristesses déclamatoires. Il y a une vanité du deuil comme il y a une insolence du bonheur. Sans fracas, elle avait cherché le relèvement par le travail. Elle avait conservé le respect du passé, le culte de ses grands hommes, la foi dans la justice, toutes ces semences de vie que Pasteur constatait avec émotion.

Contraste singulier ! c'est dans ce pays de bon sens, qui a par excellence l'esprit de mesure, que Shakespeare a placé le personnage le plus troublé, le plus hanté par l'énigme affolante de la destinée. Elseneur n'est qu'à une faible distance de Copenhague. Nul congressiste, surtout parmi les anglais, n'aurait voulu quitter le Danemark sans connaître la patrie d'Hamlet.

Une compagnie de transports avait organisé le voyage d'Elseneur pour le jour où le congrès devait prendre vingt-quatre heures de congé. Cinq navires pavoisés attendaient mille médecins et leurs familles. De minute en minute, les coups de canon scandaient solennellement les préparatifs du départ. Les roues des steamers battaient l'eau. Au loin on entendait des sonneries de clairon, semblables aux sonneries des clairons de France. Accompagnée par les vivats, sous un ciel bleu, par une mer très calme, la petite flotte quitta le port majestueusement. Les bateaux défilèrent devant les blanches villas qui, au milieu des arbres et des fleurs, descendent jusqu'au bord de la mer. Les côtes de Suède s'estompaient dans le lointain.

Après deux heures de traversée on débarqua gaiement à Elseneur, au pied du château de Kronborg qui, dans ce poste de surveillance guerrière à l'entrée du Sund, devait, au temps du romantisme, faire surgir l'idée de quelque demeure occupée par un géant gardien, capable d'arrêter d'un mot ou d'un geste les vaisseaux qui passaient. Mais, après cette promenade en mer, l'image fantastique d'un géant des tempêtes ou d'un génie des nuits claires et douces s'effaçait devant une préoccupation plus positive. Ces milliers de personnes, malgré les tables servies pour le lunch, arriveraient-elles à se nourrir? On n'avait pas assez compté avec l'appétit des français que les étrangers appellent des mangeurs de pain. Les corbeilles ne tardèrent pas à se vider. L'eau à son tour manqua. Mais le vin de Champagne désaltéra ceux qui ne demandaient qu'à boire à la santé de leurs voisins.

Le spectacle de cette mer et, au loin sur la rive de Suède, des maisons rouges de la ville de Helsingborg qui, par ce beau jour, prenaient des tons éclatants; le mouvement des navires glissant dans la lumière; et, sur la plate-forme du château, l'ombre du roifantôme; tout était impressions vives et changeantes, choses vues et choses évoquées.

Mais il aurait fallu à cette même place entendre quelque analyse suggestive d'un médecin pénétré de l'œuvre de Shakespeare à peu près comme l'étaient Guizot, Taine, Montégut ou Mézières. Que Charcot n'était-il venu au congrès ! Que n'était-il là, dans cette foule, attirant immédiatement l'attention par son visage glabre, étrangement accusé, au regard scrutateur et impérieux, à la physionomie tout à la fois dantesque et napoléonienne ! Il eût, en quelques mots sobres et pleins de couleur, jugé la pièce de Shakespeare, décrit la maladie nerveuse d'Hamlet, dépeint cette volonté en détresse aux prises avec le plus terrible des devoirs, et porté la clarté sur le trouble de cette âme flottant de l'énigme douloureuse de la vie à l'angoisse que lui causait sa propre destinée.

Des médecins revinrent d'un bois voisin sans le moindre enthousiasme pour les pierres qui représentent le faux tombeau d'Hamlet. Ils avaient vainement cherché le ruisseau d'Ophélie, ils n'avaient pas aperçu le moindre rejeton du saule qui l'entendit chanter si près de la mort, les mains pleines de fleurs. Evidemment il n'y avait eu là pour Shakespeare qu'un décor donné au drame qu'il plaçait comme un point d'interrogation sur le mystère ou l'ironie de la vie humaine. Mais l'art, qui crée ou ressuscite, a fait pour jamais de ce coin de terre l'endroit où vécut et souffrit Hamlet.

Ces pensées diverses, et même les discussions qui s'élevaient, selon l'humeur des gens, flottaient comme les nuages légers au-dessus de la mer. Au moment où les bateaux rentraient à Copenhague, le soleil se coucha dans une gloire de lumière. Un long crépuscule gris-perle suivit, sorte d'attente, d'arrêt entre le jour qui s'achevait et la nuit qui allait venir. Le calme qui descendait sur la ville et la mer semblait s'étendre à toutes choses. Ce recueillement, Pasteur l'aimait.

Il aimait aussi, avec son goût du silence favorable aux méditations, les habitudes paisibles, infiniment discrètes des danois, non seulement dans les salons mais encore dans les rues, sur les places publiques, partout. Les fêtes elles-mêmes, données en l'honneur du congrès, gardaient ce caractère de politesse et de douceur. La courtoisie allait jusqu'à l'effacement. Un soir, il y eut grande réjouissance dans le parc de Tivoli qui est pour les habitants de Copenhague comme un parc national. Tous les arbres portaient suspendus à leurs branches des ballons multicolores, semblables à d'énormes fruits de contes de fées. Çà et là, parmi les corbeilles de géraniums et les bordures de gazon s'ouvraient, s'épanouissaient des fleurs de lumière. De toutes parts étaient organisés des représentations théâtrales, des concerts, des jeux divers. Curieuse kermesse, où vingt mille personnes étaient répandues dans les allées, sans un cri, sans la moindre poussée des coudes. Devant le théâtre du célèbre Pierrot, des groupes attendaient depuis longtemps que le rideau se levât. Leur patience était éclairée d'un sourire. Dans le silence de cette nuit d'été, les congressistes revinrent par les grandes rues, le long des magasins dont aucune fermeture ne protège les vitrines. On se sentait enveloppé dans une atmosphère de sécurité. Elle s'explique d'ailleurs par la situation de ce petit pays dont la surveillance d'entrée et de sortie est extrêmement facile.

Ce peuple calme, aux sentiments forts, intéressa Pasteur dont le séjour se prolongea au delà des séances du congrès. Il prit un plaisir particulier à visiter le musée de Thorwaldsen. Copenhague, après avoir comblé d'honneurs son grand artiste vivant, lui voue, depuis sa mort, un culte extraordinaire. Non seulement les bas-reliefs, quelques-uns exquis et purs, comme la *Nuit* emportant dans ses bras deux enfants endormis, mais encore toutes les statues et jusqu'aux moindres maquettes sont conservées avec une piété nationale. L'admiration n'a pas voulu faire de choix. Et pour que rien ne manque à l'hommage le plus grand que jamais patrie ait rendu à l'un de ses fils, le tombeau de Thorwaldsen, — simple pierre entourée de lierre, — est dans une cour du musée. L'artiste repose là, au milieu de ses œuvres.

Pasteur, en quittant Copenhague, se rendit à Arbois. Du

cabinet, situé au-dessus de son laboratoire qui ne se prêtait pas à l'hospitalisation de chiens enragés, il dictait les expériences qu'il fallait poursuivre à Paris. Les pages de ses cahiers sans cesse sous les yeux, il savait à quelle période de traitement était tel chien réfractaire, à quelle date tel chien avait été mordu. Rue d'Ulm, à côté du préparateur, M. Adrien Loir, heureux de se priver de vacances, il y avait un aide précieux, Eugène Viala. Pasteur, qui connaissait sa famille, l'avait fait venir d'Alais en 1871 pour l'employer aux menus travaux du laboratoire. Ce n'était alors qu'un enfant de douze ans et demi. Il savait à peine lire et écrire. Pasteur lui fit donner et lui donna lui-même des leçons. A partir de 1873, il l'envoya, le soir, aux cours d'adultes organisés par la Société philotechnique dans la salle Gerson, non loin de l'Ecole normale. Pendant trois ans, il corrigea les devoirs de ce petit Viala qui prenait goût à l'étude. Quand il disait, au mois de février 1885, dans une communication à l'Académie des sciences : « Un jeune aide de laboratoire a pu être rapidement mis à même, par M. Roux, de pratiquer cette opération (il s'agissait de trépaner les chiens, les lapins et les cobayes) et c'est lui qui présentement fait toutes les trépanations aux divers animaux sans qu'il arrive jamais d'accidents pour ainsi dire, » cet aide était Eugène Viala.

. Les lettres que lui adressa Pasteur au cours des vacances de 1884 montrent le point exact où en étaient encore à cette époque les recherches sur la rage. Beaucoup croyaient cette étude assez avancée pour que l'on pût tenter d'appliquer à l'homme la méthode de traitement.

Le 19 septembre, Pasteur écrivait à Viala : « Dis à M. Adrien [Loir] d'adresser la dépêche suivante en Angleterre : « Surgeon « Symonds. Oxford. Impossible encore opérer sur l'homme. Trans- « port de virus atténué, impossible aujourd'hui. » Vois MM. Bourrel et Béraud pour avoir un chien mort de rage des rues et recommence, avec le bulbe de ce chien, à trépaner un singe neuf, deux cobayes, deux lapins... Je crains que le chien de Nocard n'ait pas été rabique. Tu aurais la preuve qu'il était rabique qu'il faudrait encore recommencer les épreuves. »

Puis, sous forme de note, il donnait les indications suivantes :
« Puisque M. Bourrel accuse qu'il y a en ce moment beaucoup
de chiens enragés, tu pourras y conduire deux couples de chiens
neufs. Quand il aura un bon chien enragé mordeur, il ferait mordre
les chiens d'un des couples, compterait les morsures et tu traiterais
l'un des deux mordus pour le rendre réfractaire (après un temps
déterminé depuis la morsure, soit un, soit deux, soit un plus grand
nombre de jours après).

« Conserve les notes indicatrices d'expériences nouvelles.

« Ecris-moi tous les deux jours au moins. »

Pour éteindre ou tout au moins diminuer la rage, qu'y aurait-il à
faire ? se demandait Pasteur. Pourrait-on arriver à vacciner les
chiens ? Mais, en dehors de Paris dont la population canine s'élève
à un chiffre de plus de 100,000, il y a en France 2,500,000 chiens.
La vaccination exige plusieurs inoculations préventives. De combien de locaux, même en procédant par tournées régionales, ne
faudrait-il pas disposer pour garder d'innombrables meutes de
chiens en expérience et en observation ? Autres obstacles : les
dépenses de toutes sortes que nécessiteraient le régime d'internement, la surveillance, la difficulté d'avoir un personnel exercé
pour entretenir le virus, atténuer les moelles rabiques, veiller dans
les inoculations à l'asepsie la plus rigoureuse. Où prendre surtout,
disait M. Nocard que Pasteur consultait un jour, les lapins pour
suffire à la préparation des émulsions vaccinales ? L'Australie elle-
même n'y suffirait pas. Restait la question des chiens errants,
abandonnés, insoumis, rôdeurs de nuit. Leur liberté dangereuse
rendrait presque illusoire le traitement des chiens qui ont un
domicile régulier.

La vaccination facultative sembla un instant à Pasteur pouvoir
être essayée. Propriétaires, amateurs ou vendeurs, que de gens
devaient souhaiter que leurs chiens fussent réfractaires à la rage !
La chose à la rigueur pouvait se tenter à Paris, mais successivement, lentement, par catégories qui auraient en quelque sorte un
caractère privilégié. Dès lors, c'était reculer très loin, rendre
presque impossible l'extinction de la rage. Vaccinations en masse,

vaccinations par petites séries étaient aussi peu pratiques les unes que les autres.

La question se résumait tout entière en ceci : empêcher la rage d'éclater chez un homme mordu par un chien enragé.

Le 22 septembre, Pasteur répondait à l'Empereur du Brésil qui s'intéressait très vivement à tout ce qui se faisait au laboratoire de la rue d'Ulm et avait demandé quand l'application du traitement à l'homme pourrait avoir lieu :

« Sire, le baron d'Itajuba, chargé d'affaires du Brésil, m'a fait parvenir la lettre que Votre Majesté a bien voulu m'écrire à la date du 24 août dernier. L'Académie a accueilli avec des marques d'universelle sympathie le témoignage que vous avez accordé à la mémoire de notre illustre confrère, M. Dumas. Elle ne sera pas moins sensible aux paroles de regret que vous me priez de lui transmettre au sujet de la mort si prématurée de M. Wurtz.

« Votre Majesté a la bonté de me parler de mes études sur la rage. Elles sont assez avancées et je les poursuis sans interruption. Cependant j'estime qu'il me faudra encore près de deux années pour les amener à bonne fin, c'est-à-dire pour que je sois en mesure de proposer aux pouvoirs publics l'application pratique de mes résultats...

« Il faut donc arriver à la prophylaxie de la rage après morsure.

« Je n'ai rien osé tenter jusqu'ici sur l'homme, malgré ma confiance dans le résultat et malgré les occasions nombreuses qui m'ont été offertes depuis ma dernière lecture à l'Académie des sciences. Je crains trop qu'un échec ne vienne compromettre l'avenir. Je veux réunir d'abord une foule de succès sur les animaux. A cet égard, les choses marchent bien. J'ai déjà plusieurs exemples de chiens rendus réfractaires après morsures rabiques. Je prends deux chiens, je les fais mordre par un chien enragé. Je vaccine l'un et je laisse l'autre sans traitement. Celui-ci meurt de rage ; le vacciné résiste.

« Mais alors même que j'aurais multiplié les exemples de prophylaxie de la rage chez les chiens, il me semble que la main me tremblera quand il faudra passer à l'espèce humaine.

« C'est ici que pourrait intervenir très utilement la haute et puissante initiative d'un chef d'Etat pour le plus grand bien de l'humanité. Si j'étais Roi ou Empereur ou même Président de République, voici comment j'exercerais le droit de grâce sur les condamnés à mort. J'offrirais à l'avocat du condamné, la veille de l'exécution de ce dernier, de choisir entre la mort imminente et une expérience qui consisterait dans des inoculations préventives de la rage pour amener la constitution du sujet à être réfractaire à la rage. Moyennant ces épreuves, la vie du condamné serait sauve. Au cas où elle le serait, — et j'ai la persuasion qu'elle le serait en effet, — pour garantie vis-à-vis de la société qui a condamné le criminel, on le soumettrait à une surveillance à vie.

« Tous les condamnés accepteraient. Le condamné à mort n'appréhende que la mort.

« Ceci m'amène au choléra dont Votre Majesté a également la bonté de m'entretenir. Ni les docteurs Straus et Roux, ni le Dr Koch n'ont réussi à donner le choléra à des animaux et dès lors une grande incertitude règne au sujet du bacille auquel le Dr Koch rapporte la cause du choléra. On devrait pouvoir essayer de communiquer le choléra à des condamnés à mort en leur faisant ingérer des cultures du bacille. Dès que la maladie serait déclarée, on éprouverait des remèdes qui sont conseillés comme étant les plus efficaces en apparence.

« J'attache tant d'importance à ces mesures que si Votre Majesté partageait mes vues, malgré mon âge et mon état de santé, je me rendrais volontiers à Rio de Janeiro, pour me livrer à de telles études de prophylaxie de la rage ou de contagion du choléra et des remèdes à lui appliquer.

« Je suis, avec un profond respect, de Votre Majesté le très humble et très obéissant serviteur. »

A d'autres époques, le droit de grâce pouvait s'exercer sous la forme d'une chance de vie offerte au criminel se prêtant à une expérience. C'est ainsi que Louis XVI, après avoir admiré une montgolfière qui s'élevait au-dessus de Versailles, songea à faire proposer à deux condamnés à mort d'inaugurer l'embarquement dans une nacelle. Mais Pilâtre de Rozier, qui souhaitait d'être le premier aéronaute, s'indigna à la pensée, disait-il, que de vils criminels eussent la gloire de s'élever les premiers dans les airs. Il plaida et gagna sa cause. Au mois de novembre 1783, il organisa dans le parc du château de la Muette une ascension qui dura vingt minutes.

En Angleterre, au xvIII^e siècle, avant la découverte de Jenner, on avait tenté des essais heureux d'inoculation directe de la variole. Dans des recherches historiques et médicales sur la vaccine, publiées en 1803, Husson raconte que le roi d'Angleterre, disposé à faire pratiquer l'inoculation sur les membres de sa famille, commença par faire expérimenter la méthode sur six condamnés à mort. Les condamnés furent sauvés et la famille royale se fit inoculer.

Le projet de Pasteur aurait pu inspirer à Victor Hugo, qui avait écrit le *Dernier jour d'un condamné*, quelque puissant commentaire. Le sort d'un criminel utilisé pour la cause de l'humanité, au lieu de la mort sous le couperet de la guillotine devant une foule curieuse et avide de sang, comment cette idée de savant eût-elle été comprise, traduite par le poète de la pitié suprême ? Mais dans le droit moderne la justice ne s'arrête pas à ces considérations. Elle frappe ou gracie ; elle n'a pas le pouvoir de forger une peine non prévue par la loi ; elle n'entre pas en transaction avec un condamné.

Avant son départ d'Arbois, Pasteur se heurta à des obstacles d'un autre genre, qu'il ne prévoyait guère. Le succès des habitants de Meudon, qui étaient arrivés à leurs fins, avait donné à bon nombre d'habitants de Saint-Cloud, de Ville-d'Avray, de Marnes, de Vaucresson, de Garches l'idée de poursuivre le même but par voie de pétitions. Pour empêcher Pasteur d'installer son chenil dans le domaine de Villeneuve-l'Étang, on rééditait les arguments déjà publiés mais qui portaient toujours. On parlait de danger public. Les femmes alléguaient de vives, de mortelles inquiétudes, surtout pour leurs enfants qui, disaient-elles, seraient perpétuellement exposés à être mordus par les chiens, qu'elles voyaient déjà, dans leurs rêves, errants et furieux.

Les pensionnaires de l'hospice Brezin, anciens ouvriers du marteau, joignaient leur forte voix à tous ces petits cris de frayeur. Quelques-uns de ces braves gens avaient pris peu à peu la douce habitude de regarder le parc de Villeneuve-l'Etang comme le prolongement de leur jardin d'hospice. On les voyait, coiffés de leur casquette plate, le corps flottant dans leur ample vêtement gris-bleu, appuyés sur leur canne, marcher à pas ralentis dans les allées presque effacées. Repousserait-on ces invalides du travail? Parfois aussi le dimanche, des parisiens, en quête d'un coin pour déjeuner sur l'herbe, découvraient ces paysages aimés par Corot, et s'y installaient. Troublerait-on les dimanches populaires? Toutes ces considérations avaient leur poids quand il s'agissait de couvrir de signatures les pétitions hostiles au projet de Pasteur. Décidément, répétaient les intéressés, cette étude sur la rage devenait encombrante.

Un ancien élève de Pasteur à la Faculté de Strasbourg, M. Christen, devenu conseiller municipal de Vaucresson, prévenait Pasteur de ce bruit de voix agitées. Il se disait prêt à éclairer les habitants de cette commune et à essayer de les prémunir contre des terreurs qui étaient chimériques chez les uns et un peu factices chez d'autres.

Pasteur lui répondit : « ... Je serai de retour à Paris le 24 octobre. Dans la matinée du 25 et les jours suivants je serai à mon laboratoire de la rue d'Ulm, prêt à donner aux promoteurs de ces protestations tous les renseignements qu'ils peuvent désirer et qui, je l'espère, calmeront leurs appréhensions.

« Si mes assurances verbales ne suffisaient pas, nous prendrions jour pour aller à Villeneuve-l'Etang. Là, je montrerais sur place l'impossibilité d'un danger quelconque qui pourrait résulter, — pour les habitants de ces communes et les promeneurs des dimanches, — des expériences que je me propose d'instituer.

« Ce que vous pouvez dès maintenant, monsieur, dire à vos concitoyens et à ceux qui prennent si chaudement l'alarme, c'est qu'il n'y aurait pas de chiens enragés à Villeneuve-l'Etang. Il n'y aurait que des chiens réfractaires à la rage. Faute de place dans mon laboratoire, je suis actuellement obligé de confier à différents vétérinaires ces chiens que je voudrais bien voir installer dans un vaste chenil couvert, parfaitement clôturé d'ailleurs.

« Vous avez raison, monsieur, d'appeler illusoires les dangers qu'offrirait mon voisinage, et je vous suis reconnaissant d'essayer de calmer toute cette effervescence. »

Mais Pasteur ne pouvait s'empêcher, en racontant le fait dans une lettre à son fils, d'ajouter : « Quels mois de beau temps on a perdus pour les appropriations ! Cela me retardera de près d'une année dans mes projets. »

Peu à peu, malgré les oppositions qui continuaient plus ou moins grondeuses, le calme se fit dans les esprits. Le bon sens, la mesure et aussi le sentiment des grandes choses, tout ce qui constitue le fond même du français, soit qu'il obéisse à sa vraie nature, soit qu'il y revienne après un détour, eurent le dessus.

Au mois de janvier 1885, Pasteur put aller à Villeneuve-l'Etang pour tout organiser. De la vieille écurie on fit un vaste, un immense chenil. Le sol fut bitumé. On réserva au milieu un large passage. A droite et à gauche, doubles grilles de fer. Le long du mur, soixante niches devaient s'aligner.

Pendant la longue période où Pasteur étudiait les moyens d'arriver à la prophylaxie de la rage, quelqu'un qui aimait à flâner sur les quais avait recueilli sur ce sujet bien des documents anciens. Pasteur était parfois curieux de ces papiers jaunis. Il était facile de dégager de ces vieux livres un résumé historique de la rage. On pouvait même en allant d'un volume à l'autre, à travers des monographies, se donner un luxe d'érudition facile, et remonter jusqu'à Homère qui fait dire à un guerrier qu'Hector invincible est un chien enragé. Y avait-il dans Hippocrate quelques allusions à la rage ? Des commentateurs l'assuraient, mais les allusions étaient vagues. Aristote est plus explicite quand il parle de la rage des chiens, de la communication du mal à d'autres animaux mordus. Il ajoute toutefois cette opinion singulière que l'homme ne peut être atteint de rage.

Plus de trois cents ans passent. Il faut arriver à Dioscoride, puis à Celse qui vivait au commencement de notre ère, pour avoir une indication de la rage ignorée ou méconnue jusqu'alors. L'homme atteint de ce mal, disait Celse, est à la fois torturé par la soif et par une répulsion invincible pour l'eau. Et il conseillait la cautérisation de la plaie au fer rouge, puis d'autres caustiques et corrosifs. Mais déjà s'ajoutaient à la cautérisation des remèdes fantaisistes.

Les guérisseurs de village auraient pu revendiquer Pline l'Ancien comme un de leurs ancêtres. Le remède qu'il recommandait surtout était de manger le foie du chien enragé. Le foie eut peu de succès. Galien, qui le combattait, offrait une recette tout aussi singulière contre la rage : il faisait avaler des yeux d'écrevisses. Plus tard on préconisa surtout l'omelette aux écailles d'huîtres pilées. On spécifiait : il fallait prendre les écailles de dessous, non celles de dessus. Que d'œufs ont été battus dans tous les coins de France pour cette fameuse omelette ! Les uns, pour mieux faire les choses, ajoutaient de la poudre de pimprenelle, les autres de la poudre de racine d'églantier et de bois de chêne vermoulu ; le tout administré dans du lait ou du vin blanc. L'omelette constituait le vrai plat de résistance.

Mais le pèlerinage à Saint-Hubert, en Belgique, l'emportait sur tant de remèdes étranges. Comment grandit et se développa le crédit de ce saint, un directeur à l'Ecole des hautes études, M. Henri Gaidoz, l'a montré dans un livre intitulé : *La rage et Saint-Hubert*. Apôtre et missionnaire au VIIIe siècle, Hubert avait parcouru la grande forêt d'Ardenne, pays de chasse par excellence et fertile, comme toutes les forêts, en légendes inspirées par la solitude des grands bois. D'abord simple patron des chasseurs, son prestige et ses titres s'accrurent avec le temps. On le transforma en chasseur extraordinaire, on le fit duc d'Aquitaine et prince de France, on lui accorda les privilèges les plus surnaturels. On attribua à son étole miraculeuse le pouvoir de guérir le terrible mal. Et cela dure depuis plus de mille ans. Le prêtre, détachant une des parcelles de fil de cette étole, pratique à l'aide d'un canif une légère incision sur le front de la personne mordue. Il y introduit ce soupçon de fil, et recouvre aussitôt la petite blessure d'un bandeau que le mordu doit garder pendant neuf jours. Il termine par des recommandations où le corps et l'âme ont leur part.

° Tel petit manuel, publié au xviie siècle et intitulé : *Les remèdes charitables de Mme Fouquet*, donne une recette contre la rage. « Pour ceux qui sont mordus ou embavés des animaux enragés comme chiens, chats, loups ou autres, en quelle partie du corps que ce soit, il est certain, écrivait Mme Fouquet, que le bain de mer Méditerranée ou Océan est un bon remède pour ce mal, pourvu qu'on l'aille prendre dans le temps, c'est-à-dire avant que le venin ait pénétré jusqu'aux parties nobles, ce qui est d'ordinaire dans l'espace de neuf jours. » Les parties nobles étaient, pour Mme Fouquet, le cerveau, le cœur, le foie et l'estomac.

Dieppe était alors une plage à la mode pour les gens menacés de rage. Il fallait du reste être sous le coup de cette terreur pour aller aux bains de mer. En dehors de la vertu médicale attribuée spécialement à ces cas de précautions immédiates contre le mal, personne ne pensait qu'il pût y avoir un intérêt hygiénique ou thérapeutique à se rendre sur une plage et à prendre des bains. Ce n'est qu'au commencement de ce siècle que des anglais vinrent à Dieppe s'offrir une saison de bains et entraînèrent par leur exemple, d'abord sur cette plage, ensuite sur toutes celles de Normandie ou de Bretagne, tout un monde qui alla de plus en plus s'exposer à la lame, comme on disait assez prétentieusement sous la Restauration. Mais au temps de Louis XIV il fallait, pour faire un petit voyage aux bains de mer, la crainte d'être enragé.

Dans une lettre datée du 13 mars 1671, Mme de Sévigné adressait à sa fille cet écho de la semaine : « Il y a huit jours que Mme de Ludres, Coëtlogon et la petite de Rouvroy furent mordues d'une petite chienne, qui était à Théobon : cette petite chienne est morte enragée; de sorte que Ludres, Coëtlogon et Rouvroy sont parties ce matin pour aller à Dieppe, et se faire jeter trois fois dans la mer. Ce voyage est triste ; Benserade en était au désespoir ; Théobon n'a pas voulu y aller, quoiqu'elle ait été mordillée. La reine ne veut pas qu'elle la serve qu'on ne sache ce qui arrivera de toute cette aventure. »

Au xviiie siècle, le voyage à Dieppe était toujours indiqué aux mordus. Dans une histoire de Dieppe, écrite en 1847 par Vitet, une note rappelle que, sur un théâtre de Paris, on joua en 1725 une pièce intitulée « la Rage d'amour ». L'action se passait à Dieppe. Angélique aimait Clitandre. Sous le prétexte d'avoir été mordue par un chien enragé, elle était venue à Dieppe. Le médecin, confident de cet amour et appelé en consultation par le père d'Angélique, conseilla de terminer le traitement par un mariage.

Sous Louis XVI, le rôle des médecins avait grandi en influence non seulement individuelle mais encore sociale. Comme il fallait, dans la pensée des philosophes, que les gouvernants eussent la préoccupation constante de la félicité publique et comme le premier des biens s'appelle la santé, toutes les espérances se tournaient vers la Société royale de médecine. Lorsque le lieutenant général de police Lenoir voulut construire un hôpital hydrophobique dont le projet resta en suspens, et fonda un prix de 1,200 livres pour celui qui trouverait le meilleur traitement de la rage, ce fut la Société royale de médecine qui, dans son assemblée publique du mois de janvier 1780, fut chargée de distribuer le grand prix que l'on devait, pour employer le langage de l'époque, « à la munificence d'un magistrat aussi éclairé que citoyen ». Les mémoires s'accumulèrent. Ils arrivaient presque aussi nombreux que les caniches, les barbets, les bouledogues et tous les mâtinés qui remplissaient les rues, vivant au milieu des ordures et qui allaient, comme on les dépeignait dans un tableau de Paris, jusqu'à rouler dans les jambes des passants.

Le lauréat fut un chirurgien-major de l'hôpital général de Dijon, nommé Le Roux. Son travail est loyalement intitulé : *Dissertation sur la rage*. Le Roux n'avait fait aucune expérience, il n'avait assisté à aucune guérison de la rage ; mais il était érudit et avisé. On avait publié à cette époque plus de trois cents volumes sur la rage ; intrépide liseur, il annotait, il écartait ce qu'il jugeait inutile et erroné dans cet amas d'opinions. Il dissertait à pleins paragra-

phes sur le tétanos, les épilepsies, le venin de vipère et celui de la
rage. Il ne voyait en tout qu'une irritation nerveuse locale, interne
ou externe. Pour lui, la rage spontanée devait avoir une marche
plus rapide que la rage communiquée, parce que « la cause irritante est répandue sur une plus grande surface du canal alimentaire. Elle agace les nerfs en plus grand nombre, plus sensibles,
et qui communiquant plus immédiatement avec tout le système
sensitif doivent le mettre en jeu plus rapidement ».

Mais pourquoi la salive devenait-elle vénéneuse et contagieuse ?
« Je crois, disait Le Roux, que c'est un effet des mouvements convulsifs et du spasme universel... Dans la première période il est
probable que la salive n'a pas encore la qualité contagieuse, elle
ne l'acquiert que lorsqu'elle a été travaillée par la fièvre rabique et
par les mouvements convulsifs, enfin quand l'hydrophobie est complètement déclarée; et elle devient de plus en plus viciée, ainsi que
toutes les autres liqueurs, à mesure que l'animal approche de sa
fin. »

Le travail de Le Roux avait un certain intérêt et une valeur
documentaire. On y voyait, en effet, comment les anciens avaient
voulu attaquer « le venin » par le feu appliqué sur la morsure,
tandis que les modernes, préoccupés de l'existence d'un poison
qui pénétrait dans la masse du sang et l'infectait, avaient « mis à
contribution tous les règnes pour trouver un spécifique propre
à le détruire ». Telle était l'origine de ces remèdes que Le
Roux examinait. Les perpétuelles huitres calcinées, les gouttes
d'alcali volatil, les frictions mercurielles, les poudres jouaient un
rôle prodigieux. Mais le mercure surtout était regardé·comme
un spécifique assuré. Il n'a pas plus de vertu que les remèdes
précédents et il est beaucoup plus dangereux, disait Le Roux qui
ajoutait : « Je suis bien fâché d'attaquer l'opinion des gens de la
plus grande réputation, du mérite le plus distingué, mais l'intérêt
de l'humanité l'exige et ce doit être la loi suprême de tout honnête
homme. »

La cautérisation abandonnée, oubliée, était reprise par Le Roux ;
il indiquait comment on devait brûler la plaie. Dans un dernier

paragraphe où étaient prodigués les adjectifs, ces ennemis mortels des substantifs, comme les appelait Voltaire, Le Roux, avec une redondance de mots où se plaisait la langue de la fin du XVIIIe siècle, écrivait, en parlant de la terreur qu'inspirait aux malades le fer rouge : « Un fer ardent qu'il fallait plonger dans leurs blessures saignantes révoltait leur imagination et les éloignait de ce secours salutaire. Ceux qui avaient le courage de s'y soumettre n'étaient pas toujours préservés. Le chirurgien ému, intimidé par les cris, la crépitation des chairs, la fumée épaisse qui s'en exhalait, n'appuyait le feu que d'une main craintive et tremblante, et laissait le poison dans une plaie profonde et sinueuse. »

Venait alors la conclusion :

« Le beurre d'antimoine que nous lui avons substitué n'a pas cet aspect redoutable : les blessés le voient sans effroi. C'est une liqueur qui n'exhale ni vapeur, ni odeur; il brûle en ne produisant qu'une douleur supportable. Le chirurgien l'étend sur une plaie superficielle, le fait pénétrer dans une plaie profonde, le porte où il veut, sur autant de surface qu'il le juge nécessaire : il poursuit avec lui tranquillement le venin, le décompose et l'anéantit jusque dans ses derniers retranchements. Peut-on désirer un spécifique plus commode et plus puissant? »

Après de longs détours, la thérapeutique se simplifiait; elle faisait justice des prétendues guérisons de la rage dues à tant de remèdes extraordinaires. Il n'était pas question, dans ce mémoire de Le Roux, d'autres préjugés plus tenaces, cruels, qui faisaient que l'on allait quelquefois jusqu'à tuer les personnes enragées ou suspectes de rage. Coups de fusil, empoisonnement, étranglement ou étouffement, on commettait par peur tous ces assassinats. Dans les *Recherches sur la rage*, publiées par Andry en 1780, livre rempli d'observations et qui passe en revue tous les différents et inutiles remèdes, on peut lire l'histoire d'une pauvre bergère du Berry. Attaquée, mordue par un loup enragé, elle fut abandonnée de tous, du chirurgien, de ses voisins et de ses proches. Abandon n'est pas le mot exact; ils « s'occupaient déjà des moyens de lui ôter la vie ». Le lieutenant général qui résidait à Bourges put la protéger. On la coucha dans une voiture, on la cacha sous la paille. Ainsi transportée, elle arriva au dépôt des mendiants et des vagabonds. Mais l'épouvante était si grande qu'il fallut l'enfermer « par grâce » dans un des cachots destinés aux fous. Le poignet droit avait été haché par les dents du loup. Il pendait. On le coupa. Esprit volatil de corne de cerf, frictions mercurielles, omelette de poudre d'écailles d'huîtres et d'églantier; tout fut essayé. Le lieutenant général, M. Beugy, « qui ne craignait pas d'aller la voir et de s'entretenir avec elle, » la fit transporter hors de la ville dans un hôpital. La rage et la mort la prirent.

Dans certains endroits, on allait jusqu'à s'imaginer que la rage pouvait se communiquer ou par le contact seul de la salive, ou par l'haleine même des victimes. Aussi les personnes mordues avaient-elles la terreur des mesures d'agonie que l'on pouvait employer contre elles. Une jeune fille prise de rage, transportée à l'Hôtel-Dieu, le 8 mai 1780, faisait des prières pour qu'on ne l'étouffât point.

« Il était d'usage autrefois, — lit-on dans un ouvrage de 1802, la *Médecine domestique*, — aussitôt que la rage était déclarée, d'abandonner les personnes enragées à leur malheureux sort, ou de les saigner des quatre membres, ou de les étouffer entre deux matelas, des lits de plume, etc. Cette conduite barbare et criminelle n'existe plus. » Et cependant il fallait, comme le remarque M. Gaidoz dans son livre sur la rage, que les attentats de ce genre fussent encore fréquents sous le premier Empire pour qu'un philosophe eût, en 1810, l'idée de demander au gouvernement d'adopter un projet de loi ainsi conçu :

« Il est défendu, sous peine de mort, d'étrangler, d'étouffer, de saigner des quatre membres, ou autrement faire mourir aucun individu attaqué de rage, d'hydrophobie, ou autre maladie quelconque donnant des accès, des convulsions aux personnes, les rendant folles, furieuses et dangereuses, de quelque manière que ce soit, sauf à l'ordre public et aux familles à prendre les précautions qu'exige la santé publique et particulière. »

En 1816, les journaux racontèrent la mort d'un malheureux

enragé étouffé entre deux matelas. « Aussi est-il du devoir des médecins, disait-on à propos de ce meurtre, de répéter que cette maladie ne peut pas se transmettre d'un homme à un de ses semblables, et qu'il n'y a, par conséquent, aucun danger à soigner ceux qui en sont atteints. » Bien que les vieux remèdes plus ou moins fantastiques fussent encore en vogue dans certaines campagnes, c'était à la cautérisation qu'on recourait le plus souvent. Quand il s'agissait de pénétrer dans des blessures profondes, on recommandait de se servir d'aiguilles bien pointues, larges, longues et de les enfoncer, même si la blessure était au visage. Tels sont les avis que l'on retrouve dans un mémoire sur l'hydrophobie paru en 1823.

Un des souvenirs d'enfance de Pasteur (l'événement remontait au mois d'octobre 1831), était l'impression de terreur répandue dans le Jura par le passage d'un loup enragé qui mordit sur sa route bêtes et gens. Pasteur avait vu cautériser au fer rouge, dans la forge située à quelques pas de la maison de son père, un habitant d'Arbois nommé Nicole. Les personnes atteintes aux mains et à la tête succombèrent à la rage, quelques-unes au milieu d'atroces souffrances. Dans les communes seules de Villers-Farlay, d'Ecleux et de Mouchard, il y eut huit victimes. Nicole avait été sauvé. Pendant des années on conserva dans toute la région l'effroi de ce loup furieux.

Malgré les reprises de conseils pour que les plaies fussent cautérisées, on persistait, — surtout en présence de ce qu'il y avait de cruel et parfois d'impossible à traiter ainsi certaines morsures faites au visage, — on persistait à rechercher un moyen préventif ou curatif de la rage. La durée d'incubation laissait espérer que l'on parviendrait à atteindre ce fluide, ce principe morbifique, léthifère, comme on disait encore. Ce virus rabique, ne pourrait-on pas, se demandaient quelques médecins, le neutraliser par l'inoculation d'un autre virus? On essaya même du venin de la vipère. Des personnes mordues par les chiens enragés étaient ainsi soumises à cet autre genre de morsure. Cruelle et inutile épreuve.

En 1852, une récompense fut promise par le gouvernement à

celui qui trouverait un remède contre la rage. Tous les cartons de l'Académie de médecine débordèrent d'envois. Du fond des provinces sortirent les recettes d'omelettes, de tisanes, les formules de poudres, les conseils réédités de frictions mercurielles. Détail curieux et qui montre la persistance de certaines superstitions : la recette des yeux d'écrevisses reparaissait au bout de seize cents ans. La myrrhe jouait son rôle dans ce remède, la gentiane tenait lieu d'encens et le bol d'Arménie remplaçait la thériaque. C'était cependant une composition bien commode que la thériaque. Il y entrait tant de choses qu'elle se prêtait à tous les emplois. Quand Claude Bernard, à ses débuts, était garçon de pharmacie à Lyon, chaque fois qu'il y avait un produit gâté, son patron lui disait : « Ce sera bon pour faire de la thériaque. » Telle fut, au dire de Renan, l'origine première des doutes de Claude Bernard sur l'efficacité de l'art de guérir.

Bouchardat, chargé du rapport à l'Académie de médecine sur l'ensemble de ces remèdes, les jugeait sans aucune valeur. La plupart représentaient l'enfance de la pharmacologie. Il concluait en disant qu'il n'y avait qu'une seule chose à essayer pour le traitement prophylactique de la rage : la cautérisation.

C'était aussi ce que pensait Bouley, dix-huit ans plus tard, quand il publiait que le but à atteindre était la destruction la plus rapide possible des tissus touchés ou déjà imprégnés par la salive rabique. A défaut du fer chauffé à la température rouge clair ou du saupoudrement de la plaie vive par la poudre de chasse que l'on enflamme, il conseillait de recourir aux caustiques tels que l'acide nitrique, l'acide sulfurique, l'acide chlorhydrique, la pierre à cautère, le beurre d'antimoine, le sublimé corrosif, le nitrate d'argent.

En 1873, dans le célèbre *Traité de pathologie interne* par M. Jaccoud, c'était encore la cautérisation par le fer rougi à blanc qui était regardée comme la mesure permettant d'espérer le succès. On lisait ces recommandations à l'article Rage : La conduite à tenir à la suite de morsures suspectes est la suivante : 1° cautériser les morsures profondément et le plus promptement possible ;

2° laisser suppurer les plaies et ne rien faire pour en provoquer la cicatrisation.

Venait enfin, pour clore cette liste d'ouvrages qui offraient un intérêt rétrospectif de littérature rabique, un document administratif. C'était l'extrait d'un rapport général sur les travaux du Conseil d'hygiène publique et de salubrité du département de la Seine, de 1872 à 1877. Le secrétaire du Conseil, M. Bezançon, qui relevait les cas de morts par rage, concluait ainsi : « Il n'existe pas actuellement de préservatif contre la rage en dehors de la cautérisation profonde et immédiate des plaies virulentes. »

Des siècles et des siècles avaient passé. Dans cette poursuite de moyens préventifs ou curatifs, après avoir tout essayé on n'était pas plus avancé que deux mille ans plus tôt. Il fallait revenir aux cautérisations comme les recommandait Dioscoride.

Quant à l'origine de la rage, elle demeurait toujours inconnue ; on l'attribuait à des causes diverses. Les erreurs circulaient comme des chiens errants. On croyait encore à la spontanéité. Bouley lui-même disait dans sa conférence de 1870 : « Dans l'immense majorité des cas, cette maladie ne procède que de la contagion : sur 1,000 chiens enragés, il y en a 999 au moins qui doivent leur mal à l'inoculation d'une morsure. » Il ne repoussait donc pas absolument la spontanéité.

Cette idée si fausse de la rage spontanée, Pasteur voulait la détruire comme il voulait déraciner une autre erreur très grave, que Bouley avait vigoureusement combattue dans sa leçon, que M. Nocard ne cessait d'attaquer aussi, qu'un autre vétérinaire, M. Warnesson avait dénoncée, en 1882, dans un manuel de la rage, et qui, malgré tout, restait tenace comme tous les préjugés : c'est que le mot hydrophobie est synonyme du mot rage. Non, le chien enragé n'a pas horreur de l'eau ; il n'est pas hydrophobe. Le mot est applicable à l'homme enragé, il est faux pour le chien enragé. Paul Bert aurait voulu que l'on inscrivît sur tous les bordereaux destinés au recouvrement de l'impôt des chiens : *Le chien enragé boit.*

Au fond des campagnes, beaucoup de gens, qui voyaient sans cesse rapprochés les mots de rage et de Pasteur, s'imaginaient qu'il était un vétérinaire en mesure de donner des consultations. Que de lettres arrivaient à l'Ecole normale remplies de demandes! C'était souvent un véritable questionnaire. Que devait-on faire d'un chien aux allures un peu changées et inquiétantes, sans que l'on pût incriminer une morsure suspecte? Fallait-il l'abattre immédiatement? Non, répondait Pasteur, enfermez votre chien dans une niche sûre. S'il est enragé, il mourra au bout de quelques jours et vous aurez ainsi une certitude. Souvent un propriétaire aurait bien voulu garder son chien mordu par un chien manifestement enragé : « Mon chien est si bon chien de garde! » Ou encore : « Mon chien est un si bon chien d'arrêt! » Tels étaient les arguments qui l'emportaient, pour certaines personnes, sur le sentiment d'effroyables responsabilités. « La loi est formelle, écrivait Pasteur, tout chien mordu par un chien enragé doit être immédiatement abattu. » Et il s'irritait contre les maires qui, par indifférence, faiblesse ou calcul, violaient cette loi et contribuaient ainsi à une recrudescence de la rage.

Pasteur répondait à tous. Son temps était au pillage. Le 28 mars 1885, il écrivait à son ami Jules Vercel :

« Hélas! je ne pourrai, nous ne pourrons aller à Arbois pour les congés de Pâques. Mon installation, celle de mes chiens, devrais-je dire, est commencée à Villeneuve-l'Etang et m'occupera encore quelque temps. J'ai d'autre part mes nouvelles expériences sur la rage soumises en ce moment à la commission dont j'ai demandé, l'an dernier, la nomination pour les contrôler. Cela durera quelques mois. Je démontre cette année qu'on peut vacciner ou rendre réfractaires à la rage les chiens après qu'ils ont été mordus par des chiens enragés.

« Je n'ai pas encore osé traiter des hommes après morsure par chiens rabiques. Mais le moment n'est peut-être pas éloigné et j'ai grande envie de commencer par moi, c'est-à-dire de m'inoculer la rage pour en arrêter ensuite les effets, tant je commence à m'aguerrir et à être sûr de mes résultats. »

Trois jours après, une lettre plus explicite adressée à son fils, alors secrétaire de l'Ambassade de France auprès du Quirinal, donnait des renseignements qui précisent l'ordre des expériences et reflètent un mélange d'enthousiasme et de réserve :

« Les expériences devant la commission de la rage ont repris dès le 10 mars. Elles sont en cours d'exécution et déjà la commission a tenu six séances; la septième aura lieu aujourd'hui. Comme je ne lui soumets que des résultats que je crois acquis déjà, il en résulte pour moi un surcroît de travail, parce que ces épreuves de contrôle s'ajoutent à mes propres expériences actuelles. Je continue, en effet, mes recherches, essayant d'aller en avant, de découvrir de nouveaux principes et de m'aguerrir par l'habitude et par la conviction afin de tenter les inoculations préventives sur l'homme après morsure.

« Les expériences de la commission ne peuvent avoir conduit jusqu'ici à aucune conclusion. Tu sais que, par le fait de la durée des inoculations du mal, il faut de longues semaines d'attente pour obtenir un résultat de quelque valeur. Cependant aucun incident fâcheux ne s'est produit et, si tout marche de même à l'avenir, le second rapport de la commission pourra être aussi favorable que celui de l'an dernier qui ne laissait rien à désirer.

« Je suis également satisfait des expériences nouvelles que je poursuis pour aller en avant dans cette difficile étude de la rage. L'application pratique et sur une grande échelle n'est peut-être pas éloignée. Mais que d'illusions souvent dans les recherches scientifiques et, tant que la preuve n'est pas acquise aux nouveautés entrevues, comme il faut être prudent et ne pas se confier trop tôt aux espérances ! »

Au mois de mai, tout était prêt à Villeneuve-l'Etang pour recevoir soixante chiens. Cinquante, déjà rendus réfractaires aux morsures ou aux inoculations rabiques, étaient venus successivement prendre place dans l'immense chenil où chacun avait sa niche cellulaire et son numéro d'expérience. Ces cinquante avaient reçu sous la peau des fragments délayés de moelles de lapins morts de rage. Pasteur avait commencé par inoculer à ces candidats réfractaires les fragments de la moelle suspendue dans un flacon depuis quinze jours, moelle dont la virulence était éteinte, puis progressivement, en remontant de jour en jour, il leur avait inoculé la moelle très virulente, celle d'un lapin enragé mort le jour même.

Tous ces chiens, envoyés à Villeneuve-l'Etang, et qui ne devaient rentrer au laboratoire de Paris que pour être soumis de temps en temps à des épreuves de morsures ou d'inoculations intra-crâniennes afin de constater quelle pouvait être la durée d'immunité contre la rage, tous ces chiens venaient de la fourrière. Il y en avait de sournois, de féroces qui, avant de passer par le dépôt de la rue de Pontoise, avaient vécu comme des bandits, cherchant à voler tout ce qui pouvait leur tomber sous les crocs, chiens toujours aux aguets, la queue basse, le regard de travers, prêts à donner un coup de dents. Dès qu'on passait près d'eux, on entendait un grondement de haine. Puis, çà et là, des bohèmes inoffensifs au regard affectueux. Quelque agent de police avait dû les conduire à la fourrière comme on mène au poste des gens sans. aveu. Parfois on reconnaissait un chien de famille qu'un désir d'aventure avait entraîné hors de chez lui. Tous, maintenant voisins de cellules, confondaient leurs aboiements et leurs plaintes. Ils allaient rester prisonniers des mois, des années dans ce vaste hall. Seul un chien ratier, à voix sonore, à tête forte et ronde, au poil brun, à l'œil sûr, fut libéré pour devenir le chien de garde. Quand ses camarades.le virent, à travers la grande porte largement ouverte, courir, aboyer de joie, tous s'agitèrent. Les uns poussaient des hurlements de fureur, d'autres des appels de pitié. Croyant visiblement à la même délivrance, ils frémissaient impatients.

Chaque matin, quand un ancien gendarme préposé à la surveillance du domaine, le brave Pernin, contraignait, pour les soins de la litière, les détenus à quitter pendant quelques instants leur niche et à passer dans l'espace réservé entre leur cage et la longue grille de fer qui empêchait tout visiteur d'approcher, les caractères des chiens se montraient. Il y en avait qui attendaient depuis leur réveil ce quart d'heure de liberté. Ils se précipitaient, couraient, allaient, venaient, ne demandaient qu'à voisiner. D'autres marchaient à pas solitaires, craintifs de toute chose, n'attendant rien de bon des hommes. Certains gardaient sans doute le souvenir de la planche d'opération et, bien qu'ils n'eussent pas souffert puisqu'ils avaient été chloroformés, restaient sous l'impression de l'effroi. Pelotonnés sur eux-mêmes ils ne voulaient pas quitter leur niche. Un griffon à longs poils, dressé sur ses pattes de derrière, faisait le beau devant le passage de Pernin pour recevoir une caresse. La plupart, pour tromper leur ennui, leurs regrets des jours de foyer ou de liberté en pleine rue, passaient leur temps à dormir, en attendant la soupe de midi, pendant que d'autres, prêts à la révolte, jetaient des bordées d'aboiements qui se répercutaient au loin dans le calme des bois.

Un ami des bêtes pouvait, dans ses rêveries de promeneur, songer au contraste des destinées entre chiens et chiens. Non loin de Villeneuve-l'Etang, à Bagatelle, se trouve un cimetière inattendu. Le philanthrope anglais, Richard Wallace, devenu propriétaire de Bagatelle au lendemain de la guerre de 1870, avait réservé, à l'extrémité d'une allée sinueuse du parc, un enclos sous les arbres pour ses chiens préférés. Grands ou petits, chiens de luxe, chiens de garde, chiens d'appartement, tous, après avoir été soignés et choyés pendant leur vie, sont là sous une pierre, tandis que les chiens du laboratoire, si utiles à l'humanité, sacrifiés à tour de rôle dans une dernière expérience, ont été emportés par l'équarrisseur.

Autour du chenil de Villeneuve-l'Etang, le long des murs, s'adossaient des cages de lapins; des cochons d'Inde étaient parqués par centaines. Les animaux étaient bien installés; Pasteur ne demandait rien de plus. C'était chose nécessaire cependant qu'il pût rester deux ou trois jours, parfois une semaine, dans les annexes de ce laboratoire expérimental. L'architecte des bâtiments civils parlait de mettre en état trois ou quatre pièces du petit château de Villeneuve, qui tombait en ruines comme celui de la Malmaison. La même destinée avait frappé ces deux résidences impériales. Dans les deux parcs, les traces des anciennes corbeilles de fleurs faisaient penser au soulèvement de la terre sur de vieilles tombes. Mais à Villeneuve, la vie allait revenir. L'arbre planté par le duc de Bordeaux, les allées qui avaient vu passer la duchesse d'Angoulême toujours triste, puis l'Empereur et l'Impératrice dans les premiers temps de leur mariage, devaient être témoins d'un autre genre de villégiature historique.

Au projet de l'architecte, Pasteur préféra l'aménagement des communs. Il y avait dans le bâtiment central, à droite et à gauche d'un long corridor, des chambres destinées jadis aux sous-officiers des Cent-Gardes, qui logeaient au-dessus des écuries de leurs chevaux. Une fois le toit réparé, les fenêtres vitrées, les planches de sapin rabotées, quoi de plus commode, disait Pasteur, que d'habiter là ?

Les réparations intérieures furent sommaires. Du papier gris-bleu, du papier d'attente, couvrait à peine les murs, les poutres et les cloisons. « Ce n'est pas le confortable qui vous gêne, » disait à Pasteur un financier stupéfait qui avait passé là, un dimanche, en allant dans une de ces villas de Marly dont les jardins descendent jusqu'à la Seine.

Le 29 mai, Pasteur écrivait à son fils : « Je croyais terminer avec la rage à la fin d'avril. Je dois remettre mes espérances à la fin de juillet. Cependant je ne suis pas resté stationnaire. Mais dans ces difficiles études, tant que le dernier mot, la dernière preuve décisive ne sont pas acquis, on se trouve fort loin du but. Ce que je voudrais, c'est la possibilité d'oser traiter l'homme mordu sans aucune crainte d'accident quelconque.

« Je n'ai jamais eu autant de sujets d'expériences que présentement : 60 chiens à Villeneuve-l'Etang, 40 à Rollin, 10 chez Frégis, 15 chez Bourrel, et je déplore de n'avoir pas de nouvelles niches à utiliser.

« Que dis-tu de la rue Pasteur dans la grande ville de Lille ? Peu de nouvelles m'ont fait autant de plaisir que celle-là. »

Ce que Pasteur, dans cette lettre, appelait Rollin, par abréviation, était l'ancien collège Rollin dont les vieux bâtiments avaient été transformés en dépendance de son laboratoire. Dans la cour abandonnée on avait installé de grandes cages. Poules, lapins, cochons d'Inde, il y avait là toute une ferme d'inoculations.

Pasteur poursuivait deux séries parallèles d'expériences sur ses 125 chiens disséminés. La première consistait à rendre, par des inoculations préventives, des chiens réfractaires à la rage; la seconde, à empêcher la rage d'éclater chez les chiens mordus ou inoculés. Chaque série, comme l'année précédente, avait ses chiens témoins.

CHAPITRE XIII

1885-1888

La puissance de pensée concentrée sur un point, Pasteur l'avait à un si haut degré que souvent, possédé par une idée fixe, il devenait tout à fait étranger à ce qui se passait autour de lui. Au cours d'une séance où l'Académie française s'occupait du dictionnaire, il écrivait sur une feuille de papier qui lui était tombée sous la main, cette note :

« A ceux qui travaillent auprès de moi je ne sais rien cacher de mes idées. Pour celles que je vais dire cependant j'aurais voulu les garder encore quelque temps, les expériences qui les jugeront sont déjà en train.

« Il s'agit de la rage, mais peut-être les résultats auraient une grande généralité.

« Je suis porté à croire que le virus figuré rabique doit être accompagné d'une matière qui, en imprégnant le système nerveux, le rendrait impropre à la culture du microbe figuré. De là l'immunité vaccinale. S'il en est ainsi, la théorie pourrait bien être très générale. Ce serait une immense découverte.

« Je viens de rencontrer Chamberland sur le trottoir de la rue Gay-Lussac, et lui ai expliqué mes vues et mes expériences. Il en a été très frappé et m'a demandé la permission de faire tout de suite sur le charbon l'expérience que je vais faire sur la rage dès que chien et lapins du virus de passage en train seront morts. — Roux, avant-hier, n'a pas été moins empoigné.

« Académie française. Séance du jeudi 29 janvier 1885. »

Cette substance vaccinale associée au virus rabique, parviendrait-on à l'isoler? Mais, en attendant, un fait capital était acquis : celui de l'inoculation préventive, puisque Pasteur était sûr de sa série de chiens rendus réfractaires à la rage après morsure. Les mois s'écoulaient sans qu'il fût possible d'éclaircir cette question du « comment » de la vaccination antirabique, pas plus d'ailleurs qu'on ne savait le « comment » de la vaccination jennérienne.

Un lundi matin, le 6 juillet, Pasteur vit arriver à son laboratoire un petit alsacien, âgé de neuf ans, Joseph Meister, mordu l'avant-veille par un chien enragé. Sa mère l'accompagnait.

Elle raconta que son enfant se rendait seul par un petit chemin de traverse à l'école de Meissengott, près de Schlestadt, lorsqu'un chien s'était jeté sur lui. Terrassé, incapable de se défendre, l'enfant n'avait songé qu'à couvrir son visage de ses mains. Un maçon, qui avait vu de loin ce qui se passait, arriva, armé d'une barre de fer. Il frappa à coups redoublés ce chien furieux et l'obligea à lâcher prise. Il releva l'enfant couvert de bave et de sang. Le chien revint chez son maître, Théodore Vone, épicier à Meissengott, qu'il mordit au bras. Théodore Vone saisit son fusil et tua l'animal. A l'autopsie on trouva l'estomac rempli de foin, de paille, de fragments de bois. Lorsque les parents du petit Meister apprirent tous ces détails, ils allèrent, pleins d'inquiétude, le soir même, jusqu'à Villé, consulter le docteur Weber. Après avoir cautérisé les plaies à l'acide phénique, le docteur Weber conseilla à Mme Meister de partir dès le lendemain pour Paris. Elle dirait tous ces faits à quelqu'un qui n'était pas médecin, mais qui pouvait, mieux qu'un médecin, juger ce qu'il fallait faire dans un cas aussi grave. Quant à Théodore Vone, inquiet à la fois pour l'enfant et pour lui-même, il se déclara prêt à partir.

Pasteur le rassura. Les vêtements avaient essuyé la bave du chien. La manche de la chemise n'avait pas même été traversée. Il pouvait reprendre le premier train pour l'Alsace. Il ne se le fit pas dire deux fois.

A la vue des quatorze blessures du petit Meister, qui marchait difficilement tant il souffrait, l'émotion de Pasteur fut profonde. Qu'allait-il faire pour cet enfant? Pouvait-il risquer le traitement préventif qui avait réussi constamment sur les chiens? Pasteur était partagé entre ses espérances et ses scrupules qui touchaient à l'angoisse. En attendant qu'il prît une résolution, il songea à tout ce qui pouvait être nécessaire à cette mère et à ce fils perdus dans Paris. Puis il leur donna rendez-vous à cinq heures de l'après-midi, après la séance de l'Institut. Il ne voulait rien tenter avant d'avoir vu Vulpian et causé avec lui. Depuis que la commission de la rage avait été constituée, Pasteur estimait toujours davantage le jugement si sûr de Vulpian qui, dans ses leçons sur la physiologie générale et comparée du système nerveux, avait déjà signalé le profit que peut retirer la clinique humaine de l'expérimentation sur les animaux. En outre, c'était un esprit d'une prudence extrême. Il voyait toujours tous les côtés d'un problème. L'homme valait en lui le savant. Il était d'une droiture absolue, d'une bonté active et discrète. Quelque chose de doux et de fier éclairait son regard voilé de tristesse. Il aimait passionnément le travail. Au lendemain d'un grand deuil, il disait : « Heureusement que nous avons ce remède-là ! »

Vulpian exprima l'avis que les expériences de Pasteur sur les chiens étaient suffisamment concluantes pour que l'on fût autorisé à prévoir les mêmes succès dans la pathologie humaine. Pourquoi, ajoutait ce professeur d'ordinaire si réservé, ne pas essayer ce traitement? Existait-il contre la rage un autre moyen efficace ? Si encore la cautérisation avait été faite au fer rouge ! Mais que valait une cautérisation à l'acide phénique douze heures après l'accident ? En pesant d'une part les dangers presque certains que courait l'enfant de mourir enragé, et d'autre part les chances de l'arracher à la mort, c'était plus qu'un droit, c'était un devoir pour Pasteur d'appliquer au petit Meister l'inoculation antirabique.

Ce fut aussi l'avis du Dr Grancher que Pasteur voulut également consulter. M. Grancher travaillait au laboratoire. Lui et le Dr Straus pouvaient se dire les deux premiers médecins français étudiant la bactériologie. Doctrine, études nouvelles, admiration et affection, tout portait M. Grancher vers Pasteur qui, de son côté, l'appréciait et l'aimait.

Quand, à la fin de cette journée du 6 juillet, Vulpian et M. Grancher vinrent voir le petit Meister et examiner le nombre, l'intensité et le siège des morsures, — quelques-unes particulièrement graves, surtout celles de la main, — ils décidèrent qu'il fallait, le soir même, faire la première inoculation. On prendrait la moelle la plus reculée, la moelle de quatorze jours, sans nulle virulence, et l'on remonterait ainsi jusqu'aux moelles fraîches. Bien que l'inoculation fût très facile, car il ne s'agissait que d'injecter au flanc, à l'aide de la seringue de Pravaz, quelques gouttes du liquide préparé avec un des fragments de moelle, le petit Meister pleurait d'avance comme s'il se fût agi d'une grande opération. Ce fut bien vite fait de le consoler tant la piqûre était légère. Pasteur avait organisé dans le vieux collège Rollin une chambre pour la mère et l'enfant. Il voulait que rien ne leur manquât. Le lendemain matin, Joseph Meister ne tarda pas à s'amuser comme s'il revenait sans devoirs et sans leçons de son école de Meissengott. Il régnait sur les poules, les lapins et les cochons d'Inde. Il les apprivoisa bientôt. Les tout petits cochons d'Inde qui, avec leur dos tacheté, ressemblent à des marrons d'Inde à peine mûrs, et les petites souris blanches qui dans les bocaux se confondent avec la ouate, il les prenait sous sa protection. Il sollicita même et obtint facilement de Pasteur le droit de grâce pour les plus jeunes. Il était dans ce monde des bêtes comme un petit envoyé sauveur qui changeait le cours des destinées.

« Tout va bien, écrivait Pasteur à son gendre le 11 juillet, l'enfant dort bien, a bon appétit, et du jour au lendemain la matière des inoculations est résorbée sans la moindre trace. Il est vrai que je ne suis pas encore aux inoculations de contrôle qui auront lieu mardi, mercredi et jeudi. Si, dans les trois semaines qui suivront, l'enfant va bien, le succès de l'expérience me paraîtra assuré. Je renverrai dans tous les cas cet enfant et sa mère à Meissengott, près de Schlestadt, le 1ᵉʳ août, en établissant toutefois un système d'observation par l'intermédiaire de ces braves gens. Vous voyez d'après cela que je ne communiquerai rien avant le retour des vacances. »

Mais à mesure que les inoculations devenaient plus virulentes l'inquiétude l'envahissait. « Mes chers enfants, encore une mauvaise nuit pour votre père, écrivait Mme Pasteur. Il ne s'accoutume pas du tout à l'idée d'opérer en dernier ressort sur cet enfant. Et cependant il faut bien maintenant s'exécuter. Le petit continue à se porter très bien. »

La reprise d'espoir se traduisait par une nouvelle lettre de Pasteur :

« Mon cher René, je crois qu'il se prépare de grandes choses. Joseph Meister sort du laboratoire. Les trois dernières inoculations ont laissé sous la peau des traces rosées diffuses, de plus en plus larges, indolentes. Il y a une action qui s'accentue à mesure qu'on approche de l'inoculation finale qui aura lieu jeudi 16 juillet. L'enfant va très bien ce matin, a bien dormi, quoique avec agitation ; il a bon appétit, pas du tout de fièvre. Hier soir, à table, chez son oncle, petit accès nerveux, raconté par sa mère ce matin au laboratoire, en présence de M. Grancher au moment de son inoculation quotidienne. »

La lettre se terminait par cet appel affectueux : « Il se prépare peut-être un des grands faits médicaux du siècle et vous regretteriez de n'y avoir pas assisté. »

Espérances infinies, transes, angoisses, idée et sentiment fixes d'arracher à la mort cet enfant, Pasteur passait par une série d'émotions diverses, contraires, aussi intenses les unes que les autres. Il ne pouvait plus travailler. Toutes les nuits il avait la fièvre. Ce petit Meister qu'il avait vu jouer dans le jardin, une brusque vision, dans des insomnies invincibles, le lui représentait malade, étouffant de rage comme jadis le petit malade de l'hôpital Trousseau.

Vainement son génie expérimental l'assurait que le virus de la plus terrible maladie allait être vaincu, que l'humanité serait délivrée de cet effroi, le fond de sa tendresse humaine l'emportait sur tout le reste. Si toute souffrance, toute inquiétude des autres devenait sa propre souffrance et sa propre inquiétude, qu'était-ce devant « ce pauvre petit » !

Le traitement dura dix jours; Meister fut inoculé douze fois. L'état de virulence des moelles était contrôlé par des trépanations faites à des lapins. La virulence apparut de plus en plus forte. Jugeant que la gravité des morsures exigeait de consolider l'état réfractaire, Pasteur alla jusqu'à faire inoculer, le 16 juillet à onze heures du matin, la moelle d'un jour, celle qui donnait la rage à coup sûr aux lapins après sept jours d'incubation seulement. C'était le contrôle le plus certain de l'immunité et de la préservation dues au traitement.

Guéri de ses plaies, amusé par tout ce qu'il voyait, courant comme s'il eût été libre dans une grande ferme d'Alsace, le petit Meister, dont le regard bleu n'exprimait plus ni crainte ni timidité, reçut gaiement ces dernières inoculations. Le soir de cette épreuve redoutable, après avoir embrassé son « cher monsieur Pasteur », comme il l'appelait, il alla dormir paisiblement. Pasteur passa une nuit cruelle. L'insomnie, qui épargne d'ordinaire les hommes d'action, ne ménage pas les hommes de pensée. Ce mal les étreint. A ces heures lentes et sombres de la nuit où tout est déformé, où la sagesse est en proie aux fantômes, Pasteur, hors de son laboratoire, perdant de vue l'accumulation d'expériences qui lui donnait la certitude du succès, s'imaginait que cet enfant allait mourir.

Une fois le traitement achevé, Pasteur confia au Dr Grancher le petit Meister, qui ne devait retourner en Alsace que le 27 juillet, et consentit à prendre quelques jours de repos. Il alla rejoindre sa fille dans un coin de Bourgogne, à quelques kilomètres d'Avallon. La solitude était complète. La vue s'arrête au loin sur les collines de ce pays « bosillé », comme le définissait Vauban. Les bois de chênes s'étendent sur tout l'horizon. Çà et là, leur masse est largement déchirée par des champs et des prés que bordent et séparent les haies vives. Parfois, entre deux mouvements de terrain, apparaît un étang qui donne au paysage une douceur mélancolique. Rien n'est plus apaisant.

Mais la nature ne verse son calme que dans l'esprit des contemplatifs et des rêveurs. Tout en consentant à se promener sur cette terre de granit dont les routes au soleil étincellent de mica, ou en allant visiter la basilique de Vézelay, — que Mérimée, Montalembert et Viollet-le-Duc ont sauvée de la destruction, et qui se dresse sur une colline, comme un dernier vestige de l'abbaye si puissante au moyen âge, — Pasteur était dans l'attente d'une lettre, d'un télégramme lui donnant des nouvelles du petit Meister. Le Dr Grancher n'y manquait pas; il envoyait tous les jours un bulletin de santé.

A son arrivée dans le Jura, Pasteur commençait d'être pleinement rassuré. « Hier soir, écrivait-il d'Arbois à son fils, le 3 août 1885, très bonnes nouvelles toujours du petit mordu. J'attends donc avec espoir l'instant de conclure. Il y aura, demain 4 août, trente et un jours qu'il a été mordu. »

Le 20 août, six semaines avant les nouvelles élections législatives, son confrère de l'Académie française, Léon Say, lui écrivit que beaucoup d'agriculteurs de la Beauce souhaitaient de mettre sur la liste des candidats le nom de Pasteur. Ce serait reconnaître les services rendus par la science. Quelques mois auparavant, Jules Simon avait eu la pensée que Pasteur pourrait être nommé sénateur inamovible. Pasteur ne s'était pas laissé convaincre. Il répondit à Léon Say :

« Je suis bien touché de votre démarche. Il me serait fort agréable de devoir un mandat de député à des électeurs dont un certain nombre ont eu à appliquer les résultats de mes études. Mais la politique me fait peur et j'ai déjà décliné toute candidature dans le Jura, et refusé de me laisser porter au Sénat dans le courant de cette année.

« Je me laisserais tenter peut-être, si je ne me sentais plus assez d'activité pour le travail du laboratoire. J'espère pouvoir suffire encore à quelques recherches et, dès mon retour à Paris, j'aurai à organiser un service contre la rage, service qui, pour un temps, m'absorbera tout entier. Je suis en possession d'une méthode très perfectionnée de prophylaxie de ce terrible mal, méthode aussi sûre pour les personnes que pour les chiens et dont votre département assez éprouvé chaque année sera le premier à profiter.

« Avant mon départ pour le Jura, j'ai osé traiter un pauvre petit garçon de neuf ans que sa mère m'a amené d'Alsace où il avait été, le 4 juillet dernier, terrassé et mordu aux deux cuisses, aux deux jambes et à la main dans de telles conditions que la rage eût été inévitable. Sa santé est toujours parfaite. »

Pendant que se préparaient sur tous les points de France tant de discours politiques, Pasteur songeait à un discours littéraire. Il était chargé par l'Académie française de recevoir Joseph Bertrand qui succédait à J.-B. Dumas. L'éloge d'un savant fait par un savant qui serait reçu par un savant : ce programme était original pour l'Académie, trop peut-être au gré de Pasteur qui ne s'habituait pas à l'idée de parler, ne fût-ce qu'un jour, au nom de l'Académie française. Il avait de ces modesties. Il oubliait que, dans le nombre des savants, membres de l'Académie française, comme Fontenelle, Condorcet, Cuvier, Flourens, Biot, Claude Bernard et J.-B. Dumas, plusieurs avaient publié des pages qu'il serait peut-être curieux de rapprocher des œuvres de quelques académiciens en plein exercice de littérature. Il ne se doutait pas que certains extraits de ses écrits prendraient un jour place dans des recueils choisis d'auteurs classiques. Mais cette place, il la voulait très grande pour Claude Bernard, pour J.-B. Dumas et très hospitalière pour Joseph Bertrand qui, disait-il, avait eu le privilège de rendre la science accessible sans l'abaisser.

Les vacances permettaient à Pasteur de relire, en les annotant, tous les ouvrages de J.-B. Dumas, puis de pénétrer dans la vie et les œuvres de Bertrand. Il trouvait dans ces études, faites la plume à la main, une détente à ses préoccupations si vives. Il aimait à louer : il allait pouvoir le faire avec un sentiment d'admiration et de reconnaissance pour Dumas et de sympathie pour son confrère de l'Académie des sciences devenu son confrère de l'Académie française.

L'élection de Bertrand avait été simple et facile comme tout ce qu'il entreprenait depuis qu'il était au monde. Il semblait qu'une fée se fût penchée sur son berceau et lui eût dit: « Tu sauras beaucoup de choses, sans te donner la peine de les apprendre. » Il sut lire, en effet, sans avoir jamais eu un alphabet entre les mains. Malade, il écoutait de son lit les leçons de lecture que l'on donnait à son frère Alexandre; toutes les combinaisons de syllabes se gravaient chaque jour dans son esprit. Quand il entra en convalescence, ses parents lui apportèrent un livre d'histoire naturelle pour qu'il regardât les images. Il prit le volume et se mit à lire couramment : il n'avait pas cinq ans. Ce fut encore par surprise qu'il apprit les éléments de la géométrie.

En écrivant son discours, Pasteur résumait ainsi l'enfance de Joseph Bertrand :

« Vous étiez célèbre à dix ans. On prédisait déjà que vous seriez reçu le premier à l'Ecole polytechnique et que vous feriez partie de l'Académie des sciences. Personne n'en doutait, pas même vous. Vous étiez vraiment un enfant prodige. Parfois vous vous amusiez à vous faufiler dans une classe de candidats aux grandes écoles et quand le professeur de mathématiques abordait un problème difficile, que nul ne pouvait résoudre, un de vos voisins vous prenait triomphalement dans ses bras, vous faisait monter sur une chaise, pour que vous puissiez atteindre le tableau et, aux applaudissements des élèves et du professeur, vous donniez avec une assurance paisible la solution demandée. »

Pasteur, dont chaque progrès avait été péniblement acquis, admirait avec quelle aisance Bertrand avait brûlé toutes les premières étapes. A l'âge où l'on joue aux billes et à la balle, Bertrand allait gaiement au Jardin des Plantes suivre un cours de Gay-Lussac. Quelques heures plus tard, on le voyait à la Sorbonne, intéressé par les conférences littéraires du moraliste consultant Saint-Marc Girardin. Le lendemain, il était à un cours de législation comparée. Jamais on n'avait vu un enfant si jeune dans des endroits si graves. Il empruntait à la bibliothèque de l'Institut autant de livres que Biot lui-même. Quand il passait sur les quais, il lui suffisait d'ouvrir un volume de vers pour savoir des strophes par cœur. C'est ainsi qu'il apprit les poésies d'Alfred de Musset. A seize ans il était docteur ès sciences, à trente-quatre ans membre de l'Institut.

A côté de ses travaux personnels, — comme ceux en mécanique analytique qui le placent au premier rang, si l'on s'en rapporte à ses vrais juges, — son enseignement avait porté pendant quarante ans sur toutes les branches des mathématiques. Pasteur toutefois esquissait un regret :

« Peut-être, faisait-il remarquer, escorté d'un si grand nombre d'élèves, aviez-vous encore de glorieuses étapes à parcourir quand vous vous êtes brusquement jeté, avec votre intrépidité souriante, dans les œuvres demi-scientifiques et demi-littéraires. Pendant plus de vingt ans, vous avez, d'une main prodigue, semé dans les revues et dans les journaux des articles de toutes sortes. Vous ne cessiez, dit-on, de penser tout bas à l'Académie française. »

Qui sait si l'intrépidité souriante dont parlait Pasteur n'avait pas été pour Bertrand une forme de stoïcisme? Cet homme, si heureux en apparence, avait subi la ruine d'un travail de dix années. Absent de Paris pendant la Commune, obligé par ses fonctions de professeur d'être à Tours où l'on avait transporté les services de l'Ecole polytechnique, il apprit que tout avait été incendié dans son appartement de la rue de Rivoli. La guerre étrangère, parmi bien des désastres, avait réduit en cendres les manuscrits du physicien Regnault. La guerre civile fit de même pour la bibliothèque de Bertrand et, dans un autre coin de Paris, pour la bibliothèque de Mérimée.

Dans cette terrible vision des torrents de flammes qui dévorèrent des palais, des dépôts d'archives, la bibliothèque du Louvre, et tant d'autres richesses, il semblait que les incendies particuliers ne fussent que de bien faibles lueurs. Mais les savants, les lettrés, les avides de s'instruire ne peuvent se consoler à l'idée qu'au milieu des livres, des manuscrits, quelque chef-d'œuvre inconnu a pu disparaître dans des tourbillons de fumée. A cette époque sinistre on vit, pendant plusieurs jours, dans l'air obscurci, de noirs débris de papiers qui flottaient et que le vent emportait.

Bertrand avait laissé dans son cabinet de travail le manuscrit d'un ouvrage sur la théorie mécanique de la chaleur, et des notes innombrables destinées à la rédaction d'un nouveau volume sur le calcul intégral. Au fond d'un tiroir étaient précieusement conservées plus de cent lettres inédites de Humboldt à Arago, une série de lettres autographes de Jacobi à Legendre. De tout cela il ne restait rien. Bertrand ne se répandit pas en récriminations. Quand on voulut l'indemniser, ses demandes furent d'autant plus modérées que ses pertes étaient irréparables. Comment évaluer des correspondances, des pages inédites, une bibliothèque dont la valeur repose sur un goût personnel? Au souvenir de cet incendie et de tant de ruines, Bertrand devait se rappeler un vœu qui pouvait revenir à l'esprit des témoins, des victimes, des historiens de ces jours de sang et de feu et qui se trouve exprimé par le chœur dans les *Euménides* d'Eschyle : « Que la discorde insatiable de maux ne frémisse jamais dans la ville!... Que jamais la poussière ne boive le sang noir des citoyens! Que jamais, ici, un meurtre ne venge un meurtre! Que les citoyens n'aient qu'une même volonté, un même amour, une même haine. Ceci est le remède à tous les maux parmi les hommes. »

Bertrand, à la suite de ce chagrin, de ce désastre dont il ne voulait pas parler, dispersa son activité intellectuelle. Il aborda les sujets les plus divers par un besoin de distraction qui devint un goût, puis une habitude. Souvent sans doute il a dû composer, préparer des pages entières au cours de ses promenades et les murmurer à mi-voix avant de les écrire. Presque jamais, en effet, on ne sent, en le lisant, l'effort qui, devant la table de travail, rejette tout mot qui ne semble pas assez clair, assez simple, assez bref. Il se plaisait à masquer son érudition et à donner une allure de causerie à tout ce qu'il écrivait. Aussi, dans son discours de réception, se serait-il reproché d'être solennel même en parlant de J.-B. Dumas.

Pasteur, en préparant sa réponse, ne put s'empêcher, avec sa sincérité absolue, de s'exprimer ainsi :

« Dans votre discours que vous avez, comment dirai-je? pail-

39

leté d'anecdotes et de citations, la figure de M. Dumas se dégage-t-elle toujours dans sa grave sérénité? M. Dumas ne vous est-il pas un peu apparu, comme vous le voyiez de la place que vous occupiez près de lui à l'Académie des sciences, de profil seulement? Vous esquissez d'une touche si légère ses soixante-cinq années de travail ininterrompu que l'on oublierait presque, en vous entendant, ce que représentait d'efforts cette vie pleine et glorieuse. Votre souplesse ne se joue-t-elle pas avec trop de facilité autour d'une étude redoutable en ne nous laissant qu'une impression de grâces un peu fuyantes? »

Bertrand, à la perspective de parler devant le milieu mondain des réceptions académiques, dont il s'exagérait parfois le besoin d'être amusé, trouvait qu'il fallait effleurer un sujet. Pasteur pensait autrement. Par une pente naturelle, il se montrait ce qu'il était, cherchant moins à plaire qu'à faire réfléchir, parlant avec gravité de ce qui lui semblait grave. A la manière seule de raconter, dans les premières pages de ces deux discours, les impressions de jeunesse de J.-B. Dumas, la différence éclatait. Bertrand parlait du départ de Dumas pour Paris comme d'une tentative téméraire d'un jeune élève de pharmacie. Pasteur, descendant au fond de l'âme de Dumas, jetait cette sorte d'apostrophe :

« Il y a dans la jeunesse de tout homme de science et sans doute de tout homme de lettres, un jour inoubliable où il a connu à plein esprit et à plein cœur des émotions si généreuses, où il s'est senti vivre avec un tel mélange de fierté et de reconnaissance que le reste de son existence en est éclairé à jamais. Ce jour-là, c'est le jour où il s'approche des maîtres à qui il doit ses premiers enthousiasmes, dont le nom n'a cessé de lui apparaître dans un rayonnement de gloire. Voir enfin ces allumeurs d'âme, comme disait un de nos confrères, les entendre, leur parler, leur vouer de près, à côté d'eux, le culte secret que nous avions si longtemps gardé dans le silence de notre jeunesse obscure, nous dire leur disciple et ne pas nous sentir trop indignes de l'être! Ah! quel est donc le moment, quelle que soit la fortune de notre carrière, qui vaille ce moment-là et qui nous laisse des émotions si profondes? »

Pasteur éprouvait si bien ce sentiment d'admiration que, plus de quarante ans après avoir écrit à son père l'effet produit par une leçon de J.-B. Dumas, il redisait maintenant, avec quelques variantes de formes moins familières que dans une lettre, l'enthousiasme que lui avait inspiré ce maître.

« J'arrivais du fond de ma province quand je l'entendis pour la première fois. Il avait alors quarante-trois ans. J'étais élève de l'Ecole normale. Nous suivions assidûment ses leçons à la Sorbonne. Longtemps avant son arrivée, la salle était pleine, les hauteurs couronnées de groupes d'auditeurs; les derniers arrivés étaient refoulés jusque dans l'escalier. A l'heure sonnante, il apparaissait. Les applaudissements éclataient de toutes parts, des applaudissements comme la jeunesse seule sait en donner. Toute sa personne avait quelque chose d'officiel : habit noir, gilet blanc et cravate noire, il semblait qu'il se présentât devant le public comme devant un juge difficile, presque redoutable.

« La leçon commençait. On sentait dès les premiers mots qu'une exposition claire, facile, quoique mûrement étudiée, allait se dérouler. Comme il cherchait à rendre la chimie populaire en France, il voulait à la fois être compris immédiatement de tous ses auditeurs et habituer les réfléchis à l'esprit d'observation. Nulle surcharge dans les détails, quelques idées générales, des rapprochements ingénieux, un choix d'expériences dont l'exécution était irréprochable. Son art consistait, non pas à accumuler les faits mais à en présenter un petit nombre, en demandant à chacun d'eux toute sa valeur d'instruction. »

Puis Pasteur songeait aux découvertes de Dumas, à cet enseignement fertile en vérités inductives, à cette éloquence généralisatrice, à ce don de conseil qui, dans le particulier, s'exerçait avec une autorité apaisante. Il se rappelait avec émotion tout ce qu'avait fait Dumas, soit pour défendre un inventeur méconnu comme Daguerre, que l'on avait failli enfermer dans une maison de fous; soit pour honorer la mémoire d'un génie comme Lavoisier; soit enfin pour accroître le culte des grands hommes qui apportent à un pays l'amélioration matérielle, l'élévation morale et, à l'humanité tout entière, une puissance plus grande de pensée, de volonté, de sentiments.

Pasteur résumait à larges traits la carrière glorieuse et bienfaisante de son vieux maître. Un regret toutefois se mêlait à ses louanges. « Ah! pourquoi, disait-il en pensant aux vingt-deux années que J.-B. Dumas avait passées hors du laboratoire, pourquoi la politique l'a-t-elle éloigné de la science! » Pasteur lui-même, après avoir compris l'attirance exercée par la vie publique, après avoir cru pendant quelque temps à la possibilité pour les savants d'exercer une action heureuse dans les assemblées, avait été frappé, par bien des exemples, de la disproportion entre le sacrifice fait et les résultats obtenus. La fécondité du travail en pleine indépendance de pensée n'était-elle pas trop souvent compromise? Si chaque individu doit avoir comme idéal de donner son maximum d'efforts dans le monde, selon l'expression de Pasteur, il ne doit pas croire trop facilement qu'il rendra dans la politique plus de services que dans la science.

J.-B. Dumas, à la fin de sa vie, laissa percer la tristesse que lui causaient ces années remplies par tant de charges officielles ou décoratives. Le vrai bonheur lui semblait être réalisé par le savant qui consacre ses jours à pénétrer les secrets de la nature et à découvrir des vérités nouvelles. « Laplace, disait-il, poursuivant pendant un demi-siècle l'application des lois du système du monde aux mouvements des corps célestes; Cuvier, inventant l'anatomie comparée et restituant l'antique population du globe; de Candolle, écrivant la théorie élémentaire de la botanique et le signalement de toutes les plantes connues; Brongniart, apprenant à classer les terrains par les fossiles qui les caractérisent;... ces savants ont connu la vie heureuse. »

Pasteur notait ces souvenirs, durant le mois d'août, dans son cabinet d'Arbois où tout était disposé pour ses heures de travail. Sur une large table en bois de chêne non ciré, aux pieds à peine équarris, étaient rangés en ordre parfait des cahiers et des livres. Derrière lui s'échelonnaient des rayons garnis de brochures. Sur les murs un papier de couleur sombre. A sa droite, une grande bibliothèque vitrée qui renfermait les lourds volumes des comptes rendus de l'Académie des sciences. A sa gauche, deux fenêtres au soleil levant. Souvent, au milieu de ses méditations, il arrêtait son regard sur le paysage familier de son enfance. Il aimait la rivière qui, après avoir franchi le pont, s'étale en cascade, court le long des jardins et gagne la plaine. Au-dessus du vallonnement rempli d'arbres fruitiers, une route, bordée de frênes, monte en larges lacets à la gare de Mesnay-Arbois. Quelques champs morcellent des vignes dont les ceps gravissent par colonnes serrées le terrain pierreux. Au loin, des sapins qui couronnent les hauteurs, laissent à intervalles réguliers traverser leurs lignes par le panache de fumée d'une locomotive. Elle conduit lentement le train de France vers la Suisse. Pasteur, qui ne se lassait jamais d'admirer les conquêtes du labeur humain sous toutes ses formes, interrompait parfois son travail pour regarder le spectacle triomphant de ces machines puissantes. Le temps était loin où il apprenait au collège d'Arbois, dans une géographie qui existe encore sur un des rayons de son cabinet, que quelques chemins de fer seulement étaient en activité, comme ceux de Paris à Saint-Germain et de Saint-Etienne à Lyon.

Pasteur, à Paris, dans son laboratoire, n'aimait pas qu'on le dérangeât, soit au milieu de ses expériences, soit au milieu de la rédaction de ses notes de travaux. Dans ces heures silencieuses, toute visite lui était importune. Un jour quelqu'un voulut forcer la consigne. Mécontent d'être troublé par ce visiteur et craignant cependant de lui causer de la peine, Pasteur sortit pour dire d'un ton suppliant et désolé qui amusa M. Roux, témoin de cette scène : « Non, pas maintenant, je suis trop occupé ! »

« Lorsque Chamberland et moi, a raconté M. Roux dans sa notice sur Pasteur, nous étions occupés à une expérience intéressante, il montait la garde autour de nous, voyait arriver de loin, à travers la porte vitrée, les camarades qui venaient nous demander, et il allait lui-même les recevoir pour les éconduire. Ces boutades de Pasteur montraient si naïvement son unique préoccupation de

travail, qu'elles n'ont jamais fâché personne. » Mais à Arbois, où
il ne passait que la période des vacances, il ne se croyait pas le
droit d'être si sévère. Entrait qui voulait. Le matin, c'était un
va-et-vient perpétuel dans son cabinet. Recommandations, emplois,
apostilles, c'était à qui solliciterait son appui, à qui lui demanderait
un conseil. « Il est une particularité curieuse et qui a son côté à la
fois comique et touchant, — écrivait, dans un journal de Franche-
Comté, un arboisien, ancien professeur, M. Girard, fier de sa ville
et de son compatriote, — c'est l'opinion que se font de lui les
vignerons. Ces bonnes gens n'ont pas été sans entendre dire que
M. Pasteur s'occupait des maladies des vins et ne sont pas loin de
le prendre pour une sorte de médecin des vins. A peine s'aper-
çoivent-ils qu'un vin s'aigrit dans un fût qu'ils s'en viennent, une
bouteille à la main, frapper à la porte du savant. Cette porte ne
leur est jamais fermée. Le paysan est peu précis dans son langage ;
il ne sait ni aborder, ni exposer le sujet. M. Pasteur, toujours
calme et toujours grave, écoute jusqu'au bout ; il prend le vin et
l'étudie à loisir. Huit jours après, le vin est guéri. »

Ce n'était pas seulement sur le vin que l'on venait le consulter.
Beaucoup le croyaient docteur. Tout en se récusant, il cherchait
toujours le moyen d'être utile. Ce qu'il aimait à faire pour tous lui
plaisait particulièrement quand il s'agissait de franc-comtois. Leur
caractère simple, parfois un peu rude, leur besoin d'aller au fond
des choses, leur goût d'indépendance, leur courage capable de
lutter des années entières contre la mauvaise fortune et, dans la
vie habituelle, leur volonté tenace : il y avait là des qualités et des
vertus qu'il admirait sans se douter, dans sa modestie, qu'elles se
résumaient en lui. Il ne laissait jamais échapper une occasion de
parler d'eux avec éloges ou de rappeler un souvenir leur faisant
honneur. Dans ses promenades à la fin du jour sur la route tant
de fois parcourue avec son père, la route d'Arbois à Besançon,
quand il rencontrait un vigneron dont la très haute taille pliait sous
la hotte chargée d'outils et débordante de sarments, sa pensée se
reportait vers le « bataillon des géants », comme on appela les
députés jurassiens envoyés pour la fête de la Fédération, le

14 juillet 1790. Ce bataillon d'élite, composé des plus beaux hommes, se mit en marche vers Paris, ainsi que partaient de tous les points de France les délégués, les députés extraordinaires des 83 départements. Il fut reçu par la garde parisienne, musique en tête, et traversa Paris, escorté de vivats. Il suffisait qu'un vigneron de cinq pieds six pouces passât près de lui pour que Pasteur, dont l'imagination et le patriotisme étaient aussi jeunes, aussi enthousiastes à soixante ans qu'à vingt ans, se représentât le rôle des jurassiens dans cette journée de véritable fraternité.

Quand il évoquait un grand souvenir historique, il en parlait avec une admiration vibrante. Il ne comprenait pas que l'on se désintéressât du culte du passé. « Ah! les petits esprits! » disait-il de ceux que laissait indifférents la commémoration d'une date glorieuse ou le spectacle des honneurs rendus à un grand mort. Plus il avançait dans la vie, plus il trouvait qu' « il est salutaire de rappeler aux cités qui l'oublient qu'elles ne vivent à travers les âges que par le génie ou la vaillance de quelques-uns de leurs enfants ».

Dès qu'un homme avait fait dans sa vie un grand acte, dès qu'il avait eu quelque noble inspiration capable de provoquer les dévouements, Pasteur désirait que le souvenir en fût impérissable. Lorsque le franc-comtois Rouget de l'Isle, dont la longue existence fut tourmentée par tant de chagrins, de misères, d'injustices, d'humiliations, eut enfin sa statue à Lons-le-Saunier, sa ville natale, — comme il venait de l'avoir dans la ville où il mourut si pauvrement, en 1836, à Choisy-le-Roi, — Pasteur alla à Lons-le-Saunier, sur la place de la Chevalerie, pour s'associer à l'hommage que l'on rendait à celui qui, dans une nuit d'inspiration, composa le chant de l'armée du Rhin et qui avait enfin son jour de gloire.

Ces témoignages de reconnaissance publique, Pasteur les aimait, les admirait, les exaltait. Toujours dominé par l'idée de ce qui pouvait contribuer à l'éducation nationale, il souhaitait qu'il y eût, en dehors des villes, soit dans une école, soit sur la place d'une commune ou d'un hameau, le portrait, le buste d'un enfant du pays qui se serait illustré. Il y aurait ainsi, sur divers points de France, des leçons d'hommes, comme il y a des leçons de choses. Les enfants auraient une première initiation à une vie supérieure. Un éclair de gratitude, un rayon d'idéal traverseraient les plus obscurs cerveaux.

Pendant les vacances de 1885, Pasteur eut la surprise heureuse de voir ce vœu se réaliser non loin d'Arbois. On inaugura sur la place d'un des plus pauvres villages du canton de Sellières, à Monay, le buste du sculpteur J.-J. Perraud, mort en 1876. Son enfance avait été rude, comme celle de tant d'artistes. Petit garçon, quand il courait en sabots, son pantalon de toile retenu par une ficelle, il remplissait ses fonctions de berger avec une parfaite négligence. Ramassant un peu de terre glaise au fond des fossés, il s'amusait à faire des bonshommes. Pendant ce temps-là, ses vaches entraient dans quelque champ de maïs, ses cochons déterraient à leur profit les pommes de terre du voisin. Le garde champêtre survenait. Il dressait procès-verbal et disait au gamin : « Ce soir ton père te savonnera les oreilles. » Et le soir, du petit grabat où il était blotti, Perraud entendait, entre le garde et son père, une scène d'explications où revenaient avec insistance, de part et d'autre, le mot bêtises pour désigner les figurines en terre glaise et le mot vaurien pour caractériser l'auteur.

Comment Perraud gagna Salins pour être apprenti ébéniste, puis Lyon où il entra à l'Ecole des beaux-arts et fut classé le premier, enfin Paris où il obtint le prix de Rome, tous les incidents de sa vie laborieuse, il les avait racontés à Pasteur devenu son ami. L'un de ses derniers envois de la villa Médicis fut le bas-relief des *Adieux*, l'œuvre qu'il préférait peut-être à toutes les autres. Des lignes nobles et pures, de la finesse du modelé se dégagent la grandeur morale, l'émotion profonde qui font les vrais artistes. C'est la veille d'un départ pour la guerre. Un vieillard aveugle, assis, tend les bras vers son fils qui vient l'embrasser une dernière fois. Le courage du fils semble brisé par la douleur de cette séparation. Sa sœur, à demi cachée, placée derrière le soutien de la famille qui s'en va, s'appuie encore sur lui et lui tient la main comme pour l'encourager, quand elle-même est prête à défaillir. Que de fois Pasteur regarda et fit admirer cette composition dont il possédait la maquette offerte par Perraud ! Il la conserva jusqu'au jour où, sachant que le fils de Jacobsen n'avait rien de cet artiste dans le musée d'œuvres françaises rassemblées à Copenhague, il la lui donna.

Perraud, durant les cinq années de son séjour en Italie, éprouvait, avec ce « mélange de tendresse naïve et de sensibilité exagérée qui, disait-il, fait le fond de ma pauvre nature », un chagrin d'enfant. Il le traduisait dans une lettre à sa famille :

« Quand j'étais à Naples, au bord de la mer, je prenais de l'eau dans ma main et je me disais : Qui sait si dans ces quelques gouttes que je tiens là il n'y a pas une goutte d'eau venant de ma chère patrie, de mon pauvre pays de Monay ?... Ces petits ruisseaux ne vont-ils pas tous se réunir dans la Saône, laquelle se mélange au Rhône qui se jette, lui, dans la mer Méditerranée ? »

Malgré le succès de certaines œuvres, malgré quelques éclaircies de gaieté qui avaient charmé Pasteur, sa mélancolie persistait. Elle se montrait surtout dans la statue du *Désespoir* qui est aujourd'hui au Louvre et qui porte cette sentence : *Ahi! null'altro che pianto al mondo dura!* Hélas ! Il n'y a au monde que les pleurs qui durent ! Pasteur admirait cette statue, dont Théophile Gautier avait dit quand elle fut exposée pour la première fois : « Ne serait-ce pas sa propre douleur que l'artiste a symbolisée dans ce beau jeune homme triste : fatigue de la lutte avec l'idéal, attente trop longue de la gloire méritée, renoncement à une juste fortune, misanthropie exacerbée par la solitude ? »

Le jour où devait être érigé à Monay le buste du sculpteur, c'était grande fête dans le village. La sœur de Perraud attendait Pasteur sur le seuil de la pauvre masure où rien n'avait été changé depuis la naissance de Perraud. Coiffée de son petit bonnet blanc, elle était bien le type de la vieille paysanne. Pasteur, lui donnant le bras, la conduisit devant la maison-commune où, sur une colonne, apparaissait le buste de Perraud, exécuté par son élève et ami Max Claudet. Pasteur apprit à cette foule de paysans, groupés autour du monument de leur compatriote, que la France avait eu en Perraud un artiste supérieur, dédaigneux de la forlune et des succès faciles, poursuivant un idéal, préoccupé du grand art qui ne meurt pas.

Le soir, revenant à Arbois dans la mélancolie du jour qui tombait, Pasteur se rappelait les dernières années de Perraud. Veuf, sans enfant, sans rien qui le rattachât à la vie, Perraud avait écrit dans une lettre plus triste que toutes les autres : « Je suis comme la feuille d'arbre en la saison où les fruits sont tombés. Je n'abrite plus rien ; je demeure, en attendant que le vent d'automne m'emporte. » Trois mois avant sa mort, il avait dit de Pasteur qui venait le voir fréquemment et essayait de le consoler : « Il a véritablement été bon, affectueux, compatissant. »

De son regard profond et clair, où brillaient le génie et la bonté, plus précieuse encore aux hommes que le génie ; de ses lèvres qui rencontraient, sans les chercher, la puissance et la tendresse des mots, Pasteur savait consoler ; il pouvait même, tant l'influence de son affection était douce, soustraire l'esprit d'un mourant à l'étreinte de la réalité. La gloire, qu'il aimait parce qu'elle augmentait le patrimoine de la France, il en parlait à Perraud avec une foi ardente. Et le mélancolique visage de Perraud, déjà touché par la mort, s'éclairait à la pensée qu'il obtiendrait, par quelques-unes de ses œuvres, l'adhésion de la postérité.

Durant ces vacances de 1885, Pasteur avait la fièvre de suffire à toutes les tâches entreprises. A la fin de septembre, il écrivait à son fils : « Les personnes les plus inconnues me consultent sur les virus, sur les vers à soie, sur les vaccins du charbon, du choléra humain, du choléra des poules, du rouget, sur la rage, et cela de divers pays d'Europe et d'Amérique. Mes matinées se passent à répondre à tous et à tout. Puis viennent les notes sur les expériences du laboratoire, le discours de Bertrand-Dumas. »

Quand il revint à Paris, un événement le força de hâter l'organisation d'un service pour le traitement préventif de la rage après morsure. Le maire de la commune de Villers-Farlay, dans le Jura, lui écrivit que, le 14 octobre, un berger avait été cruellement mordu par un chien enragé.

Six petits bergers gardaient leurs troupeaux dans un pré. Tout à coup ils virent sur la route un chien de forte taille qui passait, la gueule pleine de bave. « Un chien fou! » s'écrièrent-ils, le mot fou étant pour eux synonyme d'enragé. A leur vue, l'animal quitte la route pour se précipiter sur eux. La bande des enfants se sauve en poussant des cris. Le plus âgé, qui était dans sa quinzième année, J.-B. Jupille, voulut protéger la fuite de ses camarades. Armé de son fouet, il marche droit sur l'animal. D'un bond, le chien se jette sur Jupille et lui mord la main gauche. Une lutte s'engage, Jupille terrasse le chien. Puis, de sa main droite, il lui ouvre la gueule pour dégager sa main gauche, toujours serrée comme dans un étau. Il y parvient, mais sa main droite reçoit à son tour de graves morsures. Il lutte encore. Il saisit le chien par le cou. Pendant le combat son fouet était tombé. Il appelle son petit frère, qui revient sur ses pas, ramasse et apporte le fouet. De la lanière, Jupille lie la gueule du chien. Prenant alors son sabot, il frappe et assomme l'animal. Enfin, pour être bien sûr que la bête ne mordra plus, ne bougera plus, il la traîne jusqu'au ruisseau qui coule le long du pré. Il lui tient, plusieurs minutes, la tête sous l'eau. Le chien est bien mort. Dès lors, plus de danger pour les autres enfants. Jupille revient à Villers-Farlay.

Pendant que l'on appliquait un premier pansement sur ses plaies, on envoya chercher le cadavre du chien. L'autopsie fut faite le lendemain par deux vétérinaires. Nulle hésitation : le chien était enragé. Le maire de Villers-Farlay, qui, durant les vacances, était venu voir Pasteur et l'avait entendu parler des études sur la rage, lui écrivit que cet enfant serait victime de son courage à moins que le nouveau traitement n'intervînt. La réponse ne se fit pas attendre. Pasteur déclarait qu'au bout de cinq années d'études, il était arrivé à rendre des chiens réfractaires à la rage, même six ou huit jours après morsure ; que, pour l'homme, il n'avait encore appliqué sa méthode qu'une seule fois, mais avec succès, sur le petit Meister, et que, si la famille de Jupille y consentait, l'enfant pouvait venir. « Je le garderai près de moi dans une chambre de mon laboratoire. Il sera surveillé, pourra aller et venir sans jamais être alité. Il recevra seulement chaque jour une petite piqûre pas plus douloureuse qu'une piqûre d'épingle. »

Une fois la lettre lue, la délibération de la famille fut courte. Mais entre le moment de la morsure et l'arrivée de Jupille à Paris, six jours pleins s'étaient écoulés. Il n'y avait eu que deux jours et demi pour Meister. Qu'allait-il se passer dans le second cas plus tardif ? Toutes vives que fussent encore les craintes de Pasteur pour la vie de ce grand garçon, qui paraissait surpris quand on le félicitait de sa conduite courageuse, elles étaient moins poignantes que les premières. Il avait plus de confiance.

Quelques jours après, le 26 octobre, Pasteur, dans une communication à l'Académie des sciences, exposa le traitement suivi par Meister. Trois mois et trois semaines s'étaient écoulés, l'enfant allait toujours bien. Puis il parla de sa nouvelle tentative. Vulpian se leva : « L'Académie, dit-il, ne s'étonnera pas si, comme membre de la section de médecine et de chirurgie, je demande la parole, pour exprimer les sentiments d'admiration que m'inspire la communication de M. Pasteur. Ces sentiments seront partagés, j'en ai la conviction, par le corps médical tout entier.

« La rage, cette maladie terrible contre laquelle toutes les tentatives thérapeutiques avaient échoué jusqu'ici, a enfin trouvé son remède ! M. Pasteur, qui n'a eu, dans cette voie, aucun autre précurseur que lui-même, a été conduit, par une série de recherches poursuivies sans interruption pendant des années, à créer une méthode de traitement à l'aide de laquelle on peut empêcher, à coup sûr, le développement de la rage chez l'homme mordu récemment par un chien enragé. Je dis *à coup sûr*, parce que, d'après ce que j'ai vu dans le laboratoire de M. Pasteur, je ne doute pas du succès constant de ce traitement lorsqu'il sera mis en pratique dans toute sa teneur, peu de jours après la morsure rabique.

« Il devient dès à présent nécessaire de se préoccuper de l'organisation d'un service de traitement de la rage par la méthode de M. Pasteur. Il faut que toute personne mordue par un chien enragé puisse bénéficier de cette grande découverte, qui met le sceau à la gloire de notre illustre confrère et qui jettera le plus vif éclat sur notre pays. »

Pasteur avait terminé sa lecture par le récit ému de ce qu'avait fait Jupille. Il avait laissé l'assemblée sur l'impression de cet enfant qui s'était sacrifié pour sauver ses camarades. Un académicien, le baron Larrey, dont l'autorité était rendue plus grande encore par le calme, la dignité, l'esprit de mesure, demanda la parole. Après avoir salué l'importance de la découverte de Pasteur, Larrey s'exprima ainsi : « Celui qui a eu tout à coup l'inspiration et le courage, l'adresse et la force de museler le chien enragé menaçant la vie des assistants épouvantés, a mis l'animal furieux dans l'impuissance de répandre plus loin la terreur : un tel acte de bravoure attend sa récompense. C'est pourquoi j'ai l'honneur de prier l'Académie des sciences de recommander à l'Académie française ce jeune berger qui, en donnant un si généreux exemple de courage, s'est rendu assurément digne d'un prix de vertu. »

Enfin, le président de l'Académie, qui était Bouley, prit, lui aussi, la parole :

« Nous avons le droit de dire que la date de la séance qui se tient ici en ce moment restera à jamais mémorable dans l'histoire de la médecine et à jamais glorieuse pour la science française, puisqu'elle est celle d'un des plus grands progrès qui aient jamais été accompli dans l'ordre des choses médicales : le progrès réalisé par la découverte d'un moyen efficace de traitement préventif d'une maladie dont les siècles, dans leur succession depuis le commencement des temps, se sont toujours légué l'incurabilité. A partir d'aujourd'hui, l'humanité est armée d'un moyen de lutter contre la fatalité de la rage et de prévenir ses sévices. Cela, nous le devons à M. Pasteur, et nous ne saurions avoir trop d'admiration et de reconnaissance pour des efforts qui ont abouti à un si beau résultat... »

Cinq années auparavant, presque jour pour jour, Bouley, dans la séance publique annuelle des cinq Académies, avait proclamé son enthousiasme pour la grande découverte de la vaccination charbonneuse. Il disait : « Quelles belles et consolantes perspectives ouvertes par la science et qui n'ont rien que de légitime, car le passé déjà si fécond, bien qu'il ne date que d'hier, autorise toutes les espérances! » Mais dans cette journée d'octobre 1885, ses confrères en l'entendant ne purent se défendre d'une émotion douloureuse. Sa voix n'avait plus le même accent vibrant. A la pâleur de son visage amaigri, on le sentait mortellement atteint. Il avait une maladie de cœur; il se savait condamné. Toutefois il était soutenu par sa rare énergie. Ce jour-là, on lisait dans son regard si droit le sentiment très fier, très noble, qui fait que les esprits élevés ont une consolation suprême en pensant qu'après eux il y aura une diminution des maux de l'humanité.

Le lendemain, de son petit appartement de la rue des Saints-Pères, il gagna l'Académie de médecine. Il voulait entendre l'écho de la grande séance de la veille à l'Académie des sciences. A un ami qui lui demandait comment il allait, il répondit, lui qui avait toujours une citation littéraire sur les lèvres, par le mot qui termine un chef-d'œuvre de Mérimée, *l'Enlèvement de la redoute* : « F... mon cher! Mais j'ai encore voulu assister ici à sa victoire. » Il mourut dans la nuit du 29 au 30 novembre.

Le président de l'Académie de médecine, M. Jules Bergeron, applaudit d'autant mieux la communication de Pasteur qu'il dut se rappeler avoir constaté, comme Bouley, l'impuissance des ressources de la médecine devant ce mal si cruel. Dans un mémoire lu, en 1862, à la Société médicale des hôpitaux au sujet d'un cas de rage qui s'était présenté dans son service, il disait : « Cette impuissance est-elle absolue, définitive? Je ne puis me résigner à l'admettre, et je crois, au contraire, que tôt ou tard la médecine finira par découvrir le moyen soit de neutraliser dans l'économie le virus rabique que les cautérisations tardives sont impuissantes à détruire, soit de triompher de ses terribles effets. »

Le secours était venu non pas de la médecine, mais de la chimie qui avait montré une fois de plus sa puissance dans le domaine de la médecine. Mais si M. Bergeron partageait, comme Vulpian et comme M. Grancher, — qui fut chargé au laboratoire de l'Ecole normale du service de la rage, — l'admiration pour des expériences qui avaient transformé le virus rabique en son propre vaccin, les médecins se divisaient en plusieurs catégories : les uns enthousiastes, d'autres réservant leur opinion, bon nombre sceptiques et quelques-uns enfin d'une hostilité qui promettait de se donner carrière.

A peine la communication de Pasteur était-elle publiée que, de tous côtés des personnes mordues par des chiens enragés arrivèrent au laboratoire. Le service de la rage devint la chose capitale. Chaque matin, Eugène Viala préparait les moelles qui devaient servir aux inoculations. Dans une petite pièce, où la température était maintenue de 20 à 23 degrés, s'alignaient des flacons stérilisés à deux tubulures fermées par des tampons de ouate. Chaque flacon renfermait une moelle rabique, suspendue au bouchon par un fil et qui se desséchait peu à peu grâce aux fragments de potasse caustique déposés au fond. Avec des ciseaux passés à la flamme, Viala coupait en menus morceaux et plaçait dans de petits verres à pied chacune de ces moelles. La plus ancienne qui remontait à quatorze jours ouvrait la série qui, de flacon en flacon, descendait jusqu'à la moelle la plus récente. Prélevant ensuite dans un ballon, à l'aide d'une pipette, quelques gouttes de bouillon de veau, il les déposait dans ces petits verres stérilisés. Puis, avec une baguette de verre, il broyait et mélangeait le tout. Le liquide vaccinal était prêt. Tout verre portait la date de la moelle. Autant de séries de personnes mordues et soumises au traitement depuis tel et tel jour, autant de séries de verres garantis contre les poussières par un couvercle de papier. Pasteur ne manquait jamais de présider à ces opérations.

Dans la grande salle du laboratoire, les collaborateurs de Pasteur, MM. Chamberland et Roux, poursuivaient, sous la direction de leur maître, des recherches sur les maladies contagieuses. Ce n'étaient partout que fioles, pipettes, ballons de verre renfermant des bouillons de cultures. Un autre préparateur, tout jeune, d'une intelligence vive et ouverte, d'un cœur affectueux qui faisait de lui un normalien très aimé, Etienne Wasserzug, traduisait — car il savait l'anglais, l'allemand, l'italien, l'espagnol, le hongrois et il n'attendait qu'une bonne occasion pour apprendre le russe — les travaux qui arrivaient du monde entier au laboratoire. Il était chargé en outre de recevoir les savants étrangers. C'était un interprète précieux pour Pasteur.

Des médecins venaient de toutes parts et demandaient à étudier les détails de la méthode. Un matin, M. Grancher trouva Pasteur en train de discuter avec un médecin qui, gravement, solennellement, exposait ses objections sur les doctrines microbiennes en général et sur le traitement de la rage en particulier. Pasteur, après avoir écouté ce long monologue, se leva et dit : « Mon Dieu, monsieur, je n'entends pas grand'chose à votre langage. Je ne suis pas médecin et parfois je désire ne pas l'être. Ne me parlez jamais de spontanéité morbide, votre dogme. Je suis chimiste, je fais des expériences et je tâche de comprendre ce qu'elles disent. » Et se tournant vers M. Grancher : « Qu'en dites-vous, docteur ? » M. Grancher répondit en souriant que l'heure des inoculations avait sonné.

Elles avaient lieu à onze heures, dans le cabinet de Pasteur qui, debout devant la porte ouverte, faisait l'appel nominal des personnes mordues. La date, les circonstances de l'accident et le certificat du vétérinaire étaient notés sur un registre, et l'on divisait par séries, portées sur des fiches différentes, les personnes qui devaient recevoir la moelle de tel ou tel jour, suivant la période du traitement.

Pasteur s'intéressait à tous. Il s'informait de la situation de chacun. Voyait-il un pauvre paysan arriver dans ce grand Paris, il veillait lui-même à le faire loger dans un hôtel du voisinage et à rendre toute chose facile. Les enfants surtout lui inspiraient une extrême sollicitude. Aussi lorsqu'il reçut, le 9 novembre, une petite fille âgée de dix ans, mordue grièvement par un chien de montagne, le 3 octobre, c'est-à-dire trente-sept jours auparavant, et qu'il vit cette morsure à la tête, dont la plaie était encore suppurante et sanguinolente, sa pitié fut mêlée d'effroi. Il se disait : Voilà un cas désespéré! L'explosion de la rage est sans doute à la veille de se produire. Il est trop tard pour que la méthode préventive ait la moindre chance d'efficacité. Ne devrais-je pas, dans l'intérêt scientifique de la méthode, refuser de soigner cette enfant arrivée si tard et dans des conditions exceptionnellement graves? S'il survenait un malheur, quel trouble chez tous ceux qui ont déjà été traités! et combien de personnes mordues, découragées ou déconseillées de venir au laboratoire, succomberont peut-être? Toutes ces pensées se croisaient rapidement dans l'esprit de Pasteur. Mais, quelque chose de plus fort l'emporta : . le sentiment d'humanité devant un père et une mère qui venaient lui demander de sauver leur enfant.

Le traitement achevé, Louise Pelletier avait repris ses habitudes d'écolière laborieuse, quand tout à coup des accès d'oppression se manifestèrent, puis des spasmes convulsifs. Elle ne pouvait plus rien avaler. Dès que ces phénomènes apparurent, Pasteur vint auprès d'elle. On tenta de nouvelles inoculations. Le 2 décembre, il y eut pendant quelques heures un calme qui donna à Pasteur l'illusion qu'elle allait être sauvée. Cette illusion dura peu. Après avoir assisté, le cœur plein de tristesse, aux obsèques de Bouley, Pasteur passa sa journée dans le petit appartement de la rue Dauphine où demeurait la famille Pelletier. Assis au chevet de cette enfant, il ne pouvait la quitter. Elle-même, pleine de tendresse, lui demandait, à travers une respiration haletante, la parole entrecoupée, de ne pas s'en aller, de rester près d'elle. Entre deux spasmes, elle lui prenait la main. Pasteur partageait le chagrin de ce père et de cette mère. Quand tout espoir fut perdu : « J'aurais tant voulu, leur dit-il, sauver votre pauvre petite! » Et dans l'escalier il éclata en sanglots.

Par un contraste qui lui fut douloureux, il dut présider quelques jours plus tard une de ces solennités académiques dont le mouvement et le bruit ressemblent à ceux d'une première représentation; il dut recevoir Bertrand. Son discours, qu'il avait préparé dans le charme et le repos de sa maison d'Arbois, à la fin de vacances heureuses, il le lut d'une voix triste, presque troublée. Dans le *Journal des Débats*, M. Henry Houssaye, chargé du compte rendu, terminait ainsi son article : « Plusieurs fois salué par

40

des salves d'applaudissements, M. Pasteur a terminé son discours au milieu d'une véritable ovation. Il en a paru fort ému. Comment M. Pasteur, qui a reçu toutes les marques d'admiration, à qui sont venus les suprêmes honneurs et dont l'universelle renommée a consacré le nom, peut-il encore être sensible à autre chose qu'aux découvertes de son puissant génie?» Ce que l'on ne savait pas, c'est que Pasteur voyait à travers l'éclat de cette journée le dessous des choses, comme il disait souvent. Il pensait à son maître Dumas, à son confrère Bouley qui venait de disparaître, à cette enfant qui avait succombé. Il était plus aux morts qu'aux vivants.

Comme une dépêche de New-York annonçait que quatre enfants, mordus par des chiens enragés, allaient partir pour Paris, il ne manquait pas d'adversaires qui, après avoir épié ce premier cas de mort malgré le traitement, disaient bien haut et avec un air de triomphe que si les parents de ces enfants avaient connu le sort de la petite Pelletier ils leur auraient épargné ce long et bien inutile voyage.

Les quatre petits américains, appartenant à des familles d'ouvriers, purent venir à Paris, grâce à une souscription publique ouverte dans le *New-York Herald*. Ils étaient accompagnés d'un médecin et de la mère du plus jeune d'entre eux. A la première inoculation, après cette piqûre si légère, cet enfant de cinq ans ne put s'empêcher de dire tout étonné : « Est-ce seulement pour cela que nous avons voyagé si longtemps ? » Quand tous revinrent, les journaux d'Amérique racontaient que la foule se pressait sur le quai. On leur faisait fête, disait un reporter du *Courrier des Etats-Unis;* on les accablait de questions sur « l'illustre savant qui les avait si bien soignés ».

A la date même de leur retour, le 14 janvier 1886, Pasteur écrivait une lettre qui montre qu'au milieu des plus vives préoccupations et pendant que le monde était rempli de ses travaux, il trouvait le temps de donner des conseils à un enfant :

« Mon cher Jupille, j'ai bien reçu toutes tes lettres. Les nouvelles que tu me donnes de ta bonne santé me font grand plaisir.

Mme Pasteur te remercie de ton souvenir. Avec moi elle souhaite, et tout le monde au laboratoire, que tu ailles toujours bien et que tu fasses le plus de progrès possible en lecture, en écriture et en calcul. Ton écriture est déjà bien meilleure que par le passé. Mais fais beaucoup d'efforts pour apprendre l'orthographe. Où vas-tu en classe? Qui te donne des leçons? Travailles-tu chez toi autant que tu le peux? Tu sais que Joseph Meister, le premier vacciné, m'écrit souvent. Or, je trouve, quoi qu'il n'ait que dix ans, qu'il fait des progrès bien plus rapides que toi. Applique-toi donc le plus que tu pourras. Perds peu de temps avec les camarades et suis en toutes choses les avis de tes maîtres et les conseils de ton père et de ta mère.

« Rappelle-moi au souvenir de M. Perrot, maire de Villers-Farlay. Peut-être que sans sa prévoyance tu aurais été malade, et être malade de la rage, c'est la mort infailliblement. Tu lui dois donc une grande reconnaissance. Bonjour et bonne santé. »

Ce n'étaient pas seulement les deux premiers inoculés, le petit alsacien Meister et le jurassien Jupille, qui lui inspiraient ces sentiments d'intérêt et d'affection. Sa sollicitude s'étendait à tous. Souvent il envoyait, comme un rappel à l'ordre, tel petit billet écrit sur une fiche de laboratoire. Peu de jours après cette lettre à Jupille, il adressait ces mots à un enfant pauvre qui avait été inoculé et dont il s'était occupé particulièrement:

« Mon cher petit Gueyton, pourquoi ne m'envoies-tu pas de tes nouvelles comme tu me l'as promis? Je crains que tu ne saches pas écrire. Dans ce cas, fais tous tes efforts pour apprendre à bien lire et à bien écrire. Si tu as besoin de quelque argent pour te donner quelques loisirs et payer un instituteur, fais-le-moi savoir. Ta bonne physionomie m'a inspiré pour toi un grand intérêt. Je suis persuadé que tu peux très bien apprendre et que tu pourrais par la suite te placer convenablement. Enfin, mets-moi au courant de ta famille. As-tu un père et une mère? As-tu des frères et des sœurs? Si tu ne peux écrire, fais-moi faire des réponses à mes questions par le maire de ta commune, par l'instituteur, par le curé. Porte-toi bien. Bonjour.

« Voici, joint à cette lettre, un mandat-poste de dix francs. »

Un des témoins de la vie de Pasteur, M. Roux, disait en parlant de son maître : « Sa pensée opiniâtre s'attachait aux difficultés et finissait par les résoudre, comme la flamme intense du chalumeau constamment dirigée sur un corps réfractaire finit par le fondre. ». On pouvait dire de sa bonté qu'elle aussi était semblable à une flamme ardente et active. Les tout petits, qui ne voyaient en lui qu'un homme très bon se penchant vers eux, devaient plus tard, en se rappelant son visage grave mais au doux sourire, se rendre compte que la science ainsi comprise réunit la grandeur intellectuelle et la grandeur morale.

Le bien comme le mal a ses contagions. La science et le dévouement de Pasteur inspirèrent un acte de générosité qui devait en entraîner bien d'autres. Il reçut la visite d'un de ses confrères de l'Académie française, qui comprenait le journalisme comme un vaste enseignement et comme une école de respect mutuel entre adversaires. C'était Edouard Hervé. Il remit à Pasteur, de la part du comte de Laubespin, qui consacrait sa fortune à des œuvres utiles, une somme de 40,000 francs destinée à alléger les dépenses nécessitées par l'organisation du service de la rage.

Comme Hervé questionnait Pasteur sur les premiers projets que l'on pourrait exécuter, Pasteur, qui voyait toujours grand, répondit : « Mon intention est de fonder à Paris un établissement modèle, sans avoir recours à l'Etat, à l'aide de dons et de souscriptions internationales. » Mais il fallait, ajoutait-il, attendre encore un certain temps pour que l'on n'eût aucun doute sur l'efficacité du traitement. Elle allait ressortir des chiffres eux-mêmes. Les statistiques sur la rage à diverses époques étaient variables. Bouley, qui, sous l'Empire, avait été chargé par le Comité consultatif d'hygiène publique de faire une enquête sur les cas de mort après morsure de chiens enragés, avait reconnu que, sur 320 personnes, la mortalité avait été de 40 p. 100. Souvent la proportion se montrait plus forte. Dans la période même où Pasteur soignait le petit Meister, cinq personnes qui passaient sur la route de Pantin furent successivement mordues par un chien enragé et succombèrent toutes à la rage. Le docteur Dujardin-Beaumetz fit au Conseil de salubrité de la Seine un rapport sur la mort de ces malheureux.

Pasteur, au lieu d'admettre la statistique de Bouley, préféra adopter la statistique d'un vétérinaire, membre de l'Académie de médecine, qui avait longtemps dirigé le service sanitaire de la préfecture de police, M. Leblanc. Cette statistique donnait seulement une proportion de 16 pour 100 de mortalité. Elle permettait, disait Pasteur, de se rendre un compte exact des résultats obtenus par la méthode.

Le 1er mars, il pouvait affirmer devant l'Académie que, sur 350 personnes qui constituaient alors le nombre des traités, la nouvelle méthode avait fait ses preuves. Il n'y avait eu, en effet, qu'une mort, celle de la petite Pelletier. Il concluait ainsi :

« On voit en s'appuyant sur les statistiques les plus rigoureuses quel nombre élevé de personnes ont déjà été soustraites à la mort.

« La prophylaxie de la rage après morsure est fondée.

« Il y a lieu de créer un établissement vaccinal contre la rage. »

L'Académie des sciences nomma une commission qui adopta à l'unanimité le projet qu'un établissement pour le traitement de la rage après morsure serait créé à Paris, sous le nom d'*Institut Pasteur*. Une souscription allait être ouverte en France et à l'étranger. L'emploi des fonds, — reçus à la Banque de France, au Crédit foncier, dont Pasteur avait été nommé administrateur en remplacement de J.-B. Dumas, chez les trésoriers-payeurs généraux, chez les receveurs particuliers et chez les percepteurs, — serait fait sous la direction d'un comité de patronage.

D'un bout de la France à l'autre, il y eut un mouvement d'enthousiasme et de générosité qui gagna les pays étrangers. Un journal de Milan, la *Perseveranza*, qui avait ouvert une souscription, recueillit dès la première liste une somme de 6,000 francs. Le *Journal d'Alsace* se mit à la tête d'une propagande en faveur de cette œuvre qui, disait-il, « a germé de la science et de l'esprit de charité ». Il rappelait que Pasteur avait occupé à Strasbourg une chaire dans l'ancienne et brillante Faculté des sciences. « L'Alsace, continuait-il, se souviendra que c'est à un pauvre petit paysan alsacien, au jeune Meister du Val de Villé, que Pasteur a appliqué en premier lieu sa découverte pour le sauver de la mort. » Le journal qui provoquait cette pacifique et féconde agitation annonçait qu'il voulait, ses listes closes, envoyer les souscriptions à Pasteur avec ces mots : Voici l'offrande de l'Alsace-Lorraine pour l'Institut Pasteur.

A cette époque, la guerre de 1870 pesait d'un souvenir encore lourd sur tous les peuples. A travers tant de recherches perfectionnées de destruction, il y avait comme un soulagement pour l'humanité quand arrivaient des nouvelles de ce laboratoire. On était attentif à cette lutte ardente et sans trêve qui se poursuivait contre les maladies. La plus mystérieuse, la plus cruelle de toutes allait donc être désormais réduite à l'impuissance ! Cependant la méthode rencontrerait encore des cas semblables à celui de la petite Pelletier. Soit retard, soit gravité des morsures, des accidents isolés pourraient se produire. Il y aurait encore des jours heureux pour les semeurs de doute et de haine.

Dans la première période de mars, Pasteur reçut dix-neuf russes qui arrivaient de la province de Smolensk. Assaillis par un loup enragé, la plupart d'entre eux avaient d'horribles blessures. Un pope, surpris par cette bête furieuse au moment où il se rendait à l'office, avait la lèvre supérieure et la joue droite arrachées; son visage était une plaie béante. Le plus jeune des russes, un paysan, au front labouré par les dents du loup, avait la tête enveloppée comme s'il eût été un blessé ramené du champ de bataille. D'autres morsures ressemblaient à des coups de couteau. Cinq de ces malheureux étaient dans un état si grave qu'il fallut les transporter immédiatement à l'Hôtel-Dieu; leurs blessures exigeaient des soins qui ne pouvaient leur être donnés dans un des hôtels voisins du laboratoire. Le médecin qui accompagnait ces moujicks raconta comment le loup, errant deux jours et deux nuits, avait lacéré, meurtri tous ceux qui se trouvaient sur son passage, et comment il avait été abattu à coups de hache par un des plus affreusement mordus.

A cause de la gravité des morsures et afin de réparer le temps perdu par les russes avant de se mettre en route, Pasteur décida qu'il fallait faire double inoculation, une le matin, l'autre le soir. On irait inoculer sur place ceux qui étaient à l'Hôtel-Dieu. Chaque matin on vit les quatorze autres, couverts de leurs *touloupes*, ceux-ci la tête bandée de linges sous le bonnet de fourrure, ceux-là, les bras emmaillottés, les mains emmitainées de compresses, passer silencieusement à travers les groupes si divers des mordus. Un basque coiffé du béret, une famille anglaise, un hongrois revêtu de son costume national, une paysanne française à petit bonnet, de pauvres gens de toutes les provinces : il semblait qu'on eût sous les yeux le spectacle de l'égalité devant la souffrance; c'était aussi comme une image de ce que serait un jour la reconnaissance des peuples pour ce bienfaiteur de l'humanité. A la nuit tombante, les groupes muets et résignés de moujicks revenaient dans la salle du laboratoire à peine éclairée. Ils donnaient la vision de personnages conduits par la fatalité, ne comprenant rien à ce combat livré au mal par la science et où se jouait leur vie ou leur mort. Pasteur! c'était le seul mot, le seul nom français qu'ils connussent. Quand ils passaient successivement devant lui, leur visage impassible et triste avait un éclair d'espoir et de gratitude.

Pouvait-on espérer qu'ils seraient tous sauvés? Leur état donnait d'autant plus d'inquiétude que quinze jours s'étaient écoulés entre la date des morsures et celle des premières inoculations. De toute la France arrivaient au laboratoire des documents sur les cas de mort à la suite de morsures de loups enragés. Combien d'observations se terminaient par ce mot : mort! C'était comme un refrain lugubre, semblable à celui qui revient dans les chambrées quand un sous-officier, énumérant les cas graves prévus par le code militaire, termine chaque article par l'invariable menace de mort. Après certaines morsures de loups enragés, tous les mordus avaient succombé. Un tableau d'ensemble permettait d'établir une proportion de mortalité de 82 p. 100. Ce chiffre semblait être celui qui se rapprochait le plus de la réalité. La statistique, parfois de 70 à 65 p. 100, ne s'était jamais abaissée au-dessous de 57 p. 100.

Pendant que la cour de l'Ecole normale, qui menait au laboratoire de Pasteur, ressemblait à une cour des miracles, les discussions s'élevaient dans les journaux et dans les conversations sur la méthode. Combien de vies seront-elles sauvées? Question pleine d'angoisse que s'adressait le grand public formant masse entre les enthousiastes et les détracteurs. Lorsque trois des russes succombèrent, l'émotion fut vive.

Pasteur n'avait cessé d'aller du laboratoire à l'Hôtel-Dieu. Il était accablé de chagrin. Ce n'était pas que sa confiance dans la méthode, quelle que fût la rudesse de ces trois chocs, eût été ébranlée; l'ensemble des résultats était là. Mais les questions de statistique pesaient peu quand il était le témoin d'un malheur. Sa bonté n'était pas de celles qui se perdent en généralités collectives; il avait le souci de chaque individu. Quand il traversait une des salles de l'Hôtel-Dieu, tous les malades au fond de leur lit lui inspiraient une compassion profonde. Et voilà pourquoi, rien qu'à le voir passer, à l'entendre, à rencontrer son regard qui s'arrêtait sur eux, tant de gens ont conservé de lui le souvenir que jadis les hommes du peuple devaient avoir de saint Vincent de Paul.

« ... Les autres russes vont bien quant à présent, » déclara Pasteur à l'Académie, dans la séance du 12 avril 1886. Alors qu'en France certains adversaires continuaient à discuter sur les trois morts et affectaient de ne voir que ces échecs, le retour des seize survivants fut salué en Russie avec une émotion presque religieuse. D'autres russes avant ceux-là étaient venus, et ils étaient sauvés; et le Tsar, sachant toutes ces choses, pria son frère, le grand-duc Wladimir, d'apporter à Pasteur un cadeau souverain : la grand'croix de Sainte-Anne de Russie en brillants. Il voulut faire mieux encore : il prit part à la fondation de l'Institut Pasteur et donna cent mille francs.

Au milieu d'avril 1886, le gouvernement anglais, voyant les résultats pratiques de la méthode de prophylaxie de la rage, nomma une commission pour étudier et vérifier les faits. Sir James Paget en fut le président. Les membres étaient : Lander Brunton, Fleming, Sir Joseph Lister, Quain, Sir Henry Roscoe, Burdon Sanderson, Horsley secrétaire. Le programme se résumait ainsi : Développement du virus rabique dans la moelle des animaux morts de rage ; transmission de ce virus par inoculation intra-cranienne ou hypodermique ; exaltation de ce virus par passages successifs de lapin à lapin ; possibilité soit de protéger d'avance, à l'aide d'inoculations vaccinales, des animaux sains contre les morsures ultérieures d'animaux enragés, soit d'empêcher l'explosion de la rage chez ceux qui ont été mordus ; application de cette méthode à l'homme et valeur de son efficacité.

Burdon Sanderson et Horsley vinrent à Paris. Deux lapins inoculés par Pasteur furent emportés en Angleterre. C'est par ces lapins que devait commencer la série d'expériences. On ferait ensuite l'enquête sur les personnes traitées en Angleterre et en France. Autant Pasteur était irrité devant le parti pris ou la légèreté dans les critiques, autant il comprenait, il approuvait, il sollicitait tout contrôle.

Le *Journal officiel* ne cessait de publier des listes où se mêlaient les dons des plus grandes fortunes, les prélèvements sur de petits revenus, l'épargne de l'étudiant, le salaire de l'ouvrier. La conférence *Scientia*, — réunion d'hommes d'étude, organisée par MM. Charles Richet, Gaston Tissandier, Talansier, de Nansouty, — lança l'idée d'un festival au profit de l'Institut Pasteur. La matinée devait avoir lieu dans le palais du Trocadéro. Un comité de patronage fut constitué parmi les confrères de Pasteur. Les artistes des grands théâtres s'inscrivirent pour apporter leur concours.

Ce fut pour Pasteur, lorsqu'il eut pris place dans la foule qui remplissait cette immense salle, quelque chose de singulier de se trouver tout à coup transporté dans un milieu qui lui était si étranger. Quand, de sa voix haute et claire, Coquelin jeta ces derniers vers d'une poésie d'Eugène Manuel :

> Et dans l'œuvre de Dieu, que l'homme calomnie,
> Ceux-là sont les plus grands qui font, par leur génie,
> Reculer la mort devant eux,

la salle tout entière se tourna vers Pasteur.

Après avoir entendu des fragments d'œuvres d'Ambroise Thomas, de Gounod, de Massenet, de Léo Delibes, de Saint-Saëns, on vit la scène occupée par des russes aux costumes de couleurs éclatantes, par des femmes, des jeunes filles en robes de brocart, coiffées de hauts diadèmes d'argent. Le chef, aux cheveux bouclés, à la barbe blonde, revêtu d'une sorte de chape d'or, dirigeait solennellement les chœurs. A écouter ces chants religieux ou tendres, ces mélopées lentes et douces, il y avait pour Pasteur comme une transfiguration étrange des russes de Smolensk, couverts de leurs peaux de bêtes. Peu à peu, on entendit les voix des femmes s'éteindre, semblables aux voix virginales qui se perdent dans l'ombre d'une chapelle mystérieuse. Et pour que cette journée scientifique et mondaine se terminât par quelque chose de sacré, Gounod qui était présent fit exécuter par des soprani, des violonistes et des harpistes son *Ave Maria*. Pendant que s'élevait la prière, pleine d'effusion, de ce compositeur qui a su exprimer toutes les tendresses humaines et tous les sentiments mystiques, on le vit, — chef d'orchestre au milieu de la scène, — se tourner vers son confrère possédé par la recherche du vrai comme il était, lui, possédé par la recherche du beau. Et lorsque les chants cessèrent, l'artiste, tout frémissant encore de foi et d'enthousiasme, son admirable visage éclairé de bonté expansive, jeta, à deux mains, à plein cœur, un baiser au savant. Gounod avait écrit, au commencement de la guerre de 1870, dans une lettre désespérée, datée de Londres : « Malheureuse terre ! misérable habitation des hommes, où la barbarie n'a pas encore cessé non seulement d'être, mais d'être de la gloire et de faire obstacle aux rayons purs et bienfaisants de la seule vraie gloire, celle de l'amour, de la science et du génie ! » Ces rayons purs et bienfaisants, il les voyait, ce jour du festival; il saluait dans Pasteur, avec une admiration respectueuse, « l'une des gloires les plus pures du pays et du siècle ».

Le soir, dans un banquet, Pasteur remercia ses chers et grands confrères de l'Académie et les organisateurs de cette fête incomparable. « N'était-ce pas, disait-il, un touchant spectacle de voir ces compositeurs immortels, ces grands charmeurs de l'humanité heureuse, apporter leurs glorieux concours à ceux qui veulent étudier et servir l'humanité souffrante? Vous aussi, vous êtes venus, vous tous grands artistes et grands acteurs. On eût dit autant de généraux en chef qui consentaient à rentrer dans le gros de l'armée pour donner plus de vigueur et d'élan à un sentiment commun. Il m'est difficile de peindre ce que j'ai ressenti. Oserai-je vous avouer que je vous entendais presque tous et presque toutes pour la première fois? Je ne crois pas avoir passé dans ma vie dix soirées au théâtre. Mais je n'ai plus de regrets à avoir, puisque dans l'intervalle de quelques heures vous m'avez donné, comme dans une synthèse exquise, les sentiments que tant d'autres mettent plusieurs mois et plusieurs années à rassembler. »

Quelques jours après, la souscription de l'Alsace-Lorraine, recueillie par tous les journaux alsaciens, fut remise à Pasteur par les mains de sa fille à qui elle avait été apportée. Cette offrande atteignait près de quarante-trois mille francs.

« Ce n'est pas sans une vive émotion, — écrivait Pasteur dans sa lettre de remerciements au directeur du *Journal d'Alsace*, Gustave Fischbach, — que je lis les titres de ces journaux qui ont désiré ouvrir leurs colonnes aux souscriptions en faveur du nouvel établissement. Je n'ai pas été moins heureux et touché lorsque, parmi la foule des noms des souscripteurs, que je voudrais pouvoir remercier tous individuellement, j'ai aperçu celui de mon jeune petit ami Joseph Meister, le premier de ceux que la nouvelle méthode de prophylaxie de la rage a arrachés à la mort, car il était, de vos compatriotes, le premier mordu et inoculé !

« Ce fut une joie pour moi de me rappeler cette circonstance le jour où je pus croire que Joseph Meister devait être considéré comme à l'abri de tout danger. C'est plus sûr encore aujourd'hui. Voilà bientôt onze mois qu'il a été attaqué par ce chien dont les autorités allemandes ont reconnu, après une très sévère enquête, la rage la plus confirmée.

« Je le porte dans mon cœur, ce cher enfant, qui a été pour moi, pendant de longues semaines, le sujet de tant d'alarmes. »

Comme le savant français avait remué dans les grandes et bonnes âmes les sentiments qui font honneur à l'humanité, on l'appelait de tous côtés pour soutenir des œuvres dignes de notre temps et dignes de lui.

Depuis la mort de J.-B. Dumas, il était président de la Société de secours des amis des sciences. Il n'avait pas attendu jusque-là pour s'intéresser à cette Société qui date de 1857. C'est au baron Thenard que revient l'honneur de cette fondation. Thenard, à quatre-vingts ans, avait eu l'idée de créer une Société qui mettrait les veuves, les enfants d'un savant, mort pauvre, à l'abri de la misère et de la gêne, leur épargnerait les démarches humiliantes, assurerait à leur vie la sécurité du pain quotidien. Cette haute pensée fut bien vite adoptée par les confrères et les amis de Thenard, qui étaient aussi ceux de Pasteur. On stipula que les secours n'auraient aucun caractère d'aumône. Ils seraient considérés comme des récompenses de services rendus. Tous les ans, dans l'assemblée générale de cette Société, on proclamerait le nom des pensionnaires comme on proclame à l'Institut le nom des lauréats. A la générosité s'ajouterait ce quelque chose d'achevé qui s'appelle la délicatesse.

Thenard, le maréchal Vaillant, J.-B. Dumas furent successivement les présidents de cette œuvre, reconnue presque immédiatement d'utilité publique et dont Pasteur s'était honoré de n'être tout d'abord que le vice-secrétaire. Dans le compte rendu annuel de la Société, il énumérait un jour le « douloureux contingent d'infortunes » que les amis des sciences prenaient sous leur protection, et brusquement il s'écriait, emporté par un flot de sentiments et d'idées :

« L'esprit mène le monde, a-t-on dit, et le monde n'en sait rien. » Dans cette conduite du monde par l'esprit la science a la plus grande part. Vous n'êtes point de ceux qui l'ignorent, vous tous dont la présence dans cette enceinte est un hommage rendu à notre chère institution. Vous êtes persuadés que les progrès des nations pourraient se mesurer aujourd'hui aux efforts de leurs savants et à l'importance de leurs découvertes. N'oublions pas toutefois que la route des grands efforts se confond souvent avec celle des grands sacrifices, et que le premier devoir d'un pays civilisé est de réparer l'injustice du sort envers ceux qui l'ont servi avec dévouement. C'est l'honneur de la Société de secours des amis des sciences d'être au premier rang parmi ceux qui veulent payer cette dette du patriotisme. Efforcez-vous donc de faire connaître ses statuts et de multiplier, par tous les moyens, le nombre de ses souscripteurs. Quelle disproportion entre cette modique cotisation annuelle de dix francs et le bien qui en résulte !

« Par le souvenir des bienfaits de notre association, suscitez partout l'esprit de charité envers les nobles victimes de la science. Tous les grands sentiments dorment au fond de notre humaine nature; mais chacun d'eux a sa voix qui l'éveille et à l'unisson de laquelle il est prêt à vibrer. Au bruit du clairon, au cri de la patrie en danger, le courage guerrier se lève en sursaut. A la moindre plainte, au contraire, de l'enfant qui souffre, au moindre récit du malheur, du malheur immérité surtout, la charité est debout, prête à donner et à bénir. Appelez-la à notre aide.

« Exaltez enfin autour de vous l'honneur de compter parmi les amis des sciences. Ami des sciences ! profonde et touchante qualification ! Dites-moi de quelqu'un qu'il est prince, duc, marquis, sénateur même ou député, le connaîtrai-je? Mais si vous m'assurez qu'il est ami des sciences, quelle que soit sa condition, brillante ou obscure, j'irai à lui avec la persuasion de trouver un homme de cœur, qui ne sera jamais confondu dans la foule de ceux dont on peut dire avec vérité : l'esprit les mène et ils n'en savent rien. »

A quelque temps de là, Pasteur fut consulté par de très riches industriels sur les soins qu'il fallait prendre pour conserver le lait pendant les chaleurs de l'été. S'empressant de satisfaire à leurs questions, il accompagna sa réponse du fascicule où était ce compte rendu. Deux souscriptions perpétuelles prouvèrent une fois de plus, disait Pasteur en annonçant cette bonne nouvelle à la Société, qu'un bienfait n'est jamais perdu. Et il ajoutait : « Redites-le autour de vous, ce proverbe béni. »

Les 60,000 francs de capital que la Société avait au début, Pasteur espérait qu'elle arriverait à les posséder comme revenu et à les distribuer en secours annuels. Il ne manquait guère d'assister aux séances du conseil ; il s'intéressait à l'examen des dossiers, à la lecture des rapports, à la discussion des propositions de secours.

On attachait à la présence de Pasteur un tel prix qu'il semblait qu'elle fût pour bien des œuvres sociales un présage heureux. La Société philanthropique voulait-elle inaugurer, au mois de juin 1886, à l'avenue du Maine, un asile où les mères de familles pauvres auraient le berceau de leur enfant près d'elles, c'était à lui que l'on s'adressait pour le prier d'être le parrain de ce refuge. Il résuma l'œuvre de cette Société, rappela comment elle avait fait le tour de la misère humaine. « Vous avez commencé, il y a cent ans, par vous occuper des octogénaires ; puis, après avoir adopté le vieillard, nourri le pauvre, abrité la femme qui a peur de l'isolement et de la nuit, vous ouvrez maintenant un asile aux nouveau-nés. » Et, la générosité qui ne connaît pas d'obstacle lui semblant devoir diriger davantage les sociétés vers le bien, il disait : « On ne demande pas à un malheureux : De quel pays ou de quelle religion es-tu ? On lui dit : Tu souffres ; cela suffit. Tu m'appartiens et je te soulagerai ! » Il s'élevait ensuite contre les pessimistes et les gémissants. Il rendait justice à ce siècle accusé trop facilement d'égoïsme et d'âpreté dans la lutte pour la vie. « Il faut reconnaître, disait-il, que notre siècle aura eu, plus que tous les autres siècles, le souci des humbles, des souffrants et des tout petits. Poursuivi par l'idée fixe de leur venir en aide, il aura fait trois

grandes choses : il aura combattu la maladie, la misère et l'ignorance. »

Soulager, consoler, relever l'idéal de vie chez tout être
humain : grande et noble tâche que chacun dans sa mesure peut
s'appliquer à remplir. Pasteur l'accomplissait de son mieux. L'action qu'il exerçait était à la fois individuelle et collective. Nul ne
pouvait sortir d'un entretien avec lui ou l'entendre dans une
assemblée sans emporter une ardeur au travail, un besoin de
dévouement.

Un soir, dans le grand amphithéâtre de la Sorbonne, il présidait
une distribution des prix de l'Union française de la jeunesse. Il
était entouré de jeunes gens qui, remplis de l'amour de la France,
désireux de répandre sur le terrain social les germes d'apaisement,
avaient fondé, à peine bacheliers, une société d'instruction et
d'éducation populaires. Sa voix grave allait à l'esprit et au cœur
d'un tel auditoire :

« J'ai suivi, avec l'émotion d'un homme que les problèmes de
l'instruction nationale ont passionné, j'ai suivi de bulletins en bulletins, d'étapes en étapes, votre marche en avant. Vous avez eu des
commencements modestes. C'était parfois à côté d'un bal de barrière ou d'un comptoir de marchand de vin que vous allumiez bravement vos lanternes. Peu à peu, elles ont brillé sur tous les points
de Paris. Aujourd'hui, ce sont comme des phares qui déjà éclairent
et guident les foules. »

Puis admirant comment ces jeunes maîtres avaient voulu se
conformer aux besoins de leurs élèves et varier les cours selon les
quartiers : « Au faubourg Saint-Antoine, vous installez un cours de
géométrie pour venir en aide aux ouvriers en bois et aux ouvriers
mécaniciens. A côté du Jardin des Plantes, vous organisez, pour
une vingtaine de tanneurs et de corroyeurs, un cours de chimie
industrielle. Ah ! messieurs, je ne puis me défendre d'une secrète
préférence pour ce cours-là. Ce n'est pas seulement parce que j'ai
occupé, comme votre camarade professeur, une chaire de chimie,
c'est encore parce que je suis fils d'un tanneur. Il était ouvrier, lui
aussi, et lui aussi avait eu la passion d'apprendre. Il a été mon

premier maître, et c'est lui qui a mis en moi l'amour du travail
et, pour aiguillon du travail, l'amour de la patrie. Que cette double
passion domine toujours votre œuvre ! »

Précisément à cette époque, la Société nationale d'agriculture,
dont Pasteur faisait partie depuis 1872, venait de lui décerner le
prix Barotte, qui devait être donné tous les sept ans, « à l'auteur
de la découverte et de l'invention la plus importante et la plus
profitable à l'agriculture ». Avant de quitter l'Union française de la
jeunesse, Pasteur annonça qu'il voulait partager ce prix avec ses
jeunes camarades de l'Union pour fonder un prix annuel en faveur
du meilleur élève du cours de chimie.

Que ce fût dans le conseil de la Société des amis des sciences,
ou devant un auditoire qui réunissait la jeunesse des écoles et
celle des ateliers, ou dans une assemblée d'hommes de science,
ou encore au milieu d'un public mondain participant aux œuvres
de charité, il allait semant des préceptes de vaillance, éveillant le
sentiment de fierté humaine qui développe et exalte les bons vouloirs, dirigeant tous les regards vers un but général et élevé.

Il admirait les hommes qui savent entrer en communication avec
l'âme des foules; il se passionnait pour leurs moyens d'action,
discours ou livres. Il ne soupçonnait même pas, dans sa sincérité
profonde et son peu d'habitude du théâtre, qu'il y eût des habiletés professionnelles. Peu d'ouvrages lui paraissaient indifférents.
C'était souvent une singulière surprise pour un homme de lettres,
— amené au laboratoire par un souci de candidature à l'Académie
française et convaincu que rien n'existait pour Pasteur en dehors
des matras et des cornues, — de l'entendre parler de telle ou telle
œuvre littéraire. Approbations ou critiques, il les formulait sans
autre préoccupation que de dire la vérité et de rendre service.
« Excusez ma franchise. Les vrais amis désobligent quelquefois, »
écrivait-il à un débutant qu'il connaissait à peine, mais qui risquait
de se laisser aller à des fantaisies de littérature inférieure. « Ne
vous semble-t-il pas que notre pays a grand besoin d'ouvrir à la
jeunesse des voies nouvelles qui lui découvriraient des horizons
plus mêlés de travail sérieux, de moralité, de poésie, avec quelque

chôse de l'idée divine, du mystère de notre destinée et de la grandeur de la patrie?... Les lettres sont capables d'amener des modifications profondes, durables, dans le courant des idées communes à tout un peuple. »

Labeur, bonne action, conseil, rien n'était fait ou donné à demi. S'il trouvait le temps, même dans la période où la rage l'absorbait, de s'occuper de tant de choses et de suffire à tant de tâches, c'est que sa vie n'était ni morcelée ni émiettée, c'est que Mᵐᵉ Pasteur savait la défendre contre tout ce qui ne rentrait pas dans le domaine du laboratoire. Il dut à cette existence retirée, presque recluse, de poursuivre des travaux dont une partie aurait suffi à rendre célèbres plusieurs savants.

Invariablement, entre dix et onze heures du matin, Pasteur descendait la rue Claude-Bernard. Il pressait le pas et gagnait la rue Vauquelin où l'on avait installé quelques baraquements pour faciliter le service de la rage. A côté de constructions légères et provisoires, salle d'attente, cabinet d'inoculation, salle de chirurgie, on voyait des cages, des poulaillers, des niches adossées aux murs jaunis et lézardés de l'ancien collège Rollin. Les mordus, paisibles et heureux, avaient l'air de promeneurs dans un jardin d'acclimatation. Les enfants, leurs pleurs séchés dès le second jour de la piqûre, reprenaient leur insouciance. Pasteur aimait à les gâter; il avait toujours pour eux dans un coin de son tiroir une provision de bonbons et de gros sous brillants neufs. Une petite fille s'amusa à faire percer ceux qu'elle avait reçus. Le jour de son départ, elle s'en fit un collier et courut embrasser le grand homme comme elle eût embrassé son grand-père.

Les Dʳˢ Grancher, Roux, Chantemesse et Charrin venaient, à tour de rôle, faire les inoculations. Un service annexe de chirurgie, nécessité par les nombreuses plaies des personnes mordues, fut confié au Dʳ Terrillon. Il y apporta son activité jeune et vaillante, qui avait quelque chose de militaire. Il appliquait les pansements suivant une méthode rapide et simple, fondée sur l'antisepsie la plus rigoureuse.

41

Au mois d'août 1886, pendant son séjour à Arbois, Pasteur ne cessait de compulser ses notes et ses registres. Parfois cependant il avait la faiblesse de relire certains articles de critique passionnée. « Ah! qu'on a de la peine, disait-il, à faire triompher la vérité. Ce n'est pas un mal, c'est un stimulant; seulement, ce qui est pénible, c'est la mauvaise foi. Comment n'est-on pas frappé des résultats? Les statistiques ne sont-elles pas là? De 1880 à 1885, n'a-t-on pas constaté que 60 personnes sont mortes de rage, dans les hôpitaux de Paris? Or, depuis le 1er novembre 1885, depuis que fonctionne à mon laboratoire la méthode préventive, il n'y a eu dans ces hôpitaux que 3 cas de mort; et, sur ces 3 cas, 2 personnes non inoculées. Il est évident que parmi les gens mordus par des chiens enragés bien peu ne sont pas venus se faire traiter. En France, sur ce nombre inconnu, mais très restreint, on a relevé, continuait-il avec tristesse, 17 cas de mort, tandis que sur les 1,726 français et algériens qui sont venus se faire soigner, la mortalité après traitement a été de 10. »

Mais si faible que fût cette mortalité, Pasteur ne pouvait en prendre son parti, Il cherchait à devancer l'explosion du mal par la rapidité et l'intensité des traitements. A son retour à Paris, il fit sur ce sujet une communication à l'Académie des sciences le 2 novembre 1886. La séance était présidée par l'amiral Jurien de la Gravière qui, dans une allusion aux attaques dirigées contre Pasteur, lui disait publiquement : « Toutes les grandes découvertes ont eu leurs phases d'épreuves. Puisse votre santé résister à celles qu'il vous a fallu subir ! Si jamais vous sentiez chanceler votre courage, rappelez-vous le bien que vous avez fait et songez que l'humanité a encore besoin de vous ! »

A la suite de tant d'émotions et de travail, la santé de Pasteur était altérée. Des intermittences du pouls et d'autres symptômes indiquaient que le cœur était atteint. Les Drs Villemin et Grancher prescrivirent le régime lacté. Tout d'abord ils n'osèrent ordonner le repos absolu. Mais à la fin d'une froide journée d'octobre, au moment où Pasteur, assis près de la fenêtre de son cabinet, devant ses cahiers d'expériences, était en plein travail, M. Grancher lui demanda d'avoir le courage de s'interrompre, de se soigner et de penser même à un départ pour le Midi.

Un grand ami des sciences, M. Raphaël Bischoffsheim, offrit alors sa villa de Bordighera à Pasteur, comme il l'avait mise à la disposition de la Reine d'Italie, de Sainte-Claire Deville, de Léon Say et de Gambetta. La villa, disait-il en insistant affectueusement, est près de la frontière française et au bord de la Méditerranée ; le pays est d'une beauté incomparable. « Un bois de palmiers comme à Bordighera, et à l'horizon une Méditerranée bleue », c'était le dernier souhait de Théophile Gautier mourant.

A la fin de novembre, Pasteur consentit à aller prendre quelques semaines de repos. Triste fut ce départ, le soir, à la gare de Lyon. Le train de Nice, dit « train de luxe », était déjà formé. On ne voyait que des affairés d'oisiveté, puis des malades qui avaient hâte de retenir leurs places pour aller vers ce pays du soleil où ils devaient mourir. Derrière les chariots qui roulaient les lourdes malles emportées pour une longue absence, il semblait qu'il y eût des fourgons invisibles chargés de cercueils. Un groupe de dix-huit personnes, les disciples en tête, quelques amis, M. Bischoffsheim, des médecins étrangers qui étudiaient à Paris le traitement prophylactique de la rage, étaient venus saluer Pasteur qui s'en allait avec sa femme, sa fille, son gendre et ses deux petits-enfants.

Les premières clartés du jour, le soleil qui apparaît dès Avignon, le contraste entre le départ rempli de brume et ce perpétuel roulement vers la lumière donnaient une sensation de bien-être, de détente et presque de santé. A Nice, des médecins vinrent en députation apporter leurs vœux à Pasteur. On aurait dit que les mots de l'Empereur du Brésil : « Longue vie à celui qui a tant fait pour prolonger celle des autres », fussent le souhait de tous.

Le trajet de Vintimille à Bordighera se fit en voiture. Sous le ciel d'un bleu profond, près d'une mer aussi bleue que ce ciel, se détachent les oliviers aux troncs puissants, au feuillage léger. Ils s'étendent, couvrent des collines et sont comme les maîtres du pays. Çà et là se dressent de hauts palmiers. Les cactus épineux,

les agaves aux feuilles épaisses bordent la route. La villa Bischoffsheim, — avec son campanile ajouré, ses balustres de marbre
blanc, son jardin plein d'orangers, sa profusion de boutons de roses
et de camélias qui n'attendaient que le mois de janvier pour fleurir,
— donna à Pasteur la notion de ce que peut être le repos dans ce
climat si doux, enveloppé d'une atmosphère si pure.

Les premiers jours, il se promena sur les bords de la mer.
Puis, son pouls devenant plus régulier et plus fort, il alla jusqu'à
gravir la route qui monte au village de Borghetto. Mais sa pensée
le reportait sans cesse au laboratoire. M. Duclaux songeait alors
à fonder un recueil mensuel sous le titre : *Annales de l'Institut
Pasteur*. Par une lettre du 27 décembre 1886, Pasteur, en adressant
son approbation à M. Duclaux, conseillait aux directeurs des stations antirabiques diverses expériences. L'action des inoculations
préventives contre la rage, il l'attribuait à une matière vaccinale
associée au microbe rabique. En étudiant les questions d'immunité,
Pasteur avait pensé tout d'abord que, par le fait d'un premier développement du microbe pathogène, disparaissait de l'organisme un
élément nécessaire à la vie de ce microbe. C'était, en d'autres
termes, la théorie de l'épuisement. Il s'arrêtait, depuis 1885, à
cette seconde idée, soutenue d'ailleurs par des biologistes, que
l'immunité était due à une substance laissée dans le corps par la
culture du microbe et qui s'opposait à un nouvel envahissement :
c'était la théorie de l'addition.

« Je suis bien heureux, lui écrivait Villemin, son médecin et
ami, d'apprendre que votre santé s'améliore. Vivez un peu la vie
dans ce pays enchanteur. Vous avez bien mérité un peu de repos,
et ce repos vous est *absolument* nécessaire. Vous vous êtes sur-
mené au delà de toute mesure, vous avez besoin de réparation. Or
la réparation du système nerveux gît surtout dans l'apaisement
des tempêtes de l'esprit, des angoisses du cœur que vos travaux
enragés ont suscités en vous. Laissez faire le soleil de Bordighera. »

Mais ce calme dont Pasteur avait tant besoin fut bientôt troublé.

Le 4 janvier 1887, à l'Académie de médecine, au sujet d'un cas
de mort, qui s'était produit au mois de décembre précédent, malgré

le traitement de la rage, M. Peter déclarait la médication antirabique inefficace, en attendant qu'à une séance suivante il la
qualifiât de périlleuse sous sa forme intensive. Dujardin-Beaumetz,
Chauveau et Verneuil intervinrent immédiatement pour réclamer
d'autres faits, celui qui était allégué n'ayant « aucune espèce de
caractère scientifique ». MM. Grancher et Brouardel supportèrent,
huit jours après, tout le poids de la discussion. M. Grancher, qui
était dans cette circonstance le porte-parole de Pasteur à l'Académie
de médecine, fit justice de certaines accusations et ajouta : « Les
médecins qui ont été appelés par M. Pasteur à l'aider dans son
œuvre n'ont pas hésité à subir l'inoculation antirabique pour se
mettre à l'abri des dangers d'une inoculation par piqûre des virus
qu'ils manient chaque jour. Peut-on leur demander une meilleure
preuve de foi et de bonne foi? » Il montrait que la mortalité des
inoculés restait au-dessous de 1 p. 100. « M. Pasteur, concluait-il
dans la séance du 11 janvier, publiera prochainement des statistiques étrangères de Samara, de Moscou, de Saint-Pétersbourg,
d'Odessa, de Varsovie et de Vienne : elles sont toutes absolument
favorables. » Comme on insinuait que le laboratoire de l'Ecole
normale cachait ses insuccès, les *Annales de l'Institut Pasteur*
devaient publier tous les mois la statistique des traités. Vulpian, à
une nouvelle séance, — et ce furent presque ses dernières paroles
à l'Académie de médecine, — disait pour mettre fin à ce qu'il
appelait une guerre sans excuse : « La série des recherches qui
ont conduit M. Pasteur à cette découverte est, en tout point, admirable... Ce nouveau service vient s'ajouter à tous ceux que notre
illustre Pasteur a déjà rendus à l'humanité. L'éclat que ses travaux
ont jeté sur notre pays est incomparable et maintient la science
française au premier rang... Nos travaux et nos noms seront
depuis longtemps ensevelis sous la marée montante de l'oubli; le
nom et les travaux de M. Pasteur resplendiront encore et sur des
hauteurs si élevées qu'elles ne seront jamais atteintes par ce triste
flot. »

Le bruit de ces discussions troublait Pasteur. Tout courrier lui
donnait la fièvre. Chaque matin, il voulait revenir à Paris pour

répondre aux attaques. C'était chose pénible de voir sur son visage altéré les signes trop visibles du besoin qu'il avait de se reposer dans ce pays où tout est apaisement, sérénité, lumière, et d'entendre, pendant ce mois de janvier 1887, l'écho indéfini de ces débats passionnés. Il recevait des lettres anonymes, des articles injurieux, tout ce que peuvent inventer l'envie et la haine, que les latins ont eu raison de confondre dans un seul mot. Il apprenait à connaître les vilains côtés de la nature humaine. « Je ne me croyais pas tant d'ennemis », disait-il un jour avec tristesse. Mais il avait de quoi se consoler en voyant comment et par qui il était soutenu.

Dans une communication à l'Académie des sciences, Vulpian se constitua le défenseur de la méthode. Non qu'elle fût attaquée dans ce milieu; mais, après les séances bruyantes de l'Académie de médecine où sur les gradins du public circulaient des listes de nécrologie, certains bruits qui rasaient la terre continuaient d'accuser Pasteur de dissimuler les insuccès de sa méthode. Vulpian, — qui était frémissant de colère à l'idée de ces attaques contre « un homme tel que M. Pasteur, dont la bonne foi, la loyauté, la probité scientifique, peuvent servir de modèles à ses adversaires, comme à ses amis », — pensa qu'il y avait double intérêt, scientifique et humanitaire, à préciser une fois de plus les faits confirmés par de nouvelles statistiques. Avec la mobilité impressionnable de l'opinion publique, il suffit parfois d'un article pour ébranler la confiance. Aussi voulait-il rassurer tous les gens traités qui, au milieu de ces discussions, pouvaient se demander avec angoisse s'ils étaient réellement sauvés. L'Académie des sciences décida que la communication de Vulpian serait insérée in extenso dans les comptes rendus et adressée à toutes les communes de France. Préoccupé du contre-coup que tant d'attaques devaient avoir sur la santé de Pasteur, Vulpian lui écrivait : « Tous vos admirateurs espèrent que ces attaques intéressées n'auront excité que votre dédain. Voici sans doute le beau temps revenu à Bordighera. Il faut en profiter pour vous guérir tout à fait. » Et il ajoutait : « L'Académie de médecine dans sa presque totalité, à 4 ou 5 membres près (tout au plus), est tout à fait pour vous. »

· Après ces débats, Pasteur eut quelques jours de calme. Tout
en songeant à de nouvelles recherches sur l'immunité, il prenait un
vif intérêt à examiner les plans que l'on préparait pour son Institut.
Sa pensée était toujours loin de Bordighera ; il semblait y vivre dans
une sorte d'exil. Ce pays frontière, où viennent échouer des existences
qui sont comme des épaves, contribuait à son impression de tristesse. Il vit un jour passer en robe de deuil l'Impératrice Eugénie.
Eut-elle l'idée, en traversant les bois d'oliviers, de gravir la vieille
ville et d'aller jusqu'au promontoire où Garnier, l'architecte de
l'Opéra, bâtit sa villa belvédère ? Dans le jardin en pente, rempli
d'orangers en espaliers, au milieu des mimosas, des palmiers aux
vieux troncs chevelus, elle aurait vu surgir une des colonnes du
palais des Tuileries. La trace des flammes d'incendie est cachée
par des roses rouges qui montent, s'enroulent et s'épanouissent.

Peu de temps après, Pasteur reçut la visite du prince Napoléon
qui allait de ville en ville traînant son ennui dédaigneux. Il se
présenta à la villa Bischoffsheim sous le nom de comte de Monca-
lieri, venu, disait-il, pour saluer son confrère de l'Institut. La rage
fut le sujet de leur entretien. Le lendemain, Pasteur alla voir le
prince dans une petite chambre d'hôtel garni, vraie chambre
d'exilé. On sentait le campement hâtif et sans goût de séjour.
Sur un coin de la cheminée, la montre du prince, où l'on distinguait en émail un petit portrait de Napoléon Ier, marquait les
heures vides de ce Bonaparte proscrit. Existence manquée, efforts
impuissants, supériorité hautaine se lisaient dans son regard pénétrant, désabusé. Sa voix qui avait tour à tour quelque chose d'impérieux et de câlin, son visage d'une ressemblance saisissante avec
le grand Empereur accusaient plus encore l'énigme de cette destinée qui s'achevait dans une vie errante. Il parla à Pasteur des
désastres de 1870. Il était dans les mers du Nord avec son compagnon de voyage Renan, quand une dépêche arriva sur la côte de
Norvège. C'était la nouvelle de la déclaration de guerre. « Je donnai
l'ordre au bateau à vapeur de revenir en arrière. — Mais où allons-
nous ? me demanda Renan. — Nous allons à Charenton, repris-
je. » Et à ce souvenir, le prince avait encore des éclairs de colère

qui traversaient son regard bleu. « Ah! ils ont été bien malheureux, ajouta-t-il après un silence, mais ils ont été plus coupables encore. »

Le lendemain même du carnaval, qui depuis Nice jusqu'à Bordighera promenait ses masques et ses cortèges, le 23 février, au petit jour, un violent tremblement de terre épouvanta cette contrée si calme, où la nature jette des fleurs sur tout le paysage comme pour voiler aux malades le spectre de la mort. Il était six heures vingt minutes du matin. Tout à coup crépitement, grondement, bruit sourd qui venait des profondeurs de la terre. On aurait cru entendre un train rapide qui passe en les ébranlant sur des plaques de fer. Les maisons oscillaient comme prises de vertige. Puis c'étaient des craquements sinistres. Cette première secousse dura plus d'une minute. La notion de solidité disparut en quelques secondes, et en quelques secondes aussi on eut le sentiment d'une impuissance absolue. Que se passa-t-il dans les maisons ? Sans doute il y eut pour toute famille un brusque besoin de se rapprocher, de ne pas être séparé. A peine Pasteur avait-il auprès de lui femme, enfants et petits-enfants que se produisit une deuxième secousse plus effroyable que la première. Il semblait que tout dût s'effondrer et disparaître dans un gouffre. Jamais journée ne s'était annoncée plus radieuse : l'air était transparent, pas une feuille ne bougeait. Après ces deux secousses, de faibles trépidations continuèrent, incessantes. Une des colonnes du campanile de la villa Bischoffsheim était brisée, tout le côté du nord avait un aspect inquiétant. Dans la villa, tandis qu'on songeait au départ, —car il eût été dangereux de passer la nuit sous les plafonds crevassés qui se détachaient,—Pasteur observait l'effet des trépidations du sol sur les vitres des croisées.

Le désastre avait dû s'étendre au loin : les trains n'arrivaient pas; les fils télégraphiques étaient rompus. C'est en voiture que Pasteur et sa famille firent le trajet de Bordighera à Vintimille. Le long de la route, des maisons éventrées laissaient échapper leurs entrailles de pierres. Les malades, chassés de leur demeure, étaient en quête de voitures pour leur servir de gîte. De longues files de paysans descendaient de la montagne, abandonnant leur village à moitié détruit. Ils traînaient, avec une muette stupeur, leurs ânes, chargés de matelas. Les femmes suivaient, accompagnées des petits enfants qu'elles avaient à la hâte enveloppés de linges. Tout se succédait en tableaux de désolation. A la gare de Vintimille, ce n'étaient que voyageurs affolés cherchant à fuir de France en Italie ou d'Italie en France. Chacun s'imaginait que le péril cesserait une fois la frontière franchie.

« Nous avons pensé au danger qu'il y aurait, pour ton père surtout, à coucher en plein air, pui que tous les hôtels étaient dans le même état que notre villa, écrivait de Marseille Mme Pasteur à son fils. Nous avons pris le parti de quitter tout à fait le pays et de nous réfugier sur un sol plus affermi. Ce n'est que ce matin que nous avons résolu de nous rendre à Arbois, où ton père se reposera mieux que partout ailleurs de l'assaut que vient de recevoir son cœur. »

Un séjour de quelques semaines à Arbois put donner à Pasteur l'illusion d'être tout à fait remis. Son retour à l'Académie des sciences et à l'Académie de médecine fut salué avec un sentiment de respect et de vénération. Les plus grands, les meilleurs de ses confrères, qui avaient mesuré la perte que ferait la France et le monde s'il disparaissait, l'enveloppèrent d'une sollicitude inquiète.

Dans les premiers jours de juillet, Pasteur reçut le rapport présenté à la Chambre des communes par la commission anglaise, chargée d'étudier la méthode de prophylaxie de la rage. Pendant quatorze mois, les savants anglais avaient contrôlé tous les faits qui servent de base à la méthode. Mais l'étude expérimentale à Londres, dans le laboratoire de M. Horsley, ne leur avait pas suffi. Ils avaient voulu mener en France même une longue et minutieuse enquête. Après avoir relevé sur les registres de Pasteur les noms de 90 personnes traitées, appartenant à une même région, ils les avaient vues et interrogées à domicile. « On peut donc considérer comme certain, lisait-on dans le rapport de la commission, que M. Pasteur a découvert une méthode préventive de la rage comparable à celle de la vaccination contre la variole. Il serait difficile d'exagérer l'utilité de cette découverte, tant au point de vue de son côté pratique que de ses applications à la pathologie générale. Il s'agit d'une nouvelle méthode d'inoculation ou de vaccination, comme M. Pasteur l'appelle quelquefois, et on pourrait en obtenir de semblables pour protéger l'homme et les animaux domestiques contre d'autres virus aussi actifs que celui de l'hydrophobie. »

Pasteur, le 4 juillet, déposait ce rapport sur le bureau de l'Académie des sciences. Il disait l'expression de confiance entière et unanime qui s'en dégageait, et il ajoutait :

« Ainsi tombent d'elles-mêmes les contradictions qui se sont produites. Je laisse de côté les attaques passionnées qui n'ont eu pour excuse ni la moindre tentative d'expérimentation, ni la plus légère observation des faits dans mon laboratoire, ni même un échange de paroles et d'idées avec le directeur de la clinique de la rage, le professeur Grancher, et les docteurs qui l'assistent.

« Mais, si profonde que soit ma satisfaction de français, je ne puis me défendre d'un sentiment de grande tristesse en songeant que ce haut témoignage, donné par une commission de savants illustres, n'a pas été connu de celui qui, au début de l'application de la méthode, m'a soutenu de ses conseils et de son autorité, qui, plus tard, quand j'étais absent et malade, sut si bien défendre la vérité et la justice, de notre cher confrère Vulpian. »

Vulpian avait été emporté en quelques jours. Sa défense de Pasteur à l'Académie fut comme la leçon d'adieu donnée par cet esprit solide et ce grand cœur.

La discussion menaça de reprendre. Le 12 juillet, à l'Académie de médecine, d'autres confrères vinrent défendre Pasteur. C'étaient, à côté de M. Brouardel, Villemin, puis Charcot qui tenait à citer textuellement, disait-il, la phrase si simple et si vraie de Vulpian : « La découverte du traitement préventif de la rage après morsure, due entièrement au génie expérimental de M. Pasteur, est une des plus belles découvertes qui aient été jamais faites, soit au point de vue scientifique, soit au point de vue humanitaire. » Et Charcot continuait : « Oui, dirai-je à mon tour, persuadé que j'exprime ainsi l'opinion de tous les médecins qui, sans parti pris, sans préjugés, se sont occupés de la question, l'inventeur de la vaccination antirabique peut, aujourd'hui plus que jamais, marcher la tête haute, et poursuivre désormais l'accomplissement de sa tâche glorieuse, sans s'en laisser détourner un seul instant par les clameurs de la contradiction systématique ou par les murmures insidieux du dénigrement. » En prononçant ces paroles, Charcot, plein de dédain, semblait évoquer les mots de Dante, ces mots tristes et fiers qu'il aurait volontiers pris pour devise : « Regarde et passe. »

L'Académie des sciences demanda à Pasteur d'accepter d'être secrétaire perpétuel en remplacement de Vulpian. Pasteur ne répondit pas tout d'abord à cette offre. Il alla voir M. Berthelot : « Ces hautes fonctions, lui dit-il, ne vous conviendraient-elles pas mieux qu'à moi ? » Il fallut le refus très net de son confrère, qui se déclara touché de cette démarche, pour décider Pasteur à accepter la succession de Vulpian. Il fut élu le 18 juillet. Au milieu de ses remerciements, il disait :

« Je voudrais désormais consacrer ce qui me reste d'existence : d'une part, à provoquer des recherches et à former, pour des études dont l'avenir m'apparaît plein de promesses, des élèves dignes de la science française ; et, de l'autre, à suivre attentivement les travaux que l'Académie suscite et encourage.

« La seule consolation, quand on commence à sentir ses propres forces décroître, c'est de se dire que l'on peut aider ceux qui nous suivent à faire plus et mieux que nous-mêmes, en marchant les yeux fixés sur les grands horizons que nous n'avons pu qu'entrevoir. »

Cette charge, Pasteur ne devait la remplir que bien peu de temps. Le 23 octobre, un dimanche matin, après avoir écrit une lettre dans sa chambre, il voulut parler à Mme Pasteur et ne put prononcer aucune parole. Sa langue était paralysée. Il devait ce jour-là déjeuner chez sa fille. Craignant de l'inquiéter, il se fit conduire en voiture auprès d'elle. Après avoir passé quelques heures dans un fauteuil, il consentit à rester chez ses enfants avec Mme Pasteur. Le soir, la parole était revenue; et le surlendemain, quand il regagna l'École normale, nul ne pouvait se douter de cet accident.

Mais le samedi suivant, dans la matinée, il fut atteint de nouveau sans aucun prodrome et presque de la même manière. Sa parole devait rester légèrement embarrassée. Cette voix au timbre grave et puissant avait perdu sa force pour toujours. Au mois de janvier 1888, il fut obligé de donner sa démission de secrétaire perpétuel.

La maladie avait émacié son visage. Un portrait fait par Carolus Duran le représente malade et accablé de fatigue, comme il était alors. Le regard est plein de tristesse. Mais la bonté domine, elle éclaire ces traits ravagés. On devine, on aime cette âme pitoyable à toutes les souffrances humaines et dont le peintre a rendu la sensibilité frémissante.

Les portraits de Pasteur, rapprochés les uns des autres, font connaitre les différents traits de sa physionomie. Un profil lumineux, peint par Henner dix années auparavant, met en valeur la puissance et l'harmonie du front. En 1886, Bonnat exécuta, sur le désir du brasseur Jacobsen qui voulait l'offrir à Mᵐᵉ Pasteur, un grand portrait que l'on pourrait appeler le portrait officiel. Pasteur est debout, dans une attitude un peu décorative et qui serait facilement impérieuse si sa main gauche ne s'appuyait doucement sur l'épaule de sa petite-fille, enfant de six ans au clair regard pensif. Cette même année, le peintre finlandais, Edelfelt, demanda la permission de venir au laboratoire faire une série de croquis. Pasteur, sans s'inquiéter du peintre, allait et venait, prenait des notes, examinait des tubes de cultures. Un jour qu'Edelfelt le voyait ainsi en pleine observation, le front marqué de plis presque douloureux, il comprit qu'il n'avait qu'à rendre le savant dans son attitude méditative. Debout, vêtu d'un veston brun, Pasteur tient de la main droite une fiche d'expériences, de la main gauche un flacon qui renferme un fragment de moelle rabique. Le regard se concentre sur le problème scientifique à résoudre.

Pendant l'année 1888, Pasteur, occupé chaque matin de ses « mordus », était attiré dans la journée par les travaux de l'Institut Pasteur que l'on bâtissait rue Dutot. On avait pu acquérir 11,000 mètres de terrain d'un seul tenant au milieu de jardins maraichers.

Là, où naguère s'alignaient des cloches de verre et d'innombrables
laitues, se dressa bientôt une construction en pierres de taille,
pierres meulières et briques, avec façade de style Louis XIII. Une
galerie intérieure reliait l'édifice principal aux corps de bâtiments
plus étendus formant comme des ailes en retrait. L'Institut Pasteur
serait à la fois un grand dispensaire pour le traitement de la rage,
un centre d'études pour les maladies virulentes et contagieuses et
enfin un centre d'enseignement. Le cours de chimie biologique,
professé à la Sorbonne par M. Duclaux, allait y être transféré.
Le Dr Roux ferait un cours de microbie technique. Le service des
vaccinations contre la maladie charbonneuse était confié à M. Chamberland. Les statistiques de 1882 à 1887 donnaient un total de plus
de 1,600,000 moutons et près de 200,000 bœufs. Il y avait en
outre, sous la direction de M. Metchnikoff, des laboratoires personnels qui devaient être comme autant de cellules pour les pastoriens.

A la fin d'octobre, les travaux étaient presque achevés. Quand
Pasteur invita le Président de la République à venir inaugurer ces
laboratoires : « Je n'y manquerai pas, lui dit Carnot ; votre Institut
est un honneur pour la France. »

Le 14 novembre, dans la grande salle de la bibliothèque du
nouvel Institut, hommes politiques, confrères, amis, collaborateurs,
disciples, tous étaient là. Pasteur eut le plaisir d'apercevoir
devant lui, au premier rang, Duruy et Jules Simon ; c'était jour
de fête pour ces anciens ministres de l'Instruction publique. Comme
eux, Pasteur avait été toute sa vie préoccupé de l'enseignement
supérieur. « Si cet enseignement ne convient qu'à un petit nombre, disait-il, c'est de ce petit nombre, de cette élite que dépendent
la prospérité, la gloire et, en dernière analyse, la suprématie d'un
peuple. »

Le président du comité de l'Institut Pasteur, Joseph Bertrand,
se reporta, dans son discours, vers le passé, car il savait qu'il répondait aux sentiments les plus chers de Pasteur « en rappelant dans
cette fête le souvenir de Biot, de Senarmont, de Claude Bernard,
de Balard et de J.-B. Dumas ».

Le professeur Grancher, secrétaire du comité, exposa comment, à côté de Vulpian, les Brouardel, les Charcot, les Verneuil, les Chauveau, les Villemin s'étaient honorés en soutenant récemment la cause du progrès et en préparant son triomphe. Ce souvenir des amis du début, ce salut aux amis de la dernière lutte faisaient passer devant l'esprit des auditeurs le cortège des années lointaines et des années récentes. Après avoir parlé des obstacles que Pasteur avait tant de fois rencontrés dans le milieu médical :

« Vous savez, disait M. Grancher, que M. Pasteur est un novateur, que son imagination créatrice, réglée par l'observation rigoureuse des faits, a renversé bien des erreurs et édifié à leur place toute une science nouvelle. Ses découvertes sur les ferments, sur la génération des infiniment petits, sur les microbes, causes des maladies contagieuses, et sur la vaccination contre ces maladies, ont été pour la chimie biologique, pour l'art vétérinaire et pour la médecine, non pas un progrès régulier mais une révolution radicale. Or, les révolutions, même celles qu'impose la démonstration scientifique, laissent partout où elles passent des vaincus qui ne pardonnent pas aisément. M. Pasteur a donc, de par le monde, beaucoup d'adversaires, sans compter ces français d'Athènes qui n'aiment pas que le même homme soit toujours juste ou toujours heureux. Et comme si ses adversaires n'étaient pas encore assez nombreux, M. Pasteur s'en fait d'autres par la rigueur implacable de sa dialectique et par la forme absolue qu'il donne quelquefois à sa pensée. »

Passant aux derniers résultats acquis, M. Grancher constatait que la mortalité des personnes traitées après morsures de chiens enragés était toujours au-dessous de 1 pour 100.

Si ces chiffres avaient leur éloquence, disait le trésorier de la souscription, M. Christophle, qui parla après M. Grancher, d'autres chiffres avaient leur émotion.

« Je conseillerais, faisait-il remarquer avant d'entrer dans l'examen du budget, je conseillerais à ceux qui ne voient l'humanité que sous un vilain jour, qui vont répétant que tout est pour le pire ici-bas, qu'il n'y a dans le monde ni désintéressement ni dévouement, de jeter un coup d'œil sur les « documents humains » de l'Institut Pasteur. Ils apprendront là, pour commencer par le commencement, que l'on rencontre dans les Académies des confrères que non seulement la gloire d'un autre n'offense pas, mais qui trouvent leur bonheur et mettent leur fierté dans cette gloire; que les hommes politiques et les journalistes ont souvent la passion du vrai et du bien; que jamais à aucune époque les français n'ont mieux aimé leurs grands hommes; qu'ils leur rendent justice dès ce monde, ce qui est encore la meilleure manière; que nous avons acclamé la fête de Victor Hugo, le centenaire de Chevreul et l'inauguration de l'Institut Pasteur. Quand un français dit du mal de lui, disait un jour un des confrères de M. Pasteur, ne le croyez pas : il se vante. A l'inverse d'une phrase célèbre et pessimiste, on pourrait dire que, dans cette souscription, toutes les vertus se perdent dans le dévouement comme les fleuves se perdent dans la mer. »

Comment, riches et pauvres, tous avaient voulu prendre part à la souscription, qui s'élevait à 2,586,680 francs, M. Christophle l'exposait, en commençant par le vote des Chambres françaises qui avait été de 200,000 francs. A cette souscription patriotique venaient s'ajouter les dons internationaux, ceux du Tsar, de l'Empereur du Brésil et du Sultan. Les dépenses totales devaient atteindre 1,563,786 francs. Restait, pour former la dotation de l'Institut Pasteur, un peu plus d'un million. Et comme Pasteur, ainsi que ses disciples, MM. Chamberland et Roux, abandonnaient à l'Institut Pasteur les produits de la vente en France des vaccins découverts dans le laboratoire, ce fonds de dotation pourrait s'accroître chaque année.

« C'est ainsi, Monsieur, concluait le trésorier en s'adressant directement à Pasteur, que la générosité publique, le concours du gouvernement, votre désintéressement enfin, ont fondé et consolidé l'établissement que nous inaugurons aujourd'hui. » Devant l'espérance que la sollicitude publique ne ferait jamais défaut à cette grande œuvre, que collaborateurs, élèves et successeurs du maître pourraient poursuivre avec sécurité et avec confiance le cours de leurs travaux : « Certes, ajoutait-il, c'est pour vous, Monsieur, un bonheur rare et presque inespéré. Qu'il vous console des luttes passionnées, des émotions poignantes, des crises parfois terribles que vous avez traversées! »

Pasteur, qui ne pouvait maîtriser son émotion, dut charger son fils de lire son discours. C'était d'abord un résumé rapide de ce que la France avait fait pour l'enseignement à tous les degrés. « Depuis les écoles de villages jusqu'aux laboratoires des hautes études, tout a été soit fondé, soit renouvelé. » Après avoir rappelé le concours que, depuis un certain nombre d'années, il avait trouvé dans les pouvoirs publics pour l'aider dans ses propres recherches, il continuait :

« Et le jour où, pressentant l'avenir qui allait s'ouvrir devant la découverte de l'atténuation des virus, je me suis adressé directement à mon pays pour qu'il nous permit, par la force et l'élan d'initiatives privées, d'élever des laboratoires qui s'appliqueraient non seulement à la méthode de prophylaxie de la rage, mais encore à l'étude des maladies virulentes et contagieuses, ce jour-là, la France nous a donné à pleines mains...

« La voilà donc bâtie, cette grande maison dont on pourrait dire qu'il n'y a pas une pierre qui ne soit le signe matériel d'une généreuse pensée. Toutes les vertus se sont cotisées pour élever cette demeure du travail.

« Hélas ! j'ai la poignante mélancolie d'y entrer comme un homme « vaincu du temps », qui n'a plus autour de lui aucun de ses maîtres, ni même aucun de ses compagnons de lutte, ni Dumas, ni Bouley, ni Paul Bert, ni Vulpian qui, après avoir été avec vous, mon cher Grancher, le conseiller de la première heure, a été le défenseur le plus convaincu et le plus énergique de la méthode !

« Toutefois, si j'ai la douleur de me dire : Ils ne sont plus, après avoir pris vaillamment leur part des discussions que je n'ai jamais provoquées, mais que j'ai dû subir ; s'ils ne peuvent m'entendre proclamer ce que je dois à leurs conseils et à leur appui ; si je me sens aussi triste de leur absence qu'au lendemain de leur mort, j'ai du moins la consolation de penser que tout ce que nous avons défendu ensemble ne périra pas. Notre foi scientifique, les collaborateurs et les disciples qui sont ici la partagent... »

Alors, comme dans une sorte de testament, il disait :

« Cet enthousiasme que vous avez eu dès la première heure, gardez-le, mes chers collaborateurs, mais donnez-lui pour compagnon inséparable un sévère contrôle. N'avancez rien qui ne puisse être prouvé d'une façon simple et décisive.

« Ayez le culte de l'esprit critique. Réduit à lui seul, il n'est ni un éveilleur d'idées, ni un stimulant de grandes choses. Sans lui, tout est caduc. Il a toujours le dernier mot. Ce que je vous demande là, et ce que vous demanderez à votre tour aux disciples que vous formerez, est ce qu'il y a de plus difficile à l'inventeur.

« Croire que l'on a trouvé un fait scientifique important, avoir la fièvre de l'annoncer, et se contraindre des journées, des semaines, parfois des années à se combattre soi-même, à s'efforcer de ruiner ses propres expériences, et ne proclamer sa découverte que lorsqu'on a épuisé toutes les hypothèses contraires, oui, c'est une tâche ardue.

« Mais quand, après tant d'efforts, on est enfin arrivé à la certitude, on éprouve une des plus grandes joies que puisse ressentir l'âme humaine, et la pensée que l'on contribuera à l'honneur de son pays rend cette joie plus profonde encore.

« Si la science n'a pas de patrie, l'homme de science doit en avoir une, et c'est à elle qu'il doit reporter l'influence que ses travaux peuvent avoir dans le monde.

« S'il m'était permis, Monsieur le Président, de terminer par une réflexion philosophique provoquée en moi par votre présence dans cette salle de travail, je dirais que deux lois contraires semblent aujourd'hui en lutte : une loi de sang et de mort qui, en imaginant chaque jour de nouveaux moyens de combat, oblige les peuples à être toujours prêts pour le champ de bataille, et une loi de paix, de travail, de salut, qui ne songe qu'à délivrer l'homme des fléaux qui l'assiègent.

« L'une ne cherche que les conquêtes violentes, l'autre que le soulagement de l'humanité. Celle-ci met une vie humaine au-dessus de toutes les victoires ; celle-là sacrifierait des centaines de mille existences à l'ambition d'un seul. La loi dont nous sommes les instruments cherche même à travers le carnage à guérir les maux sanglants de cette loi de guerre. Les pansements inspirés par nos méthodes antiseptiques peuvent préserver des milliers de soldats. Laquelle de ces deux lois l'emportera sur l'autre ? Dieu seul le sait. Mais ce que nous pouvons assurer, c'est que la science française se sera efforcée, en obéissant à cette loi d'humanité, de reculer les frontières de la vie. »

Dans cet Institut où il entrait malade, il contemplait avec joie ces vastes laboratoires qui permettraient à ses élèves de travailler aisément et d'attirer auprès d'eux les chercheurs de tous les pays. Il était heureux de penser que les difficultés matérielles dont il avait jadis souffert seraient épargnées à ceux qui viendraient après lui. Jetant un regard vers les foyers d'enseignement où se préparait l'avenir, il croyait à la réalisation de ses vœux de paix, de travail, de secours entre les hommes. Quels que fussent les arrêts, les obstacles, il était persuadé que la science continuerait sa marche civilisatrice et que ses bienfaits s'étendraient de domaine en domaine. A l'encontre des vieillards louangeurs du passé, il avait une confiance enthousiaste dans l'avenir. Et parlant de ses études : « Vous verrez, disait-il, comme tout cela s'agrandira plus tard. » Lui-même voyait déjà se développer sur les points les plus divers les progrès dus à ses découvertes. Ses premières recherches sur la cristallographie et la dissymétrie moléculaire avaient servi de base à la stéréochimie. Mais, en suivant les études faites par Le Bel et Van T'Hoff, il conservait le regret de n'avoir pu revenir aux travaux de sa jeunesse, enchaîné qu'il avait été par la logique presque inflexible de ses études. « Chaque fois qu'il nous a été donné d'entendre Pasteur parler de ses premiers travaux, a écrit M. Chamberland dans un article de la *Revue scientifique*, nous avons vu se rallumer en lui comme un flambeau mal éteint, et nous avons cru saisir sur sa physionomie comme un vague regret de les avoir abandonnés. Qui peut dire, en effet, aujourd'hui, les découvertes

qu'il y aurait faites? » « Il eut un jour avec moi, a dit d'autre part le
Dr Héricourt, qui passait ses étés non loin de Villeneuve-l'Etang
et venait souvent dans le parc avec ses deux fils, il eut sur ce
sujet une conversation admirable, captivante, telle que je n'en
avais jamais entendu. » Pasteur, au lieu d'avoir des regrets, aurait
pu regarder avec un fier apaisement le chemin parcouru sur
d'autres points. De quelles obscurités étaient enveloppées avant lui
la fermentation et la contagion! De quelles successives clartés il
les avait pénétrées! Une fois le rôle tout-puissant des infiniment
petits découvert, il était arrivé à se rendre maître de certains de
ces germes vivants, causes de maladies; il les avait transformés
d'agents mortels en agents préservateurs. Et non seulement la
médecine et la chirurgie avaient été, grâce à lui, renouvelées,
mais encore l'hygiène si négligée, si incomprise jusqu'alors, relevait désormais de la méthode expérimentale. La lumière se faisait
sur les mesures préventives.

Le directeur de l'Assistance et de l'hygiène publiques, M. Henri
Monod, rappelait un jour, à propos de mesures sanitaires, ces
paroles du grand ministre anglais Disraëli :

« La santé publique est le fondement où reposent le bonheur du
peuple et la puissance de l'Etat. Ayez le plus beau des royaumes;
donnez-lui des citoyens intelligents et laborieux, des manufactures
prospères, une agriculture productive; que les arts y fleurissent;
que les architectes y couvrent le sol de temples et de palais;
pour défendre tous ces biens, ayez encore la force, des armes de
précision, des flottes de torpilleurs ; — si la population reste stationnaire, si, chaque année, elle diminue en stature et en vigueur, la
nation devra périr. Et c'est pourquoi j'estime que le souci de la
santé publique est le premier devoir d'un homme d'Etat. »

En 1889, au moment où se réunit à Paris le Congrès international d'hygiène, M. Brouardel pouvait dire :

« Si les échos de cette séance arrivaient jusqu'à eux,... nos
ancêtres apprendraient que la plus formidable des révolutions qui,
depuis trente siècles, ait secoué jusque dans ses fondements la
science médicale, est l'œuvre d'un homme étranger à la corpora-

tion; et leurs fils ne lui crient pas anathème; ils l'admirent, ils subissent ses lois... Tous, nous nous proclamons les disciples de Pasteur. »

Le lendemain même du jour où étaient prononcées ces paroles, le 5 août, Pasteur voyait se réaliser l'un de ses souhaits les plus ardents : il assistait à l'inauguration de la nouvelle Sorbonne. La misère de l'enseignement supérieur, le taudis qui servait de laboratoire à Claude Bernard, le petit grenier qu'il avait eu lui-même à l'Ecole normale, il évoquait ce passé encore si récent et il éprouvait un mouvement de fierté patriotique à la perspective des merveilleuses ressources de travail réunies dans ce palais.

Après cette séance d'inauguration, les étudiants, qui l'avaient acclamé à la Sorbonne, voulurent lui rendre une visite : il était leur président d'honneur. Un matin, tous allèrent rue Dutot bannières déployées. Pasteur vint les recevoir sur le perron. Le président de l'Association de Paris, M. Chaumeton, parla de l'admiration, du respect, de la gratitude que Pasteur leur inspirait. « Dans vos mains, cher et illustre maître, la science ne sait que guérir. C'est pourquoi l'Institut Pasteur a été fondé avec le concours de toutes les nations civilisées. C'est pourquoi les étudiants de tous les pays vous honorent et vous saluent aujourd'hui. » Pasteur les remercia de fêter d'une manière aussi affectueuse sa cinquantaine d'étudiant.

Lorsque la municipalité de Paris donna, dans cette même semaine d'août, une réception en l'honneur des membres des congrès scientifiques et des étudiants français et étrangers, le président du Conseil municipal, M. Chautemps, voulut qu'à l'entrée de Pasteur dans les salons de l'Hôtel de Ville la Garde jouât la *Marseillaise*. Les invités se pressaient sur son passage.

Au mois d'octobre 1889, bien que sa santé fût toujours ébranlée, il tint à partir pour Alais où l'on élevait une statue à J.-B. Dumas. Comme plusieurs de ses confrères de l'Institut cherchaient à le dissuader d'un voyage long et pénible pour lui : « Je suis vivant, j'y vais, » répondit-il. Au pied de la statue, il parla de son maître, un de ces hommes qui sont « les esprits tutélaires d'une nation. »

Les séericiculteurs, désireux de le remercier des cinq années qu'il avait passées à étudier la maladie des vers à soie, lui offrirent un objet d'art : une bruyère en argent chargée de cocons d'or. Pasteur ne manqua pas de rappeler que c'était sur l'invitation de leur compatriote qu'il avait étudié la pébrine. Il disait : « Dans l'expression de votre reconnaissance, dont je suis profondément touché, n'oubliez pas la part d'initiative qui revient à M. Dumas. » A travers toutes choses se dégageait ainsi un trait de son caractère, tombait un mot comme tombe une semence prête à germer dans les esprits et dans les cœurs.

Chaque matin, d'un pas que l'âge et la maladie ralentissaient, il allait de son appartement au service de la rage. Il était là longtemps avant l'arrivée des mordus ; aucune préparation des moelles vaccinales, aucun détail ne lui échappait. A l'heure des inoculations, sachant déjà, par l'examen des dossiers, le nom des traités, parfois même l'indigence de tel ou tel, il avait un mot de sollicitude pour chacun, il donnait une preuve d'intérêt aux plus malheureux. Et toujours il allait aux enfants. Qu'ils fussent grièvement mordus ou qu'ils eussent un accès de pleurs devant cette piqûre si bénigne, il les plaignait, il les consolait. Combien d'enfants ont emporté ainsi quelque chose de sa vie ! « Quand j'approche d'un enfant, disait-il, il m'inspire deux sentiments : celui de la tendresse pour le présent, celui du respect pour ce qu'il peut être un jour. »

Dès le mois de mai 1892, le Danemark, la Suède, la Norvège avaient formé différents comités de savants et de disciples de Pasteur pour fêter son soixante-dixième anniversaire. En France, ce fut au mois de novembre que la section de médecine et de chirurgie de l'Académie des sciences, sur l'initiative des professeurs Bouchard et Guyon, se constitua en comité de souscription pour offrir à Pasteur un souvenir et un hommage. On s'adressa au graveur Roty, qui avait commencé une médaille représentant Pasteur de profil. Le front large déborde sous sa petite calotte, l'arcade sourcilière est profondément accusée, la tempe est traversée par une veine comme gonflée sous l'effort de la pensée, l'œil prolonge au loin son regard contemplatif; tout le visage reflète à la fois l'énergie et la méditation. Ses épaules sont recouvertes de la pèlerine qu'il portait habituellement le matin en traversant les couloirs de son Institut. Le temps manquait à Roty pour composer un revers tel qu'il l'eût souhaité; il entremêla de lauriers et de roses cette inscription : « A Pasteur, le jour de ses soixante-dix ans, la France et l'Humanité reconnaissantes. »

Le matin du 27 décembre 1892, dans le grand amphithéâtre de la Sorbonne, les délégués des Académies et des Sociétés savantes de France et de l'étranger, les membres de l'Institut, les professeurs des Facultés remplissaient les travées d'honneur de l'hémicycle. Dans l'amphithéâtre, les députations de l'Ecole normale, de l'Ecole polytechnique, de l'Ecole centrale, de l'Ecole de pharmacie, des Ecoles vétérinaires, des Ecoles d'agriculture. En masses profondes se rangeaient les étudiants. On se montrait, çà et là, les élèves de Pasteur. MM. Duclaux, Roux, Chamberland et Metchnikoff étaient à leur rang; on voyait aussi M. Perdrix, ancien normalien, agrégé-préparateur; M. Edouard Calmettes, ancien élève de l'Ecole centrale qui avait été associé aux études sur la bière; enfin un disciple volontaire, M. Denys Cochin, qui, treize années auparavant, avait étudié la fermentation alcoolique dans le laboratoire de la rue d'Ulm. Les premières tribunes étaient remplies de ceux qui avaient contribué à la souscription pour le souvenir que l'on allait donner à Pasteur. Dans les secondes tribunes, les élèves des lycées et des écoles formaient au-dessus de cette admirable salle et de cette immense assemblée une couronne de jeunesse.

A dix heures et demie, au moment où la Garde républicaine jouait une marche triomphale, Pasteur entra au bras du Président de la République. Carnot le conduisit devant une petite table qui devait recevoir les adresses des délégués étrangers et nationaux. Sur l'estrade prirent place les présidents du Sénat et de la Chambre des députés, les ministres et les ambassadeurs. Derrière le Président de la République étaient placées les délégations officielles, en costumes, des cinq classes de l'Institut de France. L'Académie de médecine et les grandes Sociétés savantes étaient représentées par leurs présidents et leurs secrétaires perpétuels.

Le ministre de l'Instruction publique, M. Charles Dupuy, prit la parole. Après avoir retracé les grands travaux de Pasteur :

« Qui pourrait dire à cette heure ce que la vie humaine vous doit, ce qu'elle vous devra dans la suite des temps? Un jour viendra où quelque nouveau Lucrèce chantera dans un nouveau poème de la *Nature* le maître immortel dont le génie a enfanté de pareils bienfaits.

« Il ne le peindra pas solitaire et insensible, comme le poète latin a fait son héros. Il le montrera mêlé à la vie de son temps, aux tristesses et aux joies de son pays, partageant son existence entre les sévères jouissances de la recherche scientifique et les douces effusions de la famille, passant de son laboratoire à son foyer, trouvant auprès d'êtres affectionnés, auprès d'une compagne qui a su le comprendre et d'autant plus l'aimer, cet encouragement de toutes les heures, ce réconfort de tous les instants, sans lesquels tant de batailles eussent peut-être lassé son ardeur, entamé sa persévérance et énervé son génie...

« Puisse la France vous posséder de longues années encore et vous montrer au monde comme le digne objet de son amour, de sa reconnaissance et de sa fierté ! »

Ce fut le président de l'Académie des sciences, M. d'Abbadie, qui remit à Pasteur la médaille commémorative de ce grand jour.

Joseph Bertrand dit comment une même science, exacte, étendue et solide avait servi de base à tous les travaux de Pasteur, chacun brillant « d'un si vif éclat qu'en le regardant de près et l'étudiant avec soin, on est exposé au péril de croire qu'il éclipse tous les autres ». Puis se tournant vers Pasteur : « Si, pour vous rendre aujourd'hui un hommage exceptionnel, le chef de l'Etat nous honore de sa présence, si nous sommes entourés des plus hauts dignitaires de notre pays, si les hommes les plus illustres des pays étrangers ont voulu accroître par leur présence l'éclat de cette fête plus que nationale, c'est que vous n'êtes pas seulement un grand et illustre savant, vous êtes un grand homme. »

Après quelques mots du doyen de la section de minéralogie, M. Daubrée, ancien collègue de Pasteur à la Faculté de Strasbourg, le grand Lister, qui représentait les Sociétés royales de Londres et d'Edimbourg, vint apporter à Pasteur l'hommage de la médecine et de la chirurgie : « Vous avez, lui dit-il, levé le voile qui avait couvert pendant les siècles les maladies infectieuses, vous avez découvert et démontré leur nature microbienne ».

Quand Pasteur se leva pour embrasser Lister, l'étreinte de ces deux hommes donna l'impression d'une fraternité de la science travaillant à diminuer les maux de l'humanité.

Le secrétaire perpétuel de l'Académie de médecine, M. Bergeron, au nom de la médecine française, parla de l'hygiène « qui avait désormais des motifs d'espoir sans limites ».

Le président du Conseil municipal, M. Sauton, au nom des élus de Paris, présenta à Pasteur l'hommage de la reconnaissance populaire. En lui remettant l'adresse du Conseil, il disait : « Le récit de cette solennité formera une des pages les plus belles de l'histoire de Paris. »

Tous les délégués offrirent successivement les adresses dont ils étaient porteurs. Les grandes villes de l'Europe avaient chacune son représentant. Les délégués nationaux furent appelés à leur tour. Un élève de l'Ecole vétérinaire d'Alfort apporta, au nom de l'Ecole, une médaille comme souvenir des Ecoles nationales vétérinaires de France et des praticiens formés à l'école de Bouley. Parmi toutes ces adresses, on remit à Pasteur un album contenant les signatures des habitants d'Arbois et un autre, venant de Dôle, où étaient reproduits le fac-similé de l'acte de naissance de Pasteur et la photographie de sa maison natale. La vue de la signature de son père au bas de cet acte l'émut plus que tout le reste. Quand le maire de Dôle évoqua le souvenir de la petite maison de la rue des Tanneurs, l'image du père et de la mère de Pasteur passa devant l'assemblée.

Les délégués se succédaient. La Faculté de médecine de Paris était représentée par son doyen, le professeur Brouardel. « Plus heureux, disait-il, que Harvey, que Jenner, vous avez pu assister au triomphe de vos doctrines, et quel triomphe !... N'est-ce pas vous qui avez permis aux médecins de démontrer par quelle méthode on pouvait préserver une ville, un peuple, un continent des fléaux les plus redoutables ? N'avez-vous pas ainsi arraché à la mort, à la maladie, à la misère, compagnes des épidémies, des victimes qui, sans vous, se compteraient depuis dix ans par plusieurs centaines de mille ? »

Le dernier mot de ces hommages appartint à l'Association des étudiants. Son président, M. Devise, dit à Pasteur : « Vous avez été très grand et très bon. Vous avez donné aux étudiants de belles leçons et un bel exemple. »

La voix trop émue de Pasteur n'aurait pu être entendue jusqu'à l'extrémité du grand amphithéâtre ; ses remerciements furent lus par son fils :

« Monsieur le Président de la République,

« Votre présence transforme tout : une fête intime devient une grande fête et le simple anniversaire de la naissance d'un savant restera, grâce à vous, une date pour la science française.

« Monsieur le ministre, Messieurs,

« A travers cet éclat, ma première pensée se reporte avec mélancolie vers le souvenir de tant d'hommes de science qui n'ont connu que des épreuves. Dans le passé, ils eurent à lutter contre les préjugés qui étouffaient leurs idées. Ces préjugés vaincus, ils se heurtèrent à des obstacles et à des difficultés de toutes sortes.

« Il y a peu d'années encore, avant que les pouvoirs publics et le conseil municipal eussent donné à la science de magnifiques demeures, un homme que j'ai tant aimé et admiré, Claude Bernard, n'avait pour laboratoire, à quelques pas d'ici, qu'une cave humide et basse. Peut-être est-ce là qu'il fut atteint de la maladie qui l'emporta ! En apprenant ce que vous me réserviez ici, son souvenir s'est levé tout d'abord devant mon esprit : je salue cette grande mémoire.

« Messieurs, par une pensée ingénieuse et délicate, il semble que vous ayez voulu faire passer sous mes yeux ma vie tout entière. Un de mes compatriotes du Jura, le maire de la ville de Dôle, m'a apporté la photographie de la maison très humble où ont vécu si difficilement mon père et ma mère. La présence de tous les élèves de l'Ecole normale me rappelle l'éblouissement de mes premiers enthousiasmes scientifiques. Les représentants de la Faculté de Lille évoquent pour moi mes premières études sur la cristallographie et les fermentations qui m'ont ouvert tout un monde nouveau. De quelles espérances je fus saisi quand je pressentis qu'il y avait des lois derrière tant de phénomènes obscurs ! Par quelle série de déductions il m'a été permis, en disciple de la méthode expérimentale, d'arriver aux études physiologiques, vous en avez été témoins, mes chers confrères. Si parfois j'ai troublé le calme de nos Académies par des discussions un peu vives, c'est que je défendais passionnément la vérité.

« Vous enfin, délégués des nations étrangères, qui êtes venus de si loin donner une preuve de sympathie à la France, vous m'apportez la joie la plus profonde que puisse éprouver un homme qui croit invinciblement que la science et la paix triompheront de l'ignorance et de la guerre, que les peuples s'entendront, non pour détruire, mais pour édifier, et que l'avenir appartiendra à ceux qui auront le plus fait pour l'humanité souffrante. J'en appelle à vous, mon cher Lister, et à vous tous illustres représentants de la science, de la médecine et de la chirurgie.

« Jeunes gens, jeunes gens, confiez-vous à ces méthodes sûres, puissantes, dont nous ne connaissons encore que les premiers secrets. Et tous, quelle que soit votre carrière, ne vous laissez pas atteindre par le scepticisme dénigrant et stérile, ne vous laissez pas décourager par les tristesses de certaines heures qui passent sur une nation. Vivez dans la paix sereine des laboratoires et des bibliothèques. Dites-vous d'abord : « Qu'ai-je fait pour mon instruction? » Puis à mesure que vous avancerez : « Qu'ai-je fait pour mon pays? » jusqu'au moment où vous aurez peut-être cet immense bonheur de penser que vous avez contribué en quelque chose au progrès et au bien de l'humanité. Mais, que les efforts soient plus ou moins favorisés par la vie, il faut, quand on approche du grand but, être en droit de se dire : « J'ai fait ce que j'ai pu. »

« Messieurs, je vous exprime ma profonde émotion et ma vive reconnaissance. De même que, sur le revers de cette médaille, Roty, le grand artiste, a caché sous des roses la date si lourde qui pèse sur ma vie, de même vous avez voulu, mes chers confrères, donner à ma vieillesse le spectacle qui pouvait la réjouir davantage, celui de cette jeunesse si vivante et si aimante. »

Les cris de « vive Pasteur ! » retentirent dans toute la salle. Le Président de la République se leva, alla féliciter Pasteur et l'embrassa avec effusion. La relation officielle de cette cérémonie se terminait par ces lignes : « Telle fut cette matinée du 27 décembre 1892. Tous ceux qui en ont été les témoins ont éprouvé une des joies les plus profondes et les plus généreuses de leur vie. L'âme de la France avait passé sur cette assemblée soulevée par les sentiments les plus nobles et les plus désintéressés : l'admiration et la reconnaissance. Spectacle unique où, pour employer la belle expression de Shakspeare, un grand homme avait été « porté en triomphe sur les cœurs ».

Cette même image aurait pu servir encore pour rendre les sentiments inspirés par Pasteur bien loin de France. Le gouvernement du Canada, sur la proposition des députés de la province de Québec, avait donné le nom de Pasteur à un canton limitrophe de l'Etat du Maine. Le Canada saluait en Pasteur les conquêtes de la science française, comme avait été salué, sous le second Empire, un navire français qui entra dans la rade de Québec. Pendant que, de tous les villages voisins, accouraient les habitants pour fêter les matelots français, un vieillard, qui ne pouvait quitter sa chambre, demanda que l'on priât un officier de marine de venir lui faire une visite. Après l'avoir remercié : « Que je voie, dit le canadien en le regardant bien en face, que je voie les yeux qui ont vu le vieux pays ! »

Quelques mois après le Jubilé, le gouverneur général de l'Algérie, M. Cambon, plaçait à son tour un village de la province de Constantine sous l'invocation patriotique de Pasteur. Cette nouvelle, il la lui annonçait ainsi :

« Monsieur, voulant vous témoigner la reconnaissance particulière que vous porte l'Algérie pour les immenses services que vous avez rendus à la science et à l'humanité par vos belles et fécondes découvertes, j'ai décidé que votre nom serait donné au village de Sériana, situé dans l'arrondissement de Batna, département de Constantine. Je suis heureux d'avoir pu rendre ce faible hommage à votre illustre personne. »

« J'éprouve une émotion profonde, répondit Pasteur, à savoir que, grâce à vous, mon nom restera attaché à ce coin de terre. Lorsqu'un enfant de ce village demandera l'origine de cette dénomination, je souhaiterais que l'instituteur lui apprît simplement que c'était le nom d'un français qui a beaucoup aimé la France et qu'en la servant de son mieux il a pu contribuer au bien de l'humanité. La pensée que mon nom pourra éveiller un jour dans l'âme d'un enfant le premier sentiment de patriotisme me fait battre le cœur. Je vous aurai dû dans ma vieillesse cette grande joie. Je vous remercie plus que je ne saurais dire. »

L'origine de Sériana est très lointaine. Un ancien normalien, M. Stéphane Gsell, a exposé, dans une notice dédiée à Pasteur, que ce village était occupé, bien avant la venue des romains, par une tribu qui devint chrétienne ainsi qu'en témoignent des ruines de basiliques et de chapelles. Il est situé sur le penchant d'un massif de montagnes couvertes de chênes, de cèdres et de génévriers. Du flanc de ces montagnes s'échappent des sources vives. C'est au milieu de ce paysage, rempli d'anciens souvenirs, que, sur la demande des habitants de Sériana, fut bientôt élevé le buste de Pasteur.

L'enthousiasme pour Pasteur se répandait partout. Les femmes comprenaient que la science allait devenir un peu de leur domaine puisque la science était bienfaisante. Elles firent des dons magnifiques; telle clause de testament portait ces mots : « A Pasteur pour l'aider dans sa tâche humanitaire. » Prévost-Paradol, dans son dernier discours à l'Académie française sur les prix de vertu, proposait d'appliquer au bien une expression devenue presque proverbe à propos du mal, et de dire au sujet des œuvres de générosité : « Cherchez la femme. » Au mois de novembre 1893, Pasteur vit entrer dans son cabinet de la rue Dutot une femme qu'il ne connaissait pas et qui lui parla ainsi : « Il doit y avoir des étudiants qui aiment la science et ne peuvent se livrer à des travaux désintéressés parce qu'il faut vivre. Je voudrais mettre à votre disposition, pour quatre jeunes gens que vous choisiriez, quatre bourses. Elles seraient chacune de trois mille francs : 2,400 francs pour eux et 600 francs pour les dépenses qu'ils feraient dans vos laboratoires. Ils auraient leur vie simplifiée. Vous pourriez trouver parmi eux soit un collaborateur immédiat pour votre Institut, soit un missionnaire que vous enverriez au loin, et, si la carrière médicale les tentait, il leur serait possible, en pleine indépendance momentanée, de mieux se préparer à leur profession. Je ne vous demande qu'une chose : ne me nommez pas. » Il y avait dans cette femme un contraste entre la décision de la voix et l'attitude volontairement effacée. On devinait qu'elle aimait à faire le bien dans l'ombre. Il semblait qu'elle imitât, dans une certaine mesure et peut-être sans le savoir, un personnage des *Mystères de Paris,* le prince Rodolphe, qui aimait « à s'enquérir de ceux qui luttent avec honneur, avec énergie et à leur venir en aide, quelquefois à leur insu ». Madame X. aurait pu être appelée la princesse Rodolphe. Son idée toucha infiniment Pasteur. Cette fondation de bourses n'était faite que pour une année, mais les années allaient se suivre et se ressembler.

Beaucoup de lettres arrivaient à Pasteur, pleines de prières pour qu'il étudiât ou fît étudier telle maladie meurtrière. Quelques-unes de ces lettres traduisaient des préoccupations qui remontaient déjà loin dans l'esprit de Pasteur et de ses disciples. Un jour il reçut ces lignes : « Vous avez fait tout le bien qu'un homme puisse faire sur la terre. Si vous le voulez, vous trouverez sûrement le remède à l'horrible mal qui s'appelle la diphtérie. Nos enfants, à qui nous apprenons votre nom comme celui d'un grand bienfaiteur, vous devront de continuer leur vie. Une mère. » Pasteur sentant ses forces s'amoindrir avait du moins l'espérance qu'il ne mourrait pas sans avoir vu la défaite de cet ennemi si redouté des mères. Se rappelant le vers de Victor Hugo dans *le Revenant*, il aurait pu dire :

Mères en deuil, vos cris *là-bas* sont entendus.

Là-bas, en effet, dans le laboratoire de l'Institut Pasteur, le Dr Roux poursuivait obstinément avec le Dr Yersin l'étude de cette maladie. « Depuis Bretonneau, disaient-ils dans leur premier mémoire qu'ils intitulaient modestement : *Contribution à l'étude de la diphtérie*, depuis Bretonneau, la diphtérie est regardée comme une maladie spécifique et contagieuse; aussi, dans ces dernières années, a-t-on entrepris son étude au moyen des méthodes microbiennes qui ont déjà permis de trouver la cause de beaucoup d'autres maladies infectieuses. »

Malgré la conviction de Bretonneau qui, en 1818, avait été témoin d'une violente épidémie de croup·dans le centre de la France, il s'en fallait de beaucoup que l'on adoptât sa manière de voir. Velpeau, alors jeune étudiant, lui écrivait, en 1820, que les membres de la Faculté de médecine, sauf deux, ne songeaient qu'à blâmer ou à nier. « Ils trouvent tout de suite, ajoutait-il avec un mouvement d'impatience, des axiomes pour établir leurs principes et n'en pas démordre. » Un autre brillant élève de Bretonneau, le Dr Trousseau, qui ne cessa jamais d'être en correspondance avec son vieux maître, lui écrivait en 1854 : « Reste à savoir si la diphtérie naît toujours d'un germe. Je ne doute guère de la chose à l'endroit de la variole; il faudrait peut-être, pour être conséquent, n'en pas douter davantage à l'endroit de la diphtérie. Ces réflexions m'assiégeaient ce matin comme je faisais la trachéotomie chez un pauvre enfant de vingt-huit mois. En face de son lit était le portrait d'un petit garçon de cinq ans (son frère). Le peintre l'avait représenté sur son lit de mort. Il avait succombé, il y a cinq ans, à l'angine maligne. » Sachant combien Bretonneau était contagionniste, Trousseau reprenait plus loin : « Je ferai brûler les lits et les couvertures; je ferai jeter au feu les papiers de tenture, car ils ont un velouté pernicieux, attractif et rétentif; j'engagerai la mère à se purifier comme une hindoue, — autrement quelle querelle ne me feriez-vous pas ? »

Le microbe, le bacille de la diphtérie, un allemand, Klebs, en étudiant les fausses membranes croupales, l'avait découvert en 1883. Il fut isolé ensuite par un autre allemand, Lœffler. Les cultures pures de ce bacille, inoculées à la surface des muqueuses excoriées des lapins, des cobayes, des pigeons produisent les fausses membranes caractéristiques : MM. Roux et Yersin le démontrèrent et surprirent son mode d'action mortelle.

Le D\u2071 Roux, dans une leçon faite à la Société royale de Londres, en 1889, disait : « Les microbes sont surtout dangereux par les produits toxiques qu'ils fabriquent. » Il rappelait comment Pasteur avait, le premier, cherché l'action des produits toxiques élaborés par le microbe du choléra des poules. En filtrant la culture, Pasteur avait obtenu un liquide qui ne contenait point de microbes. Ce liquide une fois injecté à des poules produisait en elles tous les symptômes du choléra. « Cette expérience nous montre, reprenait M. Roux, que les produits chimiques contenus dans la culture sont capables à eux seuls de provoquer les symptômes de la maladie ; il est donc très probable que les mêmes produits sont préparés par le microbe dans le corps même des poules atteintes du choléra. Depuis, on a montré que beaucoup de microbes pathogènes faisaient de ces produits toxiques. Le microbe de la fièvre typhoïde, celui du choléra, celui du pus bleu, celui de la septicémie expérimentale aiguë, celui de la diphtérie, sont grands producteurs de poisons. Les cultures du bacille de la diphtérie notamment sont, au bout d'un certain temps si chargées du principe toxique que, privées de microbes, elles causent, à des doses infiniment petites, la mort des animaux avec tous les signes que l'on observe après l'inoculation du microbe lui-même. Rien ne manque au tableau de la maladie, pas même les paralysies consécutives, si la dose injectée est trop faible pour amener une mort rapide. Dans les maladies infectieuses la mort survient donc par intoxication. »

Ce bacille sécrète, comme le microbe du tétanos, un poison qui atteint les reins, attaque le système nerveux et agit sur le cœur dont les battements s'accélèrent ou s'arrêtent tout à coup. Abrité dans la fausse membrane, comme un ennemi embusqué, le microbe fabrique son poison mortel. La diphtérie, et c'est ainsi que l'a définie M. Roux, est une intoxication causée par un poison très actif formé par le microbe dans le milieu restreint où il se développe.

Il suffisait d'examiner une portion de fausse membrane pour distinguer les bacilles diphtériques, bâtonnets allongés dont beaucoup ressemblent à des accents circonflexes plus ou moins ouverts, à de petites aiguilles courtes qui s'entre-croiseraient. Souvent se trouvaient associés à ces bacilles d'autres microbes. Dès lors s'imposait l'étude des associations microbiennes dans la diphtérie. Le bacille Klebs-Lœffler isolé, ensemencé dans du bouillon, donna, entre trois semaines et un mois, une culture riche en toxine. On voyait au fond des vases tout un dépôt de microbes et, à la surface, un voile formé par des bacilles plus jeunes. En filtrant ce bouillon, en le débarrassant des microbes, MM. Roux et Yersin firent une découverte capitale : ils obtinrent la toxine pure, capable de tuer en moins de quarante-huit heures le cobaye qui en recevait un dixième de centimètre cube. La toxine trouvée, on pouvait arriver à découvrir l'antitoxine, c'est-à-dire le remède. Ce fut l'œuvre d'un savant allemand, Behring, et d'un médecin japonais, Kitasato. Dès 1888, les Drs Richet et Héricourt, en étudiant une autre maladie, avaient préparé la voie.

M. Roux inoculait-il à un cheval des doses d'abord très faibles puis croissantes, de toxine diphtérique mitigée par l'addition d'iode, le cheval était en état de résister à des doses de plus en plus fortes de toxine pure : il était immunisé. On le saignait ensuite, à l'aide d'un gros trocart introduit dans la veine jugulaire, on recevait le sang dans un bocal, puis on recueillait la partie liquide de ce sang coagulé, partie qui s'appelle le sérum. Ce sérum était antitoxique, antidiphtérique, curateur en un mot.

Au commencement de 1894, M. Roux avait un certain nombre de chevaux immunisés. Il voulut prouver l'efficacité du sérum dans le traitement de la diphtérie, avec la collaboration de MM. Martin

et Chaillou qui avaient étudié cliniquement et bactériologiquement
plus de 400 cas de diphtérie. A Paris, il y a deux hôpitaux où l'on
soigne les enfants diphtériques. Il fut décidé qu'à l'hôpital des
Enfants-Malades on appliquerait la nouvelle méthode, tandis qu'à
l'hôpital Trousseau on continuerait l'ancien traitement.

A partir du 1ᵉʳ février 1894, MM. Roux, Martin et Chaillou
firent une visite quotidienne à l'hôpital des Enfants. Ils traitèrent
tous les petits diphtériques en injectant au flanc une dose de 20 centimètres cubes de sérum et, vingt-quatre heures plus tard, une dose
de 20 ou seulement de 10 centimètres cubes. Presque toujours,
non seulement les fausses membranes cessaient d'augmenter dans
les vingt-quatre heures qui suivaient la première injection, mais au
bout de trente-six à quarante-huit heures, le troisième jour au
plus tard, elles se détachaient; la pâleur, le teint plombé, souvent
livide du visage disparaissait : l'enfant était sauvé.

De 1890 à 1893, il y avait eu à l'hôpital des Enfants-Malades
3,971 cas diphtériques; sur ce nombre, 2,029 morts. La mortalité
avait donc été d'une moyenne de 51 pour 100. Le traitement par le
sérum, appliqué à plusieurs centaines d'enfants, la fit descendre en
quatre mois à 24 pour 100. A l'hôpital Trousseau, où le sérum
n'était pas employé, la mortalité fut de 60 pour 100 pendant la
même période.

Au mois de mai, M. Roux fit à Lille une conférence sur la diphtérie,
à la demande de la Société de secours des amis des sciences qui
tenait son assemblée générale dans cette ville. Pasteur, président
de la Société, vint pour remercier les Lillois de donner, depuis près
de quarante ans, un généreux concours à cette grande œuvre. Le
maître et le disciple furent reçus dans l'amphithéâtre de la Société
industrielle. Pasteur écouta son élève avec une émotion admirative.
La rigueur des expériences et la beauté du but l'enthousiasmaient.
Lui qui avait dit : « Il faut épuiser les combinaisons de façon à ce
que l'esprit n'en puisse plus concevoir aucune », et qui disait encore
à tout travailleur : « Méfiez-vous surtout d'une chose : la précipitation dans le désir de conclure. Soyez à vous-même un adversaire
vigilant et tenace, songez toujours à vous prendre en faute », était

heureux d'entendre l'exposé méthodique de la manière dont ce grand problème avait été abordé et résolu.

Au Congrès d'hygiène et de démographie tenu à Buda-Pesth, en septembre, M. Roux, reprenant sa conférence et l'élargissant, fit sur la sérothérapie de la diphtérie une communication qui eut en Europe un immense retentissement.

En France, les préfets s'adressèrent au ministre de l'Intérieur pour savoir comment les médecins pourraient obtenir ce sérum antidiphtérique. Le journal le *Figaro* ouvrit une souscription pour sauver les enfants du croup. Elle s'éleva rapidement à plus d'un million. L'Institut Pasteur pouvait faire construire des écuries, acheter une centaine de chevaux, les immuniser, constituer enfin l'organisation permanente de la sérothérapie. En trois mois, cinquante mille doses de sérum allaient être fournies gratuitement.

Pasteur, qui était alors à Arbois, suivait passionnément tous ces détails. Dans son très petit jardin, assis sous les acacias qu'il avait plantés ou sous de vieux cognassiers qui bordent la rivière, il parcourait les listes de souscription. Sa vue s'arrêtait longuement sur tous ces noms d'enfants qui entraient dans la vie en faisant le bien, sur tous ces noms de parents en deuil invoquant le souvenir d'enfants qu'ils avaient perdus.

Le jour du départ pour Paris, le 4 octobre 1894, la mélancolie que Pasteur avait eue à seize ans, quand il s'était éloigné pour la première fois de la maison paternelle, lui revint poignante. C'était ce même ciel gris, cette même pluie fine, ce même horizon voilé. Il jeta sur tout ce pays qu'il aimait, les collines, les montagnes, l'immense plaine du côté de Dôle, un regard qui devait être le dernier. Mais, comme toujours dans les heures pénibles, sa tristesse était silencieuse ; parfois seulement un geste un peu découragé témoignait de ses pensées.

Le 6 octobre, il y eut à l'Institut Pasteur une invasion de médecins. Pour répondre au désir des praticiens sans aucune habitude du laboratoire, qui désiraient connaître le diagnostic de la diphtérie et la manière dont il fallait employer le sérum, M. Martin fit une première conférence. De la fenêtre de son cabinet, Pasteur regardait ce va-et-vient dans son Institut. Un double sentiment se peignait sur son visage altéré : le regret douloureux de sa vieillesse désarmée pour le travail, mais aussi la satisfaction de penser que son œuvre s'agrandissait chaque jour et que d'autres viendraient, animés de son esprit, poursuivre tant de recherches qui restaient à faire.

M. Yersin, devenu médecin des colonies, communiquait à cette époque aux *Annales de l'Institut Pasteur* la découverte du microbe de la peste. Il avait reçu l'ordre de se rendre en Chine pour étudier la nature du fléau, les conditions où il se propage et les mesures les plus efficaces pour l'empêcher d'atteindre nos possessions. Pasteur appréciait depuis longtemps cet élève dont les habitudes de travail et de silence avaient quelque chose d'ascétique. M. Yersin partit avec un zèle de missionnaire. A son arrivée à Hong-Kong, trois cents chinois avaient déjà succombé, les hôpitaux de la colonie étaient envahis. Il reconnut immédiatement tous les symptômes de la peste à bubons qui, maintes fois, avait ravagé l'Europe. Il remarqua que l'épidémie sévissait surtout dans les bouges occupés par les chinois des classes pauvres et que dans les quartiers infectés il y avait une quantité de rats morts de la peste. Pasteur lut avec le plus grand intérêt les lignes suivantes qui répondaient si bien à sa méthode d'observation : « L'aptitude particulière de certains animaux à contracter la peste, disait M. Yersin, me permettait donc d'entreprendre dans de bonnes conditions une étude expérimentale de la maladie. Il était tout indiqué de rechercher tout d'abord s'il existe un microbe dans le sang des malades et dans la pulpe des bubons. » M. Yersin inoculait-il cette pulpe à des souris, à des rats ou à des cobayes, il tuait ces animaux et trouvait de nombreux bacilles dans les ganglions, dans la rate et dans le sang. Après des essais de cultures, d'inoculations, il concluait ainsi : « La peste est une maladie contagieuse et inoculable. Il est probable que les rats en constituent le principal véhicule, mais j'ai constaté également que les mouches prennent la maladie, en meurent, et peuvent ainsi servir d'agents de transmission. »

Au moment même où M. Yersin découvrait le bacille spécifique de la peste dans la pulpe des bubons, Kitasato faisait les mêmes recherches. L'ennemi trouvé, on pouvait espérer le vaincre.

Et pendant qu'arrivaient ces heureuses nouvelles, Pasteur avait sous les yeux un nouveau travail de M. Metchnikoff, savant russe qui avait eu l'ambition de venir en France travailler près de Pasteur. M. Metchnikoff expliquait par le rôle des globules blancs du sang, appelés leucocytes, l'immunité ou résistance, soit naturelle soit acquise, de l'organisme contre une maladie déterminée. Ces globules peuvent être considérés comme des soldats chargés de défendre l'organisme contre les invasions étrangères. Des microbes pénètrent-ils dans les tissus, il y a aussitôt comme un branle-bas de combat. La lutte s'engage. Selon la puissance ou l'infériorité des globules sur tel point d'attaque, l'organisme résiste ou succombe. Si le microbe envahisseur est cerné, englobé, ingéré par les globules blancs victorieux, appelés aussi phagocytes, ceux-ci trouvent dans leur victoire même de nouvelles réserves contre une nouvelle invasion.

C'est au milieu de tous ces progrès, dans cette activité laborieuse que, le 1er novembre, au moment où il se disposait à sortir pour aller voir comme chaque jour ses petits-enfants, Pasteur fut pris d'une violente crise d'urémie. On le transporta sur son lit. Pendant quatre heures, il resta presque sans connaissance. Une sueur d'agonie baignait son front et tout son corps, ses yeux restaient fermés. La nuit ramena quelque espoir. Il put parler, il demanda qu'on restât près de lui. Le danger immédiat semblait conjuré; mais les inquiétudes étaient encore vives.

Alors s'organisa un service de dévouement. Ses disciples voulurent à tour de rôle veiller auprès de lui. Chaque soir deux personnes étaient dans sa chambre : un membre de sa famille et un pastorien. Vers une heure du matin, ils étaient remplacés par un autre pastorien et un autre membre de la famille. Du 1er novembre au 25 décembre, les travailleurs du laboratoire continuèrent ce service que M. Roux avait réglé ainsi : Nuit du dimanche, Roux et Chantemesse; lundi, Queyrat et Marmier; mardi, Borrel et Martin; mercredi, Mesnil et Pottevin; jeudi, Marchoux et Viala; vendredi, Calmette et Veillon; samedi, Renon et Morax. Il y eut des substitutions. Le Dr Marie réclama le même privilège. M. Metchnikoff, anxieux, allait et venait à toute heure de son laboratoire à la chambre du maître. Après la journée de travail chacun prenait sa nuit de garde, apportant un livre ou un cahier de notes pour continuer la besogne commencée, quand Pasteur sommeillait. Nul ne savait au dehors ces veillées de sollicitude. Veillées toujours interrompues par l'arrivée de Mme Pasteur qui, au milieu de la nuit, entrait dans la chambre et congédiait d'une voix doucement autoritaire une des deux personnes présentes. Dans l'ombre, près de ce lit, elle était comme la statue que l'on voit au fond d'une église de Strasbourg, symbolisant la protection et la douleur. Le sculpteur Pigalle a voulu représenter la France; d'une main elle arrête le maréchal de Saxe, qui en pleine gloire s'avance vers le tombeau, de l'autre elle repousse la mort, squelette drapé qui entr'ouvre un sarcophage. Repousser la mort! c'était aussi ce qu'elle s'efforçait de faire, cette compagne de Pasteur, femme à l'âme faite de vaillance et de bonté, qui depuis quarante-six ans veillait sur ce génie de la science. Souvent, quand la nuit s'achevait, quand un coq du voisinage chantait, quand les palefreniers d'une grande écurie voisine commençaient leur journée, elle écoutait le bruit de la vie qui reprenait au dehors, puis peu à peu dans la maison. Malgré tout son courage, elle ne pouvait à certaines heures retenir des larmes qui coulaient silencieusement. N'arriverait-on pas à le guérir celui dont la vie était si utile aux autres? Le matin, les deux petits-enfants de Pasteur pénétraient dans la chambre. La petite-fille de quatorze ans, déjà grave à la vue de tant d'inquiétudes et par l'émotion de son chagrin qu'elle essayait de contenir, causait avec lui. Le petit-fils, qui avait huit ans, grimpait sur le lit de son grand-père. Il l'embrassait longuement; il emplissait son regard de ce visage qui trouvait toujours la force de lui sourire.

Le Dr Chantemesse soignait Pasteur avec un dévouement incomparable. Le Dr Gille que Pasteur, dans ses séjours à Villeneuve-l'Etang, avait souvent envoyé chercher, venait de Garches à Paris pour le voir. Le professeur Guyon témoignait à son confrère la sollicitude la plus affectueuse. Le professeur Dieulafoy arriva un matin, amené en toute hâte par M. Metchnikoff. Le professeur Grancher, qui était malade et loin de Paris, revint voir son maître.

Que de fois penché sur son visage, on suivit avec inquiétude ce rythme respiratoire dû à l'intoxication urémique! mouvements lents d'abord, puis rapides, accélérés, haletants, s'abaissant ensuite jusqu'à s'éteindre dans une longue pause où tout s'arrête pendant plusieurs secondes.

A la fin de décembre, on commença d'espérer. Le 1er janvier, après avoir reçu tous ses collaborateurs et jusqu'au plus jeune garçon de laboratoire, Pasteur vit entrer dans sa chambre un de ses confrères de l'Académie française.

C'était Alexandre Dumas. Il arrivait avec un bouquet de roses. Une de ses filles l'accompagnait. « J'ai voulu bien commencer l'année, dit-il, je vous apporte tous mes vœux. » Depuis douze ans qu'ils se rencontraient le jeudi à l'Académie française, Alexandre Dumas et Pasteur s'étaient sentis attirés l'un vers l'autre. Pasteur, d'abord charmé par cet esprit étincelant aux rapprochements imprévus, avait été surpris, touché, ému par les prévenances et les délicatesses d'un cœur qui s'ouvrait d'autant mieux qu'il ne s'ouvrait qu'à bon escient. Dumas, qui avait observé bien des hommes, aimait et admirait Pasteur, génie sans orgueil et plein de bonté. Dans l'après-midi de ce jour de l'an, il se mit à causer avec une cordialité qui avait quelque chose de la gaieté puissante de son père. Comme, dans cette chambre voisine des laboratoires, il était loin de tous les mondes qu'il avait scrutés, où s'agitaient les personnages qu'il avait peints, les « vibrions à forme humaine », comme il disait, êtres dangereux, ridicules ou vils! Parfois cependant il avait montré dans son théâtre l'homme tel qu'il peut, tel qu'il doit être, un Montaiglin, un Claude, « pauvre homme de bien égaré dans nos temps ». Car il y avait dans cet auteur dramatique un homme avide d'action morale, dans ce réaliste un symboliste, dans ce satirique un mystique. Après avoir été affamé de gloire, il mettait au-dessus de tout le désir d'être utile. Et son regard bleu, d'ordinaire froid, aigu, qui pénétrait jusqu'aux pensées les plus secrètes, ce regard toujours en garde, en ironie, avait une expression d'amitié vénérante pour celui qu'il appelait notre cher et grand Pasteur. Il faut avoir été auprès des malades pour savoir le plaisir que leur donnent certaines visites. Celle d'Alexandre Dumas, Pasteur la compara à un rayon de soleil.

Comme il ne pouvait sortir, ceux qui ne venaient pas le voir le disaient encore plus malade qu'il n'était. Aussi la surprise fut-elle extrême, à la fin du mois d'avril, quand on apprit qu'il recevrait très volontiers les anciens normaliens qui fêtaient alors le Centenaire de leur Ecole et qui, après avoir posé une plaque commémorative sur le petit laboratoire de la rue d'Ulm, voulaient visiter l'Institut Pasteur. Ce fut, dans le salon du premier étage, tout un défilé. A le voir assis au coin de la cheminée, il semblait qu'on le retrouvât tel qu'il était autrefois à l'Ecole normale, dans les soirées du dimanche où il aimait à recevoir des jeunes gens. Il eut pour ceux qui passaient en s'inclinant devant lui un mot affectueux ou un sourire de remerciement. On était pénétré par son regard d'un éclat si intense. La séparation qui existe entre les facultés motrices et les facultés intellectuelles n'avait jamais paru plus nette. Beaucoup croyaient à un rétablissement prochain, ils s'en réjouissaient. «Votre santé, lui dit quelqu'un, n'est pas seulement une propriété nationale, elle est une propriété universelle. »

Ce jour-là, dans le grand laboratoire, le Dr Roux avait disposé sur des tables les petits ballons, religieusement conservés, qui avaient servi à Pasteur dans ses expériences sur les générations dites spontanées; puis des rangées de petits tubes qui correspondaient aux études sur le vin; des préparations de toutes sortes dans différents milieux de culture; et des microbes, et des bacilles à ne savoir lequel regarder. Diphtérie et peste complétaient ce musée.

Vers midi, Pasteur se fit transporter dans le laboratoire. M. Roux, prenant un microscope, montra à son maître le bacille de la peste. En voyant tant de choses représentatives de ses propres travaux et des recherches de ses élèves, Pasteur pensait aux disciples qui, de tous côtés, poursuivaient l'œuvre commencée. En France, il venait d'envoyer à Lille le Dr Calmette qui allait, en quelques mois, créer de toutes pièces un nouvel et admirable Institut Pasteur. Le Dr Yersin en Chine continuait sa mission. Un normalien, entré dès seize ans le premier à la grande École et devenu ensuite préparateur au laboratoire, M. Le Dantec, était au Brésil où il étudiait la fièvre jaune dont il faillit mourir. Le Dr Adrien Loir, après une longue mission en Australie, dirigeait un Institut Pasteur à Tunis. Le Dr Nicolle organisait un laboratoire de bactériologie à Constantinople. « Ah ! que de choses encore à faire ! » disait Pasteur d'une voix affaiblie en serrant affectueusement la main de M. Roux.

De plus en plus, il y avait en Pasteur un besoin de compatir et de soulager, un sentiment humanitaire qui le faisait pour ainsi dire citoyen du monde entier. Mais cela ne diminuait en rien son amour pour la France. Un incident révéla la permanence de ses sentiments patriotiques. L'Académie des sciences de Berlin devait, dans les derniers jours de mai, soumettre à l'Empereur d'Allemagne une liste de savants illustres de notre temps proposés pour recevoir la décoration de l'Ordre du Mérite de Prusse. Comme on n'avait pas oublié en Allemagne la protestation de Pasteur renvoyant son diplôme de l'Université de Bonn, l'Académie des sciences de Berlin, avant de placer le nom du savant français sur la liste, voulut savoir si Pasteur ne refuserait pas cette distinction, dans le cas où elle lui serait conférée par S. M. l'Empereur d'Allemagne. Pasteur, tout en se disant grandement honoré comme savant par les intentions de l'Académie des sciences de Berlin et en priant le mandataire de la remercier, déclara qu'il n'accepterait pas.

Parfois sur la frontière d'Alsace, à la tombée de la nuit, éclatent au fond des bois les sonneries françaises. Des jeunes gens cachés dans l'ombre des forêts de sapins jettent les refrains de la patrie aux échos stupéfaits. Ainsi éclatait le refus de Pasteur. Pour lui, comme pour Victor Hugo, la question d'Alsace était une question d'humanité. Il s'agissait du droit des peuples à disposer d'eux-mêmes. Par une ironie poignante, la France, qui avait proclamé et défendu ce principe à travers l'Europe, voyait l'Alsace mise hors la France. Et par quel peuple ! par celui qu'elle avait cru le plus idéaliste, dont elle avait souhaité l'unité et désiré l'alliance dans un grand espoir de civilisation pacifique. Cet espoir, le savant allemand Humboldt l'avait partagé. Peu de temps avant de mourir, il écrivait : « Tout ce qui se rapporte à une liaison plus intime entre deux pays limitrophes porte dans son sein le germe d'un bien moral. » Et Pasteur songeait aux paroles de son confrère Boussingault, qui, au lendemain de la guerre, disait au colonel Laussedat chargé de délimiter la nouvelle frontière : « Tâchez de vivre assez pour arracher les bornes que vous avez plantées. »

Quand on approchait de Pasteur, on constatait que, malgré la mélancolie causée par l'abandon de ses forces, son énergie morale était toujours aussi grande. Il ne laissait pas échapper une plainte sur son état de santé, il évitait même de parler de lui. On avait dressé à l'entrée de l'Institut Pasteur, sous les jeunes marronniers qui achevaient de fleurir dans l'allée de droite, une petite tente où il passait quelques heures de l'après-midi. Souvent un de ceux qui l'avaient veillé durant les longues nuits d'hiver venait causer avec lui. « Où en êtes-vous? demandait Pasteur. Que faites-vous? » Et il redisait le mot de toute sa vie : « Il faut travailler. »

C'est sous cette tente que vint souvent le voir son vieux camarade Chappuis, recteur honoraire de la Faculté de Dijon. Pendant plus de cinquante ans leur amitié était restée la même. Plus encore que dans la prime jeunesse et dans l'âge mûr, leurs entretiens prenaient un caractère élevé. Tout en Chappuis reflétait une dignité de la vie qui allait jusqu'à l'austérité, mais cette austérité était souriante. Une maxime de Kant qu'il aimait à citer : « Agis de telle manière que la règle de ton action puisse être considérée comme une règle universelle d'action », sa droiture s'en était toujours inspirée.

Pasteur, moins préoccupé que Chappuis des discussions philosophiques, s'élevait sans effort dans le domaine des choses de l'âme. Notion dominatrice de l'infini, croyance en Dieu, conviction que l'activité bienfaisante que tout homme est capable d'exercer en ce monde doit se poursuivre au delà : tels étaient les sentiments dont Pasteur était imprégné. Toute sa vie, il avait été pénétré des vertus de l'Evangile. Respectueux de la religion de ses pères, il voulut, sans mystère ni ostentation, en recevoir le secours dans cette dernière période.

Le 13 juin, il descendit pour la dernière fois les marches du perron de l'Institut Pasteur et monta dans la voiture qui devait le conduire à Villeneuve-l'Etang. Tout le monde lui parlait de ce séjour comme s'il dût y retrouver la santé. Le croyait-il? Voulait-il dissimuler ses pressentiments? S'efforçait-il, dans sa tendresse pour les siens, de partager leur espérance? Son visage avait presque l'expression des jours où, en plein travail, il se rendait à Villeneuve-l'Etang. Quand la voiture, arrivée à Saint-Cloud, gravit l'avenue du château détruit, quelques habitants qui, les années précédentes, le voyaient souvent passer, le saluèrent avec un mélange d'intérêt, de respect et d'émotion.

A Villeneuve-l'Etang, où s'organisait le service du sérum antidiphtérique, les anciennes écuries des Cent-Gardes avaient repris leur destination primitive. On en construisait d'autres. Il y avait une centaine de chevaux : chevaux de troupe vendus pour cause de réforme, chevaux donnés comme celui du maréchal Canrobert, chevaux de courses qui achevaient là leur destinée.

Ces semaines d'été, Pasteur les passa dans sa chambre qui s'ouvrait sur les grands bois de Marnes, ou sous les arbres, devant les pelouses du parc. Faute de place dans les écuries, il avait fallu parquer des chevaux qui, l'œil inquiet, s'ébrouant, s'approchaient des clôtures en bois et attendaient impatiemment leurs rations de foin. Dans ce courant de vie qui circulait au milieu des annexes du laboratoire, entre les allées et venues du Dr Roux, de son préparateur, M. Martin, et du vétérinaire, M. Prévôt, chargé de toutes les saignées et de la répartition des flacons de sérum qui représentaient des alignements de guérisons, Pasteur éprouvait un sentiment profond et doux. Il pensait à ce qui lui survivrait. Il sentait que de sa main défaillante pouvait tomber le flambeau où tant d'autres lumières étaient venues s'allumer. Et plus que résigné,

sans nul retour sur lui-même, assis au bas de la terrasse de l'ancien
château de Villeneuve-l'Etang, sous un bouquet de hêtres pourpres
et de sapins qu'il faudra conserver, il écoutait les lectures que lui
faisaient Mme Pasteur et sa fille. Elles avaient ce sourire de vaillance
que savent garder les femmes à travers leurs angoisses.

Comme toujours, les biographies l'intéressaient. A cette époque,
après le calme prolongé de la paix, on voulait entendre l'écho
lointain des roulements de canons sous le premier Empire. De
toutes les archives sortaient des mémoires, des correspondances,
des histoires de guerre. Pasteur ne se lassait pas de ces grands
souvenirs. Beaucoup de ces récits lui rappelaient les émotions de
sa jeunesse, mais il ne voyait plus des mêmes yeux la gloire
des conquérants. Les vrais guides de l'humanité lui semblaient
être non les dominateurs par la force, mais les serviteurs par le
dévouement. Après des pages toutes frémissantes encore du
tumulte enthousiaste des champs de batailles, Pasteur admira ce
qui se dégageait de la vie d'un grand homme de bien : Saint Vincent
de Paul. Il aimait ce fils de pauvres paysans qui, dans un siècle
d'orgueil, revendiqua son origine humble; ce précepteur d'un futur
cardinal, qui eut l'ambition d'être aumônier de galériens; ce prêtre
qui fonda l'œuvre des enfants trouvés et qui sut établir une alliance
religieuse et laïque sur le vaste domaine de la charité.

Toutes proportions gardées, Pasteur exerçait lui aussi un
rayonnement de bonté. L'inconnue qui avait mis à sa disposition
des bourses pour des jeunes gens sans fortune vint, à la fin du mois
d'août, lui annoncer qu'elle voulait faire plus et mieux. Le prolongement logique des découvertes pastoriennes serait, disait-elle,
dans un hôpital Pasteur. Et elle offrit l'emplacement nécessaire.

De jour en jour Pasteur sentait ses forces diminuer, il pouvait
à peine faire quelques pas. Quand il était assis dans le parc, ses
petits-enfants qui étaient autour de lui donnaient l'idée de rosiers
qui montent et fleurissent au pied d'un arbre qui se meurt. La
paralysie augmentait. La parole devenait de plus en plus difficile.
Seul le regard conservait son éclat très pur et très limpide. Pasteur assistait à la ruine de ce qui en lui était périssable.

Que ne pouvaient-ils lui donner une minute, une seconde même de leur vie pour prolonger la sienne, tous ces milliers d'êtres humains dont ses méthodes avaient sauvé l'existence : enfants malades, femmes dans les maternités, opérés dans les services de chirurgie, épargnés de la rage et tant d'autres protégés contre les infiniment petits! Mais tandis que passait devant l'esprit de sa famille cette vision des vivants, il semblait que Pasteur eût la vision des morts qui, comme lui, avaient gardé la foi absolue dans une autre vie.

Dans la dernière semaine de septembre, il n'eut plus la force de se lever. Sa faiblesse était extrême. Le 27 septembre, comme on se penchait près de son lit pour lui offrir une tasse de lait : « Je ne peux plus », dit-il d'un ton découragé. Son regard eut une expression indicible de résignation, de bonté, d'adieu. Sa tête retomba sur l'oreiller; il s'endormit. Après ce repos trompeur, arriva tout à coup le souffle court, le souffle haletant de l'agonie. Pendant vingt-quatre heures, le corps presque entièrement paralysé, il resta immobile, les yeux fermés. Une de ses mains était dans la main de Mme Pasteur ou de l'un des siens, l'autre tenait un crucifix. Dans cette chambre qui avait quelque chose d'une cellule par la simplicité, le samedi 28 septembre 1895, au milieu de sa famille et de ses disciples, à quatre heures quarante de l'après-midi, très doucement il expira.

TABLE DES MATIÈRES

CHAPITRE VI
1865-1870

CHAPITRE VII
1870-1872

CHAPITRE XI

1882-1884

CHAPITRE XII

1884-1885

CHAPITRE XIII

1885-1888

CHAPITRE XIV

1888-1895

ÉVREUX, IMPRIMERIE DE CHARLES HÉRISSEY

www.ingramcontent.com/pod-product-compliance
Lightning Source LLC
Chambersburg PA
CBHW031441210326
41599CB00016B/2077